普通高等教育"十一五"国家级规划教材

全国高等医药院校药学类专业第五轮规划教材

U0202858

化学制药工艺学

（供药物化学、制药工程专业使用）

主　编　赵临襄

副主编　王志祥　刘　丹

编　者　（以姓氏笔画为序）

马玉卓（广东药科大学）

王　凯（湖北大学化工与制药学院）

王志祥（中国药科大学）

方　浩（山东大学药学院）

任其龙（浙江大学化学工程与生物工程学院）

刘　丹（沈阳药科大学）

张为革（沈阳药科大学）

赵建宏（华东理工大学药学院）

赵临襄（沈阳药科大学）

查晓明（中国药科大学）

冀亚飞（华东理工大学药学院）

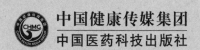

中国健康传媒集团

中国医药科技出版社

内 容 提 要

本教材为"全国高等医药院校药学类专业第五轮规划教材"之一。共有十五章内容，前六章分别为绪论、药物合成工艺路线的设计和选择、化学合成药物的工艺研究、手性药物的制备技术、中试放大与工艺规程、化学制药与环境保护，突出新技术和新范例，注重实用性，深入浅出地阐述化学制药工艺的特点和基本规律；其余九章内容的编写以重要性、代表性和新颖性为原则，分别对塞来西布、$R,R,R-\alpha$-生育酚、氯霉素、埃索美拉唑、地塞米松、盐酸地尔硫䓬、左氧氟沙星、多西他赛和甲氧苄啶等9个典型药物的生产工艺原理加以剖析，各有侧重并各具特色。理论知识结合生产实践，深入探讨药物合成工艺，注重突出知识产权保护、清洁生产和手性技术等内容。本教材为书网融合教材，即纸质教材有机融合电子教材、教学配套资源（PPT、微课、视频、图片等）、题库系统、数字化教学服务（在线教学、在线作业、在线考试），使教学资源更加多样化、立体化。

本教材主要可供全国高等院校药学类专业学生使用，也可供从事化学制药工艺、药物化学、制药工程及其相关学科领域的科研人员、大专院校教学人员、研究生等参考阅读。

图书在版编目（CIP）数据

化学制药工艺学／赵临襄主编. —5 版. —北京：中国医药科技出版社，2019.12（2025.1重印）

全国高等医药院校药学类专业第五轮规划教材

ISBN 978-7-5214-1467-7

Ⅰ. ①化…　Ⅱ. ①赵…　Ⅲ. ①药物-生产工艺-医学院校-教材　Ⅳ. ①TQ460.6

中国版本图书馆 CIP 数据核字（2019）第 287356 号

美术编辑　陈君杞
版式设计　友全图文

出版　**中国健康传媒集团** | 中国医药科技出版社
地址　北京市海淀区文慧园北路甲 22 号
邮编　100082
电话　发行：010-62227427　邮购：010-62236938
网址　www.cmstp.com
规格　889×1194mm　¹⁄₁₆
印张　26¾
字数　592 千字
初版　2003 年 2 月第 1 版
版次　2019 年 12 月第 5 版
印次　2025 年 1 月第 6 次印刷
印刷　大厂回族自治县彩虹印刷有限公司
经销　全国各地新华书店
书号　ISBN 978-7-5214-1467-7
定价　**75.00 元**

获取新书信息、投稿、为图书纠错，请扫码联系我们。

数字化教材编委会

出版说明

"全国高等医药院校药学类规划教材"，于20世纪90年代启动建设，是在教育部、国家药品监督管理局的领导和指导下，由中国医药科技出版社组织中国药科大学、沈阳药科大学、北京大学药学院、复旦大学药学院、四川大学华西药学院、广东药科大学等20余所院校和医疗单位的领导和权威专家成立教材常务委员会共同规划而成。

本套教材坚持"紧密结合药学类专业培养目标以及行业对人才的需求，借鉴国内外药学教育、教学的经验和成果"的编写思路，近30年来历经四轮编写修订，逐渐完善，形成了一套行业特色鲜明、课程门类齐全、学科系统优化、内容衔接合理的高质量精品教材，深受广大师生的欢迎，其中多数教材入选普通高等教育"十一五""十二五"国家级规划教材，为药学本科教育和药学人才培养做出了积极贡献。

为进一步提升教材质量，紧跟学科发展，建设符合教育部相关教学标准和要求，以及可更好地服务于院校教学的教材，我们在广泛调研和充分论证的基础上，于2019年5月对第三轮和第四轮规划教材的品种进行整合修订，启动"全国高等医药院校药学类专业第五轮规划教材"的编写工作，本套教材共56门，主要供全国高等院校药学类、中药学类专业教学使用。

全国高等医药院校药学类专业第五轮规划教材，是在深入贯彻落实教育部高等教育教学改革精神，依据高等药学教育培养目标及满足新时期医药行业高素质技术型、复合型、创新型人才需求，紧密结合《中国药典》《药品生产质量管理规范》（GMP）、《药品经营质量管理规范》（GSP）等新版国家药品标准、法律法规和《国家执业药师资格考试大纲》进行编写，体现医药行业最新要求，更好地服务于各院校药学教学与人才培养的需要。

本套教材定位清晰、特色鲜明，主要体现在以下方面。

1.契合人才需求，体现行业要求　契合新时期药学人才需求的变化，以培养创新型、应用型人才并重为目标，适应医药行业要求，及时体现新版《中国药典》及新版GMP、新版GSP等国家标准、法规和规范以及新版《国家执业药师资格考试大纲》等行业最新要求。

2.充实完善内容，打造教材精品　专家们在上一轮教材基础上进一步优化、精炼和充实内容，坚持"三基、五性、三特定"，注重整套教材的系统科学性、学科的衔接性，精炼教材内容，突出重点，强调理论与实际需求相结合，进一步提升教材质量。

3.创新编写形式，便于学生学习　本轮教材设有"学习目标""知识拓展""重点小结""复习题"等模块，以增强教材的可读性及学生学习的主动性，提升学习效率。

4.配套增值服务，丰富教学资源　本套教材为书网融合教材，即纸质教材有机融合数字教材，配套教学资源、题库系统、数字化教学服务，使教学资源更加多样化、立体化，满足信息化教学的需求。通过"一书一码"的强关联，为读者提供免费增值服务。按教材封底的提示激活教材后，读者可通过PC、手机阅读电子教材和配套课程资源（PPT、微课、视频、图片等），并可在线进行同步练习，实时反馈答案和解析。同时，读者也可以直接扫描书中二维码，阅读与教材内容关联的课程资源（"扫码学一学"，轻松学习PPT课件；"扫码看一看"，即可浏览微课、视频等教学资源；"扫码练一练"，随时做题检测学习效果），从而丰富学习体验，使学习更便捷。

编写出版本套高质量的全国本科药学类专业规划教材，得到了药学专家的精心指导，以及全国各有关院校领导和编者的大力支持，在此一并表示衷心感谢。希望本套教材的出版，能受到广大师生的欢迎，对为促进我国药学类专业教育教学改革和人才培养做出积极贡献。希望广大师生在教学中积极使用本套教材，并提出宝贵意见，以便修订完善，共同打造精品教材。

中国医药科技出版社

2019年9月

前　言

本教材为"全国高等医药院校药学类专业第五轮规划教材"之一，本着契合新时期药学人才需求的变化，以培养创新型、应用型人才为目标，满足药学类专业就业岗位的实际需求等编写思路和原则编写而成。

本教材是在上版教材内容的基础上，结合"十三五"期间教学改革和教学研究经验进行再版修订。内容共有十五章，前六章分别为绪论、药物合成工艺路线的设计和选择、化学合成药物的工艺研究、手性药物的制备技术、中试放大与工艺规程、化学制药与环境保护，突出新技术和新范例，注重实用性，深入浅出地阐述化学制药工艺的特点和基本规律；其余九章内容的编写以重要性、代表性和新颖性为原则，分别对塞来西布、$R,R,R-\alpha$-生育酚、氯霉素、埃索美拉唑、地塞米松、盐酸地尔硫䓬、左氧氟沙星、多西他赛和甲氧苄啶等9个典型药物的生产工艺原理加以剖析，各有侧重并各具特色。理论知识结合生产实践，深入探讨药物合成工艺，注重突出知识产权保护、清洁生产和手性技术等内容。

本次修订主要做的工作如下：对上版教材中不合理的内容框架进行调整或完善补充；增加了化学制药工艺学领域的新理论、新发展、新实例，使内容体现国内外化学制药工业的发展现状和发展趋势。同时将教材建设为书网融合教材，即纸质教材有机融合电子教材、教学配套资源（PPT、微课、视频、图片等）、题库系统、数字化教学服务（在线教学、在线作业、在线考试），使教学资源更加多样化、立体化。

本教材有助于推动专业课程建设，建立和提升与市场经济接轨的人才培养体制，满足培养应用型、创新型和复合型人才的教学需求。主要可供全国高等院校药学类专业学生使用，也可供从事化学制药工艺、药物化学、制药工程及其相关学科领域的科研人员、大专院校教学人员、研究生等参考阅读。

本教材编写人员由7所院校的11名长期在教学一线讲授化学制药工艺学课程的教师组成。具体分工如下：第一章、第三章和第四章由沈阳药科大学赵临襄编写，第二章和第九章由沈阳药科大学张为革编写，第五章和第十四章由山东大学方浩编写，第六章由中国药科大学王志祥和查晓明编写，第七章和第十三章由华东理工大学赵建宏编写，第八章由浙江大学任其龙编写，第十章由沈阳药科大学刘丹编写，第十一章由广东药科大学马玉卓编写，第十二章由湖北大学王凯编写，第十五章由华东理工大学冀亚飞编写。

由于编者学识有限，资料选材上有一定的局限性，教材内容与工业生产也有一定的差距，恳请各校同仁使用时提出意见和建议，以备进一步完善。

编　者
2019 年 9 月

目　录

第一章 绪 论

📖 **学习目标**

1. **掌握** 化学制药工业的特点和发展趋势，化学制药工艺学研究内容和研究方法。
2. **熟悉** 我国医药工业存在的主要问题、现状和发展前景。
3. **了解** 世界制药工业的现状和发展趋势。

第一节 概 述

扫码"学一学"

药物是对失调的机体呈现有益作用的化学物质，包括有预防、治疗和诊断作用的物质；药品是防病治病、保护健康必不可少的重要物品，也是一种特殊商品。我国医药工业是关系国计民生的重要产业，是培育发展战略性新兴产业的重点领域，主要包括化学药、中药、生物技术药物、医疗器械、药用辅料和包装材料、制药设备等。

一、化学制药工艺学及其研究内容

化学制药工艺学（chemical pharmaceutical technology）是综合应用有机化学、药物化学、分析化学、物理化学、化工原理等课程的专门知识，设计和研究经济、安全、高效的化学药物合成工艺的一门科学，与生物技术、精细化工等学科相互渗透。

（一）化学制药工艺学的研究内容

化学制药工艺学的研究内容是在化学药物研究与开发、生产过程中，设计和研究经济、安全、高效的化学合成工艺路线，研究工艺原理和工业生产过程，制订工艺规程，实现化学制药生产过程最优化。

化学制药工艺学一方面要为新药的研究和开发组织易于生产、成本低廉、操作安全和环境友好的生产工艺；另一方面要为已投产的药物不断改进工艺，特别是要为产量大、应用面广的品种，研究和开发更先进的新技术路线和生产工艺。

 思考

化学制药工艺学的研究内容是什么？

（二）化学制药工艺学的研究方法

化学制药工艺研究可分为实验室工艺研究、中试研究和工业化生产工艺研究 3 个相互联系的阶段。

1. 实验室工艺（小试工艺研究或小试，lab process）研究 实验室工艺研究包括考察工艺技术条件、设备及材质要求、劳动保护、安全生产技术、"三废"防治、综合利用，以及对原辅材料消耗、成本等进行初步估算。在实验室工艺研究阶段，要求初步弄清各步化学反应的规律并不断对所获得的数据进行分析、整理和优化，写出实验室工艺研究总结，为中试放大研究做好技术准备。

2. **中试（中试放大，scale-up process，pilot magnification）研究** 中试研究是确定药物生产工艺的重要环节，即将实验室研究中所确定的工艺条件进行工业化生产的考察、优化，为生产车间的设计与施工安装、"三废"处理、制订相关物质的质量标准和工艺操作规程等提供数据和资料，并在车间试生产若干批号后制订出生产工艺规程。

3. **工业化生产工艺（full-scale manufacturing process）研究** 工业化生产工艺研究指对已投产的药物特别是产量大、应用面广的品种进行工艺路线和工艺条件的改进，研究和应用更先进的新技术路线和生产工艺。

思考

化学制药工艺研究的三个阶段分别是什么？

二、学习本课程的要求和方法

化学制药工艺学是培养从事药物研制、工艺研究及工业化生产的专门人才的核心课程。通过学习本课程，学生应掌握化学药物工艺研究的基本理论和方法。

学习本课程的基本要求有：熟悉制药工业的现状和化学制药工业的特点；掌握药物合成工艺路线的设计、评价及选择方法；掌握化学合成药物工艺研究技术；了解手性药物的发展动向，掌握其化学制备技术；掌握中试放大的研究内容和研究方法，了解生产工艺规程的内容和作用；熟悉化学制药与环境保护的关系，掌握"三废"处理方法。

在学习基本理论和基础知识的基础上，从塞来昔布、R,R,R-α-生育酚、氯霉素、埃索美拉唑、地塞米松、盐酸地尔硫䓬、左氧氟沙星、多西他赛和甲氧苄啶等典型药物中选取代表性品种，对代表性品种的生产工艺原理进行深入剖析和总结，进一步掌握合成工艺路线的比较与选择；熟练掌握工艺原理和影响因素；了解原料、中间体的质量控制和"三废"综合治理；进一步到生产企业实地学习，把理论与生产实践密切结合起来，培养分析和解决实际问题的能力。

第二节 世界制药工业的发展现状

一、世界制药工业的现状和特点

（一）世界制药工业的现状

世界制药工业分为化学制药（包括化学原料药和化学药物制剂）、生物制药和传统药物（以植物药为主）三大类别。随着新药开发、人口老龄化以及人们保健意识的增强，全球医

扫码"学一学"

药产品市场持续快速扩大。2010~2015 年，全球医药市场规模由 7936 亿美元增长到 10345 亿美元，年均复合增长率近 5.5%，高于同期世界经济增长率。预测 2015~2019 年，全球医药市场规模将保持年均复合增长率 4%~5% 的平稳增长。2018 年全球药品市场规模达到 1.3 万亿美元。

2012 年世界药品市场规模为 9660 亿美元，其中发达国家（包括美国、日本、欧洲 5 国、加拿大和韩国）的市场规模为 6220 亿美元，占世界市场份额的 65%；新兴国家（包括中国、巴西、印度、俄罗斯等）为 2240 亿美元，占市场份额的 23%；而其他国家仅占 1200 亿美元，占市场份额的 12%。中国已成为全球第二大医药消费市场、第一大原料药出口国；预计到 2020 年中国医药行业总产值将达到十万亿元人民币。2012 年传统技术制造的化学药物和传统药物占到 80%，生物药物占 20%，预计到 2020 年生物药物的比重将超过 1/3。

（二）世界制药工业的特点

国际化大公司、创新药物与畅销药物产品是当代世界医药产业发展的显著标志。

1. 国际化大公司是推动全球医药经济发展的主要力量 2018 年国际 20 大制药公司处方药的销售额为 5041.33 亿美元，约占世界药品市场的 38.8%，见表 1-1。这些国际化大公司凭借雄厚的资本和技术实力，在全球范围内进行大规模的并购重组，增强了市场控制力。国际化大公司投入巨资进行新产品的研发，成果颇丰。通过国际化的市场运作，产品畅销全球，推动了世界医药经济的发展。

表 1-1 2018 年全球制药业排名前 20 强公司的处方药销售额与研发费用

排名	公司名称	处方药销售额（亿美元）	研发费用（亿美元）
1	辉瑞（Pfizer）	453.55	76.27
2	诺华（Novatis）	418.75	78.23
3	罗氏（Roche）	417.32	91.81
4	默克（Merck & Co）	353.57	75.63
5	赛诺菲（Sanofi）	343.97	61.84
6	强生（Johnson & Johnson）	340.78	84.46
7	吉利德科学（Gilead Sciences）	286.68	49.78
8	葛兰素史克（GlaxoSmithKline）	277.43	48.29
9	艾伯维（AbbVie）	256.62	35.23
10	安进（Amgen）	217.95	34.82
11	阿斯利康（AstraZeneca）	197.02	54.12
12	艾尔建（Allergan）	192.58	48.23
13	梯瓦（Teva Pharmaceutical Industries）	185.32	49.73
14	百时美施贵宝（Bristol-Myers Squibb）	182.61	18.48
15	礼来（Eli Lilly）	177.15	32.64
16	拜耳（Bayer）	169.71	21.29
17	诺和诺德（Novo Nordisk）	149.06	21.00

续表

排名	公司名称	处方药销售额（亿美元）	研发费用（亿美元）
18	勃林格殷格翰（Boehringer Ingelheim）	144.49	15.65
19	武田（Takeda）	142.62	30.67
20	新基（Celgene）	133.35	28.87

拥有跨国企业的数量和规模已经成为衡量一个国家医药产业国际竞争力的重要指标。2018 年排名全球前 20 强的大型医药集团中，辉瑞、默沙东和强生等 10 家为美国公司，瑞士拥有诺华和罗氏两家跨国公司，英国拥有葛兰素史克和阿斯利康，拜尔和勃林格殷格翰属于德国，赛诺菲和诺和诺德分别为法国和丹麦的制药公司，武田为日本公司，梯瓦制药公司是以色列的一家跨国公司。辉瑞在 21 世纪初通过巨型并购，成为世界最大的制药公司，2011 年和 2012 年处方药销售额分别为 577 亿美元和 674 亿美元，位居榜首，2013 年曾被"广泛多元化、在较小的领域专业化深耕"的诺华超越。

2. 新药研究与开发是制药工业发展的基础 2007～2016 年，在美国上市了 199 个新化学实体（new chemical entity，NCE）和 119 个生物技术药物（new biological entity，NBE）。这些新药的上市与应用推动了制药工业的快速发展。近 10 年创新药物的研发重点转向慢性病和难治愈性疾病，肿瘤、糖尿病、病毒性肝炎、多发性硬化症和艾滋病等临床需求量大、治疗费用高和适合于新技术应用的治疗领域得到快速发展。创新药物研发投入不断增长，研发风险不断增加，但新药上市数量持续减少。从表 1-1 可见，2018 年国际 20 大制药公司的研发费用为 957.04 亿美元，研发费用占销售收入的比例平均达到 18.98%。

新药研发周期长，复杂程度高，研发风险不断增加。新药品种从实验室发现到进入市场平均需要 10～15 年的时间，新药开发期的不断延长导致其上市后享有的专利保护期缩短，专利保护期的缩短意味着销售额大量减少。在原研药上市 4 年之后，仿制药就可提交上市批准申请。随着疾病复杂程度的提升，临床试验的设计和程序变得越来越复杂，临床试验受试者的获取和保留也变得愈发困难，需要更多的人力、物力和时间。

由于药品监管的日益严格以及疾病的复杂度越来越高，新药研发的成功率不断降低。药物从研究开始到上市销售是一项高技术、高风险、高投入和长周期的复杂系统工程。据不完全统计完成 III 期临床试验的 NCE 有 1/3 不能获准上市；在欧洲和美国，药品从早期开发到上市销售的成功率分别为 1/4317 和 1/6155。

3. 畅销品种支撑全球药品市场，决定医药企业的生存与发展 畅销品种（blockbuster drug）指年销量超过 10 亿美元以上的药物品种，国际化大制药公司都集中于从畅销品种中获取最大的收益，业绩也主要依赖于这些畅销药物的销售。专利过期引起的仿制药竞争，使这些品种的销售额和利润大幅下降。

2017 年世界最畅销的 25 个药物合计销售额为 1482.65 亿美元，约占全球药品市场的 11%，见表 1-2。2017 年世界最畅销的 25 个药物中 11 个为化学药物，14 个为生物技术药物；11 个化学药物中 3 个为复方制剂。其中既有抗肿瘤、抗哮喘、降血糖、降血脂、抗HIV、抗血栓药物，又有治疗类风湿关节炎、斑块型银屑病、神经痛等难治愈性疾病的药物。降血脂药物阿托伐他汀（atorvastatin；商标名 Lipitor，立普妥）上市 16 年，销售额远超千亿美元。从 2002 年开始，蝉联 10 年单品种销售额冠军地位；2004 年阿托伐他汀成为全球第一个销售额突破百亿美元的药物；2008 年销售额达到顶峰，为 124 亿美元。在 2011 年 11 月专利到期后，当年销售额下降到 95.77 亿美元，2012 年销售额下跌到 39.48 亿美元。

表 1-2　2017 年全球 25 个最畅销药物

排名	品种	适应证	隶属公司	销售额（亿美元）
1	阿达木单抗	自身免疫性疾病	艾伯维	184.27
2	来那度胺	多发性骨髓瘤等	新基医药	81.87
3	利妥昔单抗	白血病等	罗氏和百健艾迪	78.89
4	依那西普	自身免疫性疾病	安进和辉瑞	78.85
5	英夫利昔单抗	自身免疫性疾病	强生和默沙东	77.57
6	曲妥珠单抗	乳腺癌	罗氏	74.88
7	阿哌沙班	抗凝血	辉瑞和百时美施贵宝	73.95
8	贝伐珠单抗	肺癌、肾癌等	罗氏	71.41
9	阿柏西普	黄斑病变	再生元和拜耳	59.29
10	纳武单抗	黑色素瘤、非小细胞肺癌	百时美施贵宝和 ono	57.69
11	肺炎球菌疫苗	预防肺炎	辉瑞	51.91
12	利伐沙班	抗凝血	强生和拜耳	55.5
13	普瑞巴林	神经痛	辉瑞	50.65
14	聚乙二醇非格司亭	中性粒细胞减少	安进	45.34
15	伊布替尼	白血病等	强生和艾伯维	44.66
16	甘精胰岛素	糖尿病	赛诺菲	44.46
17	来迪派韦/索非布韦	HCV	吉利德	43.70
18	沙美特罗/氟替卡松	哮喘	葛兰素史克	43.67
19	富马酸二甲酯	多发性硬化症	百健	42.14
20	乌司奴单抗	自身免疫性疾病	强生	40.11
21	帕博利珠单抗	黑色素瘤、非小细胞肺癌	诺华	35.24
22	醋酸格替拉雷	神经系统	阿斯利康	34.83
23	利拉鲁肽	糖尿病	诺和诺德	37.66
24	西格列汀	糖尿病	默沙东	37.37
25	考比泰特/埃替拉韦/恩曲他滨/替诺福韦酯	HIV	吉利德	36.74

4. 国际化分工协作的外包市场正在快速发展　专利药到期引发的利润压力、新药研发费用的暴涨以及全球的医改趋势，促使国际大型制药企业纷纷开始重新调整在研产品线，在预算的压力下开始转向通过合同研究组织（contract research organization，CRO）实行研发外包，并将研发重心向新兴市场转移。

越来越多的国际医药集团在经济全球化发展的前提下，充分利用外部的优势资源，重新定位、配置企业的内部资源。为了节省药品研发支出，提高效率，降低风险，跨国制药企业将研发网络从新加坡、爱尔兰和印度，进一步扩大到临床资源丰富、科研基础较好的发展中国家，如以技术和质量取胜的中国和印度。随着以基因工程为核心的生物技术的迅猛发展，发达国家和跨国医药集团争相发展生物技术。由于发达国家环保费用高，传统的原料药已无生产优势，因此，跨国制药企业逐步退出一些成熟的原料药领域，转移到环保要求较低的发展中国家。2013 年全球 CRO 市场规模为 552 亿美元，2015 年全球 CRO 市场将达到 700 亿美元。

（三）世界制药工业的发展趋势

2011~2015 年世界药品市场年复合增长率为 3%~6%，相比于 2006~2010 年 6.2% 的增长率，进入一个增长的慢周期，预计到 2016 年世界药品市场将接近 1.2 万亿美元。美国药物消费的低增长水平、成熟市场专利过期的持续影响、新兴医药市场需求的持续坚挺以及若干国家的政策导向变化等，都将成为影响未来增长的关键因素。世界制药工业的发展趋势将体现以下 6 方面特点。

1. 品牌药物支出比例下降加剧 2005~2012 年全球品牌药物的市场份额从 70% 下降到 61%，预计到 2017 年将下降至 52%。虽然全球市场份额缩水，但是新兴市场品牌产品增长态势稳健，预计由现在的 19% 上升至市场总体的 33%。

2. 成熟市场受益于大批量的专利过期 由于药品专利过期，美国和欧洲等成熟市场在 2005~2010 年期间，节省了 540 亿美元，到 2015 年，药品专利过期将节约 1200 亿美元。2011~2018 年全球面临专利到期的总销售额将达 3310 亿元，世界通用名药市场年平均增长 10.2%，达到 960 亿美元。在美国市场，当原研药专利过期时，其市场份额会很快被仿制药瓜分，仿制药消费市场会最大限度扩张。其他发达国家仿制药占领市场的速度低于美国，如日本仿制药市场份额持续走低。赛诺菲、诺华、礼来在过去十年里率先进入仿制药行业，辉瑞、罗氏、葛兰素史克、阿斯利康和雅培等制药巨头紧随其后。

3. 新疗法填补病患需求的空白 新疗法以延长病患生命、提高患者的生活质量为目标，为病患提供全新的治疗选择。如脑卒中的预防疗法；采用口服药物治疗多发性硬化症，用药便利且疗效更佳；心律不齐的新疗法，近十年来首次扩大了该领域的治疗选择；提高转移性黑色素瘤患者存活率的疗法；乳腺癌和丙型肝炎创新性治疗方案的选择；第一个前列腺癌疫苗的上市，是个体化医疗的突破性进展等。

4. 新兴市场药品消费水平接近美国 中国作为全球第三大药品市场，2005 年其占全球医药市场的份额为 6.4%，2011 年上升到 14.7%，5 年间市场份额翻一番。2006~2015 年，美国、欧洲和日本等发达国家的市场份额从 73% 下降到 57%，而中、俄、巴西、印度等新兴市场国家的份额扩大 1.4 倍，成为扩张速度最快的地区，平均增长率 10.4%。2010 年新兴市场的药品销售额为 1510 亿美元，到 2015 年将翻一番达到 2850 亿~3150 亿美元。到 2015 年，新兴市场药品消费水平将接近美国，超越德国、法国、意大利、西班牙和英国，成为第二大药品消费市场。这一结果得益于经济增长与居民收入增加、药物成本降低，以及政府提高治疗普及率政策的实施。

5. 医疗政策将对药品消费产生长期影响 近几年世界各国陆续发布了控制医药费用过快增长的医改政策，这些政策将对未来 5 年的全球医药消费产生重大影响。如美国的平价医疗法案，将医疗保险的覆盖面扩大了 2500 万~3000 万人；法国将药品报销范围缩小了 10%~20%；英国引入风险分担机制，降低昂贵药物的风险；俄罗斯出台了加强药品价格管制力度的相关政策；巴西的成本控制政策，可能导致政府药品预算缩减；印度把价格控制的基本药物品种从 74 个增至 354 个；中国的药品价格控制政策，降低了药价，确保医疗普及可持续发展；日本改革了进口药价格核算制度，降低了新药上市价格，药价下降 5.75%；西班牙降低药品消费开支和降低药价的政策；以及德国在药品报销政策中引入成本效益分析方法，总之无论发达国家还是发展中国家都在控制药品支出和降低药价。

6. 生物仿制药发展迅速但其使用受限 由于生物药价格昂贵，为了节省医疗保健支出，政府和医患开始关注生物仿制药。到 2015 年，生物仿制药的销售额将达到 20 亿美元，占全球生物技术药物总支出的 1%。仿制药市场成熟的美国、德国、英国等国家，对生物仿制药接受程度较高，其中美国市场占据主导地位，2014 年美国生物仿制药市场达到 17.5 亿美元，占全球生物仿制药的 90%。

二、化学制药工业的发展趋势

（一）化学制药工业的特点

2014 年全球药品销售总额达 10142 亿美元，其中化学合成药物占 70% 左右。目前临床应用的化学合成药物达 2000 多种，全球排名前 50 位的畅销药中 80% 为化学合成药物。

化学制药工业的特点有：①品种多，更新速度快；②生产工艺复杂，原辅料繁多，而产量一般不大；③产品质量要求严格；④大多采用间歇式生产方式；⑤原辅材料和中间体不少是易燃、易爆、有毒性的；⑥"三废"（废渣、废气、废液）多，且成分复杂，严重危害环境。

思考

化学制药工业的特点。

（二）化学制药工业与绿色制药工艺

清洁化生产是应用清洁技术（clean technology），从产品源头减少或消除对环境有害的污染物。清洁技术的目标是分离和再利用原本要排放的污染物，实现"零排放"的循环利用策略。清洁技术是一种预防性的环境战略，也称为"绿色工艺"或"环境友好的工艺"，属于绿色化学（green chemistry）的范畴。清洁技术可以在产品的设计阶段引进，也可以在现有工艺中引进，使产品生产工艺发生根本改变。

绿色制药工艺（green pharmaceutical process），即清洁技术在化学制药工业中的应用，基本思想是从传统的片面追求高收率、低成本转变到将废物排出最小化的清洁化技术上。绿色制药工艺应用绿色化学的原理和工程技术来减少或消除造成环境污染的有害原辅材料、催化剂、溶剂、副产物；设计并采用安全有效、节约能量、环境友好的先进生产工艺和技术；实现化学原料药，即活性成分（active pharmaceutical ingredient，API）的清洁生产。

当前研究的主要内容有：

1. 原料的绿色化 用无毒、无害的化工原料或来源丰富的天然产物替代剧毒、严重污染环境的原料。如碳酸二甲酯已被国际化学品机构认定是毒性极低的绿色化学品，它可以取代剧毒的光气和硫酸二甲酯，作为羧基化试剂、甲基化试剂或甲氧羰基化试剂参加化学反应。又如以催化氢化替代化学还原反应，用空气或氧气替代有毒、有害的化学氧化剂等。

2. 化学反应的绿色化　Trost 在 1991 年首先提出了原子经济性的概念，理想的原子经济反应是原料分子中的原子全部转化成产物，最大限度地利用资源，从源头不生成或少生成副产物或废物，争取实现废物的"零排放"。在原子经济性理论基础上，设计高效利用原子的化学合成反应，称为化学反应绿色化。如采用钛硅分子筛作催化剂、H_2O_2 氧化法进行环己酮的肟化，反应条件温和，氧源安全易得；选择性高，副反应少，副产物为 O_2 和 H_2O；环己酮的转化率高达 99.9%，基本实现了原子经济反应。目前，可利用的原子经济反应类型并不多，尚需进行深入开发研究。在手性药物合成中，不对称合成反应从根本上消除了手性药物或手性中间体生产过程中无效或有害的副产物（参见第四章手性药物的制备技术）。

3. 催化剂的绿色化　实现化学反应催化剂的绿色化也是绿色制药工艺的重要内容。为了得到尽可能多的目标产品，减少副产品和废物，除了采用合适的工艺设备和工艺线路外，使用高效环保的催化剂也是有效方法之一，如利用酶催化剂、手性催化剂或仿生催化剂等。

将生物工程中的基因工程、细胞工程技术与化学制药相结合，特别是生物酶的开发应用具有安全环保的巨大优势。酶是生物细胞所产生的有机催化剂，利用酶催化反应来制备化学原料药和中间体是清洁技术的重要应用领域。酶催化反应在化学制药工业中已屡见不鲜，如淀粉双酶法生产葡萄糖，甾体激素的 A 环芳构化和 10 位引入 β-羟基，维生素 C 的两步微生物氧化等。近年来酶催化反应在改进氨基酸、半合成抗生素的生产工艺以及酶动力学拆分等方面均取得了显著进展。

4. 溶剂的绿色化　药物研发和生产中使用的大量有机溶剂既可造成环境污染，又存在安全隐患。据不完全统计，在 API 生产过程中，产生的废料约 90% 与溶剂有关（30% 水/60% 有机溶剂）。因此，利用绿色溶剂或减少溶剂使用量，使用环境友好且易回收的溶剂来代替有毒、难回收的有机溶剂是制药工业绿色化的重要发展方向。

大多数化学反应都是有溶剂反应，使用安全、无毒溶剂，实现溶剂的循环使用可实现制药工业绿色化。如 Friedel-Crafts 反应，酰化剂羧酸与三氟乙酸酐生成混合酸酐，提高酰化剂的活性，三氟乙酸酐既做反应溶剂，又参与反应。在磷酸的催化下，芳香族化合物在 60℃进行 Friedel-Crafts 反应，边反应边蒸出三氟乙酸和三氟乙酸酐混合物。用五氧化二磷处理该混合物，生成三氟乙酸酐循环使用。这是一种减少 Friedel-Crafts 反应废弃物的新方法。

溶剂绿色化最活跃的研究领域是超临界流体，用超临界状态下的二氧化碳或水做溶剂，替代在有机合成中经常使用的环境有害溶剂，已成为一种新型的化学制药工艺条件。近临界水（加热到 250~300℃，并加压到 5~10MPa）中存在大量的氢氧离子，能够溶解有机化合物；这些离子还可充当催化剂。在近临界水中进行化学反应，具有副产物少、目标产物收率高、易于分离等特点。烷基取代的芳香族化合物在近临界水中可选择性进行催化氧化反应，如二甲苯进行氧化反应时，可得到对苯二甲酸；乙苯氧化可得到苯乙酮，改变反应条件也可以生成苯乙醛。

COX-2 选择性抑制剂塞来昔布（celecoxib）的合成工艺中，共使用 5 种常用溶剂（THF、MeOH、EtOH、IPA 和 H_2O），在随后的工艺优化中，溶剂的数量从 5 种减少到 3 种

（MeOH、IPA 和 H$_2$O），溶剂的用量也大幅降低，总收率从 63% 提高到 84%，产生的废物减少了 35%，分离纯化时用 50% 的异丙醇代替 100% 的异丙醇，位置异构体杂质减少到 0.5% 以下，为后续的精制工艺打下了良好基础。

5. 研究新合成方法和新工艺路线 化学合成药物品种繁多，工艺复杂，污染程度和污染物性质各不相同，而且频繁出现的新品种又不断带来新的污染物。因此，研究新合成方法和新工艺路线时，指导思想要从传统的寻求总收率最大化转变到废物排出最小化的清洁化技术上来。清洁化技术的核心是研究新的反应体系，选择反应专一性最强的技术路线。尽量减少非目标产物生产所需的原辅材料，使每一步反应都尽可能实现定量转化，提高原子利用率。

紫杉醇（paclitaxel，Taxol）是 1971 年从红豆杉属植物短叶紫杉树皮中发现的一种抗肿瘤活性物质，通过与微管蛋白（tubulin）的 β 亚单位键合，促进微管蛋白聚合并抑制微管解聚，从而抑制肿瘤细胞的有丝分裂，导致细胞凋亡。1992 年起紫杉醇相继被批准用于治疗晚期卵巢癌、转移性乳腺癌以及与艾滋病有关的 Kaposi 恶性肿瘤。紫杉醇具有复杂的化学结构，一个高度氧化的四环体系构成二萜核，其上的 C$_{13}$ 位连接一个苯异丝氨酸侧链，分子中有较多的功能基团和立体化学特征。紫杉醇的全合成大约需要 40 步化学反应，总收率仅 2%，无实用价值。

紫杉醇的分离需要剥取红豆杉的树皮，在红豆杉树皮中的含量仅为 0.0004%，从红豆杉树皮提取分离紫杉醇将导致生态系统的破坏。百时美施贵宝公司开发了以天然物质脱酰基浆果赤霉素（10-deacetylbaccatin，10-DAB）为原料半合成制备紫杉醇的方法，10-DAB 存在于欧洲红豆杉浆果紫杉的叶和嫩枝中，含量达 0.1%，浆果紫杉在欧洲广泛种植，其采集、分离不会危及红豆杉的生存，持续供给也不会对生态系统产生任何不利的影响。10-DAB 含有紫杉醇分子结构中最复杂的 8 个手性中心，但该半合成工艺路线仍需进行 11 步化学转变和 7 次分离纯化，需要 13 种溶剂、13 种有机试剂和其他原料，工艺路线复杂，对环境仍有影响。半合成紫杉醇与顺铂联合用药已成为晚期卵巢癌和非小细胞肺癌治疗的一线用药。

BMS 公司使用最新的植物细胞发酵（plant cell fermentation，PCF）技术，开发了更符合可持续发展要求的新工艺。在常温常压下，一个特殊的紫杉细胞愈合组织在全水相条件下发酵繁殖。细胞生长所需的原料都是可再生的营养物，如糖类、氨基酸、维生素和微量元素等。从植物细胞培养液中提取紫杉醇，通过色谱法纯化，结晶分离得到纯品。与由 10-DAB 半合成方法相比，PCF 工艺没有化学转变，因此减少了 6 个中间体和 10 种溶剂，也不需要使用树叶和树枝，不会产生固体废弃物。另外，PCF 工艺减少了 6 个干燥步骤，使能耗大大降低，同时也能确保紫杉醇的稳定供应。

在化学制药工业中，绿色制药工艺是促进化学制药工业清洁化生产的关键，也是化学制药工业今后的发展方向。目前已开发成功的清洁技术非常有限，大部分化学药品的生产工艺远没有达到"原子经济性"和"三废"零排放的要求。化学制药工业生产一方面必须从技术上减少和消除对大气、土地和水域的污染，即通过品种更替和工艺改革等途径解决环境污染和资源短缺问题；另一方面要全面贯彻《中华人民共和国环境保护法》（2014 年修订）、《制药工业污水排放标准》（2008 年修订）和《药品生产质量管理规范》（2010 年修订），保证化学合成药物从原料、生产、加工、废弃处理到贮存、运输、销售和使用等各个环节的安全，保障化学制药工业成为无污染的、可持续发展的产业。

思考

绿色制药工艺的主要研究内容。

第三节　我国医药工业的现状和发展前景

我国医药工业在保护和增进人民健康、应对自然灾害和公共卫生事件、促进经济社会发展等方面发挥了重要作用。

以下主要讨论我国医药工业的辉煌成就，以及存在的主要问题。以《医药工业"十二五"发展规划》提出的"十二五"医药工业的发展目标说明我国医药工业的发展前景。

一、我国医药工业的现状

医药工业在旧中国基本上是空白，1949～1978 年，解决了一些常用的大宗药品的国产化问题，生产技术和工艺水平也有所提高。1978～2010 年，随着居民生活水平的提高和对医疗保健需求的不断增长，医药工业一直保持着较快的发展速度，经济运行质量与效益不断提高，成为国民经济中发展最快的行业之一。医药工业平均销售增长幅度超过 20%，比同期全球医药工业的年平均增长速度快 3 倍；在国内生产总值中的比重由 2.17% 上升到 3.2%。

（一）我国医药工业的辉煌成就

随着国民经济快速增长，居民生活水平逐步提高，国家加大医疗保障和医药创新投入，2014 年我国医药工业保持了较快的增长速度，在各工业行业中位居前列。主营业务收入、利润总额增速较上年放缓，但仍显著高于工业整体水平。随着发展环境变化，医药工业发展正在步入中高速增长的新常态。

1. 医药工业增加值增速居工业行业前列，规模效益增长放缓　2014 年规模以上医药工业增加值同比增长 12.5%，增速较 2013 年下降 0.2 个百分点，高于工业整体增速 4.2 个百分点，在各工业大类中位居前列。医药工业增加值在整体工业所占比重达到 2.8%，较 2013 年增长 0.18 个百分点，医药工业对工业经济增长的贡献进一步加大。2014 年医药工业规模以上企业实现主营业务收入 24553.16 亿元，同比增长 13.05%，高于全国工业整体增速 6.05 个百分点，但较 2013 年降低 4.85 个百分点。各子行业中，中药饮片、卫生材料及医药用品、医疗仪器设备及器械、生物药品、中成药的增速高于行业平均水平，化学药品原料药制造、化学药品制剂制造和制药机械制造 3 个子行业的增速低于行业平均水平。八大子行业主营业务收入、增速及占比见表 1-3。2014 年医药工业规模以上企业实现利润总额 2460.69 亿元，同比增长 12.26%，高于全国工业整体增速 8.96 个百分点，但较 2013 年降低 5.34 个百分点，与主营业务收入同步出现了较大幅度的下降。各子行业中，化学药品原料药制造和化学药品制剂制造主营收入利润率较上年略有增长，其余子行业利润率均较上年有所下降。

表 1-3　2014 年医药工业主营业务收入、增速及占比

医药制造业子行业	主营业务收入（亿元）	同比（%）	比重（%）	2013 年增速（%）
化学药品原料药制造	4240.35	11.35	17.27	13.7
化学药品制剂制造	6303.71	12.03	25.67	15.8
中药饮片加工	1495.63	15.72	6.09	26.9
中成药制造	5806.46	13.14	23.65	21.1
生物药品制造	2749.77	13.95	11.20	17.5
卫生材料及医药用品制造	1662.32	15.48	6.77	21.8
制药机械制造	158.86	11.02	0.65	22.3
医疗仪器设备及器械制造	2136.07	14.63	8.70	17.2
合　计	24553.16	13.05	100	17.9

2. 技术创新成果显著　国家通过重大新药创制、战略性新兴产业专项等方式支持医药企业创新发展，企业研发投入加大，创新积极性增强。通过产学研联盟等方式新建了以企业为主导的五十多个国家级技术中心，技术创新能力不断加强。2011~2014 年，国家食品药品监督管理总局（China Food and Drug Administration，CFDA）累计批准 425 个化学新药上市。一批创新性强的新药获批上市，如 1.1 类新药艾瑞昔布（imrecoxib）、盐酸埃克替尼（icotinib hydrochloride）、艾力沙坦（allisartan）、双环铂（dicycloplatin）、吗啉硝唑（morinidazole）、海姆泊芬（hemoporfin）、甲磺酸阿帕替尼（apatinib mesylate）和西达本胺（chidamide）等。在生物制品方面，重组人 II 型肿瘤坏死因子受体-抗体融合蛋白等单抗药物、Sabin 株脊髓灰质炎灭活疫苗等实现产业化。新产品、新技术开发成效明显。

3. 企业实力进一步增强，集中度提高　在市场增长、技术进步、投资加大、兼并重组等力量的推动下，涌现出一批综合实力较强的大型企业集团。2013 年主营收入超过 100 亿元的工业企业有 11 家，其中广州医药集团有限公司、修正药业集团股份有限公司的主营收入在 400 亿元以上；扬子江药业集团有限公司、华北制药集团有限责任公司、华润医药控股有限公司、威高集团有限公司、哈药集团有限公司、石药集团有限责任公司、天津市医药集团有限公司、中国医药集团总公司、拜耳医药保健有限公司等大型企业集团规模不断壮大，主营收入超过 100 亿元。主营收入在 50 亿~100 亿元的企业有 25家。医药大企业已成为国家基本药物供应的主力军，有效保障了基本药物供应。到 2014年底，无菌药品生产企业通过 GMP 认证率为 70%，非无菌药品生产企业通过率为 60%。生产质量体系加快与国际接轨，一批品种在欧美国家完成注册和上市，为制剂国际化打开了新的局面。

4. 重点区域领衔发展　东部沿海地区发挥资金、技术、人才和信息优势，加强产业基地和工业园区建设，促进集聚发展，大力发展生物医药和高端医疗设备，"长三角"、"珠三角"和"环渤海"三大医药工业集聚区的优势地位更加突出，辐射能力不断增强。2014年主营业务收入居前 3 位的地区是山东、江苏、河南，合计占到全行业主营业务收入的36.58%，集中度略高于上年。利润总额居前 3 位的地区是山东、江苏、广东，合计占到全行业利润的 37.64%。出口交货值居前 3 位的地区是江苏、浙江、山东，合计占到全行业的50.38%。按照区域划分，中西部地区的医药工业主营业务收入增速快于东部地区 2.9 个百分点。

5. 对外开放水平稳步提升　2014 年医药工业规模以上企业实现出口交货值 1740.81 亿

元，同比增长 6.63%，增速较上年提升 0.83 个百分点，增长速度仍然较低，但有所回升。根据海关进出口数据，2014 年医药产品出口额为 549.6 亿美元，同比增长 7.38%，较上年提高 0.54 个百分点。其中化学原料药出口额为 258.6 亿美元，同比增长 9.57%，较上年提高 6.93 个百分点。

我国作为世界最大化学原料药出口国的地位得到进一步巩固，抗生素、维生素、解热镇痛药物等传统优势品种市场份额进一步扩大，他汀类、普利类、沙坦类等特色原料药已成为新的出口优势品种，具有国际市场主导权的品种日益增多。监护仪、超声诊断设备、一次性医疗用品等医疗器械出口额稳步增长。境外投资开始起步，一批国内企业在境外投资并设立研发中心或生产基地。外商投资制药企业在华发展迅速，外商独资、合资药企占中国医药市场份额的三分之一左右。十余家大型跨国医药公司在我国设立了全球或区域研发中心。

6. 应急保障能力不断提高 中央与地方两级医药储备得到加强，增加了实物储备的品种和数量，新增了特种药品和疫苗的生产能力储备，在应对突发事件和保障重大活动安全等方面发挥了重要作用。

（二）我国医药工业存在的主要问题

我国目前仅是制药大国，与制药强国相比仍有较大差距。我国医药工业在快速发展的同时，仍然存在一些突出矛盾和问题，主要是：

（1）技术创新能力弱，企业研发投入低，高素质人才不足，创新体系有待完善：企业研发投入少、创新能力弱，一直是困扰我国医药产业深层次发展的关键问题。江苏恒瑞医药股份有限公司、扬子江药业集团有限公司、江苏豪森药业股份有限公司、江苏正大天晴药业股份有限公司、齐鲁制药有限公司、先声药业有限公司、石药集团有限公司、贝达药业股份有限公司、上海医药集团股份有限公司和浙江海正药业股份有限公司入选 2014 中国医药企业创新力 10 强，研发投入占销售收入比重 5% 以上，但大部分企业的研发投入比重仍然偏低。

目前我国医药研发的主体仍是科研院所和高等院校，大中型企业内部设置科研机构的工作重点是技术转移。同时，国内风险投资市场尚未建立，整个技术创新体系中间环节出现严重断裂。由此造成我国的医药产品在国际医药分工中处于低端领域，国内市场的高端领域也主要被进口或合资产品占据。有效整合科研院所和医学临床机构等资源，建立以企业为主体、市场为导向、产品为核心、产学研相结合的较为完善的医药创新体系，全面提高行业原始创新能力、集成创新能力和引进消化吸收再创新能力，具备较强的工程化、产业化能力，是创新体系建设的长期目标。

（2）产品结构亟待升级，一些重大、多发性疾病治疗药物和高端诊疗设备依赖进口，生物技术药物规模小，药物制剂发展水平低，药用辅料和包装材料新产品新技术开发应用不足：我国多数重大原料药品种生产技术水平不高，生产装备陈旧，劳动生产率低，产品质量和成本缺乏国际市场竞争力。虽然我国化学原料药的出口额较大，但是通过国际市场注册和认证的品种却不多，2013 年底我国原料药取得欧洲适用性认证（certificate of suitability，COS）证书数量和在美国 FDA 登记的原料药药物主控档案（drug master file，DMF）文件数量分别为 428 份和 1116 份，绝大部分产品仍以化工产品形式进入国际市场。我国的药物制剂生产水平与国外先进国家相比差距较大，存在品种少、规格单一、质量差等问题。

（3）产业集中度低，企业多、小、散的问题依然突出，低水平重复建设严重，造成过度竞争、资源浪费和环境污染：截至 2013 年底，全国有 4875 家原料药和制剂生产企业。51 家上市化学制药企业公布了 2014 年的业绩年报和业绩快报，营业收入超过 100 亿元的企业有哈药股份、复星医药和海正药业；营业收入在 50 亿~100 亿元的企业 3 家，恒瑞医药、健康元和人福医药；20 亿~50 亿元的企业有 11 家。上市化学制药企业 10 强营业收入 775.64 亿元。我国持有《药品经营许可证》企业有 4.5 万多家，产业集中度低。

大多数生产企业规模小，科技含量低、管理水平低，生产能力利用率低。大部分企业品种雷同、没有特色和名牌产品，低水平重复研究、重复生产、重复建设。如具有头孢哌酮钠/舒巴坦钠（sulbactam/cefoperazone）复方批文的企业多达 391 家，296 家企业有奥美拉唑（omeprazole）的生产批文，22 家企业有氯吡格雷（clopidogrel）生产批文。维生素 C（vitamin C，ascorbic acid）等老产品也出现盲目扩大生产规模的问题，产品价格一降再降，甚至处于亏损边缘。

（4）药品质量安全保障水平有待提高，企业质量责任意识亟待加强：生产企业存在"重认证、轻管理"的倾向，部分企业质量管理部门地位低下，质量否决权受到多方干扰，质量管理人员素质参差不齐，质量责任意识弱化，生产线上技术人员专业不对口，技术考核制度不健全，员工培训流于形式，尤其缺少"质量事故"的典型教育。

 思考

我国医药工业存在的主要问题。

二、我国医药工业的发展前景

《医药工业"十三五"发展规划》（2016.11.07）确定的主要目标：

到 2020 年，规模效益稳定增长，创新能力显著增强，产品质量全面提高，供应保障体系更加完善，国际化步伐明显加快，医药工业整体素质大幅提升。

1. 行业规模 主营业务收入保持中高速增长，年均增速高于 10%，占工业经济的比重显著提高。

2. 技术创新 企业研发投入持续增加，到 2020 年，全行业规模以上企业研发投入强度达到 2% 以上。创新质量明显提高，新药注册占药品注册比重加大，一批高质量创新成果实现产业化，新药国际注册取得突破。

3. 产品质量 药品、医疗器械质量标准提高，各环节质量管理规范有效实施，产品质量安全保障加强。基本完成基本药物口服固体制剂仿制药质量和疗效一致性评价。通过国际先进水平 GMP 认证的制剂企业达到 100 家以上。

4. 绿色发展 与 2015 年相比，2020 年规模以上企业单位工业增加值能耗下降 18%，单位工业增加值二氧化碳排放量下降 22%，单位工业增加值用水量下降 23%，挥发性有机物（VOCs）排放量下降 10% 以上，化学原料药绿色生产水平明显提高。

5. 智能制造 到 2020 年，医药生产过程自动化、信息化水平显著提升，大型企业关键工艺过程基本实现自动化，制造执行系统（MES）使用率达到 30% 以上，建成一批智能制造示范车间。

6. 供应保障 国家基本药物、常用低价药供应保障能力加强，临床用药短缺情况明显改善，临床急需的专利到期药物基本实现仿制上市，国家医药储备体系进一步完善，应对突发公共卫生事件的应急研发和应急生产能力显著增强。

7. 组织结构 行业重组整合加快，集中度不断提高，到 2020 年，前 100 位企业主营业务收入所占比重提高 10 个百分点，大型企业对行业发展引领作用进一步加强。

8. 国际化 医药出口稳定增长，出口交货值占销售收入的比重力争达到 10%。出口结构显著改善，制剂和医疗设备出口比重提高。境外投资规模扩大，国际技术合作深化，国际化发展能力大幅提升。

第四节　药品注册管理和生产管理法律法规

扫码"学一学"

我国药品管理的法律法规以宪法为基本依据，以《中华人民共和国药品管理法》为主体，是由数量众多的药品管理行政法规、部门规章、规范性文件、药品标准，地方性法规、规章以及国际药品条约组成的多层次、多门类有内在联系的法律法规体系。

1984 年 9 月 20 日发布并于 1985 年 7 月 1 日实施的《中华人民共和国药品管理法》第一次以法律的形式对药品研制、生产、经营和使用环节进行规定，明确了生产、销售假劣药品的法律责任，标志着中国药品监管工作进入了法制化轨道。该法于 2019 年 8 月 26 日修订发布并于 2019 年 12 月 1 日实施，这是《药品管理法》自 1984 年颁布以来的第二次系统性、结构性的重大修改，将药品领域改革成果和行之有效的做法上升为法律，为公众健康提供更有力的法治保障。最主要的药品管理行政法规是《中华人民共和国药品管理法实施条例》（2016 年修订）。主管全国药品监督管理工作的国家药品监督管理局（National Medical Products Administration，NMPA），前身为国家食品药品监督管理局（State Food and Drug Administration，SFDA）和国家食品药品监督管理总局（China Food and Drug Administration，CFDA），其制定有关药品的部门规章。下面重点介绍化学药品注册管理和药品生产管理方面的相关规定。

一、药品注册管理法律法规

1. 药物非临床研究质量管理（good laboratory practice，GLP）　1999 年 10 月 15 日 SFDA 发布《药品研究机构登记备案管理办法（试行）》。2000 年 1 月 3 日 SFDA 发布《药品研究实验记录暂行规定》。2003 年 8 月 6 日 SFDA 修订并发布《药物非临床研究质量管理规范》，自 2003 年 9 月 1 日起施行。2007 年 4 月 16 日 SFDA 发布《药物非临床研究质量管理规范认证管理办法》。

2. 药物临床试验质量管理（good clinical practice，GCP）　2003 年 8 月 6 日 SFDA 修订并发布《药品临床试验质量管理规范》，自 2003 年 9 月 1 日起施行。2004 年 2 月 19 日 SFDA 和 MOH 联合发布《药物临床试验机构资格认定办法（试行）》。

3. 药品注册管理　我国的药品注册管理已形成以《药品注册管理办法》为核心，以《药品注册现场核查管理规定》、《新药注册特殊审批管理规定》和《药品技术转让注册管理规定》等为配套文件的药品注册管理法规体系。2007 年 7 月 10 日发布、2007 年 10 月 1 日施行的《药品注册管理办法》规定，药品注册是指 SFDA 根据药品注册申请人的申请，依照法定程序，对拟上市销售药品的安全性、有效性、质量可控性等进行审查，并决定是否同意其申请的审批过程。药品注册申请包括新药申请、仿制药申请、进口药品申请及其补充申请和再注册申请。

4. 药品研究技术指导原则 2006 年 8 月 29 日 SFDA 发布《化学药物综述资料撰写格式和内容的技术指导原则——对主要研究结果的总结及评价、立题目的与依据、药学研究资料综述》、《化学药物申报资料撰写格式和内容的技术指导原则——药理毒理研究资料综述、临床试验资料综述》和《已有国家标准化学药品研究技术指导原则》等 6 个研究技术指导原则。

二、药品生产管理法律法规

1. 药品生产企业管理 根据《中华人民共和国药品管理法》第七条规定，开办药品生产企业，须经药品监督管理部门批准并发给《药品生产许可证》，凭《药品生产许可证》到工商行政管理部门办理登记注册，无《药品生产许可证》的，不得生产药品。2006 年 6 月 23 日 SFDA 发布《关于公布第一批定点生产的城市社区农村基本用药目录的通知》，通知规定了城市社区、农村基本用药定点生产企业条件。2007 年 2 月 9 日，发布《关于公布第一批城市社区、农村基本用药定点生产企业名单的通知》。

2011 年 1 月 17 日卫生部发布《药品生产质量管理规范（2010 年修订）》，并于 2011 年 3 月 1 日施行。药品生产质量管理规范（GMP）是药品生产和质量管理的基本准则。根据《中华人民共和国药品管理法》第九条规定，生产企业必须按照国务院药品监督管理部门依据该法制定的《药品生产质量管理规范》组织生产。药品监督管理部门按照规定对药品生产企业是否符合《药品生产质量管理规范》的要求进行认证，对认证合格的，发给 GMP 认证证书。新版药品 GMP 共 14 章，相对于 1998 年修订的药品 GMP，新版药品 GMP 吸收国际先进经验，结合我国国情，按照"软件硬件并重"的原则，贯彻质量风险管理和药品生产全过程管理的理念，更加注重科学性，强调指导性和可操作性。

2. GMP 认证管理 2011 年 8 月 2 日 SFDA 再次修订并发布《药品生产质量管理规范认证管理办法》，2006 年 4 月 24 日 SFDA 发布《药品 GMP 飞行检查暂行规定》。

3. 药品生产监督管理 2003 年 8 月 25 日 SFDA 发布《关于药品变更生产企业名称和变更生产场地审批事宜的通知》。2005 年 11 月 15 日 SFDA 发布《接受境外制药厂商委托加工药品备案管理规定》，并于 2006 年 1 月 1 日起施行。2006 年 6 月 28 日 SFDA 发布《全国药品生产专项检查实施方案》。

三、药品标准与质量控制

1. 药品标准 药品标准是药品生产、使用、检验和管理部门共同遵守的法定依据，国务院药品监督管理部门发布的《中华人民共和国药典》（最新版）和药品标准为国家药品标准。

根据《中华人民共和国药品管理法》第二十八条规定，药品应当符合国家药品标准。经国务院药品监督管理部门核准的药品质量标准高于国家药品标准的，按照经核准的药品质量标准执行；没有国家药品标准的，应当符合经核准的药品质量标准。国务院药品监督管理部门颁布的《中华人民共和国药典》和药品标准为国家药品标准。

2. 药品技术监督管理 2000 年 9 月 12 日 SDA 发布《药品检验所实验室质量管理规范（试行）》。2003 年 3 月 11 日 SDA 发布《关于报请批准用补充检验方法和项目进行药品检验有关问题的通知》。2006 年 6 月 30 日 SFDA 发布《药品检测车使用管理暂行规定》。2006 年 7 月 21 日 SFDA 发布《药品质量抽查检验管理规定》。

扫码"练一练"

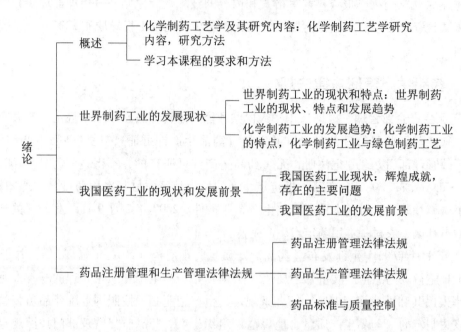

（赵临襄）

第二章　药物合成工艺路线的设计和选择

📖 **学习目标**

1. **掌握** 药物合成工艺路线设计的主要方法——逆合成分析法与模拟类推法。
2. **熟悉** 药物合成工艺路线的评价标准和选择方法。
3. **了解** 药物合成路线设计的相关基本知识和知识产权保护等内容。

第一节　概　述

扫码"学一学"

化学合成药物的合成工艺路线是化学制药工业的基础，对药物生产的产品质量、经济效益和环境效益都有着极为重要的影响。大多数的化学合成药物是以化学结构比较简单的化工产品作为起始原料，经过一系列的化学反应和物理处理过程制备的；某些化学合成药物是从具有一定基本结构的天然产物出发，经化学结构改造和物理处理过程制得。前一类途径被称之为全合成（total synthesis），而后一类途径被称为半合成（semisynthesis）。

一个化学合成药物往往可通过多种不同的合成途径制备。按照其研究阶段、任务目标和技术特征来分类，药物的合成路线可分为权宜路线（expedient route）和优化路线（optimal route）两大类。在创新药物研究初期，药物化学家（medicinal chemist）依据药物作用靶标（生物大分子）和（或）先导化合物（活性小分子）的结构特征，设计多种可能具有特定生物活性的目标化合物，并在较短的时间内（通常为数周）完成这些化合物小量样品（通常为毫克级或克级）的制备，用于活性筛选。这些样品的合成路线一般以制备类似化合物的常规途径为基础进行设计，只求缩短研究周期、保证样品质量，不必过多考虑合成路线长短、技术手段难易、制备成本高低等问题。这种合成路线仅限于小量样品的实验室制备，无法被应用于药物的批量生产，是典型的权宜路线。在创新药物研究的中期，经过系统的临床前评价，某个目标化合物被确定为具有开发前景的候选药物（drug candidate），需要制备较大数量样品（通常为公斤级）用于 I、II、III 期临床试验研究。研发企业的工艺化学家（process chemist）介入研究工作，设计出一条稳定可靠的实用合成路线用于候选药物样品的批量制备。此类合成路线虽有一定的实用性，但在设计过程中对经济、安全和环境等因素的考虑依然较少，极少能被直接用于药物的大批量生产，通常仍属于权宜路线的范畴。

优化路线是具有明确的工业化价值的药物合成路线。优化路线研究的主要对象包括即将上市的新药，化合物专利即将到期的药物和产量大、应用广泛的药物。在创新药物研究过程的后期阶段，某个候选药物在临床试验中呈现出优异性质，有望成为新化学实体（new chemical entity，NCE），研发企业就需要抓紧开发合成该 NCE 的优化路线，并适时申请工艺发明专利，为新药的注册和上市做好准备。药物的化合物专利到期后，其他企业便可以仿制该药物，药物的价格将大幅度下降，生产成本低、产品价格廉的企业将在市场上具有更强的竞争力，优化路线研究显得尤为重要。某些活性确切的老药，社会需求量大、应用面广，如能使用更为合理的优化路线提高产品质量、降低生产成本、减少环境污染，可为企业带来极大的经济效益和良好的社会效益。

优化路线必须具备质量可靠、经济有效、过程安全、环境友好等特征。药品是用于预防、诊断和治疗人类疾病、有目的地调节人的生理功能的物质，是关系到人类生命健康的特殊商品。药品质量是反映药品符合法定质量标准和预期效用的特征之总和，包括有效性、安全性、稳定性、均一性等几方面。原料药质量是药品质量的基础，用于原料药工业化生产的优化路线首先必须保证成品的质量。为此，优化路线所使用的各种化工原料以及各步反应所制得的中间体的质量必须达到要求，各步化学反应及后处理过程必须稳定可控。如果不能充分保障原料药的产品质量，该合成路线无论在其他方面存在怎样的优点，均无法成为具有工业化价值的优化工艺路线。药物的商品属性决定了药物的研发与生产均属于商业行为，追求利润是医药企业生存和发展的内在需求。合成路线的经济有效性的核心是最大限度地降低药物的生产成本。原料药生产成本的构成比较复杂，包括原辅料价格、能源消耗、人力成本、管理成本和设备投入等诸多方面，应以实际工业生产过程中的综合成本作为确定优化路线的评价指标。化学制药工艺过程的安全性问题直接关乎生产人员的生命安全和身体健康，必须予以高度重视。任何化工工艺过程都无法做到绝对安全，但对其危险程度需要有充分的认识。如果合成工艺路线所涉及的化学品或工艺方法存在严重的安全隐患，必须严格避免使用。对于理论上认为相对安全的工艺路线，也需要通过细致的实验加以安全性评估，尽可能将不安全因素排除掉，最大限度地降低工艺过程的危险性。环境保护是人类可持续发展的基础，也是我国的基本国策。应用于实际生产的优化路线必须以国家的有关环境法规为指导，严格依法办事。在优化路线的设计和选择过程中，需要采用原子经济性良好的绿色化学方法，使用无毒或低毒试剂，注意溶剂、试剂的回收与循环使用，努力使废水、废气和废渣的种类和数量最小化，并考虑制定相应的"三废"处理方案。同时，需要尽量降低能源消耗，减少能源生产过程中的"三废"数量。

药物合成工艺路线的研究既包括权宜路线，也包括优化路线，但后者无疑是重点。药物合成工艺路线的研究内容涵盖合成工艺路线的设计和合成工艺路线的选择两方面，本章将就上述两个方面分别加以讨论。

第二节 工艺路线的设计

药物合成工艺路线的设计是化学制药工艺研究的起点，对整个工艺研究过程有着至关重要的影响。工艺路线设计如果存在严重的内在缺陷，在后续工艺条件研究中即使付出巨大的努力也很难加以弥补。因此，工艺路线的设计合理与否，是决定整个工艺成败的关键环节。

在创新药物研究中，所设计的目标化合物均为未见文献报道的新化合物，用于制备这些化合物的合成路线，无论是早期的权宜路线还是后期的优化路线，都需要研究者自行设计。由此可见，药物合成工艺路线的设计是创新药物研究中不可或缺的组成部分。然而，合成路线设计工作并不仅限于创新药物研究阶段，它将贯穿药物研发、生产的整个过程。在非专利药物（包括化合物专利即将到期的药物）研究开发过程中，仿制企业一般倾向于

扫码"学一学"

采用药物原研企业成熟、可靠的工艺路线，以保证产品质量、降低技术难度、减少资金投入、缩短研发周期，进而最大限度地规避开发风险。可是，在某些情况下，原研企业会利用其先发优势，采取专利保护、技术保密等手段，使仿制企业无法模仿其工艺路线，维护自身在商业竞争中的有利地位。部分原研企业巧妙利用知识产权保护制度，将药物合成的技术路线、关键中间体的制备方法以及关键技术细节申请专利保护，在其专利保护期内其他企业无法使用该路线制备药物。某些原研企业并不申请专利保护，而是对其技术方法（尤其是关键技术环节）采取严格的保密措施，使其他企业无从获取真实、有效的情报信息，无法使用其路线仿制药物。原研企业设置的专利藩篱和技术壁垒，迫使仿制企业自行设计新颖的合成路线，掌握核心技术，形成自主知识产权。在药物大规模生产过程中，某些客观因素的变化，如药品质量标准的提高、所用原料价格的上升、安全问题的出现或环境要求的提升等，会促使企业开发新的合成路线以替代现有的工艺途径。此外，某些新颖化学技术（如新反应、新试剂、新催化体系等）的出现或高端化工设备的普及，也会推动企业去设计新的合成工艺路线。

从技术层面来看，药物合成工艺路线的设计可归于有机合成化学的范畴，是有机合成化学的一个分支，其特殊之处仅在于所合成的目标分子为药物或可能成为药物的生物活性分子。对于任何药物而言，其合成工艺路线都是多种多样的，与之相应的合成路线设计思路也各有不同。逆合成分析法和模拟类推法是药物合成工艺路线设计的常用方法，也是本节讨论的重点。

一、逆合成分析法

逆合成分析法是药物合成工艺路线设计的基本方法，本节将就逆合成分析法的基本概念、主要方法、关键环节、常用策略以及该方法在具有分子对称性的药物、半合成药物、手性药物工艺路线设计中的应用等问题进行介绍和讨论。

（一）逆合成分析法的基本概念与主要方法

逆合成分析法（retrosynthetic analysis），又称切断法（the disconnection approach）和追溯求源法，是有机合成路线设计的最基本、最常用的方法。逆合成分析法的突出特征是逆向逻辑思维，从剖析目标分子（target molecule）的化学结构入手，根据分子中各原子间连接方式（化学键）的特征，综合运用有机化学反应方法和反应机制的知识，选择合适的化学键进行切断，将目标分子转化为一些稍小的中间体（intermediate）；再以这些中间体作为新的目标分子，将其切断成更小的中间体；依此类推，直到找到可以方便购得的起始原料（starting material）为止。这种合成路线的设计思路是从复杂的目标分子推导出简单的起始原料的思维过程，与化学合成的实际过程刚好相反，因此被称为"逆"合成，或"反"合成。

化学合成过程：

$$A \longrightarrow B \longrightarrow C \longrightarrow \cdots\cdots \longrightarrow Z$$

起始原料　　　　　中间体　　　　　　　　　目标分子

逆合成分析过程：

$$Z \Longrightarrow Y \Longrightarrow X \Longrightarrow \cdots\cdots \Longrightarrow A$$

目标分子　　　　　中间体　　　　　　　　　起始原料

逆合成分析方法的雏形首见于英国化学家 R. Robinson（1947 年诺贝尔化学奖获得者）提出的"假想分解"的概念。托品酮（tropinone），又称莨菪酮或颠茄酮，是从颠茄等茄科植物中分离得到的生物碱，为托烷类生物碱合成的重要前体化合物。1902 年，德国化学家 R. Willstatter（1915 年诺贝尔化学奖获得者）以环庚酮为起始原料，经成肟、还原、甲基化等十余步反应，完成了托品酮的首次全合成，开创了天然产物全合成研究的先河。由于整个合成路线的步骤较多，总收率仅为 0.75%。1917 年，Robinson 在"假想分解"概念的指导下，根据托品酮分子结构对称性特征，利用逆向的逻辑思维方法，从虚线处切断，巧妙使用 Mannich 反应逆推至原料丁二醛、甲胺和丙酮，设计了简捷、高效的全合成路线。在实际合成中，Robinson 以反应活性更高的 3-氧代戊二酸替代丙酮，在弱酸性水溶液中，与丁二醛、甲胺发生 Mannich 反应直接构建托品酮母环，经加热脱羧完成托品酮合成。经 Schopf 改进后，整个反应在水缓冲溶液中连续进行，收率可达 92.5%。Robinson 托品酮合成法（或称 Robinson-Schopf 反应）是应用逆合成分析思路进行有机合成路线设计的第一个成功事例，也是天然物仿生合成的经典范例，成为有机合成化学发展史上的重要里程碑。

当代有机合成化学大师、哈佛大学 E. J. Corey 教授在总结前人成功经验的基础上，于 20 世纪 60 年代正式提出了逆合成分析法，并运用这一方法完成了百余个复杂天然产物的全合成，Corey 教授因此获得了 1990 年诺贝尔化学奖。在系统研究逆合成分析法的过程中，Corey 提出了切断（disconnection）、合成子（synthon）和合成等价物（synthetic equivalent）等概念。切断是目标化合物结构剖析的一种处理方法，想象在目标分子中有价键被打断，形成碎片，进而推出合成所需要的原料。合成子是指已切断的分子的各个组成单元，包括电正性、电负性和自由基等不同形式。合成等价物是具有合成子功能的化学试剂，可以是亲电物种、亲核物种，也可以是其他反应活性试剂。逆合成分析的过程可以简单地概括为：以目标分子的结构剖析为基础，将切断、确定合成子、寻找合成等价物三个步骤反复进行，直到找出合适的起始原料。

博舒替尼（也称伯舒替尼，bosutinib，2-1）是美国惠氏（Wyeth）公司研制的一种强效蛋白酪氨酸激酶抑制剂，2012 年经美国 FDA 批准上市，用于治疗慢性髓细胞性白血病。下面，将以博舒替尼（2-1）为例，说明利用逆合成分析法进行药物合成工艺路线设计的基本过程。首先，剖析目标分子的结构，分清整个目标分子的主要部分（基本骨架）和次要部分（官能团），在综合考虑各官能团的引入或转化的可能性之后，确定目标分子的基本骨架。对于特定的目标分子，结构剖析的结果并不是一成不变的，从不同的视角进行分析，可获得不同的分子基本骨架。在博舒替尼（2-1）分子中，从右侧的苯环经喹啉环和链桥部分到左侧的哌嗪片段可以被看作是分子的基本骨架，而环上所连接的多个取代基则是官能团。在确定目标分子的基本骨架之后，对该骨架进行首次切断，将分子骨架转化为两个大的合成子。首次切断部位的选择是整个合成路线设计的关键步骤。作为切断部位的前提条件是该价键比较容易形成，换言之，有可靠的化学反应可用于构建该价键。在博舒替尼（2-1）的分子骨架中，C—O 键相对比较容易形成，与之相对应的芳环亲核取代等反应相对易行，故该价键可以作为首次切断部位。C—O 键切断后，可以形成两个碎片，即电正性合成子和电负性合成子。从极性、稳定性等角度考虑，喹啉环部分为电正性合成子、链桥部分为电负性合成子更为合理。链桥部分为电负性合成子的合成等价物为 3-（4-甲基哌嗪-1-基）-1-丙醇（2-2）；喹啉环部分为电正性合成子的合成等价物则可选择 7 位氟取代的喹啉衍生物（2-3）。前者（2-2）化学结构简单，可方便地制备或直接购得；而后者（2-3）结构复杂，需要自行制备。将该喹啉衍生物（2-3）作为新的目标化合物，选择喹啉 4 位的 C—N 键处切断，该 C—N 键可通过芳环亲核取代反应构建。由此可得到正、负两个合成子，并可推出相应的合成等价物取代苯胺（2-4）和 4 位氯代的喹啉衍生物（2-5）。取代苯胺（2-4）的结构比较简单，其合成方法在此无需赘述。4-氯喹啉衍生物（2-5）需逆推到 4-羟基喹啉衍生物（2-6），此过程中化合物的分子骨架没有变化，仅涉及喹啉环 4 位取代基由氯转化为羟基，此类过程被称作官能团转换。4-羟基喹啉衍生物（2-6）的逆合成切断位点可选在喹啉环 4、4a 位间的 C—C 键，逆推到开环化合物（2-7），此过程对应的反应为分子内的 Friedel-Crafts 酰基化。切断化合物（2-7）的 C—N 键，即可逆推至 3-氟-4-甲氧基苯胺（2-8）和乙氧亚甲基氰基乙酸酯（2-9），所对应的反应为加成-消除反应。至此，从目标分子博舒替尼（2-1）出发，经过切断-确定合成子-寻找合成等价物三个步骤数次反复，最终找出合适的起始原料，完成了对该药物的逆合成分析。

基于以上的逆合成分析过程，可以设计出博舒替尼（2-1）的合成路线-1：

该路线以3-氟-4-甲氧基苯胺（2-8）和乙氧亚甲基氰基乙酸酯（2-9）为起始原料，在甲苯中加热发生加成-消除反应完成C—N键的构建，得到化合物（2-7）；未经纯化的化合物（2-7）粗品在联苯/二苯醚混合溶剂中高温回流反应，经分子内的Friedel-Crafts酰基化反应构建C—C键，制备了4-羟基喹啉衍生物（2-6）。以上两步反应被合称为Doebner-Miller反应，是合成取代喹啉的常用方法之一。4-羟基喹啉衍生物（2-6）在三氯氧磷的作用下发生氯化反应，完成官能团转换过程形成4-氯喹啉衍生物（2-5）。以乙氧基乙醇为溶剂，在吡啶盐酸盐存在下，4-氯喹啉衍生物（2-5）与2,4-二氯-5-甲氧基苯胺（2-4）发生芳环亲核取代反应形成C—N键，制得4位苯胺基喹啉衍生物（2-3）。在强极性非质子性溶剂N, N-二甲基甲酰胺（DMF）中3-(4-甲基哌嗪-1-基)-1-丙醇（2-2）经强碱氢化钠处理发生去质子化，再与7-氟喹啉衍生物（2-3）发生芳环亲核取代反应形成C—N键，完成博舒替尼（2-1）的合成。

需要注意的是，几乎所有药物的合成路线都不止一条。采用不同的逆合成分析思路，选择不同的切断位点，确定不同的合成子和合成等价物，可以设计出多种多样的合成路线。以博舒替尼（2-1）为例，下列两条合成路线都是可行的。

（化学结构反应式图，2-16 → 2-17 经 NaOH；2-17 → 经 POCl₃）

（化学结构反应式图，2-18 → 2-19 经 2-4, Py·HCl，EtOCH₂CH₂OH；2-19 → 2-1 经 2-20, NaI）

路线-2：选用4-羟基-3-甲氧基苯甲酸甲酯（2-10）和1-溴-3-氯丙烷（2-11）为起始原料，在碱催化下发生 O-烷基化反应构建 C—O 键，制得中间体（2-12）。中间体（2-12）经硝化反应在甲氧基对位引入硝基，得到邻硝基中间体（2-13）。后者（2-13）经铁/氯化铵还原，制得邻氨基中间体（2-14）。中间体（2-14）与氰基乙醛缩二乙醇（2-15）在三氟乙酸（TFA）作用下构建 C—N 双键，得到亚胺衍生物（2-16）。在碱性条件下中间体（2-16）发生分子内的 Claisen 酯缩合反应完成喹啉母核的构建，制备了4-羟基喹啉衍生物（2-17）。再经三氯氧磷氯化反应得到4-氯喹啉衍生物（2-18）。在溶剂乙氧基乙醇中，4-氯喹啉衍生物（2-18）在吡啶盐酸盐催化下与2,4-二氯-5-甲氧基苯胺（2-4）发生芳环亲核取代反应构建 C—N 键，制得4位苯胺基喹啉衍生物（2-19）。上述喹啉衍生物（2-19）在碘化钠催化下与 N-甲基哌嗪（2-20）进行 N-烷基化反应，最终完成博舒替尼（2-1）的合成。

（化学结构反应式图，2-21 + 2-11 → 2-22 经 NaOH；2-22 → 经 2-20）

（化学结构反应式图，2-23 → 2-24 经 H₂, Pd/C；2-24 → 2-26 经 2-25, HC(OEt)₃；2-26 → 2-1 经 POCl₃）

路线-3：改用2-甲氧基-5-硝基酚（2-21）和1-溴-3-氯丙烷（2-11）为原料，先在碱性条件下发生 O-烷基化反应构建 C—O 键，制得侧链末端连有氯原子的中间体（2-22）。中间体（2-22）与 N-甲基哌嗪（2-20）进行 N-烷基化反应，在侧链上引入哌嗪片段，得到取代硝基苯中间体（2-23）。经催化氢化反应，将中间体（2-23）中的硝基还原为氨基，制备了苯胺类中间体（2-24）。中间体（2-24）与2-氰基-N-（2,4-二氯-5-甲氧基苯基）乙酰胺（2-25）及原甲酸三乙酯经缩合、加成-消除反应连续形成 C—C 单键和 C—N 双键，制得中间体（2-26）；随后，经三氯氧磷处理完成喹啉环的构建，得到目标物博舒替尼（2-1）。最后两步反应被称为 Combes 喹啉合成法，是合成喹啉衍生物的重要方法。

以上三条路线各有特色，利弊共存。合成路线-1 是由 Wyeth 公司的药物化学家在创新药物研究阶段设计的权宜路线，逆合成思路简捷、明晰，选用的化学反应经典、可靠，总收率为 19.6%；该路线的主要缺欠是前两步反应（即构建喹啉母核的 Doebner-Miller 反应）需要在高温进行，反应条件较为苛刻，难以实现工业化。合成路线-2 逆合成思路比较独特，所用反应的条件温和；该路线步骤较多，过程烦琐，总收率偏低（13.5%）。合成路线-3 由 Wyeth 公司的研究人员设计，逆合成分析构思巧妙，路线简捷，原料易得，反应温和，总收率可达 44.0%，适合于工业化大生产的要求。

思考

请参照博舒替尼路线-1 的方式，写出路线-2 和路线-3 的逆合成分析过程，并对三种逆合成分析思路进行比较；采用逆合成分析方法，尝试设计新颖的博舒替尼合成路线，并对路线的可行性进行分析。

（二）逆合成分析法的关键环节与常用策略

在使用逆合成分析法进行药物合成工艺路线设计的过程中，切断位点的选择是决定合成路线优劣的关键环节。切断位点选择要以化学反应为依据，即"能合才能分"。在药物合成路线设计的实际工作中，通常选择分子骨架中方便构建的碳-杂键或碳-碳键作为切断位点。判断分子中哪些价键能够合成、易于合成，需要路线设计者对常用的基本化学反应十分熟悉，对某些非常见的化学反应也有一定的了解，同时还要擅长利用各种化学数据库获取化学反应方面的信息。掌握的化学反应方面的知识越全面，合成路线的设计思路就越开阔。

氟康唑（fluconazole，2-27）为氟代三唑类广谱抗真菌药物，是 1 位和 3 位连有三氮唑环、2 位连有 2,4-二氟代苯基的 2-丙醇。根据这一结构特征，可以选择 1 位的 C—N 键作为首次的切断位点，逆推至 1、2 位为环氧环的化合物（2-28）；利用三氮唑 N 原子的亲核性，通过与环氧化合物（2-28）的亲核取代反应完成 C—N 键的构建，并形成 2 位羟基。环氧化合物（2-28）的切断位点选择在 1、2 位间的 C—C 键和 1 位的 C—O 键，逆推到羰基化合物（2-29）；利用硫 Ylide 与羰基间的反应，可同时构建 C—C、C—O 键，形成环氧环。羰基化合物（2-29）的切断应选择 C—N 键处，逆推至 α-氯代苯乙酮类化合物（2-30）；采用三氮唑与 α-氯代苯乙酮类化合物（2-30）发生亲核取代反应，即可制备化合物（2-29）。很明显，α-氯代苯乙酮类化合物（2-30）的切断位点可选择在羰基与苯环间的 C—C 键，逆推到起始原料间二氟苯（2-31）；利用经典的 Friedel-Crafts 酰基化反应，可很方便地制得化合物（2-30）。

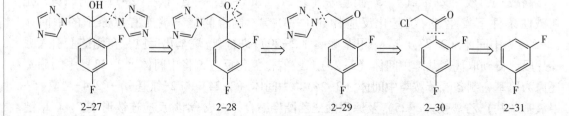

2-27　　　　　　2-28　　　　　　2-29　　　　　　2-30　　　　　2-31

经过上述的逆合成分析过程，可设计出如下的氟康唑（2-27）合成路线：

以间二氟苯（2-31）为原料，在 Lewis 酸催化下与氯乙酰氯发生 Friedel-Crafts 酰基化反应，制备 α-氯代苯乙酮类化合物（2-30）；后者（2-30）在碱的作用下，与三氮唑发生亲核取代反应，制得了羰基化合物（2-29）；事先制备的硫 Yield 与化合物（2-29）反应，得到环氧化合物（2-28）；后者（2-28）再与三氮唑反应，最终完成氟康唑（2-27）的合成。

在设计药物合成工艺路线时，通常希望路线尽量简捷，以最少的反应步骤完成药物分子的构建。但需要特别注意的是，追求路线的简捷不能以牺牲药物的质量为代价，必须在确保药物的纯度等关键指标的前提下，去考虑合成路线的长短、工艺过程的难易等因素。在路线设计的过程中，要求设计者对反应（特别是关键反应）的选择性有充分了解，尽量使用高选择性反应，减少副产物的生成。必要时，需采用保护基策略，提升反应的选择性，以获取高质量的产物。

罗氟司特（roflumilast，2-32）是德国 Altana Pharma 公司研发的磷酸二酯酶-4（PDE-4）抑制剂，2010 年在德国率先上市，用于治疗重度慢性阻塞性肺病。罗氟司特的化学结构并不复杂，但文献报道的合成路线就有十余种。在此，选择两条反应步骤最少的罗氟司特（2-32）合成路线加以介绍，并讨论反应的选择性对合成路线可行性的影响。在罗氟司特（2-32）逆合成分析中，优选的首次切断位点为酰胺键，得到相应的合成等价物为酰氯（2-33）和 3,5-二氯-4-氨基吡啶（2-34），酰氯（2-33）可逆推到取代苯甲酸（2-35）。从取代苯甲酸（2-35）出发，按照两种不同的途径，可分别逆推到相应的取代苯甲酸酯（2-36）或取代苯甲醛（2-37）。从上述两个化合物继续逆推，分别得到间位羟基烷基化的酯（2-38）和对位羟基氟代烷基化的醛（2-39）。进一步逆推，则分别得到可购得的原料 3,4-二羟基苯甲酸酯（2-40）和 3,4-二羟基苯甲醛（2-41）。上述两种逆合成分析的基本思路是一致的，起始原料的结构也相近。有趣的是，在从中间体（2-36）或（2-37）逆推到原料（2-40）或（2-41）的过程中，两种思路对分子中两个 C—O 键的切断顺序是不同的，前者是先切对位后切间位，而后者是先切间位后切邻位。这种顺序的不同源自于原料（2-40）和（2-41）的两个羟基在 O-烷基化反应中选择性方面的差异。

以上述的逆合成分析为基础，可设计出制备罗氟司特（2-32）的两条合成路线：

在路线-1 中，原料 3,4-二羟基苯甲酸酯（2-40）在碱的作用下与环丙基氯代甲烷发生 O-烷基化反应，其间位羟基的反应活性高于对位羟基，制得间位羟基烷基化产物（2-38）；但此步反应的选择性很低，伴有对位烷基化产物和间位、对位双烷基化产物生成，所需中间体（2-38）的收率仅有 24%。中间体（2-38）在碱和相转移催化剂的作用下与二氟一氯甲烷发生第二次 O-烷基化反应，高收率地得到取代苯甲酸酯（2-36）。后者经碱催化水解反应制备了取代苯甲酸（2-35）。在路线-2 中，原料 3,4-二羟基苯甲醛（2-41）与二氟一氯甲烷在碱的作用下进行 O-烷基化反应，其对位羟基的反应活性高于间位羟基，得到对位二氟甲基化产物（2-39）；此反应依然存在选择性的问题，但与路线-1 相比选择性有了一定的提升，所需中间体（2-39）的收率为 42%。在碱和碘化钾的催化下，中间体（2-39）与环丙基氯代甲烷发生 O-烷基化反应，顺利制备取代苯甲醛（2-37）。随后，经碱性双氧水氧化制得取代苯甲酸（2-35）。取代苯甲酸（2-35）经 DMF 催化的二氯亚砜氯代反应得到酰氯（2-33），再与 3,5-二氯-4-氨基吡啶（2-34）发生 N-酰化反应，完成罗氟司特（2-32）的合成。比较两条路线的特点可以发现，第一步 O-烷基化反应的选择性对整个路线有着重要的影响。原料 3,4-二羟基苯甲酸酯（2-40）和 3,4-二羟基苯甲醛（2-41）结构相近，在 O-烷基化反应中都面临着间位与对位羟基间的选择性问题；

26

在分别与环丙基氯代甲烷和二氟一氯甲烷反应过程中，后者（2-41）的对位选择性优于前者（2-40）的间位选择性（42% vs 24%）。由于后续其他各步反应相同或综合效果相差不大，路线-2较路线-1总收率更高（34.1% vs 18.2%），更具有工业化价值。

沙丁胺醇（salbutamol，2-42）为 β_2 肾上腺素受体激动剂，为临床常见镇咳药，用于治疗支气管哮喘、喘息性支气管炎、支气管痉挛等疾病。沙丁胺醇（2-42）为邻胺基醇，其最为简捷的逆合成分析路径是逆推到环氧化合物（2-43），利用叔丁胺对环氧环的亲核取代反应直接构建沙丁胺醇（2-42）。然而该反应的选择性较差，环氧环上的两个碳原子都有可能被氨基进攻，在形成主产物沙丁胺醇（2-42）的同时伴随较多异构体副产物生成，且主、副产物的结构近似、分离纯化困难，引起产物质量下降，致使该路线无法实现工业化。改进的逆合成方式是从沙丁胺醇（2-42）出发，经一系列的官能团转换和切断过程，最终逆推到廉价易得的原料水杨酸（2-47）。与上一路线相比，此路线的步骤明显增加，但多数反应的选择性较好。由于羰基 α-溴代物（2-45）的反应活性较高，可使叔丁胺 N 原子上发生两次烷基化，导致副产物的出现。采用控制两种物料配比的方法并不能规避副产物的生成，需要采用保护基策略，在叔丁胺 N 上先行引入合适的保护基，完成 C—N 键构建后，再选择适当的时机将保护基去掉。

以上述逆合成分析为基础，考虑关键反应的选择性、多个反应一步完成等问题，设计了具有工业化价值的沙丁胺醇（2-42）合成路线。

水杨酸（2-47）经 O-乙酰化反应得乙酰水杨酸（2-48），即阿司匹林（aspirin）。在 Lewis 酸催化下，乙酰水杨酸（2-48）发生 Fries 重排反应，制得对位羟基苯乙酮类化合物

（2-49）。化合物（2-49）与单质溴发生离子型的溴代反应，得羰基α-单溴代产物（2-50）。在经亲核取代构建 C—N 键的反应中，为避免 N 原子两次烷基化副产物生成，以 *N*-苄基保护的叔丁胺作为反应物，高收率地制备了中间体（2-51）；此为药物合成中以提高反应选择性为目标使用保护基策略的典型例子。中间体（2-51）在高活性还原剂氢化铝锂的作用下，分子中的羰基和羧基同时被还原分别形成仲醇和伯醇结构，制备了化合物（2-52）；在这一步反应过程中，同时完成了羰基还原和羧基还原这两种化学转化，是"双反应"（double reactions）的典型实例。化合物（2-52）经 Pd/C 催化氢解反应脱除 N 上的苄基保护基，完成了沙丁胺醇（2-42）的合成。以上合成路线虽然步骤较多，但选用的反应选择性高，保护基策略使用得当，整个路线的总收率较高，成本较低，所得到的沙丁胺醇（2-42）产品质量良好。

杂环是构成有机化合物的重要结构单元。在已知的有机化合物中，含杂环结构的化合物约占 65%。杂环是药物中极为常见的结构片段，在肿瘤、感染、心血管疾病、糖尿病等重大疾病的治疗药物中屡见不鲜。在利用逆合成分析方法设计含杂环药物合成路线的过程中，一种方式是将杂环作为独立的结构片段引入到分子中，前述的氟康唑（2-27）和罗氟司特（2-32）均采用了这种方式；另一种方式是将杂环作为切断对象，选择杂环中的特定价键为切断位点，通过构建杂环来完成目标分子的合成。使用后一种方式进行药物合成路线的设计，要求设计者具有扎实的杂环化学知识，对特定杂环的合成方法比较熟悉，只有这样才能保证路线的合理性和可行性。

非布索坦（febuxostat，2-53）是第一个非嘌呤类选择性黄嘌呤氧化酶（xanthine oxidase，XO）抑制剂，由武田（Takeda）公司开发并于 2009 年在美国上市，主要用于慢性痛风患者持续高尿酸血症的长期治疗。非布索坦（2-53）的化学名称为 2-(3-氰基-4-异丁氧基苯基)-4-甲基-5-噻唑甲酸，是含有五元杂环噻唑的药物。在逆合成分析过程中，由非布索坦（2-53）起始，经苯环上官能团转换逆推到中间体（2-54）；该化合物具有非布索坦（2-53）的基本骨架，其切断位点选择在噻唑环的 1、5 位间的 S—C 键和 3、4 位间的 N—C 键；由此，逆推到起始原料对羟基硫代苯甲酰胺（2-55）和 2-溴代乙酰乙酸乙酯（2-56）。非布索坦（2-53）的制备中，五元杂环噻唑的合成是构建整个分子骨架的关键步骤。

按照上述逆合成分析，设计了如下路线：

对羟基硫代苯甲酰胺（2-55）与2-溴代乙酰乙酸乙酯（2-56）在乙醇中回流反应，经重结晶制得中间体（2-54）纯品。中间体（2-54）与乌洛托品（HMTA）和多聚磷酸（PPA）反应，得到酚羟基邻位甲酰化产物（2-57）。后者（2-57）与异丁基溴、碳酸钾及催化剂碘化钾在DMF中发生O-烷基化反应，得到酚羟基异丁基化产物（2-58）。化合物（2-58）与羟胺盐酸盐、甲酸钠在甲酸中回流反应，制得氰基化产物（2-59）。此化合物（2-59）经碱催化的酯水解反应，最终得到非布索坦（2-53）。

思考

尝试设计氟康唑、罗氟司特等药物的合成路线，并通过网络检索相关文献进行对比、分析；自行选择含有杂环结构片段的药物，采用逆合成分析方法，设计多条合成路线并进行可行性分析。

（三）利用分子对称性进行逆合成分析的方法与策略

分子对称性（molecular symmetry）是指分子的几何图形的对称性，即在保持原子间距离不变的情况下进行某种操作，使分子构型中各个点（原子核）的空间位置经过变动之后，所得到的构型与原先的构型在物理上不可区分（等价或恒等）。分子对称性可通过对称操作和对称元素来描述。不改变物体内部任何两点间的距离而能使物体复原的操作就叫对称操作，包括反演、旋转、反映、旋转反演、旋转反映等。施行对称操作时所依赖的几何要素（点、线、面等）被称为对称元素。反演、旋转、反映、旋转反演和旋转反映等对称操作所依赖的对称元素分别是对称中心（点）、对称轴（线）、对称面（面）、反轴（线点组合）和象转轴（线面组合）。

某些药物、药物合成中间体或生物活性物质具有分子对称性。在设计这些目标分子的合成路线时，可巧妙利用其分子对称性，选择合适的位点进行切断，使两个（或几个）合成子对应于同一个合成等价物，或使一个（或几个）合成子对应于具有分子对称性的合成等价物，从而大幅度简化逆合成分析过程，设计出简捷、高效的合成路线。这种合成路线设计方法被称为分子对称法，它是逆合成分析法的一种特例。

就具有分子对称性的目标化合物而言，逆合成分析的主要思路可分为双分子拼合途径和对称性双重缩合途径。双分子拼合途径适用于由两个完全相同的亚结构单元组成的分子。如图2-1所示，对于直线结构的分子（1），切断位点应选择在两个亚结构单元的连接处，逆推至两个相同的合成子，并得到两个相同的合成等价物单体。在实际合成过程中，先完成单体的制备，再利用适当的化学反应使之发生双分子偶联，完成目标物的合成。对于头尾相连的环状化合物（2），切断位点应选择在两个头尾连接处，逆推至两个相同的单体。完成单体合成后，再同时构建两个键，实现头尾连接合成目标物。对称性双重缩合途径适用于由对称性结构片段构成的分子。直线分子（3）的切断位点可选在对称性双官能团结构片段与两个相同片段的连接处，逆推到具有双官能团试剂和两分子相同的试剂。在实际合成过程中，要利用对称的双重缩合完成目标物的制备。环状化合物（4）切断位点为两个双官能团结构片段的连接处，逆推至两个不同的对称性双官能团化合物。在实际合成中，先要制备两个双官能团化合物，再进行两者的连接，最终合成目标物。

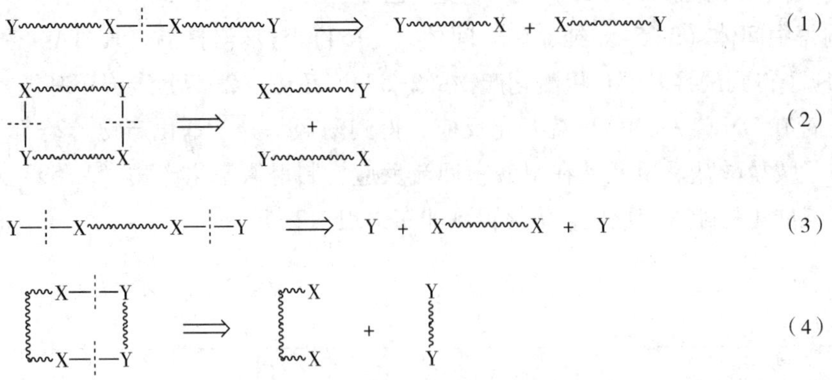

$$Y\text{~~~}X\text{—}\vdots\text{—}X\text{~~~}Y \implies Y\text{~~~}X + X\text{~~~}Y \tag{1}$$

$$\begin{array}{c}\vdots X\text{~~~}Y \\ \vdots \\ \vdots X\text{~~~}Y\end{array} \implies \begin{array}{c} X\text{~~~}Y \\ + \\ Y\text{~~~}X\end{array} \tag{2}$$

$$Y\text{—}\vdots\text{—}X\text{~~~}X\text{—}\vdots\text{—}Y \implies Y + X\text{~~~}X + Y \tag{3}$$

$$\begin{array}{c}X\text{—}\vdots\text{—}Y \\ \\ X\text{—}\vdots\text{—}Y\end{array} \implies \begin{array}{c}X \\ \\ X\end{array} + \begin{array}{c}Y \\ \\ Y\end{array} \tag{4}$$

图 2-1　利用分子对称性进行逆合成分析的基本策略

骨骼肌松弛药肌安松（paramyon，2-60），化学名称为内消旋 3,4-双（对-二甲胺基苯基）己烷双碘甲烷盐，是由两个完全相同的亚结构单元组成的对称性分子。在利用双分子拼合途径对其逆合成分析过程中，应选择分子骨架的对称中心处作为切断位点，逆推至两分子的溴代苯丙烷（2-61）。溴代苯丙烷（2-61）经铁/酸还原偶联形成 C—C 键，制备 3,4-二苯基己烷（2-62），完成目标分子骨架的构建。再经硝化、铁/酸还原、N-甲基化等反应，完成肌安松（2-60）的合成。

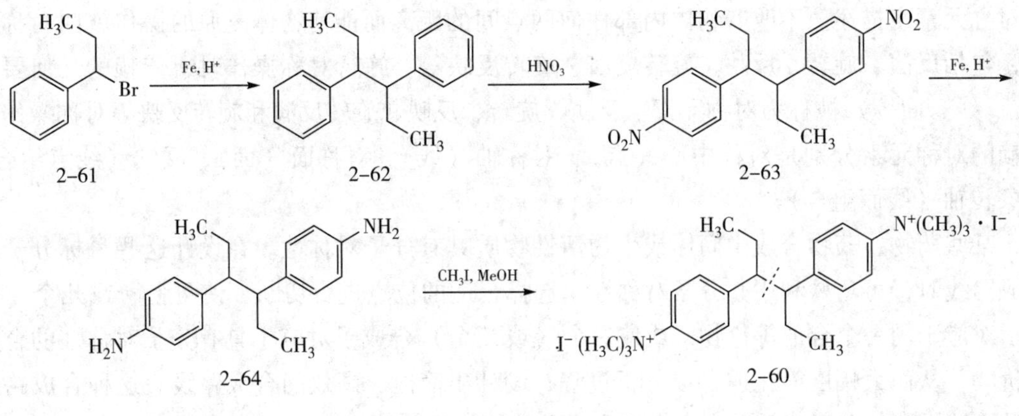

川芎嗪（ligustrazine，2-65），又称四甲基吡嗪，是从中药伞形科植物川芎的根茎中分离得到的有效成分，具有抗血小板聚集、扩张血管等作用，用于治疗闭塞性血管疾病、冠心病、心绞痛。川芎嗪（2-65）为对称性芳香化合物，可逆推到二氢吡嗪衍生物（2-66），该化合物为头尾相连的环状化合物，采用双分子拼合途径从两个 C—N 键切断，可逆推到两个相同的单体 3-氨基丁酮-2（2-67）。3-羟基丁酮-2（2-68）与乙酸铵反应得到 3-氨基丁酮-2（2-67），直接脱水环合制得二氢吡嗪衍生物（2-66），经氧化芳香化完成川芎嗪（2-65）的合成。

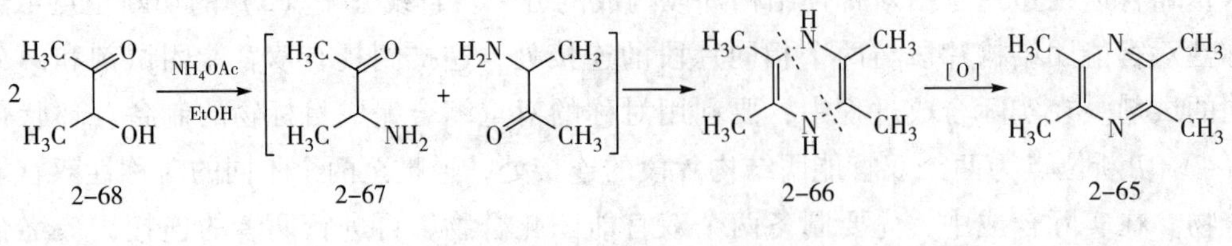

姜黄素（curcumin，2-69）是中药姜黄的重要生物活性成分，具有抗炎、抑菌、抗突变、肿瘤化学预防等功效，常作为食品色素使用。依照对称性双重缩合途径，可将姜黄素（2-69）分子中的 C—C 双键作为切断位点，逆推到对称的双官能团化合物 2,4-戊二酮（2-70）和两分子的香兰醛（2-71）。2,4-戊二酮（2-70）和香兰醛（2-71）在硼酐催化下发生 Claisen-Schmidt 反应，一步合成目标物姜黄素（2-69）。

（-）-司巴丁（（-）-sparteine，（-）-2-72），又称（-）-金雀花碱，是从豆科植物中分离得到的生物碱，作为钠离子通道阻断剂曾用于治疗室性心动过速。该天然物及其外消旋体（（±）-2-72）都是典型的对称分子，可利用其对称性进行逆合成分析，设计出简单易行的全合成路线。以丙酮（2-73）、哌啶（2-74）和甲醛（2-75）为原料进行 Mannich 反应，得到对称性的 β-胺基酮类化合物（2-76）。该化合物（2-76）经乙酸汞氧化得到相应的亚胺中间体（2-77），随后发生第二次 Mannich 反应制得外消旋混合物（2-78），完成桥环分子骨架的构建并得到所需要的相对构型。经 Woiff-Kishner 还原将羟基转化为亚甲基，完成司巴丁外消旋体（（±）-2-72）的全合成。（-）-司巴丁（（-）-2-72）及其对映异构体（（+）-2-72）的不对称全合成方法均有报道，在部分路线的设计中也利用了司巴丁分子的对称性特征。

某些药物、药物中间体或生物活性物质并不具有直观的分子对称性，但利用逆合成分析方法仔细剖析其结构，可以发现它存在潜在的对称性因素，可以逆推到对称性中间体，并进而推得两个相同的单体原料。发现目标分子的潜在对称因素并加以巧妙利用，对简化某些复杂化合物的合成路线具有重要价值。

氯法齐明（clofazimine，2-79）可干扰麻风杆菌的核酸代谢，为二线抗麻风病药物。氯法齐明（2-79）的化学结构初看起来比较复杂，并没有明显的对称性；但仔细推敲可以发现它存在一定的对称性因素。从氯法齐明（2-79）出发，可逆推到2-对氯苯胺基-5-对氯苯基-3,5-二氢-3-亚胺基吩嗪（2-80）；从两个C—N键处切断，可直接逆推到N-对氯苯基邻苯二胺（2-81）。两分子的N-对氯苯基邻苯二胺（2-81）在三氯化铁作用下发生氧化偶联反应，以98%的收率得到2-对氯苯胺基-5-对氯苯基-3,5-二氢-3-亚胺基吩嗪（2-80）；后者再与异丙胺在加压条件下反应，即可得氯法齐明（2-79）。

地衣酸（usnic acid，2-82）是低等植物地衣分泌的酸性有机物，具有一定的抗菌活性。该化合物的化学结构并无对称性，但其与一分子水的加成产物（2-83）就有了对称性因素；继续逆推到开环化合物（2-84），并切断两个苯环间的C—C键，就可推出起始原料2,4,6-三羟基-3-甲基苯乙酮（2-85）。2,4,6-三羟基-3-甲基苯乙酮（2-85）在铁氰酸钾的作用下发生氧化偶联，再经脱水反应，直接得到外消旋的地衣酸（2-82）。

以上实例可以说明，分子对称法是设计具有分子对称性或存在潜在对称性因素的目标分子合成路线的有效途径。同时，分子对称法的局限性也十分明显：一方面，绝大多数的药物分子并不具有对称性或存在对称因素，无法使用分子对称法进行路线设计；另一方面，具有对称性的药物分子的路线设计思路也是多种多样的，并不一定要采用分子对称法，广谱抗真菌药物氟康唑（2-27）便是一例。

思考

自学分子对称性方面的知识，理解相关概念，并将其用于有机化合物分子对称性分析；以 Robinson 的托品酮合成路线为例，讨论利用分子对称性进行逆合成分析的方法与策略。

（四）逆合成分析法在半合成路线设计中的应用

在现有的化学合成药物中，采用全合成方法制备的占大多数，但使用半合成方法制备的药物并不少见，尤其是抗感染药物、抗肿瘤药物和激素类药物。在利用半合成设计思路进行逆合成分析时，需要头尾兼顾，使逆合成过程最终指向来源广泛、价格低廉、质量可靠的天然产物原料。这些天然产物多为微生物代谢物，亦可来自植物或动物。多数的青霉素类抗感染药物的半合成原料为 6-氨基青霉烷酸（6-aminopenicilanic acid，6-APA），头孢类药物多以 7-氨基头孢烷酸（7-aminocephalosporanic acid，7-ACA，2-86）或 7-氨基-3-去乙酰氧基头孢烷酸（7-aminodesacetoxycephalosporanic acid，7-ADCA）为原料，而十四元、十五元大环内酯类抗菌药物均以红霉素（erythromycin，2-87）为半合成原料。半合成路线的设计者必须熟悉所用天然物原料的化学性质，依据原料的化学反应活性特征，设计出合理、高效的半合成路线。

头孢替安（cefotiam，2-88）是日本武田（Takeda）公司研制开发的第二代半合成头孢类抗菌药物，主要用于治疗由敏感菌引起的肺炎、支气管炎、腹膜炎等疾病。头孢替安（2-88）逆合成分析的切断位点选择在头孢母核的 7 位氨基所连接的酰胺 C—N 键和 3 位甲基所连的 C—S 键，逆推到 7-ACA（2-86）。按照构建 C—N 键和 C—S 键的先后顺序的不同，头孢替安（2-88）的合成路线可分为"先 C—N 后 C—S"和"先 C—S 后 C—N"两种策略。在"先 C—N 后 C—S"策略中，7-ACA（2-86）与 4-氯-3-氧代丁酰氯发生 N-酰化反应，得到 7 位酰胺基化合物（2-89）；后者再与硫脲进行亲核取代反应，得到中间体（2-90）；经分子内成环反应，合成了含氨基噻唑环的中间体（2-91）；在碱性条件下，中间体（2-91）与 1-（2-二甲胺基乙基）-1H-四唑-5-硫醇（DMMT）发生取代反应，完成头孢替安（2-88）的合成。在"先 C—S 后 C—N"策略中，7-ACA（2-86）先与 1-（2-二甲胺基乙基）-1H-四唑-5-硫醇（DMMT）在 BF$_3$ 的催化下发生取代反应，得到中间体（2-92）；再经酰化、取代、环合等步骤，制得头孢替安（2-88）。

2-88　　　　　　　　　　　　　　　　　　2-86

2-86　　　　　　　　　　　　　　　　　2-89

阿奇霉素（azithromycin，2-95）是由克罗地亚的普利瓦（Pliva）公司开发的十五元大环内酯类抗生素，在酸性条件下的稳定性明显优于红霉素（2-87），抗菌谱较红霉素（2-87）有所拓宽，除保留抗革兰阳性菌活性外，对部分革兰阴性球菌、杆菌及厌氧菌亦有较好活性。该药于 1988 年在前南斯拉夫首次上市，是全球最畅销的抗感染药物之一。阿奇霉素（2-95）是红霉素（2-87）的半合成衍生物，由于红霉素（2-87）化学结构与反应特性的限制，阿奇霉素（2-95）的合成方法极为有限。阿奇霉素（2-95）的经典合成路线是以红霉素（2-87）为起始原料，经成肟、Beckmann 重排、亚胺醚还原及 N-甲基化等反应，最终完成阿奇霉素（2-95）的制备。原料红霉素（2-87）在弱碱性条件下，其 9 位羰基与羟胺发生加成-消除反应，制得 9（E）-红霉素肟(2-96)；该化合物（2-96）不仅可用于阿奇霉素（2-95）的合成，还是制备罗红霉素（roxithromycin）、地红霉素（dirithromycin）和克拉霉素（clarithromycin）等其他大环内酯类抗菌药物的重要中间体。9（E）-红霉素肟（2-96）在吡啶的催化下先与对甲苯磺酰氯发生 O-磺酰化反应，继而发生 Beckmann 重排，得到亚胺醚类扩环产物（2-97）。后者（2-97）经催化氢化或 $NaBH_4$ 还原，制得中间体（2-98）。最后经 N-甲基化反应，完成阿奇霉素（2-95）的合成。

思考

检索文献，分别找到以植物、动物、微生物来源天然产物为起始原料的半合成药物，分析其合成路线的特点，讨论其设计思路。

（五）逆合成分析法在手性药物合成路线设计中的应用

近年来，手性药物研究发展势头强劲，已成为国际创新药物研究的主攻方向之一。与此相应，手性药物的制备技术也备受关注，成为医药工业发展的重要生长点。在利用逆合成分析法设计手性药物合成路线的过程中，除了考虑分子骨架构建和官能团转化外，还必须考虑手性中心的形成。在手性药物的合成中，一种途径是先合成外消旋体、再拆分获得单一异构体，另一种途径是直接合成单一异构体。使用外消旋体拆分途径，合成路线的设计过程与常规方法相同，但要求所使用的拆分方法必须高效、可靠。直接合成单一异构体的途径主要包括两类技术方法：手性源合成技术和不对称合成技术。

手性源（chirality pool）合成技术是指以廉价易得的天然或合成的手性化合物为原料通过化学修饰方法转化为手性产物。与手性原料相比较，产物手性中心的构型既可能保持，也可能发生翻转或转移。手性药物的合成往往需要经过多步的化学反应来实现，涉及手性中心构建的反应常常只是其中的一步或几步。在设计手性药物合成路线时，一定要对完成手性中心构建后的各步化学反应以及分离、纯化过程加以细致的考虑，保证手性中心的构型不被破坏，最终获得较高纯度的手性产物。

缬沙坦（valsartan，2-99）是由瑞士诺华（Novartis）公司开发的口服有效的特异性的血管紧张素Ⅱ（AngⅡ）受体 AT1 拮抗剂，通过选择性地阻断 AngⅡ与 AT1 受体的结合，抑制血管收缩和醛固酮的释放，产生降压作用。缬沙坦（2-99）是含有一个手性中心的手性药物，在其逆合成分析中，切断位点选择在不连接手性中心的两个 C—N 键，逆推到手性原料 L-缬氨酸甲酯（2-100）和 N-三苯甲基-5-（4′-甲酰基联苯-2-基）四氮唑（2-101）、正戊酰氯（2-102）。手性原料 L-缬氨酸甲酯（2-100）在氰基硼氢化钠的存在下与 N-三苯甲基-5-(4′-甲酰基联苯-2-基) 四氮唑（2-101）发生还原胺化反应构建 C—N 单键，制得仲胺中间体（2-103）。在三乙胺的催化下，仲胺中间体（2-103）与正戊酰氯（2-102）发生 N-酰基化反应形成第二个 C—N 键，得到酰胺中间体（2-104）。再经过去保护基、酯水解等反应，完成缬沙坦（2-99）的合成。在整个反应过程中，L-缬氨酸甲酯（2-100）手性碳原子并未受到影响，该手性中心的构型在产物中得以保持。

达非那新（darifenacin, 2-106）为毒蕈碱受体拮抗剂（muscarinic receptor antagonist），由瑞士诺华（Novartis）公司研制，2005 年在德国上市，用于治疗尿急、尿频、尿失禁等疾病。达非那新（2-106）是含有一个手性中心的手性药物，该手性中心为 S 构型。在利用手性源法对达非那新（2-106）进行逆合成分析过程中，首先选择 C—N 键为切断位点，经官能团转换过程可逆推至腈类化合物中间体（2-107）；对于手性中间体（2-107），切断位点需选在氰基邻位碳原子和四氢吡咯环手性碳原子之间的 C—C 键，逆推到 2, 2-二苯基乙腈（2-108）和手性原料（R）-四氢吡咯-3-醇（2-109）。值得注意的是：在达非那新（2-106）的实际合成中，原料（R）-四氢吡咯-3-醇（2-109）手性中心的构型发生两次翻转。手性原料（2-109）与对甲苯磺酰氯在碱性条件下反应，在 N 上引入磺酰基保护基得到化合物（2-110）。化合物（2-110）经 Mitsunobu 反应得羟基磺酰化物（2-111），手性中心的构型在此过程中发生了第一次翻转。2, 2-二苯基乙腈（2-108）在强碱作用下去除氰基邻位碳上的质子，所得碳负离子对中间体（2-111）的手性碳原子亲核进攻，经 S_N2 机制构建 C—C 键，手性中心的构型发生第二次翻转。再经过去保护基、N-烷基化等步骤，最终完成达非那新（2-106）的合成。

不对称合成（asymmetric synthesis）是指在反应剂作用下，底物分子中的前手性单元以不等量地生成立体异构产物的途径转化为手性单元的合成方法。目前实用的不对称合成方法可分为四种类型。①底物控制方法：底物中的非手性单元（S）在邻近的手性结构片段（X*）的影响下，与非手性试剂（R）反应，得到含有新手性单元（P*）的产物；②辅剂控制方法：无手性的底物（S）通过连接手性辅剂（A*）对与非手性试剂（R）的反应进行导向，反应后脱除辅剂（A*），得到手性产物（P*）；③试剂控制方法：无手性的底物（S）与化学计量的手性试剂（R*）反应，直接转化为手性产物（P*）；④催化控制方法：无手性的底物（S）与非手性试剂（R）在低于化学计量的手性催化剂（C*）的催化下，获得手性产物（P*）。上述四种类型不对称合成方法各有特色，利弊共存，但总体来说，催化控制方法最具吸引力，因为该方法使用手性物料的用量最少，更为经济、高效。

（1）底物控制方法：$X^*-S \xrightarrow{R} X^*-P^*$

（2）辅剂控制方法：$S \xrightarrow{A^*} A^*-S \xrightarrow{R} A^*-P^* \xrightarrow{-A^*} P^*$

（3）试剂控制方法：$S \xrightarrow{R^*} P^*$

（4）催化控制方法：$S \xrightarrow[C^*]{R} P^*$

炔诺酮（norethisterone，2-113）为口服有效的孕激素，临床上主要用于功能性子宫出血、痛经、子宫内膜异位等妇科疾病的治疗。该药物为甾体类手性药物，其17位手性中心的构建采用了底物控制的不对称合成方法。以去氢表雄酮（2-114）为起始原料，经一系列的化学修饰过程得到雄甾-4-烯-3，17-二酮（2-115）。在该化合物（2-115）中，17位羰基为前手性结构单元。在邻近的手性基团的作用下，17位羰基与乙炔、氢氧化钾在溶剂叔丁醇中发生高度对映选择性的亲核加成反应，得到17β-羟基-17α-乙炔基产物，即炔诺酮（2-113）。

硼替佐米（bortezomib，2-116）是第一个进入临床应用的蛋白酶体抑制剂，通过抑制蛋白酶体 26S 亚基的活性，显著减少核因子-κB（NF-κB）的抑制因子（I-κB）在泛素-蛋白酶体途径中的降解，导致 I-κB 与 NF-κB 的结合，抑制 NF-κB 启动的基因转录，从而阻断细胞的多级信号串联，进而诱导肿瘤细胞凋亡。硼替佐米（2-116）由美国 Millennium 公司研制，2003 年在美国上市，主要用于多发性骨髓瘤和套细胞淋巴瘤的临床治疗。硼替佐米（2-116）的化学名称为［(1R)-3-甲基-1-[[(2S)-1-氧代-3-苯基-2-[（吡嗪甲酰)-氨基]丙基］氨基］丁基］硼酸，是含有两个手性中心的二肽硼酸类手性药物。文献报道的硼替佐米（2-116）合成路线有数条，在此仅选择以（1S，2S，3R，5S）-(+)-2，3-蒎烷二醇（2-117）为手性辅剂的汇聚式合成路线加以讨论，重点关注两个手性中心的构建方法。异丁基硼酸（2-118）与连二醇类手性辅剂（2-117）反应，高收率地制得异丁基硼酸酯（2-119）。硼酸酯（2-119）在二异丙基氨基锂（LDA）作用下与二氯甲烷反应，在硼原子上引入二氯甲基；随后，在 $ZnCl_2$ 作用下发生 Matteson 重排，在手性辅剂的诱导下对映选择性地生成手性 α-氯代硼酸酯（2-120），完成了第一个手性中心的构建，其对映异构体过量（ee)>94%。α-氯代硼酸酯（2-120）与二（三甲基硅基）氨基锂（LiHMDS）发生 S_N2 反应，在分子中导入二（三甲基硅基）氨基，并引起手性碳原子的构型翻转；然后，三氟乙酸作用下发生水解，生成手性 α-氨基硼酸酯的三氟乙酸盐（2-121）。手性原料 L-苯丙氨酸（2-122）先与氯化亚砜反应生成酰氯，再与甲醇反应生成 L-苯丙氨酸甲酯（2-123）。L-苯丙氨酸甲酯（2-123）与 α-吡嗪酸（2-124）在 N，N'-二环己基碳二亚胺（DCC）作用下脱水，生成酰胺类化合物（2-125）。化合物（2-125）经碱性水解后再酸化，得到羧酸类化合物（2-126）。上述三步反应中，手性碳原子的构型未受影响。两个手性中间体（2-121）和（2-126）在 O-苯并三唑-N，N，N'，N'-四甲基脲四氟硼酸酯（TBTU）和 N，N-二异丙基乙胺（DIPEA）的作用下脱水缩合，生成酰胺类化合物（2-127），完成了目标化合物分子骨架的构建。化合物（2-127）与原料异丁基硼酸（2-118）发生酯交换反应，最终制得目标物硼替佐米（2-116）；同时生成硼酸酯类中间体（2-119），可回收套用。综上，在手性药物硼替佐米（2-116）的合成中，两个手性中心的构建分别采用了手性源合成方法和手性辅剂控制不对称合成方法；其中，手性源 L-苯丙氨酸廉价易得，而连二醇类手性辅剂（2-117）实现了循环使用。

奥美拉唑（omeprazole，2-128）是由瑞典阿斯特拉（Astra）公司开发成功的第一个 H^+/K^+-ATP 酶抑制剂（H^+/K^+-ATPase inhibitor），又称质子泵抑制剂（proton pump inhibitor，PPI），可显著抑制胃酸分泌，用于消化道抗溃疡的治疗，具有疗效突出、耐受性好、用药时间短、治愈率高等诸多优点，自 1988 年上市起，曾多年雄踞单一药物世界销售额排行榜的首位。埃索美拉唑（esomeprazole，2-129），又称（S）-奥美拉唑，是在奥美拉唑（2-128）的基础上发展起来的含有一个手性中心的手性药物。与消旋体药物奥美拉唑（2-128）相比，其抑酶活性略有提升，药代动力学性质有所改善，安全性更好。制备埃索美拉唑（2-129）的一个可行途径是试剂控制的不对称合成方法。前手性底物硫醚（2-130，该化合物的制备方法将在下一节中论及）在化学计量的 Davis 手性氧化试剂（即樟脑内磺酰胺过氧化物）的氧化下，以较高的对映选择性获得手性产物（2-129）。

埃索美拉唑（2-129）的实用合成方法是以 Sharpless 不对称氧化为基础的催化控制的不对称合成方法。Sharpless 不对称氧化是由 2001 年诺贝尔化学奖得主 K. B. Sharpless 创立的催化控制的不对称合成方法，包括 Sharpless 环氧化（epoxidation）、Sharpless 双羟基化（dihydroxylation）和 Sharpless 氨基羟基化（aminohydroxylation）等反应。在埃索美拉唑（2-129）的合成中，前手性的硫醚类底物（2-130）在远低于化学计量的手性催化体系的催化下，被过氧化醇类氧化剂氧化成亚砜，高度对映选择性地获得手性产物（2-129）。常用手性催化体系为 D-(-)-酒石酰胺/四异丙醇钛/叔胺，或（$1R$，$2R$）-1,2-二（2-溴苯基)-1,2-乙二醇/四异丙醇钛/叔胺；常用的氧化剂为过氧化枯烯或过氧叔丁醇。

思考

结合后续课程的学习，分析手性药物合成路线的特点，讨论将逆合成分析应用于手性药物合成路线设计中的方法与策略。

二、模拟类推法

模拟类推法是药物合成工艺路线设计的常用方法，本节将对模拟类推法的基本概念、主要方法、适用范围及注意事项等内容加以介绍。

（一）模拟类推法的基本概念与主要方法

在药物合成工艺路线设计过程中，除了使用以逻辑思维为基础的逆合成分析法外，还可应用以类比思维为核心的模拟类推法。药物合成工艺路线设计中的模拟类推法由"模拟"和"类推"两个阶段构成。在"模拟"阶段，首先，要准确、细致地剖析药物分子（目标化合物）的结构，发现其关键性的结构特征；其次，要综合运用多种文献检索手段，获得结构特征与目标化合物高度近似的多种类似物及其化学信息；再次，要对多种类似物的多条合成路线进行比对分析和归纳整理，逐步形成对文献报道的类似物合成路线设计思路的广泛认识和深刻理解。在"类推"阶段，首先，从多条类似物合成路线中，挑选出有望适用于目标化合物合成的工艺路线；其次，进一步分析目标物与其各种类似物的结构特征，确认前者与后者结构之间的差别；最后，以精选的类似物合成路线为参考，充分考虑药物分子自身的实际情况，设计出药物分子的合成路线。

药物分子（目标化合物）与其类似物在化学结构方面存在共性是使用模拟类推法进行药物合成工艺路线设计的基础。通过分析药学发展的历史和现状我们不难发现：药物的数量明显高于药物作用靶点的数量，往往是多个药物作用于同一个药物作用靶点；作用于同一靶点的药物在化学结构（特别是三维结构）方面存在相似性，其中部分药物之间结构高度近似。这表明，多数的药物与另外一些药物之间存在结构共性。同时，几乎所有的药物都与某些非药物的分子之间存在结构共性。在很多情况下，模拟类推法是药物合成工艺路线设计的简捷、高效的途径。需要特别说明的是，模拟类推法与逆合成分析法并不矛盾，在药物合成工艺路线设计的实践中，经常将这两种方法联合使用，相互补充。

对于作用靶点完全相同、化学结构高度类似的共性显著的系列药物，采用模拟类推法进行合成工艺路线设计的成功概率往往较高。模拟类推方法不但可用于系列药物分子骨架的构建，而且可扩展到系列手性药物手性中心的构建。奥美拉唑（2-128）作为第一个上市的质子泵抑制剂（PPI）取得了极好的临床效果和市场效益。以奥美拉唑（2-128）为先导化合物，日本武田（Takeda）等公司采用模拟创新策略（即 me-too策略），相继研制了兰索拉唑（lansoprazole，2-131）、泮托拉唑（pantoprazol，2-132）、雷贝拉唑（rabeprazole，2-133）和艾普拉唑（ilaprazole，2-134）等新药并推向市场，使消化道溃疡性疾病的治疗水平得以全面提升。兰索拉唑（2-131）等药物的化学结构与奥美拉唑（2-128）高度近似，均带有苯并咪唑环和吡啶环，在苯并咪唑的2位和吡啶的2位之间以-S（O）CH$_2$-相连接。基于上述药物之间的化学结构共性，采用了模拟类推法，以奥美拉唑（2-128）为参照，完成了兰索拉唑（2-131）等药物合成工艺路线的设计。奥美拉唑（2-128）、兰索拉唑（2-131）等药物的逆合成分析如下所示。由亚砜结构的目标化合物起始，首先逆推到相应的硫醚结构；硫醚结构对应两种切断方式，通过第一种切断方式可逆推到2-巯基苯并咪唑类和2-卤代甲基吡啶类化合物，而通过第二种切断方式则逆推到2-卤代苯并咪唑类和2-巯基甲基吡啶类化合物。由于2-巯基苯并咪唑类和2-卤代甲基吡啶类中间体制备比较方便，故第一种切断方式更为常用。

2-128，R₁=OCH₃，R₂=CH₃，R₃=OCH₃，R₄=CH₃

2-128, $R_1=OCH_3$, $R_2=CH_3$, $R_3=OCH_3$, $R_4=CH_3$
2-131, $R_1=H$, $R_2=CH_3$, $R_3=OCH_2CF_3$, $R_4=H$
2-132, $R_1=OCHF_2$, $R_2=OCH_3$, $R_3=OCH_3$, $R_4=H$
2-133, $R_1=H$, $R_2=CH_3$, $R_3=O(CH_2)_3OCH_3$, $R_4=CH_3$
2-134, $R_1=2,5$-dimethyl-$1H$-pyrrol-1-yl, $R_2=CH_3$,
　　　　$R_3=OCH_3$, $R_4=H$

在奥美拉唑（2-128）的合成中，首先要完成关键中间体 5-甲氧基-1H-苯并咪唑-2-硫醇（2-135）和 2-氯甲基-3,5-二甲基-4-甲氧基吡啶（2-136）的制备。以对甲氧基苯胺（2-137）为原料，经乙酰化保护氨基后，发生乙酰胺基邻位的硝化反应，得到化合物（2-138）；后者先经碱性水解去掉乙酰基，再还原硝基至氨基，得到邻二氨基产物（2-139）；邻二氨基产物（2-139）与二硫化碳在碱性条件下发生关环反应，制得中间体（2-135）。从 2,3,5-三甲基吡啶（2-140）出发，经双氧水氧化和硝化反应，得到 4 位引入硝基的吡啶 N 氧化物（2-141）；吡啶 N 氧化物（2-141）与甲醇钠发生亲核取代反应，得到 4 位硝基被甲氧基替代的产物（2-142）；后者（2-142）在乙酸酐的作用下发生重排反应，再经水解得到 2 位羟甲基吡啶衍生物（2-143）；再经二氯亚砜氯代，制备了中间体（2-136）。中间体（2-135）先在强碱作用下使硫基去质子化，再与中间体（2-136）发生亲核取代反应形成 C—S 键，完成目标物分子骨架的构建，得到硫醚类中间体（2-130）；在间氯过氧苯甲酸（m-CPBA）或其他氧化剂（如次磷酸钠、过硼酸钠、尿素过氧化氢等）的作用下，选择性地将硫醚转化为亚砜，完成奥美拉唑（2-128）的合成。

泮托拉唑（2-132）是继奥美拉唑（2-128）、兰索拉唑（2-131）之后第三个上市的 PPI 类抗溃疡药物，其基本分子骨架与奥美拉唑（2-128）完全一致，只是两个杂环上的取代基不同。以奥美拉唑（2-128）的合成路线为参照，采用模拟类推的方法，可方便地完成泮托拉唑（2-132）合成工艺路线的设计。中间体 5-二氟甲氧基-1H-苯并咪唑-2-硫醇（2-144）和 2-氯甲基-3,4-二甲氧基吡啶（2-145）在碱性条件下发生亲核形成 C—S 键，制得硫醚类中间体（2-146）；中间体（2-146）在间氯过氧苯甲酸（m-CPBA）或次氯酸钠、过硼酸钠、双氧水/钨酸钠等氧化剂作用下发生选择性氧化反应，完成泮托拉唑（2-132）的制备。

与埃索美拉唑（2-129）相类似，（R）-兰索拉唑（2-147）和（S）-泮托拉唑（2-148）是在兰索拉唑（2-131）和泮托拉唑（2-132）的基础上发展起来的 PPI 类抗溃疡手性药物。（R）-兰索拉唑（2-147）和（S）-泮托拉唑（2-148）的合成路线设计采用了模拟类推方法，所选择的模拟对象为埃索美拉唑（2-129）。（R）-兰索拉唑（2-147）手性硫原子的构型与埃索美拉唑（2-129）刚好相反，故所用手性催化体系改为 L-（-）-酒石酸酯/四异丙醇钛/叔胺，氧化剂仍为过氧化枯烯。（S）-泮托拉唑（2-148）手性中心的构型与埃索美拉唑（2-129）一致，所用的手性催化体系为 D-（-）-酒石酸酯/四异丙醇钛/叔胺，氧化剂仍可使用过氧化枯烯。

思考

检索文献，找到两个以上利用模拟类推法设计药物合成路线的实例，分析该方法的特点，并讨论该方法与逆合成分析法的区别与联系。

（二）模拟类推法的适用范围与注意事项

药物合成工艺路线设计中的模拟类推法作为以类比思维为核心的推理模式，有其固有的局限性。某些化学结构看似十分相近的药物分子，其合成路线并不相近，有时甚至相差甚远。

喹诺酮类（quinolones）抗菌药物是一类具有 1, 4-二氢-4-氧代喹啉-3-羧酸结构的化合物，通过抑制细菌 DNA 螺旋酶（DNA gyrase）干扰细菌 DNA 的合成而产生抗菌活性。诺氟沙星（norfloxacin, 2-150）是由日本杏林（Kyorin）公司创制的第一个氟喹诺酮类抗菌药物，对革兰阴性、阳性菌均有较高活性，但在血清和组织中浓度较低，主要用于治疗泌尿道、消化道细菌感染，于 1983 年上市。环丙沙星（ciprofloxacin, 2-151）是德国拜耳（Bayer）公司以诺氟沙星（2-150）为先导化合物研制、开发的第二个氟喹诺酮类抗菌药物，于 1987 年上市，其抗菌谱与诺氟沙星（2-150）相近但活性更强，在血清和组织中浓度较高，可用于治疗呼吸道等多种组织的细菌感染。氧氟沙星（ofloxacin，2-152）是继环丙沙星（2-151）之后第二个可用于治疗多种感染的氟喹诺酮类抗菌药物，由日本第一（Daiichi）制药公司开发，于 1990 年上市。诺氟沙星（2-150）、环丙沙星（2-151）和氧氟沙星（2-152）的母核部分均同为 1，4-二氢-4-氧代喹啉-3-羧酸，6 位均为氟取代，7 位皆带有哌嗪（或 N-甲基哌嗪）环。三者的结构不同之处主要体现在 1 位 N 上的取代基上，诺氟沙星（2-150）为乙基，环丙沙星（2-151）为环丙基，而氧氟沙星（2-152）的 1 位 N 与 8 位羟基 O 以碳链连接而构成六元环。

上述三种药物的化学结构相似，但合成工艺路线却存在明显差异。在逆合成分析过程中，诺氟沙星（2-150）的第一个切断位点选择在母核 6 位与哌嗪环之间的 C—N 键，第二个切断位点为母核 1 位与乙基间的 N—C 键，第三个切断位点是母核的 4 位与 4a 位间的 C—C 键，第四个切断位点为母核的 1、2 位间的 N—C 键。经过以上切断过程，可推至起始原料 3-氯-4-氟-苯胺（2-153）与乙氧亚甲基丙二酸二乙酯（2-154）、溴乙烷（2-155）及哌嗪（2-156）。环丙沙星（2-151）的第一个切断位点与诺氟沙星（2-150）相同。第二个切断位点不能选在母核 1 位与环丙基间的 N—C 键，因为构建该键的 N-烷基化反应涉及环丙基碳正离子的形成，而环丙基碳正离子并不稳定，极易转化为烯丙基碳正离子，从而导致反应失败；环丙沙星（2-151）的第二个切断位点为母核 7a 位与 1 位间的 C—N 键，以芳环亲核取代反应构建此键。第三个切断位点为母核的 1、2 位间的 N—C 键，第四个切断位点为母核的 2、3 位间的 C—C 双键，而第五个切断位点则选在母核 3 位与羧基之间的 C—C 键。由此，可推得起始原料 2,4-二氯-5-氟苯乙酮（2-157）与碳酸酯（2-158）、原甲酸酯（2-159）、环丙胺（2-160）和哌嗪（2-156）。氧氟沙星（2-152）的第一个切断位点与诺氟沙星（2-150）、环丙沙星（2-151）相同，都是母核 6 位与哌嗪环之间的 C—N 键；第二个切断位点需选在母核的 4 位与 4a 位间的 C—C 键；第三个切断位点为母核的 1、2 位间的 N—C 键；而第四、第五切断位点分别在二氢噁嗪环的 C—N、C—O 键。至此，即可推得起始原料 3,4-二氟-2-羟基硝基苯（2-161）与溴代丙酮（2-162）、乙氧亚甲基丙二酸二乙酯（2-154）及 N-甲基哌嗪（2-163）。

诺氟沙星（2-150）的合成工艺路线如下：起始原料3-氯-4-氟-苯胺（2-153）与乙氧亚甲基丙二酸二乙酯（2-154）发生加成-消除反应，生成中间体（2-164）；中间体（2-164）在二苯醚等高沸点溶剂中加热至250℃以上，发生分子内的Friedel-Crafts酰基化反应，得到环合物（2-165）；环合物（2-165）先在碱性条件下与溴乙烷（2-155）发生N-烷基化反应，再经酯水解反应，得到乙基化物（2-166）；乙基化物（2-166）在缚酸剂吡啶存在下与哌嗪（2-156）进行芳环亲核取代反应，完成诺氟沙星（2-150）制备。

环丙沙星（2-151）的合成工艺路线如下：原料2,4-二氯-5-氟苯乙酮（2-157）在醇钠的作用下，与碳酸酯（2-158）发生羰基α位酰化反应，形成中间体（2-167）；在乙酸酐的存在下，中间体（2-167）与原甲酸酯（2-159）发生缩合反应，在中间体（2-167）的两个羰基间的亚甲基上引入乙氧亚甲基基团，得到化合物（2-168）；后者（2-168）再与环丙胺（2-160）进行加成-消除反应，获得中间体（2-169）；在碳酸钾/DMF体系中，中间体（2-169）发生分子内的芳环亲核取代反应，完成喹诺酮母核的构建，得到中间体（2-170）；再经过水解、哌嗪取代两步反应，最终完成环丙沙星（2-151）。

氧氟沙星（2-152）的合成工艺路线如下：原料3,4-二氟-2-羟基硝基苯（2-161）与溴代丙酮（2-162）发生O-烷基化反应，生成中间体（2-172）；在Raney Ni的催化下，中间体（2-172）的硝基首先被H_2还原为氨基，随后氨基与羰基缩合形成亚胺，亚胺C—N双键被加氢还原成为C—N单键，得到苯并二氢噁嗪中间体（2-173）；该中间体（2-173）

与乙氧亚甲基丙二酸二乙酯（2-154）发生加成-消除反应，生成中间体（2-174）；后者（2-174）在多聚磷酸（PPA）等催化下，发生分子内的 Friedel-Crafts 酰基化反应，得到环合物（2-175）；环合物（2-175）在酸性条件下发生酯水解反应，得到 3 位羧基化合物（2-176）；化合物（2-176）在 DMSO 中与 N-甲基哌嗪（2-163）经芳环亲核取代反应，制得氧氟沙星（2-152）。

通过对比、分析诺氟沙星（2-150）、环丙沙星（2-151）和氧氟沙星（2-152）的经典合成工艺路线可以发现，某些药物分子的化学结构比较相似，但其合成路线却存在明显差异。这一现象提示我们，在利用模拟类推法进行药物合成工艺路线设计时，一定做到"具体问题，具体分析"。在充分认识多个药物分子之间的结构共性的同时，需深入考察每个药物分子本身的结构特性。如果药物分子间的结构共性占据主导地位，有机会直接采用模拟类推法设计合成工艺路线，即可大胆采用；如果某个药物分子的个性因素起到关键作用，无法进行直接、全面的模拟类推，则可进行间接、局部的模拟类推，在巧妙地借鉴他人的成功经验基础上，独立思考，另辟蹊径，创立自己的新颖方法。

自诺氟沙星（2-150）问世至今的三十年间，氟喹诺酮类抗菌药物一直保持着强劲的发展势头，共有二十余种此类药物（含兽药）陆续上市，市场份额不断攀升，是唯一一类能与头孢类抗生素相媲美的合成抗菌药物。在后续的氟喹诺酮类抗菌药物的研发过程中，氟罗沙星（fleroxacin，2-177）、莫西沙星（moxifloxacin，2-178）、芦氟沙星（rufloxacin，2-179）等多种药物采用模拟类推法，以诺氟沙星（2-150）、环丙沙星（2-151）或氧氟沙星（2-152）为模拟对象，成功完成了合成工艺路线的设计。

氟罗沙星（2-177）是 1992 年上市的第二代喹诺酮类抗菌药物，具有生物利用度高、半衰期长等优点，主要应用于呼吸道、泌尿道、消化道细菌感染的治疗。氟罗沙星（2-177）的化学结构与诺氟沙星（2-150）高度近似，其差别仅限于 1 位以 2-氟乙基替代乙基、7位以 N-甲基哌嗪替换哌嗪、8位增加了 F 原子。以诺氟沙星（2-150）为参照，采用模拟类推的方法，完成了氟罗沙星（2-177）合成工艺路线的设计。选用 2,3,4-三氟苯胺（2-180）为起始原料，经加成-消除、高温分子内的 Friedel-Crafts 酰基化反应合成环合物中间体（2-182）；以 2-氟乙醇磺酸酯为烷基化试剂，在碱和 KI 的催化下完成了 1 位 N-烷基化反应；中间体（2-183）在 DMSO 中与 N-甲基哌嗪（2-163）发生芳环亲核取代反应，再经酸水解反应最终制备了氟罗沙星（2-177）。

由德国拜耳（Bayer）公司开发的莫西沙星（2-178）于 1999 年上市，具有抗菌谱广、抗菌活性强、生物利用度高、半衰期长诸多优点，广泛应用于多种细菌感染相关疾病的治疗，为第四代喹诺酮类抗菌药的代表性药物。莫西沙星（2-178）是在环丙沙星（2-151）基础上发展而来的，在化学结构上与环丙沙星（2-151）十分近似，仅以（4aS，7aS）-八氢-6H-吡咯并［3,4-b］吡啶片段替换了环丙沙星（2-151）7 位的哌嗪基团，并在 8 位引入了甲氧基。莫西沙星（2-178）的合成工艺路线是以环丙沙星（2-151）合成路线为基础，通过模拟类推途径设计的。从环丙沙星（2-151）合成中间体的结构类似物 3-氧代-3-（2，4，5-三氟-3-甲氧基苯基）丙酸甲酯（2-185）出发，与二甲胺发生胺解反应制备酰胺类中间体（2-186）；该中间体（2-186）先与原甲酸酯（2-159）发生缩合反应，再与环丙胺（2-160）进行加成-消除，完成喹诺酮母核的构建，获得中间体（2-188）；中间体（2-188）在有机强碱 1，8-二氮杂双环［5.4.0］十一碳-7-烯（DBU）的催化下，与手性中间体（4aS，7aS）-八氢-6H-吡咯并［3,4-b］吡啶发生芳环亲核取代反应，制得中间体（2-189）；中间体（2-189）的 3 位酰胺基团在碱性条件下水解，再经酸中和，完成莫西沙星（2-178）的合成。

1992 年上市的芦氟沙星（2-179）在抗菌谱和体外抗菌活性方面与诺氟沙星（2-150）等药物大体相当，其突出的优点是血浆半衰期长、体内活性强，在临床上主要用于呼吸道、泌尿道、消化道细菌感染的治疗。芦氟沙星（2-179）的化学结构与氧氟沙星（2-152）十分相近，前者以二氢噻嗪环替代后者的二氢噁嗪环与喹诺酮母核骈合并去除环上的甲基。芦氟沙星（2-179）的合成工艺路线是以氧氟沙星（2-152）合成路线为基础进行模拟类推的结果。原料 2,3,4-三氟-硝基苯（2-190）在缚酸剂的存在下，与 2-巯基乙醇发生芳环亲核取代反应形成 C—S 键，生成中间体（2-191）；Fe/HCl 还原体系将中间体（2-191）的硝基还原为氨基，制得中间体（2-192）；中间体（2-192）侧链上的羟基在 HBr 作用下发生溴代，所得溴代物（2-193）在碱性条件下进行分子内的 N-烷基化反应，形成 C—N 单键，得到苯并二氢噻嗪中间体（2-194）；此中间体（2-194）先与乙氧亚甲基丙二酸二乙酯（2-154）发生加成-消除反应，再在多聚磷酸（PPA）等催化下发生分子内的 Friedel-Crafts 酰基化反应，得到环合物（2-196）；环合物（2-196）与氟硼酸反应，喹诺酮母核 3 位羧基、4 位羰基与硼原子间形成螯合物（2-197），活化 7 位 C—F 键，提高其与 N-甲基哌嗪（2-163）之间芳环亲核取代反应的选择性，以较高收率得到化合物（2-198）；再经过碱水解、酸中和反应，完成芦氟沙星（2-179）的制备。

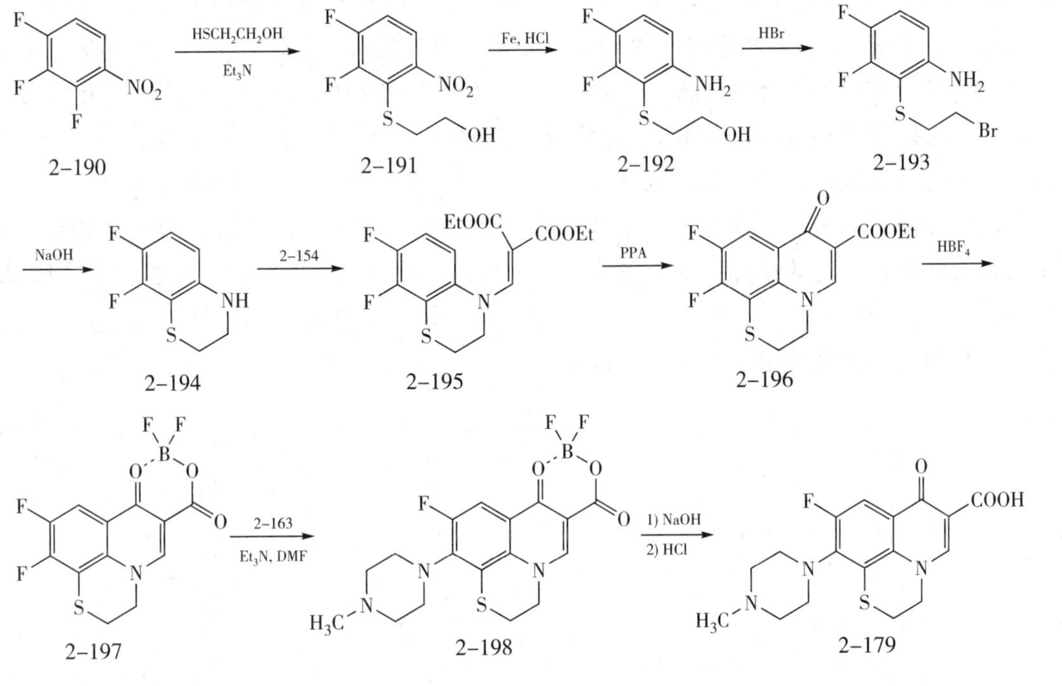

思考

检索文献，找到一组化学结构相近、合成路线差异明显的药物，分析产生这种差异的原因，并讨论模拟类推法的局限性。

扫码"学一学"

第三节　工艺路线的评价与选择

工艺路线的评价与选择是对某一药物的文献报道和（或）自行设计的多条合成路线进

行对比、分析，从中挑选一条（或数条）具有良好工业化前景的工艺路线的过程。由于药物的合成路线数量较多，每个路线又各具特色，要对这些路线做出准确的评价和合理的选择将是一项艰巨而复杂的任务，理想工艺路线的确立需要长期研究，反复实践。

本节将围绕化学制药合成工艺路线的常用评价标准和基本选择方法展开讨论。

一、工艺路线的评价标准

具有良好工业化前景的优化合成工艺路线必须具备质量可靠、经济有效、过程安全、环境友好等基本特征。从技术的角度分析，优化合成工艺路线的主要特点可概括如下：汇聚式合成策略、反应步骤最少化、原料来源稳定、化学技术可行、生产设备可靠、后处理过程简单化、环境影响最小化。以上特征，是评价化学制药工艺路线的主要技术指标。在此需要特别指出的是：最终路线的确定受到经济因素的显著制约。在考察上述技术指标的基础上，必须对工艺路线的综合成本做出比较准确的估算，挑选出高产出、低消耗的路线作为应用于工业生产的实用工艺路线。

1. **汇聚式合成策略** 对于一个多步骤的合成路线而言，存在两种极端的装配策略。其一是"直线式合成法"（linear synthesis），一步一步地进行反应，每一步增加目标分子的一个新单元，最后构建整个分子；其二是"汇聚式合成法"（convergent synthesis），分别合成目标分子的主要部分，并使这些部分在接近合成结束时再连接到一起，完成目标物构建。以由64个结构单位构建的化合物为例，见图2-2，直线式合成法中的第一个单元要经历63步反应，如果这些反应的收率都是90%，该路线的总收率为 $0.9^{63} \times 100\% = 0.13\%$；而采用汇聚式合成法进行合成时，反应的总数并没有变化，但每个起始单元仅经历6步反应，反应收率仍按照90%计算，则路线的总收率为 $0.9^6 \times 100\% = 53\%$。与直线式合成法相比，汇聚式合成法具有一定的优势：①中间体总量减少，需要的起始原料和试剂少，成本降低；②所需要的反应容器较小，增加了设备使用的灵活性；③降低了中间体的合成成本，在生产过程中一旦出现差错，损失相对较小。

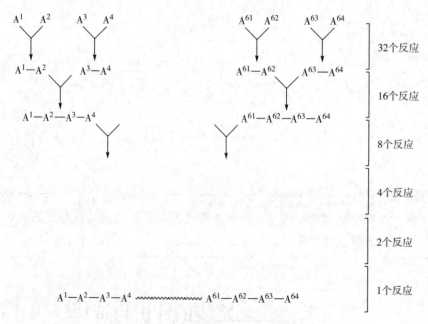

图2-2 直线式合成法与汇聚式合成法

2. 反应步骤最少化 在其他因素相差不大的前提下，反应步骤较少的合成路线往往呈现总收率较高、周期较短、成本较低等优点，合成路线的简捷性是评价工艺路线的最为简单、最为直观的指标。以尽量少的步骤完成目标物制备是合成路线设计的重要追求，简捷、高效的合成路线通常是精心设计的结果。在一步反应中实现两种（甚至多种）化学转化是减少反应步骤的常见思路之一。在苯并氮杂环庚烯类化合物（2-199）的合成中，三次巧妙地使用了"双反应"策略，使整个反应路线大为缩短。在第一步反应中，噁唑啉环的开环与氰基的醇解反应一次完成；在第三步反应中，底物（2-202a）和（2-202b）中的酰胺、酯/内酯基团在硼氢化钠/乙酸体系中同时被还原，形成相应的仲胺和伯醇基团；在最后一步反应中，伯醇氯代/氯代物分子内 Friedel-Crafts 烷基化关环反应与苯甲醚去甲基化反应同时完成。

此外，可以精心设计一些反应的顺序，使第一步生成的中间体引发后续的转化，产生串联反应（tandem reaction）或多米诺反应（domino reaction），大幅度地减少反应步骤，缩短合成路线。串联反应是指将两个或多个属于不同类型的反应串联进行，在一瓶内完成。以对甲氧基苯胺（2-205）、乙醛酸酯（2-206）和2-羰基丙酸酯（2-207）为原料经氯化铁催化合成喹啉-2,4-二羧酸酯类化合物（2-208）的反应即属于串联反应。对甲氧基苯胺（2-205）与乙醛酸酯（2-206）先发生缩合形成亚胺中间体（2-209），2-羰基丙酸酯（2-207）的羰基 α 位碳原子亲核进攻亚胺碳原子得到化合物（2-210），经分子内的芳环亲电取代反应脱水形成化合物（2-211），再经空气氧化芳香化制得喹啉-2,4-二羧酸酯类化合物（2-208）。

多米诺反应是指串联反应中一个反应的发生可启动另一个反应，使多步反应连续进行。杂环化合物（2-214）的合成就采用了多米诺反应合成路线。异喹啉盐（2-215）与邻巯基苯甲醛类化合物（2-216）在碱的作用下发生缩合，经连续两次亲核环化及质子迁移，形成五环化合物（2-214）。在第一步反应启动后，后续四步反应连续自动进行，犹如多米诺骨牌一般。

3. 原料来源稳定　没有稳定的原辅材料供应就不能组织正常的生产。因此，在评价合成路线时，应了解每一条合成路线所用的各种原辅材料的来源、规格和供应情况，同时要考虑原辅材料的贮存和运输等问题。有些原辅材料一时得不到供应，则需要考虑自行生产。对于准备选用的合成路线，需列出各种原辅材料的名称、规格、单价，算出单耗（生产 1kg 产品所需各种原料的数量），进而算出所需各种原辅材料的成本和原辅材料的总成本，以便比较。在上节中，我们曾介绍了奥美拉唑（2-128）的合成工艺路线，其分子骨架构建的关键步骤是 5-甲氧基-1H-苯并咪唑-2-硫醇（2-135）和 2-氯甲基-3,5-二甲基-4-甲氧基吡啶（2-136）在碱的作用下发生亲核取代反应形成 C—S 键，得到硫醚类中间体（2-130）。事实上，如果改用 2-卤代苯并咪唑类化合物（2-217）与 2-巯甲基-吡啶衍生物（2-218）为原料发生类似反应，也可以完成中间体（2-130）的制备，而且两种途径的反应条件和产物收率相差并不大。由于后一途径的两种中间体（2-217）和（2-218）的合成难度大、成本高，来源困难，导致该途径无法实现工业化。

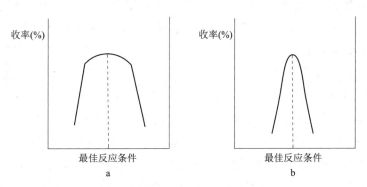

4. 化学技术可行 化学技术可行性是评价合成工艺路线的重要指标。优化的工艺路线各步反应都应稳定可靠，发生意外事件的概率极低，产品的收率和质量均有良好的重现性。各步骤的反应条件比较温和，易于达到、易于控制，尽量避免高温、高压或超低温等极端条件，最好是平顶型反应（plateau-type reaction）（图2-3a）。所谓的平顶型反应是优化条件范围较宽的反应，即使某个工艺参数稍稍偏离最佳条件，收率和质量也不会受到太大的影响；与之相反，如果工艺参数稍有变化就会导致收率、质量明显下降，则属于尖顶型反应（point-type reaction）（图2-3b）。工艺参数通常包括物料纯度、加料量、加料时间、反应温度、反应时间、溶剂含水量、反应体系的 pH 等。工业化价值较高的工艺应在较宽的操作范围内，提供预期质量和收率的产品。Duff 反应是在活泼芳环上引入甲酰基的经典反应，所用甲酰化试剂为六次甲基四胺（即乌洛托品）。该反应的条件易于控制，操作简便，产物纯净，是典型的平顶型反应。Gattermann-Koch 反应是芳环甲酰化的另一个经典反应，该反应以毒性较大的 CO 和 HCl 为原料，需要使用加压设备，反应条件控制难度大，属于尖顶型反应。

图 2-3 平顶型反应和尖顶型反应示意图

a. 平顶型反应；b. 尖顶型反应

5. 生产设备可靠　在工业化合成路线选择的过程中，必须考虑设备的因素，生产设备可靠性是评价合成工艺路线的重要指标。实用的工艺路线应尽量使用常规设备，最大限度地避免使用特殊种类、特殊材质、特殊型号的设备。大多数光化学、电化学、超声、微波、高温或低温、剧烈放热、快速淬灭、严格控温、高度无水、超强酸碱、超高压力等条件需要借助于特殊设备来实现，只有在反应路线中规避这些条件，才能有效避免使用特型设备。近年来，微波加热技术已经发展成为实验室的常规技术手段，有多种型号的专用的微波反应装置可供选择；然而，由于技术、成本、安全性等因素的限制，可用于工业化的大型微波反应器目前尚未上市。降低反应温度是提高反应选择性的重要手段之一，-78℃的反应条件在实验室中很容易实现；但若在工业生产中采用低温条件，必须使用大功率的制冷设备，并需要长时间的降温过程，这将导致生产成本的大幅度上升。

6. 后处理过程简单化　分离、纯化等后处理过程是工艺路线的重要组成部分，在工业化生产过程中，约占 50% 的人工时间和 75% 的设备支持。在整个工艺过程中，减少后处理的次数或简化后处理的过程能有效地减少物料的损失、降低污染物的排放、节省工时、节约设备投资、降低操作者劳动强度并减少他们暴露在可能具有毒性的化学物质中的时间。压缩后处理过程的常用方法是反应结束后产物不经分离、纯化，直接进行下一步反应，将几个反应连续操作，实现多步反应的"一锅操作"（one-pot operation），俗称为"一勺烩"或"一锅煮"。使用"一勺烩"方法的前提条件是上一步所使用的溶剂和试剂以及产生的副产物对下一步反应的影响不大，不至于导致产物和关键中间体纯度的下降。如果"一勺烩"方法使用得当，不仅可以简化操作，还有望大幅度地提升整个反应路线的总收率。在经典抗菌药物甲氧苄啶（trimethoprim）的合成过程中，原料 3，4，5-三甲氧基苯甲醛与 3-二甲氨基丙腈之间发生碱催化 Knoevenagel 缩合、双键重排和苯胺加成/消除等三步反应可连续进行，直接制备关键中间体苯胺缩合物，反应收率较高，分离纯化方便（详见本书第十五章）。在埃索美拉唑（esomeprazole）中间体 5-甲氧基-1*H*-苯并咪唑-2-硫醇的制备中，原料 4-甲氧基-2-硝基苯胺与 Zn/HCl/CS$_2$ 在 50~55℃ 条件下反应 4 小时，硝基还原反应和环化反应实现了"一勺烩"，简化了操作过程，提高了反应收率（详见本书第十章）。在非甾体抗炎药物吡罗昔康（piroxicam，2-219）的合成路线中，从原料邻苯二甲酸酐（2-220）出发，共需经历 13 个化学反应。该路线虽为直线式合成法，但由于采用了几步"一勺烩"工艺，而显现出独特的优点。由原料邻苯二甲酸酐（2-220）出发，经氨解、Hofmann 重排、酯化等三个反应，制得邻氨基苯甲酸甲酯（2-222）；这三步反应的副产物较少，几乎不影响主产物的生成，且三个反应都在碱性甲醇溶液中进行，故可以连续进行，合并为第一个工序。邻氨基苯甲酸甲酯（2-222）经重氮化、置换和氯化等三步反应，生成了 2-氯磺酰基苯甲酸甲酯（2-225）；此三步反应均需在低温和酸性液中进行，最后生成的产物（2-225）转入甲苯溶液中得以分离，因此三步反应可连续操作，合并为第二个工序。胺化、酸析两步反应可以连续进行，合并为第三个工序，其产物为糖精（2-227）。糖精（2-227）经成盐反应得糖精钠（2-228），再进行 *N*-烷基化、碱催化重排扩环和 *N*-甲基化反应，得到苯并噻嗪酯类中间体（2-231）；这几步反应都在碱性下进行，无需分离中间体，直接进行连续操作，成为第四个工序。最后，噻嗪酯类中间体（2-231）与 α-氨基吡啶发生酯的氨解反应形成酰胺键，完成吡罗昔康（2-219）的合成。在上述路线中，四次巧妙使用"一勺烩"工艺方法，不仅明显地减少后处理的次数、简化后处理的过程，而且显著地提高了整个路线的总收率，使吡罗昔康（2-219）的生产成本大幅度降低。需要注意的是，减少后处理的次数和简化后处理的过程是有一定风险的，过分地采用"一勺烩"工艺方法，将会导致产物或重要中间体纯度的下降，使分离、纯化的难度增加，甚至可能影响产品的质量。

7. 环境影响最小化 环境保护是我国的基本国策，是实现经济、社会可持续发展的根本保证。传统的化学制药工业产生大量的废弃物，虽经无害化处理，但仍对环境产生不良影响。解决化学制药工业污染问题的关键，是采用绿色工艺，使其对环境的影响趋于最小化，从源头上减少甚至避免污染物的产生。评价合成工艺路线的"绿色度"（greenness），需要从整个路线的原子经济性、各步反应的效率和所用试剂的安全性等方面来考虑。原子经济性（atom economy）是绿色化学的核心概念之一，它是由著名化学家 B. M. Trost 于1991 年提出的。原子经济性被定义为出现在最终产物中的原子质量和参与反应的所有起始物的原子质量的比值。原子经济性好的反应应该使尽量多的原料分子中的原子出现在产物分子中，其比值应趋近于 100%。传统的有机合成化学主要关注反应产物的收率，而忽视了副产物或废弃物的生成。例如，制备伯胺的 Gabriel 反应和构建 C＝C 双键的 Wittig 反应均为常用化学反应，其产物的收率并不低；但从绿色化学角度来看，它们伴随较多的副产物的生成，原子经济性很差。按照原子经济性的尺度来衡量，加成反应最为可取，取代反应尚可接受，而消除反应需尽量避免；催化反应是最佳选择，催化剂的用量低于化学计量，且反应过程中不消耗；保护基是非常糟糕的，保护-脱保护的过程中，注定要产生大量废弃物。各步反应的效率涵盖产物的收率和反应的选择性两个方面，其中，选择性包括化学选择性、区域选择性和立体选择性（含对映选择性）。此处的反应效率主要用以标度主原料转化为目标产物的情况，只有提高反应的收率和选择性，才有可能减少废弃物的产生。所用试剂的安全性主要是强调合成路线中所涉及的各种试剂、溶剂都应该是毒性小、易回收的绿色化学物质，最大限度地避免使用易燃、易爆、剧毒、强腐蚀性、强生物活性（细胞毒性、致癌、致突变等）的化学品。

Gabriel反应：

Wittig反应：

思考

评价化学制药工艺路线的主要技术指标及相关的概念与方法。

二、工艺路线的选择

（一）工艺路线选择的基本思路与主要方法

在选择化学制药工艺路线的过程中，首先，要以上节讨论的评价路线的主要技术指标为准绳，对每条路线的优势和不足做出客观、准确的评价；随后，要对各路线的优劣、利弊进行反复的比较和权衡，挑选出具有明确工业化前景的备选工艺路线；再经过系统、严格的研究、论证，最后确定最优路线，用于中试或工业化生产。

在工艺路线选择的实际操作中，经济因素起着关键性作用。企业要在切实保证产品质量、过程安全和环境友好的前提下，以经济有效性作为衡量工艺路线的核心指标。换言之，在质量、安全和环境因素达到基本要求后，企业往往选择综合成本最低的工艺路线应用于工业生产。工艺路线综合成本的初步估算通常包括原辅材料的成本、合格产品的收率以及每千克产品所需中间体和原辅材料的总量等；同时还应考虑产能（单位时间生产的合格产品数量）、回收套用的原辅料量、回收套用的中间体量以及相关的处理成本。比较不同路线的综合成本，通常可采用表格的方式，包括反应步骤、反应收率、原辅料种类、原辅料单价（工业原料的市场价格）、原辅料用量（生产每千克合格产品的该原辅料消耗量）、原辅料成本（生产每千克合格产品的该原辅料花费）以及原辅料在总成本中的比重（该原辅料在总成本中的百分比）等项内容。此表格能够直观地反映出工艺路线原辅料成本的基本情况，可据此对不同工艺路线做出初步估价。化学制药工艺的综合成本的构成比较复杂，既包括原料、试剂、溶剂等物料的成本，也包括设备投资、能源消耗、质量控制、安全措施、三废处理等成本，还包括人工、管理等成本。不同的药物、同一药物的不同合成工艺路线的成本构成的侧重点并不相同，同一工艺路线在不同市场环境下、在不同的生产规模下实际成本也有区别。

工艺路线的选择必须以技术分析为基础，以市场分析为导向，将技术分析和市场分析紧密结合起来，以求获得综合成本最低的优化工艺路线。只有这样，才能使企业以较少的资源投入换取较多的利润回报，带来可观的经济效益；同时，为社会提供质优、价廉的医药产品，从而产生良好的社会效益。

艾瑞昔布（imrecoxib，2-232）是由中国医科院药物研究所郭宗儒教授课题组与恒瑞医药集团合作自主研发的 1.1 类抗炎新药，于 2011 年 5 月获得国家食品药品监督管理局（SFDA）批准上市。艾瑞昔布（2-232）为选择性的环氧合酶-2（COX-2）抑制剂，通过抑制炎症组织中 COX-2 的活性，减少前列腺素（prostaglandines，PGs）等炎症介质的生成，产生抗炎镇痛作用，用于治疗类风湿关节炎、骨关节炎等疾病。由于艾瑞昔布（2-232）对 COX-2 和 COX-1 的抑制活性比较均衡、合理，故该药物对胃肠道和心血管系统均无明显的不良影响。郭宗儒教授课题组早期报道的合成路线以对甲磺酰基溴代苯乙酮（2-233）为起始原料，包括还原、N-烷基化、酰化、氧化和缩合等五步反应。对甲磺酰基溴代苯乙酮（2-233）在硼氢化钠的作用下羰基转化为羟基，随后进行分子内的亲核取代，得到环氧化物（2-234）；该化合物（2-234）与丙胺发生 N-烷基化反应，制得邻胺基苯乙醇类化合物（2-235）；化合物（2-235）在三乙胺的作用下与对甲基苯乙酰氯发生 N-酰化反应，得化合物（2-236）；后者（2-236）经 Jones 试剂氧化，得到相应的羰基化合物（2-237）；再经过强碱催化的缩合反应，即可制得艾瑞昔布（2-232）。恒瑞制药集团的研究人员在上述路线的基础上，又设计了制备艾瑞昔布（2-232）的两步法路线。仍以对甲磺酰基溴代苯乙酮（2-233）为原料，在三乙胺的催化下先与对甲基苯乙酸发生 O-烷基化反应，随后直接进行分子内的缩合反应，得到内酯中间体（2-238）；内酯（2-238）在乙酸作用下与丙胺发生胺解、取代反应，合成艾瑞昔布（2-232）。与前述的五步法路线相比，两步法路线在技术层面的优势十分明显。首先，反应步骤由 5 步减到 2 步，路线明显缩短；其次，两步法分两次完成目标物的构建，是更为典型的汇聚式合成策略；第三，两种主要原料并未改变，以对甲基苯乙酸替代相应酰氯，避免硼氢化钠、Jones 试剂及强碱的使用，原料、试剂的种类更少，价格更廉；第四，避免了还原、氧化等氧化态调整过程，规避了强碱、强氧化和高度无水等反应条件，使反应过程更温和、更可靠、更安全；第六，后处理次数减少，过程明显简化，产物的纯度良好；最后，新路线的原子经济性更好，反应总收率更高，避免了有毒、易爆等危险试剂的使用，产生的废弃物更少，实现了环境影响最小化。从经济角度来分析，两步法路线的综合成本明显低于五步法路线，适合于艾瑞昔布（2-232）的工业化生产。

布洛芬（ibuprofen，2-239）为苯丙酸类 COX 抑制剂，抗炎、镇痛、解热疗效突出，安全性良好，是临床上最为常用的非甾体抗炎药物（nonsteroidal anti-inflammatory drugs，

NSAIDs）。布洛芬（2-239）由英国 Boots 公司开发，于 20 世纪 60 年代在英国上市。我国山东新华制药厂、江苏常州制药厂等企业大批量生产布洛芬（2-239）原料药。文献报道的布洛芬（2-239）合成的合成路线多达二十余条，其中，由 Boots 公司开发的以异丁苯（2-240）为原料、以 Darzens 反应为核心的六步法路线为经典工艺路线，即 Boots 路线，曾被国内外多家药厂所采用。原料异丁苯（2-240）在三氯化铝催化下与乙酸酐发生 Friedel-Crafts 酰基化反应，得到对异丁基苯乙酮（2-241）；后者（2-241）在乙醇钠的作用下，与氯乙酸酯发生 Darzens 缩合反应，制得环氧丁酸酯类化合物（2-242）；再经过水解、脱羧反应，得到苯丙醛衍生物（2-243）；再与羟胺缩合，生成肟类化合物（2-244）；经脱水反应，形成苯丙腈衍生物（2-245）；最后，将醛基氧化为相应的羧酸，完成布洛芬（2-239）的制备。上述 Boots 路线原料易得，反应可靠，控制方便，是较为成熟的工业化路线。但是，该路线存在以下几个问题：包括六步反应，路线较长；反应过程中需要使用醇钠，存在一定的安全隐患；按原子经济性原则来衡量，原子利用率仅为 40.0%（表 2-1）；成品的精制过程复杂，生产成本高。

1992 年，美国 Hoechst-Celanese 公司与 Boots 公司联合开发了一条全新的三步法工艺路线，即 HCB 路线。该路线仍以异丁苯（2-240）为起始原料，在氟化氢的催化下与乙酸酐发生 Friedel-Crafts 酰基化反应，得到对异丁基苯乙酮（2-241）；在 Raney Ni 的催化下，异丁基苯乙酮（2-241）发生氢化反应，制得对异丁基苯乙醇（2-246）；在 Pd（Ⅱ）催化下，苯乙醇衍生物（2-246）在高压（>16MPa）下与 CO 发生插入反应，生成布洛芬（2-239）。与经典的六步法路线相比，三步法路线的优点十分突出。其一，反应步骤减少，路线明显缩短；其二，为典型的汇聚式合成策略；其三，起始原料并未改变，其他原料和试剂的种类减少，价格低廉，无需使用溶剂，气态催化剂 HF 可循环使用，两种金属催化剂使用后可回收重金属；其四，后处理次数减少，产物的纯度良好；其五，三步反应的收率分别为 98%、96% 和 98%，路线总收率可达 92.2%。尤为重要的是该路线的原子经济性明显改善，原子利用率达到 77.4%（表 2-2）；如果考虑副产物乙酸可以回收利用，则该路线的原子利用率可趋近于 100%。HCB 路线总收率高、原子经济性好、副产物与催化剂回收利用产生废弃物少，切实实现了环境影响的最小化，因此而获得 1997 年度美国"总统绿色化学挑战奖"的变更合成路线奖。

表 2-1　布洛芬 Boots 合成路线的原子利用率

反应物分子式	相对分子质量	产物中被利用的分子式	相对分子质量	产物中未被利用的分子式	相对分子质量
$C_{10}H_{14}$	134	$C_{10}H_{13}$	133	H	1
$C_4H_6O_3$	102	C_2H_3	27	$C_2H_3O_3$	75
$C_4H_7O_2Cl$	122.5	CH	13	$C_3H_6O_2Cl$	109.5
C_2H_5ONa	68			C_2H_5ONa	68
H_3O	19			H_3O	19
NH_3O	33			NH_3O	33
H_4O_2	36	HO_2	33	H_3	3
原料：$C_{20}H_{42}NO_{10}ClNa$	514.5	布洛芬：$C_{13}H_{18}O_2$	206	废弃物：$C_7H_{24}NO_8ClNa$	308.5

原子利用率 = 206÷514.5×100% = 40.0%

表 2-2　布洛芬 HCB 合成路线的原子利用率

反应物分子式	相对分子质量	产物中被利用的分子式	相对分子质量	产物中未被利用的分子式	相对分子质量
$C_{10}H_{14}$	134	$C_{10}H_{13}$	133	H	1
$C_4H_6O_3$	102	C_2H_3O	43	$C_2H_3O_2$	59
H_2	2	H_2	2		
CO	28	CO	28		
原料：$C_{15}H_{22}NO_4$	266	布洛芬：$C_{13}H_{18}O_2$	206	废弃物：$C_2H_4O_2$	60

原子利用率 = 206÷266×100% = 77.4%

思考

结合各论部分的学习，选取某个药物的多条合成路线，从经济、环境等不同角度对其实用性进行比较和分析。

（二）工艺路线选择中的专利问题

专利（patent）是受法律规范保护的发明创造，一项发明创造向国家审批机关提出专利申请，经依法审查合格后向专利申请人授予的在规定的时间内对该项发明创造享有的专有权。专利权是一种专有权，这种权利具有独占的排他性。非专利权人要想使用他人的专利技术，必须依法征得专利权人的同意或许可。一个国家依照其专利法授予的专利权，仅在该国法律的管辖范围内有效。专利权的法律保护具有时间性，专利权仅在特定的时间范围内有效。我国于 1984 年通过第一部《中华人民共和国专利法》，开始实行专利制度。目前执行的《专利法》为 2008 年 12 月 27 日颁布的第三次修订版。我国专利法将专利分为三种，即发明、实用新型和外观设计。发明是指对产品、方法或者其改进所提出的新的技术方案，主要体现在新颖性、创造性和实用性。取得专利的发明又分为产品发明（如机器、仪器设备、用具）和方法发明（制造方法）两大类。

依照我国的《专利法》，具有新颖性、创造性和实用性的药物合成工艺方法可以作为方法发明（制造方法）向国家知识产权局提出发明专利申请。经依法审查合格后，专利申请人将在自申请日起二十年的时间内对该项发明享有专有权。非专利权人若希望在商品生产过程中使用专利方法，必须依法向专利权人请求得到授权（通常有许可费用）；否则，就可能因侵权而被起诉。因此，在选择工业化的工艺路线的过程中，必须要注意工艺方法是否涉及专利问题。如果是工艺路线未能超出已被授权的发明专利的保护范围，且仍在专利保护期限内，则需请求授权或者避免使用该路线，以防产生法律纠纷。如果经细致检索证明，工艺路线超出了已被授权的发明专利的保护范围，或超出了专利的保护期限，则可在生产中使用该路线。

在化学制药工艺研究过程中，如果发现了明显不同于他人专利所描述的工艺路线或工艺方法，具备新颖性、创造性和实用性等特征，可以考虑申报新工艺发明专利，保护自己的发明创造，形成自主知识产权，力争产生经济效益。

在某些情况下，为了规避他人专利的保护范围，企业可能被迫去开发新的工艺路线。在抗菌药物氨曲南（aztreonam）合成前体（2-247）的制备工艺中，关键中间体 α-羰基羧酸类化合物（2-248）已被他人专利保护，为突破专利的限制，设计了新的合成路线。以羧基 α 位无羰基的化合物（2-250）替代中间体（2-248），与 β-内酰胺类化合物（2-249）反应形成酰胺类中间体（2-251）；中间体（2-251）在 Mn（III）的催化下，经空气氧化在羧基 α 位引入羰基，生成氨曲南前体（2-247）。

开发最优工艺需要多年的时间和大量的资金投入，为了避免帮助竞争对手，几乎所有的企业皆不愿透露最优工艺相关的任何细节。而专利法规定申请者需要描述专利的优化条件，使专利在申请时具体化，专利中必须包含相当多的工艺细节。企业会在专利申请过程中做巧妙的技术处理，适当扩大保护范围，覆盖却不暴露最优条件，既能拥有自主知识产权、防止他人侵权，又能保护核心技术机密、避免他人竞争。

思考

学习和总结有关知识产权的基本知识。

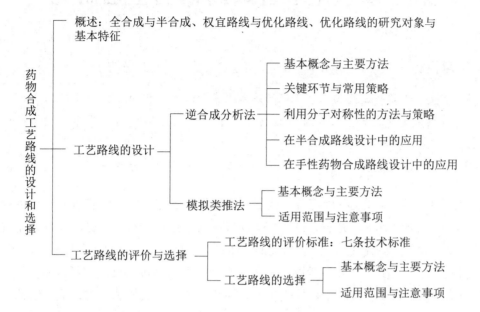

重点小结

- 概述：全合成与半合成、权宜路线与优化路线、优化路线的研究对象与基本特征
- 工艺路线的设计
  - 逆合成分析法
    - 基本概念与主要方法
    - 关键环节与常用策略
    - 利用分子对称性的方法与策略
    - 在半合成路线设计中的应用
    - 在手性药物合成路线设计中的应用
  - 模拟类推法
    - 基本概念与主要方法
    - 适用范围与注意事项
- 工艺路线的评价与选择
  - 工艺路线的评价标准：七条技术标准
  - 工艺路线的选择
    - 基本概念与主要方法
    - 适用范围与注意事项

（张为革）

第三章　化学合成药物的工艺研究

📖 **学习目标**

1. **掌握**　化学合成药物工艺研究的基本内容和工艺优化的方法。

2. **熟悉**　反应试剂、催化剂和反应溶剂等物料选择的原则以及后处理与纯化的方法。

3. **了解**　工艺过程控制的内容和方法以及常用的实验设计方法。

　　一个药物的合成路线选择确定后，接下来的工作是工艺研究。工艺研究过程也是工艺优化（process optimization）过程，是对影响反应的因素进行分析，通过改变反应条件，实现产物产量最大化的研究过程。工艺研究的具体目标包括提高产品收率和质量、降低成本、提高反应效率以及减少"三废"排放。工艺研究的基本内容包括反应试剂、催化剂和反应溶剂等反应物料的选择，反应条件的优化，后处理与纯化方法的选择与优化。工艺优化的结果是确定工艺路线和工艺参数，为制药工程设计提供必要的数据。

　　在取得生产批件之后，化学原料药的生产必须在通过《药品生产质量管理规范》（GMP）认证的车间进行。药品的质量必须符合国家规定的药品标准，为保证药品质量，所用的中间体也要建立一定的质量控制方法和标准。

扫码"学一学"

第一节　概　　述

　　工艺研究的 3 个不同阶段，即实验室工艺（小试工艺）、中试放大和工业生产，工艺优化的目标不同，工艺优化的工作重点也有所不同。把握化学反应机制并对影响反应过程的因素深入剖析，为选择适当的反应试剂、催化剂和溶剂，优化各步反应条件，选择和优化后处理与纯化方法，为工艺研究提供理论依据。

一、影响化学反应的因素

　　影响化学反应的因素如下：

　　1. **反应试剂**　反应试剂是指被加入反应体系，使反应发生的物质或化合物。这里指反应物之外参与化学反应、又有一定选择范围的化合物，如氧化剂、还原剂、碱、甲基化试剂、缩合剂等。

　　2. **催化剂及其配体**　为工业生产提供新型的、高选择性的催化剂是现代有机合成化学研究和发展的重要领域。在药物合成中大部分反应是催化反应，需要催化剂来加速反应、缩短生产周期、提高产品的纯度和收率。常见的催化剂包括酸碱催化剂、金属催化剂、相转移催化剂、生物酶等。

　　3. **溶剂**　溶剂可分为反应溶剂与后处理溶剂。反应溶剂主要作为化学反应的介质，其性质与用量直接影响反应物的浓度、溶剂化作用、加料次序、反应温度和反应压力等。后处理溶剂的选择则影响中间体或终产品的质量与纯度。

4. **配料比和反应浓度** 参加反应的各物料之间物质量的比例称为配料比（也称投料比）。通常物质量以摩尔为单位，配料比又称为摩尔比。反应浓度主要取决于反应底物和反应试剂的溶解度。

5. **加料顺序与投料方法** 加料顺序指反应底物、反应试剂、催化剂和溶剂的加入顺序。投料方法指固体物料直接投料，还是配成溶液，形成液体物料；物料一次性加入，还是分次或滴加的方式。

6. **反应温度** 提高反应温度通常可以提高反应速率、缩短反应时间、提高生产效率，但提高反应温度也会降低反应的选择性。

7. **反应压力** 加压反应可以使挥发性试剂保持一定的浓度，提高反应温度，保证反应的进行。

8. **搅拌** 搅拌有助于能量的传输和转换，适当的搅拌速度与搅拌方式可使反应混合物高度混合，反应体系的温度更加均匀，从而有利于化学反应的进行。

9. **反应时间** 反应物在一定条件下，在一定的时间内转变成产物。通过监控反应终点进而确定反应时间，在保障反应收率与产品纯度的基础上，缩短生产周期。

10. **后处理和纯化** 药物合成反应中多伴随着副反应的发生，因此反应结束后需将产物从复杂的反应体系中分离出来并进行纯化。反应后处理指从反应终止到分离得到粗产物的过程，而纯化是对粗产物进行提纯，得到质量合格产物的过程。反应进行得越完全，副产物越少，越有利于后处理及纯化操作，后处理和纯化简单易行，有助于降低生产成本。

反应试剂、催化剂和反应溶剂都是加入反应体系或参与反应的物料，相应的工艺研究都是根据化学反应的需要进行合理选择的过程。配料比与反应浓度、加料顺序与投料方法、反应温度、反应压力、搅拌和反应时间等统称为反应条件，反应条件的优化是工艺研究的主要过程，是多因素、多水平反复优化的过程。后处理和纯化多采用常规方法，但纯化工艺，特别是终产物的重结晶工艺决定产品的质量和成本，是工艺优化的重要环节。

思考

什么是影响化学反应的因素？影响化学反应的因素与反应条件是否有区别？仔细分析两者的相同点和不同点。

二、工艺研究的基本思路和方法

对某种原料药的合成工艺进行优化，从每一步反应的工艺优化到建立可行的工艺过程需要大量的时间、人力、物力。工艺研究的基本思路是：①明确工艺研究的具体目标，具体问题具体分析，找到主要和次要影响因素，制定详细的研究计划；②根据研究任务，组织研究队伍，开展工艺研究工作；③根据研发期限进行进程评价，适时调整研究计划；④反复研究，确定能达到预期目标的工艺参数。

在工艺研究前应充分考虑有机反应潜在的危险，例如，反应放热、气体溢出，如何安全处置反应试剂、溶剂、产物及产品，对已知的或预测的原料、试剂和产物的毒性进行评估，还要对设备、工艺操作以及人员等其他安全运行条件进行全面评估。

对工艺路线中某一步反应进行工艺优化，具体方法是首先通过文献检索或者总结工作经验设计和选择最基本的反应条件，选择反应规模，运行反应得到初步结果，对收率、产物质量等结果进行综合分析和评价；然后对可能影响结果的某一主要因素进行研究，设计和运行多水平试验，而保持反应规模和其他因素不变，比较反应结果，再经过验证性试验，确定该工艺参数；依次对其他影响因素进行优化，逐个确定工艺参数。

对收率低的反应步骤，特别是对最后一步反应进行工艺优化，对产品的制备尤其重要，也是工艺优化的重点。

优化某一步反应的工艺过程中，若改变反应试剂、催化剂和配体、溶剂等，可能产生新的杂质，新的杂质可能对下步反应有影响，需要考察下步反应的工艺条件是否对这种杂质耐受。若仅对反应物的配料比进行调整，研究工作容易开展，花费时间较少，对其他反应几乎没有影响。

在原料药的制备过程中，杂质的存在可能导致产品质量不合格，难以除掉的杂质不仅会增加最后一步反应工艺优化的难度，而且降低总收率，增加产品成本。解决杂质问题的根本方法是减少杂质的生成，减少杂质生成正是工艺优化的根本任务。

思考

请总结工艺研究的基本方法。

扫码"学一学"

第二节 反应物料的选择

反应试剂、催化剂和反应溶剂都是加入反应体系以及进一步参与反应的物料，相应的工艺研究是根据化学反应的需要进行合理选择的过程。

一、反应试剂的选择

一个药物或药物中间体的合成路线确定后，接下来的工作就是选择合适的反应试剂，反应试剂是指被加入反应体系、使反应发生的物质或化合物。这里指反应物之外参与化学反应，又有一定选择范围的化合物，例如，氧化剂、还原剂、碱、甲基化试剂、缩合剂等。选择反应试剂的主要目标一是控制成本，二是在预期时间内以高收率获得预期产物，同时实现反应过程和后处理过程操作的最简化。

（一）反应试剂的选择标准

选择反应试剂不仅要考虑反应试剂的反应活性或选择性、成本、来源或易获得性，还要考虑试剂的安全性和毒性、原子经济性，以及易操作性、使用便捷性、废物易处理性等其他实际因素。

1. **反应活性高与选择性强**　能够高效、专一地完成目标反应的反应试剂是理想的反应试剂。但在多数情况下，活性高和选择性强两者之间存在着矛盾，活性高，意味着反应在较短的时间内完成，但反应选择性相对较差。在选择试剂时，需要兼顾活性和选择性。要尽量选择对空气中的水分和氧气稳定的反应试剂，稳定意味着保存期限较长，不用惰性气体保护。对于不稳定的反应试剂，则要实现现做现用。

2. **成本、来源或易获得性**　廉价、容易获得，也是反应试剂应有的特征，试剂的价格直接影响产品的总成本，因此在作用相同的试剂中应尽可能考虑使用廉价的试剂。既要考虑有些试剂受市场供需影响大，价格上下波动，也要考虑特殊试剂是否有稳定的供货来源。例如，在形成酰胺键（包括肽键）的反应中，氯化亚砜、特戊酰氯、氯甲酸异丁酯是常用的试剂，价格低廉；Vilsmeier 试剂（氯亚甲基二甲基氯化铵，3-1）价格较高，相对成本是氯化亚砜的 100 倍；而 EDC（1-（3-二甲胺基丙基）-3-乙基碳化二亚胺，3-2）和 Woodward 试剂 K（2-乙基-5-苯基异噁唑-3'-磺酸盐，3-3）价格昂贵，相对成本是氯化亚砜的几百倍。

在工艺研发的早期尽量选择使用最便宜的材料；在后期的工艺优化过程中，使用替代试剂时，要经过对比性研究并且对试剂和产物进行严格的分析测试。

3. 安全性和毒性 试剂的毒性因素可分为腐蚀性、选择性毒素代谢、亲电性和生物活性四个方面。理想的试剂不仅对操作人员无毒害，而且对设备、周围环境不构成化学危害。对于有毒试剂要采用特殊的处理方法。

4. 原子经济性 为了最大限度地减小对环境的影响，降低废物的处理费用，以原子经济性为基础选择试剂成为发展趋势。以常用的甲基化试剂为例，氯甲烷（M_W 50.49，bp -24℃）比碘甲烷（M_W 141.94）原子效率高，原子效率分别为 30 和 11，但氯甲烷反应活性低，而且需要高压设备来运行这种低沸点物质参与的反应。硫酸二甲酯、苯磺酸甲酯、碳酸二甲酯的原子效率分别为 12 或 24、8 和 17，甲醛/氢、甲醇/催化量的 H^+ 的原子效率最高，均为 47。

5. 易操作性、使用便捷性、废物易处理性 液体物料容易投料，而固体物料，尤其是粉尘状物料加料困难。易于投料、易于后处理、无毒性副产品生成、易于回收再利用、无需专门的设备或设施等都是选择试剂的标准。

思考

什么是反应试剂？选择反应试剂的基本原则是什么？

在 D_2/D_3 受体激动剂、帕金森症治疗药物罗平尼咯（ropinirole，3-4）的合成中，采用水合肼作还原剂进行转移氢化反应，发生氢解反应，再经水解得到中间体（3-5），氢解、水解两步反应的收率为 85%。优势在于副产物是氮气和氯化氢，很容易从反应休系排除。水合肼优于无水肼、环己二烯和水合次磷酸钠（$NaH_2PO_2 \cdot H_2O$），原因在于：水合肼比无水肼安全；环己二烯的副产品苯需要额外的环保处理；水合次磷酸钠的副产物为无机盐，后处理复杂。氢气是一个合理的替代品，但催化氢解对生产设备、操作工人有特殊要求。

（二）代表性试剂的选择

由于化学药物种类多，结构复杂，药物及其中间体的合成几乎涉及所有的化学反应类型，采用的反应试剂繁杂，不能一一详述，下面以氧化剂、还原剂和碱为例，说明试剂选择时可能碰到的具体问题。

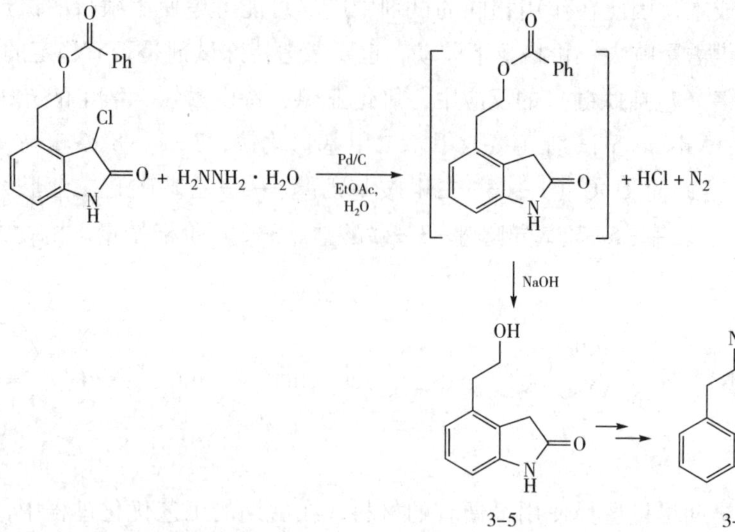

（反应式图）

1. 氧化剂的选择　氧化剂的毒性和危险性大，氧化反应过程不易控制，后处理过程困难，处理含重金属的氧化剂费用高。氧化反应是工艺研究中需重点研究的一类反应。

常用的氧化剂可分为两类：一类是高价态的过渡金属类氧化剂，例如，高锰酸钾（$KMnO_4$）、活性二氧化锰（MnO_2）等锰化合物，Jones 试剂、Collins 试剂、氯铬酸吡啶和重铬酸吡啶盐等含铬氧化剂，氧化银（Ag_2O）、碳酸银（Ag_2CO_3）等含银氧化剂，四氧化锇（OsO_4），四醋酸铅［$Pb（OAc）_4$］，铜化合物，铁氰化钾［$K_3Fe（CN）_6$］和硝酸铈铵［$Ce（NH_4）_2（NO_3）_6$］等，是常见的强氧化剂，反应选择性好、收率高。含铬氧化剂、四醋酸铅等易对药物和环境产生有毒害作用的重金属污染。银化合物价格较高，其实用性受到限制。

另一类是非过渡金属氧化剂，包括次氯酸钠（$NaClO$）、高碘酸钠（$NaIO_4$）、氯气（Cl_2）等含卤素氧化剂，硝酸（HNO_3），二氧化硒（SeO_2），二甲亚砜（$DMSO$），醌类，过氧化氢（H_2O_2）、有机过氧酸、烃基过氧化物等过氧化物，臭氧（O_3）和分子氧（O_2）等。

分子氧，尤其是空气，是最为丰富、廉价易得、节能环保的绿色氧化剂。在过渡金属及其配合物，或 TEMPO、NO_x、Br_2 等非金属催化剂作用下，分子氧被活化，启动氧化反应过程。特点是价廉易得，可以制备各种含氧化合物，反应产物的选择性和收率都较好，因不对环境造成有毒害作用的重金属污染，作为更为绿色的氧化剂开始大量替代过渡金属类氧化剂。

例如，伯醇在铂的催化下氧化成醛，氧气做氧化剂，收率高达 95%，氧化产物（3-6）是制备氯沙坦（losartan，3-7）的中间体。

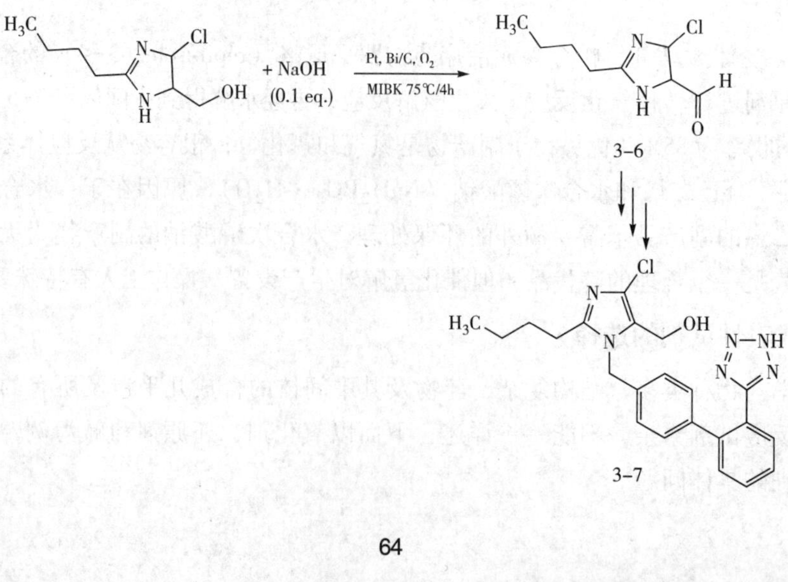

（反应式图）

在催化剂2,2,6,6-四甲基哌啶氮氧化物（TEMPO）、催化剂量的次氯酸钠、等当量的氧化剂氯酸钠体系中，手性伯醇（3-8）经醛氧化成酸，收率高达95%，条件温和，无需使用金属氧化剂。

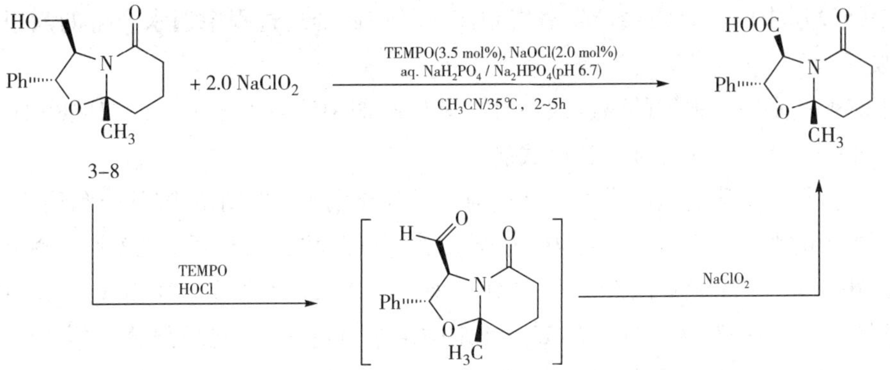

$$
\text{3-8} + 2.0\ NaClO_2 \xrightarrow[\begin{subarray}{c}\text{aq. } NaH_2PO_4 / Na_2HPO_4(pH\ 6.7)\\ CH_3CN/35℃，2{\sim}5h\end{subarray}]{TEMPO(3.5\ mol\%),\ NaOCl(2.0\ mol\%)} \text{产物}
$$

思考

试比较催化氧化反应和其他氧化剂的原子经济性。

2. 还原剂的选择 对于还原反应，首先要考虑的问题是反应过程中是否使用氢气或产生氢气，如果使用氢气或产生氢气，那么要考虑安全生产的问题，还要选用特殊的设备；二是反应结束后，如何安全淬灭残余的还原剂，如果反应淬灭后形成胶体，那么后处理过程可能烦琐；三是贵金属催化剂的回收、套用；四是金属盐副产品难于处理，形成废渣，带来的环境污染问题。

工业生产常用的还原剂包括：

（1）H_2/催化剂：适用范围广，不仅适用于烯烃、炔烃、芳环、羰基、硝基的还原，而且适用于羰基化合物与胺发生还原胺化反应，需要高压釜或专门的设施。用某种化合物代替氢气做还原剂，即转移氢化，可减少设备的费用。

（2）$NaBH_4$和KBH_4：KBH_4价格比$NaBH_4$便宜，是还原醛、酮成醇的首选试剂，温和可靠。添加Lewis酸可扩大还原范围，还原酯、酰胺、羧酸，可能与胺类结构生成硼酸盐。

（3）$LiAlH_4$：还原能力强，适应范围广泛，铝盐后处理很烦琐，费用高。

（4）Red-Al：（65%的甲苯溶液）：还原能力强，加料方便，后处理铝盐烦琐，费用高。

（5）Raney-Nickel：还原能力强，适用范围广泛，但镍和铝盐的处理费用很高。

（6）BH_3硼氢化：还原亚酰胺和酸，从成本和稳定性考虑，Me_2S-BH_3比BH_3-THF更好。

（7）金属锂、钠/液氨：Birch还原反应在低温下进行，使用或回收液氨或挥发性胺需要专门设备，气味大。

（8）金属铁/酸：还原芳烃硝基成氨基，铁盐后处理费用高，回收和循环再利用费用高。

（9）金属锌/酸：还原S-S键，锌盐的处置费用可能很高；回收和循环再利用费用高。

（10）连二亚硫酸钠：用于还原芳烃硝基，试剂和副产物都有特殊的气味。

3. 碱的选择 碱的作用是从弱酸性分子中夺质子形成活性中间体，促进反应发生。正丁基锂和氢化钠是实验室常用的去质子化试剂，试剂本身及其副产物丁烷和氢气都是易燃物。工艺研究中采用正己基锂、正辛基锂以及六甲基二硅烷胺的碱金属盐，正己基锂和正辛基锂不易着火，可以在室温储存，副产品比较容易回收。六甲基二硅烷胺的碱金属盐是强度适中的碱，不会产生氢气副产物，在后处理过程中遇水产生的六甲基硅醚，容易回收。

叔丁基醇钾是中等强度的碱，缺点是在有机溶剂中溶解度较低，而叔戊醇钠和叔戊醇钾溶解度较好，是叔丁基醇钾的替代试剂。

卤代烃做烃化试剂、酰卤做酰化试剂时，反应中需要等摩尔的胺碱中和反应过程中产生的酸。常用的胺碱有乙胺、二乙胺、二异丙胺、三乙胺、二异丙基乙基胺、哌啶、吡啶、4-二甲胺基吡啶（DMAP）以及1,4-二氮杂双环［2.2.2］辛烷（DABCO）、1,8-二氮杂双环［5.4.0］十一-7-烯（DBU）等。在水中由于氢键作用仲胺的碱性比类似的叔胺强；在不产生氢键的溶剂中，碱性与取代胺的诱导效应一致，如在对氯甲苯中的碱性强弱顺序是 $BuNH_2 < Bu_2NH < Bu_3N$。在选择胺碱时，要考虑碱性，还要考虑胺与酸生成的盐的溶解度，利用盐与产物溶解度的差别进行分离纯化。

二、催化剂的选择

据统计80%的化学反应是催化反应，在化学原料药的工业生产中越来越多的新型、高选择性催化剂表现出实用价值。催化剂（catalyst）是通过提供另一活化能较低的反应途径而加快化学反应速率，而本身的质量、组成和化学性质在参加化学反应前后保持不变的物质。工业上对催化剂的要求主要有活性、选择性和稳定性。催化剂的活性即催化剂的催化能力，是评价催化剂好坏的重要指标。催化剂的活性通常用转化数（turn over number）表示，即一定时间内单位质量的催化剂在指定条件下转化底物的质量。影响催化剂活性的因素较多，主要有温度、助催化剂（或促进剂）、载体（担体）和催化毒物。催化剂的选择性主要表现在两个方面，一是不同类型的化学反应各有其适宜的催化剂，二是对于同样的反应物体系，应用不同的催化剂可制得不同的产物。催化剂的稳定性是指其活性和选择性随时间变化的情况，对于以间歇式生产方式为主的化学制药工业而言，催化剂的稳定性与其回收套用的次数、比例相关。

思考

试归纳总结催化反应的优势和催化剂的特点。

下面以应用广泛的酸碱催化剂、过渡金属催化剂、相转移催化剂以及催化氢化催化剂为例，总结催化剂选择中的注意事项。

（一）酸碱催化剂的选择

有机合成反应大多数在某种溶剂中进行，溶剂系统的酸碱性对反应的影响很大。酸碱催化剂的作用，常用布朗斯台德共轭酸碱理论和路易斯酸碱理论等酸碱理论解释说明。

根据布朗斯台德共轭酸碱理论，凡是能给出质子的任何分子或离子属于酸，凡是能接受质子的分子或离子属于碱。如布朗斯台德酸作催化剂，则反应物中必须有一个容易接受质子的原子或基团，先结合形成一个中间络合物，再进一步放出正离子或活化分子，最后得到产品。大多数含氧化合物，如醇、醚、酮、酯、糖以及一些含氮化合物参与的反应，常常被酸所催化。例如，在酸催化的酯化反应中，羧酸与催化剂 H^+ 加成，生成碳正离子，然后与醇作用，最后从生成的络合物中释放出 1 分子水和质子，同时形成酯。若没有质子催化，羰基碳原子的亲电能力弱，醇分子的未共用电子对的亲核能力也弱，两者无法形成加成物，酯化反应难于进行。

$$R-COOH + H^+ \rightleftharpoons \left[R-\overset{+}{C}(OH)_2 \xrightleftharpoons{R'OH} R-C(OH)_2\overset{+}{O}(H)(R') \right] \rightleftharpoons R-COOR' + H_3O^+$$

根据路易斯酸碱理论，凡是含有空轨道能接受外来电子对的分子或离子称为路易斯酸，质子酸的质子具有 s 空轨道，可以接受电子，属于路易斯酸；结构中有一个原子尚有未完全满足的价电子层，且能与另一个具有一对未共享电子的原子发生结合，形成配位键化合物的分子或离子，也属于路易斯酸，如中性分子 AlX_3、BX_3、FeX_3、SnX_4、SbX_5 和 ZnX_2 等，金属正离子 K^+、Na^+、Ca^{2+}、Mg^{2+}、Al^{3+} 和 Fe^{3+} 等。凡是能够给出电子对的分子、离子或原子团称为路易斯碱，HO^-、RO^-、$RCOO^-$ 和 X^- 等负离子属于路易斯碱；中性分子若具有多余的电子对，且能与缺少一对电子的原子或分子以配位键相结合的，也是路易斯碱，如 H_2O、ROR' 和 RNH_2。

例如，在芳烃的 Friedel-Crafts 烷基化反应中，卤代烷在 $AlCl_3$ 的作用下形成碳正离子，向芳环亲电进攻，形成杂化的带正电荷的离子络合物，正电荷在苯环的 3 个碳原子之间得到分散，最后失去质子，得到烃基苯。若没有路易斯酸的催化，卤代烃的碳原子的亲电能力较弱，难以与芳环反应形成中间络合物，烃化反应无法进行。

$$H^+Al^-Cl_3X \longrightarrow AlCl_3 + HX$$

酸碱催化反应的速率常数与酸（碱）浓度有关。

$$k = k_H[H^+] \text{ 或 } k = k_{HA}[HA]$$

$$k = k_{OH}[HO^-] \text{ 或 } k = k_B[B]$$

式中，k_H 或 k_{HA} 为酸催化剂的催化常数，k_{OH} 或 k_B 为碱催化剂的催化常数。将上式取对数，

即可得到 k 与 pH 关系式。

$$\lg k = \lg k_H - \text{pH} \qquad (3-1)$$

酸催化反应中 $\lg k$ 随 pH 的增大而减少，碱催化反应中 $\lg k$ 随 pH 的增大而增大，而酸碱催化中则出现转折点或最低点。

酸碱催化常数用来表示催化剂的催化能力，催化常数的大小取决于酸（碱）的电离常数，电离常数表示酸或碱放出或接受质子的能力。总的来说，酸（碱）越强，催化常数越大，催化作用也越强。

常用的酸碱催化剂包括：①无机酸，如盐酸、氢溴酸、氢碘酸、硫酸和磷酸等。浓硫酸在使用时常伴有脱水和氧化的副反应，选用时需谨慎。②强酸弱碱盐，如氯化铵、吡啶盐酸盐等。③有机酸，如对甲苯磺酸、草酸和磺基水杨酸等。其中对甲苯磺酸因性能温和、副反应较少，常为工业生产所采用。④卤化物，如三氯化铝、二氯化锌、三氯化铁、四氯化锡、三氟化硼和四氯化钛等，这类催化剂通常需要在无水条件下进行反应。

常用的碱性催化剂包括：①金属氢氧化物，如氢氧化钠、氢氧化钾和氢氧化钙等。②金属氧化物，如氧化钙、氧化锌等。③强碱弱酸盐，如碳酸钠、碳酸钾、碳酸氢钠及醋酸钠等。④有机碱，如吡啶、甲基吡啶、三甲基吡啶、三乙胺和 N,N-二甲基苯胺等。⑤醇钠和氨基钠，常用的醇钠有甲醇钠、乙醇钠和叔丁醇钠等，其中叔丁醇钠（钾）的催化能力最强。氨基钠的碱性和催化能力均比醇钠强。⑥有机金属化合物，常用的有机金属化合物包括氢化钠、三苯甲基钠、2,4,6-三甲基苯钠、苯基钠、苯基锂和丁基锂等，它们的碱性强，且与含活泼氢的化合物作用时反应往往是不可逆的。

（二）过渡金属催化剂的选择

近年来催化 C—C 键形成的过渡金属催化剂发展迅速，提高了反应效率，应用日趋广泛，有很多类别的过渡金属催化剂能应用于工业化生产。过渡金属催化剂通常由中心金属原子和配体构成，常用的过渡金属是最外层有 $1\sim2$ 个 s 电子，次外层为 d 电子且具有未充满的 d 轨道的Ⅷ族和ⅠB族元素（表 3-1），价电子层中有 9 个轨道，它们可以直接或经杂化后接受来自其他原子或基团的电子，形成 σ 或 π 键。

表 3-1　常用的过渡金属元素

周期 \ 族	Ⅷ1	Ⅷ2	Ⅷ3	ⅠB
4	铁（Fe）	钴（Co）	镍（Ni）	铜（Cu）
5	钌（Ru）	铑（Rh）	钯（Pd）	银（Ag）
6	锇（Os）	铱（Ir）	铂（Pt）	金（Au）

配体是可与过渡金属配位结合的原子、离子和分子，配体的结构类型很多，根据配体的组成，可将其分为离子配体（ionic ligand）和中性配体（neutral ligand）。如离子配体：Cl^-、H^-、HO^-、CN^-、R^-、Ar^-、CH_3CO^- 等；中性配体：CO、烯烃、R_3P、R_2PH、R_3As、R_2AsH、$RAsH_2$、$P(OR)_3$、H_2O、R_3N。配体发挥多方面的作用：①稳定中心金属原子；②调节催化体系的催化活性；③增加催化剂在反应溶剂中的溶解度；④对于不对称合成反应，提供必要的手性环境。催化剂和配体的选择可以优化一个反应的转化率或生产率。

思考

过渡金属催化剂中过渡金属与配体之间的作用方式有几种？

（1）过渡金属的选择：催化剂的配体相同、金属部分不同时，催化体系的活性不同，甚至得到不同的产物。在手性诱导 4-甲氧基苯甲硫醚氧化成亚砜的过程中，在钛催化剂（3-9）的催化作用下得到 S-型产物（3-11），而锆催化剂（3-10）催化得到 R-型产物（3-12）。原因在于不同的催化剂在溶液中的存在形式不同，（3-9）在溶液里以单体形式存在，但类似的锆催化剂（3-10）则以多核聚合物的形式存在，导致氧化反应得到构型相反的手性产物。

在不同的催化剂作用下，亲核试剂对（±）-环氧丙烷两种异构体的选择性不同，反应结果不同。在（R，R）-铬-Salen 催化剂（3-13）的催化下，叠氮基三甲基硅烷进攻（S）-环氧丙烷，生成 1-叠氮基-2-三甲硅氧基丙烷；而在（R，R）-钴-Salen 催化剂（3-14）的催化下，羟基与（R）-环氧丙烷反应，生成（R）-1，2-丙二醇，完成（±）-环氧丙烷的动力学拆分过程。

（2）配体的选择：催化剂的配体不同，催化体系的活性不同，选择性不同，可以得到不同的产物。许多催化反应具有高度特异性，在大量的配体筛选工作基础上才有可能选择某一可靠高效的工艺。例如，钯催化芳基氯化物的 Suzuki 偶联反应中，三（二亚苄基丙酮）二钯［$Pd_2(dba)_3$］为催化剂，对 8 种膦配体进行研究，最佳的偶联配体是三叔丁基膦（t-Bu_3P），收率 86%，三环己基膦（PCy_3）次之，收率 75%，无膦配体反应不进行。

在钴催化的环己烯的氧化反应中，不同配体的作用下可选择性地氧化烯丙位或双键，在催化剂（3-15）的作用下，得到环己烯酮和环己烯醇的 2∶1 混合物，收率为 70%；而在催化剂（3-16）的作用下，得到环氧化合物，收率为 87%。

以 $TiCl_3 \cdot (THF)_3$-t-BuOH 为催化体系，对甲基苯甲醛在 Zn 粉-TMSCl 的作用下发生 McMurry 偶联反应，生成 d,l-产物和内消旋产物的混合物，两者的比例为 7∶3；30mol% 1，3-二乙基-1,3-二苯基脲（3-17）可增加 d,l-产物的生成，使两者的比例上升为 9∶1，收率为 83%。3-17 在反应中发挥了重要的配体作用，改良了催化体系的选择性。

不同配体的使用，不仅可以扩展催化体系的适用范围，而且使某些反应在较温和的条件下就能完成。例如，在有机膦配体（3-18）的作用下，对甲基氯苯与硼试剂发生 Suzuki 偶联反应，反应在室温下即可完成，收率为 94%。若无 3-18 的参与，要达到相同的收率，反应温度为 100℃。

（反应式图）

Me—⟨苯环⟩—Cl + (HO)₂B—⟨苯环⟩ $\xrightarrow[\substack{CsF \\ dioxane/RT \\ (94\%)}]{\substack{2mol\% Pd(OAc)_2 \\ 0.75 \sim 3mol\% 3-18}}$ Me—⟨苯环⟩—Ph

（3-18 结构式）

3-18

（三）相转移催化剂的选择

对于在有机相和水相之间进行的反应，使用各种不同的相转移催化剂可以大大提高反应速率。相转移催化反应不仅能够提高反应速率，并且具有反应方法简单、后处理方便、使用试剂价格低廉等优点。

常用的相转移催化剂根据结构可分为鎓盐类、冠醚类及非环多醚类。

1. **鎓盐类**　鎓盐类相转移催化剂由中心原子、中心原子上的取代基和负离子3个部分构成，中心原子一般为 P、N、As 和 S 等原子，催化活性顺序为 $RP^+>RN^+>RAs^+>RS^+$。在有机溶剂中以各种比例混合，价格低廉，因此是最常用的相转移催化剂。

2. **冠醚类**　化学结构特点是分子中具有（Y—CH₂—CH₂—）$_n$ 重复单位，其中的 Y 为氧、氮或其他杂原子，由于其形状似皇冠而得名。冠醚根据其环的大小可以与不同的金属正离子形成络合物，从而使原来与金属正离子结合的负离子"裸露"在溶剂中。常用的冠醚有18-冠-6、二苯基-18-冠-6 等。但由于其在有机溶剂中的溶解度小、价格昂贵且有毒，故在工业生产中应用很少。

3. **非环多醚类**　即非环聚氧乙烯衍生物，是一类非离子型表面活性剂。具有价格低、稳定性好、合成方便等优点。主要类型有聚乙二醇、聚乙二醇脂肪醚和聚乙二醇烷基苯醚等。

催化剂的最佳用量在 0.5%～10% 之间；当反应强烈放热或催化剂较昂贵时，催化剂的用量应减少，在 1%～3% 之间。相转移催化剂通常在室温下可稳定存放数天，但在高温条件下可能发生分解反应，如苄基三甲基氯化铵可生成二苄基醚和二甲基苄基胺。相转移催化反应中整个反应体系是非均相的，搅拌方式和搅拌速度是影响传质的重要因素。

例如，在氯化钯-4-（二甲氨基）苯基二苯基膦组成的催化体系作用下，α-甲基溴苄的羰基化反应发生在 2-乙基-1-己醇和 5mol/L NaOH 水溶液两相之间，乳化剂十二烷基磺酸钠（DSS，3-19）作为相转移催化剂可以加速反应，2′-乙基-2-苯基丙酸己酯和 2-苯基丙酸的收率为 71%。

（反应式图）

$\xleftarrow{\substack{PdCl_2, Ph_2PC_6H_4NMe_2 \\ DSS \\ aq.NaOH/2-Et-1-hexanol}}$

(52%)　　　(19%)

$CH_3(CH_2)_{10}CH_2O—S(=O)(=O)—O^- Na^+$

3-19

手性的相转移催化剂兼有加速反应和手性诱导的双重功能，在手性季铵盐（3-20）的催化作用下，6,7-二氯-5-甲氧基-2-苯基-1-茚酮（3-21）发生不对称甲基化反应中，一步反应得到 S-甲基化产物（3-22），3-22 是利尿药茚达利酮（indacrinone，3-23）的重要中间体。相转移催化反应在 50% NaOH 水溶液和甲苯两相中进行，室温反应 7 小时，操作简单。反应收率为 95%，对映体过量 92%。而在常规条件下需要化学计量的手性助剂，经多步反应才能得到产物（3-22）。对相转移催化反应来说，高效搅拌是保证良好反应速度的关键。

思考

什么是手性相转移催化剂？手性相转移催化剂的作用有哪些？

（四）催化氢化催化剂的选择

催化氢化反应（catalytic hydrogenation）包括催化加氢和催化氢解反应，副产物少，具有很好的原子经济性。催化氢化的关键是催化剂，催化剂不同，反应产物不同。镍（Ni）催化剂应用最广泛，有雷尼镍、硼化镍等各种类型。贵金属铂（Pt）和钯（Pd）催化剂的特点是催化活性高、用量少，工业上大都使用载体铂、载体钯，用活性炭为载体的分别称为铂炭和钯炭。金属氧化物催化剂如氧化铜-亚铬酸铜、氧化铝-氧化锌-氧化铬催化剂等成本较低，对羰基的催化特别有效，对酯基、酰胺、酰亚胺等也有较高的催化能力，对烯键、炔键则活性较低，对芳环基本上无活性。均相催化剂主要是带有各种配位基的铑（Rh）、钌（Ru）和铱（Ir）的络合物，这些络合物能溶于有机相。常用的均相催化剂有氯化三（三苯基膦）合铑 [（Ph$_3$P）$_3$·RhCl]、氯氢化三（三苯基膦）合钌 [（Ph$_3$P）$_3$·RuClH]、氢化三（三苯基膦）合铱 [（Ph$_3$P）$_3$·IrH] 等。均相催化剂的优点是催化活性较高，受有机硫化合物等杂质的影响小，可在常温、常压下进行催化反应而不引起双键的异构化。常用的催化氢化催化剂类型和使用特点见表3-2。

表3-2　常用的催化氢化催化剂类型和使用特点

	结构组成	使用范围和特点
金属催化剂	Ni、Pd 和 Pt 负载于载体上，提高分散性和均匀性，增加强度和热稳定性	价廉，活性高，适用于大部分加氢反应，易中毒，低温可反应

续表

结构组成		使用范围和特点
骨架催化剂	活性组分与载体 Al、Si 制成合金，用氢氧化钠溶解。骨架镍催化剂，Ni 为 40%~50%	活性很高，机械强度高，适用于各类加氢过程
金属氧化物	MoO_3、CrO_3、ZnO、CuO 和 NiO 单独或混合使用	活性较低，需较高的反应温度，耐热性欠佳
金属硫化物	MoS_2、WS 和 NiS_2 等	活性较低，需较高的反应温度，可用于含硫化合物的氢解
金属络合物	Ru、Rh、Pd、Ni 和 Co 等	活性高，选择性好，条件温和，催化剂与产物难分离

三、反应溶剂的选择

化学反应一般都在一定的溶剂体系中进行，在反应过程中，溶剂能够帮助参与反应的化合物或物质均匀分布，增加分子间碰撞的机会；溶剂可以通过参与形成过渡态，影响反应的速度与收率、产物的结构与构型以及反应的平衡等；此外溶剂还有帮助反应传热或散热的作用。选择适当的反应溶剂可以提高反应速率、保证反应的可重复性和操作的便利性，并且保证目标产物的质量和产率。溶剂的回收套用及"三废"处理直接影响产品的生产效率和生产成本。

在了解溶剂分类和相关的物理性质的基础上，介绍溶剂选择的基本规则。

（一）溶剂分类和物理性质

1. **溶剂分类** 选择溶剂遵循"相似相溶"的规则，即根据反应物、反应试剂、催化剂以及产物、副产物的极性进行溶剂选择。若溶质极性大，则容易溶解在极性大的溶剂中；若溶质是非极性的，则易溶于非极性的溶剂中。因此，极性是影响溶剂选择的重要因素。溶剂的极性常用偶极矩（μ）、介电常数（ε）和溶剂极性参数 E_T（30）等参数表示。

溶剂的分类方法有多种，根据溶剂的结构特征和极性，可分为 5 类：①质子溶剂，又称氢键供体类溶剂（hydrogen bond donating solvents，HBD），属于路易斯酸，如 H_2O、NH_3、CH_3OH 和 AcOH；②氢键受体类溶剂（hydrogen bond acceptor solvents，HBA），属于路易斯碱，如 H_2O、Et_3N、EtOAc、THF、NMP（N-甲基吡咯烷酮）和丙酮等；③极性非质子溶剂，或称为"无羟基溶剂"，如 DMSO 和 DMF；④氯代烷烃和氟代烷烃类溶剂，如 CH_2Cl_2、PhCl、$PhCF_3$；⑤饱和烃和不饱和烃类溶剂，如正己烷、环己烷、$PhCH_3$。化学药物生产中常用溶剂的见表 3-3。

表 3-3 常用溶剂及其物理性质一览表

溶剂	介电常数	熔点（℃）	沸点（℃）	闪点（℃）	与水的共沸点（℃）	水中溶解度（wt%）
水（H_2O）	80.1	0	100	—	无	—
甲醇（MeOH）	33.0	-98	65	11	无	∞
1,2-丙二醇（1,2-propanediol）	27.5	-60	188	99	无	∞
乙醇（EtOH）	25.3	-114	78	13	78	∞
乙酸（AcOH）	6.2	17	118	39	无	∞

续表

溶剂	介电常数	熔点 （℃）	沸点 （℃）	闪点 （℃）	与水的共沸点 （℃）	水中溶解度 （wt%）
正丁醇（n-BuOH）	17.8	−90	118	37	93	7.45
异丙醇（i-PrOH）	20.2	−90	82	12	80	∞
硝基甲烷（CH_3NO_2）	38.3	−29	101	35	86	∞
乙腈（CH_3CN）	36.6	−48	81	6	76	∞
二甲基亚砜（DMSO）	47.2	18	189	95	无	∞
二甲基甲酰胺（DMF）	38.3	−61	152	58	无	∞
叔丁醇（t-BuOH）	12.5	25	83	11	80	∞
N-甲基吡咯烷酮（NMP）	32.6	−24	204	96	无	∞
丙酮（acetone）	21.0	−94	56	−20	无	∞
叔戊醇（t-AmOH）	5.8	−12	102	21	87	11.0
二氯甲烷（CH_2Cl_2）	8.9	−97	40	—	38	1.3
吡啶（pyridine）	13.3	−42	115	20	94	∞
醋酸甲酯（MeOAc）	7.1	−98	56	−10	56	24.5
甲基异丁基酮（MIBK）	13.1	−80	117	18	88	1.7
1,2-二甲氧基乙烷（DME）	7.3	−58	85	5	76	∞
醋酸乙酯（EtOAc）	6.1	−84	77	−4	70	8.1
四氢呋喃（THF）	7.5	−108	66	−14	64	∞
醋酸异丙酯（i-PrOAc）	5.7	−73	89	2	77	2.9
氯苯（PhCl）	5.7	−45	132	28	90	0.05
2-甲基四氢呋喃（2-MeTHF）	7.0	−136	77	−11	71	15.1
醋酸异丁酯（i-BuOAc）	5.1	−99	117	18	87	0.6
1,4-二氧六环（1,4-dioxane）	2.2	12	101	12	88	∞
甲基叔丁基醚（MTBE）	4.5	−109	55	−28	53	4.8
二乙氧基甲烷（$(EtO)_2CH_2$）	2.5	−67	88	−6	75	4.2
甲苯（$PhCH_3$）	2.4	−93	111	4	84	0.06
三乙胺（Et_3N）	2.4	−115	89	−7	75	5.5
二甲苯（xylenes）	~2		137~144	~27	~93	~0.02
庚烷（heptane）	1.9	~91	98	−4	79	0.0004
环己烷（cyclohexane）	2.0	6	81	−20	69	0.006

2. 溶剂物理性质　一般情况下反应溶剂应该是惰性的，与反应物不发生化学反应。反应溶剂与工艺的安全性以及中试放大时的可靠性密切相关，了解溶剂的主要物理性质至关重要。

（1）极性：必须符合参与反应的物质溶解性的要求，形成均相或非均相反应体系，并且能够促进反应的进行。

（2）凝固点：对低温下进行的反应有限制，例如，叔丁醇的熔点为25℃，只适合反应温度在25℃以上的反应。

（3）沸点：高沸点溶剂可以增加反应的温度范围，避免使用高压设备；低沸点溶剂在蒸馏过程中容易移除，但完全回收相对困难，如CH_2Cl_2。

（4）闪点：闪点是可燃性液体挥发出的蒸汽与空气形成可燃混合物的最低温度。使用任何闪点低于15℃的液体都必须考虑其可燃性，准备适当的措施预防其危险性。低沸点的化合物通常具有低闪点，如乙醚、正戊烷、正己烷，易燃，工业生产中很少应用。

（5）生成过氧化物：主要发生在醚类溶剂中，酮、胺和仲醇等生成过氧化物较慢。在可能产生过氧化物的溶剂中的反应，应对过氧化物进行密切监控，避免发生爆炸。

（6）黏性：黏度大的溶剂会减慢过滤速度，延长操作时间，如i-PrOH。

（7）与水的混溶性：与水混溶性差的溶剂对后处理有利，适合萃取处理。

（8）共沸性：利用共沸除水的办法可以干燥溶剂以及干燥反应设备，对无水条件下进行的反应更为有利；利用共沸性还可以除去反应体系中的其他化合物。

（9）毒性：避免或限制有毒有害的溶剂，如苯、1,2-二氯乙烷、1,4-二氧六环，使用其相应的替代溶剂。

思考

选择有机溶剂时，应考虑有机溶剂的物理性质，物理性质具体包括什么？

（二）溶剂的选择

为某一具体的化学反应选择反应溶剂时，应该以反应为核心，兼顾其他因素，选择溶剂的基本原则：首先应当考虑反应后处理及产物纯化的简便性，能够使产物直接从反应溶剂中结晶出来的溶剂为最佳溶剂，其次考虑溶剂对反应速率的影响。

1. 均相反应的溶剂选择　不溶的起始原料和试剂几乎不发生反应，会减慢反应速率，并且有可能使副反应加快，因此在工艺研发的初期，应选择能够溶解起始原料和反应试剂的溶剂。均相反应条件不仅提高反应速率，而且减少副产物的生成。4-氟苯肼盐酸盐与二氢吡喃反应生成吲哚醇（3-24），油状吲哚醇（3-24）进一步转化为结晶状固体对甲苯磺酸酯（3-25）。研究发现在起始原料 4-氟苯肼盐酸盐的溶解性不好的条件下，即在非均相条件下，目标中间体（3-24）与相对过量的二氢吡喃继续反应生成副产物三醇（3-26），三取代吡唑类副产物（3-27）是由两分子二氢吡喃缩合脱水后与 4-氟苯肼盐酸盐反应生成的。研究发现 4-氟苯肼盐酸盐可以溶解在 1,2-丙二醇和水的混合溶剂中；控制二氢吡喃的滴加速度，可以有效防止其在反应体系中的局部过量。均相反应体系、反应温度在 90℃ 以上是生成吲哚醇（3-24）的重要条件，可有效降低副产物 3-26 和 3-27 的生成。

2. 促进目标反应进行或提高反应速率的溶剂选择 溶剂的极性是提高反应速率的一个重要因素，极性较大的溶剂有助于稳定极性过渡态。在 S_N1 反应中，极性大的溶剂对反应有利，极性溶剂能够使带正电荷的过渡态溶剂化，稳定过渡态，从而提高反应速率。例如，Me_3CBr 的水解在 50% 乙醇中比绝对乙醇中快 3×10^4 倍。对于 S_N2 反应，极性大的、可生成氢键的溶剂中，亲核试剂溶剂化，降低其反应速率，而极性非质子溶剂由于不能通过氢键将亲核试剂溶剂化，则增加 S_N2 反应速率。叠氮负离子（N_3^-）参与的 S_N2 在 DMSO 中比 MeOH 中快 10^9 倍。溶剂对消除反应也有类似的影响，但对自由基加成反应的影响不明显。

3. 非均相反应的溶剂选择 一些反应需将产物及时移出反应体系以促使原料完全转化，并且防止产物进一步发生其他反应。在比较反应物和产物极性的基础上，进行溶剂选择，选择对反应物溶解度大而对产物溶解度小或不溶的溶剂，这样设计的非均相反应体系就有了实际意义。例如，L-丝氨酸衍生物（3-28）结构中有两个对酸不稳定的保护基，为选择性地脱去 N 上的叔丁氧羰基，向 3-28 的乙酸乙酯溶液中通入干燥的 HCl 气体，在这样的溶剂体系中能够得到高收率的化合物（3-29）。胺的盐酸盐在乙酸乙酯中的溶解性小，生成沉淀，避免了产物的进一步反应。

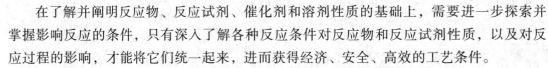

实际工作中应尽可能选用经济、等级较低的溶剂，尽量减少溶剂的用量，溶剂量少既对安全生产有利，又可以节省溶剂回收和废液处理的费用。对工业化生产来说溶剂的回收和套用是必须做的，一般采用水洗、蒸馏的办法。高沸点的溶剂如 DMF 和 DMSO 难于回收，使用之后进行废液处理。选择水中溶解度小的溶剂可减小废水处理的压力。水代替有机溶剂做反应溶剂，无溶剂反应，以及有毒、危险溶剂的替代溶剂等均有很好的发展前景。

第三节 反应条件的优化

在了解并阐明反应物、反应试剂、催化剂和溶剂性质的基础上，需要进一步探索并掌握影响反应的条件，只有深入了解各种反应条件对反应物和反应试剂性质，以及对反应过程的影响，才能将它们统一起来，进而获得经济、安全、高效的工艺条件。

以下主要讨论配料比与反应浓度、加料顺序与投料方法、反应温度、反应压力、反应时间、搅拌与搅拌方式以及催化反应的优化等反应条件的优化策略。

一、配料比与反应浓度

化学反应很少是按理论值定量完成的，有些反应是可逆反应，有些反应伴随着平行或串联的副反应，因此需要调整反应物与反应物（反应试剂）之间的配料比。合适的配料比不仅能够提高反应收率、缩短生产周期，还可以减少后处理与"三废"处理的负担。选择配料比和反应浓度，首先要考虑化学反应的类型，了解各种物料与产物及副产物的关系，其次考虑物料成本、后处理方法、"三废"处理等问题。一般遵循以下原则。

（1）为降低成本、提高生产效率，加入反应的原料、试剂和溶剂应最小化。最大限度

扫码"学一学"

地减少加料总量，可以降低加料、后处理等过程所需要的工作时间，废物处理量相应也下降，对降低整体生产成本和提高生产效率有相当大的影响。

（2）必须保证在合理的时间内完成反应的基础上，实现反应试剂用量最小化。一般来说，为了达到适当的反应速率，反应可以加入 1.02~1.2 当量的试剂。如果试剂价格便宜且增加的废料容易处理，可增加其投料比例。在考察配料比与收率关系的同时，还需要将单耗控制在较低的某一范围内，降低生产成本。

（3）在溶剂用量最小化的时候，还需考虑其他因素的影响。例如，浓度较大的反应体系虽然意味着较短的反应时间，但同时也可能使搅拌困难，温度控制的难度增大，并导致因混合和传热不均匀而造成的副反应。优化反应浓度的目标是达到均相反应状态，随着反应的进行，产物的生成与溶解可能促进反应物的溶解，从而使得浆状物变成均相溶液。对于实验室小试工艺研究，起始反应浓度一般控制在 0.3～0.4mol/L 之间。

（4）若反应中有 1 种反应物不稳定，则可增加其用量，以保证有足够量的反应物参与主反应。例如，催眠药苯巴比妥（phenobarbital，3-30）的生产中，最后一步反应是 2-苯基-2-乙基丙二酸二乙酯与尿素的缩合反应，反应在碱性条件下进行。由于尿素在碱性条件下加热易于分解，所以需使用过量的尿素。

$$\underset{Et}{\overset{Ph}{>}}C\underset{O}{\overset{O}{<}}\overset{OCH_3}{\underset{OCH_3}{}} + \underset{H_2N}{\overset{H_2N}{>}}C=O \longrightarrow \underset{Et}{\overset{Ph}{>}}\underset{O}{\overset{O}{\bigcirc}} + 2C_2H_5OH$$

3-30

（5）当参与主、副反应的反应物不尽相同时，可利用这一差异，增加某一反应物的用量，以增加主反应的竞争力。例如，对氯-α-甲基苯乙烯与甲醛、氯化铵作用生成取代恶嗪中间体，在酸性条件下重排得到 4-氯苯基-1,2,5,6-四氢吡啶（3-31），是制备抗精神病药物氟哌啶醇（haloperidol，3-32）的关键中间体，副反应之一是对氯-α-甲基苯乙烯与 2 分子的甲醛反应，生成 1,3-二氧六环化合物（3-33）。这个副反应可看作是正反应的一个平行反应，增加氯化铵的用量至理论量的 2 倍，可有效抑制此副反应的发生。

（6）为了防止连续反应和副反应的发生，有些反应的配料比小于理论配比，使反应进行到一定程度后停止。如在三氯化铝的催化下，将乙烯通入苯中制得乙苯。由于乙基的推电子作用，极易引进第二个乙基。在工业生产上控制乙烯与苯的配料比为 0.4：1.0 左右，乙苯的收率较高，过量的苯可以回收、循环套用。

思考

工艺研究初期如何设置反应浓度？

二、加料顺序与投料方法

（一）加料顺序

加料顺序（sequence of additions）指底物、反应试剂、催化剂和溶剂的加入顺序。加料顺序可以决定主反应的进程，影响杂质的形成。

确定加料顺序一般从底物和反应试剂的反应活性为出发点，同时考虑加料的方便性和安全性，例如，加入液体或溶液比加入固体、气体物料更为方便。

一般情况先加入有毒有害试剂，对有毒有害试剂的转移过程需要特别注意。对于放热反应，往往最后加入反应底物。

有机溶剂通常是一个反应中易燃和不稳定的部分，溶剂可以最后加入，这样既安全，又可以减少溶剂蒸发损失，但可能造成搅拌困难。若先加入溶剂，后加入其他反应物料，可能造成溶剂飞溅。但在某些情况下，最后加入溶剂需要改变加料顺序。例如，一个反应物难溶于某种溶剂，若在加入该反应物之后加入溶剂，则固体难于有效分散和溶解，解决办法是边搅动溶剂边分批加入固体，这样利于固体的溶解。

1. **加料顺序不同，主产物不同** 例如，3-氧代戊二酸二乙酯与氯丙酮和甲胺反应，发生 Hantzsch 缩合反应，得到 5-甲基吡咯类化合物（3-34）；若 3-氧代戊二酸二乙酯先与甲胺反应，然后加入氯丙酮，则以 73% 的收率得到 4-甲基吡咯类化合物（3-35）。3-35 是非甾体抗炎药佐美酸钠（zomepirac）的中间体，佐美酸钠因严重的毒副作用已退市。

2. **加料顺序不同，可引起反应收率的变化** 在制备沙奎那韦（saquinavir）的中间体酰胺（3-36）时，若把特戊酰氯加入到喹啉-2-羧酸的乙酸乙酯溶液中，随后加入三乙胺，得到混合酸酐（3-37），该混合酸酐与 *L*-天冬酰胺（3-38）反应生成（3-36），收率为 90%；如果先将喹啉-2-羧酸与三乙胺溶解，再加入特戊酰氯，不仅生成混合酸酐（3-37），而且生成了喹啉-2-羧酸自身缩合的酸酐（3-39），虽然 3-39 也能与 *L*-天冬酰胺（3-38）反应，但产物酰胺（3-36）的收率显著降低。

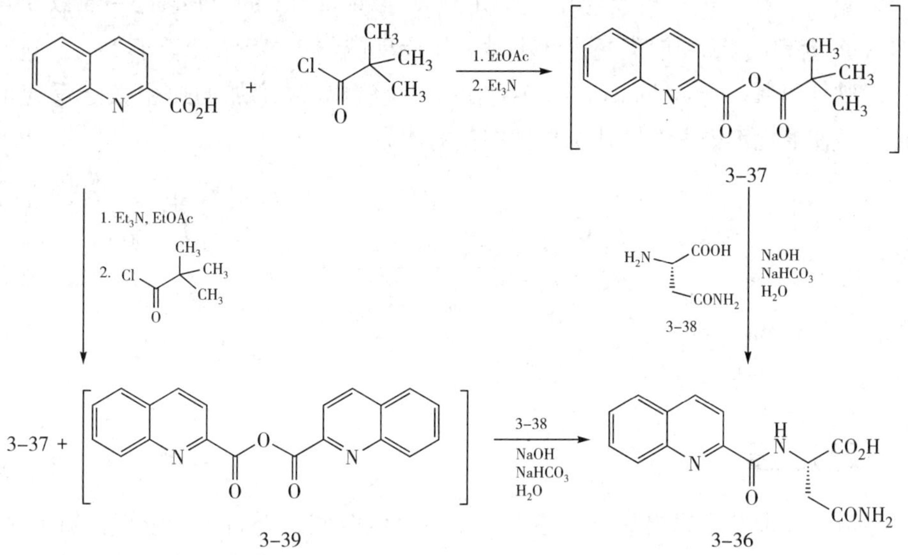

（反应式图）

3. 改变加料顺序，可影响杂质的形成　在 N-溴代丁二酰亚胺（NBS）的作用下，2-氨基-4,5-二甲基-3-吡啶酰胺（3-40）发生 Hoffmann 重排反应，生成吡啶并咪唑酮（3-41），用氢氧化钾预先处理 NBS，可减少吡啶环溴化形成的副产物（3-42）和（3-43）。具体反应条件为 NBS 和 KOH 在-5℃反应16小时，形成在室温条件下不稳定的活性较强的溴化剂（3-44），再加入反应物（3-40），使 Hoffmann 重排反应顺利发生，反应收率为96%，几乎完全避免副产物（3-42）和（3-43）的生成。

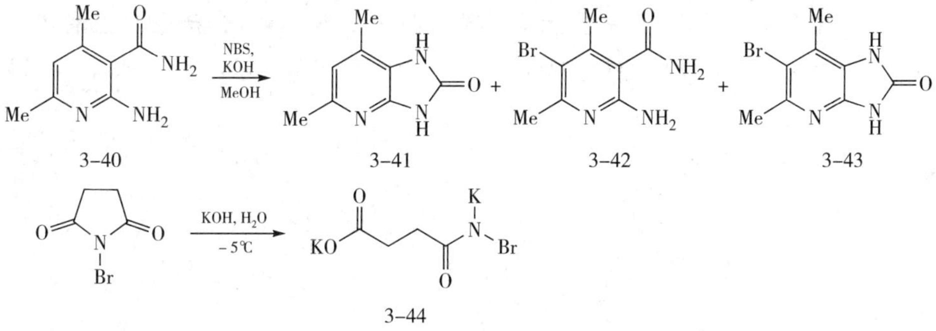

（反应式图）

（二）投料方法

投料方法包括直接投入固体物料，或将固体物料配成溶液，形成液体物料投料；液体物料投料是直接加入，或采用控温滴加的方式。

在工业生产中，加入液体物料比加入固体物料更安全、更简便，可以将固体原料或反应试剂配成溶液，形成液体物料，泵入或加压压入反应釜里，或通过减压抽吸进反应釜。由于液体和溶液的密度随着温度的变化而变化，液体物料以重量计量比以体积计量更准确，在中试放大和大规模生产中，大部分的物料都以重量计量。

对投料方法进行优化，延长底物或反应试剂的滴加时间，提高底物与反应试剂有效摩尔比，有利于提高反应的选择性，对催化反应尤其重要。例如，在 o-异丙基-m-甲氧基苯乙烯（3-45）的不对称双羟化反应中，以 N-甲基吗啉-N-氧化物（NMMO）作氧化剂，二水合锇酸钾和氢化奎宁-1,4-(2,3-二氮杂萘) 二醚 [(DHQ)$_2$PHAL] 分别为催化剂和配体。为了提高 Sharpless 不对称二羟基化反应的立体选择性，得到高选择性的产物 $2S$-(o-异丙基-m-甲氧基苯基)-2-羟基乙醇（3-46），控制反应物烯烃（3-45）的滴加时间非常重要。在中试规模反应中，采用蠕动泵将 2.5kg 的反应物 3-45 以 5.6ml/min 的速度加入反应液中，加料时间超过 6 小时，保持反应物 3-45 浓度低于 1%，反应收率可达 94%，对映体过量（enantiomeric excess，ee）95%。如果滴加的速率大于反应的速率，反应物蓄积，使催化剂失去对映体选择性催化的能力。

三、反应温度

提高反应温度通常可以提高反应速率、缩短反应时间、提高生产效率，但提高反应温度也会降低反应的选择性。理论上，反应温度每升高 10℃，反应速率加快 1 倍，但在实际过程中，也可能加快 4 倍。有的反应温度升高，反应速率反而降低。理想的反应温度就是在可接受的反应时间内得到高质量的产物的温度。

反应温度在 -40~120℃ 之间的反应在中试放大和工业生产中容易实现，超出此反应温度范围则需要专门的设备。室温或者接近室温的条件下进行反应有很多优点：①大量的化学试剂和设备不需要加热或冷却，易于扩大反应规模；②避免超高温或超低温操作所导致的能源损耗；③避免高温反应可能产生的副产物，包括一些难以除去的有色杂质。

1. 反应温度不同，可能反应主要产物不同　例如，环己酮与焦碳酸二乙酯在 -78℃ 反应生成 O-酰化产物（3-47），而在 80℃ 左右生成缩合产物（3-48），收率分别为 98% 和 72%。

2. 反应温度不同，反应收率与选择性不同　下面以对甲苯磺酸的氯代反应为例，说明温度变化对转化率和选择性的影响。对甲苯磺酸氯代反应生成双氯代产物 3,5-二氯-4-甲基苯磺酸（3-49）和少量单氯化产物（3-50），如表 3-4 所示，反应时间为 4 小时，60℃ 时收率最高，80℃ 时收率降低，这是因为在 80℃ 时 H_2O_2 分解的速率要比 H_2O_2 与 HCl 的反应速率快。但温度从 60℃ 升高到 80℃，反应的选择性基本没有变化。

表 3-4 对甲苯磺酸氯代反应的选择性

反应温度（℃）	反应转化率（%）	3-49 的选择性（%）
30	15	91
40	46	87
50	65	88
60	82	96
70	79	96
80	54	97

思考

试分析总结室温反应的优缺点。

四、反应压力

在中试放大中，反应釜可安装有耐受一定压力的防爆膜。在密封的反应釜中进行反应可保持适当压力，一方面使有毒或有刺激性的成分不能溢出，保护操作者和环境；另一方面使挥发性试剂保持适当的浓度，保证反应的进行。常见的挥发性试剂包括 H_2、NH_3、HCl、低分子量胺类和硫醇类等，这些挥发性物质产生的尾气可通过吸收或中和的方式进行处理。

对挥发性试剂参与的反应，使反应釜中保持轻微正压对加快反应非常重要。例如，氨水是一个常用的氨解试剂，将环氧化物、氨水和甲醇加热到 60~65℃，产生 69~103kPa 的压力，该压力低于防爆膜可耐受的压力，制备氨基醇，反应在 3.5 小时内完成，并且只有极少量的氨损失。加氢反应通常需要专门的加压设备，提供足够的压力，使 H_2 安全进入反应体系并维持足够的浓度参与反应。

五、搅拌与搅拌方式

搅拌（agitation）可使反应混合物混合得更加均匀，反应体系的温度更加均匀，从而有利于化学反应的进行。磁力搅拌器使用方便，是化学和制药工艺实验室的必备设备，但是对于一些黏稠液或是有大量固体参加或生成的反应搅拌效果差，或无法顺利使用，这时就应选用机械搅拌器。在开展工艺优化研究时，应选择机械搅拌器。

搅拌方式（type of agitation）包括搅拌器的类型、尺寸及转速，在搅拌设备选型确定后，主要影响因素是搅拌速率（agitation rate）。对于均相反应体系，搅拌与搅拌方式通常对反应的进程影响不大，随着反应的进行，轻微搅拌就足以使反应组分达到良好的混合和接触，只要在关键试剂投料时考虑搅拌速率和搅拌方式即可。可采用的搅拌器类型有旋桨式、涡轮式和桨式搅拌器等。

对于黏稠的反应体系或者非均相的反应体系（液-液、固-液和气-液），搅拌是影响传质的重要因素，搅拌的效率直接影响反应速率。可根据反应液的性质，选择涡轮式、锚式或螺带式搅拌器。

在高速搅拌和以小气泡方式通入的情况下，氢气的吸收速率较快。例如，在二氢金鸡宁（dihydrocinchonine）改性的 Pt/Al$_2$O$_3$ 的催化下，丙酮酸乙酯发生酮羰基的不对称氢化反应。反应动力学研究发现，影响产物 S-2-羟基丙酮酸乙酯（3-51）的对映体过量的直接因素是分子氢气在溶剂丙醇中的浓度，而不是反应的压力。搅拌速率与氢气在气相-固相之间的转移速率相关，温度为 30℃，在两种不同的反应条件下，搅拌速率为 750r/min、反应压力为 300kPa 与搅拌速率为 575r/min、反应压力为 580kPa，氢气在气相-固相之间的转移速率相同，结果 3-51 的对映体过量相同。

在相转移催化剂（PTC）四正丁基溴化铵（10mol%）的催化下，2-吡咯烷酮与氯苄反应发生苄基化反应生成 N-苄基吡咯烷酮（3-52），由于反应发生在甲苯和水两种溶剂（4∶1）的界面，当搅拌速率从 400r/min 增至 1000r/min 时，初始反应速率明显增加，80℃反应 24 小时，转化率为 86%，选择性为 99%，减压分馏后得到 3-52，总收率为 76%。对于发生在两相界面的 PTC 反应，快速搅拌非常必要。

在中试放大和工业生产时，搅拌与搅拌方式更为重要，在结晶过程中和浆状物料转移到过滤器的过程中需要特别注意。

六、反应时间

在考察反应时间的时候，一方面考虑该反应要实现适当的转化率；另一方面要考虑在中试放大和工业生产时减少反应设备的占用时间，两者之间要达到一种平衡。

由于很多反应在中试放大和工业生产时反应时间相应会延长，这就需要在实验室工艺优化中对可能出现的问题进行合理预测。若随着反应时间延长，产物在反应条件下出现降解时，要及时采取必要的措施，停止反应。制备依那普利马来酸盐（enalapril maleate，3-53）时，立体选择性还原胺化反应一步生成依那普利（3-54），经过反应条件优化，3-54 与其非对映异构体（3-55）的比例可提高到 94.5∶5.5。将 3-54 部分浓缩后加入乙酸乙酯，在此条件下依那普利以每小时 1% 的速率形成哌嗪二酮化合物（3-56）。在实际操作中必须注意把握反应时间节点，及时加入马来酸，防止其转化，这样才能提高 3-53 的收率。

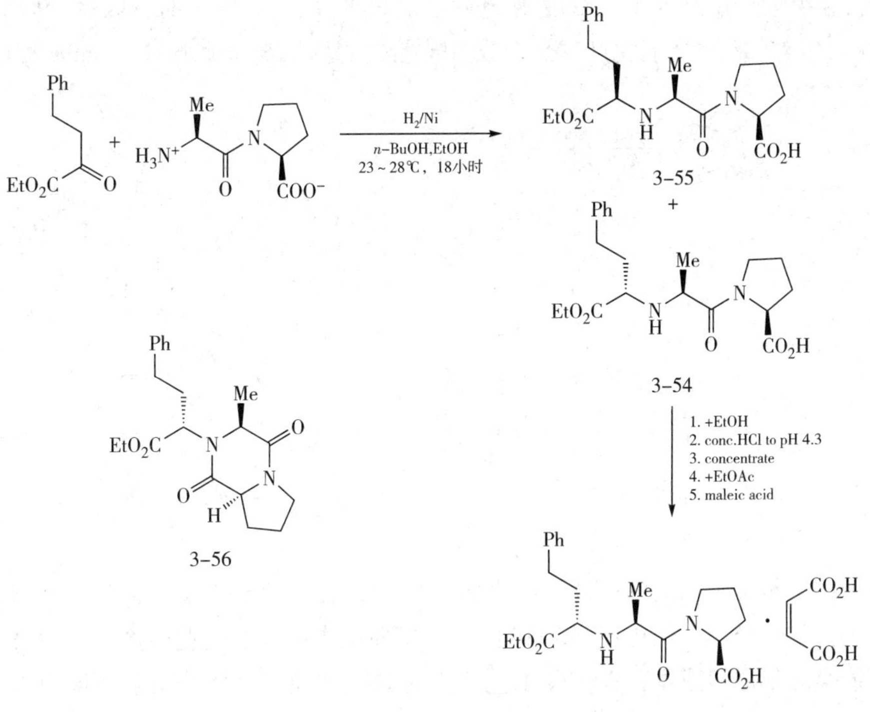

H2/Ni
n-BuOH,EtOH
23～28℃，18小时
1. +EtOH
2. conc.HCl to pH 4.3
3. concentrate
4. +EtOAc
5. maleic acid

3-55　3-54　3-56　3-53

思考

试分析反应时间与反应终点之间的关系。

七、优化催化反应

优化催化体系，即优化催化反应工艺或开发新的催化反应工艺，目标就是高效低耗地获得高质量产品。优化催化体系包括提高反应速率、增加产量、增加选择性及简化后处理等指标。

优化催化反应的关键在于最大限度地提高催化效率或转化率。通过对反应影响因素包括催化剂的组成和性能、催化剂活化和降解、杂质的存在和含量等的充分把握，设计适用性强的催化工艺。某些竞争性配体可能引起催化剂中毒，应尽量避免。某些杂质的存在不利于反应的进行，应保证催化底物的纯度；相反，若某个杂质能促进反应，则予以保留或添加。值得注意的是，商业化的催化剂不同批次之间可能存在很大的差异，要对用于反应的催化剂批号和预处理方法进行研究。

（一）催化剂活化

催化剂活化（catalyst activation）指许多金属催化剂是催化剂的前体，需经过必要的活化过程，生成活性催化剂后发挥催化作用。在茚的不对称环氧化中，锰（Ⅲ）-Salen 催化剂（3-57）实际上是通过次氯酸钠的氧化作用生成活性锰（Ⅳ）（3-58）来完成催化过程的，4-(3-苯基丙基）吡啶 *N*-氧化物（P_3NO）为共催化剂（co-catalyst），具有稳定催化剂、降低催化剂用量、促进氧化剂次氯酸钠进入有机相的作用。次氯酸钠为氧化剂，浓度为 1.5mol/L 的水溶液；催化剂（3-57）的投料量为茚的 0.75mol%；P_3NO 的投料量为茚的

3mol%；反应物茚溶在氯苯中，浓度为 3mol/L。-5℃ 反应 2.5 小时，收率>90%，ee% 在 85%～88%。（1*S*，2*R*）-环氧化产物是合成 HIV 蛋白酶抑制剂茚地那韦（indinavir）的原料。

另一个例子是基于氯的铬-Salen 催化剂（3-59）在反应时需加入额外的亲核试剂，转化成基于叠氮的铬-Salen 催化剂（3-14）而发挥催化作用。在工业生产中，增加催化剂活化步可能会增加原料成本，在实际工艺研究时要具体问题具体分析，在原料成本与反应效果之间权衡利弊。如果某个反应必须使用活化的催化剂，或使用活化后的催化剂可显著减少杂质的形成，那么催化剂活化就显得十分有意义。

（二）催化剂老化与分解

1. 催化剂的老化和杂质的影响　某些催化剂需要适度降低其催化活性，称为老化过程（catalyst aging）或催化剂中毒（catalyst poisoning）。如将酰氯还原成醛的 Rosenmund 反应，需要将钯催化剂适度老化，加入少量中毒剂硫-喹啉，降低其催化活性。在四异丙醇基钛/(+)-酒石酸二乙酯催化下的不对称环氧化和动力学拆分中，也需要对催化剂进行老化处理。

杂质对催化反应有显著的影响，杂质的作用有的是有益的，有的是有害的，对有害杂质的控制显得尤其重要。杂质可能是反应物或反应试剂中存在的，也可能是反应中生成的。

2. 催化剂分解　催化剂分解（catalyst decomposition）指在一定反应条件下催化剂可能发生分解反应。在接近反应结束的时候，分解尤其明显，为提高反应转化率，可能需要对剩余催化剂的量进行评估，适量补加催化剂。如三醋酸锰［Mn(OAc)$_3$］在氧化反应中可与溶剂醋酸反应，引起降解，采用碘还原滴定法对催化剂三醋酸锰的用量进行计算，产物酮酰胺（3-60）的收率达到 67%，（3-60）是合成氨曲南（aztreonam）的中间体。

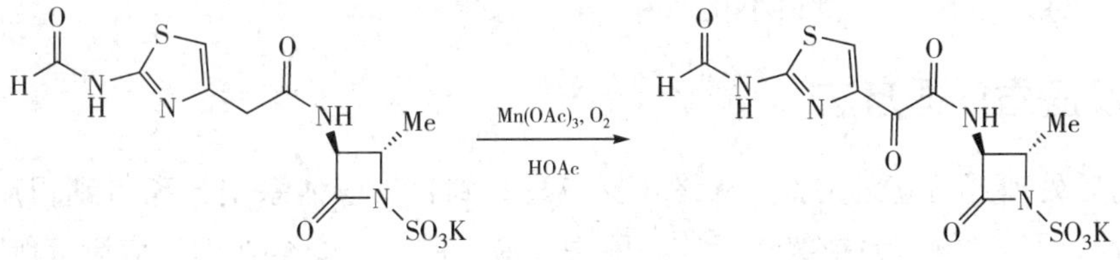

3-60

常用季铵盐类相转移催化剂在加热和碱性条件下发生分解反应，主要分解途径是Hoffmann消除，产生烯烃和叔胺。而β-羟基铵盐如手性催化剂（3-20）可以通过其他途径分解。由于大多数季铵盐比较便宜，切实可行的办法是在反应过程中添加催化剂或在反应开始时就加入过量的催化剂。

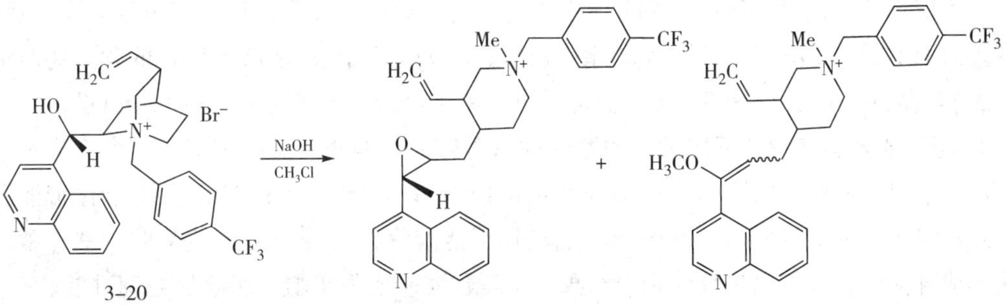

由于催化反应受催化剂、配体、溶剂、浓度、温度、老化以及搅拌速率等因素的影响，催化剂分解和杂质的影响也可以发挥重要的作用，所有这些参数的相互作用使得寻找最佳条件非常耗时。

思考

为什么说优化催化反应难点多？

第四节 后处理与纯化方法

化学反应完成后，目标产物可能以烯醇盐、配合物等活性状态存在，并且与未反应的底物和试剂、反应生成的副产物、催化剂以及溶剂等多种物质混合在一起。从终止反应进行到自反应体系中分离得到粗产物所进行的操作过程称为反应的后处理（work-up）；对粗产物进行提纯，得到质量合格产物的过程称为产物的纯化（purification）。适宜的反应体系和工艺条件会使反应进行得更加完全，副产物少，后处理及纯化操作简单易行，从而降低生产成本；相反，不合适的工艺路线与工艺条件会给后处理及纯化带来困难，降低反应收率，增加生产成本。

反应后处理与产物纯化的基本思路是依据反应机制，对中间体的活性、产物和副产物的理化性质及稳定性进行科学合理的预测，进而设计和研究工艺流程，目标是以最经济的工艺得到质量合格的产物。后处理与纯化过程应具备以下特点：①在保证纯度的前提下，实现产物的收率最大化；②实现原料、催化剂、中间体及溶剂的回收利用，反应试剂和催化剂的循环套用是工业上降低生产成本的一个主要方法；③操作步骤简短，所用设备少，

扫码"学一学"

人力消耗少；④ "三废"产量最小化。

一、反应后处理方法

反应的后处理是反应完成后，从终止反应进行到自反应体系中分离得到粗产物所进行的操作过程。后处理操作包括终止反应、除去反应杂质以及安全处理反应废液等基本内容。后处理中产物要以便于纯化的形式存在，并为后续操作提供安全保障。

在进行后处理时应注意以下问题：

1. **力求后处理操作简单高效** 在保证产物质量的前提下，尽可能采用较少的操作步骤、较少的反应器、较少的萃取次数和溶剂量，以提高反应收率。

2. **了解或预测产物的稳定性是保证后处理操作成功的关键** 通过考察产物在极端反应条件下的稳定性，预测操作过程中可能出现的问题，对指导实际操作具有重要意义。例如，β-内酰胺环在浓 NaOH 条件下会发生水解反应，在处理含 β-内酰胺环结构的化合物时应避免高的 pH 条件；在高温条件下采用蒸馏的方法除去反应溶剂也可能导致产物分解。

3. **把握或预测产物和反应试剂的溶解性指导后处理操作** 反应试剂的溶解性通过查阅文献数据获得，而产物的溶解性可根据产物结构中的亲水性、亲脂性以及离子化官能团进行预测，对产物的溶解性不了解可能出现产物可能溶解在废液中无法被萃取转移，萃取中可能形成乳浊液，或者出现沉淀物等结果，会增加实验操作步骤，影响后处理进度。

4. **充分利用所有的相分离技术** 为获得高质量的产物，应充分利用液-液和固-液相分离技术。萃取液中如果有不溶性杂质，应及时除去；萃取分离过程中有机相中的少量水分，也要尽可能除去，否则影响产物的纯化。

常用的反应后处理方法有淬灭、萃取、除去金属和金属离子、活性炭处理、过滤、浓缩和溶剂替换、衍生化，使用固载试剂以及处理操作过程中产生的液体等。

（一）淬灭

通过薄层色谱法（TLC）或其他监测方法确认反应完成后，一般需要对反应体系进行淬灭（quenching）处理，终止反应的进行，并且使产物以便于进行纯化的形式存在。淬灭的目的是防止或减少副反应的发生，除去反应杂质，为后续操作提供安全保障。

1. **淬灭的基本方法** 淬灭即向反应体系中加入某些物质，或者将反应液转移到另一体系中以中和体系中的活性成分，使反应终止，防止或者减少产物的分解、副产物的生成。这些活性物质包括产物的活性形式或者反应试剂，在处理后转化成产物或者反应副产物。

2. **淬灭操作的注意事项** 应充分考虑产物的稳定性以及后处理的难易程度，选择合适的淬灭试剂。常用的反应淬灭试剂见表 3-5。

表 3-5　常见的反应淬灭试剂

活性成分	淬灭剂	注意事项
H^+	无机碱、有机碱	放热，Na_2CO_3 或 $NaHCO_3$ 处理时产生 CO_2 和泡沫
HO^-、RO^-	醋酸、无机酸	放热
BH_4^-	丙酮、H^+、ROH	与 H^+ 和 ROH 反应生成 H_2
AlH_4^-	丙酮、NaOH 水溶液	可能产生不溶性钠盐
$(i-Bu_2AlH)_2$	ROH、之后 HCl>40℃	ROH 加入时放出 H_2
RMgX	枸橼酸水溶液	简单萃取

续表

活性成分	淬灭剂	注意事项
CN^-	NaOCl、NaOH 水溶液	碱性条件下安全
RLi、R_2NLi	丙酮、ROH、RCOOH	酸性条件下 RLi 生成 RH，具有可燃性
$POCl_3$	稀盐酸或水	放热
H_2O_2	H_3PO_2	
HClO、Cl_2、NCS、Br_2、I_2、I^-	$NaHSO_3$、$Na_2S_2O_3$、$Na_2S_2O_5$	
NH_2NH_2	NaOCl	
$AlCl_3$ 和其他路易斯酸	H_2O，之后 H^+	pH>7 可能生成不溶性金属氢氧化物
Na	甲醇	
Na/液 NH_3	NH_4Cl，之后 H_2O	

淬灭中应注意放热和溶解性两个问题。向反应体系中直接加入淬灭试剂或淬灭试剂的溶液是最简单的淬灭操作方法，很多淬灭操作中会产生大量热，应注意控制热量的释放。常规操作是缓慢加入淬灭试剂，并剧烈搅拌，以避免产物分解，降低操作危险性。对于高活性试剂，可采用分步淬灭的办法。例如，以液氨为溶剂的可溶性金属还原反应的淬灭，先加 NH_4Cl，然后加 H_2O，否则急剧放热难于控制。也可采用"逆淬灭"（reverse quenching）的办法，所谓"逆淬灭"，就是将反应液加到淬灭试剂溶液中。预先冷却淬灭试剂的溶液、在淬灭过程中采取冷却措施、控制加入反应液的速度等具体操作可以控制淬灭过程的温度，这样的操作过程，有利于控制热量的释放。例如，在氰基物与格氏试剂反应后，淬灭剂水的加入方式不同可导致产物的比例不同：在搅拌下将反应液倾入冰水中，产物以酮基化合物（3-61）为主；若将冰水滴加到反应液中，则产物以醇（3-62）为主。

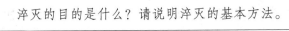

3-61 3-62

在淬灭中，如果有酸碱中和反应发生，应考虑中和过程中生成盐的溶解性。钠盐比相应的锂盐和钾盐在水中的溶解性差，而锂盐在醇中的溶解度比相应的钠盐和钾盐高。例如，对于 NaOH 参与的反应，可以用很多种酸来淬灭，生成相应的酸的钠盐。如果使用浓 H_2SO_4 淬灭反应，生成的 Na_2SO_4 在水中的溶解度相对较低，大部分 Na_2SO_4 会以沉淀析出。如果反应产物溶于水，则可通过抽滤部分除去 Na_2SO_4，实现产物与无机盐杂质的分离。如果后续操作中用有机溶剂萃取产物，则可能会产生液-液-固三相混合物，造成后续操作复杂，这样的情况下应选择其他酸，要求相应的钠盐具有很好的水溶性。如果产物在酸性条件下会以结晶析出，使用浓 HCl 比浓 H_2SO_4 好，因为 NaCl 的水溶性比 Na_2SO_4 好，NaCl 夹杂在产物晶体中的可能性较小。

 思考

淬灭的目的是什么？请说明淬灭的基本方法。

（二）萃取

反应淬灭后，应尽快进行其他后处理操作，萃取是常用的初步去除杂质的方法。萃取（extraction）是利用不同组分在互不相溶（或微溶）的溶剂中溶解度不同或分配比不同，分离不同组分的操作过程。

大多数的液-液萃取过程是将离子化的产物或杂质转移到水相，而非离子化的杂质或其他组分仍留在有机相中。大多数情况下，含有碱性官能团的产物可以先用酸性水溶液处理将其转移到水相，除去酸性及中性杂质，然后将水相碱化并用有机溶剂萃取来得到较易处理的产物；相应的酸性产物可以用碱性水溶液处理转移到水相，除去碱性及中性杂质，然后将水相酸化并用有机溶剂萃取来纯化。在β-内酰胺类抗菌药物阿扑西林（aspoxicillin）的合成中，其中间体（3-63）的分离就是利用其酸性实现与其他杂质的分离。化合物（3-64）发生酯的胺解反应，中间产物以甲胺盐（3-65）的形式存在，溶于水，用乙酸乙酯萃取，除去不溶于水的杂质；再将水层酸化至pH=3，羧基游离，增加其在有机溶剂中的溶解度，萃取后得到（3-63）的粗品。

3-64   3-65   3-63

1. 萃取溶剂的选择　萃取溶剂的选择主要依据被提取物质的溶解性和溶剂的极性。根据相似相溶原理，一般选择极性溶剂从水溶液中提取极性物质，选择非极性溶剂提取极性小的物质。极性较大、易溶于水的极性物质一般用乙酸乙酯萃取；极性较小、在水中溶解度小的物质同石油醚类萃取。常用的萃取溶剂的极性大小如下：石油醚（己烷）<四氯化碳<苯<乙醚<三氯甲烷<乙酸乙酯<正丁醇。

萃取溶剂的选择要综合考虑以下因素：①萃取溶剂与水相不能互溶；②对提取物有较大的溶解能力；③与被提取物质不发生不可逆的化学反应；④同等条件下选择沸点较低的溶剂，易与被提纯物质分离。此外，价格低廉、毒性低、不易燃等也是工业生产上需要考虑的因素。

正丁醇是一个良好的极性有机物的萃取试剂。大多数小分子醇是水溶性的，包括甲醇、乙醇和异丙醇等，正丁醇介于小分子醇与高分子量醇的中间，在水中溶解度很小，20℃时在水中的溶解度仅为7.7%（重量），且极性较大，能溶解一些溶于小分子醇的极性化合物，适宜于极性较大化合物的提取。缺点是沸点较高，毒性也较大。

乙酸丁酯的性质和极性与乙酸乙酯相当，但在水中的溶解度极小，在抗生素的生产中常用于萃取含有氨基酸侧链的头孢菌素、青霉素类化合物。例如，青霉素G（penicillin G）易溶于有机溶剂，pH 1.8~2.0时青霉素发酵液用乙酸丁酯萃取，再以硫酸盐/碳酸盐缓冲溶液（pH 6.8~7.4）转移到水相中，反复几次后，纯度提高，且收率在85%以上。

萃取的另一相并不仅限定于水，互不相溶的两种有机溶剂也可以用于极性不同的反应产物与杂质的分离，达到纯化的目的。

2. 萃取次数和温度的选择　对于萃取的次数，原则上是"少量多次"，通常3次萃取操作即可获得满意的效果。为了提高操作效率和获得高的反应收率，应尽量减少萃取次数和总的萃取液体积。如果需要萃取次数多并且需要大量的溶剂，应考虑使用其他溶剂或者混合溶剂。如果溶质在两种溶剂中的提取系数是已知的，可以计算出第二次提取所需的溶剂量。例如，如果第一次用有机溶剂萃取时 90% 的产物从水相中提取出来，第二次使用比原溶剂量 10% 多的体积就可以很好地提取剩余溶质。通过实验可以确定最少及实际有效的溶剂量。

一般萃取操作都是在室温条件下进行的，也有一些萃取操作对温度有一定的要求。温度升高，有利于提高溶解度，可以减少溶剂用量，适合萃取溶剂价格较高且对热稳定的物质的萃取操作。对热稳定性差的产物，则要考虑低温萃取，如乙酸丁酯对青霉素的萃取过程需要在冷冻罐中操作。

3. 乳化的处理 萃取过程中经常会出现乳化现象（emulsification），即液液萃取的两相以极微小的液滴均匀分散在另一相中。乳化产生的原因较为复杂，可能是溶质改变了溶液的表面张力，含有两相溶剂均不溶的微粒，或者两相溶剂的密度相近。另外酸性碱性过强、剧烈振摇都可以出现乳化。乳化发生后，要根据乳化产生的原因进行"破乳"，否则产品损失较大，且给后续处理带来麻烦。

破坏乳化的方法：①静置；②增大两相溶剂密度差，可向水层加入无机盐；③因过强的酸碱引起的乳化可加入适量的碱或酸，调整 pH；④因两种溶剂互溶引起的乳化可加入少量电解质，如氯化钠，利用盐析作用使两相分离；⑤若乳化层中有少量悬浮微粒，可利用过滤将固体颗粒除去。另外离心萃取、冷冻萃取、适当加热，或向有机溶剂中加入少量极性溶剂，以改善两相之间的表面张力都能有效地去除乳化现象。

（三）除去金属和金属离子

在设计合成路线时，应将可能引入金属或金属离子的反应尽量提前，再经过若干步反应得到终产物，这样经过多次后处理和纯化才可能保证原料药中的金属或金属离子含量合格。

在后处理中如何去除反应过程中引入的金属或金属离子同样重要，一些常用的金属离子，如 Al^{3+}、Cd^{2+}、Cr^{3+}、Cu^{2+}、Fe^{3+}、Mn^{2+}、Ni^{2+} 和 Zn^{2+} 可与氢氧根离子（OH^-）形成不溶于水的沉淀，过滤除去。不同的金属离子适宜的 pH 范围不同，以离子浓度为 0.1mol/L 计，从开始沉淀至沉淀完全（$<10^{-5}\,mol/L$），Fe^{3+}、Mg^{2+}、Zn^{2+} 和 Al^{3+} 的 pH 范围分别为 1.9~3.3、8.1~9.4、8.0~11.1 和 3.3~5.2。氢氧化锌在 pH>10.5 的条件下会溶于水，而氢氧化铝在 pH>6.5 时可生成偏铝酸，重新溶解在水中，故应注意 pH 的控制。

固态的金属盐和金属配合物可过滤除去，用活性炭预处理或者使用助滤剂有助于过滤。氨基酸、羟基羧酸和有机多元磷酸通过配位键与金属离子形成的配合物，在酸性条件下可被萃取到水相中。离子交换树脂和聚苯乙烯形成的配体可以吸附金属离子。金属吸附树脂可选择性吸附一些特定离子，且不溶于酸、碱、有机溶剂，易于分离和回收，也是工业生产上常用的去除金属离子的方法。

（四）催化剂的后处理

催化剂的后处理不容忽视，从反应产物中除去残留催化剂尤为重要。必须选择合适的催化剂以及后处理方法，以避免它们在产品中的微量残留。

例如，在原料药中，若使用重金属钯作为催化剂，残留量应低于百万分之十。理想的后处理方法是经过简单的过滤即实现固体催化剂的分离，或通过重结晶提纯产物，而把相关可溶解的催化剂留在母液中。表 3-6 罗列了常见的催化剂类型和从反应产物中去除催化剂的多种手段。

表 3-6　常见的催化剂及去除方法

催化剂	去除催化剂的常用方法
有机催化剂	
相转移催化剂（PTC）、脯氨酸衍生物、DMAP、HOBt、2-吡啶酮	稀释、萃取、结晶
可溶性聚合物固载的催化剂	
催化剂负载在聚乙二醇（PEG）上	用不良溶剂稀释、沉淀和过滤
无机催化剂	
硫酸、三氟化硼等	中和、水洗
过渡金属	
钯、铂、钌、铑、锆、铜等及相关配体	助滤剂或活性炭吸附、萃取、
不溶性聚合物固载的催化剂	沉淀或重结晶产品
离子交换树脂、固载 DMAP、聚乙烯基吡啶等	过滤

思考

试总结原料药重金属或其他金属离子超标的解决办法。

（五）其他后处理操作

其他的反应后处理方法还有活性炭处理、过滤、浓缩和溶剂替换、衍生化、使用固载试剂以及处理操作过程中产生的液体等。

1. 活性炭处理　少量的极性杂质可能是使产物带色的原因。将产物溶液与 1%～2% 的活性炭搅拌，可吸附极性杂质。根据孔径大小可将活性炭分为 3 类：大孔（1000～100000Å）、中孔（100～1000Å）和微孔（100Å）。极性溶剂比非极性溶剂更有助于吸附作用，黏性溶剂会减慢极性分子进入孔的速度。应当注意的是通过活性炭吸附，溶液的 pH 可能发生变化；活性炭吸附是基于负载均衡的，接触时间短会降低杂质的吸附效果。

2. 过滤　通过过滤可以除去少量的不溶性杂质。过滤时微小的颗粒经常会堵塞过滤器，从而减缓或者使抽滤终止。微小的颗粒可能是快速结晶或者沉淀，或者是低分子量的聚合物、灰尘、污垢，或者其他杂质。为了提高过滤效率，可以增大抽滤器的表面积或者过滤介质的表面积，后者是通过助滤剂如硅藻土来实现的。

3. 浓缩和溶剂替换　浓缩是利用加热等方法，使溶液中溶剂汽化并除去，提高溶质浓度的操作。反应溶剂若与水混溶，在进行萃取前通常需要将反应混合物浓缩，替换成与水互溶性差的溶剂。萃取后的萃取液也需要浓缩，为进行产物纯化做准备。浓缩和溶剂替换是常用的一种后处理方法。

常压蒸馏时间长，温度高，产物分解的可能性大，因此浓缩通常是在减压条件下进行的。浓缩形成小体积的可以流动的溶液或者悬浮液，然后加入高沸点的溶剂继续浓缩，可以很方便地替换成高沸点溶剂，即实现溶剂替换。

在后处理中对反应产物进行衍生化处理，将极性官能团转化成极性较低的官能团，有利于萃取。利用固载试剂可选择性地分离产物和杂质，简化后处理。衍生化和脱保护都需要额外的试剂与时间，使用固载试剂要考虑成本。后处理过程中产生的液体应该及时处理，以避免发生安全问题。

二、产物纯化与精制方法

反应后处理得到粗产物，对粗产物进行提纯，得到质量合格的产物的过程称为产物的纯化（purification）。液体产物一般通过蒸馏、精馏纯化，但规模化的蒸馏通常需要特殊的设备，要求产物对热稳定、黏度小。纯化固体产物通常采用结晶、重结晶技术，提高并控制中间体的质量，可降低终产物（产品）纯化的难度。通过控制结晶条件，可以得到纯度及晶型符合要求的产品。柱层析技术是实验室常用的分离纯化方法，但规模化生产时，除非常用的提纯方法无法得到符合质量要求的产品，才会考虑柱层析。工业生产中多采用结晶和打浆纯化。

（一）蒸馏

蒸馏（distillation）是一种热力学的分离手段，尤其适用于液体混合物的分离。按照操作时压强的不同，蒸馏可分为常压蒸馏、减压蒸馏、水蒸气蒸馏和分子蒸馏。待分离组分理化性质不同，蒸馏方法也不同。蒸馏时要充分考虑加热的温度、时间长短对产物的影响，蒸馏方法的选择十分重要。下面主要讨论减压蒸馏和分子蒸馏。

1. **减压蒸馏** 常压蒸馏所需温度较高、时间长，适合对热稳定的产物的分离纯化。产物若对温度敏感，可采用减压蒸馏（reduced pressure distillation），即在一定的真空度下蒸馏，蒸馏温度较低。减压蒸馏是提纯高沸点液体或低熔点化合物的常用方法。一般情况下，减压蒸馏提纯产物的回收率相对较低，这是因为随着产物的不断蒸出，蒸馏瓶（或蒸馏釜）内产物的浓度逐渐降低，必须不断提高温度，才能保证产物的饱和蒸气压等于外压。理论上产物不可能全部蒸出，必有一定量的产物残留在蒸馏设备内被难挥发的组分溶解，故蒸馏完毕后通常会存在残余馏分。

2. **分子蒸馏** 分子蒸馏（molecular distillation）是一种在高度真空下操作的蒸馏方法，不同于传统的蒸馏依靠沸点差进行分离的原理，分子蒸馏是利用不同种类分子逸出蒸发表面后的平均自由程不同的性质而实现分离的。轻分子的平均自由程大，重分子的平均自由程小，若在小于轻分子的平均自由程而大于重分子平均自由程处设置一冷凝面，使得轻分子落在冷凝面上被冷凝，而重分子因达不到冷凝面而返回原来液面，这样混合物就得到了分离。分子蒸馏过程中，不存在蒸发和冷凝的可逆过程，而是从蒸发表面逸出的分子直接飞射到冷凝面上，中间过程不与其他分子发生碰撞，理论上没有返回蒸发面的可能性，因此该过程是不可逆的。分子蒸馏过程是液体表面上的自由蒸发，没有鼓泡现象。

 思考

分子蒸馏的原理以及与其他蒸馏的不同之处。

（二）柱层析

柱层析（column chromatography）技术又称为柱色谱技术，是色谱法中使用最广泛的一种分离提纯方法。当被分离物质不能以重结晶纯化时，柱层析往往是最有效的分离手段。

柱层析由两相组成，在圆柱形管中填充不溶性基质，形成固定相，洗脱溶剂为流动相。

当两相相对运动时，利用混合物中所含各组分分配平衡能力的差异，反复多次，最终达到彼此分离的目的。固定相填料不同，分离机制不尽相同。下面对实验室和生产中常用的色谱分离包括吸附色谱和离子交换色谱进行介绍。

1. 吸附色谱法 吸附色谱法（absorption chromatography）系利用吸附剂对混合物中各组分吸附能力的差异，实现对组分的分离。混合物在吸附色谱柱中移动速度和分离效果取决于固定相对混合物中各组分的吸附能力和洗脱剂对各组分的解吸能力的大小。物质与固定相之间吸附能力与吸附剂的活性以及物质的分子极性相关。

（1）吸附剂的活性对色谱行为的影响：硅胶和氧化铝是最为常见的固定相吸附剂，其吸附活性一般分为5级，Ⅱ级和Ⅲ级吸附剂是最常应用的。吸附剂的活性取决于含水量，含水量越高，吸附活性越弱，含水量最小的吸附剂活性最强。若吸附剂活性太低，可加热降低其含水量，活化吸附剂。

（2）被分离物质对色谱行为的影响：通常来讲，分子中所含极性基团越多，极性基团越大，化合物极性越强，吸附能力越强。常见基团的吸附能力顺序如下：—Cl，—Br，—I<—C＝C—<—OCH$_3$<—COOR<—CO—<—CHO<—SH<—NH$_2$<—OH<—COOH。分离极性较强的化合物时，一般选择活性较小的吸附剂；而分离极性较弱的化合物时，通常选择活性较大的吸附剂。

（3）流动相对色谱行为的影响：流动相的洗脱作用实质上是洗脱剂分子与样品组分竞争占据吸附剂表面活性中心的过程。常用溶剂的极性大小顺序为石油醚<环己烷<四氯化碳<苯<乙醚<乙酸乙酯<丙酮<乙醇<水。

吸附剂的选择和洗脱剂的选择常常需要结合在一起，综合考虑待分离物质的性质、吸附剂的性能、流动相的极性3个方面的影响因素。通常的选择规律是：以活性较低的吸附柱分离极性较大的样品，选用极性较大的溶剂进行洗脱；若被分离组分极性较弱，则选择活性高的吸附剂，以较小极性的溶剂进行洗脱。

柱层析技术在实验室中应用广泛，层析柱越长，直径越大，上样量越大。工业生产中考虑装柱、吸附样品、大量的溶剂洗脱、浓缩溶液以及进一步处理所花费的大量时间和人力，只有在其他纯化方法效率太低的情况下才会在放大反应中使用柱层析纯化。

2. 离子交换色谱法 离子交换色谱（ion exchange chromatography）系利用被分离组分与固定相之间离子交换能力的不同实现分离纯化。理论上讲，凡是在溶液中能够电离的物质都可以用离子交换色谱分离，因此，它不仅可用于无机离子混合物的分离，也可用于有机盐、氨基酸、蛋白质等有机物和生物大分子的分离纯化，应用范围广泛。

离子交换色谱的填料一般是离子交换树脂，树脂分子结构中含有大量可解离的活性中心，待分离组分中的离子与这些活性中心发生离子交换，达到离子交换平衡，在固定相与流动相之间达到平衡，随着流动相流动而运动，实现离子的分离纯化。

离子交换色谱法在工业上应用最多的是去除水中的各种阴、阳离子及制备抗生素纯品时去除各种离子。制药生产的不同阶段对水中的离子浓度要求不同，因此，水处理领域离子交换树脂的需求量很大，水纯化领域约90%利用离子交换树脂。

3. 使用柱层析应注意的问题

（1）使用柱层析分离的关键是发展一种能够使产物和杂质之间洗脱时间最大化的层析系统。最优的条件是杂质在最初的位置基本不动而产品有较好的流动性，只需少量的溶剂即可分离产物与杂质。

（2）为了加快色谱操作，用惰性气体对色谱柱加压，或者在柱的收集端进行抽气。

（3）制备型色谱需要放置在通风良好的位置，当大量使用易产生静电的溶剂时应注意设备接地线。

随着对柱层析技术的不断开发，出现了多种提高制备色谱产能的新技术：循环色谱（流动相在柱内循环以增加组分的分离效率）、模拟移动床色谱（simulated moving bed chromatography，SMB，色谱柱以连续的环形方式连接）等。这些都将为利用柱层析技术分离纯化提供更好的选择。

（三）打浆纯化

打浆（reslurry）是指固体产物在没有完全溶解的状态下在溶剂里搅拌，然后过滤，除去杂质的纯化方法。打浆不需要关注产物的溶解性，打浆比重结晶劳动强度低，有时是可以替代重结晶的最佳方法。打浆一般有两种目的，一是洗掉产物中的杂质，尤其是吸附在晶体表面的杂质；二是除去固体样品中一些高沸点、难挥发的溶剂。晶体的晶型可能在打浆过程中发生变化。

在合成 β-内酰胺化合物（3-66）时，后处理得到的粗品中含有未反应完的对硝基溴苄，将粗品在叔丁基甲基醚/己烷（80/20）溶液中搅拌，打浆处理，2 小时后抽滤，以叔丁基甲基醚洗涤，对硝基溴苄等杂质溶解在滤液中，得到 3-66 的纯品，收率为 90.5%。

反应式：PhOCH₂CONH-β-内酰胺-COOMe 经 1. 5mol/L NaOH, Bu₄NBr；2. 4-NO₂-C₆H₄CH₂Br, Bu₄NBr, pH7.2~7.8 得到 3-66。

（四）干燥

除去固体、液体或气体中所含水分或有机溶剂的操作过程叫作干燥（drying），该过程通常是产物纯化的最后步骤。常用的干燥方法包括物理方法和化学方法。自然干燥、共沸蒸馏、蒸馏/分馏、冷冻干燥、真空干燥、吸附干燥（硅胶、离子交换树脂、分子筛等）都属于物理干燥的范畴。化学干燥法一般分为两类：一类是与水可逆地生成水合物，包括氯化钙、硫酸钠、硫酸镁等；另一类是与水发生化学反应消耗掉水，达到干燥溶剂的目的，如金属钠、五氧化二磷等。无论何种干燥方法，恒重是衡量样品是否彻底干燥的唯一标准。

1. 液体的干燥　利用干燥剂脱水是液体样品干燥最常用的方法。一般直接将干燥剂加入液体样品中。选择干燥剂时要考虑：①不能与被干燥物质发生不可逆的反应；②不能溶解在溶剂中；③还要考虑干燥剂的吸水容量、干燥速度和干燥能力等。

吸水容量（water absorbing capacity）是指单位质量的干燥剂所吸收的水量。吸水容量越大，干燥剂吸收水分越多。干燥效能（drying performance）是指达到平衡时液体的干燥程度。干燥剂吸水形成水合物是一个平衡过程，形成不同的水合物达到平衡时有不同的水蒸气压，水蒸气压越大，干燥效果越差。如无水硫酸钠吸水时可形成 $Na_2SO_4 \cdot 10H_2O$，吸水容量为 1.25，即 1g 无水硫酸钠最多能吸收 1.25g 水，但其水合物的蒸气压也较大（255.98Pa/25℃），通常这类干燥剂形成水化物需要一定的平衡时间，因此其干燥效能较差，加入干燥剂后必须放置一段时间才能达到脱水效果。干燥含水量较多而又不易干燥的化合物时，常先用吸水容量较大的干燥剂除去大部分水分，再用干燥效能较强的干燥剂除去残留的微量水分。

水分较多时，应避免选用与水反应剧烈的干燥剂（如金属钠），而采用氯化钙之类温和的除水剂，除去大部分水后再彻底干燥。

大部分吸水后的干燥剂在受热后又会脱水，其蒸气压随着温度的升高而增加，所以对已干燥的液体在蒸馏之前必须把干燥剂滤除。

2. 固体的干燥　固体产物结晶完全后过滤、洗涤，然后对固体样品进行干燥，干燥的方法包括自然干燥、加热烘干和真空干燥等。一般低沸点的少量残留溶剂可选择自然干燥，目前工业上应用较多的是利用热空气作为干燥介质的直接加热干燥法（对流干燥）。

（1）箱式干燥：箱式干燥是一种典型的对流干燥方法，实验室内的烘箱即为小型箱式干燥设备；工业生产上常在烘房内进行箱式干燥，烘房设有进风口和出风口，以增强干燥热空气和湿物料接触，随空气流动带走物料中的水分。箱式干燥在制药企业中应用广泛，设备简单，投资少，物料破损小，可用于干燥多种不同形态的物料。但箱式干燥过程中会产生大量粉尘，易造成药品交叉污染，若干燥品种较多的车间，物料之间隔离、更换物料时设备的清洗都是重要的环节。

（2）真空干燥：真空干燥适用于对热敏感、易被氧化及其他干燥方法不合适的物料干燥。一般是在箱式真空干燥器中间接加热，利用加热板与容器接触进行热传导，干燥样品。加热源可以是热水、加热蒸汽、红外线加热、辐射加热等。以真空泵抽出残留在样品中的溶剂。真空干燥不会产生过多粉尘，也不易氧化产品，具有对流干燥不可比拟的优势。但该方法需要真空装置，运行成本大大增加；且真空干燥生产效率小、产量低。

（3）冷冻干燥：在低温预冻状态下，水分在真空环境中直接升华除去，特别适宜于一些对热敏感和易挥发物质的干燥。与其他干燥方法相比，在冷冻干燥过程中物料的物理结构和分子结构变化极小，其组织结构和外观形态均能较好地保存；物料不存在表面硬化问题，且内部形成多孔的海绵状，具有良好的复水性，可在短时间内恢复干燥前的状态；热敏性物质不发生物理或化学变化，不会被氧化；脱水彻底，且干燥后的样品性质稳定，可长期存放。冷冻干燥技术在实际生产中设备投资大、能源消耗高、生产成本较高，但某些抗生素生产过程中的干燥必须使用冻干技术。

思考

如何避免固体产物干燥时的分解。

三、重结晶技术

重结晶（recrystallization）是利用不同物质在某一种溶剂中的溶解度不同，且产物的溶解度随着温度的变化而变化的性质，达到产物与其他杂质分离纯化的目的。重结晶是制药企业最常用的固体产物纯化方法。好的重结晶工艺可以提供高质量的合格产品，并尽量避免二次重结晶消耗的人力、物力，最大可能地降低生产成本。

采用重结晶进行产物纯化时需要注意以下事项：①重结晶工艺稳定、可靠，可得到质量合格的产物。优化重结晶工艺应提高一次结晶的产率，尽量避免二次结晶。②明确冷却速度、结晶料浆的陈化时间等物理因素，控制结晶大小和质量。③明确重结晶相关操作所需的时间，提高重结晶设备使用的效率。④保持搅拌，使结晶均匀分布并促进晶体生长。

（一）结晶理论和结晶势

固体有机物在溶剂中的溶解度与温度有密切关系。一般是温度升高，溶解度增大。若把固体溶解在热的溶剂中达到饱和，冷却时由于溶解度降低，溶液过饱和而析出晶体。利用溶剂对被提纯物质及杂质的溶解度不同，可以使被提纯物质从过饱和溶液中析出，而杂质全部或大部分仍留在溶液中，达到提纯的目的。

晶体形成（crystal formation）是分子在晶体重复单元中有规律地排列，其他化合物分子被排除在晶格外的过程。结晶势（crystal pressure）就是产物晶体形成的趋势，控制结晶势就是调节条件至产物溶解度降低到亚稳定区间，使产物分子从溶剂中析出并结晶的过程。用于控制与产生结晶势的方法：①最常用方法是将热溶液冷却，结晶析出；②增加溶液浓度、减少溶剂体积，用于产生结晶势；③增加反相溶剂的比例、增加溶剂的离子强度、降低有机物的溶解度也被用于产生结晶势；④控制溶剂 pH 也是产生结晶势的途径，对于两性离子（内盐）化合物，如氨基酸，在其等电点处溶解度最小。

过多的晶核形成会形成很多小晶体，对过滤和洗涤等分离过程不利。通常将晶种加入饱和溶液中，以提供结晶表面，减少成核；通过控制冷却结晶过程，促进结晶长大。逐渐冷却一般比梯度冷却效果好，悬浮物逐渐冷却到理想的温度，陈化、过滤和洗涤，达到产物纯化的目的。

重结晶存在的问题是即使多次重结晶，尤其是用同一种溶剂系统，也得不到质量合格的产物。低效率的重结晶只能部分降低杂质含量，产物质量差、收率低。相关的解决办法如表 3-7 所示。

表 3-7　重结晶的理想特征及解决问题的方法

理想特征	可能出现的问题	解决问题的方法
溶剂：无毒，与产物不反应，安全	反应性溶剂，产率低；出现安全性和毒性问题	发展其他溶剂的重结晶工艺
产物的溶解度：热溶剂中为 10%～25%，冷溶剂中为 0.05%～2.5%	产物在冷溶剂中溶解度大，母液中残留量大，降低分离收率	加入少量不良溶剂作为共溶剂，例如，水加入到乙醇中重结晶，或者异丙醇代替乙醇
加入晶种后产生需要的结晶	晶体小，产物质量差	在亚稳定区间加入晶种，通过光学显微镜观察晶体生长
冷却产生目标晶型、纯度和颗粒大小	快速冷却可能形成动力学晶型、小晶体，产物质量差	控制温度变化，逐渐冷却、梯度冷却或者两者结合
一次结晶收率稳定	产率低，需要二次结晶，降低产能	检查温度对溶解度的影响，在更低的温度下结晶；确定母液或洗涤液中产物的量；检查重结晶过程中是否有杂质形成；改变重结晶溶剂
产物质量稳定	产物质量低	检查重结晶过程中是否有杂质形成；优化重结晶和（或）洗涤方法；改变重结晶溶剂

（二）重结晶溶剂的选择

选择重结晶溶剂时，应全面考虑产物在该溶剂中的溶解度、溶解杂质的能力、安全性、市场供应和价格、溶剂回收的难易等因素。在重结晶纯化时，溶剂的选择是关系纯化质量和回收率的关键问题。选择适宜的溶剂应注意以下几个问题：

（1）选择的溶剂不能与产物发生化学反应。例如，脂肪族卤代烃类化合物不宜用作碱性化合物结晶和重结晶的溶剂；醇类化合物不宜用作酯类化合物结晶和重结晶的溶剂，也不宜用作氨基酸盐酸盐结晶和重结晶的溶剂。

（2）选择的溶剂对被提纯物质在温度较高时应具有较大的溶解能力，而在较低温度时溶解能力显著下降。

（3）选择的溶剂对粗品中可能存在的杂质或是溶解度很大，溶解在母液中，温度降低时也不能随晶体一同析出；或是溶解度很小，即使在热溶剂中溶解的也很少，可在热过滤时除去。

（4）选择低沸点、易挥发的溶剂，不要选择沸点比结晶物熔点还要高的溶剂，否则在该溶剂沸点下产物是熔融状态，而不是溶解状态，不能达到重结晶的目的。低沸点的溶剂易于回收，且析出晶体后，残留在晶体上的有机溶剂很容易除去。

（三）常用的重结晶溶剂

用于结晶和重结晶的常用溶剂包括水、甲醇、乙醇、异丙醇、丙酮、乙酸乙酯、三氯甲烷、冰醋酸、二氧六环、四氯化碳、苯和石油醚等。此外，甲苯、硝基甲烷、乙醚、二甲基甲酰胺和二甲亚砜等也常使用。二甲基甲酰胺和二甲亚砜的溶解能力大，往往不易从溶剂中析出结晶，且沸点较高，晶体上吸附的溶剂不易除去，当找不到其他适用的溶剂时，可以试用。乙醚虽是常用的溶剂，但由于其易燃、易爆，使用时危险性大；另一方面乙醚的沸点过低，极易挥发而使被纯化的物质在瓶壁上析出，影响结晶的纯度，工业生产上几乎不用。

在选择溶剂时，应分析被提纯物质和杂质的化学结构，溶质往往易溶于与其结构相近的溶剂中，即"相似相溶"的原理：极性物质易溶于极性溶剂，而难溶于非极性溶剂中；相反，非极性物质易溶于非极性溶剂，而难溶于极性溶剂中。这个溶解度的规律对实践工作具有一定的指导作用。如被提纯物质极性较小，已知其在异丙醇中的溶解度很小，异丙醇不宜作其结晶和重结晶的溶剂，那就不必再尝试极性更强的溶剂（如甲醇、水等），而应实验极性较小的溶剂，如丙酮、二氧六环、苯和石油醚等。最佳的适用溶剂只能用实验结果验证。

生产实践中，单一溶剂对产物进行结晶或重结晶常常不能取得满意的结果，此时，可考虑使用混合溶剂进行重结晶。混合溶剂一般由良溶剂和不良溶剂组成。被提纯物质在良溶剂沸点下溶解，再加入不良溶剂使其析出。不良溶剂通常选择与良溶剂混溶的溶剂，如乙醇-水、乙酸乙酯-己烷、乙醇-异丙醚等。

《中国药典》（2020年版）参考人用药品注册技术要求国际协调会（ICH）颁布的残留溶剂研究指导原则，对4类有机溶剂的含量限值进行了严格规定，溶剂限量要求与《美国药典》、《欧洲药典》中的规定基本相同（表3-8）。除非必需，一般尽可能避免使用第一类溶剂。对于第一类溶剂中的苯、四氯化碳、1,2-二氯乙烷、1,1-二氯乙烯，由于其明显的毒性，无论在合成过程中哪一步骤使用，均需将残留量检查订入质量标准，限度需符合规定。第二类溶剂应该限制使用，第三类溶剂则为GMP或者其他质量要求限制使用，对于目前尚无足够毒性资料的第四类溶剂，一些在药物制备过程中可能用到的溶剂未列出，使用时应尽量检索有关的毒性等研究资料，关注这些溶剂对临床用药安全性和药物质量的影响。

思考

选择反应溶剂和重结晶溶剂的异同点。

表 3-8　常见 4 类有机溶剂的含量限度值（ppm）

溶剂类别	溶剂名称	限度值	溶剂类别	溶剂名称	限度值
第一类溶剂	苯	2	第三类溶剂	甲氧基苯	5000
	四氯化碳	4		正丁醇	5000
	1,2-二氯乙烷	5		仲丁醇	5000
	1,1-二氯乙烷	8		醋酸丁酯	5000
	1,1,1-三氯乙烷	1500		叔丁基甲基醚	5000
第二类溶剂	乙腈	410		异丙基苯	5000
	氯苯	360		二甲亚砜	5000
	三氯甲烷	60		乙醇	5000
	环己烷	3880		醋酸乙酯	5000
	1,2-二氯乙烯	1870		乙醚	5000
	二氯甲烷	600		甲酸乙酯	5000
	1,2-二甲氧基乙烷	100		甲酸	5000
	N,N-二甲基乙酰胺	1090		正庚烷	5000
	N,N-二甲基甲酰胺	880		醋酸异丁酯	5000
	1,4-二氧六环	380		醋酸异丙酯	5000
	2-乙氧基乙醇	160		醋酸甲酯	5000
	乙二醇	62		3-甲基-1-丁醇	5000
	甲酰胺	220		丁酮	5000
	正己烷	290		甲基异丁基酮	5000
	甲醇	3000		异丁醇	5000
	2-甲氧基乙醇	50		正戊烷	5000
	甲基丁基酮	50		正戊醇	5000
	甲基环己烷	1180		正丙醇	5000
	N-甲基吡咯烷酮	4840		异丙醇	5000
	硝基甲烷	50		醋酸丙酯	5000
	吡啶	200	第四类溶剂	1,1-二乙氧基丙烷	
	四氢噻吩	160		1,1-二甲氧基甲烷	
	四氢化萘	100		2,2-二甲氧基丙烷	
	四氢呋喃	720		异辛烷	
	甲苯	890		异丙醚	
	1,1,2-三氯乙烯	80		甲基异丙基酮	
	二甲苯	2170		甲基四氢呋喃	
第三类溶剂	醋酸	5000		石油醚	
	丙酮	5000		三氯醋酸	

（四）成盐的方法

成盐是纯化可成盐化合物的有效方法。不同的盐具有不同的溶解度和结晶倾向，利用不同盐的物理化学特征可简化产物纯化工艺，特别是对候选药物选择成盐，以达到所需稳定性、生物利用率和其他成盐性特征。

（五）控制粒径

控制粒径和分布在生产效率和生产过程中起着关键性的作用，可以影响最佳剂型的确定。原料药的颗粒大小可以影响原料药和药物的溶解度、流动性、溶出速度、生物利用度以及稳定性。药物颗粒越小，越容易快速溶解，也更容易分解，易于凝聚，流动性差。有时，制剂生产前要耗费大量人力、精力以严格控制颗粒大小和分布。

析晶时温度变化和搅拌速度对形成的颗粒大小和分布至关重要。一般来讲，缓慢冷却静置陈化能产生较大的晶体、相对窄的颗粒大小分布；快速冷却则晶核多、颗粒小；快速搅拌可将晶核分散、晶体打散，得到小晶体。通过逐步冷却，使非常小的晶体逐渐结晶在大晶体上，通过控制冷却方式控制结晶的大小和质量。但在固液分离时，颗粒越小，过滤和洗涤的速度就会越慢。因此，药物通常需要一个合适的粒度范围，而如何控制得到合适的粒度是重结晶工艺的一个重要步骤。

（六）洗涤和干燥固体产物

洗涤滤饼有两个目的：一是移除因母液而吸附在固体表面的杂质；二是用一种溶剂置换另一种溶剂，通常用低沸点溶剂洗涤，易于干燥产物，这种情况需要采用对产物的溶解度尽量小的溶剂。滤饼被转移到干燥器，通常需要加热除去剩余溶剂。必须了解残留溶剂含量与干燥器温度的关系，避免在干燥器中熔化。例如，将少量湿品置于熔点管中，逐渐加热，确定熔化温度。

第五节 工艺过程控制与实验设计

扫码"学一学"

工艺过程控制（in-process controls，IPC）是指在工艺研究和生产过程中，采用分析化学技术和方法，对反应进行监控，确保工艺过程达到预期目标。若分析数据提示工艺没有按计划完成，那么需要采用必要的措施促使反应工艺达到预期目标。IPC 的作用包括：①保证中间体或终产品符合质量要求；②按计划完成生产任务；③实现生产效率的有效管理。

一、工艺过程控制的研究内容和方法

IPC 用来核查工艺研究和生产过程的所有阶段是否能够按照预期目标完成，对反应物、反应试剂、中间体和产物的质量进行控制，对反应条件、反应过程、后处理及产物纯化过程进行监控，保证反应完成预期的工艺过程。

（一）工艺过程控制的研究内容

IPC 研究的具体内容包括：

1. 监控底物和反应试剂的浓度和纯度 在投料前对底物和反应试剂的纯度进行检测，避免杂质对反应的影响。对所用酸碱进行标定，确保酸碱的浓度在允许范围内。

2. 控制反应体系中水的含量 对底物、反应试剂以及溶剂进行水分含量的检测，避免水对反应进行、产物结晶以及其他方面的影响。最方便的定量方法通常是 Karl Fischer 滴定法。

3. 确认反应终点　反应终点的标志是起始原料完全或者近乎完全消耗，适量产物生成或杂质生成量不超过允许范围的上限。可采用 TLC、HPLC、GC 和 IR 等手段对反应过程进行监测。

4. 监控 pH　使用 pH 计监测反应液是否已经达到预定的 pH，用以提示是否所有反应物料全部投入反应器，保证反应在适当的 pH 条件下进行，或者提示后处理过程中有机相中是否所有杂质都被去除。

5. 监控溶剂替换的程度　在产物纯化过程中，常常通过蒸馏的办法将某种溶剂替换成另一种高沸点的重结晶溶剂，溶剂替换的程度或者说是否实现溶剂的完全替换对于重结晶产率和产品质量常常比较重要。一般采用 GC 法定量检测蒸馏瓶中低沸点溶剂的含量。

6. 滤饼的彻底洗涤　分别对滤液或滤饼进行检测，采用 HPLC 检测分析滤液中有机杂质的含量，产物从水溶液中结晶时也可采用电导仪检测无机盐的含量。对产物滤饼进行检测，可以分析其是否彻底清洗，例如，将胺类盐酸盐产物的滤饼样品悬浮于水中，然后测pH，用于确定是否除掉过量的盐酸。

7. 产品的完全干燥　可以通过 Fischer 滴定、GC 或差热分析仪（differential scanning calorimetry，DSC）来分析产品中的残余溶剂，也可以用干燥失重分析法（loss on drying，LOD）检测产品的干燥程度。

如果 IPC 发现没有达到预期目标，那么在进入下一个工艺环节之前面临着如何修改工艺、延长工艺过程的问题。例如，分析结果表明未达到预期的反应终点，可选择保持工艺条件不变或将反应液浓缩，除去部分溶剂后，延长反应时间；也可选择补加反应试剂，或者调节水相的 pH，促使反应完成。当工艺继续进行时，本批次的操作需要再次进行 IPC 核查，直到达到预期目标。最后回收未反应的原料，重新加工至规定指标。

IPC 必须在工艺优化的早期阶段进行，在实验室工艺研究阶段收集详细数据是非常重要的，可以用来预测中试放大可能出现的工艺问题，确保中试放大的顺利进行。例如，进行溶剂替换工艺研究时，在实验室工艺研究阶段要建立 GC 法定量检测蒸馏瓶中低沸点溶剂含量的方法，收集数据，这样就能保证在中试放大中，在预定的工艺温度和压力下低沸点溶剂的残余量在控制范围内。在工业生产中，如果反应釜中混合物的温度明显高于低沸点溶剂的沸点时，说明低沸点溶剂已完全去除，就没有必要监测其含量了。

又如氢化反应釜中加入催化剂、不饱和化合物和溶剂，然后采用适当的真空模式用氢气置换空气，随后充氢气至既定压力，密封反应器。随着起始原料减少和氢气消耗，压力下降。然而对于任何批次的反应体系，压力下降到预期值并不能保证反应完全，这是因为漏气也可能使氢气流失，压力下降。因此一方面要观察反应压力的下降，另一方面通过 IPC 建立的分析方法证实还原反应完成。这个简单的例子就可以说明 IPC 的价值。

在工艺优化过程中经常出现意料之外的现象，选择恰当的 IPC 和收集可靠的数据对于解决实际问题意义重大。

思考

如何理解工艺过程控制是全过程控制过程？

（二）工艺过程控制方法

IPC 的作用在于保证中间体或产品的工艺过程按照预期完成。表 3-9 列出了 IPC 中常用的分析方法，由于某些分析方法受仪器成本和操作成本的限制，在实际工艺优化中需要兼顾成本与检测效果，进行合理选择。合适的 IPC 方法应满足如下要求：①能够随时监测工艺过程，对原料、产物以及在工艺过程中产生的或能够影响工艺的杂质进行实时监控；②能够提供准确可靠的分析数据，技术难度低，方法可操作性强；③适用面广，适用于实验室工艺和中试放大工艺研究阶段，也适合在工业生产中使用。

表 3-9 IPC 常用分析方法及其特点

分析方法	适用范围	特点
滴定	反应试剂的质量控制	快速分析
湿度计（KF 滴定）	反应试剂和溶剂的质量控制、产物结晶、干燥	快速分析
HPLC	反应过程、滤饼洗涤	非常有用
气相色谱（GC）	反应过程、溶剂替换	快速分析
薄层色谱（TLC）	反应过程	简单便宜，轻便
红外（IR）和近红外	反应过程	适宜在线分析
紫外（UV）和可见光谱	反应过程	快速分析
pH 计	反应条件、反应过程、萃取	快速分析，水相
试纸	反应条件、萃取、滤饼洗涤	极快速分析
肉眼观察	反应条件、结晶	快速分析
密度计	溶剂替换	快速分析
折射仪	溶剂替换、液态产物	液态产物
离子色谱	萃取、滤饼洗涤	检测离子
毛细管电泳	萃取、滤饼洗涤	检测主要离子
干燥失重（LOD）	干燥分离固体产品	快速分析
旋光度	产物	需要无溶剂样品
熔点	产物	需要干燥样品
差热分析仪（DSC）	产物	快速分析

某些 IPC 方法非常简单，例如，肉眼观察萃取中液-液相分层、结晶过程中多晶型产物的漂浮或沉降；又如对甲苯萃取液进行共沸蒸馏，蒸馏液呈均相，表明可能已经彻底除水，再对蒸馏反应釜内物料进行水分检测，确保所有水分已经除净。其他的 IPC 方法则要求相对严格的定量分析和精密昂贵的仪器，如核磁共振（NMR）、质谱（MS）和 X 射线粉末衍射。选择 IPC 方法的标准是操作简便、准确可靠，如果一个监控反应过程的方法同时也可用于评价产物的纯度，那么这个方法具有多重作用。

在工艺优化的早期阶段，薄层色谱（TLC）是非常有用的 IPC 方法，TLC 的优点在于可以跟踪从基线到溶剂前沿间的任何杂质，理论上能够检测到所有反应杂质。TLC 还可以对已知浓度产物中杂质的含量进行半定量分析，初步判断杂质的含量低于某一浓度或高于某一浓度。采用 HPLC 或 GC 进行定量分析比 TLC 更容易些，但很难保证所有组分都能从 HPLC 或 GC 柱洗脱出来，使用 HPLC 要考虑检测器是否适用于所有组分，使用 GC 往往还需注意样品组分的热稳定性，是否发生热分解反应。

利用工艺过程中的颜色变化，即某个特定颜色的出现或消失通常可以进行定性分析。在β-内酰胺化合物（3-67）发生 Birch 还原类似反应，脱去甲氧基的过程中，必须将反应物加到过量的 Na 的液氨溶液中，否则会大量生成氨解副产物（3-68）。当 Na 被液氨溶剂化时，深蓝色就会消失，补加 Na 确保其过量，再加入原料进行反应。为了有效利用颜色变化，必要时配合其他分析手段，如 IR、HPLC 进行定量分析。

图（结构式 3-67 → 3-68）

目视观察 IPC 方法还包括许多显色反应，或者通过取样处理，确定某物质是否存在，或加入某些指示剂，标明反应终点。但应该注意的是，在反应中要尽量避免直接加入指示剂，某些指示剂直接影响产品质量。

（三）在线分析

最理想的 IPC 是实现在线分析（in-line assays），随时对反应过程进行监控，采用探针的方式插入反应器，反映其中各种物质或参数随反应时间的变化。在线 IPC 的优势在于：①在实际反应条件下，实时监测化学组分浓度变化和反应过程；②提供快速实时分析，可测定化学动力学参数进而推测反应机制，优化路线；③可消除取样、样品处理过程中产生的干扰，提高分析结果的准确性。

傅里叶变换红外光谱（FTIR）和 pH 测定仪都是在线 IPC 最常用的技术。pH 测定仪用来测定在水中进行或含水成分（如水溶液萃取）的反应。FTIR 用于检测连续反应或对空气和实验室温度变化不耐受的反应，如高温反应、低温反应、有气体（高压反应）或剧毒原料（如环氧乙烷）的反应及某些必须在惰性条件下进行的反应。在线 IPC 方便、快速，无需制备样品，但是对设备和仪器的要求高。

在对 β-内酰胺形成的研究过程中，利用在线 FTIR 可以监测到烯酮中间体（3-69）的形成，烯酮结构的特征峰出现在 $2120cm^{-1}$，而酰氯和 β-内酰胺的特征峰分别出现在 $1800cm^{-1}$ 和 $1750cm^{-1}$ 处。随着反应的进行，可观察到烯酮中间体的出现、增加和减少至消失变化过程。

图（反应式，含中间体 3-69，产物比例 1:4）

在线分析仪器的探针由特殊材质构成，必须足够稳定，对反应条件耐受，而且必须具备相当的敏感性，可及时反映和传导反应体系中发生的变化。例如，pH 探针可能会溶解于热的有机溶剂，或者强烈搅拌时碎裂，而且必须在特定温度范围内检测，结果才可信。对于红外探针来说，当反应体系非均相，出现气泡、颗粒时可能导致分析结果失真。

思考

简单总结实现在线分析的具体方法。

二、利用实验设计优化工艺

大多数反应的工艺过程非常复杂，反应试剂、催化剂及其配体、溶剂和助溶剂、配料比、反应浓度、加料顺序与投料方法、反应温度、反应压力、反应时间、搅拌速度与搅拌方式等影响因素众多，传统的工艺优化方法每次实验只改变 1 个影响因素，可能导致工艺优化的结果具有局限性。对某个反应而言，若主要影响因素有 3 个，每个影响因素设 5 个水平，即 3 个因素、5 个水平的反应，若开展全面实验，也就是每一个因素的每一个水平彼此都进行组合，这样共需做 $5^3 = 125$ 次实验。全面实验的优点是全面、结论精确，其缺点是实验次数太多。

实验设计（design of experiments，DOE）是以概率论和数理统计为理论基础，经济、科学地安排实验的一项技术。DOE 对包含多影响因素和水平的反应的工艺优化是非常实用的，既用于应用简单方法未获得理想结果的反应的优化，又用于只要收率和生产效率稍微变动，就会对生产成本产生重大影响的中试放大工艺的优化。实验设计方法包括正交设计法（orthogonal design）、均匀设计法（uniform design）和析因设计法（factorial design）等。计算机程序有助于处理数据，优化参数，广泛应用于 DOE 中。

思考

应用实验设计进行工艺研究的意义。

1. **正交设计法**　应用正交性原理，从全面实验的点中挑选具有代表性的点进行实验设计。被挑选的实验点应在实验范围内，且具有"均匀分散、整齐可比"的特点。"均匀分散"是指被挑选的点具有代表性，"整齐可比"则是为了使结果便于分析。为了保证这两个特点，用正交设计安排的实验次数必须是水平数平方的整数倍。对于多因素实验而言，如果水平数是 3，实验次数是 $3^2 = 9$；若水平数是 5，实验次数是 $5^2 = 25$；水平数>5 时，实验次数更多。利用正交设计法安排的实验次数虽然比全面实验次数大大减少，但安排的实验次数仍较多。

2. **均匀设计法**　我国数学家方开泰和王元将数论与多元统计相结合，在正交设计的基础上，创立了均匀设计法，均匀设计法是单纯从"均匀分散"性出发的实验设计法，实验次数与水平数相同。将现成的均匀表，同与之配套的使用表联合使用，才能正确地应用均匀设计法。与正交设计相比较，均匀设计有如下优点：①实验次数少，每个因素的每个水平只做 1 次实验，实验次数与水平数相等；②因素的水平可以适当调整，避免高水平或低水平之间的相遇，以防实验中发生意外或反应速度太慢，尤其适合在反应剧烈的情况下考察工艺条件；③利用计算机处理实验数据，准确、快速地得到定量回归方程，便于分析各因素对实验结果的影响，可以定量地预报优化条件及优化结果的区间估计。

3. **析因设计法**　析因设计是将两个或两个以上的因素及其各种水平进行排列组合，交叉分组的试验设计。在析因设计中，每个影响因素一般设两个或两个以上值，然后随机选择并开展实验，通过实验结果确定各因素的作用和各因素之间的相互作用。对于某个包含 5 个影响因素，每个影响因素设 2 个水平的反应来说，所要进行的总实验数为 2^5 次，通常只需 2^{n-1} 次实验，也就是开展 16 次实验即可实现有效优化。如果某一影响因素的贡献较小，则可将其忽略，实验可减少至 2^{n-2} 次，也就是在工艺优化初期只需做 8 次实验。

每一条工艺路线都有继续优化的空间。在具体的工艺优化过程中要综合运用化学知识和物理知识，既要全面考察，又要分清主次，抓住影响工艺指标的主要矛盾，实现工艺过程的相对优化。

扫码"练一练"

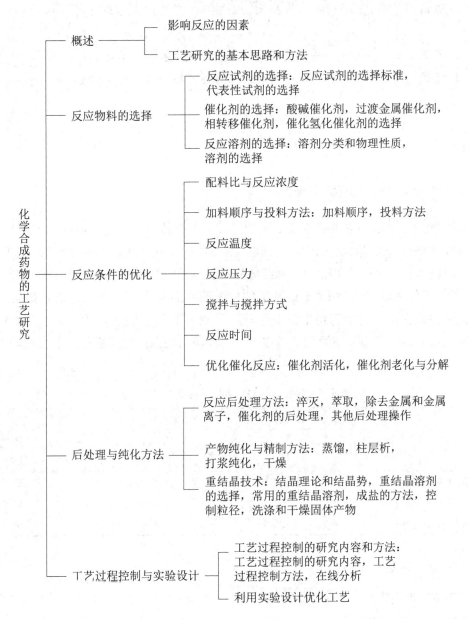

化学合成药物的工艺研究

- 概述
  - 影响反应的因素
  - 工艺研究的基本思路和方法
- 反应物料的选择
  - 反应试剂的选择：反应试剂的选择标准，代表性试剂的选择
  - 催化剂的选择：酸碱催化剂，过渡金属催化剂，相转移催化剂，催化氢化催化剂的选择
  - 反应溶剂的选择：溶剂分类和物理性质，溶剂的选择
- 反应条件的优化
  - 配料比与反应浓度
  - 加料顺序与投料方法：加料顺序，投料方法
  - 反应温度
  - 反应压力
  - 搅拌与搅拌方式
  - 反应时间
  - 优化催化反应：催化剂活化，催化剂老化与分解
- 后处理与纯化方法
  - 反应后处理方法：淬灭，萃取，除去金属和金属离子，催化剂的后处理，其他后处理操作
  - 产物纯化与精制方法：蒸馏，柱层析，打浆纯化，干燥
  - 重结晶技术：结晶理论和结晶势，重结晶溶剂的选择，常用的重结晶溶剂，成盐的方法，控制粒径，洗涤和干燥固体产物
- 工艺过程控制与实验设计
  - 工艺过程控制的研究内容和方法：工艺过程控制的研究内容，工艺过程控制方法，在线分析
  - 利用实验设计优化工艺

（赵临襄）

第四章 手性药物的制备技术

学习目标

1. **掌握** 外消旋体拆分的基本技术，利用手性源或前手性原料制备手性药物的基本方法。
2. **熟悉** 对映异构体的动力学拆分方法和常见的不对称合成反应类型。
3. **了解** 不对称合成的发展过程和手性药物制备中的生物控制技术。

第一节 概 述

一、手性药物与生物活性

以单一立体异构体存在并且注册的药物，称为手性药物（chiral drug）。不同的立体异构体在体内的药效学、药代动力学和毒理学性质不同，表现出不同的治疗作用与不良反应，手性药物具有副作用小、使用剂量低和疗效高等特点，颇受市场欢迎，销量迅速增长，占有相当的市场份额。总结 2013 年最畅销的化学药物品种的立体结构，结果如表 4-1 所示，前 10 种最畅销的化学药物中，手性药物的数量与销售额所占比例分别为 80.0% 和 72.8% 以上，前 60 种最畅销的化学药物中，手性药物的数量与销售额所占比例均在 65% 以上。

表 4-1 手性药物与外消旋药物所占市场比例

药物总数	手性药物		混旋体药物		非手性药物	
	数量	销售额（亿美元）	数量	销售额（亿美元）	数量	销售额（亿美元）
前 10 种最畅销药物	8	301.9	1	49.8	1	62.9
前 30 种最畅销药物	22	525.2	2	63.6	6	145.2
前 60 种最畅销药物	39	671.9	6	99.2	15	199.4

（一）手性药物

1. 手性和手性药物 手性（chirality）是三维物体的基本属性。如果一个物体不能与其镜像重合，该物体被称为手性物体。2000 多种常用的化学药物中，大多数天然药物和半合成药物是手性化合物，以单一立体异构体存在并注册为药物，例如，抗肿瘤药物紫杉醇（paclitaxel，4-1）和半合成抗生素氨苄西林（cefalexin，4-2）。

研究与开发手性药物是当今新药研究与开发的趋势，随着合理药物设计思想的日益深入，研究和开发的药物结构趋于复杂，手性药物出现的可能性越来越大，2009～2013 年 5 年期间世界上市新化学实体（new chemical entities，NCE）117 个，其中 67 个为手性药物，占 57.3%，仅 6 个为混旋体（表 4-2）。

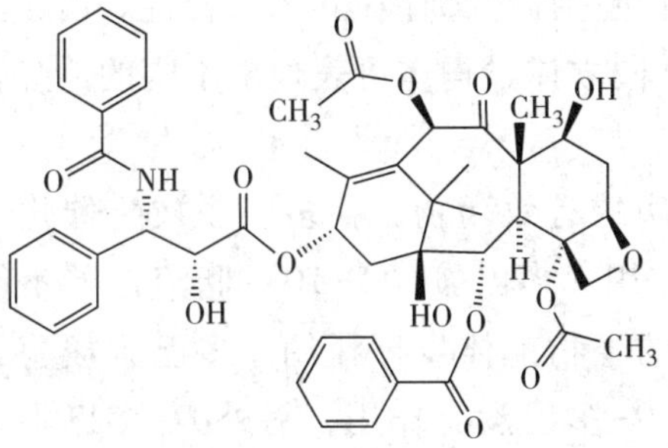

4-1

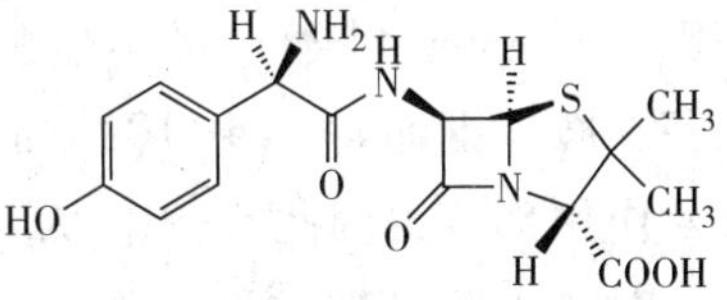

4-2

表 4-2 2009～2013 年世界新药（NCE）上市情况分析表

	2009	2010	2011	2012	2013
手性药物	10	10	14	18	15
混旋体药物	4	0	1	0	1
非手性药物	6	5	9	14	9
合计	20	15	24	33	25

另一方面用单一立体异构体代替临床应用的外旋体或非对映异构体混合物药物，实现手性转换（chiral switch），也是开发新药的途径之一。例如，抗溃疡药物埃索美拉唑（esomeprazole，4-3）、局部麻醉药左布比卡因（levobupivacaine，4-4）、抗抑郁药物依他普仑（escitalopram，4-5）、β_2 受体激动剂左沙丁胺醇（levalbuterol，4-6）、注意缺陷与多动障碍治疗药物右哌甲酯（dexmethylphenidate，4-7）和抗组胺药物左西替利嗪（levocetirizine，4-8）等药物都是手性转换的具体例子。

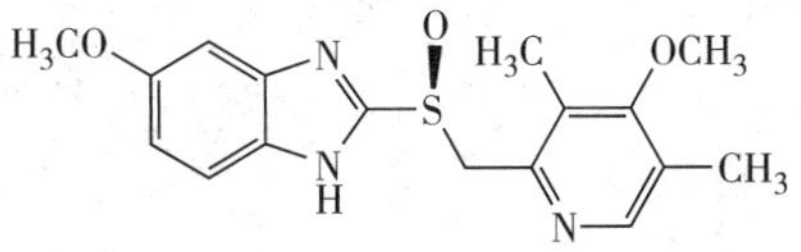

4-3

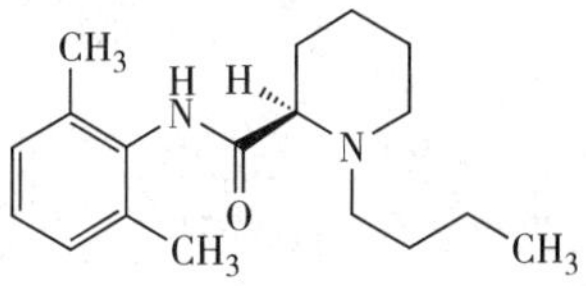

4-4

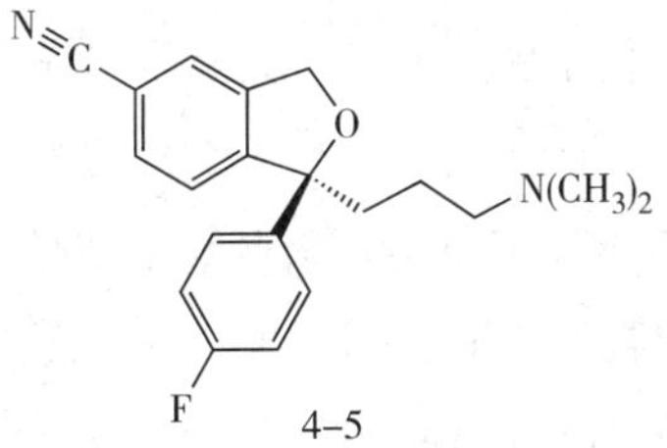

4-5

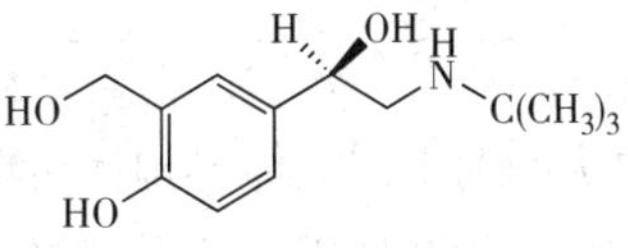

4-6

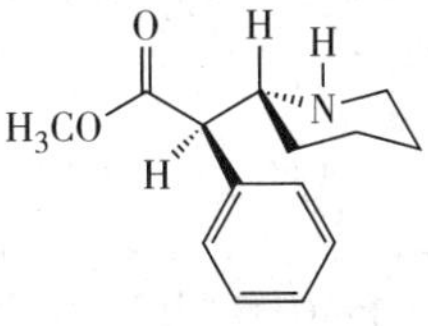

4-7

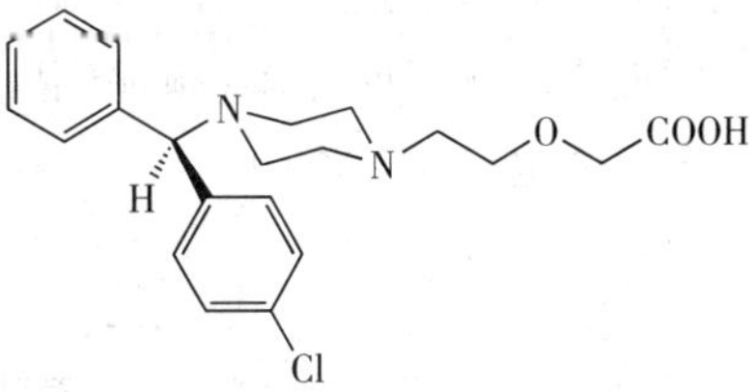

4-8

生物大分子，如蛋白质、多糖、核酸等都是有手性的。从药效学角度看，药物与靶分子之间的作用，与药物分子的手性识别及手性匹配能力相关，这种特性即为手性药物的立体选择性；同样药物的吸收、分布、转化和排泄过程也都存在立体选择性。由于药效学和药代动力学性质的不同，组成混旋体药物的不同立体异构体可表现出不同的治疗作用与副作用。

　　L-多巴（L-dopa，4-9）是治疗帕金森病的有效药物，在多巴脱羧酶催化下经脱羧反应形成多巴胺（dopaime，4-10）而发挥作用。多巴胺（4-10）脂溶性差不能透过血脑屏障进入作用部位，因此 4-9 作为 4-10 的生物前体发挥作用。多巴脱羧酶具有立体专一性，只对 4-9 发挥脱羧催化作用，而对 D-多巴没有作用，另外 D-多巴不能被人体酶代谢，在体内蓄积，引起粒细胞减少等严重不良反应。因此，必须服用单一立体异构体——L-多巴（4-9）。又如具有手性结构的 β-内酰胺类抗生素是通过二肽转运系统主动吸收的。在研究二肽转运系统对头孢氨苄（cefalexin，4-11）口服吸收的影响时，发现这种作用具有立体选择性，只有 7 位为 D-苯甘氨酰胺基的立体异构体口服可吸收，并且 D-体的吸收具有专一性和饱和性，L-体能抑制 D-体的吸收。再如左氧氟沙星（levofloxacin，4-12）抑制革兰阳性菌和阴性菌繁殖的作用是右旋体的 8~128 倍，是外消旋体的 2 倍。

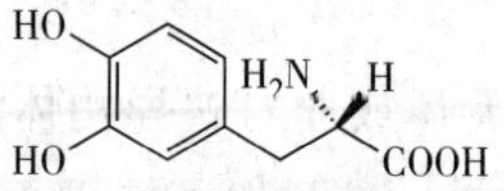

4-9

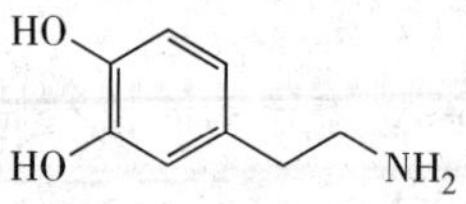

4-10

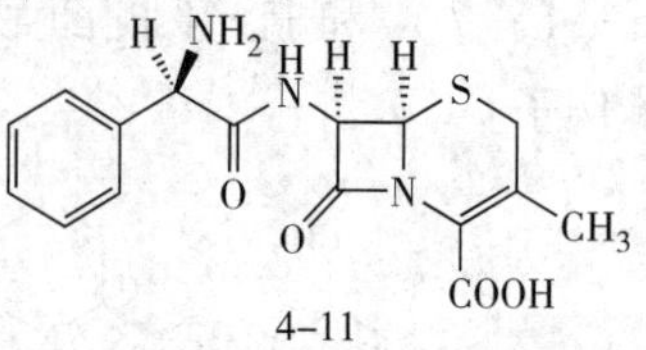

4-11

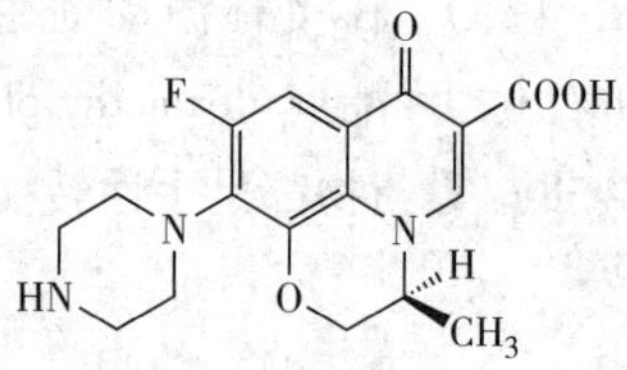

4-12

思考

为什么不同光学异构体表现出不同的治疗作用与副作用？

　　人类认识到不同立体异构体可能具有不同的生理活性的历史是短暂的。20 世纪 60 年代欧洲和日本一些孕妇因服用外消旋的沙利度胺（反应停，thalidomide，4-13）而造成数以千计的胎儿畸形，成为医药史上的悲剧。沙利度胺曾是有效的镇静药和止吐药，尤其适合消除孕妇妊娠早期反应。进一步研究表明，致畸性由其（S）-体所引起，而其（R）-体具有镇静作用，即使在高剂量时也无致畸作用。但是在代谢中（R）-体可转变为（S）-体，所以单独使用（R）-体也有毒副作用。

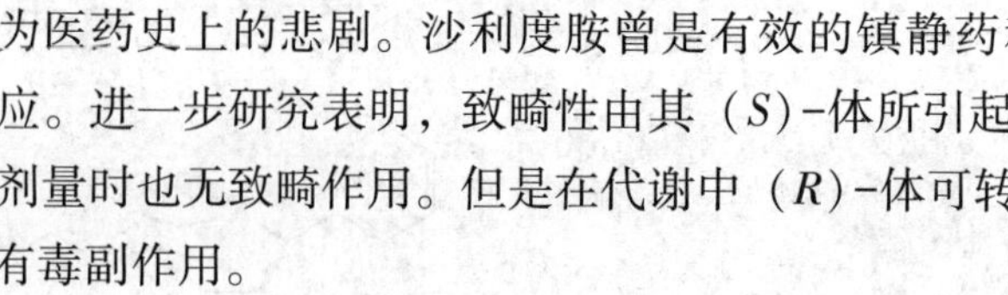

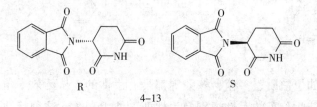

4-13

2. 手性药物的地位与发展趋势　随着对手性药物认识的不断深入，对药物立体异构体的控制愈加严格。美国 FDA 在 1992 年发布手性药物指导原则，要求所有在美国申请上市的外消旋体新药，需提供报告说明药物中所含对映体各自的药理作用、毒性和临床效果。这就是说，如果申请上市的混旋体药物的化学结构中含有一个手性中心，开发者需要分别做左旋体、右旋体和外消旋体的药效学、毒理学和临床等试验。这无疑大大增加了 NCE 以混旋体形式上市的难度。而对于已经上市的混旋体药物，可以单一立体异构体形式作为新药提出申请，并能得到专利保护。我国在 1999 年由国家经贸委颁布的《医药行业技术发展重点指导意见》中将研究不对称合成和拆分技术列为化学原料药的关键生产技术。这些政策和法规极大地推动着手性药物的研究和发展。

手性药物的时代已经来临。手性药物制备技术的发展和日趋完善，推动了以制备和生产手性药物为主要内涵的手性工业的发展和壮大。手性工业是 20 世纪后期崛起的高技术产业，其特点是经济、有效地利用自然资源，有利于环境保护，符合可持续发展战略要求，在现代科学技术中占有重要的地位。

（二）手性药物的分类

随着对映体制备和拆分技术的进步，特别是手性色谱分离技术的飞跃发展，对于手性药物对映体之间药效学和毒理学性质的差异有了更深入的认识。根据对映体之间药理活性和毒副作用的差异，可将含手性结构的药物分为三大类。

1. 对映体之间有相同的某一药理活性，且作用强度相近　抗组胺药异丙嗪（promethazine，4-14）、抗心律失常药氟卡尼（flecainide，4-15）、抗肿瘤药物环磷酰胺（cyclophosphamide，4-16）和局部麻醉药布比卡因（bupivacaine，4-17）均属于这一类。4-16 的手性中心是磷原子，(R)-对映体的活性为(S)-对映体的二分之一,两者毒性几乎相同。4-17 的两个对映体具有相近的局麻作用，然而（S）-体——左布比卡因（4-4）还兼有收缩血管的作用，可增强局麻作用，因此作为手性药物上市。

4-14

4-15

4-16

4-17

2. 对映体具有相同的活性，但强弱程度有显著差异　与靶标具有较高亲和力的对映体，被称为活性体（eutomer）；而与靶标亲和力较低的对映体是非活性体（distomer）。异构体活性比（eudismic ratio，ER）越大，作用于某一受体或酶的专一性越高，作为一个药物的有效剂量就越低。β 受体阻断剂类药物通过拮抗肾上腺素受体的作用发挥抗高血压作用，去甲肾上腺素（noradrenaline，4-18）的活性体为（R）-体，与之立体结构相似的芳氧丙醇胺类 β-受体阻断剂的（S）-体为活性体，代表性药物阿替洛尔（atenolol，4-19）、普萘洛尔（propranolol，4-20）和美托洛尔（metoprolol，4-21）的 ER 分别为 12、130 和 270，三种药物均以外消旋体上市，其原因一是（R）-体无明显毒副作用，二是难于获得单一对映体。抗抑郁药物帕罗西汀（paroxetine，4-22）和舍曲林（sertraline，4-23）也属于这一类，并以单一异构体上市。非甾体抗炎药萘普生（naproxen，4-24）和布洛芬（ibuprofen，4-25）的 ER 分别为 35 和 28，其中 4-25 以消旋体上市。以上药物的活性体结构如下：

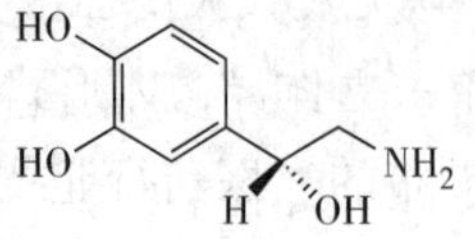

4-18

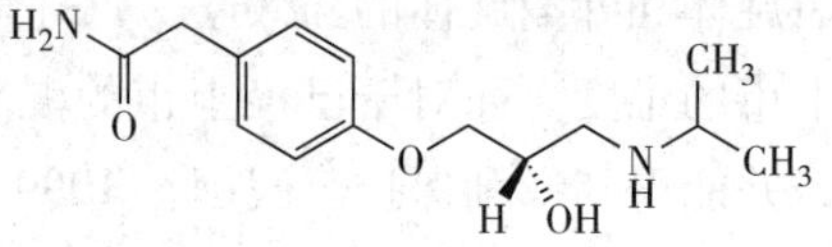

4-19

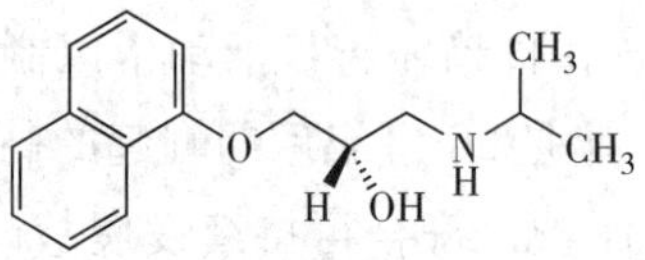

4-20

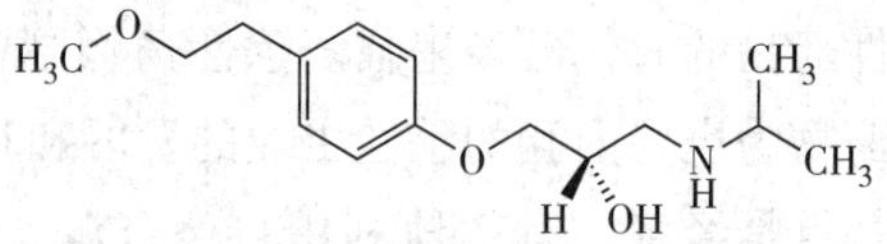

4-21

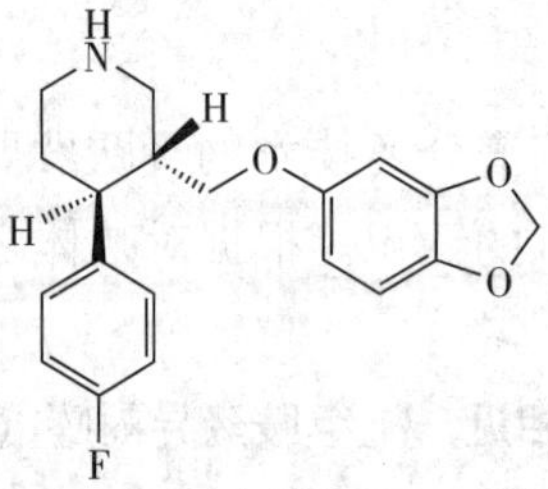

4-22

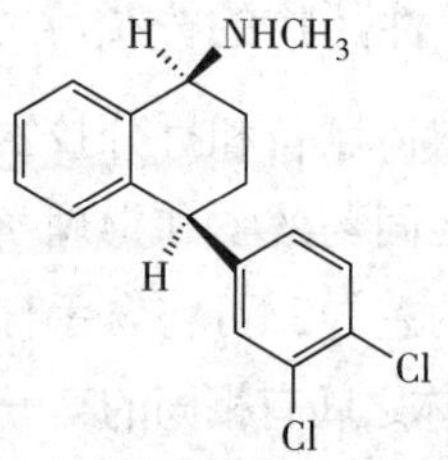

4-23

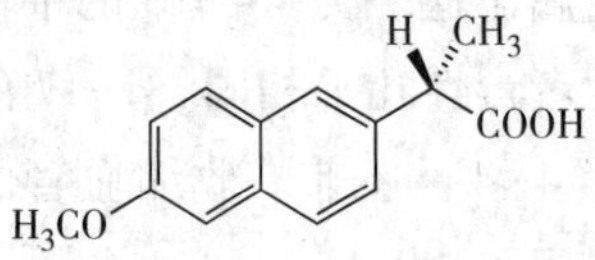

4-24

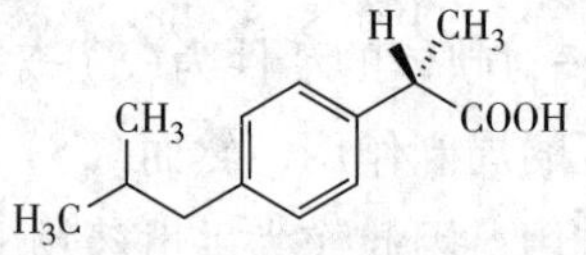

4-25

3. 对映体具有不同的药理活性

（1）一个对映体具有治疗作用，而另一个对映体仅有副作用或毒性。典型的例子有 L-多巴（4-9）和沙利度胺（4-13），又如氯霉素（chloramphenicol，4-26）是（1R, 2R）-体，（1S, 2S）-体无抗菌活性但有毒副作用，因此由（1R, 2R）-体和（1S, 2S）-体组成的合霉素被氯霉素代替。氯胺酮（ketamine，4-27）是以消旋体上市的麻醉镇痛剂，但有致幻作用，研究结果表明致幻作用是（R）-对映体产生的，（S）-对映体已作为单一异构体药物上市。抗结核药乙胺丁醇（ethambutol，4-28）的活性体是（S, S）-体，ER 为 200，（R, R）-体可导致失明。

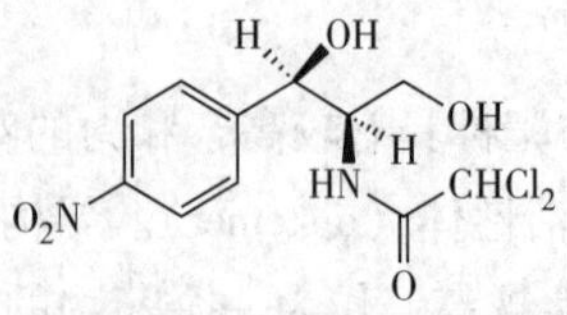

4-26

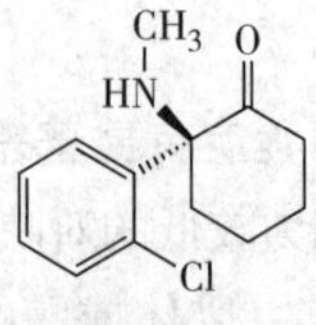

4-27

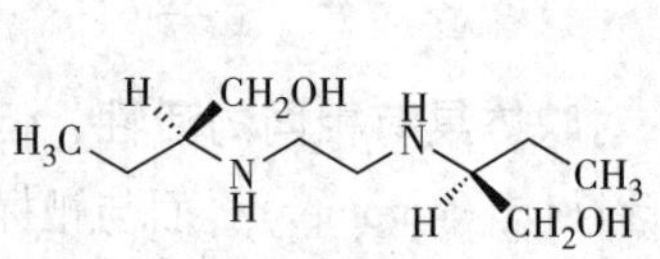

4-28

（2）对映体活性不同，但具有"取长补短、相辅相成"的作用。利尿药茚达立酮（indacrinone，4-29），其（R）-对映体具有利尿作用，同时增加血中尿酸浓度，导致尿酸结晶析出；而（S）-对映体有促进尿酸排泄的作用，可消除（R）-对映体的副作用。研究表明对映体达到一定配比才能取得最佳疗效，而不是简单的1：1的外消旋体即可满足要求。镇痛药曲马多（tramadol）以外消旋体形式成药，（1*R*，2*R*）-右旋体（4-30）具有选择性 μ-阿片类受体激动作用，抑制5-羟色胺的再摄取，增加脑中5-羟色胺的量，而（1*S*，2*S*）左旋体（4-31）主要抑制去甲肾上腺素的再摄取，对右旋体引起的阿片样副作用有拮抗作用，两者的协同止痛效果好于单一异构体。

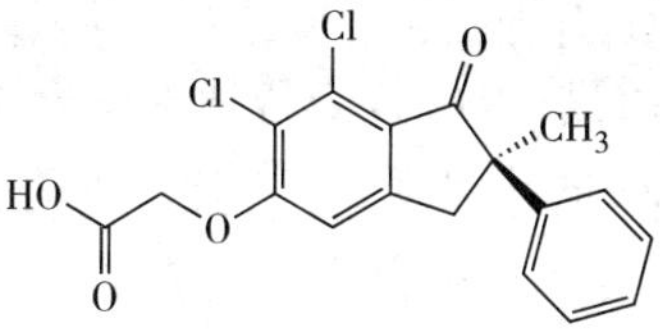

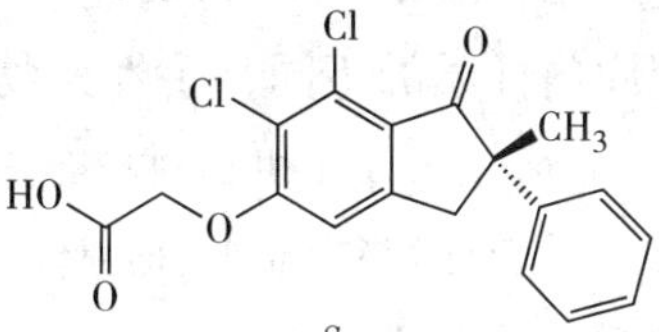

4-29

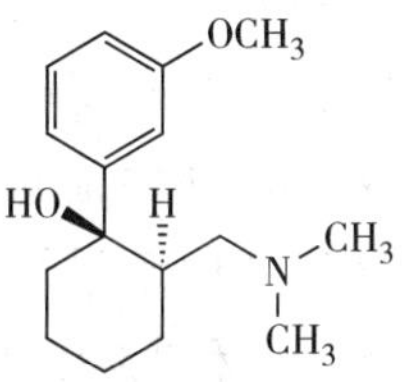

4-30 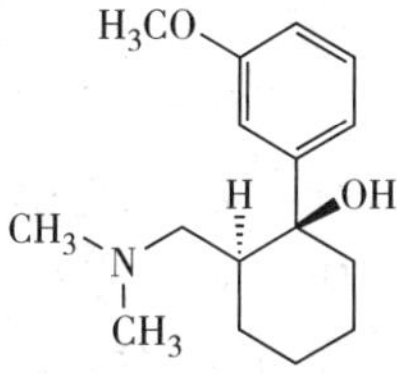　　　　　4-31

（3）对映体存在不同性质的活性，可开发成两个药物。如丙氧芬（propoxyphene），其（2*R*，3*S*）异构体是镇痛药右丙氧芬（dextropropoxyphene，4-32），而（2*S*，3*R*）异构体是镇咳药左丙氧芬（levopropoxyphene，4-33）。

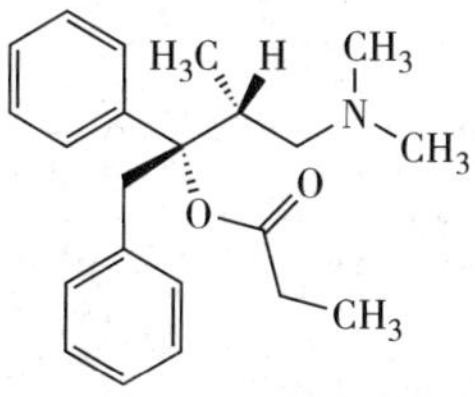

4-32 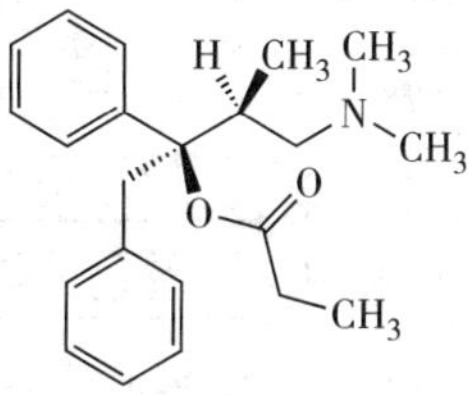　　　　　4-33

（4）对映体具有相反的作用。利尿药依托唑啉（etozoline，4-34）的 *R*-异构体具有利尿作用，而 *S*-异构体具有抗利尿作用。多巴酚丁胺（dobutamine，4-35）左旋体有激动 α₁ 受体作用，而右旋体对 α₁ 受体有阻断作用；右旋体对 β₁ 受体的激动作用是左旋体的10倍，用于治疗心力衰竭。

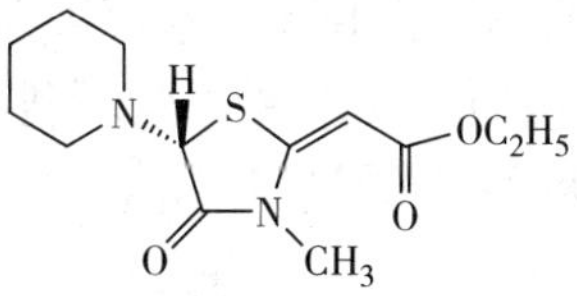

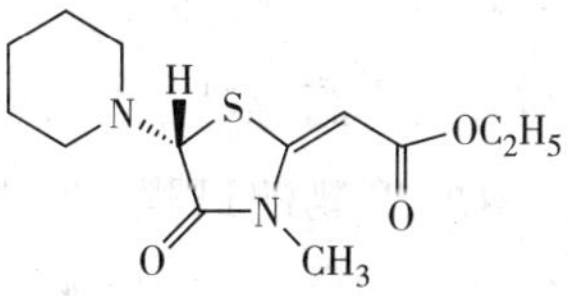

4-34

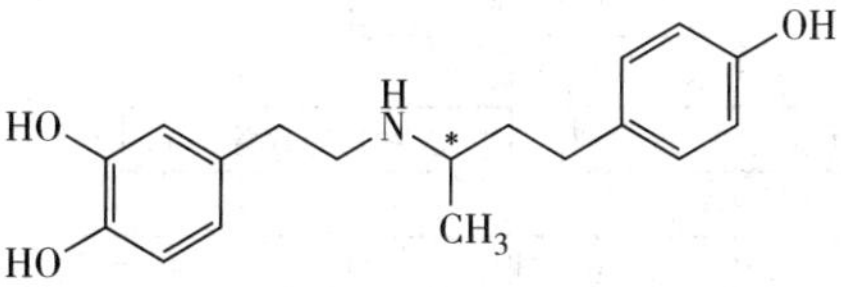

4-35

二、手性药物的制备技术

手性药物的制备技术由化学控制技术和生物控制技术两部分组成，如图 4-1 和图 4-2 所示。在手性药物的制备和生产中，化学制备工艺和生物制备工艺常常交替进行。如甾体类药物的生产工艺以天然产物为起始原料，既应用化学方法，又采用生物方法，详见第十一章地塞米松的生产工艺原理。

按照使用原料性质的不同，手性药物的化学控制技术可分为普通化学合成、手性源合成（chirality pool synthesis）和不对称合成（asymmetric synthesis）三类。以前手性化合物为原料，经普通化学合成可得到外消旋体，再将外消旋体拆分制备手性药物，这是工业采用的主要方法。拆分法分为直接结晶法（direct crystallization resolution）、非对映异构体结晶法（diastereomer crystallization resolution）、动力学拆分法（kinetic resolution）和色谱分离法。手性源合成指的是以价格低廉、易得的天然产物及其衍生物，如糖类、氨基酸、乳酸等手性化合物为原料，通过化学修饰的方法转化为手性产物。产物构型既可能保持，也可能发生翻转，或手性转移。一个前手性化合物（前手性底物）选择性地与手性实体反应转化为手性产物即为不对称合成。从经济的角度来看，手性催化剂优于手性试剂，手性催化剂包括简单的化学催化剂（手性酸、碱和手性配体金属配合物）和生物催化剂。

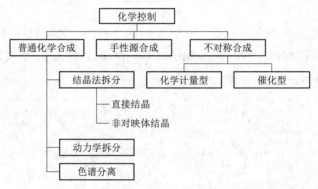

图 4-1　手性药物的化学制备技术分类

手性药物的生物控制技术，一是天然物的提取分离技术，在动植物体中存在着大量的糖类、萜类、生物碱类等手性化合物，用分离提取技术可直接获得手性化合物。二是控制酶代谢技术，即利用生物催化剂将特定底物转化为目标产物的过程，可以使用纯化的酶，也可以应用活细胞。用游离的或者固定化的酶转化的过程，称为生物催化（biocatalysis），可用于催化动力学拆分和不对称合成，相对而言，固定化酶具有稳定性好、可连续操作、易于控制、易于提纯和收率高等特点，是生物催化的主要发展方向。利用含有必需酶的活细胞体将特定底物转化成产物的过程，称为生物转化（biotransformation），生物转化既用于制备简单的手性化合物，如乳酸、酒石酸、L-氨基酸，又用于制备相对复杂的大分子，如抗生素、激素和维生素等。

图 4-2　手性药物的生物制备技术分类

拆分、手性源合成和不对称合成三方面内容是本章将要讨论的主要内容。

思考

请总结手性药物制备中的化学控制技术和生物控制技术的具体类型和特点。

三、影响手性药物生产成本的主要因素

影响手性药物生产成本的主要因素如下：

（1）起始原料的成本：不同的合成路线，不同的制备技术，采用的起始原料不同。这是合成路线设计与选择时首先遇到的问题。

（2）拆分剂，化学或生物催化剂的成本：拆分剂，化学或生物催化剂的回收利用是否方便可行，直接影响手性药物生产的成本。

（3）化学收率和产物的光学纯度：实验室工艺研究中常常忽视的一个因素是生产效率，即单位时间、单位体积反应器所得的产物量。总的来说，反应物以较高的浓度参加反应，并以较高的化学收率和光学纯度得到产物，那么，这就是一个经济的反应过程。在实际生产中，有时以牺牲一定的化学收率为代价来提高产物的光学纯度。

（4）反应步骤的数量：反应步骤多意味着反应时间长，劳动力消耗多，生产效率低，增加产物成本。例如，拆分过程中反应步骤的数目取决于目标对映体是否直接形成，如卤代烃经动力学拆分过程得到手性醇，如果（R）-醇是目标对映体，那么全过程由拆分和（S）-卤代烃消旋化两步组成；如果（S）-醇是目标对映体，则多了（S）-卤代烃醇解和（R）-醇卤代两步反应。尽管其他因素是一样的，但是前者的优势显而易见。

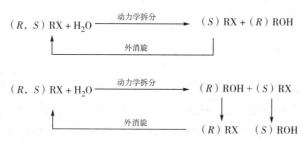

（5）拆分或不对称合成在多步合成中的位置：在多步合成中，拆分或不对称合成要尽早进行。道理很简单，如果某一步反应产物是单一立体异构体而不是外消旋体，意味着在随后的步骤中将省去一半的原料、溶剂、反应体积等。另外随着合成反应的进行，中间体结构越来越复杂，非目标对映体的消旋化愈加困难。以中枢性镇咳药右美沙芬（dextromethorphan，4-36）为例说明以上问题，合成路线以1-（4-甲氧基苄基）-1,2,3,4,5,6,7,8-八氢异喹啉（4-37）为关键中间体，路线 A 由甲酰化、Grewe 环合、还原和拆分 4 步反应组成，拆分放在最后一步进行，而路线 B 第一步反应即拆分得到手性中间体，尽管两条路线反应步骤和反应收率均相同，但是路线 B 更经济，因而被工业上采用。另外拆分早，非目标立体异构体容易转化利用，而最后一步产物结构较复杂，难于消旋化。

（6）非目标立体异构体的转化利用：非目标立体对映体能否简便地转化利用，直接影响拆分过程的经济价值。非目标立体异构体的转化利用包括外消旋化和构型翻转两种途径，非目标立体异构体的外消旋化或构型翻转在整个过程中往往是最困难的。

路线 A

甲酰化
92%

4-37

路线 B

拆分
44%

甲酰化
92%

环合
100%

环合
100%

还原
71%

拆分成盐
44%

4-36

还原
71%

外消旋化通常在强酸或强碱条件下加热完成。例如，羰基 α-位有氢原子的手性化合物一般用强碱处理可使之外消旋化；伯胺外消旋化的一个好方法是与催化量的羰基化合物形成 Schiff 碱，经可逆性异构化得到消旋化产物；应用均相或非均相过渡金属催化剂，可制备手性胺和醇的外消旋化产物。另一种策略则是找到一种使非目标对映体构型翻转的方法。

在为某一具体品种选择和确定合成路线时，要考虑合成路线的可行性和经济性。由于影响手性药物或手性化合物生产成本的因素很多，众多影响因素中孰主孰次，没有一个普遍适用的衡量标准；在工艺路线评价与选择时，要具体问题具体分析，但总的原则是尽早进行拆分或不对称合成。

第二节　外消旋体拆分

前手性原料经普通化学合成得到的产物是外消旋体，外消旋体必须经过光学拆分才能得到光学纯的单一立体异构体。外消旋体拆分技术已应用了 100 多年，尽管操作烦琐，但一直是制备光学纯异构体的重要方法之一。拆分可分为结晶法拆分、动力学拆分和色谱分离三类。

扫码"学一学"

很多重要的手性药物或它们的手性中间体是利用传统的结晶法拆分外消旋体制得的，结晶法拆分又分为直接结晶法拆分（direct crystallization resolution）和非对映异构体拆分（diastereomer crystallization resolution），直接结晶法拆分适用于外消旋混合物（conglomerate）的拆分，而非对映异构体拆分适用于外消旋混合物和外消旋化合物（racemic compound）的拆分。结晶法拆分在手性药物生产中仍将发挥重要的作用，这是因为：①人们对对映异构体和非对映异构体的溶解度相图等性质，有了较为深入和全面的认识，结晶法拆分的合理性和有效性显著提高；②结晶法不仅用于外消旋体的拆分，还可用来提高不对称合成或生物转化等方法制得的立体异构体的光学纯度；③结晶诱导的不对称转化（crystallization-induced asymmetric transformation）使结晶法拆分的理论收率超过了 50%，也就是说非目标异构体的转化利用提高了结晶法拆分的经济价值。

一、结晶法拆分外消旋混合物

了解一种外消旋体是不是外消旋混合物非常重要，因为只有外消旋混合物才能利用直接结晶法进行拆分。

（一）外消旋化合物和外消旋混合物

外消旋体主要分为两种类型：外消旋化合物和外消旋混合物。其中外消旋化合物较为常见，大约占所有外消旋体的 90%。外消旋化合物的晶体是 R 和 S 两种构型对映异构体分子的完美有序的排列，每个晶核包含等量的两种对映异构体。外消旋混合物是等量的两种对映异构体晶体的机械混合物，虽然总体上没有光学活性，但是每个晶核仅包含一种对映异构体。通过熔点图（图 4-3）很容易区别这两种外消旋体，由等量对映异构体组成的外消旋混合物是一种低共熔混合物（eutectic mixture），两种对映异构体互相作用，使得外消旋混合物的熔点低于任一对映异构体。也可利用粉末 X-射线衍射或固体红外光谱区分两者，单一立体异构体的图谱与外消旋混合物的图谱相同，但与外消旋化合物的图谱不同。

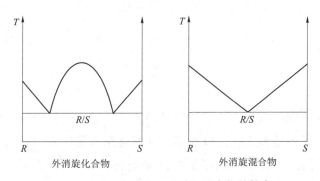

图 4-3 外消旋化合物和外消旋混合物的熔点图

思考

试比较外消旋混合物和外消旋化合物的异同点。

（二）直接结晶法拆分外消旋混合物

在一种外消旋混合物的过饱和溶液中，直接加入某一对映异构体的晶种，即可得到该对映异构体，这种结晶方法叫作直接结晶法。外消旋体中的一个对映体能否优先结晶析出，依赖于熔点图和溶解性图的相关性。也就是，只有当它具有最低的熔点和最大的溶解度时，才是可利用的外消旋体混合物。

直接结晶法广泛用于工业规模的拆分，工业上常采用以下两种方式进行直接结晶法拆分：

（1）同时结晶法（simultaneous crystallization）：将外消旋混合物的过饱和溶液，同时通过含有不同对映体晶种的两个结晶室或两个流动床，同时得到两种对映体结晶。剩余溶液与新进入系统的外消旋混合物混合，加热形成过饱和溶液，达到结晶室所要求的过饱和度，循环通过结晶室或移动床，实现连续化生产。如抗高血压药物 L-甲基多巴（α-methyl-L-dopa，4-38）的中间体的生产即采用此法。

（2）有择结晶法（preferential crystallization）：又称为带走结晶法（resolution by entrainment），是指在单一容器中交替加入两种对映体的晶种，交替收集两种对映体结晶的拆分方法。例如，将 R-对映体的晶种加到外消旋体的饱和溶液中，通过降低温度等方法析出 R-对映体结晶，就可收集到一批纯的 R-对映体，大约是加入晶种量的两倍。再取与得到的 R 构型产物等量的外消旋体，加热溶于滤液形成饱和溶液，加入 S-体的晶种使其结晶析出，收集 S 构型产物。理论上，这个过程可无限重复下去。应该注意的是从过饱和溶液中结晶，这样的分离过程是亚稳态的，对外来杂质的影响很敏感，循环次数随着溶液中杂质的增加而受到限制。利用有择结晶法分离外消旋体的例子有氯霉素（4-26）、甲砜霉素（4-39）和肝昏迷治疗药物 L-谷氨酸（L-glutamic acid，4-40）。

如果拆分对象是外消旋混合物，自然可以用直接结晶法进行拆分，但是这种概率不到10%。通过与非手性的酸或碱成盐可以使部分外消旋化合物转变为外消旋混合物，扩大直接结晶法拆分的应用范围。所有天然存在的 α-氨基酸，都是直接结晶法或成盐后有择结晶法拆分制备的。例如，DL-多巴成盐酸盐，DL-赖氨酸与对氨基苯磺酸成盐后也可采用有择结晶法拆分。

（三）具有一定光学纯度的立体异构体的纯化

直接结晶法不仅用于拆分外消旋混合物，而且可以用于提高某一立体异构体的纯度，也就是对不对称合成、动力学拆分等其他方法得到的具有一定光学纯度的立体异构体进行结晶纯化，提高其光学纯度。

这样一个纯化过程的可行性和收率取决于相图的形状和立体异构体的纯度，如图 4-4 所示，Q_A 与 Q_R 分别代表一定温度下溶解 1 摩尔（或 1g）单一异构体或外消旋体所需的某种溶剂的量。对于外消旋化合物来说，在选定溶剂中溶解度最大的混合物 E 是 R-对映体或

S-对映体含量较高的混合物。对具有一定对映体过量的混合物进行重结晶，可能得到光学纯异构体，也可能得到外消旋体，主要取决于混合物的组成。混合物 M′ 中 R-异构体的比例高于 E，可得到纯的 R-异构体；而混合物 M 中 R-异构体的比例低于 E，可能得到外消旋体。对一个外消旋混合物来说，在选定溶剂中溶解度最大的混合物 E 是两种异构体的 $1:1$ 混合物，通过重结晶可以提高其光学纯度。一个含有过量的 R-异构体的混合物 M，所需溶剂量为 Q_B，从 M 和 Q_B 出发分别作垂线和水平线，与溶解度曲线交于点 K。Q_B 与 Q_R 之间的溶剂量之差为 Q，意味着一个纯的 R-异构体结晶和含 R- 和 S-异构体的溶液组成的两相系统的存在，理论上，只要加入溶解样品中外消旋体所需的溶剂量，即可分离得到纯的光学异构体，实际操作多采用通过加热将整个样品溶解，再冷却使 R-异构体结晶析出的方式。总而言之，为了知道具有一定光学纯度的立体异构体能否通过结晶法进一步提高光学纯度，必须了解相图的准确形状。

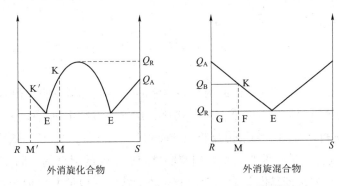

图 4-4　外消旋化合物和外消旋混合物的相图

下面再探讨一下相图对纯化过程收率的影响。图 4-5 显示了提纯对映体过量（ee）为 80% 的 M 样品的三种典型情况，ee 为 80% 意味着 R-异构体的比例为 90%，用 0.9 表示。对一个外消旋混合物（图 4-5a）来说，最低共熔物组分的组成为 $1:1$，用 0.5 表示，理论收率为 EF/EG = (0.9-0.5)/0.5 = 80%，理论上，可以收集到过量存在的全部单一异构体。对一个外消旋化合物，随着低共熔物的组分向相图的边缘靠近，收率会显著下降，相对于低共熔物组成为 0.6（图 4-5b），最大收率为 EF/EG = (0.9-0.6)/(1-0.6) = 75%；当低共熔物组成为 0.85（图 4-5c）时，最大收率为 EF/EG = (0.9-0.85)/(1-0.85) = 33%。

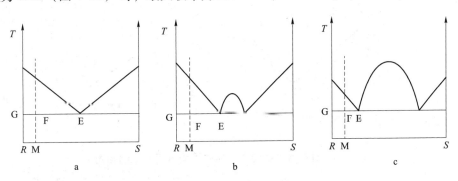

图 4-5　相图对纯化过程收率的影响

通过与非手性的酸（或碱）成盐从而改变相图的形状，也能改善分离效果。例如，2-苯氧基丙酸本身是一个具有不利低共熔点的外消旋化合物，而它的正丙胺盐具有有利的低共熔点，只要是 ee 大于 37% 的混合物，均可通过重结晶进行纯化。

二、结晶法拆分非对映异构体

外消旋体与另一手性化合物作用生成非对映异构体混合物，它们的物理性质的差异较大，可以通过结晶法进行分离，这种方法被称为经典拆分法（classical resolution）。这样的手性化合物被称为拆分剂（resolving agent），最常见的方法是与手性酸（或手性碱）成盐形成非对映异构体，这样的拆分剂易于回收再利用。经典拆分法已有一百多年的历史，技术含量不高，但仍然是当今应用最广泛的一种拆分方法。随着对这一过程影响因素的深层次了解，且与更有效的操作方法相结合，可以更合理、更有效地运用经典拆分法。

（一）结晶法拆分非对映异构体

1. 非对映异构体混合物的类型 当一个外消旋酸 A 与一个光学纯的碱 B 发生反应时，就会形成两种非对映异构体盐的混合物。

$$(dl)\text{-}A + (l)\text{-}B \longrightarrow (dl)\text{-}A\,(l)\text{-}B + (l)\text{-}A\,(l)\text{-}B$$
$$\qquad\qquad\qquad\qquad\qquad\text{n盐}\qquad\qquad\text{p盐}$$

反应式中，p 盐表示旋光性相同的两种异构体形成的一个非对映异构体，n 盐表示旋光性不同的两种异构体形成的另一个非对映异构体，这里不考虑不对称中心的绝对构型。

非对映异构体可形成低共熔混合物（eutectic mixture），也可形成固体溶液（solid solution）。低共熔混合物是两种非对映异构体形成熔点最低的混合物，固体溶液则意味着两种非对映异构体分子的排列是混乱的。无论非对映异构体形成低共熔混合物还是固体溶液，p 盐和 n 盐之间的溶解度差异较大，有利于结晶法拆分。

2. 相图与非对映异构体拆分 我们再看一下非对映异构体混合物相图的作用，拆分的最高理论收率取决于最低共熔点混合物的组成。如图 4-6 所示，结晶法拆分非对映异构体的最大收率等于 ME/PE，当最低共熔点混合物的组成接近其中一个纯组分时，收率可达到最大理论量 50%。图 4-6a 所示的非对映异构体混合物具有不利的低共熔点组成，而图 4-6b 所示的混合物具有有利的低共熔点组成。

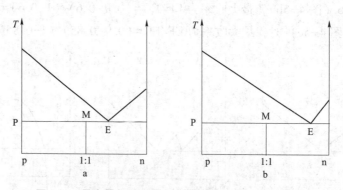

图 4-6 具有最低共熔点非对映异构体混合物的相图

对非对映异构体混合物进行拆分的可行性可利用三元相图进行预测。如图 4-7 所示，P 和 N 分别代表纯 p 盐和 n 盐在选定溶剂中的溶解度，p 盐的溶解性小于 n 盐。最低共熔点混合物 E 的组成接近 n 盐，等温线 PEN 以上的溶液是不饱和溶液，等温线 PEN 以下的溶液是饱和溶液。等摩尔 p 盐和 n 盐组成的混合物 M 形成浓溶液 A，冷却后析出组成为 A_S 的混合物，固体析出物中 p 盐多于 n 盐。残留母液的组成应与低共熔点混合物 E 的组成相对应，那么母液中 p 盐和 n 盐的组成为 E_S。组成位于 PEp 三角区内的混合物，结晶能分离出纯的 p 盐。用直线连接 p 和 E，切割直线 MS 于 B 点，当混合物浓度为 B 时，得到 p 盐结晶的收率最大。浓度较小的溶液 C 可析出纯的 p 盐晶体。从 1∶1 的混合物得到的纯 p 盐的最大理论收率可由式（4-1）计算。

$$R_{max} = \frac{0.5 - E_S}{1 - E_S} \tag{4-1}$$

换言之，E_S 离顶点 n 越近，最大收率就越高。就工业化的实际情况而言，通过一次结晶处理得到光学纯度大于 95% 的产物，若化学收率大于 40%，通常被认为是经济可行的拆分方法。目前存在的主要问题是尚不能预测两个非对映异构体盐的溶解度之差，溶剂和拆分剂的选择往往是经验指导下反复实验的结果。

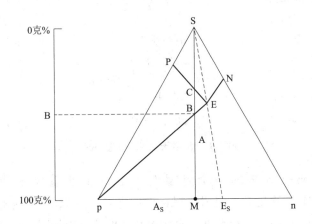

图 4-7　非对映异构体混合物的三元相图

（二）拆分剂的选择

1. 常用的拆分剂　应用经典拆分法拆分非对映异构体，首要问题是寻找合适易得的拆分剂。常用的拆分剂包括天然拆分剂和合成拆分剂两大类。自然界存在的或通过发酵可大规模生产的各种各样的手性酸或碱是拆分剂的主要来源。一些容易合成的手性化合物也可作为拆分剂，工业上大规模生产的光学纯中间体构成了合成拆分剂的重要组成部分。合成拆分剂的特别之处在于两种对映异构体均可以得到。常用拆分剂的结构与名称见图 4-8。

酒石酸　　　苹果酸　　　樟脑酸　　　樟脑磺酸

双丙酮-L-古龙酸　　扁桃酸　　　苯氧丙酸　　　氢化阿托酸

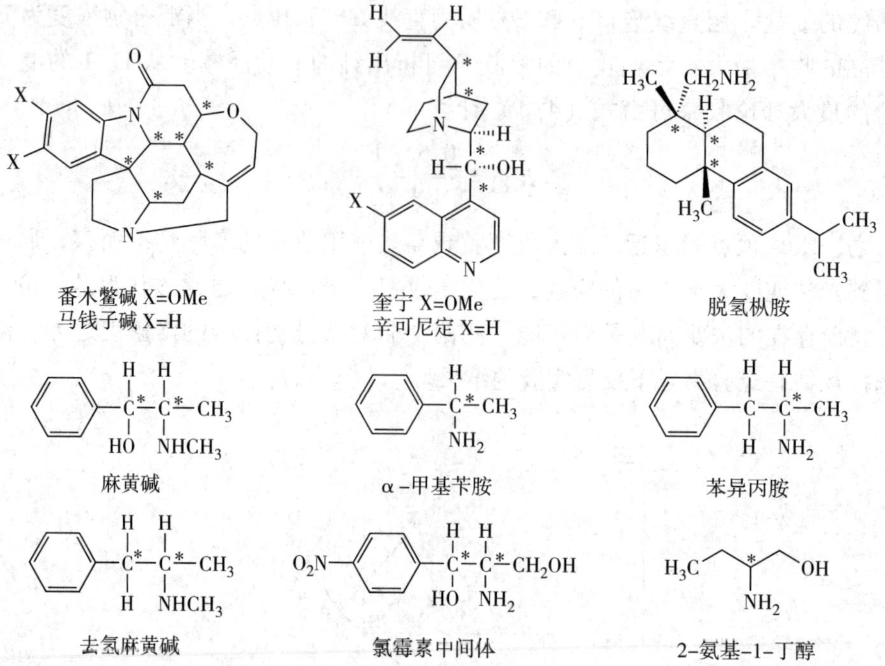

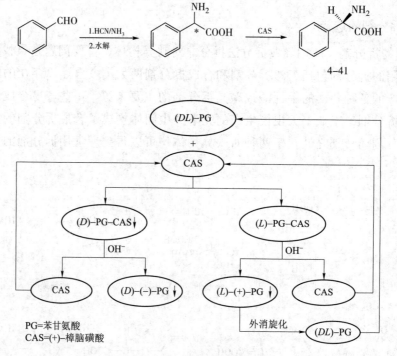

番木鳖碱 X=OMe
马钱子碱 X=H
奎宁 X=OMe
辛可尼定 X=H
脱氢枞胺
麻黄碱
α-甲基苄胺
苯异丙胺
去氢麻黄碱
氯霉素中间体
2-氨基-1-丁醇

图 4-8　常用天然和合成拆分剂

工业上利用经典拆分法的一个典型例子是抗生素重要中间体 *D*-苯甘氨酸（phenylglycine，4-41）的生产，年生产量在千吨以上。以光学纯的（+）-樟脑磺酸（camphorsulfonic acid，CAS）为拆分剂，水作溶剂，拆分过程如图 4-9 所示。

CHO
1.HCN/NH3
2.水解
NH2
COOH
CAS
H
NH2
COOH

4-41

(DL)-PG
+
CAS
(D)-PG-CAS↓
(L)-PG-CAS
OH⁻
OH⁻
CAS
(D)-(−)-PG↓
(L)-(+)-PG↓
CAS
外消旋化
(DL)-PG
PG=苯甘氨酸
CAS=(+)-樟脑磺酸

图 4-9　*DL*-苯甘氨酸的拆分

L-酒石酸（tartaric acid）为拆分剂，在甲醇溶液中拆分外消旋的 2-氨基丁醇得到（*S*）-2-氨基丁醇，它是合成抗结核药物乙胺丁醇（4-28）的重要中间体。

普瑞巴林（pregabalin，4-42）是治疗癫痫和神经痛的有效药物，早期工艺路线采用结晶法拆分终产物，3-甲基丁醛与丙二酸二乙酯经 Knoevenagel 缩合和氰基化，先制备氰基二酯（4-43），然后经过水解脱羧和催化氢化，转化成 γ-氨基酸的外消旋体，与拆分剂（*S*）-扁桃酸形成非对映异构体，在 THF/H$_2$O 中结晶获得普瑞巴林（4-42）。由于拆分收率低于 30%，总收率在 20% 以下。

2. 选择或设计拆分剂的原则　在总结大量实践经验的基础上，得出选择或设计拆分剂的经验性指导原则：

（1）在加热、强酸或强碱条件下，拆分剂化学性质稳定，不发生消旋化。

（2）拆分剂结构中若含有可形成氢键的官能团，有利于相应的非对映异构体盐形成紧密的刚性结构。

（3）一般情况下，强酸或强碱型拆分剂的拆分效果优于弱酸或弱碱型拆分剂。

（4）拆分剂的手性碳原子离成盐的官能团越近越好。

（5）合成拆分剂的优点是两种对映体都能得到。

（6）拆分剂可回收，且回收方法简单易行。

（7）同等条件下应优先考虑低分子量的拆分剂，这是因为低分子量拆分剂的生产效率高。

思考

拆分剂的选择依据和标准是什么？

3. 拆分参数　一个拆分剂的拆分能力可以用拆分参数 S 表示，S 等于产物的化学收率 K（收率 50% 时，$K=1$）和光学纯度 t（光学纯度 100% 时，$t=1$）的乘积。因为拆分的化学收率最大为 50%，拆分得到的手性化合物光学纯度最大为 100%，所以 S 最大为 1。根据式（4-2），S 与 p 盐和 n 盐的溶解度差别有关。

$$S = K \times t = \frac{K_p - K_n}{1/2 C_0} \tag{4-2}$$

式中，K_p 和 K_n 分别是 p 盐和 n 盐的溶解度，C_0 是起始浓度。

（三）非对映异构体盐的不对称转化

理论上，通过非对映异构体结晶法进行拆分，所得目标对映体的量最多是消旋体量的一半，收率低于50%，若在结晶过程中留在溶液中的非对映异构体自发地发生差向异构化，即发生非对映异构体的互变（diastereomer interconversion），整个过程构成了非对映异构体混合物结晶诱导的不对称转化过程（crystallization-induced asymmetric transformation），理论收率可能提高到100%。

在镇痛药右丙氧芬（4-32）生产工艺中，其中一步反应是中间体β-氨基酮与拆分剂二苯甲酰基-L-酒石酸形成非对映异构体盐进行拆分，在此过程中，非对映异构体盐发生了不对称转化过程。

4-32

胺类化合物或氨基酸与催化量的羰基化合物反应，通过形成不稳定的 Schiff 碱发生外消旋化，这一化学反应广泛用于设计非对映异构体盐的不对称转化。实际上，只要少量的游离胺或氨基酸发生外消旋化，即可推进可逆反应平衡的移动。在苯二氮䓬类化合物的拆分过程中，加入催化量的3,5-二氯苯甲醛（3%）促进少量游离胺形成 Schiff 碱而发生外消旋化。游离胺和 Schiff 碱的 pK_a 分别为20和12。这样就可以使用少于1当量的（+）-樟脑磺酸（CAS）（92%）进行拆分，以定量的化学收率得到光学纯的（S）-胺（+）-CAS 盐，这是一个极其有效的"一勺烩"工艺。同样，催化量的醛可以促进外消旋氨基酸与拆分剂形成的非对映异构体盐发生不对称转化。

通过发酵方式大量生产的氨基酸，均为 L-氨基酸。这样，利用非对映异构体的相互转化可将价廉易得的 L-氨基酸转化成 D-氨基酸。例如，以 L-脯氨酸（proline，4-44）为原料生产 D-脯氨酸（4-45）。将等摩尔量的 L-脯氨酸和 L-酒石酸与含有 10%（mol/L）正丁醛的正丁酸混合，加热到 85℃，形成溶液，然后在冰浴中冷却，析出 D-脯氨酸-L-酒石酸盐，收率为 93%～95%，光学纯度为 93%～95%。用乙醇-水溶液进行重结晶，得到光学纯的 4-45，总收率为 85%。

结晶法拆分非对映异构体的发展方向是实现拆分过程的合理设计，也就是将拆分剂的分子结构与拆分能力定量地联系起来。将计算机技术与结晶法拆分技术相结合，可望从已知的晶体结构推测拆分剂的拆分能力，并定量地表示晶体结构与拆分能力之间的关系。然而，拆分剂的设计比药物设计还要复杂，这是因为拆分剂的模建必须同时模拟出晶体的排列形式，这在某种程度上要远比模拟药物-受体相互作用的方式复杂。

三、对映异构体的动力学拆分

外消旋体拆分的第三个方法是动力学拆分，利用两个对映异构体在手性试剂或手性催化剂作用下反应速率的不同而使其分离的过程，称为动力学拆分（kinetic resolution）。当两个对映异构体反应速率常数不等（$k_R \neq k_S$）时，动力学拆分可以进行，反应的转化率在 0～100% 之间；两个对映体反应速率差别越大，拆分效果越好。例如，R 异构体反应很快（$k_R \gg k_S$），最初 R 和 S 各占 50% 的混合物，动力学拆分结果是 50% 的 S 起始原料和 50% 的产物 P。动力学拆分过程与产物的性质没有关系，产物 P 和 Q 可以是手性化合物，也可以是非手性化合物。动力学拆分的根本点在于两个对映体与手性实体以不同的反应速率反应，如果手性实体为催化剂，则更为实用，成为催化的动力学拆分。

$$R \xrightarrow{\ k_R\ } P$$
$$S \xrightarrow{\ k_S\ } Q$$

根据手性催化剂的来源不同，催化的动力学拆分又分为生物催化和化学催化两类，生物催化的动力学拆分以酶或微生物为催化剂，而化学催化的动力学拆分以手性酸、碱或配体过渡金属配合物为催化剂。

（一）生物催化的动力学拆分

早在 19 世纪中叶 Pasteur 对消旋酒石酸铵的水溶液进行灰绿青霉菌（*Penicillium glaucum* mold）发酵处理，灰绿青霉菌充当手性催化剂，使酒石酸铵发生代谢转化，得到光学纯的（S，S）-酒石酸，这是第一个生物催化的动力学拆分的例子。

工业上将特异性的 L-酰基转移酶用于催化水解 N-乙酰氨基酸的外消旋体，达到将氨基酸拆分的目的。

利用酯酶的催化作用，可以将手性醇形成的酯水解，得到相应的手性醇。如在猪胰腺酯酶（procine pancreas lipase，PPL）的催化作用下，（S）-缩水甘油丁酯选择性水解，生成

（*R*）-手性醇,进一步生成（*S*）-缩水甘油芳基磺酸酯(4-46)；而（*R*）-缩水甘油丁酯发生酯交换反应转化成(*R*)-缩水甘油芳基磺酸酯(4-47)，具有光学活性的缩水甘油磺酸酯衍生物 4-46 和 4-47 是合成 β₁ 受体阻断剂类药物的关键中间体。

酯酶还可以催化手性酸形成的酯的水解反应，用于制备手性酸。例如，念珠菌属酯酶（*Candida cylindracea* lipase，CCL）催化萘普生甲酯的水解，得到（*S*）-萘普生(4-24)，转化率 39%，对映体过量 98%。利用固定化 CCL 的离子交换树脂柱，可实现萘普生乙氧乙基酯水解的连续化操作。

普瑞巴林（4-42）的新工艺路线采用酶催化的动力学拆分法，选择性水解氰基二酯（4-43）成手性单酯（4-48），然后经过加热脱羧、水解和催化氢化，制得普瑞巴林（4-42），产物纯度 99.5%，ee 值 99.75%。动力学拆分、脱羧、水解和催化氢化等步骤都可以在水相中进行，且非目标（*R*）-氰基二酯在碱性条件下外消旋化，可循环使用，使总收率提高至 40% 以上。

（二）化学催化的动力学拆分

化学催化拆分的一个例子是手性二膦 BINAP 与铑（I）配合物催化的烯丙醇的异构化，

在此反应中，*S*-对映体选择性地被异构化为非手性的 1,3-二酮，*R*-对映体不参加反应。

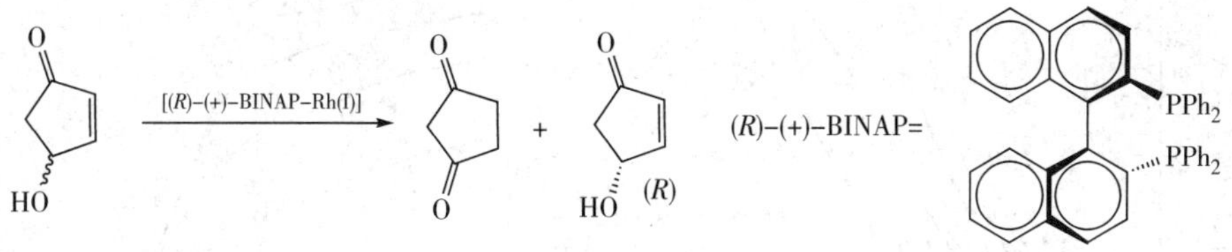

应用 Sharpless 不对称环氧化法，对氨基醇或烯丙醇的外消旋体进行动力学拆分。叔丁基过氧化物（tert-butyl hydroperoxide，TBHP）为氧化剂，四异丙氧基钛和酒石酸二异丙酯（diisopropyl tartrate，DIPT）为催化剂，产物对映体过量在 95% 以上。

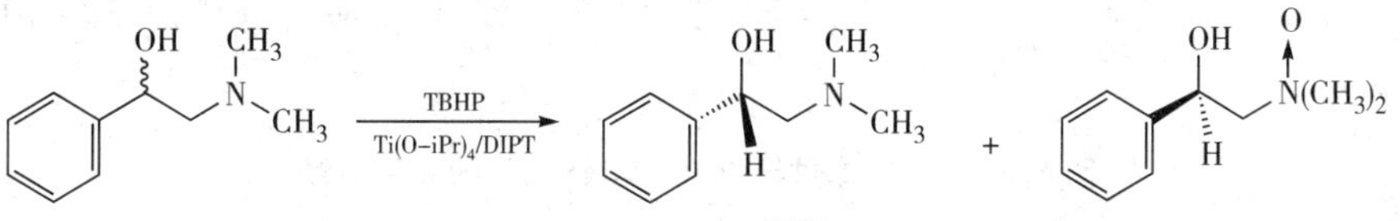

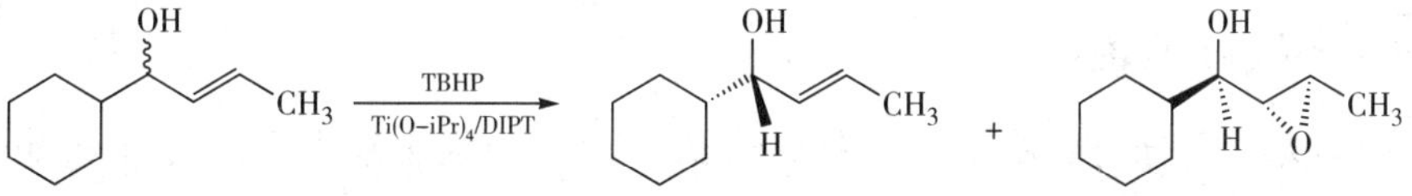

思考

试比较动力学拆分与结晶法拆分非对映异构体的主要不同点。

（三）对映异构体比（*E*）与动力学拆分效率

对映异构体比（*E*），即两种对映异构体假一级反应速率常数的比值，常用于比较和衡量动力学拆分的效率。如果 *S*-对映体选择性反应，则：

$$E_s = \frac{k_S}{k_R} \tag{4-3}$$

不同 *E* 值条件下，对映体过量（ee）与转化率的关系曲线如图 4-10 所示，从剩余底物的对映体过量与转化率的关系曲线图 4-10a 可以看出，对于反应活性低的立体异构体来说，当反应进行至合适程度，就可获得较高光学纯度的剩余底物。如果某一反应 *E* 值在 100 以上，那么该反应转化率达 50% 时，就可以得到光学纯度较高的剩余底物异构体；*E* 值低，则需要较高的转化率。转化率高，意味着损失剩余底物。再看产物的对映体过量与转化率的关系曲线图 4-10b，对于反应活性高的立体异构体来说，只有 *E*>100 的反应才能得到光学纯度>95% 的产物。一般情况下，*E* 值在 20 以上的动力学拆分过程有一定实用价值；若 *E* 值大于 100，可以较高收率获得光学纯的单一立体异构体。

动力学拆分的特点一是过程简单，生产效率高；二是可以通过调整转化程度提高剩余底物的对映体过量。实际工作中，经常采用损失一点产率，以获得高光学纯产物的策略。动力学拆分的不利之处是需要一步额外的反应，完成非目标立体异构体的消旋化。如果动力学拆分过程中实现非目标异构体自动消旋化，动力学拆分的最高产率为 100%，

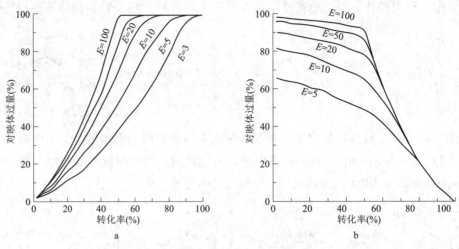

图 4-10　对映体过量（ee）与转化率的关系曲线

而不是 50%，那么动力学拆分可与其他拆分方法以及不对称合成相媲美。

（四）动态动力学拆分

经典的动力学拆分与底物消旋化相结合的方法即为动态动力学拆分（dynamic kinetic resolution），也就是利用手性底物或手性中间体的消旋化的动态平衡，使其中一种手性底物或手性中间体转化成另外一种立体异构体，达到最大限度得到单一手性化合物的目的。手性底物或手性中间体消旋化方法有化学法和酶法，酶法较化学法更具有环境友好性，因此更适合工业化生产。大部分药物水溶性差，所以利用非水相酶反应对手性药物进行动态动力学拆分，获得单一立体异构体，这一技术在近几年内有了很大的发展。

超临界流体色谱、毛细管电泳、分子印记技术等技术在色谱分离法中的应用，以及酶催化的动态动力学拆分的发展，膜拆分、萃取拆分等技术在手性拆分中的应用推动了外消旋体拆分技术的发展。结晶法拆分具有过程简便、稳定、适于自动化操作等特点，在手性药物生产中将继续发挥重要的作用。

第三节　利用手性源制备手性药物

用于制备手性药物的手性原料或手性中间体主要有三个来源，一是自然界中大量存在的手性化合物，如糖类、萜类、生物碱等；二是以大量价廉易得的糖类为原料经微生物合成获得的手性化合物，如乳酸、酒石酸、L-氨基酸等简单手性化合物和抗生素、激素和维生素等复杂大分子；三是从手性的或前手性的原料化学合成得到的光学纯化合物。通过以上生物控制或化学控制等途径得到的手性化合物，统称为手性源（chirality pool）。

手性源合成（chirality pool synthesis）指的是以价廉易得的天然或合成的手性源化合物为原料，通过化学修饰方法转化为手性产物。产物构型既可能保持，也可能发生翻转或手性转移。

一、手性合成子与手性辅剂

手性源合成中，手性起始原料可能是手性合成子（chiral synthon）也可能是手性辅剂（chiral auxiliary）。如果手性起始原料的大部分结构在产物结构中出现，那么这个手性起始原料是手性合成子；手性辅剂在新的手性中心形成中发挥不对称诱导作用，最终产物结构

扫码"学一学"

中没有手性辅剂的结构。

磷酸奥司他韦（oseltamivir phosphate，4-49）是一种神经氨酸酶抑制剂，用于抗流感病毒治疗。经典的合成工艺路线是以天然莽草酸（shikimic acid，4-50）为起始原料的半合成路线，由 10 步反应组成。4-50 的结构在产物 4-49 中几乎全部保留，4-50 发挥手性合成子的作用；在 10 步反应中，4-50 结构中的 3 个手性中心，1 个手性中心构型保持，2 个构型发生翻转。

奈非那韦（nelfinavir，4-51）是一个强效的蛋白酶抑制剂，也是目前抗 HIV 感染的重要药物。其关键手性中间体（4-52）的规模化制备是影响其工业化生产的主要难点之一。以廉价的异抗坏血酸钠（sodium erythorbate，4-53）为手性源，经过 14 步反应合成 4-51，总产率可达到 17%。该方法无需柱色谱纯化和特殊的反应仪器，可同时控制反应的区域选择性和立体选择性，适用于奈非那韦（4-51）的大规模生产。

在（S）-萘普生（4-24）的合成过程中，L-酒石酸用作手性辅剂，可以回收和循环使用。

从经济的角度来看，手性辅剂的回收和循环使用是手性源合成的关键问题，与经典拆分过程中拆分剂的回收利用相似，此外手性辅剂的分子量越小越经济。

二、手性源的组成和应用

当我们设计合成一个手性化合物时，最简捷的方法就是在手性源中挑选结构相近的手性原料进行手性源合成。手性源中相对便宜的手性原料有糖类、羟基酸类、氨基酸类、萜类和生物碱类。许多手性原料价格不高，与石油化工产品相近，但它们有很多用途，可以用作手性合成子、手性辅剂、拆分剂及催化不对称合成的手性配体或催化剂。

1. **糖类** 自然界中，手性化合物最多的就是糖类，它们通常是 D-构型。从工业合成的角度来看，单糖是最简单、最重要的。在一系列 D-型醛糖中，D-葡萄糖（glucose，4-54）和 D-果糖（fructose，4-55）是最重要的单糖。

4-54

4-55

D-葡萄糖（4-54）还原胺化产物 N-甲基葡糖胺（4-56）是制备造影剂钆喷酸葡胺（gadopentetate dimeglumine）的原料。4-54 的氢化产物 D-山梨醇（sorbitol，4-57）用于制备维生素 C（vitamin C，L-ascorbic acid，4-58）。双酮糖法（莱氏法，Reichstein-Grussner process）为 4-57 经黑醋酸杆菌氧化生成 L-山梨糖（4-59），双丙酮基保护后氧化、水解生成 2-酮基-L-古龙酸（4-60），内酯化、烯醇化、精制得到 4-58；两步法发酵工艺则为 4-59 在氧化葡萄糖杆菌、芽孢杆菌作用下，直接氧化得到 2-酮基-L-古龙酸（4-60），转化精制制备 4-58。

D-葡萄糖（4-54）的各种氧化产物、保护糖和未保护糖生成的具有不对称中心的衍生物都是重要的手性源化合物。

2. **手性羟基酸类** L-乳酸（lactic acid）和 L-酒石酸（tartaric acid）是典型的手性羟基酸类化合物。乳酸的两个立体异构体由发酵制得，L-乳酸是一个常用的食品添加剂，比 D-乳酸应用广泛。(R, R)-L-酒石酸是从葡萄酒生产中的副产物——酒石膏中提取得到的，具有应用范围广和价格低廉等特点，既是工业生产过程中广泛应用的拆分剂，又是一个非常有用的手性合成子。(S, S)-D-酒石酸也是一个天然产物，工业上主要来自外消旋酒石酸的拆分，价格比 L-对映体高 10~20 倍。(S, S)-D-酒石酸曾用于合成抗菌药磷霉素（fosfomycin，4-61）。

126

CH₂OH　　　　　　CHO　　　　　　　　CH₂NHCH₃

（structures 4-57, 4-54, 4-56 with H₂, Ni and CH₃NH₂/H₂, Ni reaction arrows）

4-57　　　　　　4-54　　　　　　　　4-56

黑醋酸杆菌

（structure 4-59 with acetone/H₂SO₄, O₂/KMnO₄/NaOH reactions）

4-59

H⁺, H₂O

氧化葡萄糖杆菌
芽孢杆菌

（structure 4-60 with 内酯化 烯醇化 arrow to 4-58）

4-58

4-60

（phosphorus chemistry scheme with Et₃N/CH₂Cl₂ and MOH）

　　（*S*）-*L*-苹果酸（malic acid，4-62）、扁桃酸（mandelic acid，4-63）和（*R*）-β-羟基丁酸（β-hydroxybutyric acid，4-64）也是常用的羟基酸。

　　3. 氨基酸类　　氨基酸包括天然的 *L*-氨基酸类和非天然的 *D*-氨基酸类两类。各种天然氨基酸均可通过发酵等方法大量制备，是手性源中最重要的一类化合物。氨基酸的结构相对简单，只有一个或两个不对称中心，并能进行各种化学转化。*L*-脯氨酸（4-44）是许多 ACE 抑制剂包括卡托普利（captopril）、依那普利（enalapril）、赖诺普利（lisinopril）等的关键原料。*L*-丙氨酸和 *L*-赖氨酸分别是后两个产品的关键原料。

　　另一个与手性药物相关的例子是 *L*-苏氨酸（threonine，4-65），*L*-苏氨酸是合成碳青霉烯（培南）类抗生素关键中间体 4-乙酰氧基氮杂环丁酮（4-acetoxyazetidin-2-one，4-AA，4-66）的手性合成子，4-65 经重氮化、溴代、碱性条件下分子内亲核取代得环氧丁酸钾盐（4-67），再与 4-甲氧基苯胺乙酸乙酯缩合，闭环得到带有 3 个手性中心的化合物 4-68，羟基用叔丁基二甲基硅基保护、酯水解得到 4-69，与四醋酸铅反应引入乙酰氧基，最后用硝酸铈铵（CAN）脱去 4-甲氧基苯基得到 4-66，该工艺路线不涉及异构体分离，成本显著降低。

许多非天然的 D-氨基酸被逐渐认识并得到应用。例如，D-苯甘氨酸（4-41）和 D-对羟基苯甘氨酸。D-苯甘氨酸（4-41）是氨苄西林（ampicillin）、头孢克洛（cefaclor）和头孢氨苄（4-11）等 β-内酰胺抗生素的侧链，而 D-对羟基苯甘氨酸是阿莫西林

（amoxicillin）、头孢哌酮（cefoperazone）和头孢曲松（ceftriaxone）等品种的原料。

4. 萜类 自然界中具有手性的萜类化合物很多，其中最重要的是单萜类化合物。手性单萜类化合物除了用于合成其他萜类化合物，也可做拆分剂或拆分剂的前体，还可做不对称催化剂的手性配体。通常单萜类很少用作手性合成子，这是因为它们多为液体，难于提纯，结构中活性官能团少。图4-11列出了常见的单萜类化合物。

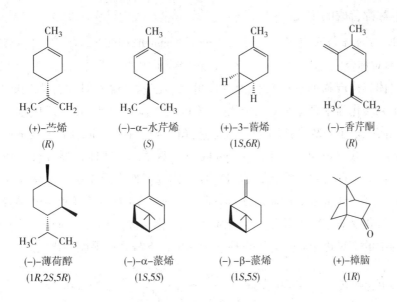

图4-11 常见的单萜类化合物

萜类也被用作手性辅剂。例如，从（+）-β-蒎烯合成肉碱缺乏治疗药左卡尼汀（左旋肉碱，levocarnitine，4-70），这条路线由11步反应组成，总收率很低。还要用到一些昂贵的或对环境有害的化学试剂，蒎烯的降解依次用到间氯过氧苯甲酸、重铬酸盐和高碘酸盐，而且蒎烯本身在合成中被消耗，因此这条路线只有理论意义，没有实际应用价值。

5. 生物碱类 与上述手性化合物相比，生物碱类分子量大、价格高。常用的金鸡纳生物碱类化合物为奎宁、辛可尼丁。不仅作为拆分剂用于某些外消旋酸的拆分，而且作为不对称催化剂的手性配体或不对称催化反应的碱性催化剂的研究很多，有一定的应用前景。

简述手性源的组成和用途。

扫码"学一学"

第四节　利用前手性原料制备手性药物

一、不对称合成的定义和发展

（一）不对称合成的定义

1894 年 E. Fischer 首次使用"不对称合成（asymmetric synthesis）"这一术语，Morrison 和 Mosher 将不对称合成定义为"一个反应，底物分子中的非手性单元在反应剂作用下以不等量地生成立体异构产物的途径转化为手性单元。也就是说不对称合成是这样一个过程，它将前手性单元转化为手性单元，并产生不等量的立体异构产物。"反应剂可以是化学试剂、催化剂、溶剂。不对称合成分为对映体选择性合成（enantioselective synthesis）和非对映异构体选择性合成（diastereoselective synthesis）两类，对映体选择性合成指前手性底物在反应中有择生成一种对映异构体；非对映异构体选择性合成指手性底物在生成一个新的不对称中心时，选择性生成一种非对映异构体。例如，前手性烯烃和手性烯烃在有机过氧酸作用下的环氧化反应，前者需手性催化剂的不对称诱导作用（asymmetric induction），而后者本身结构中的不对称中心具有不对称诱导作用，不需另加手性催化剂。

$$R-\underset{H}{\overset{|}{C}}=CH_2 \ + \ R'CO_3H \xrightarrow{\text{手性催化剂}} \underset{H}{\overset{R}{\diagup}}\!\!\!\diagdown\!O \ + \ R'COOH$$

$$\underset{H \quad R'}{\overset{R}{\diagdown}}\!\!C\!=\!CH_2 \ + \ R''CO_3H \xrightarrow{\text{非手性催化剂}} \underset{H \quad R'}{\overset{R \quad O}{\diagdown}}\!\!\!\!\diagup \ + \ R''COOH$$

在不对称合成反应中，底物和反应剂结构中至少有一个手性中心，两者结合时在反应位点上诱导不对称性，通常不对称性是在官能团位点上由三面体碳转化为四面体碳时产生的，这些官能团包括羰基、烯胺、烯醇、亚胺或碳-碳不饱和双键。碳原子上的不对称合成反应是当今研究的主要领域。

化学催化剂包括均相过渡金属配合物（transition metal complexes）催化剂、非均相过渡金属配合物催化剂以及有机催化剂 3 类。手性配体过渡金属配合物催化剂的发展和应用，使部分不对称合成反应成为合成手性药物的重要途径，与酶催化的不对称合成反应、经典的拆分技术以及手性源合成等技术一道广泛地用于工业生产。

（二）不对称合成的发展

不对称合成反应的理论与实践方面都有了较大的突破，已经从传统的不对称合成进入不对称催化合成阶段，传统的不对称合成消耗化学计量的手性辅助试剂以控制反应立体选择性，这样的化学计量型不对称合成（stoichiometrical asymmetric synthesis）除应用廉价的天然手性源化合物外，一般不适合工业生产。而不对称催化合成（asymmetric catalytic reaction），又称手性催化（chiral catalysis），通过使用催化剂量级的手性原料，立体选择性地生产手性产物。不对称催化合成包括化学催化和生物催化，一般指利用化学催化剂或生物酶作为手性模板控制反应物的对映面，将大量前手性底物选择性地转化成特定构型的产物，实现手性放大和手性增殖。

20 世纪 60 年代以前，手性非均相催化反应（heterogeneous catalysis）是不对称合成研究的主流。60 年代后期发现了均相催化剂三苯膦氯化铑［Rh（PPh$_3$）$_3$Cl］，1971 年，Kagan 和 Dang 发明了含有手性二膦 DIOP 的不对称催化氢化催化剂，DIOP-Rh（I）配合物催化 α-酰氨基丙烯酸及其酯的不对称催化氢化反应，生成相应的氨基酸衍生物，对映体过量高达 80%，由此带来了均相不对称催化（homogeneous asymmetric catalysis）领域的突破性进展。

思考

均相催化与非均相催化的优缺点。

手性二膦 DIOP 是一种由 L-酒石酸得到的 C2 手性衍生化手性二膦，DIOP 的手性不是磷原子本身而是碳骨架上的手性中心产生的。40 多年来，许多研究结果表明含手性取代基的二膦类化合物在有机过渡金属催化的反应中是最有效的多功能配体，已在催化氢化、环氧化、环丙烷化、烯烃异构化和双烯加成等几十种反应中取得成功，其中 DIOP、BINAP 等手性二膦配体催化某些反应，立体选择性达到或接近 100%。在手性配体过渡金属配合物催化的不对称合成反应中，仅用少量手性催化剂即可将大量前手性底物选择性地转化为手性产物，明显优于化学计量型不对称合成。图 4-12 是常用的手性膦配体。

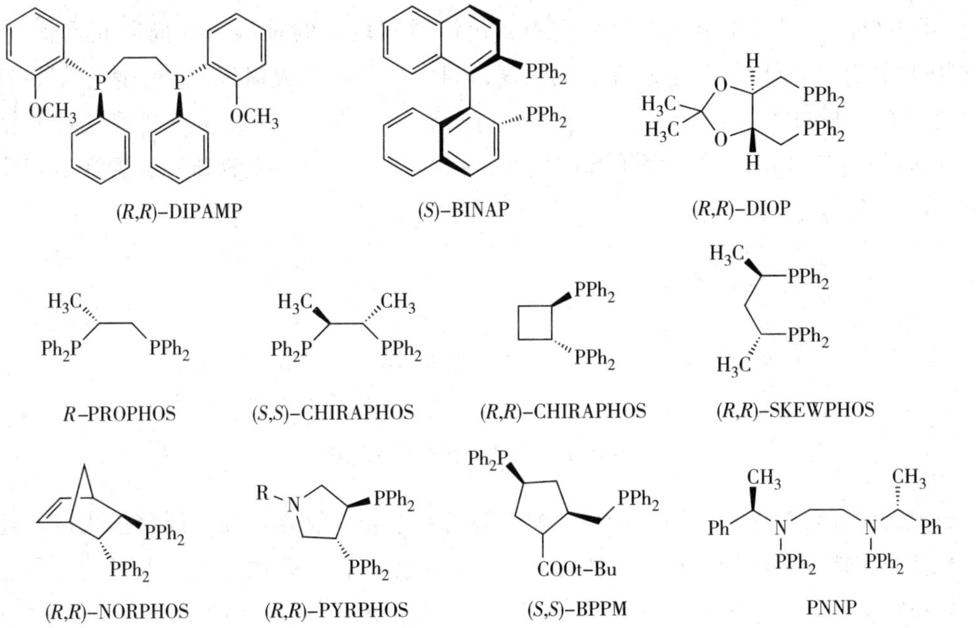

（*R*,*R*）-DIPAMP　　　　（*S*）-BINAP　　　　（*R*,*R*）-DIOP

R-PROPHOS　　（*S*,*S*）-CHIRAPHOS　　（*R*,*R*）-CHIRAPHOS　　（*R*,*R*）-SKEWPHOS

（*R*,*R*）-NORPHOS　　（*R*,*R*）-PYRPHOS　　（*S*,*S*）-BPPM　　　PNNP

图 4-12　不对称合成中常用的手性膦配体

水溶性手性膦配体的过渡金属配合物的出现，解决了均相催化剂不易复原与回收的问题。向手性膦配体结构中引入磺酸盐、羧酸盐或四烷基铵盐等强极性官能团，可以形成水溶性膦配体。例如，三（3-磺酸基苯基）膦与铑形成的配合物溶于水，在水-有机相的二相体系中进行催化还原氢化、羰基化和甲酰化等反应，反应完成后，水相中的催化剂很容易与有机相中的产物分离，可回收套用。图 4-13 列出了一些水溶性手性配体。

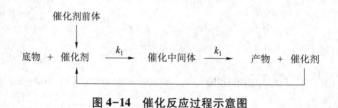

图 4-13 部分水溶性手性配体

（三）过渡金属配合物催化的基本原理

了解过渡金属配合物催化的基本步骤有助于理解过渡金属催化的不对称反应的原理。

1. 过渡金属配合物催化的基本步骤 一般情况下，催化反应首先是催化剂前体活化为活性催化剂，活性催化剂进入催化循环，活化步骤包括配体溶解或金属氧化态改变。活化催化剂与底物反应形成催化中间体，随后分解为产物及催化剂，催化剂进入下一个循环（图 4-14）。一个有效的催化的前提是催化中间体的形成速率（k_1）和分解速率（k_2）都相当快。在过渡金属催化反应中，化学周期表中的Ⅷ族第 5 周期元素钯（Pd）、铑（Rh）和钌（Ru）通常是最好的催化剂，因为中间体形成速率与分解速率都足够高且两者之间有很好的平衡（$k_1 = k_2$）。第 4 周期元素镍（Ni）、钴（Co）和铁（Fe）活性低且中间体不稳定（$k_2 \gg k_1$），而第 6 周期元素铂（Pt）易于与底物作用，但形成稳定的中间体（$k_1 \gg k_2$）。

催化剂前体

底物 + 催化剂 $\xrightarrow{k_1}$ 催化中间体 $\xrightarrow{k_1}$ 产物 + 催化剂

图 4-14 催化反应过程示意图

过渡金属配合物催化的基本步骤：配体解离或整合、氧化加成、迁移插入以及还原消除。配体解离伴随着底物的整合和活化，底物的活化也就是氧化加成中发生的电子重新分配、转移或消除。最后是发生在金属-氢或金属-烷基键之间的迁移插入。

16/18 电子规则是指过渡金属配合物催化的过程，也就是不同的 16 电子和 18 电子配合物形成的过程。某一金属的共价电子数由它在周期表中的位置决定，与其氧化态无关，如 Mn 和 Fe 的共价电子数分别为 7 和 8，Co 和 Rh 的共价电子数均为 9。共价配体（H，R）和离子态配体（Cl^-）算作一个电子，CO、R_3P、R_3N 等配体算作两个电子。下面以四羰基氢钴［$HCo(CO)_4$］催化的烯烃加氢甲酰化为例，具体说明催化的基本步骤及 16/18 电子规则的应用（图 4-15）。

2. 手性配体在不对称催化合成中的作用 在不对称催化合成中，手性配体有两方面作用，一是加速反应，二是手性识别和对映体控制。

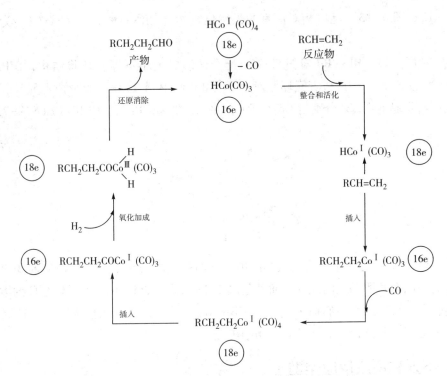

图4-15　HCo(CO)₄催化的烯烃还原甲酰化电子的过程

在不对称催化合成反应中，手性配体与过渡金属的配合加快了反应速率，并提高了反应的立体选择性，这种现象被称为配体促进的催化（ligand-accelerated catalysis）。换句话说，当过渡金属配合物催化活性远远高于过渡金属本身时，才能看到反应的高度立体选择性。

在不对称催化合成反应中，手性配体能区别前手性底物的立体特征，也就是说，对于前手性底物的对映位面或非对映位面，手性催化剂具有区别能力，并以不同的速率反应形成不同的非对映异构体过渡态，产物的对映体选择性由两个非对映异构体过渡态自由能的差别程度所决定。对映体过量超过80%的不对称合成反应具有应用价值，对映体过量超过80%，两个过渡态的自由能需相差至少8.37kJ/mol（2kcal/mol）；对映体过量达到99%，自由能需相差12.56kJ/mol（3kcal/mol）。

对映体选择性由形成非对映异构过渡态的第一步所决定。由于难于直接观察过渡态，因此过渡态的结构和稳定性只能通过反应物、中间体和产物推测。Hammond推测法认为过渡态的结构和反应中能量、反应活性与它最接近的物质相似，在一个放热反应中，最稳定的过渡态与催化剂-反应物配合物的非对映异构体相似，这个反应被称为反应物控制型反应；在吸热反应中，最稳定的过渡态与催化剂-产物配合物的非对映异构体相似，这个反应被称为产物控制型反应。例如，由手性铑配合物催化的不对称氢化反应是一个放热反应，意味着立体选择性形成的产物来自于催化剂-反应物配合物的非对映异构体。

3. 手性配体的来源及其与过渡金属的配合　不对称合成中使用的大量手性配体主要来自手性源中的天然原料，典型的例子是酒石酸及其酯类和金鸡纳生物碱，酒石酸在非均相镍催化的不对称氢化和均相钛催化的不对称环氧化等反应中充当手性配体，金鸡纳生物碱作为手性配体用于非均相钯催化的不对称氢化和均相锇催化的烯烃的不对称二羟基化。金鸡纳生物碱本身作为有机催化剂，用于一系列碱催化反应中。大部分手性二膦配体（图 4-12、图 4-13）是以相对便宜的天然化合物（如酒石酸和 *L*-脯氨酸）为原料合成的。

手性二膦与 Ru、Rh、Pd 等过渡金属配合，形成大小不等的环状结构，DIPAMP 和 CHIRAPHOS 等 1,2-二膦形成五元环，而 DIOP 和 BINAP 等 1,4-二膦形成七元环，这些配合物的共同特征是四个苯环分别处于两个垂直的平面，例如，Rh(I)-CHIRAPHOS（4-71）的立体结构。

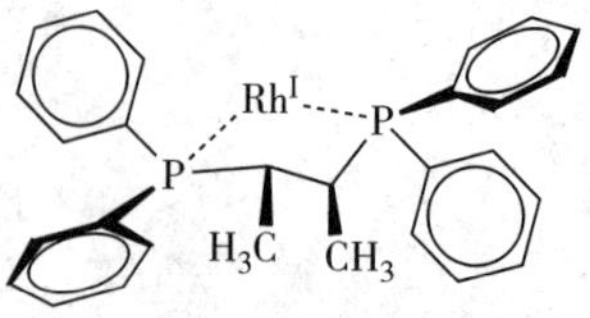

4-71

手性二膦 BINAP 是一个非常有效的配体，它的独特之处在于配合环构象的变化不会引起膦原子上的四个基团手性的改变，而其他的 1,4-二膦，如 DIOP，七元配合环的柔性结构变化幅度较大，可导致手性的消失。因此，BINAP 与许多过渡金属形成既有柔性又保持构象的七元配合环，其催化剂活性可与酶相媲美。

二、不对称合成反应类型

普通的有机合成反应，生成等量立体异构体的混合物；只有在不对称的环境中发生反应，某种立体构型的产物的量才可能超过其他的立体异构体。不对称合成就是使反应在人为的不对称环境中进行，以求最大限度地获得所需立体构型的产物。不对称合成是制备手性药物的重要方法之一，从另一个角度说手性药物新品种的不断出现和发展大大促进了不对称合成方法学的进步。有关不对称合成在手性药物合成中应用的专利和论文很多，足以说明不对称合成在手性药物研究和生产中的地位。

（一）常见的不对称合成反应

不对称合成涉及的反应类型相对有限，主要有以下 5 类：

1. 羰基化合物的 α-烷基化和催化烷基化加成反应 羰基是构建 C—C 键的主要官能团，通常表现亲电试剂的性质；也可在碱的作用下，通过生成烯醇发挥亲核试剂的作用。在羰基 α-位的不对称烷基化反应中，手性烯醇体系作为一类亲核试剂与烷基卤化物亲电试剂发生反应。这类反应多为底物控制的反应，即底物的手性被传递到新形成的不对称碳原子上，也称为手性传递（chiral transfer）反应。

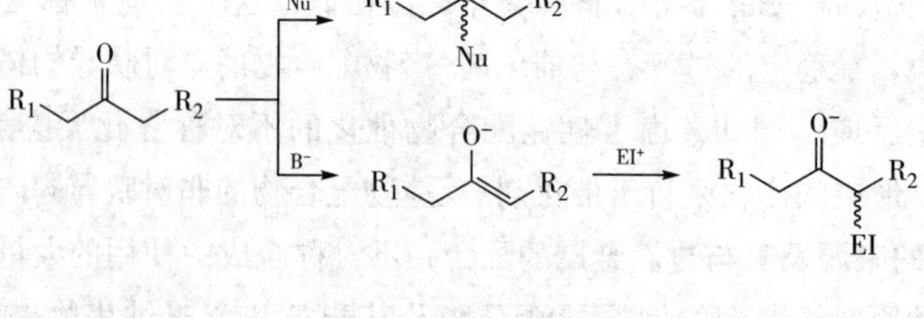

例如：

又如在二胺类手性辅剂（4-72）的作用下，肉桂酸类化合物发生 1,4 加成反应，烷基化具有很高的立体选择性。

在手性催化剂作用下，烷基金属与羰基化合物发生不对称亲核加成反应。例如，在有机催化剂二甲胺异龙脑（dimethylamino isoborneol，DAIB）作用下，苯甲醛和间溴苯乙酮分别发生烷基化，生成手性醇。这个反应的特殊之处不仅在于很高的立体选择性，而且表现出手性放大（chirality amplification）现象，即用 ee 15% 的（S）-DAIB 作催化剂，得到 ee 95% 的（S）-醇，与光学纯（S）-DAIB 作催化剂的反应结果完全一样。同一个反应中手性和非手性催化系统互相竞争，手性催化系统的催化效率比非手性系统大 600 多倍，这是手性放大的主要原因。

2. **醛醇缩合** 醛醇缩合，即烯醇盐或烯丙基金属试剂等亲核试剂与亲电的羰基之间的缩合反应，是构建 C—C 键的一类化学反应，可以同时生成两个手性中心。现有 4 种方法用于对醛醇缩合进行不对称控制：底物控制、试剂控制、双不对称反应以及催化剂控制。

例如，N-酰基噁唑烷酮（4-73，4-74）为手性辅剂，参与醛醇缩合反应，具有很好的立体选择性。4-73 或 4-74、二正丁基硼三氟甲磺酸酯和三乙胺在二氯甲烷中-78℃反应，制备 Z-硼烯醇盐，然后对醛羰基加成，生成顺式醛醇缩合产物。

应用 Corey 手性催化剂（4-75），二乙基酮与各种醛反应可以高选择性地得到顺式加成产物。

R=Ph：收率 95%，顺式：反式 = 94.3 : 5.7，ee 97%
R=Me$_2$CH：收率 85%，顺式：反式 = 98 : 2，ee 95%
R=Et：收率 91%，顺式：反式 > 98 : : 2，ee > 98%

在氨基酸的催化下，前手性的环三酮进行立体选择性的分子内羟醛缩合反应，产物（4-76）是全合成 19-去甲类固醇的关键中间体。例如，4% 摩尔量的 L-脯氨酸（4-44）作催化剂，这个反应的化学收率和对映体过量可分别达到 100% 和 93.4%。

3. 不对称 Diels-Alder 反应及其他成环反应　不对称 Diels-Alder 反应的特征是立体选择性地同时形成两个 C—C 键，在成键位置生成四个手性中心，Diels-Alder 反应以同面加成进行，还可通过不对称诱导作用，立体控制反应进程，包括以下三种方法：在二烯上连接手性辅基，在亲二烯体上连接手性辅基，以及使用手性催化剂。如手性催化剂作用下的不对称 Diels-Alder 反应，具有良好的立体选择性。

136

在抗肿瘤抗生素肉瘤霉素（sarkomycin，4-77）的全合成方法中，关键反应是 E-溴代丙烯酸酯（4-78）与环戊二烯发生的不对称 Diels-Alder 反应。4-78 是结构中含有手性辅基的亲二烯体，在 TiCl$_4$ 催化下与环戊二烯反应，发生内向加成反应，两个内向加成产物 4-79 和 4-80 的比例为 98：2，化合物 4-79 为合成 4-77 的关键中间体。

4. 不对称催化氢化等还原反应　这类反应包括烯烃、烯胺、羰基的不对称催化氢化，酮的手性金属氢化物还原和催化氢转移等反应。

手性二膦铑催化剂的发现与应用，改变了烯烃、烯胺、羰基不对称催化氢化的发展进程，并使不对称催化氢化成为制备各种光学纯化合物的最有效最方便的方法之一。抗帕金森药物 L-多巴（4-9）的合成过程中，最关键一步是烯胺（4-81）的不对称氢化，应用均相催化剂手性二膦铑，不同的手性膦配体催化效果不同，苯基丙基甲基膦（PPMP）的 ee 为 28%，用邻甲氧苯基代替正丙基得到的手性膦（PAMP）ee 提高到 60%，用环己基代替苯基（CAMP）ee 达得 85%，最后，应用手性二膦 DIPAMP，不对称氢化的立体选择性更高（95% ee）。DIPAMP 不仅催化效果好，而且性质稳定。这是一个典型的手性配体优化过程，也是第一个利用手性配体过渡金属配合物进行催化不对称合成的工业技术。

COD=1,5-环辛二烯

在 Noyori 等人发明的催化剂 BINAP-Ru（II）二羧酸配合物（4-82）的催化下，甲醇为溶剂，压力 1.3×10^7 Pa，室温氢化，从不饱和前体得到（S）-萘普生（4-24），对映体过量 97%，收率 92%。

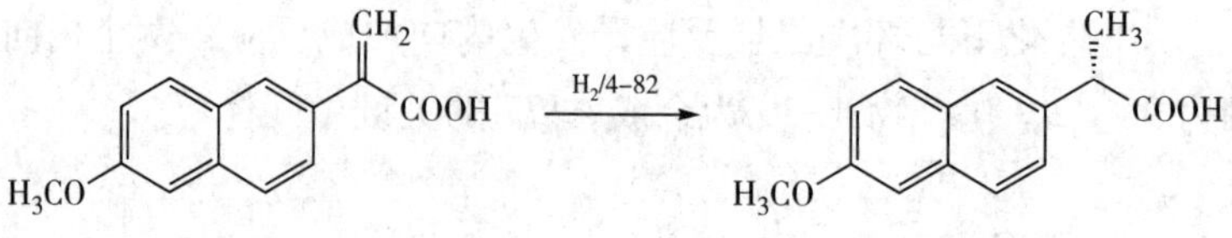

4-24

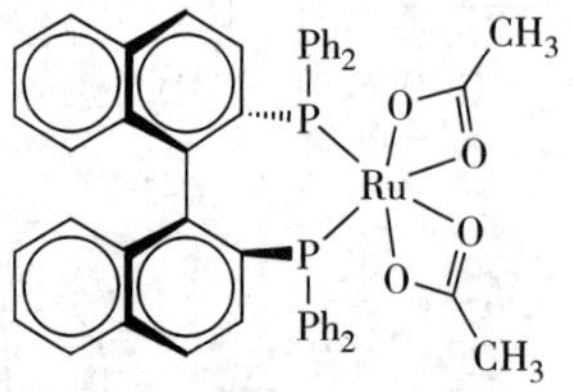

4-82

Ru-BINAP 配合物也是许多酮基官能团选择性还原的良好的催化剂，在合成碳青霉烯类抗生素的关键中间体 4-AA（4-66）的工艺路线中有所应用。

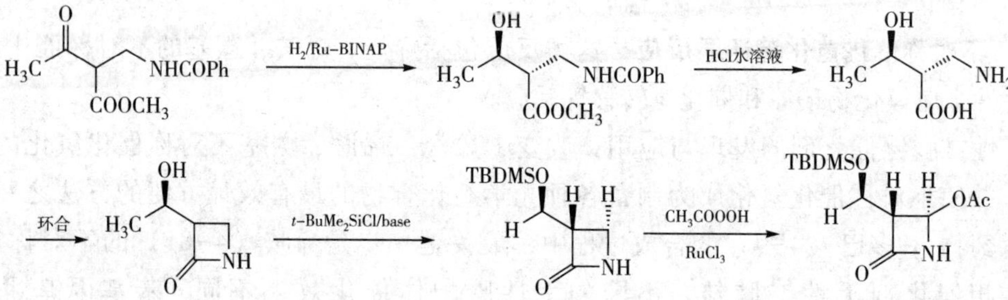

4-66

普瑞巴林（4-42）的不对称催化氢化工艺路线，通过使用特制的手性催化剂 4-83，高度立体选择地合成还原产物，转化率为 100%，ee 值高达 98%，再经过水解还原、纯化等步骤得到产品 4-42。该路线对底物的纯度要求严格，同时存在金属催化剂价格昂贵，手性膦配体不易制备且对空气敏感，以及产品中残留金属不易控制等问题。

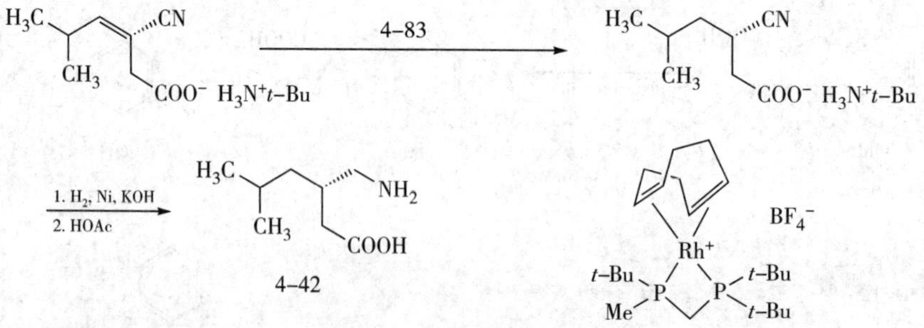

4-42

4-83

5. 不对称氧化反应 与催化还原反应相比，催化不对称氧化反应尚存在着一些难以克服的困难，例如，氧化条件下许多（手性）配体的热力学不稳定性。但是在以下领域已经取得了相当大的进展。

（1）Sharpless 环氧化反应：20 世纪 80 年代初发现的烯丙基伯醇的 Sharpless 环氧化反

应（Sharpless epoxidation reaction），已经成为催化不对称合成中的经典反应。Sharpless 环氧化利用可溶性的四异丙氧基钛和酒石酸二乙酯（diethyl tartrate，DET）或酒石酸二异丙酯（diisopropyl tartrate，DIPT）为催化剂，叔丁基过氧化物（t-butyl hydroperoxide，TBHP）为氧化剂，得到立体选择性大于95%和化学收率70%~90%的环氧化物（图4-16）。这个方法的意义不限于合成环氧化物，而在于环氧化物进一步发生位置和立体选择性亲核取代反应，再经过官能团转化，可获得多种多样的手性化合物。

工业上 Sharpless 环氧化反应被应用于 R 和 S 缩水甘油的合成，缩水甘油的 R 和 S 异构体构成了多种多样的含3个碳原子的合成子，在药物合成中广泛应用。(S)-缩水甘油酯(4-46)分子中的两个末端 C $[C_1$ 和 $C_3]$ 均具有亲电活性，C_1 与亲核试剂竞争性结合，产物构型保持，C_3 与亲核试剂结合，产物构型发生反转。芳烃磺酰氧基，尤其是间硝基苯磺酰氧基是良好的离去基团，当亲核试剂萘酚负离子对 C_1 位进攻时，显示出很高的位置选择性，反应产物（4-84）是制备 β 受体阻断剂普萘洛尔（4-20）的手性合成子。

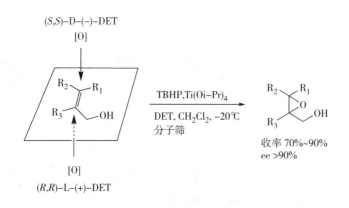

图4-16　烯丙基伯醇不对称催化环氧化反应

（2）前手性硫醚的对映选择性的氧化成砜：以四异丙氧基钛和酒石酸二乙酯为催化剂，TBHP 或异丙基苯过氧化物（cumene hydroxide，CHP）为氧化剂，在水存在下，将前手性的硫醚氧化成亚砜，具有很好的立体选择性。

在埃索美拉唑（4-3）合成的最后一步，在钛配合物、CHP 和 (S,S)-DET 作用下，氧化成 (S)-亚砜(4-3)，对映体过量94%以上。

（3）烯烃的不对称二羟基化：Sharpless 等人在烯烃不对称环氧化反应领域取得成功之后，又发现了烯烃不对称二羟基化（Sharpless asymmetric dihydroxylation）的有效方法。运用催化量的四氧化锇和金鸡纳生物碱（cinchona alkaloid）衍生物，如二氢奎宁（dihydroquinine，4-85）及其酯（4-86）、二氢奎尼定（dihydroquinidine，4-87）及其酯（4-88）作为手性配体，以 N-甲基吗啉氧化物（NMO）作为氧化剂，烯烃发生不对称二羟基化反应得到的手性二醇，收率80%~90%，对映体过量20%~95%，如图4-17所示。芳基取代的烯烃能以高对映选择性生成相应的二醇，但烷基取代的烯烃立体选择性低。

一般说来，对于属于动力学控制的催化过程，只要选用合适的手性配体或适宜的反应条件，就可以实现不对称反应过程。经过工艺优化，反应的立体选择性可以从10%以下优化到90%以上。

试举例说明不对称合成反应在手性药物合成中的应用。

（二）影响不对称催化合成实用性的因素

不对称催化合成反应从实验室工艺向中试放大、工业化生产转换的过程，也就是不对称催化合成的实用性评价过程，应重点考察以下因素：

（1）具有较高的立体选择性，一般要求 ee >90%。

（2）具有较高的化学选择性，其他官能团稳定。

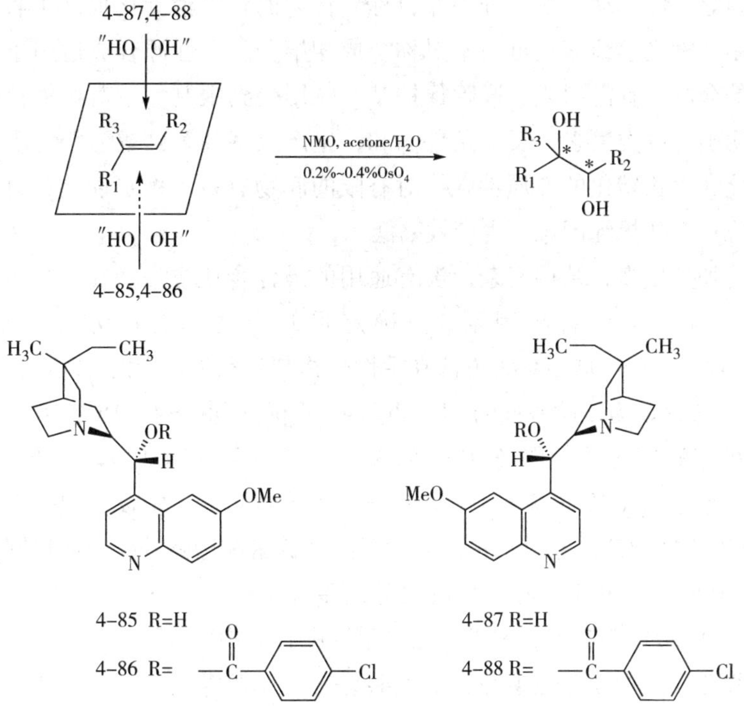

图 4-17 烯烃的不对称二羟基化反应

（3）催化剂的活性，用转换数（number of turnover，TON）表示，也就是一定时间里转换底物的物质量/催化剂的物质量。对于小规模贵重产品 TON 应大于 1000，而大规模生产的普通产品 TON 要大于 50000。

（4）催化剂的生产效率，用转化频率（number of frequency，TOF）表示，也就是单位时间、单位表面积上每个催化活性中心上转化底物到产物的次数。

（5）配体是否廉价易得，如手性膦配体的价格较为昂贵，而双氨基或氨基醇类配体则相对便宜。

（6）知识产权问题，许多配体和催化剂都受到专利的保护，需要通过适当且经济的途径获得。

（7）原料是否廉价易得。

（8）工艺开发所需时间。

思考

一个具有实用价值的不对称反应应具备哪些特点？

三、手性药物合成实例

在手性药物合成方法中，既有拆分和手性源合成等传统技术，又有催化的动力学拆分和不对称催化合成等现代技术。以前手性化合物为原料，经普通化学合成得到外消旋体，将外消旋体拆分制备手性药物或中间体。直接结晶法简单经济，但适用范围有限。非对映体结晶法较通用，但需要大量的拆分剂和溶剂，操作烦琐，还有非目标对映体的消旋化、拆分剂回收套用等工序。动力学拆分中非目标异构体的自发消旋化提高了收率，并可通过调节转化率控制产物光学纯度，可与不对称合成相媲美。手性源合成适用于有相似结构和手性中心药物的合成，且需引入、脱除保护基，应用受到限制。不对称催化合成所用的手性催化剂结构明确、种类繁多；反应条件温和，生产效率高，已成为合成手性药物的重要方法。生物催化和生物转化的专属性强，对有限的底物有效；稳定性差，只能在近中性的稀水溶液中反应；产物提纯困难，生产效率低。

手性化合物种类繁多，结构复杂，没有通用的最佳合成方法。在实际工作中，应具体问题具体分析，综合考虑各种因素，以确定目标产物的合成方法。现以西他列汀（sitagliptin，4-89）为例，展示各种方法在手性药物制备和生产中的应用。

西他列汀（4-89）为二肽基肽酶-4（dipeptidyl peptidase-4，DPP-4）抑制剂，临床用于治疗 2 型糖尿病。化学名称（2R）-4-氧代-4-［3-三氟甲基-5,6-二氢［1,2,4］三唑［4,3-a］吡嗪-7（8H）-基]-1-(2,4,5-三氟苯基)-丁-2-胺。（4-89）是 2006 年上市的第一个 DPP-4 抑制剂，通过保护内源性肠降血糖素和增强其作用而控制血糖。

4-89 结构中有一个手性中心，合成关键是手性的引入和 3-三氟甲基-［1,2,4］三唑［4,3-a］吡嗪（4-90）的制备，这里仅探讨手性中心的构建。第一代生产工艺路线采用化学计量的不对称合成法构建手性中心，以 2,4,5-三氟苯乙酸为原料，与 2,2-二甲基-1,3-二噁烷-4,6-二酮（麦氏酸，4-91）缩合，在甲醇中水解开环得到关键中间体 4-(2,4,5-三氟苯基)-3-氧代丁酸甲酯（4-92），与（S）-苯甘氨酰胺成烯胺（4-93）后，在氧化铂的催化作用下，发生不对称氢化还原反应，得到 R 型的手性胺（4-94）。碱性条件下水解，与 4-90 反应成酰胺，最后氢化脱去苯乙酰胺得到西他列汀（4-89），ee 值 99.95%。该工艺路线包括手性胺的定量使用、羧基的保护和脱保护，这些过程都不可避免地增加了试剂种类及溶剂用量。

142

在第二代合成工艺研究中，2,4,5-三氟苯乙酸与麦氏酸的缩合产物直接与 4-90 反应得到化合物 4-95，与乙酸胺作用得烯胺 4-96。通过对催化剂、手性膦配体以及反应条件，如溶剂、温度、压力、反应时间等工艺变量进行系统考察，发现以二聚氯代（1,5-环辛二烯）铑（I）[（COD）RhCl]$_2$ 和（R）-（-）-1-[（S）-2-[二（4-三氟甲基苯基）膦]二茂铁基乙基-2-叔丁基膦（R, S-t-Bu Josiphos）为催化剂直接对未保护的烯胺 4-96 进行不对称催化氢化，可高选择地制备光学活性的 β-氨基酰胺，ee 值 98%，并成功实施了工业化生产。该路线成功地避免了手性胺的手性诱导作用，缩短了合成路线，但是不对称催化氢化制备手性药物存在着以下不足：①立体选择性未大于 99%，仍需通过重结晶来提高产品的光学纯度；②催化加氢是高压反应，生产成本和对操作人员的要求均较高；③需用贵金属和空气不稳定的手性膦配体。

第三代合成工艺采用绿色环保的生物酶技术将中间体 4-95 一步转变为手性胺，而胺的供体为异丙胺，生成的副产物为丙酮。经过对转氨酶的改进，转化率显著提高，可在温和的条件下有效地进行不对称还原胺化，高度立体选择性地制得西他列汀（4-89），ee 值高达 99.95%，几乎检测不到 S-型异构体。这一新颖的生物酶催化反应消除了高压氢化、贵金属的使用以及随后的纯化过程，绿色化程度更高，收率提高了 10%～13%，而废物减少了 19%。

扫码"练一练"

重点小结

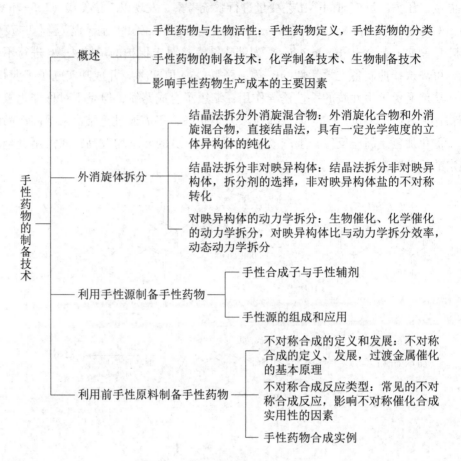

手性药物的制备技术
- 概述
  - 手性药物与生物活性：手性药物定义，手性药物的分类
  - 手性药物的制备技术：化学制备技术、生物制备技术
  - 影响手性药物生产成本的主要因素
- 外消旋体拆分
  - 结晶法拆分外消旋混合物：外消旋化合物和外消旋混合物，直接结晶法，具有一定光学纯度的立体异构体的纯化
  - 结晶法拆分非对映异构体：结晶法拆分非对映异构体，拆分剂的选择，非对映异构体盐的不对称转化
  - 对映异构体的动力学拆分：生物催化、化学催化的动力学拆分，对映异构体比与动力学拆分效率，动态动力学拆分
- 利用手性源制备手性药物
  - 手性合成子与手性辅剂
  - 手性源的组成和应用
- 利用前手性原料制备手性药物
  - 不对称合成的定义和发展：不对称合成的定义、发展，过渡金属催化的基本原理
  - 不对称合成反应类型：常见的不对称合成反应，影响不对称催化合成实用性的因素
  - 手性药物合成实例

（赵临襄）

第五章　中试放大与工艺规程

从实验室工艺到工业化生产，中试放大（又称中间试验）是必不可少的过程。中试放大一方面验证和完善实验室工艺（又称小试）所确定的反应条件，另一方面研究确定工业化生产所需设备的结构、材质、安装以及车间布局等。同时，中试放大也为临床前的药学和药理毒理学研究以及临床试验提供一定数量的药品。通过中试放大，不仅可以得到先进、合理的生产工艺，而且获得较确切的消耗定额，为物料衡算、能量衡算、设备设计以及生产管理提供必要的数据。在中试放大的基础上制定工艺规程，也就是把生产工艺过程的各项内容归纳形成文件。中试放大和工艺规程是互相衔接、不可分割的两个部分。

扫码"学一学"

第一节　中试研究

化学制药工业利用化工原料或自然界中的天然物质，通过化学合成及生物合成等方法，制备化学结构明确，具有治疗、诊断、预防疾病或改善人体机能等作用的产品，即原料药（active pharmaceutical ingredient，API，也称为药物活性成分）。这种由简单原料到 API 之间，具有若干相互联系的过程称为生产过程。原料药的生产过程还包括对原辅材料、中间体和成品的质量监控等。根据生产工序的繁杂程度，生产规模的大小，一个药品的生产过程可分为若干个生产岗位。

在生产过程中，直接关系化学合成或生物合成途径的工序、条件（如配料比、温度、加料方式、反应时间、搅拌形式、后处理方法和精制条件等）称为工艺过程。其他过程，如动力供应、包装、储运等，称为辅助过程。原辅材料、中间体和产品的质量监控直接影响药品的质量，与工艺过程很难分割，通常将其列入工艺过程的范畴。

一、中试放大的研究方法

当一种药物的小试工艺稳定后（即工艺路线和反应条件确定后），一般都要经过一个比实验室试验规模放大 10~20 倍的中试放大过程，以便为后续生产过程设计提供依据。不仅原料药的生产需要中试放大，药品生产中制剂过程也需要结合制剂规格、剂型及临床使用情况确定中试放大规模，一般口服固体制剂至少 10 万片；注射剂至少 3 万支。

原料药（API）的中试放大，一般是在中试规模反应器上研究各步反应条件的变化规律，发现并解决实验室小试阶段未出现的问题。另外，新药研究开发中也需要一定数量的原料药样品，以供应临床前药学和药理毒理研究以及临床试验之用。尽管不同药品的剂量大小和疗程长短不同，但进行临床前和临床试验通常需要几千克至数百千克的原料药，这个数量一般在实验室条件是难以完成的。确定工艺路线后，每步化学合成反应或生物合成反应一般不会因小试、中试放大和大型生产的条件不同而有明显变化，但各步的最佳工艺条件，则随试验规模和设备等外部条件的变化而有所不同。如果把实验室里使用玻璃仪器条件下所获得的最佳工艺条件原封不动地搬到工业生产中去，常常会出现下列结果：收率低于小试收率，甚至得不到产品；产品质量不合格；发生溢料或爆炸等安全事故以及其他不良后果。

例如，辅酶 Q_0（5-1）是制备辅酶 Q_{10} 的重要中间体。在制备过程中，使用三甲氧基甲苯（TMT，5-2）为原料，经重氮盐偶合、氢气还原、氧化三步反应合成辅酶 Q_0（5-1）。该路线第一步重氮盐偶合反应条件苛刻，温度不能超过 0℃，重氮盐溶液必须经过精制，混合后需要在该温度搅拌 5~6 小时，再缓慢升至室温；最后一步氧化反应的原料 2-甲基-4,5,6-三甲氧基苯胺不稳定，在空气或其他氧化剂存在时极易氧化，需要在工业生产中注意。

思考

试画出重氮盐偶合的反应机制。

又如，在氯霉素（chloramphenicol）的生产中，制备对硝基苯乙酮的氧化反应工艺（参见第九章）对设备条件和工艺参数的控制要求较多。因此，必须先从中试放大中获得必要的参数和经验才能开展工业化生产。

常用的中试放大方法有经验放大法、相似放大法和数学模拟放大法。

1. 经验放大法 经验放大法（experience amplification method）基于经验通过逐级放大来摸索反应器的特征，实现从实验室装置到中间装置、中型装置和大型装置的过渡。经验放大法根据空时得率相等的原则，即虽然反应规模不同，但单位时间、单位体积反应器所生产的产品量（或处理的原料量）是相同的，通过物料衡算，求出为完成规定的生产任务所需处理的原料量后，即可求得放大后所需反应器的容积。

采用经验放大法的前提条件是放大的反应装置必须与提供经验数据的装置保持完全相同的操作条件。经验放大法适用于反应器的搅拌形式、结构等反应条件相似的情况，而且放大倍数不宜过大。如果希望通过改变反应条件或反应器的结构来改进反应器的设计或进一步寻求反应器的最优化设计与操作方案，经验法是无能为力的。

由于化学合成药物生产中化学反应复杂，原料与中间体种类繁多，化学动力学方面的研究往往又不够充分，因此难于从理论上精确地对反应器进行计算。尽管经验法有上述缺点，但是利用经验放大法能简便地估算出所需要的反应器容积，在化学合成药物的中试放大研究中，主要采用经验放大法。

2. 相似放大法 以模型设备的某些参数按比例放大，即按相似准数相等的原则进行放大的方法称为相似放大法（similar amplification method）。相似放大法主要是应用相似理论进行放大，一般只适用于物理过程的放大，而不宜用于化学反应过程的放大。在化学制药反应器中，化学反应与流体流动、传热及传质过程交织在一起，要同时保持几何相似、流体力学相似、传热相似、传质相似和反应相似是不可能的。一般情况下，既要考虑反应的速度，又要考虑传递的速度，因此采用局部相似的放大法不能解决问题。相似放大法只有在某些特殊情况下才有可能应用，如反应器中的搅拌器与传热装置等的放大。

3. 数学模拟放大法 数学模拟放大法（mathematical simulation method），又称为计算机控制下的工艺学研究，是利用数学模型来预计大设备的行为，实现工程放大的放大法，它是今后中试放大技术的发展方向。

数学模拟放大法的基础是建立数学模型。数学模型是描述工业反应器中各参数之间关系的数学表达式。由于化学制药反应过程的影响因素错综复杂，要用数学形式来完整地、定量地描述过程的全部真实情况是不现实的，因此首先要对过程进行合理的简化，提出物理模型，用来模拟实际的反应过程。再对物理模型进行数学描述，从而得到数学模型。有了数学模型，就可以在计算机上研究各参数的变化对过程的影响。数学模拟放大法以过程参数间的定量关系为基础，不仅可避免相似放大法中的盲目性与矛盾，而且能够较有把握地进行高倍数放大，缩短放大周期。

采用数学模拟法进行工程放大，能否精确地预测大设备的行为，主要取决于数学模型的可靠性。因为简化后的模型与实际过程有不同程度的差别，所以要将模型计算的结果与中试放大或生产设备的数据进行比较，再对模型进行修正，从而提高数学模型的可靠性。对一些规律性认识得比较充分、数学模型已经成熟的反应器，可以大幅度地提高放大倍数，可以省去中试放大，而根据实验室小试数据直接进行工程放大。

近年来微型中间装置的发展也很迅速，即用微型中间装置取代大型中间装置，为工业化装置提供精确的设计数据。其优点是费用低，建设快，在一般情况下，不需做全工艺流程的中试放大，而只做流程中某一关键环节的中试放大。总之，近年来工业化中试放大方法的迅速发展，大大加快了中试放大的速度。

中试放大采用的装置，可以根据反应条件和操作方法等进行选择或设计，并按照工艺流程进行安装。中试放大也可以在适应性很强的多功能车间中进行。这种车间，一般拥有各种规格的中小型反应釜和后处理设备。各个反应釜不仅配备搅拌器，可通蒸汽、冷却水或冷冻盐水的各种配管，而且还附有蒸馏装置，可以进行回流（部分回流）反应，边反应边分馏，以及减压分馏等。有的反应釜还配有中小型离心机等，液体过滤一般采用小型移动式压滤器。总之，能够适应一般化学反应的各种不同反应条件。此外，高压反应、氢化反应、硝化反应、烃化反应、酯化反应和格氏反应（Grignard reaction）等以及有机溶剂的回收和分馏精制也都有通用性设备。这种多功能车间适合多种产品的中试放大，进行新药样品的制备或进行多品种的小批量生产。在这种多功能车间中进行中试放大或生产试制，不需要按生产流程来布置生产设备，而是根据工艺过程的需要来选用反应设备。

二、中试放大的研究内容

中试放大是对已确定的工艺路线进行实践性审查。不仅要考察产品质量和经济效益，而且要考察工人的劳动强度和环境保护。中试放大阶段对车间布置、车间面积、安全生产、设备投资、生产成本等也必须进行审慎的分析比较，最后审定工艺操作方法，划分和安排工序等。

1. 生产工艺路线的复审 一般情况下，生产工艺路线和单元反应方法应在实验室阶段已基本选定。在中试放大阶段，只是确定具体的反应条件和操作方法以适应工业生产。但是如果选定的工艺路线和工艺过程，在中试放大时暴露出难以克服的重大问题时，就需要复审实验室工艺路线，修改工艺过程，从而实现降低产品成本及生产过程的最优化；保证质量，实现有效化的过程控制；安全生产（包括劳动保护和废弃物处理各环节的安全，保持环境的可持续发展）的目的。如抗癌药物氮芥（chlormethine，5-3）曾用无水乙醇为溶剂进行精制，所得产品熔程长，杂质较多，质量难以保证。推测其杂质可能是未被氯化的羟基化合物。中试放大时，改变氯化反应条件和提纯方法，先用无水乙醇溶解，再加入非极性溶剂二氯乙烷，使其结晶析出，从而解决了产品质量问题。

$$CH_3NH_2 \xrightarrow[HOAc]{\triangle} HO\text{-}CH_2CH_2\text{-}N(CH_3)\text{-}CH_2CH_2\text{-}OH \xrightarrow{POCl_3,DMF} Cl\text{-}CH_2CH_2\text{-}N(CH_3)\text{-}CH_2CH_2\text{-}Cl \cdot HCl$$

$$5\text{-}3$$

又如，硝基苯电解还原生成对氨基酚，进一步酰化反应制备对乙酰氨基酚（paracetamol，扑热息痛，5-4），文献资料以及实验室工艺研究结果都说明这是一条适合工业生产的方法。但在工艺路线复审中，发现此工艺尚需解决一系列问题，如铅阳极的腐蚀问题，电解过程中产生的大量硝基苯蒸气的排除问题，以及在电解过程中产生的黑色黏稠状物附着在铜网上，致使电解电压升高，必须定期拆洗电解槽等。因而目前在工业生产上先采用催化氢化再酰化制得对乙酰氨基酚（5-4）的工艺路线。在对氨基酚与冰乙酸进行酰化的工业生产中，采用酰化母液套用的方法，先将51.2%稀乙酸、母液（含乙酸50.1%）和对氨基酚混合进行酰化反应，后加入冰乙酸使反应完全，将收率提高到83%～85%，并显著降低冰乙酸的单耗，降低对乙酰氨基酚（5-4）的成本。

$$\text{苯}NO_2 \xrightarrow[或H_2/Pt\text{-}C]{电解还原} [\text{苯}NHOH] \longrightarrow \text{对-}NH_2,OH \xrightarrow{HOAc} \text{对-}NHCOCH_3,OH$$

$$5\text{-}4$$

2. 设备材质与形式的选择 中试放大时应考虑所需各种设备材质和形式，并考察是否适用，尤其要注意接触腐蚀性物料的设备材质的选择。例如，含水量1%以下的二甲基亚砜（DMSO）对钢板的腐蚀作用极微，当含水量达5%时，则对钢板有强的腐蚀作用。经中试放大发现含水5%的DMSO对铝的作用极微弱，故可用铝板制作其容器。

邻氰基氯苄（5-5）是合成荧光增白剂ER的重要中间体。由于ER具有优良的增白效果，广泛应用于涤纶、醋酸纤维和锦纶等织物的增白。制备（5-5）过程中，涉及腐蚀性的气体如氯气、HCl和邻氰基氯苄，特别是邻氰基氯苄，化学性质活泼，易在金属离子存在下发生Friedel-Crafts反应或氯代反应。因此，反应混合物中不能有金属离子存在，所以反应设备和冷凝器应选择搪瓷材质的设备；邻氰基甲苯的光氯化反应是气液相反应，为了增加氯气在反应混合物中的停留时间，使氯气充分反应，应选择细长型的搪瓷反应釜。

$$5\text{-}5 \qquad\qquad\qquad 副产物$$

思考

试写出 Friedel-Crafts 烷基化的反应机制。

3. 搅拌器形式与搅拌速度的考查 大多数药物合成反应是非均相反应，反应热效应较大。在实验室中由于物料体积较小，搅拌效率好，传热、传质问题表现不明显，但在中试放大时，由于搅拌效率的限制，传热、传质问题暴露出来。因此，中试放大时必须根据物料性质和反应特点注意研究搅拌器的形式，考查搅拌速度对反应的影响规律，特别是在固-液、液-液非均相反应时，要选择符合反应要求的搅拌器形式和适宜的搅拌转速。下面简要介绍制药工业中涉及搅拌器的有关知识。

化学制药工业中常用的一般是机械搅拌装置，如图 5-1 所示。通常搅拌器装置由反应釜、搅拌器和若干附件所组成。一般带有搅拌装置的反应釜是一个圆筒形容器，其底部侧壁的结合处以圆角过渡，以消除流动不易到达的死区。搅拌器由电机直接或通过减速装置传动。在液体中做旋转运动，其作用类似于泵的叶轮，向液体提供能量，促使液体在搅拌釜中做某种循环流动。

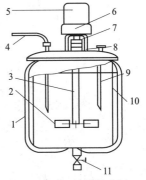

图 5-1 机械搅拌装置

1—夹套；2—搅拌器；3—搅拌轴；4—加料管；5—电动机；6—减速机；7—联轴器；8—轴封；9—温度计套管；10—挡板；11—放料阀

搅拌器的形式多种多样，有单层或多层不同类型。常用的搅拌器类型包括涡轮式、桨式、推进式、布鲁马金式、锚式、螺带式和螺杆式等。其中桨式搅拌器是结构最简单的一种搅拌器，主要用于流体的循环；推进式搅拌器常用于黏度低、流量大的液-液混合反应体系（表 5-1）。

表 5-1 搅拌器的类型和适用条件

搅拌器类型/适用条件		涡轮式	桨式	推进式	布鲁马金式	锚式	螺带式	螺杆式
样图								
转速（r/min）		10~300	10~300	100~500	0~300	1~100	0.5~50	0.5~50
搅拌目的	低黏度混合	√	√	√	√			
	高黏度混合		√		√	√	√	√
	分散	√	√					
	溶解	√	√	√	√	√	√	
	固体悬浮	√	√	√				

续表

搅拌器类型/适用条件		涡轮式	桨式	推进式	布鲁马金式	锚式	螺带式	螺杆式
搅拌目的	气体吸收	√						
	结晶	√	√	√				
	传热	√	√	√	√			
	液相反应	√	√	√	√			

  有时搅拌速度过快亦不一定合适。例如，由儿茶酚与二氯甲烷和固体烧碱在含有少量水分的 DMSO 存在下，可制得小檗碱（berberine，黄连素，5-6）中间体胡椒环（5-7）。中试放大时，起初采用 180r/min 的搅拌速度，反应过于激烈而发生溢料。经考查，将搅拌速度降至 56r/min，并控制反应温度在 90~100℃（实验室反应温度为 105℃），结果胡椒环（5-7）的收率超过实验室水平，达到 90% 以上。

  4. 反应条件的进一步研究 实验室阶段获得的最佳反应条件不一定能全符合中试放大要求。为此，应该针对主要的影响因素，如放热反应中的加料速度、反应罐的传热面积与传热系数，以及冷却剂等因素进行深入的研究，掌握它们在中试装置中的变化规律，从而得到更合适的反应条件。

  例如，西司他汀钠（cilastatin sodium）是肾肽酶抑制剂，临床上与碳青霉烯类抗生素亚胺培南合用，减少肾肽酶对亚胺培南的降解。文献报道西司他汀钠游离酸（5-8）合成时，都采用以 Z-7-溴-2-（2,2-二甲基环丙烷甲酰胺基）-2-烯庚酸（5-9）与胱氨酸为原料，在金属钠的液氨溶液中反应制得。在西司他汀钠的制备和纯化过程中，需要经过两次离子交换树脂柱层析。该路线所用反应条件剧烈，操作复杂，不适合工业生产。通过对反应条件及后处理方法的摸索，发现将（5-9）与半胱氨酸（5-10）在 -3℃ 于稀碱水溶液中反应效果较好，调节反应液 pH 值，使其成为单钠盐，最后通过甲醇-丙酮混合溶剂重结晶的方法纯化产品。该方法反应条件温和，操作简便易行，节约成本，可以满足工业化生产的条件。优化后路线如下：

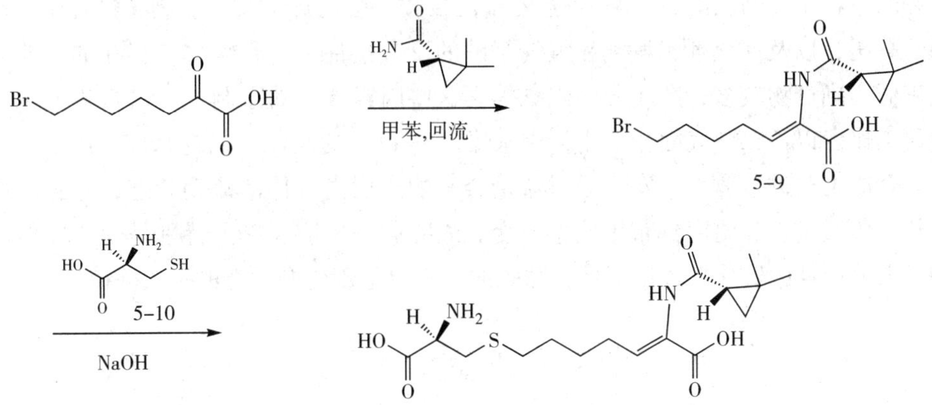

（化学反应式：5-9，5-8）

思考

试分析西司他汀钠的作用机制和药理作用。

又如，糖苷酶抑制剂 1-脱氧野尻霉素（1-deoxynojirimycin，5-11）可用于糖尿病的治疗。文献报道以甲基-α-D-吡喃葡糖苷（5-12）为起始反应原料，经过苄基保护，硫酸和冰乙酸脱甲基等五步反应最后制得。在中间体（5-13）的制备过程中，由于溶剂二氧六环沸点高，后处理蒸除比较困难。同时，在该步反应易产生大量的苄基醚副产物。苄基醚类副产物不易除去，需在高真空度（绝对压强<200Pa）和高温（>160℃）下才能蒸除，故难以实现工业化生产。通过实验，应用冷的正己烷可以将反应混合物中的苄基醚杂质洗去。

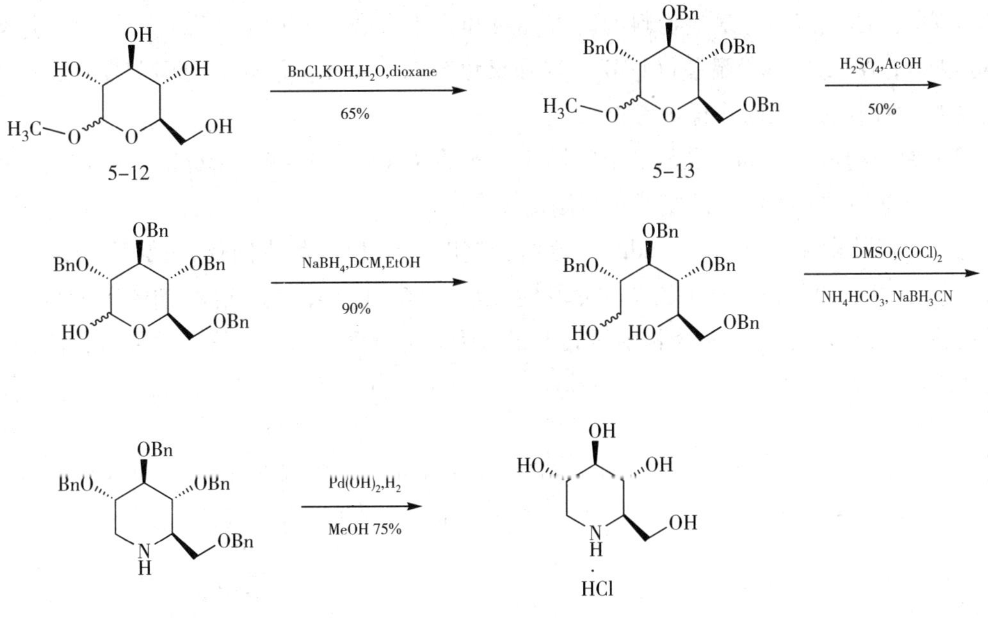

（化学反应式：5-12 → 5-13 → ... → 5-11）

5. 工艺流程与操作方法的确定　在中试放大阶段由于处理物料增加，因而必须考虑如何使反应及后处理的操作方法适应工业生产的要求，不仅从加料方法、物料输送和分离等方面系统考虑，而且要特别注意缩短工序、简化操作和减轻劳动强度。

无水哌嗪是重要的医药中间体和精细化工原料，其用途十分广泛。目前，国内外合成无水哌嗪的原料主要为乙醇胺、N-β-羟乙基乙二胺、多乙烯多胺等。制备过程中一般需要在高温、高压，以及催化剂、氨气和氢气氛围的反应条件下进行操作。存在的主要问题是产品收率低，副产物较多，产品分离困难等。这些因素极大的限制了无水哌嗪的工业化生产。科研工作者以乙二胺气固相催化合成哌嗪（5-14）的小试工艺为基础，以空速为放大参数，对合成工艺进行放大。发现原料流量会影响床层内气体的流动状态，导致反应器内部的传热、传质过程和温度分布等发生改变，最终影响反应速率。特别是随着原料液进料速率的增大，原料的转化率逐渐降低，哌嗪的收率也呈现先升后降的变化规律。

$$H_2N \diagdown \diagup NH_2 + H_2N \diagdown \diagup NH_2 \longrightarrow HN \diagup \diagdown NH + 2NH_3$$

5-14

又如，对氨基苯甲醛（5-15）可由对硝基甲苯氧化还原制得。实验室工艺的后处理方法是将反应液中的乙醇蒸出后，冷却使对氨基苯甲醛（5-15）结晶。产物本身易生成 Schiff 碱而呈胶状，冰水冷却下，较长时间放置，才能使生成的 Schiff 碱重新分解为对氨基苯甲醛（5-15），析出结晶，与母液分离。中试放大时，冷却较慢，结晶析出困难。经研究将后处理成功地改为先回收乙醇，使 Schiff 碱浮在反应液上层，趁热将下层母液放出，反应罐内 Schiff 碱不经提纯可直接用于下一步反应。

$$O_2N \diagdown \diagup CH_3 \xrightarrow[C_2H_5OH]{Na_2S+S} H_2N \diagdown \diagup CHO$$

5-15

6. 原辅材料和中间体的质量监控

（1）原辅材料、中间体的物理性质和化工参数的测定：为解决生产工艺和安全措施中可能出现的问题，需测定某些物料的物理性质和化工参数，如比热、黏度、闪点和爆炸极限等。如 N, N-二甲基甲酰胺（DMF）与强氧化剂以一定比例混合时可引起爆炸，必须在中试放大前和中试放大时作详细考查。

（2）原辅材料、中间体质量标准的制定：实验室条件下这些质量标准未制定或不够完善时，应根据中试放大阶段的实践进行制定或修改。

例如，磺胺索嘧啶（sulfisomidine，磺胺异嘧啶，5-16）的中间体 4-氨基-2,6-二甲基嘧啶（5-17）的制备，可由乙腈在氨基钠存在下缩合而得，其中氨基钠的用量很少。若原料乙腈含有 0.5% 水分，缩合收率很低。起初认为是所含的水分使氨基钠分解，但即使多次精馏乙腈，收效甚微。

$$3CH_3CN \xrightarrow[125\sim135℃]{NaNH_2}$$

5-17

5-16

最后探明，乙腈由乙酸铵热解制得，其中间产物为乙酰胺，工业级乙腈中存在少量的乙酰胺，乙酰胺可引起氨基钠的分解。精馏方法不能除去乙腈中的乙酰胺，用氯化钙溶液洗涤，可除去乙酰胺，顺利地解决这一问题。

$$CH_3COONH_4 \xrightarrow{-H_2O} CH_3CONH_2 \xrightarrow{-H_2O} CH_3CN$$

在中试放大研究时，必须注意考查各步反应可能带来的"三废"和环境污染问题，并采取相应措施，有效地防范、控制和治理（参见第六章）。

第二节　物料衡算

扫码"学一学"

物料衡算（material balance）指产品理论产量与实际产量或物料的理论用量与实际用量之间的比较。化学制药工业中的物料衡算和其他精细化工生产中物料衡算的意义和基本指标是一致的。通过物料衡算计算，得到进入与离开某一过程或设备的各种物料的数量、组分以及组分的含量，即产品的质量、原辅材料消耗量、副产物量、"三废"排放量，水、电、蒸汽消耗量等。这些指标与操作参数有密切关系。操作参数的最佳选择、操作人员的操作技术以及管理水平决定这些基本指标的优劣，或者说这些基本指标的优劣是制药工艺优化程度、操作技艺和管理水平的综合反映。

物料衡算是化工计算中最基本，也是最重要的内容之一。通过物料衡算，可深入分析生产过程，定量了解生产过程。通过物料衡算，可以知道原料消耗定额，揭示物料利用情况；了解产品收率是否达到最佳数值，设备生产能力还有多大潜力；明确各设备生产能力之间是否平衡等。据此，可采取有效措施，进一步改进生产工艺，提高产品的产率和产量。

一、物料衡算的理论基础

物料衡算有两种情况：一种是针对已有的生产设备和装置，利用实际测定的数据，计算出一些不能直接测定的物料量。利用计算结果，对生产情况进行分析和判断，提出改进措施；也可用于检查原料利用率和"三废"处理情况。另一种情况是为了设计一种新的设备或装置，根据设计任务，先作物料衡算，再经能量衡算求出设备或过程的热负荷，从而确定设备尺寸及整个设备流程。

物料衡算是研究某一体系内进、出物料及组成的变化情况的过程。因此进行物料衡算时，必须首先确定衡算的体系，也就是物料衡算的范围。可以根据实际需要人为地确定衡算的体系。体系可以是一个设备或几个设备，也可以是一个单元操作或整个化工过程。

物料衡算的理论基础是质量守恒定律，根据这个定律可得到物料衡算的基本关系为：进入反应器的物料量 − 流出反应器的物料量 − 反应器中的转化量＝反应器中的积累量。

在化学反应系统中，物质的转化服从化学反应规律，可以根据化学反应方程式求出物质转化的定量关系。

二、确定物料衡算的计算基准及每年设备操作时间

1. 物料衡算的基准　为了进行物料衡算，必须选择一定的基准作为计算的基础。通常采用的基准有下列三种。

（1）以每批操作为基础，适用于间歇操作设备、标准或定型设备的物料衡算，化学制药产品的生产间歇操作居多。

（2）以单位时间为基准，适用于连续操作设备的物料衡算。

（3）以每千克产品为基础，以确定原辅材料的消耗定额。

《药品生产质量管理规范》（GMP，2010年修订）三百一十二条二十七分条中，明确规定批的划分原则，经一个或若干加工过程生产的、具有预期均一质量和特性的一定数量的原辅料、包装材料或成品。为完成某些生产操作步骤，可能有必要将一批产品分成若干亚批，最终合并成为一个均一的批。在连续生产情况下，批必须与生产中具有预期均一特性的确定数量的产品相对应，批量可以是固定数量或固定时间段内生产的产品量。

2. 每年设备操作时间　车间每年设备正常开工生产的天数，一般以330天计算，其中余下的36天作为车间检修时间。对于工艺技术尚未成熟或腐蚀性大的车间一般采用300天或更少一些时间计算。连续操作设备也有按每年8000～7000小时为设计计算的基础。如果设备腐蚀严重或在催化反应中催化剂活化时间较长，寿命较短，所需停工时间较多的，则应根据具体情况决定每年设备工作时间。

三、收集有关计算数据和物料衡算步骤

1. 收集有关计算数据　为了进行物料衡算，应根据药厂操作记录和中间试验数据收集下列各项数据：反应物的配料比，原辅材料、半成品、成品及副产品等的浓度、纯度或组成，车间总产率，阶段产率、转化率等。

2. 转化率　对某一组分来说，反应产物所消耗掉的物料量与投入反应物料量之比简称该组分的转化率，一般以百分数表示。若用符号 X_A 表示组分的转化率，则得：

$$X_A = \frac{反应消耗 A 组分的量}{投入反应的 A 组分的量} \times 100\% \tag{5-1}$$

3. 收率（产率）　某主要产物实际收得的量与投入原料计算的理论产量之比值，也以百分率表示。若用符号 Y 表示，则得：

$$Y = \frac{产物实际得量}{按某一主要原料计算的理论产量} \times 100\% \tag{5-2}$$

或

$$Y = \frac{产物获得量折算成原料量}{原料投入量} \times 100\% \tag{5-3}$$

4. 选择性　各种主、副产物中，主产物所占分率或百分率可用符号 φ 表示，则得：

$$\varphi = \frac{主产物生成量折算成原料量}{反应掉的原料量} \times 100\% \tag{5-4}$$

5. 相互关系　收率、转化率与选择性三者之间的关系：

$$Y = X \cdot \varphi \tag{5-5}$$

例如，甲氧苄啶（trimethoprim，甲氧苄胺嘧啶，5-18）生产中，由没食子酸（3，4，5-三羟基苯甲酸，5-19）经甲基化反应制备三甲氧基苯甲酸（5-20）工序，没食子酸（5-19）投料量为25.0kg，未反应的没食子酸（5-19）2.0kg，生成三甲氧基苯甲酸（5-20）24.0kg。化学反应式和分子量为：

原料没食子酸（5-19）的转化率、产物甲氧苄啶（5-18）的收率以及选择性分别为：

$$X = \frac{25.0-2.0}{25.0} \times 100\% = 92\%$$

$$Y = \frac{24.0}{25.0 \times \frac{212.2}{188.1}} \times 100\% = 85.1\%$$

或

$$Y = \frac{24.0 \times \frac{188.1}{212.2}}{25.0} \times 100\% = 85.1\%$$

$$\varphi = \frac{24.0 \times \frac{188.1}{212.2}}{25.0-2.0} \times 100\% = 92.5\%$$

实际测得的转化率、收率和选择性等数据可作为设计工业反应器的依据。这些数据是作为评价这套生产装置效果优劣的重要指标。

6. 车间总收率 通常，生产一个化学合成药物都是由若干个物理工序和化学反应工序所组成。各工序都有一定的收率，各工序的收率之积即为总收率。车间总收率与各工序收率的关系为：

$$Y = Y_1 \times Y_2 \times Y_3 \times \cdots\cdots \tag{5-6}$$

在计算收率时，必须注意生产过程的质量监控，即对各工序中间体和药品纯度要有质量分析数据。

例如，在甲氧苄啶（5-18）生产中，有甲基化反应工序（$Y_1 = 83.1\%$）、SGC 酯化反应工序（$Y_2 = 91.0\%$）、肼化反应工序（$Y_3 = 86.0\%$）、氧化反应工序（$Y_4 = 76.5\%$）、缩合反应工序（$Y_5 = 78.0\%$）、环合反应工序（$Y_6 = 78.0\%$）、精制（$Y_7 = 91.0\%$）等 7 种工序，求车间总收率。

$$Y = Y_1 \times Y_2 \times Y_3 \times Y_4 \times Y_5 \times Y_6 \times Y_7$$
$$= 83.1\% \times 91.0\% \times 86.0\% \times 76.5\% \times 78.0\% \times 78.0\% \times 91.0\%$$
$$= 27.54\%$$

7. 物料衡算步骤 进行复杂的物料衡算时，为避免错误，建议采用下列计算步骤。对于一些简单的问题，这种步骤似乎有些繁琐，但是训练这种有条理的解题方法，可以培养逻辑地思考问题，对今后解决复杂的问题是有帮助的。

（1）收集和计算所必需的基本数据。

（2）列出化学反应方程式，包括主反应和副反应；根据给定条件画出流程简图。

（3）选择物料计算的基准。

（4）进行物料衡算。

（5）列出物料衡算表：①输入与输出的物料衡算表；②"三废"排量表；③计算原辅材料消耗定额。

在化学制药工艺研究中，特别需要注意成品的质量标准、原辅材料的质量和规格、各工序中间体的化验方法和监控、回收品处理等，这些都是影响物料衡算的因素。

例如，年产量200kg的新型靶向抗肿瘤药物——吉非替尼（gefitinib 其制剂规格0.2g/片，7片/盒，5-22），其最后一步合成工段的物料衡算。

$$M_w: 163.65$$
$$K_2CO_3/DMF$$

$M_w: 319.72$

5-21

$M_w: 446.90$

5-22

设计基本条件：批量16kg/批，该步主要起始物料投料为16kg，最终可得到吉非替尼粗品20.3kg，收率为90.8%。设产品的纯度为99.5%。已知生产原始批投料量见表5-2。

表5-2 吉非替尼某批号生产投料量

投料物	投料量（kg）	含量	摩尔比
吉非替尼中间体A（5-21）	16.0	99%	1.0
4-（3-氯丙基）吗啉	9.8	99%	1.2
碳酸钾	13.7	100%	2.0
DMF	150	100%	/
纯化水	190	100%	/

批产纯品量 = 16/319.72×446.9×99.5% = 22.25kg ［其中：319.72为吉非替尼中间体（5-21）的摩尔质量，446.9为吉非替尼（5-22）的摩尔质量］。

（1）进料量

纯度为99%的中间体（5-21）：16.0×99% = 15.84kg

其中杂质的量：16.0-15.84 = 0.16kg

纯度为99%的4-(3-氯丙基)吗啉的量：9.8×99% = 9.7kg

其中杂质的量：9.8-9.7 = 0.1kg

100%碳酸钾的量：13.7kg

DMF的量：150kg

纯水的量：190kg

杂质总量：0.1+0.16 = 0.26kg

（2）出料量：设转化率为98.5%。

反应用的吉非替尼中间体（5-21）的量为：15.84×98.5%=15.60kg

剩余的量为：15.84-15.60=0.24kg

用去的4-（3-氯丙基）吗啉的量为：15.6/319.72×162.65=7.94kg

剩余的4-（3-氯丙基）吗啉的量为：9.7-7.98=1.76kg

用去的碳酸钾的量为：15.6/319.72×138=6.73kg

剩余的碳酸钾的量为：13.7-6.73=6.97kg

生成的吉非替尼粗品的量为：20.3kg

理论生成吉非替尼粗品的量为：15.84/319.72×446.9=22.1kg

生成的杂质量为：22.1-21.8=0.3kg

衡算数据汇总见表5-3。

表5-3　进出物料品衡算表

进料物名称	进料物质量（kg）	进料物含量（%）	出料物名称	出料物质量（kg）	出料物含量（%）
中间体（5-21）	15.84	4.17	中间体（5-21）	0.24	0.07
4-（3-氯丙基）吗啉	9.7	2.55	4-（3-氯丙基）吗啉	1.76	0.45
DMF	150	39.52	碳酸钾	6.97	1.84
纯化水	190	50.06	废水	348.47	91.82
碳酸钾	13.7	3.61	吉非替尼	20.3	5.35
杂质	0.26	0.07	杂质	1.8	0.47
总计	379.5	100	总计	379.5	100

第三节　试生产与工艺规程

扫码"学一学"

《药品生产质量管理规范》（GMP）是使药品生产从原始生产走向现代工业化生产的管理规范。实施《药品生产质量管理规范》是国家对药品生产企业监督检查的一种手段，是药品监督管理的重要内容，也是保证药品质量的科学先进的管理方法。制药装备、材料来源和服务环境保护等要通过ISO9000国际标准体系的认证，ISO9000体系是国际标准化组织发布的质量管理与质量保证国际标准9000系列。只有将GMP的内容作为质量体系的各要素与ISO9000体系有机地结合起来，才能建立完善的、国际性的、普遍适用的制药工程质量管理和质量保证体系。

20世纪70年代以来，制药过程有效化（pharmaceutical process validation）逐步发展起来，制药过程有效化是按照GMP原则，系统地论证药品生产步骤、过程、设备、原料和人员等因素，建立过程信息汇集和评估的文件。从工艺流程处于开发阶段开始，贯穿于整个生产阶段，从而保证整个生产工艺流程能够达到预定的结果，并保持一致性和连续性。制药过程有效化的意义在于：①降低成本；②过程最优化；③质量保证；④安全生产。

2018年6月，中国当选为国际人用药品技术协调会（International Council for Harmonization，简称ICH）管理委员会成员，药品研发和注册已经进入全球化时代，药品注册技术要求也与国际化接轨，原料药的制备工艺研究资料按ICH的的要求，提交人用药物注册申请通用技术文档（Common Technical Document，简称CTD），包括3.2.S项下所有的内容：生产工艺和过程控制、物料控制、关键步骤和中间体的控制、工艺验证和评价、生产工艺的开发、杂质研究等内容。新版GMP（2010年修订）第8章文件管理的第168条规定，每种药品的每个生产批量均应当有经企业批准的工艺规程，不同药品规格的每种包装形式均应当有各自的包装操作要求。工艺规程的制定应当以注册批准的工艺为依据。

中试放大阶段的研究任务完成后，便可依据生产任务进行基建设计，遴选和确定定型设备，设计和制作非定型设备。然后，按照施工图进行生产车间或工厂的厂房建设、设备安装和辅助设备安装等。如试车合格和短期试生产达到稳定后，即可着手制定工艺规程。工艺规程为生产一定数量成品所需起始原料和包装材料的数量，以及工艺、加工说明、注意事项和生产过程控制的一个或一套文件。

一个药物的生产可以采用几种不同的生产工艺过程，但其中必有一种是在特定条件下最为经济合理又最能保证产品质量的。各种药物的工艺规程的繁简程度有很大差别。工艺规程是指导生产的重要文件，也是组织管理生产的基本依据。先进的工艺规程是工程技术人员、岗位工人和企业管理人员集体智慧的结晶，更是制药企业的核心机密。当然，工艺规程并不是一成不变的。随着科学进步，工艺规程也将不断地改进和完善，以便更好地指导生产，但这决不意味着可以随意更改工艺规程，更改工艺规程必须履行严格的审批手续。

一、工艺规程的主要作用

工艺规程是依据科学理论和必要的生产工艺试验，在生产工人及技术人员生产实践经验基础上的总结。由此总结所制订的工艺规程，在生产企业中需经一定部门审核。经审定、批准的工艺规程，工厂有关人员必须严格执行。在生产车间，还应编写与工艺规程相应的岗位技术安全操作法。后者是生产岗位操作工人的直接依据和对培训工人的基本要求。工艺规程的作用如下。

（一）工艺规程是组织工业生产的指导性文件

生产的计划、调度只有根据工艺规程安排，才能保持各个生产环节之间的相互协调，才能按计划完成任务。如维生素C（5-23）生产工艺过程中，既有化学合成过程（高压加氢、酮化、氧化等），又有生物合成（发酵、氧化和转化），还有精制后处理及镍催化剂制备、活化处理，菌种培育等，不同过程的操作工时和生产周期各不相同，原辅材料、中间体质量标准及各中间体和产品质量监控也不相同，还需注意安排设备及时检修等。只有严格按照工艺规程组织生产，才能保证药品质量，保证生产安全，提高生产效率，降低生产成本。

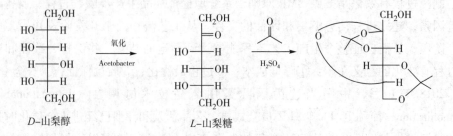

D-山梨醇　　　　　　　　　　　L-山梨糖

$$\text{氧化} \longrightarrow \qquad \xrightarrow{\text{转化,水解}} \qquad \xrightarrow[\text{2) 内酯化}]{\text{1) 烯醇化}} \qquad$$

5-23

（二）工艺规程是生产准备工作的依据

化学合成药物在正式投产前要做大量的生产准备工作。工厂应根据工艺过程供应原辅材料，须有原辅材料、中间体和产品的质量标准，还有反应器和设备的调试、专用工艺设备的设计和制作等。如维生素 C（5-23）生产工艺过程要求有无菌室，三级发酵种子罐、发酵罐、高压釜等特殊设备。又如制备次氯酸钠需用液碱和氯气；加压氢化需氢气和 Raney 镍制备等；还有不少有毒、易爆的原辅材料。这些设备、原辅材料的准备工作都要以工艺规程为依据进行。

（三）工艺规程是新建和扩建生产车间或工厂的基本技术条件

在新建和扩建生产车间或工厂时，必须以工艺规程为根据。先确定生产所需品种的年产量；其次是反应器、辅助设备的大小和布置；进而确定车间或工厂的面积；还有原辅材料的储运、成品的精制、包装等具体要求；最后确定生产工人的工种、等级、数量、岗位技术人员的配备，各个辅助部门如能源、动力供给等也都以工艺规程为依据逐项进行安排。

二、制订工艺规程的原始资料和基本内容

制定工艺规程的目的是：保证药品质量与较高的劳动生产率，建立必要的"三废"治理措施和安全生产措施，减少人力和物力的消耗，降低生产成本。使之成为经济合理的生产工艺方案。药品质量、劳动生产率、收率、经济效益和社会效益，这五者相互联系，又相互制约。提高药品质量可提高药品竞争力，增加社会效益，但有时会影响劳动生产率和经济效益；采用先进生产设备虽可提高生产率减轻劳动强度，但设备投资大，若产品产量不够大时，其经济效益就可能较差；有时收率虽有提高，但药品质量会受影响；有时可能因原辅材料涨价或"三废"问题严重，影响生产成本或不能正常组织生产。

新版 GMP（2010 年修订）附录 2 第二十七条规定原料药的工艺规程应包括：品名，剂型，处方，生产工艺的操作要求，物料、中间产品、成品的质量标准和技术参数及储存注意事项，物料衡算的计算，成品容器、包装材料的要求等。具体内容如下：

（一）产品概述

介绍产品名称、化学结构和理化性质，概述质量标准、临床用途和包装规格与要求等。①名称，包括通用名、商品名、化学名称和英文名称；②化学结构式、分子式、分子量；③理化性质，包括性状、稳定性、溶解度；④质量标准及检验方法，质量标准指企业内控标准、优级品标准和出口品执行标准等系列标准，检验方法包括准确的定量分析方法、杂质检查方法和杂质最高限度检验方法等；⑤药理作用、不良反应、临床用途、适应证和用法，对于原料药，主要指药理作用和临床用途；⑥包装规格要求与贮藏条件。

（二）原辅材料和包装材料质量标准及规格

化学原料编号、名称、项目（外观、含量和水分）、质量标准和规格，包装材料名称、

材质、形状、规格等。

（三）化学反应过程及生产工艺流程图

化学反应过程按化学合成或生物合成，分工序写出主反应、副反应、辅助反应（如催化剂的制备、副产物处理、回收套用等）的反应方程式及其反应原理，标明反应物和产物的中文名称和分子量。

以生产工艺过程中的化学反应为中心，用图解形式把物料、反应、后处理等化学和物理过程加以描述，形成工艺流程图。

以丙炔醇和磺胺脒为原料制备磺胺嘧啶（sulfadiazine，SD，5-24）的生产工艺，由胺氧化反应生成 β-二乙胺基丙烯醛（5-25），β-二乙胺基丙烯醛（5-25）与磺胺脒（5-26）缩合生成磺胺嘧啶（5-24）粗品以及磺胺嘧啶成钙盐（5-27）精制三部分组成，反应方程式如下：

（1）胺氧化反应

$$HC\equiv C-CH_2OH + (C_2H_5)_2NH \xrightarrow{O_2/MnO_2/CH_3OH} \underset{5-25}{(C_2H_5)_2N-CH=CH-CHO}$$

（2）缩合反应

（3）精制

有关设备流程图的知识在关于药厂反应设备的课程中已经涉及，这里简要介绍工艺流程图的画法，用方框表示物理过程，圆框表示单元反应，箭头表示物料的流向，并用文字说明。图5-2是磺胺嘧啶（5-24）的生产工艺流程图，丙炔醇与二甲胺在二氧化锰催化下，胺氧化反应生成β-二乙胺基丙烯醛（5-25），简称氧化油。β-二乙胺基丙烯醛（5-25）与磺胺脒（5-26）在甲醇钠作用下缩合生成磺胺嘧啶（5-24）粗品。未反应的磺胺脒（5-26）回收套用，将甲醇与二乙胺的混合液酸化蒸馏，使两者分离，分别分馏提纯后套用。磺胺嘧啶（5-24）粗品与氢氧化钙反应成钙盐（5-27），经两次脱色提纯；酸化纯品析出，经两级旋风干燥的成品，包装、入库，完成全部工艺过程。

（四）工艺过程

在制定工艺规程时应深入生产现场进行调查研究，尤其要重视中试放大时的各个数据和现象，分析各种现象出现的原因并提出处理方法。生产工艺过程应包括：①原料配比（投料量、折纯、重量比和摩尔比）；②主要工艺条件及详细操作过程，包括反应液配制、反应、后处理、回收、精制和干燥等；③重点工艺控制点，如加料速度、反应温度，减压

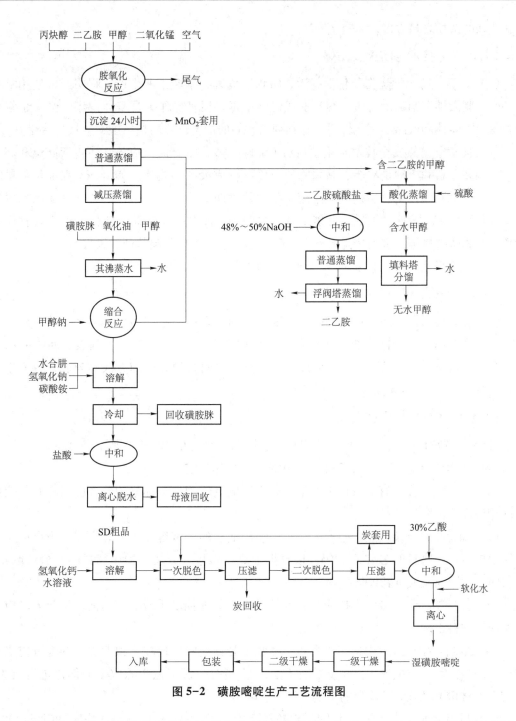

图 5-2　磺胺嘧啶生产工艺流程图

蒸馏时的真空度等；④异常现象的处理和有关注意事项，如停水、停电，产品质量不好等异常现象。

同时，GMP（2010 年修订）附录 2 第二十条验证规定，应当在工艺验证前确定产品的关键质量属性、影响产品关键质量属性的关键工艺参数、常规生产和工艺控制中的关键工艺参数范围，通过验证证明工艺操作的重现性。第二十一条规定，验证应当包括对原料药质量（尤其是纯度和杂质等）有重要影响的关键操作。

（五）中间体和半成品的质量标准和检验方法

由中间体生产岗位和车间共同商定或修改中间体和半成品的规格标准。以中间体和半成品名称为序，将外观、性状、含量指标、检验方法以及注意事项等内容列表，同时规定可能存在的杂质含量限度。

（六）安全技术与防火、防爆

（1）防毒、防化学烧伤和化学刺激、防辐射危害：制药工业生产过程中经常使用具有腐蚀性、刺激性和剧毒的物质，容易造成慢性中毒，损害操作人员身体健康。必须了解原辅材料、中间体和产品的理化性质，分别列出它们的危害性、防护措施、急救与治疗方法。

（2）防火、防爆安全技术：化学制药工业除一般化学合成反应外，尚包括高温和高压反应，很多原料和溶剂是易燃、易爆物质，极易酿成火灾和爆炸。如 Raney 镍催化剂暴露于空气中便急剧氧化而燃烧，应随用随制备，贮存期不得超过一个月。氢气是易燃易爆气体，氯气则是有窒息性的毒气，并能助燃。要明确车间和岗位的防爆级别，列出各种原料的危险性和防护措施，包括熔点、沸点、闪点、爆炸极限、危险特征和灭火剂。

（3）安全防火制度：建立明确而细致的防火制度。

（七）资源综合利用和"三废"处理

包括废弃物的处理和回收品的处理。废弃物的处理：将生产岗位、废弃物的名称及主要成分、排放情况（日排放量、排放系数和 COD 浓度）和处理方法等列表。回收品的处理：将生产岗位、回收品名称、主要成分及含量、口回收量和处理方法等列表，载入生产工艺流程。

（八）生产操作与生产周期

各岗位的操作单元、操作时间和岗位生产周期，并由此计算出产品生产总周期。

GMP（2010 年修订）附录 2 第二十八条生产操作规定：

（1）原料应当在适宜的条件下称量，以免影响其适用性。称量的装置应当具有与使用目的相适应的精度。

（2）如将物料分装后用于生产的，应当使用适当的分装容器。分装容器应当有标识并标明以下内容：物料的名称或代码；接收批号或流水号；分装容器中物料的重量或数量；必要时，标明复验或重新评估日期。

（3）关键的称量或分装操作应当有复核或有类似的控制手段。使用前，生产人员应当核实所用物料正确无误。

（4）应当将生产过程中指定步骤的实际收率与预期收率比较。预期收率的范围应当根据以前的实验室、中试或生产的数据来确定。应当对关键工艺步骤收率的偏差进行调查，确定偏差对相关批次产品质量的影响或潜在影响。

（5）应当遵循工艺规程中有关时限控制的规定。发生偏差时，应当作记录并进行评价。反应终点或加工步骤的完成是根据中间控制的取样和检验来确定的，则不适用时限控制。

（九）劳动组织与岗位定员

根据产品的工艺过程进行分组，每组由若干岗位组成，按照岗位需要确定人员职务和数量，如组长、技术员、班长、操作人员。

（十）设备一览表及主要设备生产能力

设备一览表的内容包括编号、设备名称、材质、规格与型号（含容积、性能、电机容量）、数量和岗位名称等。

主要设备的生产能力以中间体为序，主要设备名称和数量、生产班次、每个批号的作用时间、投料量、批产量和折成品量、全年生产天数、成品生产能力（日生产能力和年生产能力）。

（十一）原材料、能源消耗定额和生产技术经济指标

①原辅材料及中间体消耗定额；②动力消耗定额；③分步收率和成品总收率，收率计算方法，劳动生产率及原料成本。

（十二）物料衡算

以岗位为序，加入物料的名称、含量、用量、折纯量；收得物料的名称、得量及组分；计算各岗位原料利用率，计算公式如下：

$$原料利用率＝（产品产量＋回收品量＋副产品量）/原料投入量×100\%$$

（十三）附录（有关常数及计算公式等）

所用酸、碱溶液的比重和重量百分比浓度，收率计算公式。

三、工艺规程的制定和修订

药品必须按照工艺规程进行生产。对于新产品的生产，在试车阶段，一般制定临时的工艺规程；经过一段时间生产稳定后，再制定工艺规程。

生产技术是不断地发展的，人们的认识也在不断地深化，两者大大促进了工程技术人员对化学工艺和化学工程的研究。药品生产的特点是品种更新速度快，生产工艺改进完善的潜力大，随着新工艺、新技术和新材料的出现和采用，已制定的工艺规程在实践中也常常会出现新问题或发现不足之处，因此必须对工艺规程进行及时修订，以反映出经过实践考验的技术革新的新成果和国内外的先进经验。

根据新版 GMP 第 7 章确认与验证中的第 144 条，"确认和验证不是一次性的行为。首次确认或验证后，应当根据产品质量回顾分析情况进行再确认或再验证。关键的生产工艺和操作规程应当定期进行再验证，确保其能够达到预期结果"。验证同时还是质量计划、岗位等的基础。第 9 章生产管理中的第 66 条规定，"工艺规程、岗位操作法和标准操作规程不得任意修改。如需修改时，应按制定时的程序办理修订，审批手续。"总之，制定和修改工艺规程的要点和顺序如下：

（1）生产工艺路线是拟订工艺规程的关键。在具体实施中，应该在充分调查研究的基础上多提出几个方案进行分析、比较和验证。

（2）熟悉产品的性能、用途、工艺过程和反应原理；明确各步反应或各工序的技术要求，找出关键的技术问题。

（3）审查各项技术要求是否合理，原辅材料、设备材质等选用是否符合生产工艺要求。如发现问题，应会同有关设计人员共同研究，按规定手续进行修改与补充，或组织专家论证。

（4）规定各工序和岗位采用的设备流程和工艺流程，同时考虑现有车间平面布置和设备情况。

（5）确定和完善各工序或岗位技术要求及检验方法和产品。

（6）审定"三废"治理和安全技术措施。

（7）编写工艺规程。

GMP 第 8 章文件的第 168 条规定，每种药品的每个生产批量均应当有经企业批准的工

艺规程，不同药品规格的每种包装形式均应当有各自的包装操作要求，工艺规程的制定应当以注册批准的工艺为依据。

GMP 附录 2 第二十七条规定的原料药工艺规程应当包括：

（1）所生产的中间产品或原料药名称。

（2）标有名称和代码的原料和中间产品的完整清单。

（3）准确陈述每种原料或中间产品的投料量或投料比，包括计量单位。如果投料量不固定，应当注明每种批量或产率的计算方法。如有正当理由，可制定投料量合理变动的范围。

（4）生产地点、主要设备（型号及材质等）。

（5）生产操作的详细说明，包括：①操作顺序；②所用工艺参数的范围；③取样方法说明，所用原料、中间产品及成品的质量标准；④完成单个步骤或整个工艺过程的时限（如适用）；⑤按生产阶段或时限计算的预期收率范围；⑥必要时，需遵循的特殊预防措施、注意事项或有关参照内容；⑦可保证中间产品或原料药适用性的贮存要求，包括标签、包装材料和特殊贮存条件以及期限。

思考

原料药工艺规程与实验室小试合成步骤有何区别？

扫码"练一练"

重点小结

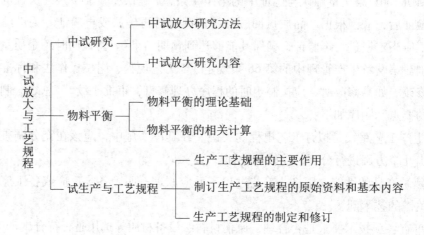

（方　浩）

第六章 化学制药与环境保护

📖 学习目标

1. **掌握** 表征废水水质的主要指标；好氧生物处理和厌氧生物处理的主要特点；活性污泥法和生物膜法处理废水的基本原理。

2. **熟悉** 化学制药厂污染的特点；防治污染的主要措施；清污分流；废水处理级数。

3. **了解** 活性污泥的性能指标及处理方法；废气和废渣的常用处理方法。

第一节 概　述

扫码"学一学"

一、环境保护的重要性

环境是人类赖以生存和社会经济可持续发展的客观条件和空间。随着现代工业的高速发展，环境保护问题已引起人们的极大关注。从 20 世纪 50 年代起，一些国家因工业废弃物排放或化学品泄漏所造成的环境污染，一度发展成为严重的社会公害，甚至发生严重的环境污染事件。环境污染直接威胁人类的生命和安全，也影响经济的顺利发展，已成为严重的社会问题。随着人类对环境保护认识的不断深入，许多国家先后成立了环境保护管理机构，加强对环境污染的防治工作，并制定了一系列的环境保护法规。通过多年的努力，环境污染得到有效的控制，环境质量也有了很大改善。

我国自 1973 年建立环境保护机构起，各级环境保护部门就开展了污染的治理和综合利用。几十年来，我国在治理污染方面不仅加强了立法，而且投入了大量的资金，相继建成了大批治理污染的设施，取得了比较明显的环境效益。但是，由于我国经济的持续高速发展和能源消费结构的不合理，加上人们对环境污染严重性的认识仍然不足，致使我国工业污染的治理远远落后于工业生产的发展。伴随着我国世界工厂地位的确立，环境压力同时也达到了高峰。当清新的空气、洁净的水源、蓝色的天空都成为民众的奢望之时，我国环境污染问题之严重就可想而知了。许多江河湖泊受到了不同程度的污染，城市河段尤为严重，有的几乎成为臭水沟。一些地区的地下水也受到污染，饮用水源受到威胁。废气污染导致空气的质量下降，一些工业城市居民某些疾病的患病率明显高于农村。工业污染不仅严重威胁人类的健康，而且给经济的可持续发展带来巨大的损害。近年来，我国相继发生诸如太湖蓝藻、云南滇池、淮河流域等环境污染事故，其原因多是由于当地众多小造纸、小印染和小化工企业违法排污造成的。而修复治理这些环境污染却需要耗时数年，且投入巨大。如治理云南滇池污染耗时 20 多年，投入近 300 亿元仍未取得实质性进展。面对日益严重的环境污染，传统的先污染后治理的治污方案往往难以奏效，必须采取切实可行的措施，走高科技、低污染的跨越式产业发展之路，治理和保护好环境，促进我国经济的可持续发展。

二、我国防治污染的方针政策

如何保护和改善生活环境和生态环境，合理地开发和利用自然环境和自然资源，制定有效的经济政策和相应的环境保护政策，是关系人类健康和社会经济可持续发展的重大问题。我国历来重视生态平衡工作，消除污染、保护环境已成为我国的一项基本国策。特别是改革开放以来，我国先后完善和颁布了《中华人民共和国环境保护法》《大气污染防治法》《水污染防治法》《海洋环境保护法》《固体废物污染环境防治法》《环境噪声污染防治法》以及与各种法规相配套的行政、经济法规和环境保护标准，基本形成一套完整的环境保护法律体系。

制药工业是我国国民经济的重要组成部分，对我国经济总量的高速增长做出了重要贡献，但同时也造成了比较严重的环境污染。为此，2008年我国首次颁布了《制药工业水污染物排放标准》，包括发酵类、化学合成类、提取类、中药类、生物工程类和混装制剂类六个系列，该标准与国际先进的环境标准接轨，污染物排放限值大幅度加严，是国家强制性标准。为进一步贯彻《环境保护法》等相关法律法规，防治环境污染，保障生态安全和人体健康，促进制药工业生产工艺和污染治理技术的进步，2012年我国又颁布了《制药工业污染防治技术政策》，该技术政策为指导性文件，适用于制药工业（包括兽药）。

所有企业、单位和部门都要遵守国家和地方的环境保护法规，采取切实有效的措施，限期解决污染问题。凡是新建、扩建和改造项目都必须按国家基本建设项目环境管理办法的规定，切实执行环境评价报告制度和"三同时"制度，做到先评价，后建设，环保设施与主体工程同时设计、同时施工、同时投产，防止发生新的污染。在完善"三同时"申报制度、环境影响评价制度和排污收费制度的基础上，我国还推行环境保护目标责任制、城市环境综合整治定量考核、污染物排放许可证制度、污染集中控制和污染限期治理等制度。这些制度的实施是加强我国环境管理工作的有力措施。

三、化学制药厂污染的特点和现状

（一）化学制药厂污染的特点

化学制药厂排出的污染物通常具有毒性、刺激性和腐蚀性，这也是工业污染的共同特征。此外，化学制药厂的污染物还具有组分多、数量大、间歇排放、pH值不稳定、化学需氧量高等特点。这些特点与防治措施的选择有直接的关系。

1. 组分多、数量相对较大 制药工业对环境的污染主要来自于原料药的生产。虽然原料药的生产规模通常较小，但排出的污染物的数量相对较大。另一方面，化学原料药的生产具有反应多而复杂、工艺路线较长等特点，因此所用原辅材料的种类较多，产生的副产物较多甚至难以确证其结构，给污染的综合治理带来很大的困难。

2. 间歇排放 由于药品生产的规模通常较小，因此化学制药厂大多采用间歇式生产方式，污染物的排放自然也是间歇性的。间歇排放是一种短时间内高浓度的集中排放，而且污染物的排放量、浓度、瞬时差异都缺乏规律性，这给环境带来的危害要比连续排放严重得多。此外，间歇排放也给污染的治理带来不少困难。如生物处理法要求流入废水的水质、水量比较均匀，若变动过大，会抑制微生物的生长，导致处理效果显著下降。

3. pH值不稳定 化学制药厂排放的废水，有时呈强酸性，有时呈强碱性，pH值很不稳定，对水生生物、构筑物和农作物都有极大的危害。在生物处理或排放之前必须进行中和处理，以免影响处理效果或者造成环境污染。

4. 化学需氧量高 化学制药厂产生的污染物一般以有机污染物为主，其中有些有机物能被微生物降解，而有些则难以被微生物降解。因此，一些废水的化学需氧量（COD）很高，但生化需氧量（BOD）却不一定很高。对于那些浓度高而又不易被生物氧化的废水要另行处理，如萃取、焚烧等。否则，经生物处理后，出水的化学需氧量仍会高于排放标准。

化学制药厂污染有哪些主要特点？

（二）化学制药厂污染的现状

制药厂尤其是化学制药厂常是环境污染较为严重的企业。特别是进入 21 世纪后，跨国制药公司逐渐将污染较为严重的原料药生产转移到我国和印度等发展中国家，这一方面给我国原料药企业带来了难得的发展机遇，另一方面原料药生产既会造成资源的浪费，又会使环境遭到污染。据不完全统计，全国药厂每年排放的废气量约 10 亿立方米（标），其中含有害物质约 10 万吨；每天排放的废水量约 50 万立方米；每年排放的废渣量约 10 万吨，对环境产生十分严重的危害。近年来，制药行业用于治理污染的投资逐年增加，各种治理污染的装置相继在各药厂投入运行。然而，由于化学制药工业环境污染治理的难度较大，加上环保投入不足、技术装备落后等原因，致使防治污染的速度远远落后于制药工业的发展速度。从总体上看，化学制药行业的污染仍然十分严重，治理的形势相当严峻。全行业污染治理的程度也不平衡，条件好的制药厂已达二级处理水平，即大部分污染物得到了妥善的处理；但仍有相当数量的制药厂仅仅是一级处理，甚至还有一些制药厂没能做到清污分流。个别制药企业的法制观念不强，环保意识不深，随意倾倒污染物的现象时有发生，对环境造成了严重污染。

第二节 防治污染的主要措施

化学制药工业的生产过程既是原料的消耗过程和产品的形成过程，也是污染物的产生过程；所采取的生产工艺决定污染物的种类、数量和毒性。因此，防治污染首先应从合成路线入手，尽量采用污染少或没有污染的绿色生产工艺，改造污染严重的落后生产工艺，以消除或减少污染物的排放。其次，对于必须排放的污染物，要积极开展综合利用，尽可能化害为利。最后再考虑对污染物进行无害化处理。

扫码"学一学"

一、采用绿色生产工艺

绿色生产工艺（green production process）是在绿色化学的基础上开发的从源头上消除污染的生产工艺。这类工艺最理想的方法是采用"原子经济（atom economy）反应"，即使原料中的每一个原子都转化成产品，不产生任何废弃物和副产品，以实现废物的"零排放"（zero emission）。针对药品生产过程的主要环节和组分，可重新设计少污染或无污染的生产工艺，并通过优化工艺操作条件、改进操作方法等措施，实现制药过程的节能、降耗、消除或减少环境污染的目的。

（一）重新设计少污染或无污染的生产工艺

在重新设计药品的生产工艺时应尽可能选用无毒或低毒的原辅材料来代替有毒或剧毒的原辅材料，以降低或消除污染物的毒性。例如，在氯霉素（chloramphenicol）的合成中，原来采用氯化高汞作催化剂制备异丙醇铝，后改用三氯化铝代替氯化高汞作催化剂，从而彻底解决令人棘手的汞污染问题。

$$2Al+6(CH_3)_2CHOH \xrightarrow{\text{催化剂}} 2Al[OCH(CH_3)_2]+3H_2\uparrow$$

在药物合成中，许多药品常常需要多步反应才能得到。尽管有时单步反应的收率很高，但反应的总收率一般不高。在重新设计生产工艺时，简化合成步骤，可以减少污染物的种类和数量，从而减轻处理系统的负担，有利于环境保护。布洛芬（参见第二章第三节）的生产就是一个很好的例子。

设计无污染的绿色生产工艺是消除环境污染的根本措施。如苯甲醛（6-1）是一种重要的中间体，传统的合成路线是以甲苯（6-2）为原料通过二氯甲基苯（6-3）水解而得：

$$\underset{6-2}{\overset{CH_3}{\underset{\vphantom{|}}{\bigcirc}}} \xrightarrow[\text{光和热}]{Cl_2} \underset{6-3}{\overset{CHCl_2}{\underset{\vphantom{|}}{\bigcirc}}} \xrightarrow[H^+]{H_2O} \underset{6-1}{\overset{CHO}{\underset{\vphantom{|}}{\bigcirc}}}$$

选择适当的条件进行甲苯（6-2）侧链氯化，得到以二氯甲基苯（6-3）为主的产物。再经水解、精馏等步骤而得到苯甲醛（6-1）。该工艺在生产过程中不仅要产生大量需治理的废水，而且由于有伴随光和热的大量氯气参与反应，因此，对周围的环境将造成严重的污染。间接电氧化法制备苯甲醛（6-1）是一条绿色生产工艺，其基本原理是在电解槽中将 Mn^{2+} 电解氧化成 Mn^{3+}，然后将 Mn^{3+} 与甲苯在槽外反应器中定向生成苯甲醛（6-1），同时 Mn^{3+} 被还原成 Mn^{2+}。经油水分离后，水相返回电解槽电解氧化，油相经精馏分出苯甲醛（6-1）后返回反应器。反应方程式如下：

$$Mn^{2+} \xrightarrow{\text{电解氧化反应}} Mn^{3+}+e$$

$$\underset{6-2}{\overset{CH_3}{\underset{\vphantom{|}}{\bigcirc}}} +4Mn^{3+}+H_2O \longrightarrow \underset{6-1}{\overset{CHO}{\underset{\vphantom{|}}{\bigcirc}}} +4Mn^{2+}+4H^+$$

由于油相和水相分别构成闭路循环，故整个工艺过程无污染物排放，是一条绿色生产工艺。

（二）优化工艺条件

化学反应的许多工艺条件，如原料纯度、投料比、反应时间、反应温度、反应压力、溶剂、pH 值等，不仅会影响产品的收率，而且也会影响污染物的种类和数量。对化学反应的工艺条件进行优化，获得最佳工艺条件，是减少或消除污染的一个重要手段。如在药物生产中，为促使反应完全，提高收率或兼作溶剂等原因，生产上常使某种原料过量，这样往往会增加污染物的数量。因此必须统筹兼顾，既要使反应完全，又要使原料不致过量太多。例如，乙酰苯胺（6-4）的硝化反应，原工艺要求将乙酰苯胺（6-4）溶于硫酸中，再加混酸进行硝化反应。后经研究发现，乙酰苯胺硫酸溶液中的硫酸浓度已足够高，混酸中的硫酸可以省去。这样不但节省了大量的硫酸，而且大大减轻了污染物的处理负担。

$$\text{6-4} \quad +HNO_3 \xrightarrow{H_2SO_4} \quad +H_2O$$

（三）改进操作方法

在生产工艺已经确定的前提下，可从改进操作方法入手，减少或消除污染物的形成。例如，抗菌药诺氟沙星（norfloxacin）合成中的对氯硝基苯（6-5）氟化反应，原工艺采用二甲基亚砜（DMSO）作溶剂。由于 DMSO 的沸点和产物对氟硝基苯（6-6）的沸点接近，难以直接用精馏方法分离，需采用水蒸气蒸馏才能获得对氟硝基苯（6-6），因而不可避免地产生一部分废水，且生产效率较低。后改用高沸点的环丁砜作溶剂，反应液除去无机盐后，可直接精馏获得对氟硝基苯（6-6），既避免了废水的生成，又提高了生产效率。

$$\text{6-5} + KF \xrightarrow[\triangle]{DMSO} \text{6-6} \quad (环丁砜, \triangle)$$

（四）采用新技术

使用新技术不仅能显著提高生产技术水平，而且有时也十分有利于污染物的防治和环境保护。例如，在药物中间体 4-氨基吡啶（6-7）的合成中，原工艺采用铁粉还原硝基氧化吡啶（6-8）制备 4-氨基吡啶（6-7），反应中要消耗大量的溶剂醋酸，并产生较多的废水和废渣。现采用催化加氢还原技术，既简化了工艺操作，又消除了环境污染。

$$\text{6-8} \xrightarrow{Fe,CH_3COOH} \quad \xrightarrow{H_2,Raney\ Ni,CH_3CH_2OH} \text{6-7}$$

又如，苯乙酸（6-9）是合成药物的重要中间体。目前工业上仍以苯乙腈水解来制备，而苯乙腈又是由氯苄（6-10）和氢氰酸反应合成的。现在通过氯苄（6-10）羰基化合成苯乙酸（6-9）已经获得成功。这一合成路线不仅经济，而且避免使用剧毒的氰化物，减少了对环境的危害。

$$\underset{\text{6-10}}{\text{C}_6\text{H}_5\text{CH}_2\text{Cl}} + \text{CO} \xrightarrow[\text{OH}^-]{\text{H}_2\text{O}} \underset{\text{6-9}}{\text{C}_6\text{H}_5\text{CH}_2\text{COOH}}$$

其他新技术，如手性药物制备中的化学控制技术、生物控制技术、相转移催化技术、超临界萃取技术和超临界色谱技术等的使用都能显著提高产品的质量和收率，降低原辅材料的消耗，提高资源和能源的利用率，同时也有利于减少污染物的种类和数量，减轻后处理过程的负担，有利于环境保护。

二、循环套用

在药物合成中，反应往往不能进行得十分完全，且大多存在副反应，产物也不可能从反应混合物中完全分离出来，因此分离后的母液中常含有一定数量的未反应原料、副产物和产物。在某些药物合成中，通过工艺设计人员周密而细致的安排可以实现反应母液的循环套用（recycle）或经适当处理后套用，这不仅可降低原辅材料的单耗，提高产品的收率，而且可减少环境污染。例如，氯霉素合成中的乙酰化反应，原工艺是在反应后将母液蒸发浓缩以回收乙酸钠，残液废弃。改进后的工艺将母液循环套用，将母液按乙酸钠含量进行计量，直接应用于下一批号，从而革除了蒸发、结晶、过滤等操作，减少了废水的处理量。此外，由于母液中含有一些反应产物（6-11），循环使用母液还可以提高收率。

$$\text{(p-NO}_2\text{-C}_6\text{H}_4\text{-COCH}_2\text{NH}_2 \cdot \text{HCl)} + (\text{CH}_3\text{CO})_2\text{O} + \text{CH}_3\text{COONa} \xrightarrow{\text{H}_2\text{O}} \text{(p-NO}_2\text{-C}_6\text{H}_4\text{-COCH}_2\text{NHCOCH}_3\text{)} + 2\text{CH}_3\text{COOH} + \text{NaCl}$$
$$\text{6-11}$$

再如，甲氧苄啶（trimethoprim，TMP）生产中的氧化反应是将三甲氧基苯甲酰肼（6-12）在氨水及甲苯（6-2）中用赤血盐钾（铁氰化钾，6-13）氧化，得到三甲氧基苯甲醛（6-14），同时副产物黄血盐钾胺（亚铁氰化钾胺，6-15）溶解在母液中。黄血盐钾胺（6-15）分子内含有氰基，需处理后方可随母液排放。后对含黄血盐钾胺（6-15）的母液进行适当处理，再用高锰酸钾氧化，使黄血盐钾胺（6-15）转化为原料赤血盐钾（6-13），其含量在13%以上，可套用于氧化反应中。

$$\underset{\text{6-12}}{\text{(CH}_3\text{O)}_3\text{C}_6\text{H}_2\text{-CONHNH}_2} + 2\text{K}_3\text{Fe(CN)}_6 + 2\text{NH}_4\text{OH} \xrightarrow{\text{甲苯}} \underset{\text{6-14}}{\text{(CH}_3\text{O)}_3\text{C}_6\text{H}_2\text{-CHO}} + 2\text{K}_3(\text{NH}_4)\text{Fe(CN)}_6 + \text{N}_2\uparrow + 2\text{H}_2\text{O}$$
$$\text{6-13} \qquad \qquad \qquad \text{6-15}$$

$$\underset{\text{6-15}}{3\text{K}_3(\text{NH}_4)\text{Fe(CN)}_6} + \text{KMnO}_4 + 2\text{H}_2\text{O} \xrightarrow{\triangle} \underset{\text{6-13}}{3\text{K}_3\text{Fe(CN)}_6} + \text{MnO}_2 + \text{KOH} + 3\text{NH}_4\text{OH}$$

将反应母液循环套用，可显著减少环境污染。若设计得当，则可构成一个闭路循环，是一个理想的绿色生产工艺。除了母液可以循环套用外，药物生产中大量使用的各种有机溶剂，均应考虑循环套用，以降低单耗，减少环境污染。其他的如催化剂、活性炭等经过处理后也可考虑反复使用。

化学制药工业中冷却水的用量占总用水量的比例一般很大，必须考虑水的循环使用，尽可能实现水的闭路循环。在设计排水系统时应考虑清污分流，将间接冷却水与有严重污染的废水分开，这不仅有利于水的循环使用，而且可大幅度减少废水量。由生产系统排出的废水经处理后，也可采取闭路循环。水的重复利用和循环回用是保护水源、控制环境污染的重要技术措施。

三、综合利用

从某种意义上讲，化学制药过程中产生的废弃物也是一种"资源"，能否充分利用这种资源，反映了一个企业的生产技术水平。从排放的废弃物中回收有价值的物料，开展综合利用，是控制污染的一个积极措施。近年来在制药行业的污染治理中，资源综合利用的成功例子很多。例如，氯霉素生产中的副产物邻硝基乙苯（6-16）是重要的污染物之一，将其制成杀草胺（N-α-chloroacetyl,6-17），杀草胺是一种优良的除草剂。

又如，叶酸（folic acid）合成中需要应用丙酮（6-18）的氯化反应，反应过程中放出大量的氯化氢废气，直接排放将对环境造成严重污染。依次用水和液碱吸收后，既消除了氯化氢气体造成的污染，又可回收得到一定浓度的盐酸（参看本章第四节）。

$$CH_3-\overset{\overset{\displaystyle O}{\|}}{C}-CH_3 + Cl_2 \longrightarrow CH_3-\overset{\overset{\displaystyle O}{\|}}{C}-\overset{\overset{\displaystyle Cl}{|}}{\underset{\underset{\displaystyle Cl}{|}}{C}}-Cl + HCl\uparrow$$

6-18

再如，对氯苯酚是制备降血脂药氯贝丁酯（clofibrate）的主要原料，其生产过程中的副产物邻氯苯酚（6-19）是重要的污染物之一，将其制成 2,6-二氯苯酚（6-20）可用作解热镇痛药双氯芬酸钠（diclofenac sodium）的原料，从而实现变废为宝。

6-19   6-20

四、改进生产设备，加强设备管理

改进生产设备，加强设备管理是药品生产中控制污染源、减少环境污染的又一个重要途径。设备的选型是否合理、设计是否恰当，与污染物的数量和浓度有很大的关系。例如，甲苯磺化反应中，用连续式自动脱水器代替人工操作的间歇式脱水器，可显著提高甲苯的转化率，减少污染物的数量。又如，在直接冷凝器中用水直接冷凝含有机物的废气，会产生大量的低浓度废水。若改用间壁式冷凝器用水进行间接冷却，可以显著减少废水的数量，废水中有机物的浓度也显著提高。数量少而有机物浓度高的废水有利于回收处理。再如，用水吸收含氯化氢的废气可以获得一定浓度的盐酸，但水吸收塔的排出尾气中常含有一定量的氯化氢气体，直接排放将对环境造成污染。实际设计时在水吸收塔后再增加一座碱液吸收塔，可使尾气中的氯化氢含量降至 $4mg/m^3$ 以下，低于国家排放标准。

化学制药工业中，系统的"跑、冒、滴、漏"往往是造成环境污染的一个重要原因，必须引起足够的重视。在药品生产中，从原料、中间体到产品，以至排出的污染物，往往具有易燃、易爆、有毒、有腐蚀等特点。就整个工艺过程而言，提高设备、管道的严密性，使系统少排或不排污染物，是防止产生污染物的一个重要措施。因此，无论是设备或管道，从设计、选材，到安装、操作和检修，以及生产管理的各个环节，都必须重视，以杜绝"跑、冒、滴、漏"现象，减少环境污染。

思考

防治污染有哪些主要措施？

扫码"学一学"

第三节　废水的处理

在化学制药厂的污染物中，以废水的数量最大，种类最多，且十分复杂，危害最严重，对生产可持续发展的影响也最大；它也是化学制药厂污染物无害化处理的重点和难点。

一、废水的污染控制指标

（一）控制污染的基本概念

1. 水质指标　水质指标是表征废水性质的参数，比较重要的有 pH 值、悬浮物（SS）、生化需氧量（BOD）、化学需氧量（COD）、氨氮、总氮、总有机碳等指标。

pH 值是反映废水酸碱性强弱的重要指标。它的测定和控制，对维护废水处理设施的正常运行，防止废水处理及输送设备的腐蚀，保护水生生物和水体自净化功能都有重要的意义。处理后的废水应呈中性或接近中性。

悬浮物（suspended substance，SS）是指废水中呈悬浮状态的固体，是反映水中固体物质含量的一个常用指标，可用过滤法测定，单位为 mg/L。

生化需氧量（biochemical oxygen demand，BOD）是指在一定条件下，微生物氧化分解水中的有机物时所需的溶解氧的量，单位为 mg/L。微生物分解有机物的速度和程度与时间有直接关系。实际工作中，常在 20℃ 的条件下，将废水培养 5 日，然后测定单位体积废水中溶解氧的减少量，即 5 日生化需氧量作为生化需氧量的指标，以 BOD_5 表示。BOD 反映了废水中可被微生物分解的有机物的总量，其值越大，表示水中的有机物越多，水体被污染的程度也就越高。

化学需氧量（chemical oxygen demand，COD）是指在一定条件下，用强氧化剂氧化废水中的有机物所需的氧的量，单位为 mg/L。我国的废水检验标准规定以重铬酸钾作氧化剂，标记为 COD_{Cr}。COD 与 BOD 均可表征水被污染的程度，但 COD 能够更精确地表示废水中的有机物含量，而且测定时间短，不受水质限制，因此常被用作废水的污染指标。COD 和 BOD 之差表示废水中没有被微生物分解的有机物含量。

氨氮（ammonia-nitrogen）是指水中以游离氨（NH_3）和铵离子（NH_4^+）形式存在的氮。氨氮是水体中的营养素，可导致水产生富营养化现象，是水体中的主要耗氧污染物，对鱼类及某些水生生物有毒害。

总氮（total nitrogen，TN）是水中各种形态无机和有机氮的总量。包括 NO_3^-、NO_2^- 和 NH_4^+ 等无机氮和蛋白质、氨基酸和有机胺等有机氮，以每升水含氮毫克数计算。常被用来表示水体受营养物质污染的程度。

总有机碳（total organic carbon，TOC）是指水体中溶解性和悬浮性有机物含碳的总量。水中有机物的种类很多，目前还不能全部进行分离鉴定。TOC 是一个快速检定的综合指标，它以碳的数量表示水中含有机物的总量。但由于它不能反映水中有机物的种类和组成，因而不能反映总量相同的总有机碳所造成的不同污染后果。通常作为评价水体有机物污染程度的重要依据。

表征废水性质的主要指标有哪些？

2. 排水量与单位基准排水量　排水量（displacement）是指在生产过程中直接用于工艺生产的水的排放量。不包括间接冷却水、锅炉排水、电站排水及厂区生活排水。

单位基准排水量（unit of the base displacement）是指用于核定水污染物排放浓度而规定的生产单位产品的废水排放量上限值。

思考

排水量与单位基准排水量有何不同？

3. 清污分流　清污分流（diverting waste water from clean water）是指将清水（如间接冷却用水、雨水和生活用水等）与废水（如制药生产过程中排出的各种废水）分别用各自不同的管路或渠道输送、排放或贮留，以利于清水的循环套用和废水的处理。排水系统的清污分流是非常重要的。制药工业中清水的数量通常超过废水的许多倍，采取清污分流，不仅可以节约大量的清水，而且可大幅度降低废水量，提高废水的浓度，从而大大减轻废水的输送负荷和治理负担。

除清污分流外，还应将某些特殊废水与一般废水分开，以利于特殊废水的单独处理和一般废水的常规处理。例如，含剧毒物质（如某些重金属）的废水应与准备生物处理的废水分开；含氰废水、含硫化合物废水以及酸性废水不能相互混合等。

思考

什么是清污分流？对治理废水有何意义？

4. **废水处理级数** 按处理废水的程度不同，废水处理可分为一级、二级和三级处理。

一级处理（preliminary or primary treatment）通常是采用物理方法或简单的化学方法除去水中的漂浮物和部分处于悬浮状态的污染物，以及调节废水的 pH 值等。通过一级处理可减轻废水的污染程度和后续处理的负荷。一级处理具有投资少、成本低等特点，但在大多数场合，废水经一级处理后仍达不到国家规定的排放标准，需要进行二级处理，必要时还需进行三级处理。因此，一级处理常作为废水的预处理。

二级处理（secondary treatment）主要指废水的生物处理。废水经过一级处理后，再经过二级处理，可除去废水中的大部分有机污染物，使废水得到进一步净化。二级处理适用于处理各种含有机污染物的废水。废水经二级处理后，BOD_5 可降至 $20\sim30mg/L$，水质一般可达到规定的排放标准。

三级处（tertiary or advanced treatment）理常以废水回收、再利用为目标，是一种净化要求较高的处理，目的是除去二级处理中未能除去的污染物，包括不能被微生物分解的有机物、可导致水体富营养化的可溶性无机物（如氮、磷等）以及各种病毒、病菌等。三级处理所使用的方法很多，如过滤、活性炭吸附、臭氧氧化、离子交换、电渗析、反渗透以及生物法脱氮除磷等。废水经三级处理后，BOD_5 可从 $20\sim30mg/L$ 降至 $5mg/L$ 以下，可达到地面水和工业用水的水质要求。

思考

各级废水处理的目标有何不同？

（二）制药废水中污染物的控制指标

《制药工业水污染物排放标准》分别针对发酵类、化学合成类、提取类、中药类、生物工程类和混装制剂类六个系列，制订了废水中污染物排放标准的控制指标。现以《化学合成类制药工业水污染物排放标准》为例，介绍制药废水中污染物的控制指标。化学合成类制药废水中污染物的控制指标有以下三类。

1. **常规污染物（normal pollutant）** 包括 pH 值、色度、悬浮物（SS）、生化需氧量（BOD_5）、化学需氧量（COD_{Cr}）、氨氮（以 N 计）、总有机碳（TOC）、急性毒性（以 $HgCl_2$ 计）。

2. **特征污染物（characteristic pollutant）** 包括总汞、总镉、烷基汞、六价铬、总砷、总铅、总镍、总铜、总锌、氰化物、挥发酚、硫化物、硝基苯类、苯胺类、二氯甲烷。

3. **总量控制指标** 单位产品基准排水量。

化学合成类企业水污染物排放限值必须符合表6-1中的规定。

表 6-1 化学合成类企业水污染物排放限值

单位：mg/L（pH 值、色度除外）

序号	污染物	排放限值		序号	污染物	排放限值	
		现有企业	新建企业			现有企业	新建企业
1	pH 值	6~9	6~9	14	硝基苯类	2.0	2.0
2	色度	50	50	15	苯胺类	2.0	2.0
3	悬浮物（SS）	70	50	16	二氯甲烷	0.3	0.3
4	生化需氧量（BOD_5）	40（35）	25（20）	17	总锌	0.5	0.5
5	化学需氧量（COD_{Cr}）	200（180）	120（100）	18	总氰化物	0.5	0.5
6	氨氮（以 N 计）	40（30）	25（20）	19	总汞	0.05	0.05
7	总氮	50（40）	35（30）	20	烷基汞	不得检出	不得检出
8	总磷	2.0	1.0	21	总镉	0.1	0.1
9	总有机碳（TOC）	60（50）	35（30）	22	六价铬	0.5	0.5
10	急性毒性（以 $HgCl_2$ 计）	0.07	0.07	23	总砷	0.5	0.5
11	总铜	0.5	0.5	24	总铅	1.0	1.0
12	挥发酚	0.5	0.5	25	总镍	1.0	1.0
13	硫化物	1.0	1.0				

注：①烷基汞检出限为 10ng/L。②括号内排放限值适用于同时生产化学合成类原料药和混装制剂的生产企业。③序号 1~18 污染物排放监控位置为企业废水总排放口，19~25 为车间或生产设施废水排放口。④现有企业是指在本标准实施之日（2008 年 7 月 1 日）前建成投产或环境影响评价文件已通过审批的制药生产企业。⑤新建企业是指自本标准实施之日起环境影响评价文件通过审批的新、改、扩建的制药生产企业。⑥自本标准实施之日起，现有企业的废水排放按本标准中对现有企业的规定执行；自本标准实施之日起两年后，现有企业的废水排放按本标准中关于新建企业的规定执行。新建企业自本标准实施之日起，其水污染物的排放按新建企业的规定执行。

在国土开发密度已经较高、环境承载能力开始减弱，或环境容量较小、生态环境脆弱，容易发生严重环境污染问题而需要采取特别保护措施的地区，执行污染物排放先进控制技术限值。化学合成类企业水污染物排放先进控制技术限值列于表 6-2 中。执行污染物排放先进控制技术限值的地域范围、时间，由省级人民政府规定。

表 6-2 化学合成类企业水污染物排放先进控制技术限值

单位：mg/L（pH 值、色度除外）

序号	污染物	排放限值	序号	污染物	排放限值
1	pH 值	6~9	14	硝基苯类	2.0
2	色度	30	15	苯胺类	1.0
3	悬浮物（SS）	10	16	二氯甲烷	0.2
4	生化需氧量（BOD_5）	10	17	总锌	0.5
5	化学需氧量（COD_{Cr}）	50	18	总氰化物	不得检出
6	氨氮（以 N 计）	5	19	总汞	0.05
7	总氮	15	20	烷基汞	不得检出
8	总磷	0.5	21	总镉	0.1
9	总有机碳（TOC）	15	22	六价铬	0.3
10	急性毒性（以 $HgCl_2$ 计）	0.07	23	总砷	0.3
11	总铜	0.5	24	总铅	1.0
12	挥发酚	0.5	25	总镍	1.0
13	硫化物	1.0			

注：①总氰化物检出限为 0.25mg/L，烷基汞检出限为 10ng/L。②序号 1~18 污染物排放监控位置为企业废水总排放口，19~25 为车间或生产设施废水排放口。

《制药工业水污染物排放标准》不仅规定了水污染物的排放限值，而且规定了单位产品的基准排水量。化学合成类制药工业单位产品的基准排水量列于表6-3中。

表6-3　化学合成类制药工业单位产品的基准排水量（m³/t产品）

药物种类	代表性药物	单位产品基准排水量
神经系统类	安乃近	88
	阿司匹林	30
	咖啡因	248
	布洛芬	120
抗微生物感染类	氯霉素	1000
	磺胺嘧啶	280
	呋喃唑酮	2400
	阿莫西林	240
	头孢拉定	1200
呼吸系统类	愈创木酚甘油醚	45
心血管系统类	辛伐他汀	240
激素及影响内分泌类	氢化可的松	4500
维生素类	维生素E	45
	维生素B_1	3400
氨基酸类	甘氨酸	401
其他类	盐酸赛庚啶	1894

注：排水量计量位置与污染物排放监控位置相同。

水污染物排放限值适用于单位产品实际排水量低于单位产品基准排水量的情况。若单位产品实际排水量超过单位产品基准排水量，则须按单位产品基准排水量将水污染物实测浓度换算为基准水量的排放浓度，并以基准水量排放浓度作为判定排放是否达标的依据。产品产量和排水量统计周期为一个工作日。

思考

化学合成类制药废水有哪些污染物控制指标？

二、废水处理的基本方法

废水处理的实质就是利用各种技术手段，将废水中的污染物分离出来，或将其转化为无害物质，从而使废水得到净化。废水处理技术很多，按作用原理一般可分为物理法、化学法、物理化学法和生物法。

物理法是利用物理作用将废水中呈悬浮状态的污染物分离出来，在分离过程中不改变其化学性质，如沉降、气浮、过滤、离心、蒸发、浓缩等。物理法常用于废水的一级处理。

化学法是利用化学反应原理来分离、回收废水中各种形态的污染物，如中和、凝聚、氧化和还原等。化学法常用于有毒、有害废水的处理，使废水达到不影响生物处理的条件。

物理化学法是综合利用物理和化学作用除去废水中的污染物，如吸附法、离子交换法和膜分离法等。近年来，物理化学法处理废水已形成了一些固定的工艺单元，得到了广泛的应用。

生物法是利用微生物的代谢作用，使废水中呈溶解和胶体状态的有机污染物转化为稳定、无害的物质，如 H_2O 和 CO_2 等。生物法能够去除废水中的大部分有机污染物，是常用的二级处理法。

上述每种废水处理方法都是一种单元操作。由于制药废水的特殊性，仅用一种方法一般不能将废水中的所有污染物除去。在废水处理中，常常需要将几种处理方法组合在一起，形成一个处理流程。流程的组织一般遵循先易后难、先简后繁的规律，即首先使用物理法进行预处理，以除去大块垃圾、漂浮物和悬浮固体等，然后再使用化学法和生物法等处理方法。

废水处理的基本方法有哪些？

三、废水的生物处理法

在自然界中，存在着大量依靠有机物生活的微生物。实践证明，利用微生物氧化分解废水中的有机物是十分有效的。根据生物处理过程中起主要作用的微生物对氧气需求的不同，废水的生物处理可分为好氧生物处理（aerobic biological treatment）和厌氧生物处理（anaerobic biological treatment）两大类，其中好氧生物处理又可分为活性污泥法（activated-sludge process）和生物膜法（biofilm process），前者是利用悬浮于水中的微生物群使有机物氧化分解，后者是利用附着于载体上的微生物群进行处理的方法。

（一）生物处理的基本原理

好氧生物处理是在有氧条件下，利用好氧微生物的作用将废水中的有机物分解为 CO_2 和 H_2O，并释放出能量的代谢过程。有机物（$C_xH_yO_z$）在氧化过程中释放出的氢与氧结合生成水，如下所示：

$$C_xH_yO_z + O_2 \xrightarrow{\text{酶}} CO_2 + H_2O + \text{能量}$$

在好氧生物处理过程中，有机物的分解比较彻底，最终产物是含能量最低的 CO_2 和 H_2O，故释放的能量较多，代谢速度较快，代谢产物也很稳定，因而是一种非常好的代谢形式。

用好氧生物法处理有机废水，基本上没有臭气产生，所需的处理时间比较短，在适宜条件下，有机物的生物去除率一般在 $80\% \sim 90\%$，有时可达 95% 以上。因此，好氧生物法已在有机废水处理中得到了广泛应用，活性污泥法、生物滤池、生物转盘等都是常见的好氧生物处理法。好氧生物法的缺点是对于高浓度的有机废水，要供给好氧生物所需的氧气（空气）比较困难，需先用大量的水对废水进行稀释，且在处理过程中要不断地补充水中的溶解氧，从而使处理的成本较高。

分析好氧生物处理废水的基本原理及特点。

厌氧生物处理是在无氧条件下，利用厌氧微生物，主要是厌氧菌的作用，来处理废水中的有机物。厌氧生物处理中的受氢体不是游离氧，而是有机物、含氧化合物和酸根，如 SO_4^{2-}、NO_3^-、NO_2^- 等。因此，最终的代谢产物不是简单的 CO_2 和 H_2O，而是一些低分子有机物、CH_4、H_2S 和 NH_4^+ 等。

厌氧生物处理是一个复杂的生物化学过程，主要依靠三大类细菌，即水解产酸细菌、产氢产乙酸细菌和产甲烷细菌的联合作用来完成。厌氧生物处理过程可粗略地分为三个连续的阶段，即水解酸化阶段、产氢产乙酸阶段和产甲烷阶段，如图 6-1 所示。

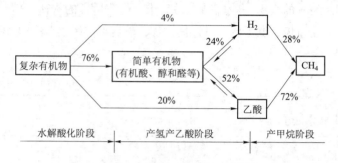

图 6-1 厌氧生物处理的三个阶段和 COD 转化率

第一阶段为水解酸化阶段。在细胞外酶的作用下，废水中复杂的大分子有机物、不溶性有机物先水解为溶解性的小分子有机物，然后渗透到细胞体内，并分解产生简单的挥发性有机酸、醇和醛类物质等。

第二阶段为产氢产乙酸阶段。在产氢产乙酸细菌的作用下，第一阶段产生的或原来已经存在于废水中的各种简单有机物被分解转化成乙酸和 H_2，在分解有机酸时还有 CO_2 生成。

第三阶段为产甲烷阶段。在产甲烷菌的作用下，将乙酸、乙酸盐、CO_2 和 H_2 等转化为甲烷。

厌氧生物处理过程中不需要供给氧气（空气），故动力消耗少，设备简单，并能回收一定数量的甲烷气体作为燃料，因而运行费用较低。目前，厌氧生物法主要用于中、高浓度有机废水的处理，也可用于低浓度有机废水的处理。该法的缺点是处理时间较长，处理过程中常有硫化氢或其他一些硫化物生成，硫化氢与铁质接触就会形成黑色的硫化铁，从而使处理后的废水既黑又臭，需要进一步处理。

思考

结合图 6-1，分析厌氧生物处理废水的基本原理及特点。

（二）生物处理对水质的要求

废水的生物处理是以废水中的污染物作为营养源，利用微生物的代谢作用使废水得到净化。当废水中存在有毒物质，或环境条件发生变化，超过微生物的承受限度时，将会对微生物产生抑制或有毒作用。因此，进行生物处理时，给微生物的生长繁殖提供一个适宜的环境条件是十分重要的。生物处理对废水的水质要求主要有以下几个方面。

1. 温度 温度是影响微生物生长繁殖的一个重要的外界因素。当温度过高时，微生物会发生死亡；而温度过低时，微生物的代谢作用将变得非常缓慢，活力受到限制。一般地，好氧生物处理的水温宜控制在 20~40℃。而厌氧生物处理的水温与各种产甲烷菌的适宜温度条件有关。一般认为，产甲烷菌适宜的温度范围为 5~60℃，在 35℃ 和 53℃ 上下可以分别获得较高的处理效率；温度为 40~45℃ 时，处理效率较低。根据产甲烷菌适宜温度条件不同，厌氧生物处理的适宜水温可分别控制在 10~30℃、35~38℃ 和 50~55℃。

2. **pH 值**　微生物的生长繁殖都有一定的 pH 值条件。pH 值不能突然变化很大，否则将使微生物的活力受到抑制，甚至造成微生物的死亡。对于好氧生物处理，废水的 pH 值宜控制在 6~9；对于厌氧生物处理，废水的 pH 值宜控制在 6.5~7.5。

微生物在生活过程中常常由于某些代谢产物的积累而使周围环境的 pH 值发生改变。因此，在生物处理过程中常加入一些廉价的物质（如石灰等）以调节废水的 pH 值。

3. **营养物质**　微生物的生长繁殖需要多种营养物质，如碳源、氮源、无机盐及少量的维生素等。生活废水中具有微生物生长所需的全部营养，而某些工业废水中可能缺乏某些营养。当废水中缺少某些营养成分时，可按所需比例投加所缺营养成分或加入生活污水进行均化，以满足微生物生长所需的各种营养物质。

4. **有毒物质**　废水中凡对微生物的生长繁殖有抑制作用或杀害作用的化学物质均为有毒物质。有毒物质对微生物生长的毒害作用，主要表现在使细菌细胞的正常结构遭到破坏以及使菌体内的酶变质，并失去活性。废水中常见的有毒物质包括大多数重金属离子（铅、镉、铬、锌、铜等）、某些有机物（酚、甲醛、甲醇、苯、氯苯等）和无机物（硫化物、氰化物等）。有些毒物虽然能被某些微生物分解，但当浓度超过一定限度时，则会抑制微生物的生长、繁殖，甚至杀死微生物。不同种类的微生物对毒物的忍受程度不同，因此，对废水进行生物处理时，应具体情况具体分析，必要时可通过实验确定有毒物质的最高允许浓度。

5. **溶解氧**　好氧生物处理需在有氧的条件下进行，溶解氧不足将导致处理效果明显下降，因此，一般需从外界补充氧气（空气）。实践表明，对于好氧生物处理，水中的溶解氧宜保持在 2~4mg/L，如出水中的溶解氧不低于 1mg/L，则可以认为废水中的溶解氧已经足够。而厌氧微生物对氧气很敏感，当有氧气存在时，它们就无法生长。因此，在厌氧生物处理中，处理设备要严格密封，隔绝空气。

6. **有机物浓度**　在好氧生物处理中，废水中的有机物浓度不能太高，否则会增加生物反应所需的氧量，容易造成缺氧，影响生物处理效果。而厌氧生物处理是在无氧条件下进行的，因此，可处理较高浓度的有机废水。此外，废水中的有机物浓度不能过低，否则会造成营养不良，影响微生物的生长繁殖，降低生物处理效果。

思考

生物法处理废水需控制哪些水质指标？

（三）好氧生物处理法

1. **活性污泥法**　活性污泥是由好氧微生物（包括细菌、微型动物和其他微生物）及其代谢和吸附的有机物和无机物组成的生物絮凝体，具有很强的吸附和分解有机物的能力。活性污泥的制备可在一含粪便的污水池中连续鼓入空气，即曝气（aeration）以维持污水中的溶解氧，经过一段时间后，由于污水中微生物的生长和繁殖，逐渐形成褐色的污泥状絮凝体，这种生物絮凝体即为活性污泥，其中含有大量的微生物。活性污泥法处理工业废水，就是让这些生物絮凝体悬浮在废水中形成混合液，使废水中的有机物与絮凝体中的微生物充分接触。废水中呈悬浮状态和胶态的有机物被活性污泥吸附后，在微生物的细胞外酶作用下，分解为溶解性的小分子有机物。溶解性的有机物进一步渗透到微生物细胞体内，通过微生物的代谢作用而分解，从而使废水得到净化。

（1）活性污泥的性能指标：活性污泥法处理废水的关键在于具有足够数量且性能优良的活性污泥。衡量活性污泥数量和性能好坏的指标主要有污泥浓度、污泥沉降比（SV）和污泥容积指数（SVI）等。

污泥浓度：是指 1L 混合液中所含的悬浮固体（MLSS）或挥发性悬浮固体（MLVSS）的量，单位为 g/L 或 mg/L。污泥浓度的大小可间接地反映混合液中所含微生物的数量。

污泥沉降比：是指一定量的曝气混合液静置 30 分钟后，沉淀污泥与原混合液的体积百分比。污泥沉降比可反映正常曝气时的污泥量以及污泥的沉淀和凝聚性能。性能良好的活性污泥，其沉降比一般在 15%~20% 的范围内。

污泥容积指数：又称污泥指数，是指一定量的曝气混合液静置 30 分钟后，1g 干污泥所占有的沉淀污泥的体积，单位为 ml/g。污泥指数的计算方法为：

$$SVI = \frac{SV \times 1000}{MLSS} \tag{6-1}$$

例如，曝气混合液的污泥沉降比 SV 为 25%，污泥浓度 MLSS 为 2.5g/L，则污泥指数为：

$$SVI = \frac{25\% \times 1000}{2.5} = 100 \ (ml/g)$$

污泥指数是反映活性污泥松散程度的指标。SVI 值过低，说明污泥颗粒细小紧密，无机物较多，缺乏活性；反之，SVI 值过高，说明污泥松散，难以沉淀分离，有膨胀的趋势或已处于膨胀状态。多数情况下，SVI 值宜控制在 50~100ml/g。

（2）活性污泥法的基本工艺流程：活性污泥法处理工业废水的基本工艺流程如图 6-2 所示。废水首先进入初次沉淀池中进行预处理，以除去较大的悬浮物及胶体状颗粒等，然后进入曝气池。在曝气池内，通过充分曝气，一方面使活性污泥悬浮于废水中，以确保废水与活性污泥充分接触；另一方面可使活性污泥混合液始终保持好氧条件，保证微生物的正常生长和繁殖。废水中的有机物被活性污泥吸附后，其中的小分子有机物可直接渗入到微生物的细胞体内，而大分子有机物则先被微生物的细胞外酶分解为小分子有机物，然后再渗入到细胞体内。在微生物的细胞内酶作用下，进入细胞体内的有机物一部分被吸收形成微生物有机体，另一部分则被氧化分解，转化成 CO_2、H_2O、NH_3、SO_4^{2-}、PO_4^{3-} 等简单无机物或酸根，并释放出能量。

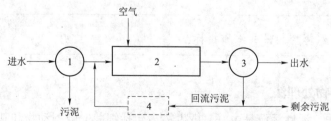

图 6-2 活性污泥法基本工艺流程

1—初次沉淀池；2—曝气池；3—二次沉淀池；4—再生池

处理后的废水和活性污泥由曝气池流入二次沉淀池进行固液分离,上清液即是被净化了的水,由二次沉降池的溢流堰排出。二次沉淀池底部的沉淀污泥,一部分回流到曝气池入口,与进入曝气池的废水混合,以保持曝气池内具有足够数量的活性污泥;另一部分则作为剩余污泥(waste activated sludge)排入污泥处理系统。

思考

何为活性污泥?有哪些表征指标?结合图6-2,分析活性污泥法处理废水的基本原理。

(3)常用曝气方式:按曝气方式不同,活性污泥法可分为普通曝气法、逐步曝气法、完全混合曝气法、纯氧曝气法和深井曝气法等多种方法。

①普通曝气法:该法的工艺流程如图6-2所示。废水和回流污泥从曝气池的一端流入,净化后的废水由另一端流出。曝气池进口处的有机物浓度较高,生物反应速度较快,需氧量较大。随着废水沿池长流动,有机物浓度逐渐降低,需氧量逐渐下降。而空气的供给常常沿池长平均分配,故供应的氧气不能被充分利用。普通曝气法可使废水中有机物的生物去除率达到90%以上,出水水质较好,适用于处理要求高而水质较为稳定的废水。

②逐步曝气法:为改进普通曝气法供氧不能被充分利用的缺点,将废水改由几个进口入池(图6-3),使有机物沿池长分配比较均匀,池内需氧量也比较均匀,从而避免了普通曝气法池前段供氧不足,池后段供氧过剩的缺点。逐步曝气法适用于大型曝气池及高浓度有机废水的处理。

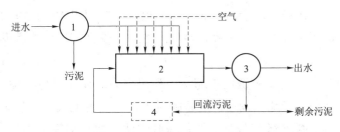

图6-3 逐步曝气法工艺流程

1—初次沉淀池;2—曝气池;3—二次沉淀池;4—再生池

③完全混合曝气法:这是目前应用较多的活性污泥处理法,它与普通曝气法的主要区别在于混合液在池内循环流动,废水和回流污泥进入曝气池后立即与池内混合液充分混合,进行吸附和代谢活动。由于废水和回流污泥与池内大量低浓度、水质均匀的混合液混合,因而进水水质的变化对活性污泥的影响很小,适用于水质波动大、浓度较高的有机废水的处理。图6-4所示的圆形曝气沉淀池为常用的完全混合式曝气池。

④纯氧曝气法:与普通曝气法相比,纯氧曝气的特点是水中的溶解氧增加,可达6~10mg/L,氧的利用率由空气曝气法的4%~10%提高到85%~95%。高浓度的溶解氧可使污泥保持较高的活性和浓度,从而提高废水处理的效率。当曝气时间相同时,纯氧曝气法与空气爆气法相比,有机物的生物去除率和化学去除率可分别提高3%和5%,而且降低了成本。

纯氧曝气法的土建要求较高,而且必须有稳定价廉的氧气。此外,废水中不能含有酯类,否则有发生爆炸的危险。

⑤深井曝气法：以地下深井作为曝气池，井内水深可达 50～150m，纵向被分隔为下降区和上升区两部分，废水在沿下降区和上升区的反复循环中得到净化，如图 6-5 所示。由于曝气池的深度大、静水压力高，从而大幅度提高水中的溶解氧浓度和氧传递推动力，氧的利用率可达 50%～90%。

深井曝气法具有占地面积少、耐冲击负荷性能好、处理效率高、剩余污泥少等优点，适合于高浓度有机废水的处理。此外，因曝气筒在地下，故在寒冷地区也可稳定运行。

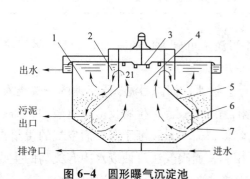

图 6-4　圆形曝气沉淀池

1—沉淀区；2—导流区；3—叶轮；4—曝气区；

5—曝气筒；6—裙；7—回流缝

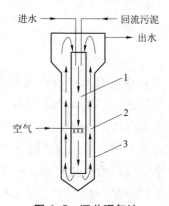

图 6-5　深井曝气池

1—下降区；2—上升区；3—衬筒

（4）剩余污泥的处理：好氧法处理废水会产生大量的剩余污泥。这些污泥中含有大量的微生物、未分解的有机物甚至重金属等毒物。剩余污泥量大、味臭、成分复杂，如不妥善处理，也会造成环境污染。剩余污泥的含水率很高，体积很大，这对污泥的运输、处理和利用均带来一定的困难。因此，一般先要对污泥进行脱水处理，然后再对其进行综合利用和无害化处理。

污泥脱水的方法主要有：①沉淀浓缩法，利用重力的作用自然浓缩，脱水程度有限。②自然晾晒法，将污泥在场地上铺成薄层日晒风干。此法占地大、卫生条件差，易污染地下水，同时易受气候影响，效率较低。③机械脱水法，如真空吸滤法、压滤法和离心法。此法占地少、效率高，但运行费用也高。

脱水后的污泥可采取以下几种方法进行最终处理：①焚烧，这是目前处理有机污泥最有效的方法，可在各式焚烧炉中进行。但此法的投资较大，能耗较高。②作建筑材料的掺合物，污泥经无害化处理后可作为建筑材料的掺合物，此法主要用于含无机物的污泥。③作肥料，污泥中含有丰富的氮、磷、钾等营养成分，经堆肥发酵或厌氧处理后是良好的有机肥料。但含有重金属和其他有害物质的污泥，一般不能用作肥料。④繁殖蚯蚓，蚯蚓可以改善污泥的通气状况，从而使有机物的氧化分解速度大大加快，并能去掉臭味，杀死大量的有害微生物。

思考

如何处理剩余污泥？

2. 生物膜法　生物膜法是依靠生物膜吸附和氧化废水中的有机物并同废水进行物质交

换，从而使废水得到净化的另一种好氧生物处理法。生物膜不同于活性污泥悬浮于废水中，它是附着于固体介质（滤料）表面上的一层黏膜。同活性污泥法相比，生物膜法具有生物密度大、适应能力强、不存在污泥回流与污泥膨胀、剩余污泥较少和运行管理方便等优点，是一种富有生命力和广阔发展前景的生物净化方法。

生物膜由废水中的胶体、细小悬浮物、溶质物质和大量的微生物所组成，这些微生物包括大量的细菌、真菌、藻类和微型动物。微生物群体所形成的一层黏膜状物即生物膜，附着于载体表面，厚度一般为1~3mm。随着净化过程的进行，生物膜将经历一个由初生、生长、成熟到老化剥落的过程。

生物膜净化有机废水的原理如图6-6所示。由于生物膜的吸附作用，其表面常吸附着一层很薄的水层，此水层基本上是不流动的，称为"附着水"。其外层可自由流动的废水，称为"运动水"。由于附着水层中的有机物不断地被生物膜吸附，并被氧化分解，故附着水层中的有机物浓度低于运动水层中的有机物浓度，因而发生传质过程，有机物从运动水层不停地向附着水层传递，被生物膜吸附后由微生物氧化分解。与此同时，空气中的氧依次通过运动水层和附着水层进入生物膜；微生物分解有机物产生的二氧化碳及其他无机物、有机酸等代谢产物则沿相反方向释出。

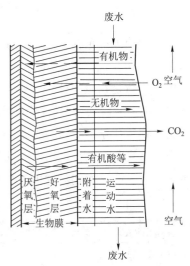

图6-6 生物膜的净化原理

微生物除氧化分解有机物外，还利用有机物作为营养物合成新的细胞质，形成新的生物膜。随着生物膜厚度的增加，扩散到膜内部的氧很快就被膜表层中的微生物所消耗，离表层稍远（约2mm）的生物膜由于缺氧而形成厌氧层。这样，生物膜就形成了两层，即外层的好氧层和内层的厌氧层。

进入厌氧层的有机物在厌氧微生物的作用下分解为有机酸和硫化氢等产物，这些产物将通过膜表面的好氧层而排入废水中。当厌氧层厚度不大时，好氧层能够保持净化功能。随着厌氧层厚度的增大，代谢产物将逐渐增多，生物膜将逐渐老化而自然剥落。此外，水力冲刷或气泡振动等原因也会导致小块生物膜剥落。生物膜剥离后，介质表面得到更新，又会逐渐形成新的生物膜。

思考

结合图6-6，分析生物膜法处理废水的基本原理。

根据处理方式与装置的不同，生物膜法可分为生物滤池法（biofilter）、生物转盘法（rotating bio-disc）和生物流化床法（biological fluidized bed）等。

（1）生物滤池法

①工艺流程：生物滤池法处理有机废水的工艺流程如图6-7所示。废水首先在初次沉淀池中除去悬浮物、油脂等杂质，这些杂质可能会堵塞滤料层。经预处理后的废水进入生物滤池进行净化。净化后的废水在二次沉淀池中除去生物滤池中剥落下来的生物膜，以保

证出水的水质。

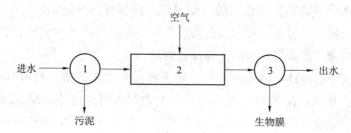

图6-7　生物滤池法工艺流程

1—初次沉淀池；2—生物滤池；3—二次沉淀池

②生物滤池的负荷：负荷是衡量生物滤池工作效率高低的重要参数，生物滤池的负荷有水力负荷和有机物负荷两种。

水力负荷是指单位体积滤料或单位面积滤池每天处理的废水量，单位为 $m^3/(m^3 \cdot d)$ 或 $m^3/(m^2 \cdot d)$，后者又称为滤率。

有机物负荷是指单位体积滤料每天可除去废水中的有机物的量，单位为 $kg/(m^3 \cdot d)$。

根据承受废水负荷的大小，生物滤池可分为普通生物滤池（低负荷生物滤池）和高负荷生物滤池。两种生物滤池的工作指标如表6-4所示。

表6-4　生物滤池的负荷值

生物滤池类型	水力负荷 $[m^3/(m^2 \cdot d)]$	有机物负荷 $[kg/(m^3 \cdot d)]$	BOD_5 去除率（%）
普通生物滤池	1~3	100~250	80~95
高负荷生物滤池	10~30	800~1200	75~90

注：①本表主要适用于生活污水的处理（滤料用碎石），生产废水的负荷应经试验确定；②高负荷生物滤池进水的 BOD_5 应小于200mg/L。

③普通生物滤池：普通生物滤池主要由滤床、分布器和排水系统三部分组成。滤床的横截面可以是圆形、方形或矩形，常用碎石、卵石、炉渣或焦炭铺成，高度为1.5~2m。滤池上部的分布器可将废水均匀分布于滤床表面，以充分发挥每一部分滤料的作用，提高滤池的工作效率。池底的排水系统不仅用于排出处理后的废水，而且起支撑滤床和保证滤池通风的作用。图6-8是常用的具有旋转分布器的圆形普通生物滤池。

普通生物滤池的水力负荷和有机物负荷均较低，废水与生物膜的接触时间较长，废水的净化较为彻底。普通生物滤池的出水水质较好，曾经被广泛应用于生活污水和工业废水的处理。但普通生物滤池的工作效率较低，且容易滋生蚊蝇，卫生条件较差。

④塔式生物滤池：这是一种在普通生物滤池的基础上发展起来的新型高负荷生物滤池，其结构如图6-9所示。塔式生物滤池的高度可达8~24m，直径一般为1~3.5m。这种形如塔式的滤池，抽风能力较强，通风效果较好。由于滤池较高，废水与空气及生物膜的接触非常充分，水力负荷和有机物负荷均大大高于普通生物滤池。同时塔式生物滤池的占地面积较小，基建费用较少，操作管理比较方便，因此，塔式生物滤池在废水处理中得到了广泛应用。

塔式生物滤池也可以采用机械通风，但要注意空气在滤池平面上必须均匀分配，以免影响处理效果。此外，还要防止冬天寒冷季节因池温降低而影响处理效果。塔式生物滤池运行时需用泵将废水提升至塔顶的入口处，因此操作费用较高。

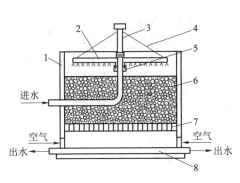

图 6-8 普通生物滤池

1—池体；2—旋转分布器；3—旋转柱；4—钢丝绳；
5—水银液封；6—滤床；7—滤床支承；8—集水管

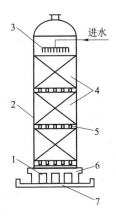

图 6-9 塔式生物滤池

1—进风口；2—塔身；3—分布器；4—滤料；
5—滤料支承；6—底座；7—集水器

（2）生物转盘法：生物转盘是一种从传统生物滤池演变而来的新型膜法废水处理设备，其工作原理和生物滤池基本相同，但结构形式却完全不同。

生物转盘是由装配在水平横轴上的一系列间隔很近的等直径转动圆盘组成，结构如图 6-10 所示。工作时，圆盘近一半的面积浸没在废水中。当废水在槽中缓慢流动时，圆盘也缓慢转动，盘上很快长了一层生物膜。浸入水中的圆盘，其生物膜吸附水中的有机物，转出水面时，生物膜又从空气中吸收氧气，从而将有机物分解破坏。这样，圆盘每转动一圈，即进行一次吸附-吸氧-氧化分解过程，圆盘不断转动，如此反复，废水得到净化处理。

与一般的生物滤池相比，生物转盘法具有较高的运行效率和较强的抗冲击负荷的能力，既可处理 BOD_5 大于 10000mg/L 的高浓度有机废水，又可处理 BOD_5 小于 10mg/L 的低浓度有机废水。但生物转盘法也存在一些缺点。如适应性较差，生物转盘一旦建成后，很难通过调整其性能来适应进水水质的变化或改变出水的水质。此外，仅依靠转盘转动所产生的传氧速率是有限的，如处理高浓度有机废水时，单纯用转盘转动来提供全部需氧量较为困难。

（3）生物流化床：生物流化床是将固体流态化技术用于废水的生物处理，使处于流化状态下的载体颗粒表面上生长、附着生物膜，是一种新型的生物膜法废水处理技术。

生物流化床主要由床体、载体和分布器等组成。床体通常为一圆筒形塔式反应器，其内装填一定高度的无烟煤、焦炭、活性炭或石英砂等。分布器是生物流化床的关键设备，其作用是使废水在床层截面上均匀分布。图 6-11 是三相生物流化床处理废水的工艺流程示意图。废水和空气从底部进入床体，生物载体在水流和空气的作用下发生流化。在流化床内，气、液、固（载体）三相剧烈搅动，充分接触，废水中的有机物在载体表面上的生物膜作用下氧化分解，从而使废水得到净化。

生物流化床对水质、负荷、床温等变化的适应能力较强。由于载体的粒径一般为 0.5～1.5mm，比表面积较大，能吸附大量的微生物。由于载体颗粒处于流化状态，废水从其下部、左、右侧流过，不断地和载体上的生物膜接触，使传质过程得到强化，同时由于载体不停地流动，可有效地防止生物膜的堵塞现象。近年来，由于生物流化床具有处理效果好、有机物负荷高、占地少和投资省等优点，已越来越受到人们的重视。

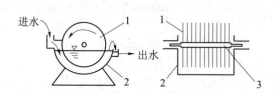

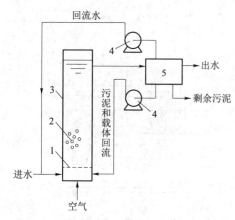

图 6-10　单轴单级生物转盘

1—盘片；2—氧化槽；3—转轴

图 6-11　三相生物流化床工艺流程

1—分布器；2—载体；3—床体；

4—循环泵；5—二次沉淀池

（四）厌氧生物处理法

废水的厌氧生物处理是环境工程和能源工程中的一项重要技术。人们有目的地利用厌氧生物处理已有近百年的历史，农村广泛使用的沼气池，就是利用厌氧生物处理原理进行工作的。与好氧生物处理相比，厌氧生物处理具有能耗低（不需充氧）、有机物负荷高、氮和磷的需求量小、剩余污泥产量少且易于处理等优点，不仅运行费用较低，而且可以获得大量的生物能——沼气。多年来，结合高浓度有机废水的特点和处理经验，人们开发了多种厌氧生物处理工艺和设备。

1. 传统厌氧消化池　传统厌氧消化池（anaerobic digester）适用于处理有机物及悬浮物浓度较高的废水，其工艺流程如图 6-12 所示。废水或污泥定期或连续加入消化池，经消化的污泥和废水分别从消化池的底部和上部排出，所产的沼气也从顶部排出。

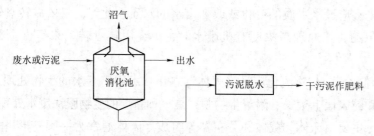

图 6-12　传统消化工艺流程

传统厌氧消化池的特点是在一个池内实现厌氧发酵反应以及液体与污泥的分离过程。为了使进料与厌氧污泥充分接触，池内可设置搅拌装置，一般情况下每隔 2~4 小时搅拌一次。此法的缺点是缺乏保留或补充厌氧活性污泥的特殊装置，故池内难以保持大量的微生物，且容积负荷低、反应时间长、消化池的容积大、处理效果不佳。

2. 厌氧接触法　厌氧接触法（anaerobic contact process）是在传统消化池的基础上开发的一种厌氧处理工艺。与传统消化法的区别在于增加了污泥回流。其工艺流程如图 6-13 所示。

在厌氧接触工艺中，消化池内是完全混合的。由消化池排出的混合液通过真空脱气，使附着于污泥上的小气泡分离出来，有利于泥水分离。脱气后的混合液在沉淀池中进行固

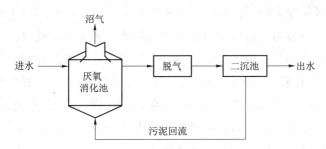

图 6-13 厌氧接触法工艺流程

液分离，废水由沉淀池上部排出，沉降下来的厌氧污泥回流至消化池，这样既可保证污泥不会流失，又可提高消化池内的污泥浓度，增加厌氧生物量，从而提高了设备的有机物负荷和处理效率。

厌氧接触法可直接处理含较多悬浮物的废水，而且运行比较稳定，并有一定的抗冲击负荷的能力。此工艺的缺点是污泥在池内呈分散、细小的絮状，沉淀性能较差，因而难以在沉淀池中进行固液分离，所以出水中常含有一定数量的污泥。此外，此工艺不能处理低浓度的有机废水。

3. 上流式厌氧污泥床 上流式厌氧污泥床（up-flow anaerobic sludge blanket，UASB）是 20 世纪 70 年代初开发的一种高效生物处理装置，是一种悬浮生长型的生物反应器，主要由反应区、沉淀区和气室三部分组成。

如图 6-14 所示，反应器的下部为浓度较高的污泥层，称为污泥床。由于气体（沼气）的搅动，污泥床上部形成一个浓度较低的悬浮污泥层，通常将污泥床和悬浮污泥层统称为反应区。在反应区的上部设有气、液、固三相分离器。待处理的废水从污泥床底部进入，与污泥床中的污泥混合接触，其中的有机物被厌氧微生物分解产生沼气，微小的沼气气泡在上升过程中不断合并形成较大的气泡。由于气泡上升产生的剧烈扰动，在污泥床的上部形成了悬浮污泥层。气、液、固（污泥颗粒）的混合液上升至三相分离器内，沼气气泡碰到分离器下部的挡气环时，折向气室而被有效地分离排出。污泥和水则经孔道进入三相分离器的沉淀区，在重力作用下，水和污泥分离，上清液由沉淀区上部排出，沉淀区下部的污泥沿着挡气环的斜壁回流至悬浮层中。

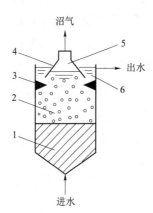

图 6-14 上流式厌氧污泥床
1—污泥床；2—悬浮层；
3—挡气环；4—集气罩；
5—气室；6—沉淀区

上流式厌氧污泥床的体积较小，且不需要污泥回流，可直接处理含悬浮物较多的废水，不会发生堵塞现象。但装置的结构比较复杂，特别是气-液-固三相分离器对系统的正常运行和处理效果影响很大，设计与安装要求较高。此外，装置对水质和负荷的突然变化比较敏感，要求废水的水质和负荷均比较稳定。

四、各类制药废水的处理

1. 含悬浮物或胶体的废水 废水中所含的悬浮物一般可通过沉淀、过滤或气浮等方法除去。气浮法的原理是利用高度分散的微小气泡作为载体去黏附废水中的悬浮物，使其密度小于水而上浮到水面，从而实现固液分离。例如，对于密度小于水或疏水性悬浮物的分离，沉淀法的分离效果往往较差，此时可向水中通入空气，使悬浮物黏附于气泡表面并浮到水面，从而实现固液分离。也可采用直接蒸汽加热、加入无机盐等，使悬浮物聚集沉淀或上浮分离。对于极小的悬浮物或胶体，则可用混凝法或吸附法处理。例如，4-甲酰胺基安替比林是合成解热镇痛药安乃近（analgin）的中间体，在生产过程中要产生一定量的废母液，其中含有许多必须除去的树脂状物，这种树脂状物不能用静置的方法分离。若在此废母液中加入浓硫酸铵废水，并用蒸汽加热，使其相对密度增大到1.1，即有大量的树脂沉淀和上浮物，从而将树脂状物从母液中分离出来。

除去悬浮物和胶体的废水若仅含无毒的无机盐类，一般稀释后即可直接排入下水道。若达不到国家规定的排放标准，则需采用其他方法进一步处理。

从废水中除去悬浮物或胶体可大大降低二级处理的负荷，且费用一般较低，是一种常规的废水预处理方法。

2. 酸碱性废水 化学制药过程中常排出各种含酸或碱的废水，其中以酸性废水居多。酸碱性废水直接排放不仅会造成排水管道的腐蚀和堵塞，而且会污染环境和水体。对于浓度较高的酸性或碱性废水应尽量考虑回收和综合利用，如用废硫酸制硫酸亚铁，用废氨水制硫酸铵等。回收后的剩余废水或浓度较低、不易回收的酸性或碱性废水必须中和至中性。中和时应尽量使用现有的废酸或废碱，若酸、碱废水互相中和后仍达不到处理要求，可补加药剂（酸性或碱性物质）进行中和。若中和后的废水水质符合国家规定的排放标准，可直接排入下水道，否则需进一步处理。

3. 含无机物废水 制药废水中所含的无机物通常为卤化物、氰化物、硫酸盐以及重金属离子等，常用的处理方法有稀释法、浓缩结晶法和各种化学处理法。对于不含毒物又不易回收利用的无机盐废水可用稀释法处理。较高浓度的无机盐废水应首先考虑回收和综合利用，例如，含锰废水经一系列化学处理后可制成硫酸锰或高纯碳酸锰，较高浓度的硫酸钠废水经浓缩结晶法处理后可回收硫酸钠等。

对于含有氰化物、氟化物等剧毒物质的废水一般可通过各种化学法进行处理。例如，用高压水解法处理高浓度含氰废水，去除率可达99.99%以上。

$$NaCN+2H_2O \xrightarrow[170\sim180℃,1.47MPa]{1\%\sim1.5\%NaOH} HCOONa+NH_3$$

含氟废水也可用化学法进行处理。如用中和法处理氟轻松（fluocinolone acetonide）生产中的含氟废水，去除率可达99.99%以上。

$$2NH_4F+Ca(OH)_2 \xrightarrow{pH13} CaF_2+2H_2O+2NH_3\uparrow$$

重金属在人体内可以累积，且毒性不易消除，所以含重金属离子的废水排放要求是比较严格的。废水中常见的重金属离子包括汞、镉、铬、铅、镍等离子，此类废水的处理方法主要为化学沉淀法，即向废水中加入某些化学物质作为沉淀剂，使废水中的重金属离子转化为难溶于水的物质而发生沉淀，从而从废水中分离出来。在各类化学沉淀法中，尤以中和法和硫化法的应用最为广泛。中和法是向废水中加入生石灰、消石灰、氢氧化钠或碳酸钠等中和剂，使重金属离子转化为相应的氢氧化物沉淀而除去。硫化法是向废水中加入硫化钠或通入硫化氢等硫化剂，使重金属离子转化为相应的硫化物沉淀而除去。在允许排放的pH值范围内，硫化法的处理效果较好，尤其是处理含汞或铬的废水，一般都采用此法。

4. 含有机物废水 在化学制药厂排放的各类废水中，含有机物废水的处理是最复杂、最重要的课题。此类废水中所含的有机物一般为原辅材料、产物和副产物等，在进行无害化处理前，应尽可能考虑回收和综合利用。常用的回收和综合利用方法有蒸馏、萃取和化学处理等。回收后符合排放标准的废水，可直接排入下水道。对于成分复杂、难以回收利用或者经回收后仍不符合排放标准的有机废水，则需采用适当方法进行无害化处理。

有机废水的无害化处理方法很多，可根据废水的水质情况加以选用。对于易被氧化分解的有机废水，一般可用生物处理法进行无害化处理。对于低浓度、不易被氧化分解的有机废水，采用生物处理法往往达不到规定的排放标准，这些废水可用沉淀、萃取、吸附等物理、化学或物理化学方法进行处理。对于浓度高、热值高、又难以用其他方法处理的有机废水，可用焚烧法进行处理。

思考

如何处理含有机物废水？

第四节　废气的处理

扫码"学一学"

化学制药厂排出的废气具有种类繁多、组成复杂、数量大、危害严重等特点，必须进行综合治理，以免危害操作者的身体健康，造成环境污染。按所含主要污染物的性质不同，化学制药厂排出的废气可分为三类，即含尘（固体悬浮物）废气、含无机污染物废气（inorganic waste gas）和含有机污染物废气（organic waste gas）。含尘废气（dusty gas）的处理实际上是一个气、固两相混合物的分离问题，可利用粉尘质量较大的特点，通过外力的作用将其分离出来；而处理含无机或有机污染物的废气则要根据所含污染物的物理性质和化学性质，通过冷凝、吸收、吸附、燃烧、催化等方法进行无害化处理。

一、含尘废气的处理

化学制药厂排出的含尘废气主要来自粉碎、碾磨、筛分等机械过程所产生的粉尘，以及锅炉燃烧所产生的烟尘等。常用的除尘方法有三种，即机械除尘、洗涤除尘和过滤除尘。

1. 机械除尘　机械除尘是利用机械力（重力、惯性力、离心力）将固体悬浮物从气流中分离出来。常用的机械除尘设备有重力沉降室、惯性除尘器、旋风除尘器等。重力沉降室是利用粉尘与气体的密度不同，依靠粉尘自身的重力从气流中自然沉降下来，从而达到分离或捕集气流中含尘粒子的目的。惯性除尘器是利用粉尘与气体在运动中的惯性力不同，使含尘气流方向发生急剧改变，气流中的尘粒因惯性较大，不能随气流急剧转弯，便从气流中分离出来。旋风除尘器使含尘气体在除尘装置内沿一定方向作连续的旋转运动，尘粒在随气流的旋转运动中获得了离心力，从而从气流中分离出来。常见机械除尘设备的基本结构如图6-15所示。

机械除尘设备具有结构简单、易于制造、阻力小和运转费用低等特点，但此类除尘设备只对大粒径粉尘的去除效率较高，而对小粒径粉尘的捕获率很低。为了取得较好的分离效率，可采用多级串联的形式，或将其作为一级除尘使用。

2. 洗涤除尘　又称湿式除尘，它是用水（或其他液体）洗涤含尘气体，利用形成的液

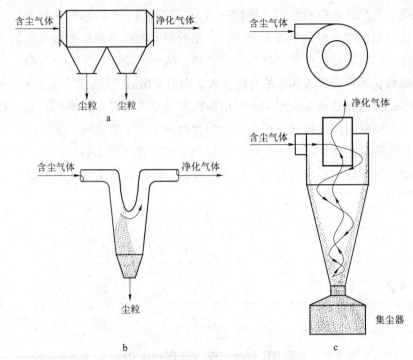

图 6-15　常见机械除尘设备的基本结构

a. 单层重力沉降室；b. 反转式惯性除尘器；c. 旋风除尘器

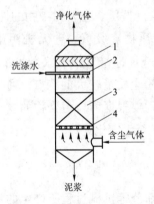

图 6-16　填料式洗涤除尘器

1—除沫器；2—分布器；3—填料；4—填料支承

膜、液滴或气泡捕获气体中的尘粒，尘粒随液体排出，气体得到净化。洗涤除尘设备形式很多，图 6-16 为常见的填料式洗涤除尘器。

洗涤除尘器可以除去直径在 $0.1\mu m$ 以上的尘粒，且除尘效率较高，一般为 80%~95%，高效率的装置可达 99%。洗涤除尘器的结构比较简单，设备投资较少，操作维修也比较方便。洗涤除尘过程中，水与含尘气体可充分接触，有降温增湿和净化有害有毒废气等作用，尤其适合高温、高湿、易燃、易爆和有毒废气的净化。洗涤除尘的明显缺点是除尘过程中要消耗大量的洗涤水，而且从废气中除去的污染物全部转移到水中，因此必须对洗涤后的水进行净化处理，并尽量回收使用，以免造成水的二次污染。此外，洗涤除尘器的气流阻力较大，因而运转费用较高。

3. 过滤除尘　过滤除尘是使含尘气体通过多孔材料，将气体中的尘粒截留下来，使气体得到净化。图 6-17 为常见的袋式除尘器，其集尘室内悬挂有若干个圆形或椭圆形的滤袋，当含尘气流穿过这些滤袋的袋壁时，尘粒被袋壁截留，在袋的内壁或外壁聚集而被捕集。利用机械装置周期性地振打布袋，可使袋壁上聚集的尘粒脱落，从而防止滤布孔隙被尘粒堵塞。此外，利用气

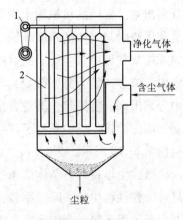

图 6-17　袋式除尘器

1—振动装置；2—滤袋

流反吹袋壁也可使灰尘脱落。

袋式除尘器结构简单，使用灵活方便，可以处理不同类型的颗粒污染物，尤其对直径在 0.1~20μm 的细粉有很强的捕集效果，除尘效率可达 90%~99%，是一种高效除尘设备。但一般不能用于高温、高湿或强腐蚀性废气的处理。

各种除尘装置各有其优缺点。对于那些粒径分布范围较广的尘粒，常将两种或多种不同性质的除尘器组合使用。例如，某化学制药厂用沸腾干燥器干燥氯霉素成品，排出气流中含有一定量的氯霉素粉末，若直接排放不仅会造成环境污染，而且损失了产品。该厂采用图 6-18 所示的净化流程对排出气流进行净化处理。含有氯霉素粉末的气流首先经两只串联的旋风除尘器除去大部分粉末，再经一只袋式除尘器滤去粒径较小的细粉，未被袋式除尘器捕获的粒径极细的粉末经鼓风机出口处的洗涤除尘器而除去。这样不仅使排出尾气中基本不含氯霉素粉末，保护环境，而且可回收一定量的氯霉素产品。

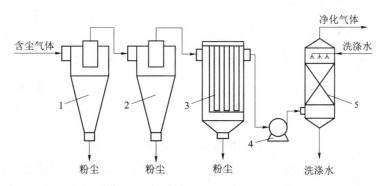

图 6-18　氯霉素干燥工段气流净化流程
1、2—旋风除尘器；3—袋式除尘器；4—鼓风机；5—洗涤除尘器

简述含尘废气的主要处理方法及典型设备。

二、含无机物废气的处理

化学制药厂排放的废气中，常见的无机污染物有氯化氢、硫化氢、二氧化硫、氮氧化物、氯气、氨气和氰化氢等，这一类废气的主要处理方法有吸收法、吸附法、催化法和燃烧法等，其中以吸收法最为常用。

1. 吸收装置　吸收是利用气体混合物中不同组分在吸收剂中的溶解度不同，或者与吸收剂发生选择性化学反应，将有害组分从气流中分离出来的过程。吸收过程一般需要在特定的吸收装置中进行。吸收装置的主要作用是使气液两相充分接触，实现气液两相间的传质。用于气体净化的吸收装置主要有填料塔、板式塔和喷淋塔。

填料塔的结构如图 6-19 所示。在塔筒内装填一定高度的填料（散堆或规整填料），以增加气液两相间的接触面积。用作吸收的液体由液体分布器均匀分布于填料表面，并沿填料表面下降。需净化的气体由塔下部通过填料孔隙逆流而上，并与液体充分接触，其中的污染物由气相进入液相中，从而达到净化气体的目的。

板式塔的结构如图 6-20 所示。在塔筒内装有若干块水平塔板，塔板两侧分别设有降液管和溢流堰，塔板上安设泡罩、浮阀等元件，或按一定规律开成筛孔，即分别称为泡罩塔、浮阀塔和筛板塔，等等。操作时，吸收液首先进入最上层塔板，然后经各板的溢流堰和降液管逐板下降，每块塔板上都积有一定厚度的液体层。需净化的气体由塔底进入，通过塔板向上穿过液体层，鼓泡而出，其中的污染物被板上的液体层所吸收，从而达到净化的目的。

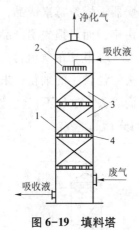

图 6-19　填料塔

1—塔筒；2—分布器；3—填料；4—支承

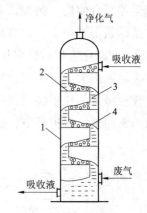

图 6-20　筛板塔

1—塔筒；2—筛板；3—降液管；4—溢流堰

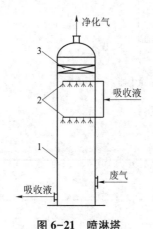

图 6-21　喷淋塔

1—塔筒；2—喷淋器；3—除沫器

喷淋塔的结构如图 6-21 所示，其内既无填料也无塔板，是一个空心吸收塔。操作时，吸收液由塔顶进入，经喷淋器喷出后，形成雾状或雨状下落。需净化的气体由塔底进入，在上升过程中与雾状或雨状的吸收液充分接触，所含污染物进入吸收液，从而使气体得到净化。

2. 吸收法处理无机废气实例　废气中常见的无机污染物一般都可选择适宜的吸收剂和吸收装置进行处理，并可回收有价值的副产物。例如，用水吸收废气中的氯化氢可获得一定浓度的盐酸；用水或稀硫酸吸收废气中的氨可获得一定浓度的氨水或铵盐溶液，可用作农肥；含氰化氢的废气可先用水或液碱吸收，然后再用氧化、还原及加压水解等方法进行无害化处理；含二氧化硫、硫化氢、二氧化氮等酸性气体的废气，一般可用氨水吸收，根据吸收液的情况可用作农肥或进行其他综合利用，等等。下面以氯化氢尾气的吸收处理为例，介绍吸收法在处理无机废气方面的应用。

药物合成中的氯化、氯磺化等反应过程中都伴有一定量的氯化氢尾气产生。这些尾气如直接排入大气，不仅浪费资源，增加生产成本，而且会造成严重的环境污染。因此，回收利用并治理氯化氢尾气具有十分重要的意义。

常温常压下，氯化氢在水中的溶解度很大，因此，可用水直接吸收氯化氢尾气，这样不仅可消除氯化氢气体造成的环境污染，而且可获得一定浓度的盐酸。吸收过程通常在吸收塔中进行，塔体材质一般为陶瓷、搪瓷、玻璃钢或塑料等，塔内填充陶瓷、玻璃或塑料制成的散堆或规整填料。为了提高回收盐酸的浓度，通常采用多塔串联的方式操作。图 6-22 是采用双塔串联吸收氯化氢尾气的工艺流程。含氯化氢的尾气首先进入一级吸收塔的底部，与二级吸收塔产生的稀盐酸逆流接触，获得的浓盐酸由塔底排出。经一级吸收塔吸收后的尾气进入二级吸收塔的底部，与循环稀盐酸逆流接触，其间需补充一定流量的清水。由二级吸收塔排出的尾气中还残留一定量的氯化氢，将其引入液碱吸收塔，用循环液碱（30%氢氧化钠水溶液）作吸收剂，以进一步降低尾气中的氯化氢含量，使尾气达到规定的排放标准。实际操作中，通过调节补充的清水量，可以方便地调节副产盐酸的浓度。

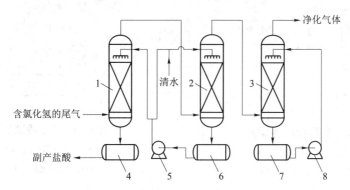

图 6-22　氯化氢尾气吸收工艺流程图

1——一级吸收塔；2—二级吸收塔；3—液碱吸收塔；4—浓盐酸贮罐；

5—稀盐酸循环泵；6—稀盐酸贮罐；7—液碱贮罐；8—液碱循环泵

 思考

如何治理含无机物废气？结合图 6-22，简述吸收法治理氯化氢尾气的工艺流程。

三、含有机物废气的处理

目前，含有机污染物废气的一般处理方法主要有冷凝法、吸收法、吸附法、燃烧法和生物法。

1. 冷凝法　通过冷却的方法使废气中所含的有机污染物凝结成液体而分离出来。冷凝法所用的冷凝器可分为间壁式和混合式两大类，相应地，冷凝法有直接冷凝与间接冷凝两种工艺流程。

图 6-23 为间接冷凝的工艺流程。由于使用了间壁式冷凝器，冷却介质和废气由间壁隔开，彼此互不接触，因此可方便地回收被冷凝组分，但冷却效率较低。

图 6-24 为直接冷凝的工艺流程。由于使用了直接混合式冷凝器，冷却介质与废气直接接触，冷却效率较高。但被冷凝组分不易回收，且排水一般需要进行无害化处理。

冷凝法的特点是设备简单，操作方便，适用于处理有机污染物含量较高的废气。冷凝法常用作燃烧或吸附净化废气的预处理，当有机污染物的含量较高时，可通过冷凝回收的方法减轻后续净化装置的负荷。但此法对废气的净化程度受冷凝温度的限制，当要求的净化程度很高或处理低浓度的有机废气时，需要将废气冷却到很低的温度，经济上通常是不合算的。

2. 吸收法　选用适宜的吸收剂和吸收流程，通过吸收法除去废气中所含的有机污染物是处理含有机物废气的有效方法。吸收法在处理含有机污染物废气中的应用不如在处理含无机污染物废气中的应用广泛，其主要原因是适宜吸收剂的选择比较困难。

吸收法可用于处理有机污染物含量较低或沸点较低的废气，并可回收获得一定量的有

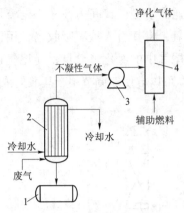

图 6-23　间接冷凝工艺流程

1—冷凝液贮罐；2—间壁式冷凝器；

3—风机；4—燃烧净化炉

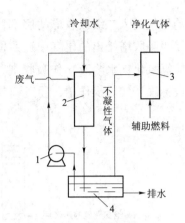

图 6-24　直接冷凝工艺流程

1—循环泵；2—直接混合式冷凝器；

3—燃烧净化炉；4—水槽

机化合物。如用水或乙二醛水溶液吸收废气中的胺类化合物，用稀硫酸吸收废气中的吡啶类化合物，用水吸收废气中的醇类和酚类化合物，用亚硫酸氢钠溶液吸收废气中的醛类化合物，用柴油或机油吸收废气中的某些有机溶剂（如苯、甲醇、乙酸丁酯等）等。但当废气中所含的有机污染物浓度过低时，吸收效率会显著下降，因此，吸收法不宜处理有机污染物含量过低的废气。

3. 吸附法　吸附法是将废气与大表面多孔性固体物质（吸附剂）接触，使废气中的有害成分吸附到固体表面上，从而达到净化气体的目的。吸附过程是一个可逆过程，当气相中某组分被吸附的同时，部分已被吸附的该组分又可以脱离固体表面而回到气相中，这种现象称为脱附。当吸附速率与脱附速率相等时，吸附过程达到动态平衡，此时的吸附剂已失去继续吸附的能力。因此，当吸附过程接近或达到吸附平衡时，应采用适当的方法将被吸附的组分从吸附剂中解脱下来，以恢复吸附剂的吸附能力，这一过程称为吸附剂的再生。吸附法处理含有机污染物的废气包括吸附和吸附剂再生的全部过程。

吸附法处理废气的工艺流程可分为间歇式、半连续式和连续式三种，其中以间歇式和半连续式较为常用。图 6-25 是间歇式吸附工艺流程，适用于处理间歇排放，且排气量较小、排气浓度较低的废气。图 6-26 是有两台吸附器的半连续吸附工艺流程。运行时，一台吸附器进行吸附操作，另一台吸附器进行再生操作，再生操作的周期一般小于吸附操作的周期，否则需增加吸附器的台数。再生后的气体可通过冷凝等方法回收被吸附的组分。

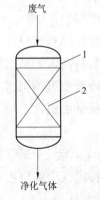

图 6-25　间歇式吸附工艺流程

1—吸附器；2—吸附剂

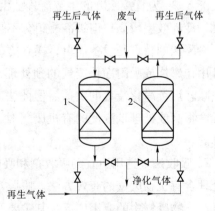

图 6-26　半连续吸附工艺流程

1—吸附器；2—再生器

与吸收法类似，合理地选择和利用高效吸附剂，是吸附法处理含有机污染物废气的关键。常用吸附剂有活性炭、活性氧化铝、硅胶、分子筛和褐煤等。吸附法的净化效率较高，特别是当废气中的有机污染物浓度较低时仍具有很强的净化能力，因而特别适用于处理排放要求比较严格或有机污染物浓度较低的废气。但吸附法一般不适用于高浓度、大气量的废气处理。否则，需对吸附剂频繁地进行再生处理，影响吸附剂的使用寿命，并增加操作费用。

4. 燃烧法　燃烧法是在有氧条件下，将废气加热到一定的温度，使其中的可燃污染物发生氧化燃烧或高温分解而转化为无害物质。燃烧过程一般需控制在800℃左右的高温下进行。为降低燃烧反应的温度，可采用催化燃烧法，即在氧化催化剂的作用下，使废气中的可燃组分或可高温分解组分在较低的温度下进行燃烧反应而转化成CO_2和H_2O。催化燃烧法处理废气的流程一般包括预处理、预热、反应和热回收等部分，如图6-27所示。

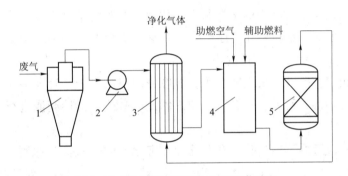

图6-27　催化燃烧法废气处理工艺流程

1—预处理装置；2—风机；3—预热器；4—混合器；5—催化燃烧反应器

燃烧法是一种常用的处理含有机污染物废气的方法。此法的特点是工艺比较简单，操作比较方便，并可回收一定的热量。缺点是不能回收有用物质，并容易造成二次污染。

5. 生物法　生物法处理废气的原理是利用微生物的代谢作用，将废气中所含的污染物转化成低毒或无毒的物质。图6-28是用生物过滤器处理含有机污染物废气的工艺流程。含有机污染物的废气首先在增湿器中增湿，然后进入生物过滤器。生物过滤器是由土壤、堆肥或活性炭等多孔材料构成的滤床，其中含有大量的微生物。增湿后的废气在生物过滤器中与附着在多孔材料表面的微生物充分接触，其中的有机污染物被微生物吸附吸收，并被氧化分解为无机物，从而使废气得到净化。

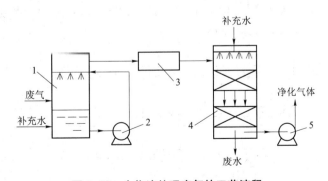

图6-28　生物法处理废气的工艺流程

1—增湿器；2—循环泵；3—调温装置；4—生物过滤器；5—风机

与其他气体净化方法相比，生物处理法的设备比较简单，且处理效率较高，运行费用较低。因此，生物法在处理废气领域中的应用越来越广泛，特别是含有机污染物废气的净化。但生物法只能处理有机污染物含量较低的废气，且不能回收有用物质。

思考

简述含有机物废气的主要治理方法。

扫码"学一学"

第五节　废渣的处理

药厂废渣是指在制药过程中产生的固体、半固体或浆状废物，是制药工业产生的主要污染物之一。制药过程中，废渣的来源很多。如活性炭脱色精制工序产生的废活性炭，铁粉还原工序产生的铁泥，锰粉氧化工序产生的锰泥，废水处理产生的污泥，以及蒸馏残渣、失活催化剂、过期的药品、不合格的中间体和产品等。一般地，药厂废渣的数量比废水、废气的少，污染也没有废水、废气的严重，但废渣的组成复杂，且大多含有高浓度的有机污染物，有些还是剧毒、易燃、易爆的物质。因此，必须对药厂废渣进行适当的处理，以免造成环境污染。

防治废渣污染应遵循"减量化、资源化和无害化"的"三化"原则。首先要采取各种措施，最大限度地从"源头"上减少废渣的产生量和排放量。其次，对于必须排出的废渣，要从综合利用上下功夫，尽可能从废渣中回收有价值的资源和能量。最后，对无法综合利用或经综合利用后的废渣进行无害化处理（harmless treatment），以减轻或消除废渣的污染危害。

一、回收和综合利用

废渣中常有相当一部分是未反应的原料或反应副产物，是宝贵的资源。因此，在对废渣进行无害化处理前，应尽量考虑回收和综合利用。许多废渣经过某些技术处理后，可回收有价值的资源。例如，含贵金属的废催化剂是化学制药过程中常见的废渣，制造这些催化剂要消耗大量的贵金属，从控制环境污染和合理利用资源的角度考虑，都应对其进行回收利用。图6-29是利用废钯-炭催化剂制备氯化钯的工艺流程。废钯-炭催化剂首先用焚烧法除去炭和有机物，然后用甲酸将钯渣中的钯氧化物（PdO）还原成粗钯。粗钯再经王水溶解、水溶、离子交换除杂等步骤制成氯化钯。

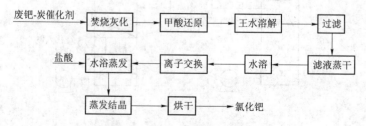

图6-29　由废钯-炭催化剂制备氯化钯的工艺流程

再如，铁泥可以制备氧化铁红或磁蕊，锰泥可以制备硫酸锰或碳酸锰，废活性炭经再生后可以回用，硫酸钙废渣可制成优质建筑材料等。从废渣中回收有价值的资源，并开展综合利用，是控制污染的一项积极措施。

二、废渣的处理

经综合利用后的残渣或无法进行综合利用的废渣，应采用适当的方法进行无害化处理。目前，对废渣的处理方法主要有化学法、焚烧法、热解法和填埋法等。

1. 化学法　化学法是利用废渣中所含污染物的化学性质，通过化学反应将其转化为稳定、安全的物质，是一种常用的无害化处理技术。例如，铬渣中常含有可溶性的六价铬，对环境有严重危害，可利用还原剂将其还原为无毒的三价铬，从而达到消除六价铬污染的目的。再如，将含氰化合物加到氢氧化钠溶液中，再用氧化剂使其转化为无毒的氰酸钠（NaOCN）。或加热回流数小时后，加入次氯酸钠使氰基转化成 CO_2 和 N_2，从而达到无害化的目的。

2. 焚烧法　焚烧法是使废渣与过量的空气在焚烧炉内进行氧化燃烧反应，从而使废渣中所含的污染物在高温下氧化分解而破坏，是一种高温处理和深度氧化的综合工艺。焚烧法不仅可以大大减少废渣的体积，消除其中的许多有害物质，而且可以回收一定的热量，是一种可同时实现减量化、无害化和资源化的处理技术。因此，对于一些暂时无回收价值的可燃性废渣，特别是当用其他方法不能解决或处理不彻底时，焚烧法常是一个有效的方法。图 6-30 是常用的回转炉焚烧装置的工艺流程。回转炉保持一定的倾斜度，并以一定的速度旋转。加入炉中的废渣由一端向另一端移动，经过干燥区时，废渣中的水分和挥发性有机物被蒸发掉。温度开始上升，达到着火点后开始燃烧。回转炉内的温度一般控制在 650~1250℃。为使挥发性有机物和气体中的悬浮颗粒所夹带的有机物能完全燃烧，常在回转炉后设置二次燃烧室，其内温度控制在 1100~1370℃。燃烧产生的热量由废热锅炉回收，废气经处理后排放。

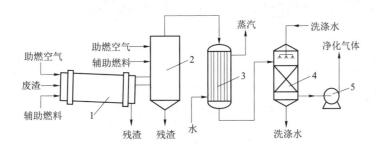

图 6-30　回转炉废渣焚烧装置工艺流程
1—回转炉；2—二次燃烧室；3—废热锅炉；4—水洗塔；5—风机

焚烧法可使废渣中的有机污染物完全氧化成无害物质，有机物的化学去除率可达99.5%以上，因此，适宜处理有机物含量较高或热值较高的废渣。当废渣中的有机物含量较少时，可加入辅助燃料。此法的缺点是投资较大，运行管理费用较高。

3. 热解法　热解法是在无氧或缺氧的高温条件下，使废渣中的大分子有机物裂解为可燃的小分子燃料气体、油和固态碳等。热解法与焚烧法是两个完全不同的处理过程。焚烧过程放热，其热量可以回收利用；而热解则是吸热的。焚烧的产物主要是水和二氧化碳，无利用价值；而热解产物主要为可燃的小分子化合物，如气态的氢、甲烷，液态的甲醇、丙酮、乙酸、乙醛等有机物以及焦油和溶剂油等，固态的焦炭或炭黑，这些产品可以回收利用。图6-31是热解法处理废渣的工艺流程示意图。

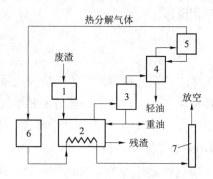

图6-31　热解法工艺流程

1—碾碎机；2—热解炉；3—重油分离塔；4—轻油分离塔；
5—气液分离器；6—燃烧室；7—烟囱

4. 填埋法　填埋法是将一时无法利用又无特殊危害的废渣埋入土中，利用微生物的长期分解作用而使其中的有害物质降解。一般情况下，废渣首先要经过减量化和资源化处理，然后才对剩余的无利用价值的残渣进行填埋处理。同其他处理方法相比，此法的成本较低，且简便易行，但常有潜在的危险性。例如，废渣的渗滤液可能会导致填埋场地附近的地表水和地下水的严重污染；某些含有机物的废渣分解时要产生甲烷、氨气和硫化氢等气体，造成场地恶臭，严重破坏周围的环境卫生，而且甲烷的积累还可能引起火灾或爆炸。因此，要认真仔细地选择填埋场地，并采取妥善措施，防止对水源造成污染。

除以上几种方法外，废渣的处理方法还有生物法、湿式氧化法等多种方法。生物法是利用微生物的代谢作用将废渣中的有机污染物转化为简单、稳定的化合物，从而达到无害化的目的。湿式氧化法是在高压和150~300℃的条件下，利用空气中的氧对废渣中的有机物进行氧化，以达到无害化的目的，整个过程在有水的条件下进行。

思考

简述废渣的主要处理方法。

扫码"练一练"

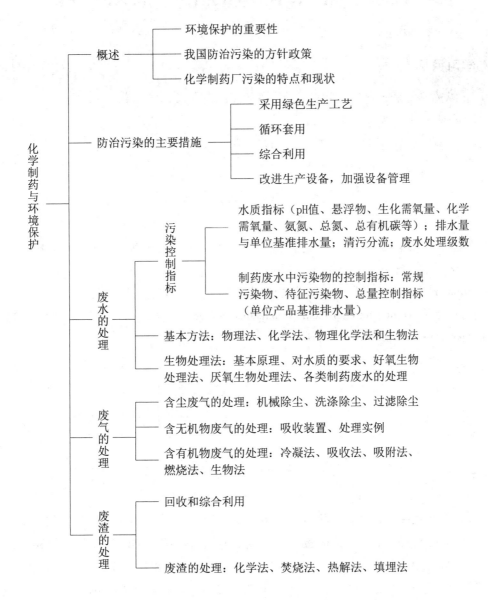

概述
├─ 环境保护的重要性
├─ 我国防治污染的方针政策
└─ 化学制药厂污染的特点和现状

防治污染的主要措施
├─ 采用绿色生产工艺
├─ 循环套用
├─ 综合利用
└─ 改进生产设备，加强设备管理

废水的处理
├─ 污染控制指标
│ ├─ 水质指标（pH值、悬浮物、生化需氧量、化学需氧量、氨氮、总氮、总有机碳等）；排水量与单位基准排水量；清污分流；废水处理级数
│ └─ 制药废水中污染物的控制指标：常规污染物、待征污染物、总量控制指标（单位产品基准排水量）
├─ 基本方法：物理法、化学法、物理化学法和生物法
└─ 生物处理法：基本原理、对水质的要求、好氧生物处理法、厌氧生物处理法、各类制药废水的处理

废气的处理
├─ 含尘废气的处理：机械除尘、洗涤除尘、过滤除尘
├─ 含无机物废气的处理：吸收装置、处理实例
└─ 含有机物废气的处理：冷凝法、吸收法、吸附法、燃烧法、生物法

废渣的处理
├─ 回收和综合利用
└─ 废渣的处理：化学法、焚烧法、热解法、填埋法

（王志祥　查晓明）

第七章 塞来昔布的生产工艺原理

学习目标

1. **掌握** 塞来昔布主要制备工艺中各步反应机制及工艺过程。
2. **熟悉** 塞来昔布的临床用途、作用机制及基本合成方法。
3. **了解** 非甾体抗炎药在临床上的应用特点、用途及研究进展情况。

第一节 概　述

塞来昔布（celecoxib, 7-1），化学名称为 4-[5-(4-甲基苯基)-3-(三氟甲基)-1H-吡唑-1-基]苯磺酰胺，4-[5-(4-methylphenyl)-3-(trifluoromethyl)-1H- pyrazol- 1-yl] benzenesulfonamide，是由美国 Searle 公司研制开发，于 1999 年 1 月在美国首次上市，属于非甾体抗炎药（nonsteroidal antiinflammatory drugs, NSAIDs）中的环氧合酶-2（cyclooxygenase-2，COX-2）抑制剂。

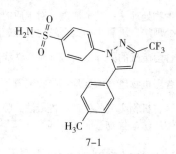

7-1

本品为淡黄色结晶，无臭，味苦，不溶于水，难溶于乙醇，溶于乙醚、乙酸乙酯和氯仿，熔点：160.5~162.3℃。其核磁共振氢谱数据（300MHz，CDCl$_3$）化学位移（δ）为 2.20（s，3H），4.95（s，2H），6.76（s，1H），7.10（d，J = 8Hz，2H），7.22（d，J = 8Hz，2H），7.47（d，J = 8Hz，2H），7.47（d，J = 8Hz，2H），7.90（d，J = 8Hz，2H）。用于治疗骨关节炎和类风湿关节炎等炎性疾病。

非甾体抗炎药是指一类具有抗炎、镇痛和解热作用的非类固醇药物，也是极具发展潜力的肿瘤化学预防剂。目前全球市场销售额 108 亿美元，国内市场 40 亿元（年均增速 20% 以上）。非甾体抗炎药在临床上广泛用于骨关节炎、类风湿关节炎、多种发热和各种疼痛症状的缓解，起效较快，改善患者生活质量，但不能控制疾病情况进展，故需与免疫抑制药同时使用。全世界大约有 3000 万人每天使用非甾体抗炎药。我国类风湿关节炎患者高达 440 多万人，骨关节炎患者高达 1.2 亿。

非甾体抗炎药作用机制多系通过抑制花生四烯酸环氧合酶（COX）而阻断炎性前列腺素的合成。环氧合酶具有两种有着不同的基因编码的同工酶（COX-1 和 COX-2）。COX-1 为结构酶，表达在大多数组织中（胃、肾、血小板和内皮细胞），实施生理性管家功能，参与合成正常细胞所需的前列腺素，调节细胞的正常生理活性，对胃肠道黏膜起保护作用。

相反，COX-2 为诱导酶，表达在单核、巨噬细胞、滑膜细胞、软骨细胞、成纤维细胞核内皮细胞等。在正常情况下，COX-2 在正常机体组织内分布很少，但在风湿性关节炎病人的滑液中可以测到，其在基因生长因子、细胞因子、细菌毒素、致炎物质等刺激下表达，即由诱导产生。当机体发炎时，炎性组织的 COX-2 基因表达加强，酶蛋白浓度增高，COX-2 作用于组织中的二十碳四烯酸，产生多种前列腺素。于是炎症部位的前列腺素 E_1、前列腺素 F_2、前列腺素 D_2 和前列环素增多。这些前列腺素与蛋白质及其他的一些炎症介质基因作用，诱发炎症反应，引发发热、疼痛等症状。此外，COX-2 在人和啮齿类动物结构、直肠肿瘤细胞中有高水平表达，其能促进肿瘤细胞生长，在肿瘤的发生和发展过程中起主要作用。

　　NSAID 对炎症的有效治疗作用在于其对 COX-2 的抑制，而不良反应归于其对 COX-1 的抑制。传统的非甾体抗炎药如布洛芬能够非选择性的同时抑制 COX-1 和 COX-2，在抑制炎症反应的同时，也会降低对消化道黏膜的保护作用，导致消化性溃疡等副作用。

　　塞来昔布选择性抑制 COX-2，几乎不作用 COX-1，IC_{50} 分别为 $0.040\mu mol/L$ 和 $15.0\mu mol/L$，对 COX-2 的选择强度为 COX-1 的 375 倍，因而避免了传统非甾体抗炎药如阿司匹林、萘普生、布洛芬等由于对 COX-1 的抑制作用因而引起胃肠道副作用。本品于 1999 年 1 月被 FDA 以特快程序批准作为第一个选择性 COX-2 抑制剂上市，用于治疗风湿性关节炎和骨关节炎引起的疼痛，对胃肠道的损害小，被誉为"超级阿司匹林"。作为理想的 COX-2 选择性抑制剂，相比传统非甾体抗炎药而言，塞来昔布的安全性更高、顺从性更好，是关节疼痛、骨关节炎的一线治疗药物。1999 年 12 月塞来昔布用于家族性结肠息肉的追加适应证获得通过，使销售额进一步上升。

　　选择性抑制 COX-2 可有效地治疗炎症，同时避免或减轻因抑制 COX-1 而导致的毒副作用，如胃肠道反应等。此外选择性 COX-2 抑制剂可用于治疗肿瘤如家族性结肠息肉和阿尔茨海默病，还可以用于预防心血管疾病，已上市的选择性 COX-2 抑制剂有 Searle 公司的塞来昔布（celecoxib）和 Merck 公司的罗非昔布（rofecoxib，7-2），商品名万络（Vioxx）。此外，还有多种选择性 COX-2 抑制剂也曾进入临床研究。

7-2

　　塞来昔布是美国第九大常用药品，2003 年的全球销售额达到 26 亿美元，销售额曾高达 33 亿美元。但因昔布类药物的心血管安全性影响了长期应用前景。默克推出的罗非昔布被发现长期应用可增加心肌梗死的风险，因为 COX-2 不仅仅在炎症过程中发挥功能，对舒张血管、降低血压和抑制血小板聚集也具有重要作用。2004 年罗非昔布因心血管安全性问题撤出市场。不久，辉瑞公司也在 2004 年 12 月 17 日发表声明，承认其号称"全球处方量第一的抗炎镇痛类药物塞来昔布"与撤出市场的同类药物罗非昔布有同样的副作用，即会对患者的心脏造成危险影响。但辉瑞称公司并未召回塞来昔布，而是建议医生应慎重给出处方。受此影响，辉瑞的塞来昔布的销售额，由 2004 年的 33.02 亿美元下降到 2005 年的

17.3 亿美元，后逐步恢复到 25 亿美元左右，占整个非甾体抗炎药销售额的近四分之一。塞来昔布在中国市场的表现也很不错，占样本医院非甾体抗炎药份额的 20% 左右，仅次于氟比洛芬（flurbiprofen）排名第二，2012 年医院终端销售额约 7 亿元，同比增速 22%。

昔布类药物的心血管不良反应问题影响了此类药物的广泛应用，一般推荐胃肠道不良反应危险性较高的患者使用，普通患者仍推荐使用传统抗炎药。

思考

选择性 COX-2 抑制剂的临床特点、主要不良反应及代表药物。

扫码"学一学"

第二节　合成路线及其选择

剖析塞来昔布（7-1）的化学结构，它是一个 1,3,5-三取代的吡唑衍生物，其中 1 位连有对氨基磺酰苯基、3 位含三氟甲基、5 位连有对甲基苯基。采用追溯求源法，以吡唑环为拆建部位，（7-1）可由 1-(4-甲基苯基)-4,4,4-三氟丁烷-1,3-二酮（7-3）和对氨基磺酰基苯肼盐酸盐（7-4）环合而成。

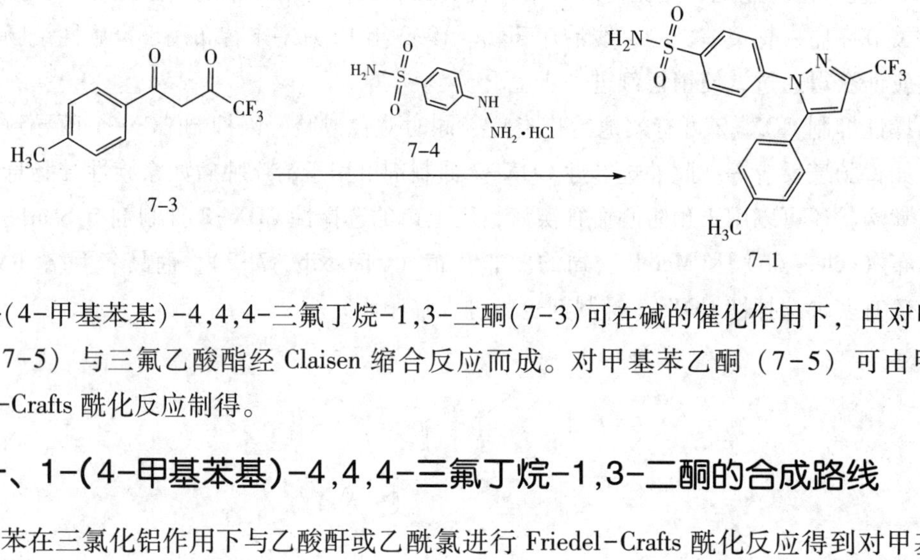

1-(4-甲基苯基)-4,4,4-三氟丁烷-1,3-二酮（7-3）可在碱的催化作用下，由对甲基苯乙酮（7-5）与三氟乙酸酯经 Claisen 缩合反应而成。对甲基苯乙酮（7-5）可由甲苯经 Friedel-Crafts 酰化反应制得。

一、1-(4-甲基苯基)-4,4,4-三氟丁烷-1,3-二酮的合成路线

甲苯在三氯化铝作用下与乙酸酐或乙酰氯进行 Friedel-Crafts 酰化反应得到对甲基苯乙酮（7-5）。对甲基苯乙酮（7-5）与三氟乙酸乙酯（7-6）或三氟乙酸-β-三氟乙酯（7-7）缩合得到 1-(4-甲基苯基)-4,4,4-三氟丁烷-1,3-二酮（7-3）。

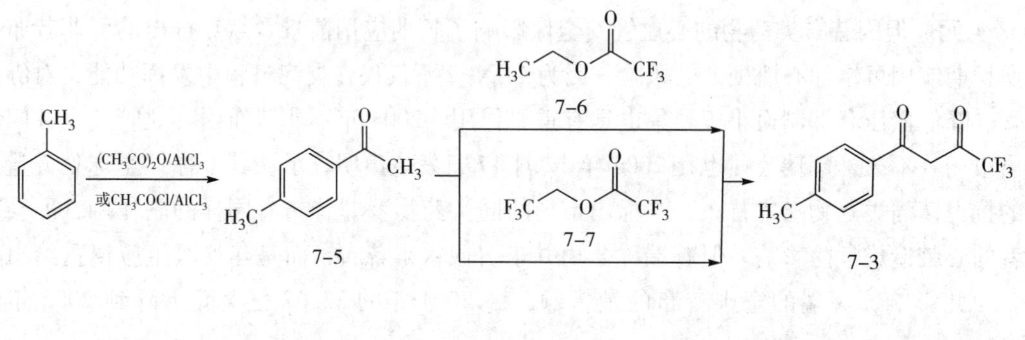

1. 对甲基苯乙酮与三氟乙酸乙酯缩合的路线　对甲基苯乙酮 7-5 在甲醇钠作用下与三氟乙酸乙酯 7-6 缩合得 1-（4-甲基苯基）-4,4,4-三氟丁烷-1,3-二酮（7-3），收率为 94%。该路线原料价廉易得，收率高。

2. 对甲基苯乙酮（7-5）与三氟乙酸-β-三氟乙酯（7-7）缩合的路线　在六甲基乙硅叠氮锂（LHMDS）作用下，对甲基苯乙酮（7-5）与三氟乙酸-β-三氟乙酯（7-7）在溶剂四氢呋喃中缩合，得化合物（7-3），收率为 86%。该法所用试剂昂贵，收率也低于三氟乙酸乙酯（7-6）路线。

二、塞来昔布的合成路线

1-（4-甲基苯基）-4,4,4-三氟丁烷-1,3-二酮（7-3）与对氨基磺酰基苯肼盐酸盐（7-4）环合生成 4-[5-（4-甲基苯基）-3-（三氟甲基）-1H-吡唑-1-基]苯磺酰胺（塞来昔布，7-1）。根据环合反应条件的不同，尤其是选用不同的反应溶剂，可分为以下两个类型。

（一）乙醇为环合溶剂

1. 中性条件下环合　1-（4-甲基苯基）-4,4,4-三氟丁烷-1,3-二酮（7-3）与对氨基磺酰基苯肼盐酸盐（7-4）在氩气保护下，在乙醇中回流 24 小时得 4-[5-（4-甲基苯基）-3-（三氟甲基）-1H-吡唑-1-基]苯磺酰胺（塞来昔布，7-1），收率 46%。

以金属钠和无水甲醇替代甲醇钠由对甲基苯乙酮（7-5）和三氟乙酸乙酯（7-6）缩合得 1-（4-甲基苯基）-4,4,4-三氟丁烷-1,3-二酮（7-3），后者与 7-4 在乙醇中回流 24 小时，7-1 的收率 48%。

上述方法反应时间长，生成的异构体较多，副产物复杂，收率也较低。

2. 酸性条件下环合　7-3 与 7-4 在乙醇、甲醇和甲基叔丁基醚（methyl tert-butyl ether，MTBE）组成的混合溶剂中，在 4mol/L 盐酸催化下回流 3 小时，得塞来昔布（7-1），收率为 76%，含量为 99%（HPLC 检测），异构体（7-8）含量为 0.57%。

该方法制得的产品塞来昔布（7-1）质量和收率俱佳。

（二）酰胺类溶剂

在酰胺类极性非质子溶剂中，1-（4-甲基苯基）-4,4,4-三氟丁烷-1,3-二酮（7-3）与对氨基磺酰基苯肼盐酸盐（7-4）在 6~12mol/L 盐酸催化下，环合生成塞来昔布（7-1）与酰胺类溶剂的 1:1 共结晶物，然后在异丙醇及水中除去结晶溶剂，得塞来昔布（7-1）。按溶剂不同又有 3 种方法。

1. *N*, *N*-二甲基乙酰胺为溶剂　7-3 与 7-4 在 *N*, *N*-二甲基乙酰胺（*N*, *N*-dimethylacetamide，DMAC）中，12mol/L 盐酸催化下室温反应 24 小时，加水后于 30℃ 以下继续反应 20 小时得含 1 分子 DMAC 的塞来昔布（7-1）结晶，然后在异丙醇中加热至 50℃，加水于室温反应 2 小时，所得结晶在 45℃ 干燥 96 小时，得塞来昔布（7-1）。收率为 90%。

2. 1,3-二甲基-3,4,5,6-四氢-2（1*H*）-嘧啶酮为溶剂　7-3 与 7-4 在 1,3-二甲基-3,4,5,6-四氢-2（1*H*）-嘧啶酮［1,3-dimethyl-3,4,5,6-tetrahydro-2（1*H*）-pyrimidinone，*N*, *N*'-dimethylpropyleneurea，DMPU］中，6mol/L 盐酸催化下，室温搅拌 16 小时，HPLC 检测异构体（7-8）的含量只有 0.16%。含 1 分子 DMPU 的塞来昔布结晶，收率为 83%。

3. 1-甲基-2-吡咯烷酮为溶剂　1-甲基-2-吡咯烷酮（1-methyl-2-pyrilidinone，*N*-methyl-2-pyrilidinone，NMP）作溶剂，6mol/L 盐酸催化下，7-3 与 7-4 室温环合反应 16 小时，得含 1 分子 NMP 的塞来昔布结晶，收率为 85%，HPLC 测的异构体（7-8）含量只有 0.03%。

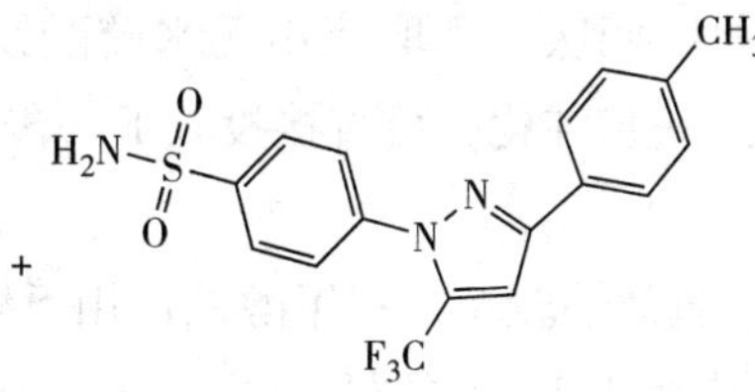

上述方法反应条件温和，产品纯度及收率较高，但酰胺类溶剂 DMAC、DMPU 或 NMP 等用量大，成本较高。

具有实用价值的生产工艺是以对甲基苯乙酮（7-5）为起始原料，先与三氟乙酸乙酯（7-6）缩合得到 1-（4-甲基苯基）-4,4,4-三氟丁烷-1,3-二酮（7-3），再与对氨基磺酰基苯肼盐酸盐（7-4）环合的途径制备塞来昔布（7-1），具体路线如下，下节将讨论其工艺原理及过程。

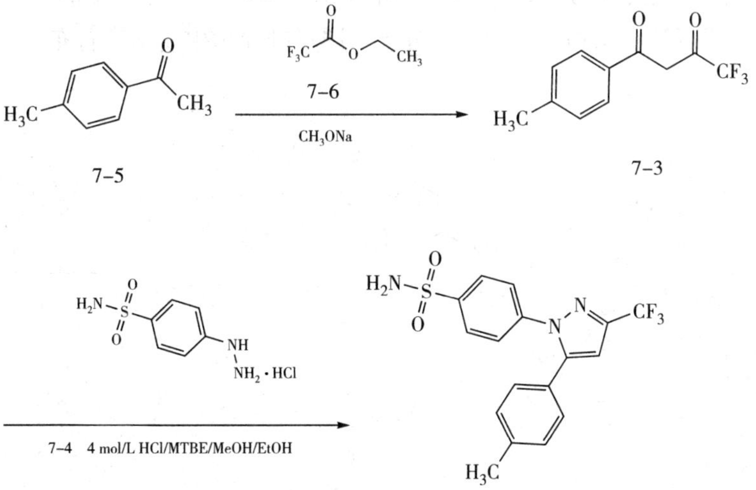

思考

塞来昔布有哪些合成条件，比较不同反应条件的优缺点。

第三节　生产工艺原理及其过程

一、塞来昔布的制备工艺一

（一）1-（4-甲基苯基）-4,4,4-三氟丁烷-1,3-二酮的制备

1. 工艺原理　对甲基苯乙酮（7-5）在甲醇钠作用下生成 α-碳负离子，后者进攻三氟乙酸乙酯（7-6）的酯基，进行亲核加成-消除，得到 1-（4-甲基苯基）-4,4,4-三氟丁烷-1,3-二酮（7-3）。

2. 工艺过程　在氩气保护下，将 7-5 溶于甲醇中并加入 25% 的甲醇钠甲醇溶液。将混合物搅拌 5 分钟，加入 7-6。回流 24 小时后，将混合物冷至室温并浓缩。加入 100ml 的

扫码"学一学"

10%盐酸并将混合物用乙酸乙酯萃取四次，萃取液用无水硫酸镁干燥，过滤并浓缩，得棕色油状物，收率94%。产物无须进一步纯化，可直接投入下一步反应。

3. 反应条件及影响因素

（1）对甲基苯乙酮7-5的α-氢活性较小，在甲醇钠作用下缩合效果较好。

（2）甲醇钠与7-5的摩尔比应为1.1∶1左右。

（3）反应在无水条件下进行。

（二）塞来昔布的制备

1. 工艺原理 1-(4-甲基苯基)-4,4,4-三氟丁烷-1,3-二酮（7-3）与对氨基磺酰基苯肼盐酸盐（7-4）环合生成4-[5-(4-甲基苯基)-3-(三氟甲基)-1H-吡唑-1-基]苯磺酰胺（塞来昔布，7-1），这一步反应属于亲核加成-消除反应。7-4的肼基的β-氮原子（末端氮原子）上的未共用电子对向7-3的3位羰基碳原子进行亲核进攻，脱去1分子水形成碳氮双键；7-4的肼基的α-氮原子的未共用电子对，再对7-3分子中的1位羰基碳原子进行亲核进攻，形成五元环状物，再脱去1分子水即得吡唑衍生物塞来昔布（7-1）。

2. 工艺过程 把等摩尔的1-(4-甲基苯基)-4,4,4-三氟丁烷-1,3-二酮（7-3）与对氨基磺酰基苯肼盐酸盐（7-4）混合后，加入乙醇、甲基叔丁基醚（MTBE）、甲醇和等摩尔的4mol/L盐酸。将混合物加热回流3小时。HPLC检测反应终点。然后冷却，减压浓缩，滴加水使产物结晶析出。室温静置1小时后，过滤，先后用60%乙醇和水洗涤滤饼，45℃真空干燥，得产品塞来昔布（7-1），白色粉末，熔点157～163℃，收率76%。含量（HPLC）99%。异构体含量为0.57%。

3. 反应条件及影响因素

（1）1-（4-甲基苯基）-4,4,4-三氟丁烷-1,3-二酮（7-3）与对氨基磺酰基苯肼盐酸盐（7-4）环合生成塞来昔布（7-1）的反应需用稀酸催化。

（2）1-（4-甲基苯基）-4,4,4-三氟丁烷-1,3-二酮（7-3）结构中与三氟甲基相连的3位羰基的亲电活性大于与苯基相连的1位羰基，稀酸催化剂优先使3位羰基活化，降低了活化能，缩短了反应历程，同时提高了反应区域选择性，生成更多的7-1，而异构体（7-8）生成量很少。推测7-8的生成途径如图7-1和图7-2所示。

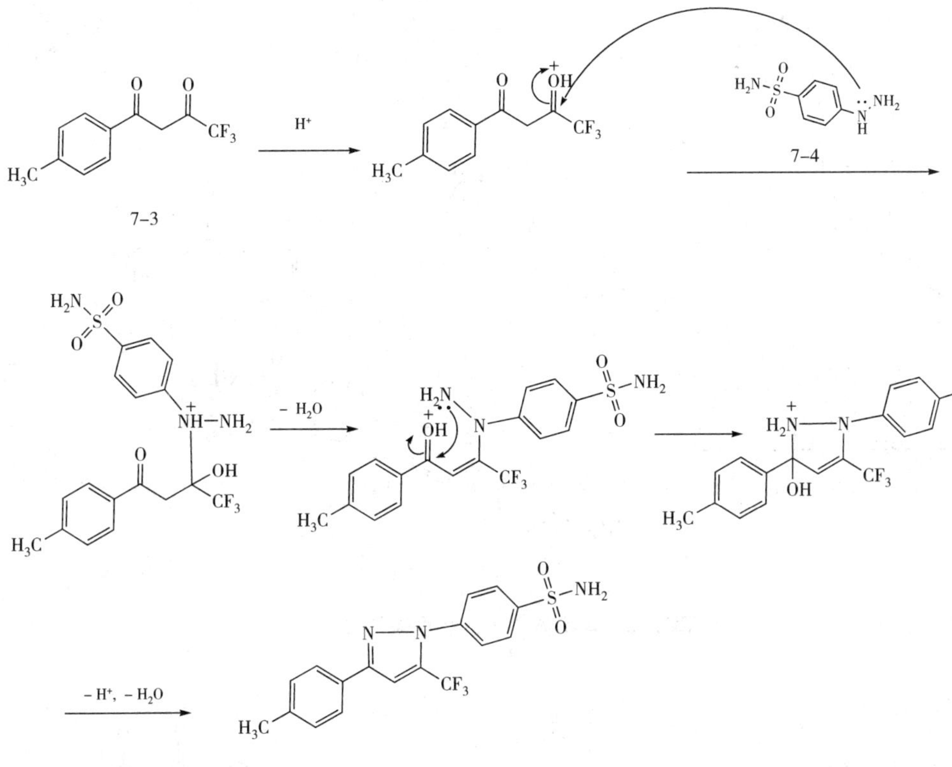

图7-1　异构体7-8的生成途径一

二、塞来昔布的制备工艺二（一步法合成）

上述工艺虽可进行工业化，但该路线存在稳定性较差、产品重结晶困难，总收率较低仅72%等问题。因此国内的企业及相关研究单位对塞来昔布合成工艺进行了卓有成效的改进。

我国研究人员首先发现和分离得到1-（4-甲基苯基）-4,4,4-三氟-1,3-丁二酮钠盐（7-9），并创新性地开发了一条通过钠盐（7-9）途径制得塞来昔布的合成工艺，将总收率从文献报道的43%提高到68%。本工艺的优点是钠盐（7-9）在后处理过程中析晶，易于与未反应的原料及副产物分离，避免了乙酸乙酯萃取、干燥、回收溶剂等操作步骤，从而简化了工艺，得到的产品钠盐（7-9）纯度高，单步收率达97%。在将高纯度的钠盐（7-9）与对氨基苯磺酰基苯肼盐酸盐（7-4）的反应中，进一步开发了在均相条件下以较高收率合成塞来昔布的工艺条件，反应中采用50%乙醇作溶剂，使得工艺更加安全环保。

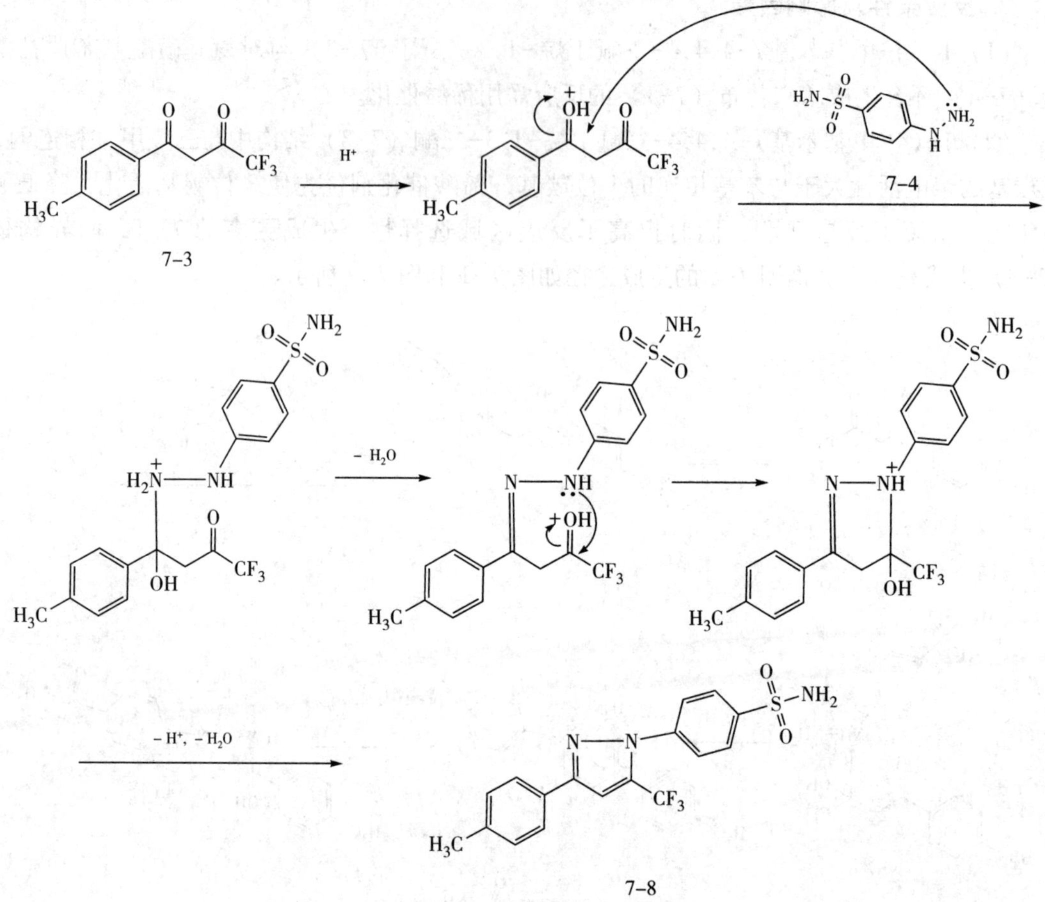

图 7-2　异构体 7-8 的生成途径二

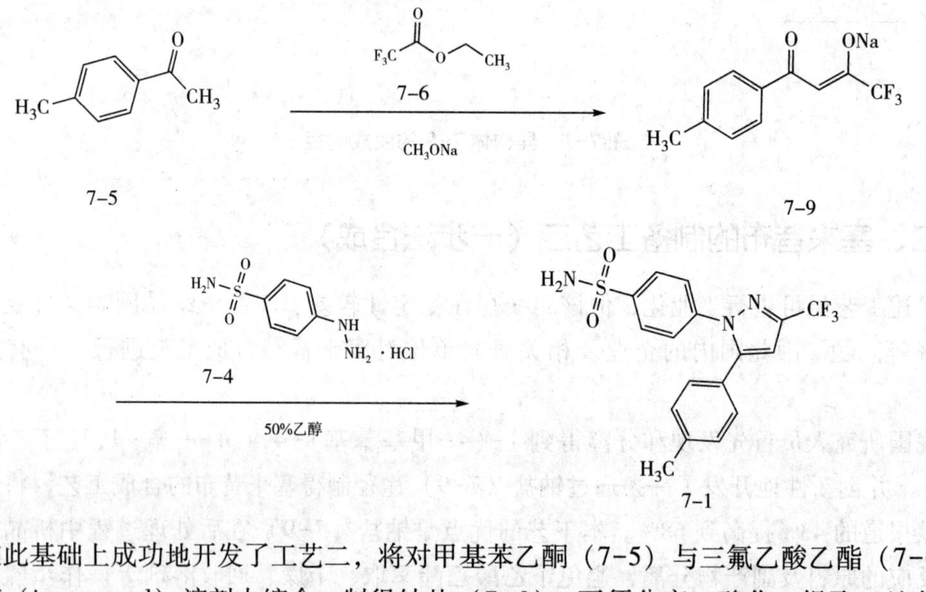

在此基础上成功地开发了工艺二，将对甲基苯乙酮（7-5）与三氟乙酸乙酯（7-6）在异丙醇（isopropanol）溶剂中缩合，制得钠盐（7-9），不须分离、酸化、提取、纯化等步骤，直接与对氨基磺酰基苯肼盐酸盐（7-4）在异丙醇和水的混合溶剂中脱水环合，一步法制得目标物塞来昔布（7-1）。该工艺避免二酮（7-3）在处理过程中与水反应造成的不稳定性，减少副产物的生成，提高反应的选择性，总收率提高了 15%，达到 83%。反应中用溶剂异丙醇替代甲基叔丁基醚等溶剂，更加安全、环保。产物重结晶溶剂为异丙醇和水，

替代原先的结晶溶剂环己烷和二氯甲烷等，经一次重结晶即可符合含量标准，提高可操作性，更适合工业生产。目前已有部分企业采用此工艺。

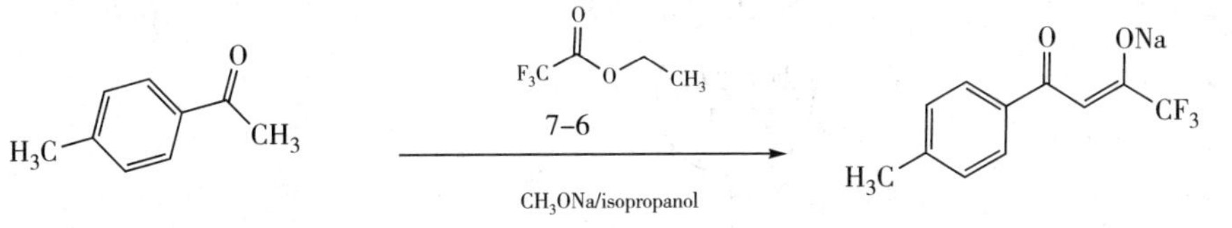

（反应流程图）

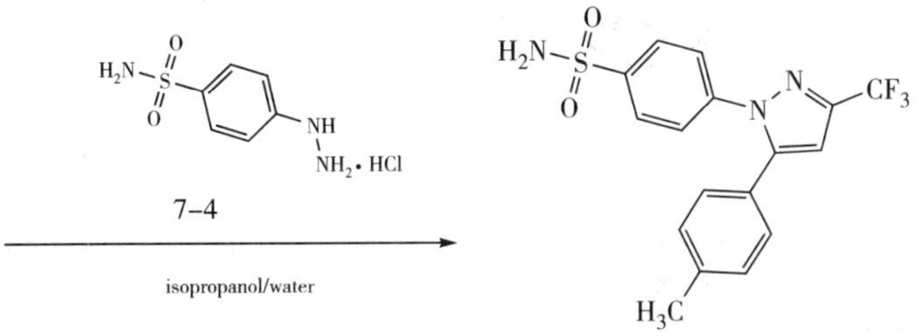

1. **工艺原理** 以对甲基苯乙酮（7-5）与三氟乙酸乙酯（7-6）为原料，在甲醇钠作用下缩合得到钠盐（7-9），不需分离、酸化、提取、纯化等步骤直接和对氨基磺酰基苯肼盐酸盐（7-4）脱水环合，一步法制得目标化合物塞来昔布（7-1）。

2. **工艺过程** 将异丙醇、三氟乙酸乙酯（7-6）和25%甲醇钠甲醇溶液加入到反应釜A中，开始搅拌。然后加入对甲基苯乙酮（7-5），反应体系加热到50℃，保持2小时。

在反应釜B中加入对氨基磺酰基苯肼盐酸盐（7-4）、异丙醇和纯化水、三氟乙酸，开启搅拌，将混合物加热到50℃。

反应釜A反应结束后，将制备好的钠盐（7-9）慢慢加入到反应釜B中，大约15分钟后加料完毕，然后将反应体系保持在50~55℃保持30分钟。

加入纯化水，将反应体系加热到65℃，调节pH至3~9，加入活性炭保持20分钟后，热滤，滤液冷到20℃保持12小时。甩滤，滤饼用50%异丙醇水溶液淋洗。最后，45℃真空干燥16小时得到目标产物。总产率为83%。

3. **反应条件及影响因素**

（1）制备钠盐（7-9）的反应需在无水条件下进行，甲醇钠与（7-5）的摩尔比应为1.2∶1左右。

（2）将钠盐（7-9）慢慢加入到对氨基磺酰基苯肼盐酸盐（7-4）的酸性混合物中以减少杂质的产生。

4. **生产工艺流程图** 生产工艺流程图如图7-3所示。生产工艺流程图（process flow chart）是用图表符号形式，将生产工艺过程中的全部工段一步步的按顺序表达出来的有价值的图解资料。

生产工艺流程图中将各工段画成长方框或圆形框，长方框表示物理操作工段，圆形框表示化学反应工段。工段之间以流程线连接，流程方向用箭头画在流程线上，箭头指向下一个工段。

各种物料如原料、试剂、半成品或成品、母液、三废等均以汉字名称标明，物料与对应工段之间用带箭头的流程线连接，箭头指向表示来源或去向。

5. **设备流程示意图** 设备流程示意图如图7-4所示。

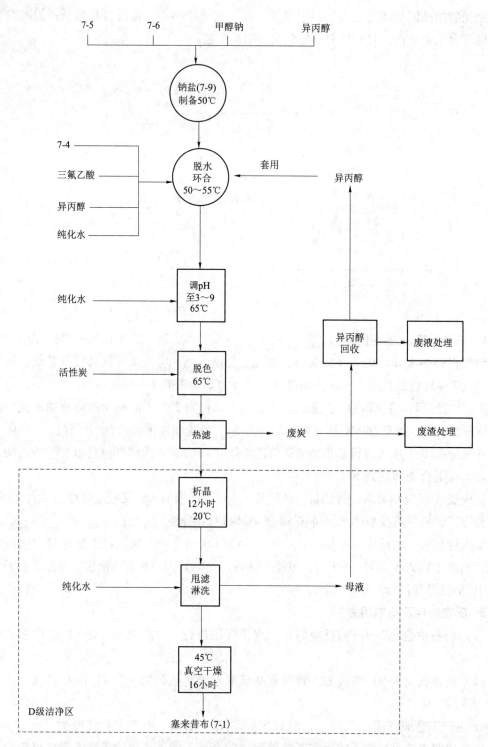

图 7-3 "一步法"生产工艺流程图

设备流程示意图（equipment flowsheet）是指一系列通过图例将完成塞来昔布生产工艺所需要的全部生产设备（包括反应釜、结晶釜、压滤器、离心机、干燥机等主要设备及其他辅助设备如高位槽、管道等）表示出来的图纸资料。

图例说明：①所用反应釜和结晶釜均有夹套，用来加热或冷却釜中物料，起到传热的作用。②符号列表见表 7-1。③蒸汽（S）可采用下进模式也可采用上进模式，视具体操作条件而定，不过采用上进模式的较多。④所用反应釜和结晶釜既可选用搪玻璃材质的也可

210

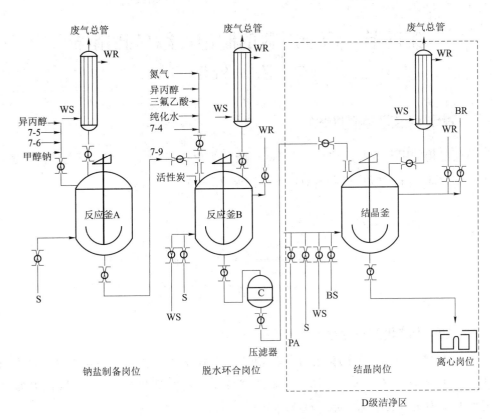

图7-4　"一步法"设备流程示意图

使用不锈钢材质的。⑤在脱水环合岗位，因活性炭是黑色固体粉末，故图中单独一路进料，避免污染其他管道，操作中可从人孔加入。

表7-1　设备流程示意图符号列表

	符号	解释
1	WS	冷却水进
2	WR	冷却水出
3	BS	冷冻水进
4	BR	冷却水出
5	S	蒸汽
6	PA	压缩空气

6. 工艺优点　塞来昔布的最初的生产工艺中，共使用了5种常用溶剂（THF、MeOH、EtOH、IPA、H_2O），而在优化工艺的实践中，溶剂的数量从5种减少至3种（MeOH、IPA、H_2O），溶剂的用量也大幅降低，总收率从67%上升到83%，产生的废物减少了35%，分离纯化时采用50%的异丙醇洗涤，而不是原来100%的异丙醇，产品的分离只需冷却到20℃而不是原来的5℃，区域异构体杂质也减少到0.5%以下，绿色化程度得到极大的提高。

思考

塞来昔布的绿色化方法及绿色化成就。

第四节　原辅材料的制备、综合利用与"三废"处理

一、对甲基苯乙酮的制备

以价廉易得的甲苯为起始原料，在 Lewis 酸三氯化铝（$AlCl_3$）存在下与醋酐或乙酰氯发生 Friedel-Crafts 酰化反应可制备对甲基苯乙酮（7-5）。

（一）醋酐为酰化剂制备对甲基苯乙酮

1. 工艺原理　甲苯与乙酸酐在无水三氯化铝存在下，经乙酰化得对甲基苯乙酮（7-5）。芳环上的 Friedel-Crafts 酰化属于亲电取代反应。乙酸酐在 Lewis 酸三氯化铝催化下，形成乙酰基正离子进攻甲基的邻、对位。

2. 工艺过程　将干燥的甲苯和粉状无水三氯化铝加入反应瓶内，搅拌下滴加乙酸酐，温度逐渐升至 90℃，反应逸出大量氯化氢气体。当反应至不再产生氯化氢气体后，冷至室温，将反应液倒入碎冰和浓盐酸的混合物中，搅拌至铝盐全部溶解为止。分出甲苯层，水洗，用 10% 氢氧化钠溶液洗涤至碱性，再用水洗。经无水硫酸镁干燥后，减压蒸馏，收集 93~94℃/930Pa（约 7mmHg）馏分，得对甲基苯乙酮（7-5），收率 86%。

3. 反应条件及影响因素

（1）甲苯的 Friedel-Crafts 乙酰化可在对位，也可以发生在邻位。由于邻位的位阻效应，乙酰化优先发生在对位。若反应温度过高，会增加邻位乙酰化副产物的生成。

（2）催化剂的作用在于增强乙酰基碳原子的正电性，提高其亲电能力。Lewis 酸的催化能力强于质子酸。常选 $AlCl_3$、BF_3、$SnCl_4$、$ZnCl_2$ 等 Lewis 酸为催化剂。其中 $AlCl_3$ 因价廉易得和能溶于有机溶剂而应用最多。

（3）Friedel-Crafts 酰化反应常用溶剂有二硫化碳、硝基苯、石油醚、四氯乙烷、二氯乙烷等。其中硝基苯与三氯化铝可形成复合物，反应呈均相，应用较广。甲苯乙酰化反应中，过量甲苯兼作溶剂。

（二）乙酰氯为酰化剂制备对甲基苯乙酮

1. 工艺原理 甲苯与乙酰氯在无水三氯化铝作用下，乙酰化得对甲基苯乙酮（7-5）。

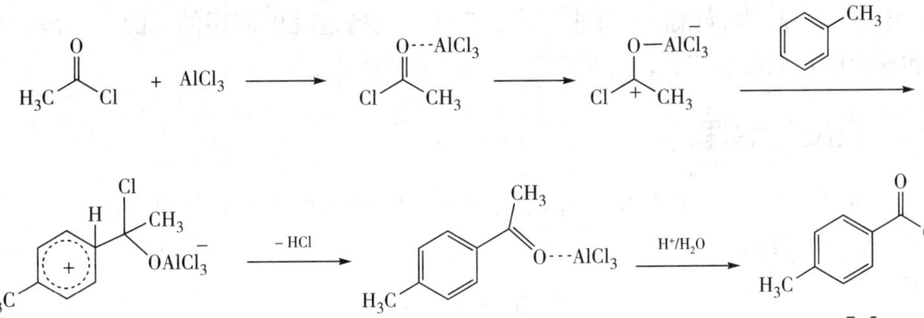

$$7-5$$

2. 工艺过程 将干燥的甲苯和粉状无水三氯化铝加入反应瓶内，搅拌下滴加乙酸氯，控制反应温度不超过 35℃，反应逸出大量氯化氢气体。当反应至不再产生氯化氢气体后，冷至室温，后处理得对甲基苯乙酮（7-5），收率 65%。

3. 反应条件及影响因素

（1）乙酰氯极易吸湿后分解形成乙酸，故严格控制无水条件是反应成功的关键。

（2）乙酰氯的沸点较低，因此须控制反应温度，避免乙酰氯大量逸出。

思考

分析 Friedel-Crafts 反应的机制及影响因素。

二、三氟乙酸乙酯的制备

1. 工艺原理 三氟乙酸与过量的无水乙醇在浓硫酸催化下酯化，生成三氟乙酸乙酯（7-6）。

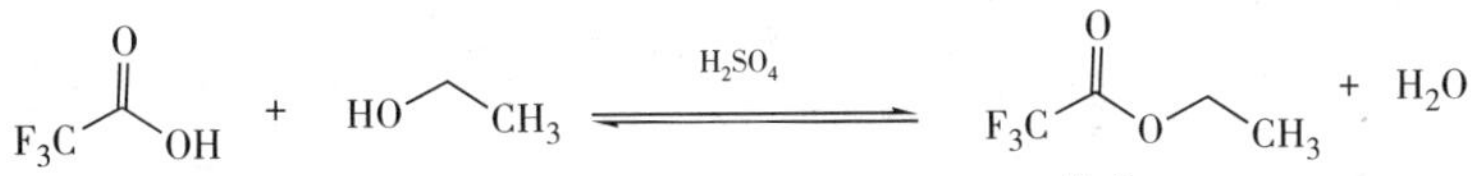

$$F_3C\text{—COOH} + HO\text{—CH}_3 \underset{}{\overset{H_2SO_4}{\rightleftharpoons}} F_3C\text{—COO—CH}_3 + H_2O$$
$$7-6$$

2. 工艺过程 将三氟乙酸冷却，在搅拌下加入无水乙醇，反应放热。待放热停止后，缓慢加入浓硫酸催化。加热回流 0.5 小时后进行分馏，收集 62~64℃ 馏分。得到 7-6，收率 94%。

3. 反应条件及影响因素

（1）三氟乙酸的酯化属于平衡反应，使用过量的反应物乙醇，可使平衡向产物（7-6）生成的方向移动。

（2）浓硫酸作为催化剂可缩短反应进程，同时可去除反应生成的水，使反应平衡进一步向右移动，提高收率。

三、综合利用

1. 甲苯的回收套用 在对甲基苯乙酮（7-5）的制备过程中使用过量甲苯兼作溶剂，

反应完成后减压回收的甲苯经干燥后可回收套用。

2. 甲醇、乙醇和甲基叔丁基醚的回收套用 1-(4-甲基苯基)-4,4,4-三氟丁 烷-1,3-二酮（7-3）制备过程中回收的甲醇经干燥后可套用。4-[3-(三氟甲基)-5-(4-甲基苯基)-1*H*-吡唑-1-基]苯磺酰胺（塞来昔布，7-1）制备过程中使用的甲醇、乙醇、甲基叔丁基醚和异丙醇可回收套用，乙醇可用于三氟乙酸的酯化。

四、“三废”治理

塞来昔布（7-1）生产过程中生成的氯化氢气体可用水及碱液吸收，酸、碱等废水经常规的碱、酸中和处理。

扫码“练一练”

重点小结

- 塞来昔布的生产工艺原理
  - 塞来昔布的合成路线及其选择
    - 塞来昔布的作用机制及临床应用
    - 选择性COX-2抑制剂的临床特点及副作用
    - 塞来昔布的合成路线及其选择
  - 塞来昔布的合成工艺原理
    - 1-(4-甲基苯基)-4,4,4-三氟丁烷-1,3-二酮的制备
    - 塞来昔布的制备
    - “一步法”工艺制备塞来昔布
    - 原辅材料的制备、综合利用与“三废”处理

（赵建宏）

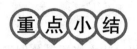

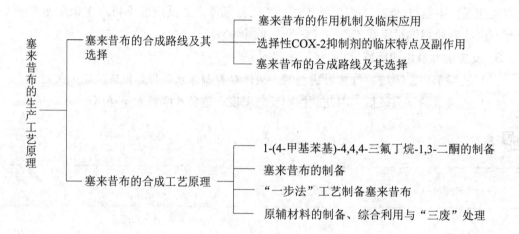

第八章　*R,R,R*-α-生育酚的生产工艺原理

扫码"学一学"

> **学习目标**
>
> 1. **掌握**　天然混合生育酚的提取工艺。
> 2. **熟悉**　*R,R,R*-α-生育酚的制备及精制工艺。
> 3. **了解**　天然药物与合成药物生产工艺开发过程的主要区别。

第一节　概　述

　　R,R,R-α-生育酚（*R,R,R*-α-tocopherol，8-1）是一种广泛存在于动植物中的生物活性物质，化学名为(+)-2*R*,5,7,8-四甲基-2-(4′*R*,8′*R*,12′-三甲基十三烷基)-6-苯并二氢吡喃醇[(+)-2*R*,5,7,8-tetramethyl-2-(4′*R*,8′*R*,12′-trimethyltridecyl)-6-chromanol]。其醋酸酯已收入《中国药典》，称为天然型维生素 E（natural vitamin E）。事实上，动植物中的生育酚（tocopherol）有四种同系物，分别称为 *R,R,R*-α-生育酚（8-1）、*R,R,R*-β-生育酚（8-2）、*R,R,R*-γ-生育酚（8-3）和 *R,R,R*-δ-生育酚（8-4）。

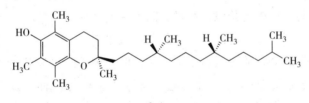

8-1

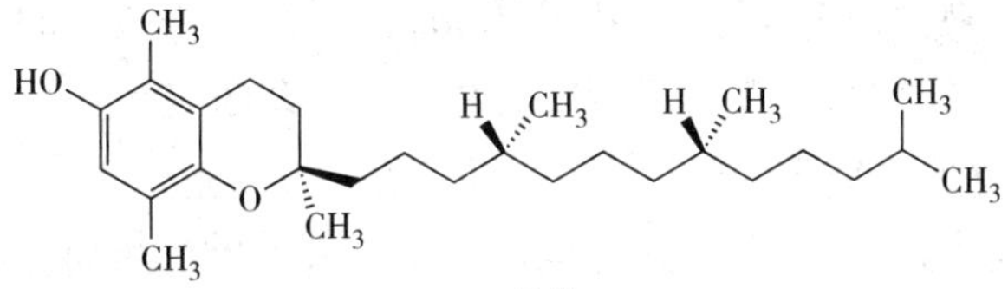

8-2

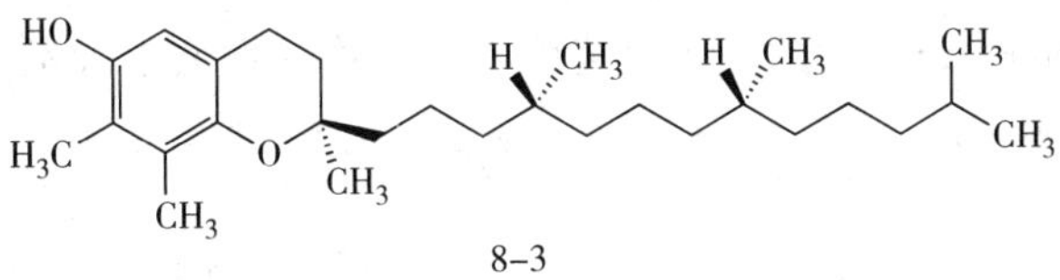

8-3

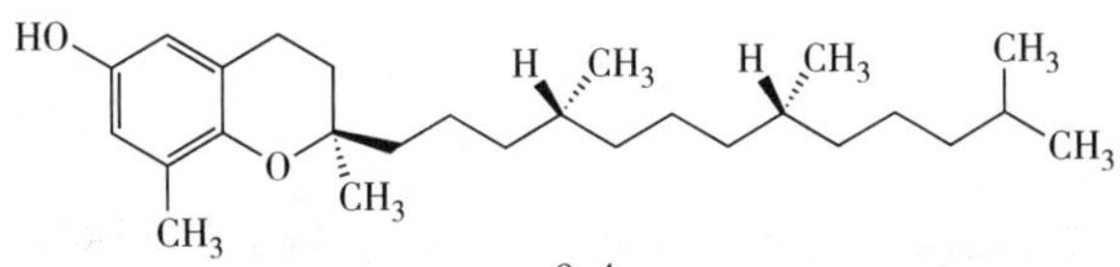

8-4

　　它们的分子结构中有 3 个手性碳原子，且均为 *R* 构型，母核与侧链是一样的，仅在苯环上的甲基数目和位置有差别。天然生育酚都是右旋的，所以早期文献中称为 *d*-构型。现在商业上还在用这样的名称，如 *d*-α-生育酚，但正规的学术文章中已很少使用。

R,R,R-α-生育酚（8-1）为淡黄色黏稠状液体，无臭无味。熔点 2.5~3.5℃，13.3Pa 下的沸点为 200~220℃，相对密度 d_4^{20}0.950。比旋光度 $[\alpha]_D^{25}$+31.5（辛烷）。最大吸收波长为 292nm。不溶于水，易溶于乙醇，溶于丙酮、氯仿、乙醚和植物油中。对热稳定，很容易被氧化，露置空气中被缓慢氧化，有铁盐、银盐存在时氧化加快，遇光则逐渐变深色。其他几种生育酚的物理性质与 α-生育酚相近。

最初（1922 年）人们了解维生素 E 类物质的功能是与动物的生育有关的，在阐明其分子结构后定名为生育酚（1938 年）。随着近代医学和营养学的发展，人们对生育酚的功能有了更全面的了解。

在生理活性方面，生育酚为维持人和动物的正常繁殖，维持肌肉和神经的完整性所必需。生育酚是细胞内抗氧化剂（antioxidant），能够抑制有毒的脂类过氧化物的生成，稳定不饱和脂肪酸。提高刺激性辅酶 Q 的免疫性反应，影响核酸和多烯酸的代谢。对脑垂体-中脑系统有调节作用，促进性激素的分泌，预防细胞生理衰老，防止致癌物游离基的产生。它对动脉硬化、冠心病、血栓、妇女不育症、习惯性流产、月经失调、内分泌功能衰退、肌肉萎缩、脑软化、贫血、肝病、癌症等多种疾病，均有较高的医用价值。

生育酚因具有良好的耐热性能、油溶性和易于被人体吸收的特点，广泛用作含油脂食品的抗氧化剂、营养添加剂。具有促进皮肤的新陈代谢和防止色素沉积的作用，可改善皮肤弹性，具有美容护肤、预防衰老的特殊功能，含生育酚的化妆品已成为国际市场上营养性系列化妆品的主流。

大量的研究表明，从人类保健的角度讲，仅仅依靠日常食物中摄入的生育酚是远远不够的。经常补充生育酚已经成为共识，在发达国家中更是一种时尚。

总之，生育酚的主要用途是药品、保健品和抗氧化剂。

生育酚四种同系物的分子结构虽然差别不大，但生物活性相差很大。R,R,R-α-生育酚（8-1）是维生素 E 类物质中最重要的也是生物活性最高的一种。以 R,R,R-α-生育酚（8-1）的相对生物活性为 100，则 R,R,R-β-生育酚（8-2）的生物活性为 50、R,R,R-γ-生育酚（8-3）的生物活性为 10，而 R,R,R-δ-生育酚（8-4）的生物活性仅为 3。不过，体外抗氧化性则刚好相反，顺序为 R,R,R-α-生育酚（8-1）<R,R,R-β-生育酚（8-2）<R,R,R-γ-生育酚（8-3）<R,R,R-δ-生育酚（8-4）。

市场上还有全合成的 α-生育酚及其衍生物供应。由于生育酚的分子结构上有三个手性碳原子，因此，全合成的 α-生育酚可能的光学异构体有 $2^3 = 8$ 种。全合成的 α-生育酚称为 dl-α-生育酚或者 All-rac-α-生育酚，无旋光性，且生物活性低于天然提取物。不过，全合成的 α-生育酚醋酸酯同样收入《中国药典》，称为合成型维生素 E。目前尚无法全合成单一 R,R,R-构型的生育酚。

思考

All-rac-α-生育酚的生物活性是否只有 R,R,R-α-生育酚的 1/8？

生育酚主要存在于植物油中。人和动物自身不能合成生育酚，依靠摄入植物油中的生育酚。人体组织中主要含有 α-生育酚。植物油随植物种类、产地的不同，生育酚含量以及各成分的比例也不同。

植物油中生育酚的总含量不到千分之一，直接从中提取生育酚的经济价值不大。在食用油精炼过程中产生的下脚料——脱臭馏出物（deodorizer distillate）中含有 2%~20% 的生育酚，目前大多以此为原料提取混合生育酚（即在提取物中同时含有 α-、β-、γ-、δ-四种生育酚），然后经过化学反应将非 α-生育酚转化为 α-生育酚，称之为转型反应（conversion reaction）。这种情况下，由于生育酚的母体来源于天然产物，转型反应只是增加了苯环上的甲基。因此，即使经过转型反应仍能保持其立体构型不变，得到生物活性最高的 R,R,R-α-生育酚产品。

R,R,R-α-生育酚的生产工艺主要由三部分构成：混合生育酚的提取、转型反应和精制提纯。由于生育酚各同系物有不同的用途，所以在国际市场上，天然生育酚有两类商品：R,R,R-α-生育酚和混合生育酚。R,R,R-α-生育酚主要用作药品和保健品，混合生育酚主要用作抗氧化剂。每类生育酚又有不同的规格。作为药品，《美国药典》（USP 41）规定的规格为：d-α-生育酚含量 96.0%~102.0%，比旋光度 $\geqslant +24°$，酸价 $\leqslant 5.6\text{mgKOH/g}$。作为食品添加剂，《美国食品化学法典》[FCC 11（2018）] 规定的规格见表 8-1。

表 8-1　美国 FCC 天然生育酚规格

项　目	R,R,R-α-生育酚浓缩物	R,R,R-混合生育酚浓缩物	
		高 α-型	低 α-型
总生育酚含量	$\geqslant 40.0\%$	$\geqslant 50.0\%$	$\geqslant 50.0\%$
R,R,R-α-生育酚占总生育酚比例	$\geqslant 95.0\%$	$\geqslant 50.0\%$	/
非 R,R,R-α-生育酚占总生育酚比例	/	$\geqslant 20.0\%$	$\geqslant 80.0\%$
酸价	$\leqslant 5.6\text{mgKOH/g}$	$\leqslant 5.6\text{mgKOH/g}$	$\leqslant 5.6\text{mgKOH/g}$
Pb	$\leqslant 2\text{mg/kg}$	$\leqslant 2\text{mg/kg}$	$\leqslant 2\text{mg/kg}$
比旋光度，$[\alpha]_D^{25}$	$\geqslant +24°$	$\geqslant +24°$	$\geqslant +20°$

事实上，市场上销售的生育酚成品规格比表 8-1 多，质量指标也比上述标准高得多。通常 R,R,R-α-生育酚浓缩物有 1370IU（含量 91.9% 以上）、1300IU（含量 87.3% 以上）和 1000IU（含量 67.2% 以上）等规格；低 α-型 R,R,R-混合生育酚浓缩物有总生育酚含量 50%、70%、90% 等规格，要求非 R,R,R-α-生育酚含量 $\geqslant 80\%$；均要求加德纳色度 $\leqslant 9$。

第二节　混合生育酚的提取工艺

从天然产物中提取（extraction）目标化合物，往往碰到原料成分复杂的实际问题，增加了提取的难度。提取生育酚的原料是食用油精炼过程中产生的副产物——脱臭馏出物，常温下呈油状至半凝固状。其中生育酚的含量因油的品种和脱臭工艺不同而有较大的范围，我国产的脱臭馏出物中生育酚的含量多数在 3%~8%。其他成分主要有脂肪酸、甘油酯和甾醇等。它们的含量范围见表 8-2。了解原料的组成和各成分的物理化学性质，是设计提取工艺路线的基础。

扫码"学一学"

表 8-2　几种植物油脱臭馏出物的组成（wt%）

成分	脱臭馏出物油品			
	豆油	米糠油	菜籽油	棉籽油
生育酚	3～20	2～5	2～10	6～15
甾醇	17～43	10～15	30～35	
游离脂肪酸	23～35	20～30		
甘油酯	3～16	15～25		

一、提取工艺的设计与选择

天然产物原料来源复杂，成分变化大，要求提取工艺适应型强，适应原料成分的变化。工业化生产生育酚的提取技术研究始于 20 世纪 40 年代，20 世纪 80 年代以来发展较快。从脱臭馏出物中提取生育酚通常采用萃取、分子蒸馏、精馏、吸附、色谱等物理化学方法。但是，由于各组分的物理化学性质差别不是很大，并且生育酚很容易被氧化，所以直接从脱臭馏出物中提取高含量的生育酚往往比较困难，需要对原料进行预处理，以提高分离过程的选择性。常用的预处理方法有酯化、转酯化、酶法、皂化、萃取、尿素络合等。由于脱臭馏出物组成复杂，所以提取工艺往往都是各种方法的综合运用。根据文献报道，可以归纳出以下几种工艺路线。

（一）以简单蒸馏为关键单元的工艺

简单蒸馏的原理和设备都较简单，为生育酚提取过程中的常见工艺，按真空度的大小，又可以分为分子蒸馏与高真空蒸馏。高真空蒸馏的绝对压力在 10mmHg 以下，其分离原理是基于各组分的相对挥发度的差别。由于原料中有许多组分沸点很接近，而高真空蒸馏过程只是单级操作，因此分离（separation）效率不够高。高真空蒸馏常常是分子蒸馏的前处理措施。

分子蒸馏的原理是在非常高的真空度下，不同分子量的分子平均自由程不同。许多专利方法以分子蒸馏作为分离生育酚的手段，极限绝对压力达 0.01～0.001mmHg。

（二）以吸附和离子交换为关键单元的工艺

可分为吸附（adsorption）法与离子交换法。

1. 吸附法　利用生育酚与其他组分的吸附选择性差别提取分离生育酚。选择性通常不是很高。

2. 离子交换法　生育酚酸性很弱，利用强碱性阴离子交换树脂分离生育酚，选择性较高。但是酸性物质如游离脂肪酸对分离过程有干扰，所以要进行中和、皂化、酯化等预处理操作。

（三）以萃取为关键单元的工艺

可分为普通萃取与超临界流体萃取。

1. 普通萃取　普通萃取法是利用生育酚、游离脂肪酸、甘油酯及甾醇等在不同溶剂中的溶解度的不同，通过选择合适的溶剂，将生育酚与游离脂肪酸或甾醇等分开。在萃取法中常用的溶剂有极性溶剂甲醇、乙醇、丙酮等，非极性溶剂石油醚、正己烷等。

2. 超临界流体萃取　超临界流体兼有气体和液体的特性，即密度较高接近于液体，而黏度低、扩散系数大，与气体相似，因此它不仅具有与液体溶剂相当的萃取能力，而且具有优良的传质性能。超临界流体萃取生育酚就是利用上述超临界流体的特性，使之在高压条件下与待分离的原料接触，生育酚与其他杂质组分在超临界流体中的溶解度不同，通过改变体系的压力和温度，提高对生育酚的萃取选择性；然后通过降压或升温的办法，降低超临界流体的密度，使生育酚与超临界流体分离。常用的萃取剂是超临界 CO_2，这是因为 CO_2 的超临界条件（临界温度 $T_c = 304.1K$，临界压力 $P_c = 7.347MPa$）易达到，且无毒、无味、价廉。

（三）以精馏为关键单元的工艺

精馏的分离效率要比简单蒸馏高得多，但是由于脱臭馏出物中组分复杂，沸点高，又很容易被破坏，要求高温、高真空精馏，所以给精馏塔的设计增加了很大难度。直到1996年以后才陆续出现精馏工艺。

（四）以络合为关键单元的工艺

络合法是指在脱臭馏出物的醇溶液中，加入尿素的醇溶液，尿素与游离脂肪酸形成不溶于醇的络合物，结晶析出，从而可以除去大量的游离脂肪酸。尿素-游离脂肪酸络合物在水中又分解成尿素和游离脂肪酸。尿素溶于水进入水相，游离脂肪酸则形成油相，通过简单的分离操作就可以将它们分开，从而可以回收游离脂肪酸，尿素可循环利用。

（五）以色谱过程为关键单元的工艺

1. 液相色谱法　液相色谱法是利用生育酚与脂肪酸、甘油酯等组分在不同的固定相上的吸附保留性质不同，而得以分离。所以主要的问题是选择合适的色谱体系——固定相和流动相。常用的固定相为硅胶、键合硅胶、聚苯乙烯凝胶等，常用的流动相有甲醇、正己烷等。

2. 凝胶过滤法　用溶剂将凝胶过滤剂浸泡后，填充到玻璃柱里，接着将脱过甾醇、除去大部分脂肪酸的料液溶解在溶剂里，通过玻璃柱填充床，使脂肪酸、甘油酯、一部分色素等杂质与生育酚分开，从而得到高浓度生育酚。所用的凝胶过滤剂有交联葡聚糖、羟基烷氧基丙基交联葡聚糖等。所用的溶剂可以是1,2-二氯乙烷、三氯乙烯；也可以是戊烷、己烷、环己烷、辛烷、壬烷、甲苯、二甲苯，还可以是甲醇、乙醇、丙醇、异丙醇、丁醇等。

3. 超临界流体色谱法　超临界流体色谱法与液相色谱法相似，只是把流动相换成超临界二氧化碳。有时在超临界二氧化碳中添加夹带剂。

二、混合生育酚提取方法的评价

由于脱臭馏出物的成分非常复杂，表8-2列出的只是其中的主要成分，因此从中提取混合生育酚，特别是得到高含量（90%以上）的混合生育酚并不容易。单一方法不能达到目的，而要采用综合的方法，并且要根据产品的质量要求而选择提取工艺。

（1）通常要对原料进行预处理。中和、皂化、酯化、转酯化、单级萃取、尿素络合、氢化、酶法水解等方法是常见的原料预处理方法，有利于提高后续过程的选择性或者对生育酚进行初步浓缩。

（2）简单蒸馏（包括高真空蒸馏和分子蒸馏）工艺由于只是单级过程，分离效率较低，一般只能得到50%左右的生育酚产品，难以得到高含量（90%以上）的生育酚产品，并且投资较大。

（3）精馏工艺与冷却结晶相结合可以得到高含量的生育酚产品，但是对设备的要求很高，投资较大，同时产品中含有甾醇，往往产品的比旋光度（specific rotation）不合格。

（4）直接用多级逆流萃取工艺处理脱臭馏出物难以得到高含量的生育酚产品。

（5）超临界二氧化碳萃取工艺，由于原料中的组分在超临界二氧化碳中溶解度都较大，分离效率不高，并且投资较大，操作费用较大。

（6）色谱工艺能够得到含量很高的产品，甚至可以得到各生育酚纯组分，但是处理量小，生产能力低，一般只适合于生育酚同系物中各组分的分离。

（7）用硅胶等为吸附剂的吸附工艺能够得到高含量的产品，但是吸附剂的再生较困难，难以重复利用，成本高。

（8）强碱性树脂工艺选择性较好，能够得到高含量的产品，生育酚收率高，流程短，树脂可以通过再生后重复使用，溶剂体系不复杂，溶剂容易回收利用，工业上较容易实施。但是原料中的游离脂肪酸有严重干扰，要求原料的脂肪酸含量几乎为零。

现今国内天然生育酚生产企业大多数采用甲醇酯化-分子蒸馏的工艺路线，产品中混合生育酚的含量一般在70wt％以下。国外的生产工艺不详。

为了规避国内外的专利路线，得到高含量的混合生育酚，浙江大学的任其龙等设计了一条从脱臭馏出物中提取混合生育酚的工艺路线，其关键步骤是甲酯化和吸附，该工艺获得了中国发明专利。了减少废水排放，采用固定床甲酯化的方法代替常见的游离酸催化剂。吸附步骤采用改性吸附树脂为吸附剂，对生育酚有很好的选择性。该专利已在工业上实施。

三、混合生育酚提取的工艺原理和过程

1. 固定床甲酯化预处理

（1）工艺原理：脱臭馏出物中的游离脂肪酸（8-5）与甲醇发生酯化反应，生成脂肪酸甲酯（8-6）。催化剂为强酸性阳离子交换树脂。其他成分不反应。

$$RCOOH + CH_3OH \underset{}{\overset{催化剂}{\rightleftharpoons}} RCOOCH_3 + H_2O$$

$$8-5 \qquad\qquad\qquad 8-6$$

酯化反应是可逆反应，并有水生成。传统的方法用硫酸等液体酸作催化剂，反应后需水洗除去，因而产生大量废水。选用粒度合适的离子交换树脂，设计成固定床（fixed bed），成为连续过程，催化剂重复利用，除了反应生成的少量水外，没有其他废水产生。对于此可逆反应，为了提高反应的转化率，需要进行二次甲酯化，即第一次甲酯化后的产物蒸除甲醇后，配入新甲醇，再次进行固定床甲酯化反应。

（2）工艺过程：脱臭馏出物甲酯化预处理的工艺流程见图8-1。

用泵将甲醇和脱臭馏出物打入配料罐中，甲醇和脱臭馏出物的体积比为2∶1，边搅拌边加热至微沸，备用。将配好的脱臭馏出物甲醇溶液经预热器加热至反应温度后打入第一次酯化反应器，反应产物直接进入薄膜蒸发器，甲醇蒸气从顶部引出进入冷凝器冷凝后流入贮罐。酯化产物从薄膜蒸发器底部流入贮罐。

用泵将甲醇和一次酯化物打入配料罐中，甲醇和一次酯化物的体积比为2∶1，边搅拌边加热至微沸，备用。用泵将配好的一次酯化产物甲醇溶液送经预热器加热至反应温度后，进入第二次酯化反应器。反应产物直接进入薄膜蒸发器，甲醇蒸气从顶部引出进入冷凝器，

220

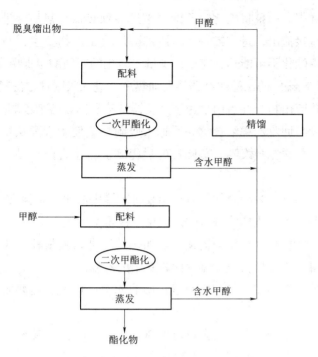

图 8-1　脱臭馏出物甲酯化预处理的工艺流程

冷凝后进入贮罐。二次酯化产物从薄膜蒸发器底部流入贮罐，即为中间产物。两次酯化蒸出的甲醇均含有水分，经精馏脱水后循环使用。

二次酯化产物的酸值要求降至 3mgKOH/g 以下。酯化反应过程生育酚的回收率大于99%。

（3）工艺条件及影响因素：影响甲酯化反应的因素有催化剂种类、甲醇与脱臭馏出物的配比、反应温度、停留时间等，需经过优化确定。

2. 吸附法提取分离混合生育酚

（1）工艺原理：经过甲酯化预处理后，脱臭馏出物的主要成分为混合生育酚、甾醇、脂肪酸甲酯、甘油酯等。吸附分离系利用各成分在吸附剂上的吸附选择性差别，是一个物理过程，没有化学反应发生。经过实验研究，选出一种吸附树脂，对生育酚有特殊的选择性。经过化学改性后，选择性进一步增加，所以称为改性吸附树脂，其能够选择性吸附生育酚，对于其他成分几乎不吸附。并且吸附量大，易于解吸。通过选择合适的吸附树脂粒度，可以设计成固定床，提高吸附剂的利用率。

为了得到高含量的生育酚产品，实现吸附树脂的重复利用，一个完整的固定床吸附分离过程由以下步骤构成：吸附、冲洗 1、解吸、再生和冲洗 2，其中主要的工艺步骤是吸附与解吸。吸附步骤使混合生育酚吸附在树脂上，杂质从床层中流出；冲洗 1 步骤用溶剂将树脂床层空隙中的杂质冲洗出来；解吸步骤用解吸剂将吸附树脂上吸附的生育酚解吸出来；再生步骤用再生剂使树脂上残留的少量强吸附杂质解吸出来；冲洗 2 步骤用溶剂冲洗床层，使吸附树脂回复到初始状态，重复利用。整个吸附分离过程实现循环操作。

由于脱臭馏出物中生育酚只占很少一部分，所以吸附步骤的流出物中含有大量的原料成分，为重要的副产物。

（2）工艺过程

吸附：用泵将酯化物由贮罐送至配料釜，再用泵将等体积的乙醇由贮罐打入配料釜，

221

搅拌均匀，放入贮罐中。用泵将酯化物乙醇溶液送经预热器加热后，进入吸附柱。酯化物中的脂肪酸甲酯等直接流出，进入贮罐，蒸除乙醇后为副产物。生育酚被吸附在树脂上而保留在柱内，由于甲酯化不可能达到完全，少量未转化的脂肪酸也保留在柱内。

　　冲洗1：用泵将贮罐中的乙醇送经预热器加热后，进入吸附柱，洗净树脂床层空隙中的杂质。流出物与过柱流出物合并后用泵送至蒸发器，蒸发回收溶剂乙醇。

　　解吸：将解吸剂与回收乙醇混合均匀后通入吸附柱，使生育酚从树脂上解吸下来，流出物进入贮罐。再用泵送至蒸发器，蒸除乙醇后得到混合生育酚产品。解吸剂乙醇溶液中的乙醇回收。

　　再生：再生剂与回收乙醇混合均匀后，用泵将贮罐中的再生剂溶液送经预热器加热后，进入吸附柱，将树脂再生。流出物进入贮罐，用泵送至蒸发器，蒸发回收乙醇。

　　冲洗2：用泵将贮罐中的乙醇送经预热器加热后，进入吸附柱，冲洗吸附柱中的再生剂，流出物进入贮罐，然后送去蒸发器，回收其中的乙醇。

　　乙醇回收：乙醇在循环使用过程中会逐渐吸收水分，因此，需要脱水后才能不断重复使用。

　　经过吸附分离后，混合生育酚的含量可达90%以上，回收率90%以上。

思考

　　上述工艺得到的是混合生育酚产品。由于各生育酚的活性有差别，如果要得到生育酚单体，即化合物，可以采取什么措施？

　　（3）工艺条件及影响因素：影响混合生育酚提取分离的关键因素是吸附剂。选取的吸附树脂不仅要吸附容量大，而且要传质速率快。例如，混合生育酚在两种吸附树脂上的穿透曲线（breakthrough curve）比较，见图8-2。

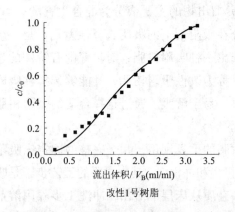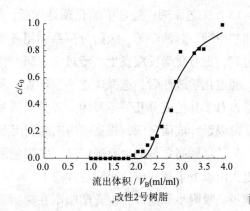

图8-2　混合生育酚在两种吸附树脂上的吸附穿透曲线比较

　　穿透时间长，说明吸附量大，同时穿透曲线陡峭，说明传质速率大。由图8-2可见，改性2号树脂明显优于1号树脂，因此优选改性2号树脂。

　　其他影响因素有溶剂、温度、原料中生育酚含量、解吸剂种类、再生剂种类、流速等。

　　原料和产品的典型色谱图见图8-3。可见，通过吸附树脂处理后，甲酯化物中的杂质基本去除干净。所以该工艺是非常好的一个工艺，可用于生产高含量混合生育酚产品。

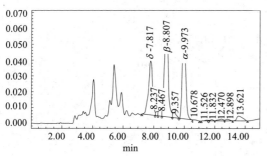

甲酯化物色谱图（C18柱）
（7.817 δ-生育酚, 8.807 β+γ-生育酚, 9.973 α-生育酚）

混合生育酚产品色谱图（C18柱）
（7.802 δ-生育酚, 8.802 β+γ-生育酚, 9.979 α-生育酚）

图 8-3　原料和产品的典型液相色谱图

扫码"学一学"

第三节　非 α-生育酚的转型反应工艺原理及其过程

非 α-生育酚的转型反应就是在 R,R,R-β-生育酚（8-2）、R,R,R-γ-生育酚（8-3）和 R,R,R-δ-生育酚（8-4）苯环上的 5 位和（或）7 位引入甲基，转化为 R,R,R-α-生育酚（8-1）的反应过程。由于转型过程对手性中心没有影响，得到的产品分子结构与从天然产物中分离得到的完全一样，因此也称为天然维生素 E。

 思考

从化学的角度说，经过分子结构修饰后的生育酚是否还是天然的？

一、转型方法及其选择

主要有五种转型方法：卤甲基化（氯甲基化）、胺甲基化、羟甲基化、甲酰化法和全甲基化法。

（一）卤甲基化（氯甲基化）

非 α-生育酚和甲醇溶于一种惰性有机溶剂中，在卤化氢存在下反应。向非 α-生育酚的苯环上 5 位和（或）7 位引入卤甲基。再通过还原反应，将卤甲基还原为甲基。可以将卤甲基化和还原反应分两步进行，也可"一勺烩"，两步并成一步反应。

此方法中，氯甲基化的效果最佳。

第一步以醚作溶剂，浓盐酸作氯甲基化的催化剂，40% 的甲醛水溶液（或多聚甲醛）与混合生育酚原料中的非 α-生育酚反应，生成氯甲基中间体（8-5）。第二步反应采用 Clemensen 还原，即锌粉和盐酸做还原剂；或以镍或钯-碳为催化剂的催化氢化。此方法的反应温度较低，压力中等，反应时间也较短，但收率不高。以 R,R,R-δ-生育酚（8-4）的转型反应为例，反应式如下。

$$\xrightarrow{\text{HCHO/HCl}}$$

8-4

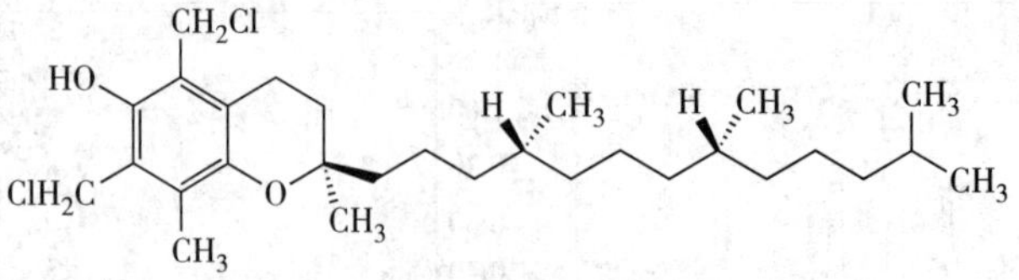

8-5

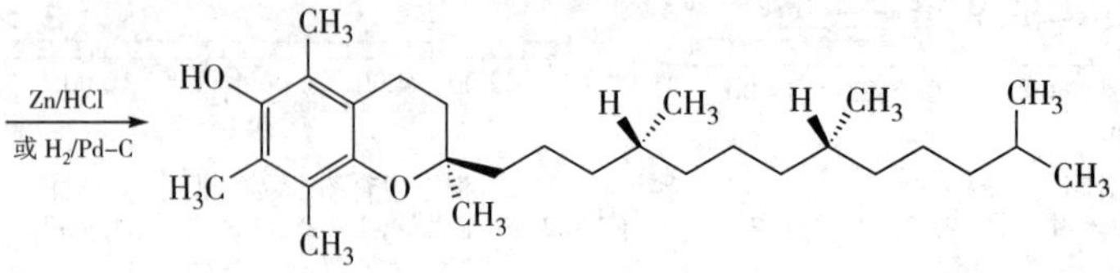

$$\xrightarrow[\text{或 } H_2/Pd-C]{\text{Zn/HCl}}$$

8-1

（二）胺甲基化

此类方法通常是混合生育酚原料、胺和甲醛在哌啶盐酸盐存在下，在微酸性的醇溶液中进行 Mannich 反应。然后，将胺甲基化的非 α-生育酚（8-6）催化氢解，转化为 $R,R,R-\alpha$-生育酚（8-1）。以 $R,R,R-\delta$-生育酚（8-4）的转型反应为例，反应式如下。

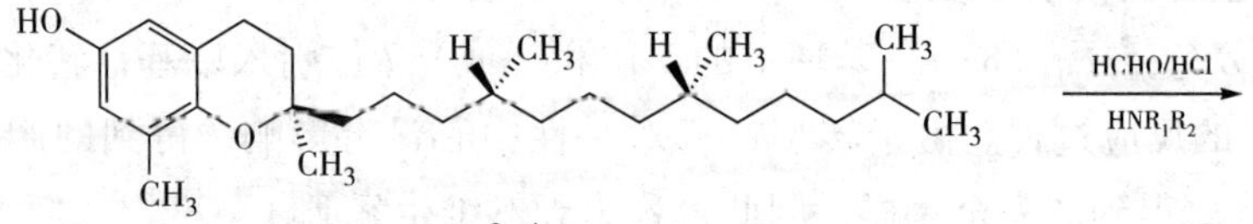

8-4

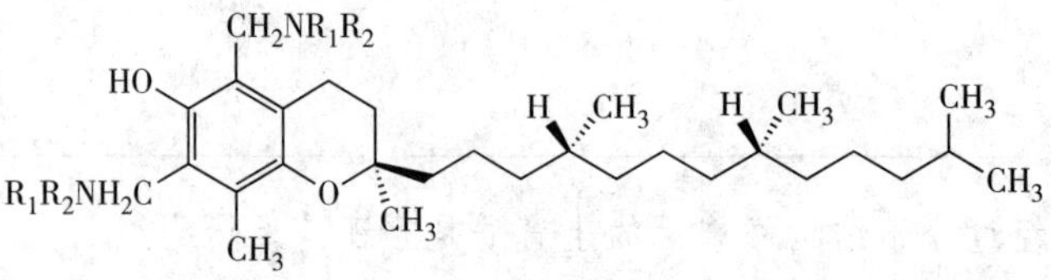

$$\xrightarrow[\text{HNR}_1\text{R}_2]{\text{HCHO/HCl}}$$

8-6

$$\xrightarrow{H_2/Pd-C}$$

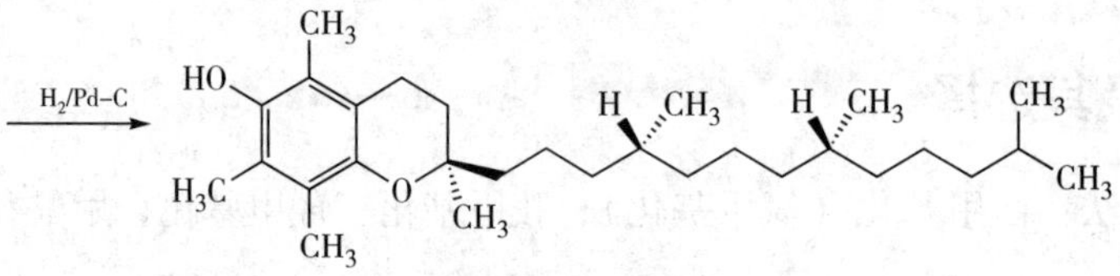

8-1

混合生育酚和胺及甲醛在混有酸的极性溶剂中进行反应，得胺甲基化产物（8-6）。然后加入一种非极性溶剂，由于胺甲基化的非 α-生育酚易溶于极性溶剂，不溶于非极性溶剂。而 α-生育酚的溶解性刚好相反，所以两相刚好可以将两者完全分开，再将分离出的胺甲基化的非 α-生育酚催化加氢，转化为 α-生育酚。为使分离完全，混合生育酚应与一级或二级胺如甲胺、二甲胺、乙胺、二乙胺或吗啉反应。

酸性环境有利于胺甲基化反应，极性溶剂最好由醇和酸混合而成，如甲醇-甲酸、甲醇-乙酸、乙醇-乙酸、乙醇-磷酸。由于乙酸可以和非 α-生育酚的胺甲基化产物（8-6）生成盐，所以理想的极性溶剂应由甲醇和乙酸混合而成。

胺甲基化法的主要缺点是，Mannich 反应的条件较苛刻，且产物不稳定，难于提高收率。

（三）羟甲基化

在酸存在下，非 α-生育酚与甲醛或多聚甲醛反应生成非 α-生育酚的羟甲基化物（8-7），然后催化氢化转化成 $R,R,R-\alpha$-生育酚（8-1）。以 $R,R,R-\delta$-生育酚（8-4）为例，反应式如下。

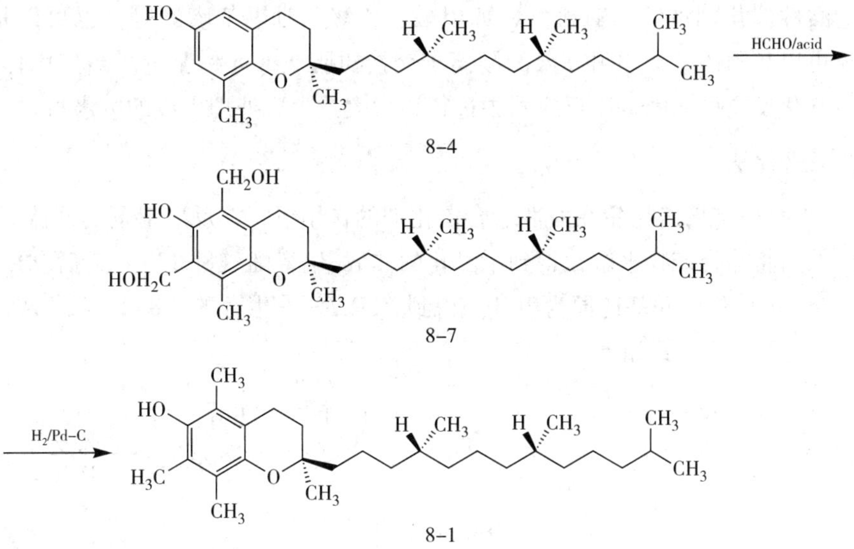

HCHO/acid

8-4

8-7

H₂/Pd–C

8-1

事实上，这个反应非常复杂。同样以 *R*,*R*,*R*-δ-生育酚（8-4）为例，可能的反应历程为：

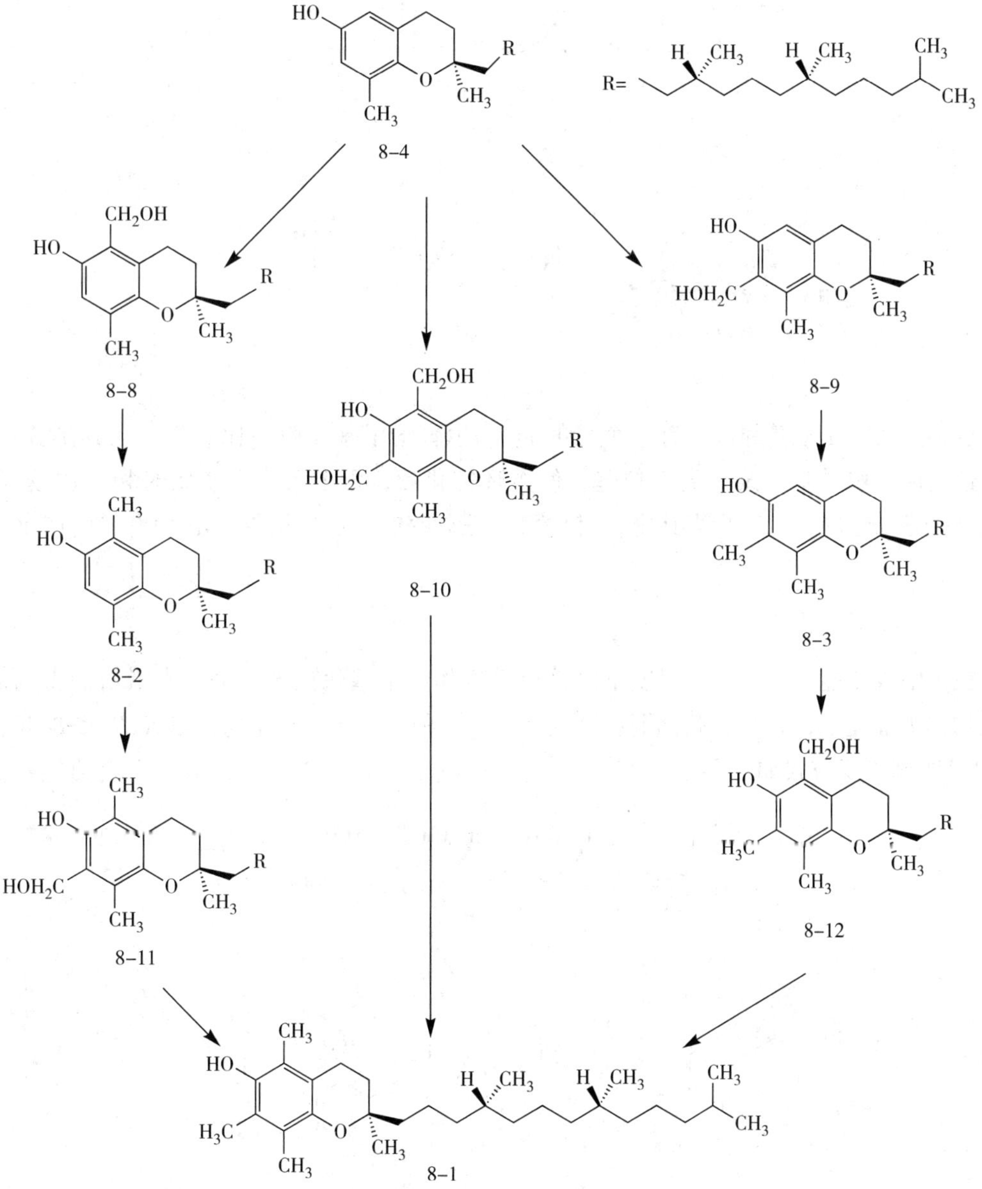

8-4

R=

8-8

8-9

8-2

8-3

8-11

8-10

8-12

8-1

所用的酸性催化剂可以是有机酸，如甲酸、乙酸、对甲苯磺酸等，也可以是无机酸，如硼酸，还可以是固体酸，如耐高温的阳离子交换树脂 Nafion 树脂等。当用固体酸作催化剂时，羟甲基化反应可在固定床反应器中进行，大大减少后处理生成的废水量。

（四）甲酰化法

将非 α-生育酚与乌洛托品在酸性缩合催化剂的作用下，在反应溶剂的回流温度下进行缩合反应。然后将缩合产物水解，得到甲酰化的非 α-生育酚（8-13）。最后利用锌与浓盐酸（Clemensen 法）将甲酰基还原为甲基，得到 R,R,R-α-生育酚（8-1）。以 R,R,R-γ-生育酚（8-3）为例，反应式如下。

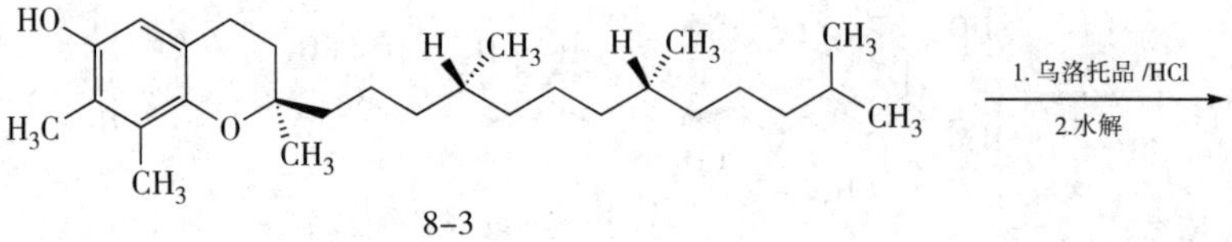

8-3

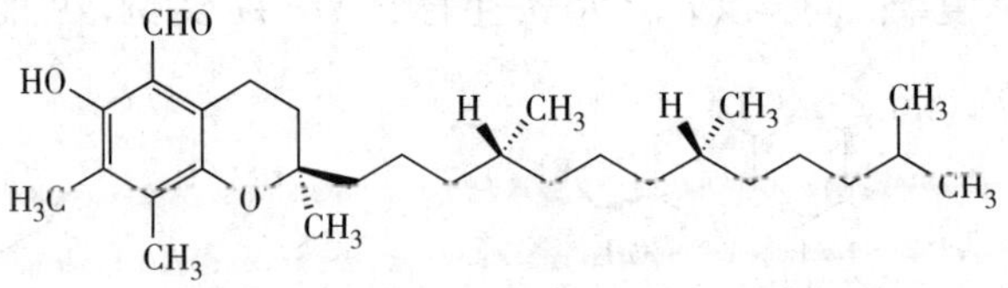

1. 乌洛托品 /HCl
2. 水解

8-13

Zn/HCl

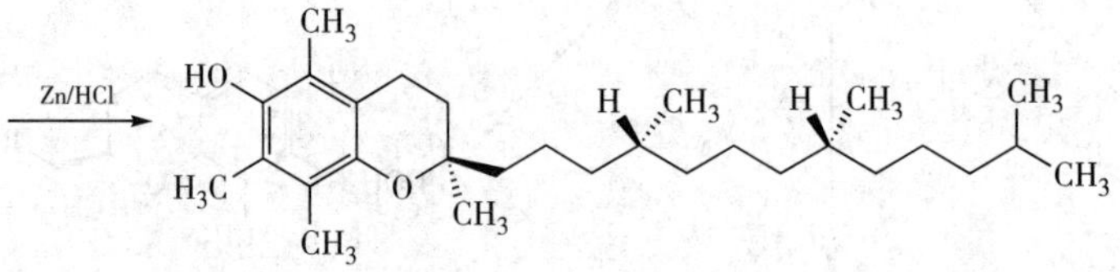

8-1

这种方法对于羟基邻位只有一个氢的非 α-生育酚甲基化效果比较好，尤其是 β-生育酚。这是因为甲酰基是第二类定位基，使芳环钝化后，再上第二个基团时相对比较困难。对混合生育酚原料，尤其是当其中 δ-生育酚含量较高时，反应结果（α-生育酚的产率）并不理想。

（五）全甲基化法

在近临界或超临界压力和温度下直接以甲醇作为甲基化试剂，采用水滑石制得的混合氧化物作为催化剂，它含有氧化铜和镁以及至少一种三价金属氧化物。以 R,R,R-δ-生育酚（8-4）为例，反应式如下。

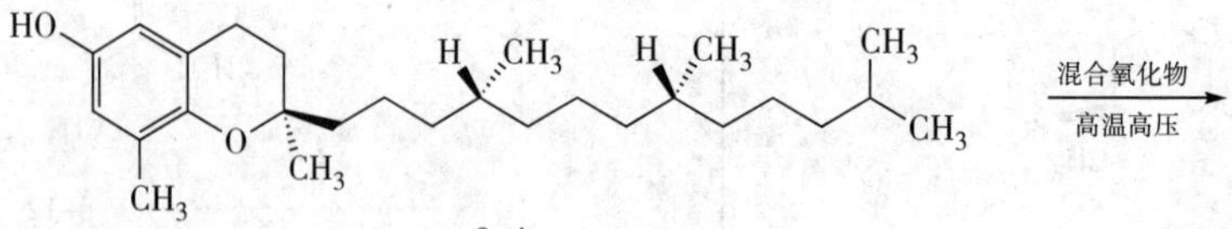

8-4

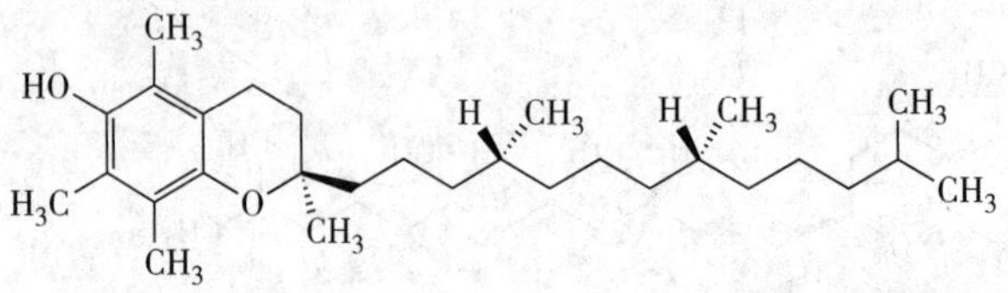

混合氧化物
高温高压

8-1

226

以上五种转型方法在使用中各有其优缺点，见表8-3。

表8-3　非α-生育酚转型方法的优缺点比较

	优　点	缺　点
氯甲基化	反应原料易得，工艺条件容易实现	浓盐酸有腐蚀性
胺甲基化	可以实现天然维生素E的精制与非α-生育酚甲基化的结合	曼尼希反应条件苛刻，产物不稳定，不利于收率的提高
羟甲基化	收率高	反应过程要求高温高压
甲酰化	对羟基邻位只有一个氢的非α-生育酚甲基化效果好	对混合生育酚原料中δ-生育酚含量较高时反应结果不理想
全甲基化	工艺流程简单可行	反应收率不理想，高温高压

综合比较，羟甲基化法的生产成本比其他几种方法要低，收率也比较高，可达90%以上，是国内外采用的主要生产路线。由于羟甲基化中间体非常活泼，所以必须采用"一勺烩"工艺。

二、工艺过程

（一）工艺过程

1. 转型反应　将贮罐中的甲醇放入反应釜中，再将贮罐中的混合生育酚放入反应釜中。按照配比加入多聚甲醛、酸催化剂和钯碳催化剂。先用氮气置换釜中的空气，再用氢气置换氮气，然后用氢气充压至2MPa。启动搅拌器，向夹套中通导热油，升温至180℃左右 充氢气至5MPa，继续反应至3小时（从开始升温起）结束。

2. 卸压、闪蒸和过滤　打开氢气放空阀门卸压，氢气经闪蒸塔、冷凝器和氢气冷却器放空。打开反应釜底阀，将反应产物放入闪蒸塔，一部分甲醇汽化，从塔顶经冷凝器和冷却器后进入贮罐。未汽化的反应产物进入闪蒸塔的下部，向其夹套通冷却水，待物料冷却后藉自流或用泵送入过滤器，滤液进入贮罐。用正己烷洗涤滤饼，洗液进入贮罐。

3. 滤液蒸发回收甲醇　用泵将贮罐中的转型产物送入蒸发器蒸发，为了防止生育酚氧化，同时通入氮气。蒸发出来的甲醇进入冷凝器，大部分甲醇被冷凝，进入甲醇冷却器，进一步冷却后流入贮罐。脱去溶剂的α-生育酚转型产物由蒸发器底部放至贮罐中，与钯碳滤饼的洗液混合。

4. 萃取除杂质　用泵将贮罐中的α-生育酚转型产物送至萃取器，将水和正己烷放入萃取器，搅拌，使水溶性杂质进入水相，生育酚进入正己烷相中。萃取完毕，停止搅拌，静置分层。然后将水相放入污水管道，进行处理后排放。正己烷相放入贮罐。

5. 萃取液蒸发回收正己烷　用泵将贮罐中的α 生育酚正己烷溶液送入蒸发器蒸发，为了防止生育酚氧化，同时通入氮气。蒸发出来的正己烷进入冷凝器，大部分正己烷被冷凝，进入正己烷冷却器，进一步冷却后流入贮罐，循环使用。脱去溶剂的α-生育酚粗品由蒸发器底部放至贮罐中。

6. 甲醇脱水　转型反应过程中有水生成，送去精馏脱水，循环使用。

（二）主要影响因素

1. 反应温度　"一勺烩"工艺中，不同反应的速度匹配很重要。研究表明，温度低于150℃时加氢反应速度缓慢，但是羟甲基化反应速度很快，所以出现非α-生育酚转化率很高，但 α-生育酚收率很低的情况。随着温度的上升，一方面羟甲基化反应速度继续加快，另一方面溶剂甲醇的气相分压增加，使得在一定的操作总压下氢分压下降，加氢反应受到抑制，导致中间产物羟甲基化物（8-12）的浓度提高。由于此中间产物很不稳定，易产生两分子间的缩合反应形成副产物（8-16）。因此，实际生产中反应温度宜控制在 200℃以内。

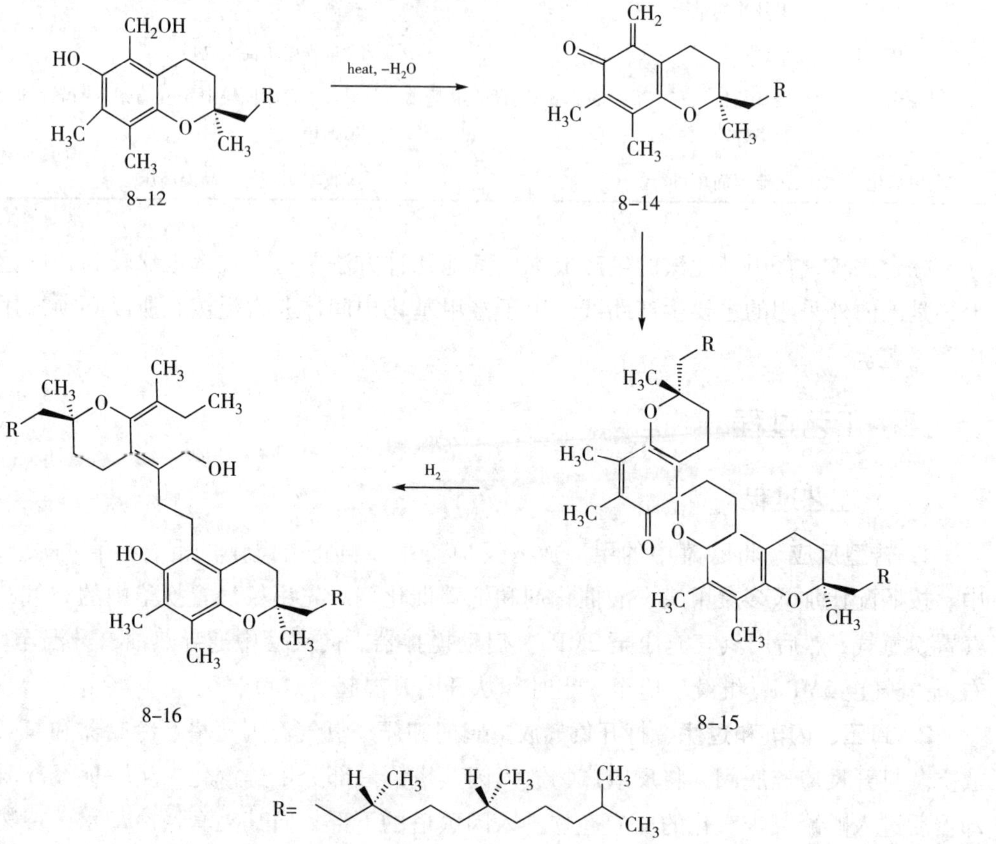

8-12 —heat, −H₂O→ 8-14

8-14 → 8-15

8-15 —H₂→ 8-16

R=

2. 反应压力 提高压力即增加氢气的分压和浓度，有利于加氢反应，抑制副反应。实验也表明提高反应压力（氢气分压）对提高转化率和收率均有益。其上限主要受设备的限制，一般工业生产中的操作压力在 6MPa 以下。

3. 钯碳（Pd-C）催化剂用量 单纯地从反应来讲，增加催化剂用量对提高反应速率和收率有利。但该催化剂价格昂贵，用量过大无疑增加生产成本，合理的用量约为混合生育酚的 3%~6%。

第四节　精制工艺

混合生育酚的转型反应在酸性条件和高温下进行，伴随的副反应往往使产物的色泽加深、纯度下降。另外，混合生育酚中含有不少杂质，也会带入产品中。因此，转型后得到的 R,R,R-α-生育酚粗品还需精制，才能获得高纯度的 R,R,R-α-生育酚（8-1）成品。近年来，国际市场上对天然生育酚产品中的多环芳烃（polycyclic aromatic hydrocarbon）含量提出了很严格的要求，成为一个新的技术壁垒。

有许多分离手段可用于转型产物的精制，如超临界流体萃取、分子蒸馏、凝胶过滤等等。然而，要得到含量在 98% 以上高纯度的 R,R,R-α-生育酚（8-1），以上几种方法却很

扫码"学一学"

难实现。这种情况下，工业制备色谱技术不失为是一种有效的纯化方法。

多环芳烃是一系列混合物，国际上关注的主要有 16 种，其中苯并［a］芘有超强致癌性，结构式如下（8-17）。生育酚产品中多环芳烃的含量要求在 μg/kg（ppb）级。由于含量极低，分析都有困难，脱除的难度就更大了。

8-17

色谱法作为分析工具和分离手段早已得到广泛的应用，大型液相色谱技术，即制备型液相色谱技术，也有了快速发展。直径一米以上的色谱柱和整套附属设备已经用于石油化工、制糖工业和其他行业。在制药和精细化工工业中，制备型液相色谱分离技术已日趋成熟。现今，对药物纯度的要求越来越高，制备色谱是当今原料药生产中不可缺少的重要精制手段。

一、液固制备色谱体系的理论基础

色谱柱内填充吸附剂，称为固定相。在填充状况良好的情况下，当含有溶质的流动相流过此床层并和固定相接触时，相互作用。溶质在液固两相间和有限的时间内，达到动态平衡。对于液固色谱，溶质在两相内的分配取决于吸附等温方程的吸附平衡常数。此平衡常数表征在一定的温度和浓度下，溶质与固定相及流动相的亲和力大小，反映各组分在固定相中的保留能力。流动相在床层内不断流动，溶质组分在两相间不断地达到平衡，这种动态的平衡过程，使色谱峰（或流出曲线）向前推移。移动速度除与流动相的流速有关外，相平衡常数是决定性的因素。可以说溶质组分在床层内滞留时间的长短与亲和力有关，亲和力小的组分，保留时间短，亲和力大的组分保留时间长，从而使亲和力不同的溶质组分得到分离。分析型色谱由于进样浓度低，处于吸附等温线的线性区域，得到的色谱峰往往是对称的高斯曲线。制备色谱因进样量大、浓度高，组分浓度落在吸附等温线的非线性范围内，平衡常数随流动相中溶质浓度的改变而改变，所得的色谱峰不对称，甚至导致色谱峰重叠。

描述色谱分离过程的基本参数有保留值（保留时间或者保留体积）、容量因子、理论塔板当量高度、分离度等。以图 8-4 所示的色谱图为例，t_{R1} 和 t_{R2} 分别为两个色谱峰的保留时间，t_0 为色谱柱的死时间，w_1 和 w_2 分别为两个色谱峰的峰低宽。容量因子定义为式（8-1）：

$$k' = \frac{t_R - t_0}{t_0} \qquad (8-1)$$

理论塔板数的定义为式（8-2）：

$$N = 16\left(\frac{t_R}{w}\right)^2 \qquad (8-2)$$

理论塔板当量高度的定义为式（8-3）：

$$H = \frac{L}{N} \qquad (8-3)$$

式中，L 为色谱柱长度。分离度的定义为式（8-4）：

$$R_s = \frac{t_{R_2} - t_{R_1}}{(w_2 + w_1)/2} \quad \text{或者} \quad R_s = \frac{V_{R_2} - V_{R_1}}{(W_2 + W_1)/2} \tag{8-4}$$

式中，V_{R1} 和 V_{R2} 分别为两个色谱峰的保留体积。

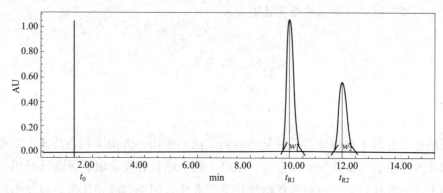

图 8-4　典型液相色谱图

制备色谱与分析色谱相比，最突出的特点是进样量很大。进样量的变化会对色谱分离参数如保留值、容量因子 k'、理论塔板当量高度和分离度 R_s 等产生较大的影响。

分离度是评价分离情况的主要指标。分离度的大小是由热力学平衡和动力学因素两种效应决定的。一般认为，当 $R_s \geqslant 1.5$ 时两个组分可以完全分开，$R_s \geqslant 1.0$ 时两组分可分离。制备型液相色谱分离的目的是要得到大量的单一纯品，分离过程是在样品过载下进行的。样品过载时，R_s 值将大大降低。R_s 值至少应该取多少，应综合考虑产品纯度的要求和生产能力等各方面的因素，并不是 R_s 值越大越好。

制备色谱装置的大小变化很大，按处理原料能力的大小分为分析规模制备色谱、实验室规模制备色谱和大型工业色谱。分析规模制备色谱是在实验室分析仪器基础上，色谱柱按比例放大，其大多数色谱参数如线速度、柱尺寸、样品量与柱截面积之比等和分析分离色谱大致相同。实验室规模制备色谱的色谱系统和技术与分析分离色谱具有较大的差别，色谱柱在超负荷条件下工作。工业色谱柱的直径在几十厘米甚至可达 1 米以上。直径越大，对固定相的装填和流动相的平推流要求越高。

制备色谱要在保证产品纯度和回收率的前提下，尽可能提高色谱柱的原料处理量和产品的产量，工业生产上还要考虑回收溶剂所需的能耗和设备操作费用。为了达到在一定的分离度 R_s 条件下，加大色谱柱处理量的目的，可以增加单位时间内原料进料量或者提高原料中组分的浓度，使色谱柱在超载下操作（超载是指相对于分析色谱柱的工作条件而言）。同时适当地切割部分馏分，用循环进料的方法，提高产品的产量。除了上述几个因素，还要注意色谱出峰要快（保留值小），使色谱柱的操作周期缩短，提高生产能力。生产能力定义为单位时间单位固定相体积生产的产品量。

二、固定相和流动相的选择

制备色谱的关键是选择合适的固定相（吸附剂）和流动相。

（一）固定相吸附剂

目前，比较通用易得的吸附剂屈指可数。硅胶是最为常用的吸附剂，因其价格低廉而应用最广。

硅胶含极性的羟基官能团（硅醇基），为一种亲水性的极性吸附剂。孔径在 2~20nm 之间，大孔硅胶的平均孔径约为 7.0nm，比表面积 450m²/g，装填密度 0.5~0.75g/cm³。

由于硅胶表面羟基官能团产生的极性，使硅胶对极性分子和不饱和烃有明显的选择性，特别对芳香烃的 π 键有很强的选择性吸附能力。硅胶结构中的羟基是它的吸附中心，所以硅胶的吸附特性取决于结构中的羟基与被吸附分子之间的相互作用力的大小。一些化合物的被吸附强度大致为：

（1）不吸附的分子，如烷烃、氢。

（2）弱吸附的分子，如硫醚、硫醇、烯烃、双环或单环芳烃、卤代芳烃等。

（3）中等吸附的分子，如多核芳烃、醚、硝酸基化合物和大多数的羰基化合物。

（4）强吸附的分子，如酚、醇、胺、酰胺、亚砜、羧酸和多官能团的化合物。

由此可见，R,R,R-α-生育酚（8-1）中的酚羟基和苯并吡喃环与硅胶间存在一定强度的吸附，可望与转型产物中的中性酯类杂质相分离。

（二）流动相

在液固色谱中，流动相的作用同样重要。对已选定硅胶作为固定相的液-固色谱来说，通过调节流动相可以调节分离选择性和分离速度（保留值）。

一般来说，以薄层色谱为先导来探索合适的流动相是比较方便的。其根据是在相同的操作条件下，薄层色谱的保留机制与现代液相色谱是相同的。在理想的条件下，用来表示薄层色谱保留的比移值 R_f 与液相色谱的容量因子 k' 之间有如下关系：

$$k' = \frac{1-R_f}{R_f} \tag{8-5}$$

用薄层色谱确定合适的溶剂强度后，转到色谱柱上并不一定能得到满意的分离结果。其原因是薄层展开的单一点并非都是单一组分，在高效液相色谱柱上，薄层色谱图上的单一点可能成为部分重叠的色谱峰。因此，进一步的工作是利用柱色谱来选择可改善分离选择性的流动相。通常柱色谱中需要使用比薄层色谱中强度稍弱的溶剂。此外，作为药物分离用的流动相溶剂还必须考虑安全、无毒、无残留等基本要求。

R,R,R-α-生育酚粗品的色谱图见图 8-5。通过薄层色谱和柱色谱的研究，一种制备色谱纯化 R,R,R-α-生育

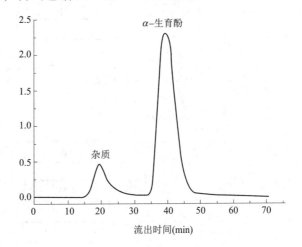

图 8-5　R,R,R-α-生育酚粗品的液相色谱图

酚（8-1）的适宜流动相是，正己烷与乙酸乙酯体积比为 95:5 的混合溶剂。其中，少量的乙酸乙酯能够明显改善产品色谱峰的拖尾现象。

三、生育酚中多环芳烃的脱除工艺原理

多环芳烃是指两个以上苯环连在一起的碳氢化合物，是最早发现具有"致癌，致畸，致突变"作用的非常重要的有机污染物。例如，苯并[a]芘是一种特强致癌物。其具有憎水性和吸附性，易吸附于烟尘颗粒物上，可随着颗粒物飘落到土壤及水体，同时难降解且易在生物体内积累，所以广泛地存在于水体、土壤、大气飘尘中。

$R,R,R-\alpha$-生育酚（8-1）是从食用植物油精炼过程的副产物——脱臭馏出物中提取的，由一系列浓缩和转型步骤制成。在这一系列过程中，多环芳烃经逐步浓缩而残留在成品中。

国际市场中对 $R,R,R-\alpha$-生育酚（8-1）产品中多环芳烃的含量要求是：总含量不超过 25μg/kg（25ppb）、重多环芳烃（4 环以上）总含量不超过 5μg/kg（5ppb）。天然生育酚产品中，未脱除前，多环芳烃总含量可达几百到几千 ppb，大大超过国际市场的要求。

活性炭吸附法是一种可行的多环芳烃脱除方法。它对多环芳烃，特别是重多环芳烃有很强的吸附选择性。因为吸附剂对吸附质的吸附量一般不大，所以吸附法特别适合于去除产品中的微量组分。经过制备色谱法分离后，$R,R,R-\alpha$-生育酚（8-1）产品中的多环芳烃含量有所降低，但是由于多环芳烃与 $R,R,R-\alpha$-生育酚（8-1）的强亲和性，仍然有较多残留，达不到国际市场要求。经过选择合适的活性炭和工艺条件，可使 $R,R,R-\alpha$-生育酚（8-1）产品中的多环芳烃含量达到要求。

四、生育酚精制工艺过程

（一）工艺过程

生育酚精制的工艺流程框图见图 8-6。

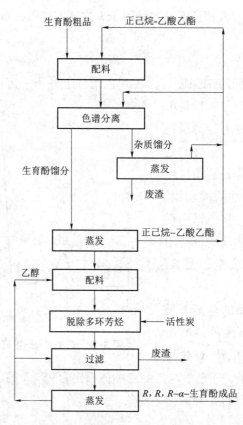

图 8-6　生育酚精制工艺流程框图

色谱法精制：将 $R,R,R-\alpha$-生育酚粗品溶于流动相（正己烷：乙酸乙酯＝95∶5）中，搅拌均匀，用泵打入色谱柱。接着用泵打入正己烷-乙酸乙酯（95∶5）溶液冲洗色谱柱。进样和冲洗均应严格控制流量。收集生育酚馏分，送至蒸发器，蒸发除去溶剂后得 $R,R,R-\alpha$-生育酚（8-1）产品。每天进料 9 次。合并杂质馏分，经蒸发回收溶剂后弃去。正己烷-乙酸乙酯循环使用。

多环芳烃脱除　将色谱法精制后得到的 R,R,R-α-生育酚（8-1）产品溶于乙醇中，搅拌均匀，用泵送至搅拌槽。加入活性炭，搅拌 1 小时后过滤。滤饼用少量乙醇洗涤，滤液和洗液合并后放入贮罐。用泵送至蒸发器，蒸除溶剂后得 R,R,R-α-生育酚（8-1）原料药。

废活性炭该怎么处理？

经精制后的原料药中 R,R,R-α-生育酚含量达到 98% 以上，加德纳色度 ≤9，比旋光度 $[\alpha]_D^{25} \geq +24°$，每种多环芳烃含量 ≤0.5μg/kg，均达到国际市场上的最高要求。因此，产品在国际市场上畅销无阻。精制过程 R,R,R-α-生育酚的回收率可达 95% 以上。

（二）主要影响因素

影响制备色谱的因素有温度、流量、进样体积、进样浓度等。由于影响因素多，并且各因素相互有影响，因此，工艺条件的优化工作很重要。

例如，操作温度对相平衡和传质动力学两方面均产生影响。温度不仅改变溶质在固定相和流动相之间的相平衡分配关系，影响色谱保留值，还因体系的黏度变化引起传质速率的改变。

从平衡方面来看，提高温度往往会降低色谱保留值，使分离度减小。从传质动力学方面看，如果在较低的温度下操作，溶液的黏度增大，溶质在两相间的扩散传质阻力增加，势必引起色谱峰增宽，分离度也下降。这一点，对于分子量较大的溶质体系尤为明显。

从分离度的角度看，制备色谱精制 R,R,R-α-生育酚（8-1）的最适操作温度为 30~35℃，如图 8-7 所示。

影响多环芳烃脱除过程的主要因素有：活性炭种类、溶剂、温度、接触时间等。

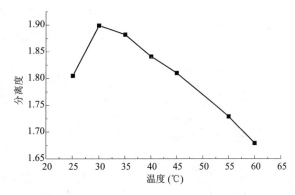

图 8-7　温度对分离度的影响

固定相-硅胶；流动相-

正己烷：乙酸乙酯 95：5（V/V）

第五节　副产物的综合利用与溶剂的回收

脱臭馏出物提取分离生育酚后的副产物中含有与生育酚量大致相当的植物甾醇，还含有大量的脂肪酸甲酯、甘油酯等。

甾醇是合成甾体类药物的重要原料，同时用作保健品，可以抑制胆固醇的吸收。目前多数甾醇依赖于从植物中提取。因此，在提取生育酚的同时，将其中的甾醇提取出来，具有很高的经济价值。

甾醇的提取过程是，将提取分离生育酚后的副产物溶于 5 倍量的乙醇，冷却至 5℃以下，缓慢搅拌下使甾醇逐渐结晶析出。过滤，少量乙醇洗涤，真空干燥得白色混合甾醇。甾醇收率90%以上。也可以把甾醇提取步骤放在提取分离生育酚之前。

副产物中的甘油酯可以进一步转化成脂肪酸甲酯，该物料可以直接作为生产脂肪醇的原料。脂肪酸甲酯经加氢还原成为脂肪醇，是重要的化工原料。例如，可以进一步加工成表面活性剂等日化和精细化工产品。

生产过程中需要用到大量的各种溶剂，这些溶剂的沸点与脱臭馏出物中的各种成分相比要低得多。因此，生产中每一步的产物与溶剂分离均可通过简单的浓缩操作来达到。蒸出的溶剂经冷凝回收套用。

甲酯化反应时，有部分水生成，这些水随浓缩过程带入回收的甲醇中。可以用精馏法将甲醇中的水分分离，得到无水甲醇循环使用。

思考

含水甲醇可以用精馏的方法分离，得到无水甲醇，无水乙醇能不能也这样生产？

扫码"练一练"

重点小结

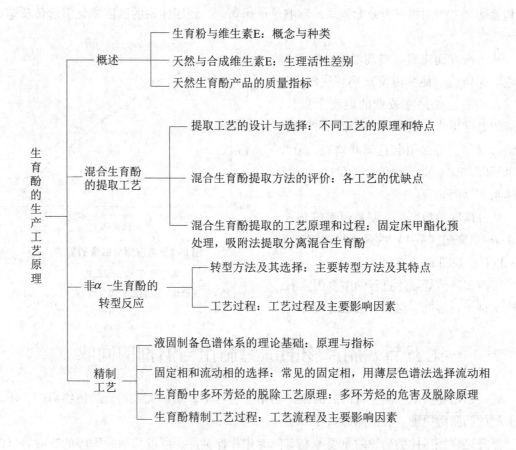

（任其龙）

第九章　氯霉素的生产工艺原理

📖 **学习目标**

1. **掌握**　氯霉素的化学结构、工业化合成路线与生产工艺原理。
2. **熟悉**　氯霉素生产工艺过程和关键控制点。
3. **了解**　氯霉素的药理作用、其他合成路线以及生产中的综合利用和"三废"处理。

第一节　概　述

扫码"学一学"

氯霉素（chloramphenicol，9-1）的化学名称为 2,2-二氯-N-[（1R,2R）-1,3-二羟基-1-（4-硝基苯基）丙-2-基]乙酰胺（2,2-dichloro-N-[（1R,2R）-1,3-dihydroxy-1-（4-nitrophenyl）propan-2-yl] acetamide），又称 D-苏式-（-）-N-[α-（羟基甲基）-β-羟基-对硝基苯乙基]-2,2-二氯乙酰胺（D-threo-（-）-N-[α-（hydroxymethyl）-β-hydroxy-p-nitrophenethyl]-2,2-dichloroacetamide）。本品为白色或微带黄绿色的针状、长片状结晶或结晶性粉末，味苦；易溶于甲醇、乙醇、丙酮或丙二醇，微溶于水；熔点为 149~153℃；50mg 氯霉素/1ml 无水乙醇溶液的比旋度为+18.6°~+21.5°。

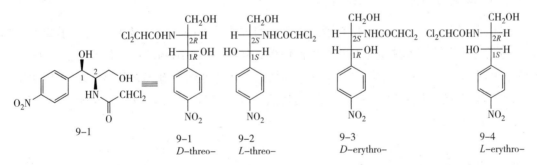

氯霉素（9-1）最初产自于委内瑞拉链丝菌（*streptomyces venezuelae*），1947 年由 D. Gottlieb 首次发现，是继青霉素、链霉素和金霉素之后第四个被用于临床的抗生素，也是人类发现的第一个含有硝基的天然药物。氯霉素（9-1）的作用靶点为细菌核糖体的 50S 亚基，通过与 50S 亚基的可逆结合，阻断转肽酰酶的作用，干扰带有氨基酸的胺基酰-tRNA 终端与 50S 亚基结合，从而使新肽链的形成受阻，抑制细菌蛋白质合成。氯霉素（9-1）为广谱抗菌药物，主要用于由伤寒杆菌、痢疾杆菌、脑膜炎球菌、肺炎球菌等引发的感染，对多种厌氧菌感染有效，亦可用于立克次体感染。氯霉素（9-1）的主要不良反应为抑制骨髓造血机能，引起粒细胞及血小板缺乏症或再生障碍性贫血。

氯霉素（9-1）是含有两个手性中心（C_1 和 C_2）的手性药物，其构型为 1R,2R（或称 D-苏型）。氯霉素（9-1）的三种异构体均无抗菌活性，其中氯霉素（9-1）的对映异构体（9-2）的构型为 1S,2S（或称 L-苏型）；另外两个异构体 9-3 和 9-4 互为对映异构体，其构型分别为 1R,2S（或称 D-赤型）和 1S,2R（或称 L-赤型），它们都是氯霉素（9-1）的差向异构体。未经拆分的苏型消旋体，即氯霉素（9-1）与其对映异构体（9-2）等摩尔混合物，被称为合霉素（syntomycin），曾作为药物使用，其抗菌活性为氯霉素（9-1）的一半。

目前使用的氯霉素（9-1）大多采用化学合成法制备。1949 年，J. Controulis、L. M. Long 等人率先完成了氯霉素（9-1）外消旋体的全合成。1951 年，我国药物化学家沈家祥院士合成了氯霉素（9-1）外消旋体。1955 年，我国的合霉素生产车间正式投产。20世纪 60 年代，我国医药企业解决了外消旋体拆分问题，开始生产氯霉素（9-1）。近年来，由于氯霉素（9-1）本身的严重不良反应以及其他抗菌药物迅速发展的影响，氯霉素（9-1）的临床应用受到一定的限制。但是，由于氯霉素（9-1）疗效确切，尤其是伤寒等疾病的临床首选药物，因此，该药仍是一个不可替代的抗生素品种。

思考

氯霉素的化学结构与药理作用。

扫码"学一学"

第二节　合成路线及其选择

氯霉素（9-1）是含有两个手性中心的手性药物，其合成过程涉及分子骨架链接、官能团引入和手性中心构建三个方面。

一、氯霉素的逆合成分析

采用逆合成分析方法设计氯霉素（9-1）的合成路线时，首先要剖析其分子骨架并选择合适的切断位点。氯霉素（9-1）的基本骨架为苯基丙烷结构，切断位点可选在 C_1—C_2 间的价键或 C_2—C_3 间的价键。从 C_1—C_2 间切断，可逆推到 4-硝基苯甲醛（9-5）或苯甲醛（9-6）以及两碳结构片段；从 C_2—C_3 间切断，则可逆推至乙苯（9-7）或苯乙烯（9-8）以及一碳结构片段。

氯霉素（9-1）分子骨架上的官能团包括 1 位和 3 位的两个羟基、2 位的二氯乙酰氨基及苯环对位的硝基。1 位羟基可通过对苯甲醛的亲核加成、苯乙烷的苄位氧化、苯乙烯的加成等途径获得。2 位的二氯乙酰氨基通常需要经过三步反应引入，先在 2 位导入卤素等可离去基团，再经亲核取代转化为氨基，最后经 N-酰化反应连接二氯乙酰基。3 位羟基则来自于羧酸酯的还原或特定的缩合反应。苯环对位的硝基一般要经过酸催化的芳环对位选择性硝化反应引入。

氯霉素（9-1）化学合成的关键环节是手性中心的构建。氯霉素（9-1）含有两个手性中心（C_1 和 C_2），如果在合成过程中不对手性中心的构型加以严格控制，所获得的将是四种异构体的混合物。氯霉素（9-1）手性中心构型的立体控制可通过苏型外消旋体拆分法、手性源法或不对称合成法等途径来实现。苏型外消旋体拆分法的特点可概括为：先选择合适的立体控制路径和反应条件，最大限度避免赤型物（$1R,2S+1S,2R$）的生成，合成符合要求的苏型外消旋体（$1R,2R+1S,2S$）；再建立恰当的拆分方法，完成苏型外消旋体的拆分，获得单一光学异构体 D-苏型化合物（$1R,2R$）。不对称合成法的特点是：从潜手性原料出发，在手性辅基、手性试剂或手性催化体系的作用下，一次性完成两个手性中心的构建（$1R,2R$），或是先完成一个手性中心的构建（通常是 $1R$）、再诱导产生另一个手性中心（通常是 $2R$），直接得到 D-苏型化合物（$1R,2R$）。手性源法是以特定的手性化合物（如 D-丝氨酸）为原料，通过一系列化学反应制备氯霉素（9-1）。苏型外消旋体拆分法虽然技术落后、过程繁琐，但却成熟、可靠，是制备氯霉素（9-1）的工业化途径，也是本节的重点内容。不对称合成法的技术先进性毋庸置疑，但其经济性不够理想，目前尚未进入实用阶段，在此仅做简要介绍。手性源法报道极少，且实用性差，故本节未加介绍。

思考

氯霉素的主要逆合成分析方式。

二、苏型外消旋体拆分法工艺路线

以苯甲醛、苯乙烷或苯乙烯类化合物为起始原料的苏型外消旋体拆分法是氯霉素（9-1）制备的实用方法，在此仅挑选部分具有代表性的工艺路线加以介绍。

（一）以对硝基苯甲醛与甘氨酸为原料的合成路线

对硝基苯甲醛（9-5）与甘氨酸缩合，一步完成氯霉素（9-1）苯丙烷基本骨架的构建；同时，在 C_1 与 C_2 上分别引入了所需的羟基和氨基；由于对硝基苯甲醛与氨基缩合而成的 Schiff 碱的空间位阻效应，Schiff 碱的亚甲基亲核加成另一分子对硝基苯甲醛羰基所形成的 C_1 与 C_2 两个手性中心几乎全是苏型结构。缩合物（9-9）经酸水解、酯化处理，D-酒石酸拆分得到 D-苏型单一异构体（9-12）。再经硼氢化钾还原和二氯乙酰化，完成氯霉素（9-1）的合成。该路线简捷、巧妙，物料品种少，设备要求低；主要的缺点是 D-酒石酸和还原剂硼氢化钾价格较高，副产物右旋酯的综合利用方法不理想。我国医药企业曾对此法进行试验，但因成本较高而停产。

[化学结构式：9-13 D-threo- 经 Cl₂CHCOOMe 反应生成 9-1]

（二）对硝基苯甲醛为原料经对硝基肉桂醇的合成路线

对硝基苯甲醛（9-5）与乙醛进行羟醛缩合，得到对硝基肉桂醛；再使用还原剂将醛还原成反式对硝基肉桂醇（9-14）。从反式对硝基肉桂醇（9-14）出发，经溴水加成、环氧化、L-酒石酸铵拆分及二氯乙酰化等步骤，得到氯霉素（9-1）。本路线步骤不多，收率较好，但需要使用较为昂贵的 L-酒石酸铵进行拆分，并大量使用溴素。

[化学反应路线图：9-14 经 Br₂, H₂O → 9-15 经 KOH, MeOH → 9-16]

[化学反应路线图：经 H₄NO—酒石酸铵 → 9-17 D-threo- 经 Cl₂CHCOOMe → 9-1]

（三）以苯甲醛为原料的合成路线

苯甲醛与乙醛反应后再经还原得到（E）-肉桂醇（9-18），经溴水加成、丙酮缩酮化、氨基取代、D-酒石酸拆分、二氯乙酰化得 D-苏型中间体（9-22），再经硝化、还原等反应制得氯霉素（9-1）。这条路线的突出特点是最后引入硝基。由于缩酮化物（9-22）分子中空间掩蔽效应的影响，使硝基利于进入对位，故对位硝化产物（9-23）的收率高达 88%。但硝化反应需在-20℃下进行，因而需要制冷设备。

[化学反应路线图：9-18 经 Br₂, H₂O → 9-19 经 CH₃COCH₃ → 9-20 经 NH₃ → 9-21 threo-]

[化学反应路线图：经 D-酒石酸, Cl₂CHCOOMe → 9-22 D-threo- 经 HNO₃ → 9-23 D-threo- 经 Fe²⁺, H₂O → 9-1]

（四）以乙苯为原料经对硝基苯乙酮的合成路线

L. M. Long 等人于 1949 年报道的氯霉素（9-1）外消旋体的合成方法中，对硝基苯乙酮（9-25）即为关键中间体，其制备方法是：对硝基苯甲酰氯在乙醇镁的存在下与丙二酸二乙酯反应，经硫酸处理得到对硝基苯乙酮（9-25）。此方法路线长、收率低，不适于工业生产。沈家祥院士等人设计了以乙苯（9-7）为原料经硝化、氧化合成对硝基苯乙酮（9-25）的方法，成功地解决了这一关键中间体的制备问题，为我国氯霉素生产奠定了基础。对硝基苯乙酮（9-25）经溴代、Delépine 反应、N-酰化、Aldol 缩合、Meerwein-Ponndorf-Verley 还原、水解、拆分及二氯乙酰化反应，完成氯霉素（9-1）的合成。此路线的优点是原料廉价易得，反应收率较高，技术条件要求不高；缺点是合成步骤较多，副产物种类多、数量大，环境保护压力较大。尽管该路线存在很多不足之处，但它仍是我国氯霉素（9-1）生产的实际工艺路线。

（五）以乙苯为原料经对硝基苯乙酮肟的合成路线

对硝基乙苯（9-24）经亚硝化生成对硝基苯乙酮肟（9-32），然后经 Neber 重排，得对硝基-α-氨基苯乙酮（9-27）。以上反应过程用以代替上条路线中的氧化、溴代和 Delépine 三步反应，其余步骤与上条路线相同。该方法的优点是硝基乙苯的异构体不需分离，成肟后对位体沉淀析出，而邻位体留在母液中，可省去分离步骤；同时，避免了溴素的使用。其缺点是工艺过程复杂，原料种类较多，而且邻位体的综合利用仍较困难。

（六）从苯乙烯出发经 α-羟基对硝基苯乙胺的合成路线

在氢氧化钠的甲醇溶液中，苯乙烯（9-8）与氯气反应生成氯代甲醚化物（9-34）；经硝化反应后，用氨处理得到 α-羟基对硝基苯乙胺（9-35）；再经酰化、氧化反应，得到乙酰胺基对硝基苯乙酮（9-28），以后各步与对硝基苯乙酮路线相同。这条合成路线的优点是原料苯乙烯价廉易得，合成路线较简单且各步收率较高。若硝化反应采用连续化工艺，则收率高、耗酸少、生产过程安全。缺点是胺化一步收率不够理想。

（反应式 9-8 → 9-34 → 9-35 → 环氧化物）

（反应式 9-35 → 9-36 → 9-28）

（七）从苯乙烯出发制成 β-卤代苯乙烯经 Prins 反应的合成路线

烯烃与醛（通常是甲醛）在酸的催化下生成 1,3-丙二醇及其衍生物的反应，称为 Prins 反应，反应的结果不仅在碳链上增加一个碳原子，而且在 C_1 及 C_3 上各引入一个羟基。早在 1957 年，我国有机化学家邢其毅院士就提出了经 Prins 反应合成氯霉素（9-1）的路线。苯乙烯（9-8）与溴水加成生成 β-溴代苯乙醇（9-37），再脱去一分子水生成反式 β-溴代苯乙烯（9-38）；经 Prins 反应得到构型为反式的 4-苯基-5-溴代-1,3-二氧六环（9-39），在 10.13MPa（100 大气压）下氨解转化为氨基化合物（9-40），氨解反应中几乎 100% 地发生了 Walden 翻转生成顺式异构体；开环后生成苏型苯丙二醇（9-41），后者经拆分后得到 D-苏型苯丙二醇（9-42）；再经过硝化、二氯乙酰化反应，制备了氯霉素（9-1）。本路线的优点是反应步骤较少，原料廉价易得，中间体多为液体，便于实现连续化、自动化操作；缺点是需要使用高压反应设备和高真空蒸馏设备。

（反应式 9-8 → 9-37 → 9-38 → 9-39）

（反应式 9-40 threo- → 9-41 threo- → 9-42 D-threo-）

（反应式 9-13 D-threo- → 9-1）

思考

氯霉素外消旋体拆分法的主要工艺路线及其工业化价值分析。

三、不对称合成法路线简介

不对称合成法是制备手性药物的重要途径。文献报道的氯霉素（9-1）不对称合成方法共有十余种，主要是催化控制方法和辅剂控制方法，现挑选具有较高学术价值、较好应用前景的八条路线做简要介绍。

（一）以(Z)-(4-硝基)-肉桂醇为原料的 Sharpless 环氧化合成路线

氯霉素（9-1）的第一条不对称合成路线是 A. V. R. Rao 等人在 1992 年报道的。选用(Z)-(p-硝基)-肉桂醇（9-43）为起始原料，进行 Sharpless 环氧化反应，在(+)-酒石酸二乙酯[(+)-DET]、过氧化叔丁醇（TBHP）、异丙氧基钛（TIP）的作用下，高选择性地得到（1R,2S）-环氧丙-3-醇类化合物（9-44）；该环氧化物（9-44）在硅胶存在下与叠氮化钠反应，制得（1R,2R）-1-(4-硝基苯基)-2-叠氮基-1,3-丙二醇（9-45）；经三苯基磷还原，得到 2 位氨基化合物（9-13）；再经 N-二氯乙酰化反应，完成氯霉素（9-1）的合成。

（二）以（E）-肉桂醇为原料的 Sharpless 环氧化合成路线

我国化学家戴立信院士于 1993 年报道的不对称合成氯霉素（9-1）的第二条路线。以更为廉价易得的（E）-肉桂醇（9-18）为原料，在(+)-酒石酸二异丙酯((+)-DIPT)、过氧化叔丁醇（TBHP）、异丙氧基钛（TIP）的作用下发生 Sharpless 环氧化反应，高选择性地得到（1S,2S）-环氧丙-3-醇类化合物（9-46）；该环氧化物（9-46）在异丙氧基钛（TIP）存在下，与苯甲酸经亲核取代开环形成（1R,2S）-1-苯基-1-苯甲酰氧基-2,3-丙二醇（9-47）；再经过 1 位伯醇苯甲酰化保护和 2 位仲醇甲基磺酰化，得到中间体（9-48）；后者（9-48）与叠氮化钠发生亲核取代反应，制得 2 位为 R 构型的叠氮化物中间体（9-49）；该中间体（9-49）经催化氢化反应，可制备(1R,2R)-1-苯基-2-苯甲酰氨基-1,3-丙二醇(9-50)；从该化合物（9-50）出发，经苯环对位硝化、去苯甲酰基保护基、二氯乙酰化等反应，最终完成氯霉素（9-1）的合成。

（反应式图，9-18 → 9-46 → 9-47）

（反应式图，9-48 → 9-49 → 9-50 → 9-1）

（三）以 1-（4-硝基苯基）-丙-2-烯-1-醇为原料的 Sharpless 环氧化合成路线

2004 年，印度化学家 B. V. Rao 等报道了以 1-（4-硝基苯基）-丙-2-烯-1-醇为原料经 Sharpless 环氧化反应合成氯霉素（9-1）的路线。1-（4-硝基苯基）-丙-2-烯-1-醇的 R 构型与 S 构型的混旋体（9-51）在 -20℃ 下与非天然来源的（-）-酒石酸二异丙酯［（-）-DIPT］及过氧化叔丁醇（TBHP）、异丙氧基钛（TIP）发生 Sharpless 环氧化反应，其中 R 构型原料（9-52）的环氧化反应速度远远低于 S 构型原料（9-55），当 S 构型（9-55）原料完成环氧化反应时，绝大多数的 R 构型原料（9-52）尚未反应；从反应产物中，可分离得到 42% 的 R 构型原料（9-52）和 45% 的 S 构型原料的环氧化产物（9-53）。以上过程的本质是利用 Sharpless 不对称环氧化反应来实现 1-（4-硝基苯基）-丙-2-烯-1-醇的 R、S 混旋体（9-51）的动力学拆分（kinetic resolution）。环氧化产物（9-53）先在强碱作用下与二氯乙腈发生加成反应，再在 Lewis 酸的存在下进行亲核取代，随后发生水解开环反应形成酰胺，以 71% 的收率直接得到氯霉素（9-1）。

（反应式图，9-51 → 9-52 + 9-53 → 9-1）

（四）以 1-（4-硝基苯基）-丙-2-烯-1-醇为原料经 Sharpless 环氧化拆分的合成路线

在上一工作的基础上，A. Sudalai 等人于 2006 年报道了以 1-（4-硝基苯基）-丙-2-烯-1-醇为原料经 Sharpless 环氧化动力学拆分和 tethered aminohydroxylation（TA）合成氯霉素（9-1）的路线。1-（4-硝基苯基）-丙-2-烯-1-醇的 R、S 混旋体（9-51）在 -20℃ 下与天然来源的（-）-酒石酸二异丙酯［（-）-DIPT］及过氧化叔丁醇（TBHP）、异丙氧基钛

（TIP）发生 Sharpless 环氧化反应，S 构型原料（9-55）的环氧化反应速度明显低于 *R* 构型原料（9-52），*R* 构型原料（9-52）完成环氧化反应时绝大多数的 *S* 构型原料（9-55）并未反应；从反应产物中，可分离得到 44% 的 *S* 构型原料（9-55）和 49% 的 *R* 构型原料的环氧化产物（9-54）。(*S*)-1-(4-硝基苯基)-丙-2-烯-1-醇（9-55）与三氯乙酰异氰酸酯反应，形成相应的氨基碳酸酯（9-56）；氨基碳酸酯（9-56）与 $K_2Os(OH)_4O_2$、*t*-BuOCl 在碱性条件下发生 TA 反应，高度立体选择性地在 2、3 位双键碳原子上分别引入氨基和羟基，得到中间体（9-57）；后者（9-57）经水解、*N*-二氯乙酰化反应，完成氯霉素（9-1）的合成。

（五）对硝基苯甲醛为原料经手性 diazaborolidine 催化缩合反应的合成路线

2000 年，有机化学大师 E. J. Corey 报道了从对硝基苯甲醛（9-5）出发、以可回收的手性 diazaborolidine（9-58）为催化剂的氯霉素（9-1）合成路线。在手性 diazaborolidine（9-58）的催化下，溴乙酸叔丁酯（9-51）与对硝基苯甲醛（9-5）在 -78℃ 下发生 Aldol 缩合反应，高度立体选择性地制得溴代酯类中间体（9-60）；此中间体（9-60）经羟基保护和亲核取代，得到叠氮化合物（9-61）；该化合物（9-61）经两步还原反应，将酯基和叠氮基分别转化为羟基和氨基，得到中间体（9-62）；后者（9-62）经 *N*-二氯乙酰化和去除硅保护基反应，完成氯霉素（9-1）的合成。

（六）对硝基苯甲醛为原料经不对称催化氮杂环丙烷化反应的合成路线

W. D. Wulff 等人于 2001 年报道了由对硝基苯甲醛（9-5）出发、经不对称催化氮杂环丙烷化反应的氯霉素（9-1）合成路线。对硝基苯甲醛（9-5）经缩合反应形成亚胺中间体（9-63）；此中间体（9-63）在由三苯基硼酸酯和（*R*）-VAPOL 制备的手性催化剂的作用下，与重氮乙酸乙酯进行氮杂环丙烷化反应，高度立体选择性地制备了氮杂环丙烷衍生物（9-64）；后者（9-64）与过量的二氯乙酸反应直接得到 N-二氯乙酰化的苯丙酸酯类中间体（9-65）；再经简单的还原反应，即可完成氯霉素（9-1）的制备。

（七）以樟脑内磺酰胺为手性辅剂的合成路线

2006 年，S. Hajra 等报道了以樟脑内磺酰胺 [（2R）-bornanesultam] 为手性辅剂立体选择性合成氯霉素（9-1）的方法。连有手性辅剂的（Z）-（p-硝基）-肉桂酰胺类化合物（9-66）发生立体选择性的加成反应，得到溴代物中间体（9-67）；随后与叠氮化钠进行亲核取代反应，得中间体（9-68）；经硼氢化锂还原脱除手性辅剂，再经三苯基磷还原叠氮基至氨基，制得中间体（9-69）；中间体（9-69）先进行 N-二氯乙酰化，再用三溴化硼处理切断中间体（9-70）的 C—O 键完成去甲基化，制得目标物氯霉素（9-1）。

（八）以樟脑内磺酰胺为手性辅剂的合成路线

2013 年，P. Xu 等报道了以手性三环亚胺内酯（chiral tricyclic iminolactone）为手性辅剂立体选择性制备氯霉素（9-1）的合成路线。对硝基苯甲醛（9-5）与手性三环亚胺内酯发生 Aldol 缩合反应，得到高光学纯度的中间体（9-71）；经酸水解反应去掉手性辅剂，得到苯丙酸衍生物（9-72）。后者（9-72）经酯化、还原反应，制备了氨基醇中间体

（9-13）。再经 N-二氯乙酰化反应，完成氯霉素（9-1）的合成。

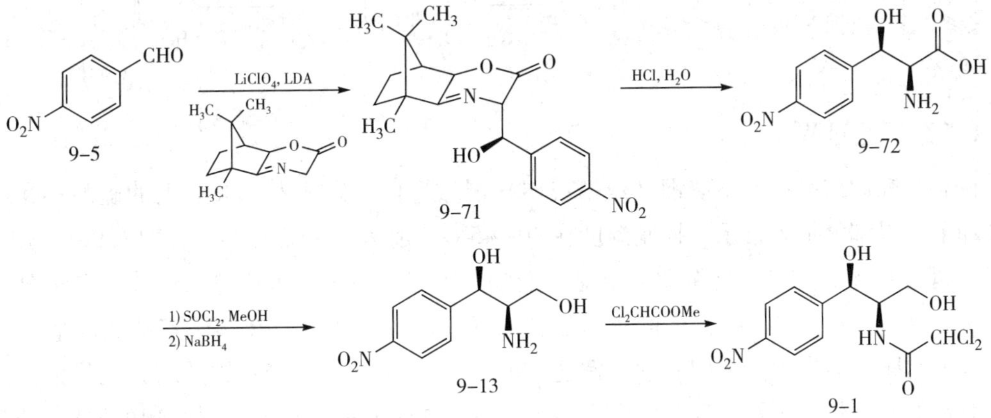

思考

氯霉素的不对称合成法的基本概况。

第三节 对硝基苯乙酮的生产工艺原理及其过程

一、对硝基乙苯的制备

（一）工艺原理

在乙苯（9-7）硝化制备对硝基乙苯（9-24）的反应中，使用硝酸与浓硫酸配成的混酸作硝化剂。混酸中硫酸的作用为：促使硝酸产生硝基正离子 NO_2^+，与乙苯发生亲电取代反应；减少硝酸用量，使其接近理论量；降低对铁的腐蚀性，使硝化反应可在铁制反应器中进行。

乙苯分子中的乙基为供电子基团，可使邻、对位电子密度显著增加，故反应产物以对硝基乙苯（9-24）和邻硝基乙苯（9-73）为主，同时仍有少量的间硝基乙苯（9-74）产生。

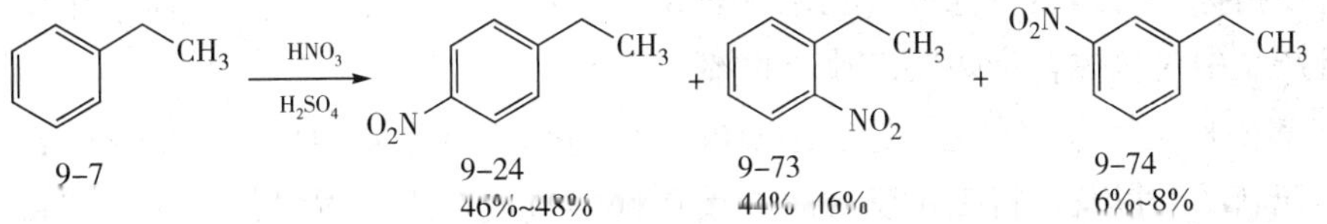

在硝化过程中，如局部酸浓度偏低且有过量水存在，则硝基化合物生成后即刻转变为其异构体亚硝酸酯，后者遇水时可分解成酚类化合物，进一步硝化则生成二硝基乙苯酚。后者在高温下能迅速分解，如不事先除去，在蒸馏硝基乙苯的末期就会发生爆炸事故。二硝基乙苯酚的钠盐在水中有一定的溶解度，可用碱液洗涤的方法除去。二硝基乙苯酚为柠檬黄色，其钠盐为橘黄色，可根据产物颜色的变化来确定是否完全洗净除去。

扫码"学一学"

（二）工艺过程

在装有推进式搅拌的不锈钢（或搪玻璃）混酸罐内，先加入92%以上的硫酸；在搅拌及冷却下，以细流加入常水，控制温度在40~45℃；加毕，降温至35℃，加入96%的硝酸，温度不超过40℃；加毕，冷至20℃；取样化验，要求配制的混酸中硝酸、硫酸含量分别约为32%、56%。在生产上，混酸配制的加料顺序与实验室不同。在实验室使用玻璃容器不产生腐蚀问题，而在生产上则必须考虑这一点。20%~30%的硫酸对铁的腐蚀性最强，而浓硫酸对铁的腐蚀作用则弱；混酸中含水很少，将水加于酸中可降低对混酸罐的腐蚀。同时，在良好的搅拌下水以细流加于浓硫酸中，所产生的稀释热立即被均匀分散，不会发生酸沫四溅的现象。

在装有旋桨式搅拌的铸铁硝化罐中，先加入乙苯（9-7）；开动搅拌，调至28℃，滴加混酸，控制温度在30~35℃；加毕，升温至40~45℃，继续搅拌保温1小时，使反应完全；冷却至20℃，静置分层。分去下层废酸后，先用水洗去硝化产物中的残留酸，再用碱液洗去酚类副产物，最后用水洗去残留碱液，送往蒸馏岗位。先将水及未反应的乙苯（9-7）减压蒸出，再将余下部分送往高效分馏塔进行连续减压分馏（压力为$5.3×10^3$Pa以下），在塔顶馏出邻硝基乙苯（9-73）；从塔底馏出的高沸物再经一次减压蒸馏，得到精制对硝基乙苯（9-24）；由于间硝基乙苯（9-74）的沸点与对位体（9-24）相近，故精馏得到的对硝基乙苯（9-24）尚含有6%左右的间位体（9-74）。

（三）反应条件、影响因素及注意事项

（1）温度对反应的影响：乙苯硝化为激烈的放热反应，温度控制不当，会产生二硝基化合物，并有利于酚类的生成，严重时有发生爆炸的可能性。在硝化过程中，需要通过良好的搅拌和冷却把反应热及时除去，以控制一定的温度，使反应正常进行。

（2）配料比对反应的影响：为避免产生二硝基乙苯，硝酸的用量不能过多，可接近理论量（乙苯与硝酸的摩尔比为1：1.05）；硫酸的脱水值（dehydrating value of sulfuric acid, DVS）也不能过高，应控制在2.56左右。

（3）乙苯质量对反应的影响：应严格控制乙苯质量，乙苯的含量应高于95%，其外观、水分等各项指标应符合质量标准；乙苯中若水分过多，或色泽不佳，则使硝化反应速度变慢，而且产品中对位体含量降低，致使收率下降。

（4）需要特别注意的安全问题：浓硫酸、浓硝酸均有强腐蚀性、强氧化性，必须注意防护；在配制混酸以及进行硝化反应时有大量稀释热或反应热放出，故中途不得停止搅拌及冷却，如发生停电事故应立即停止加酸；精馏完毕，不得在高温下解除真空放入空气，以免热的残渣（含多硝基化合物）氧化爆炸。

思考

对硝基乙苯的生产工艺原理与主要影响因素。

二、对硝基苯乙酮的制备

（一）工艺原理

对硝基乙苯（9-24）在硬脂酸钴和乙酸锰的催化下，以空气中的氧气为氧化剂，发生自由基机制的苄位氧化反应，制得对硝基苯乙酮（9-25），同时伴随水及少量 C—C 键氧化断裂副产物对硝基苯甲酸（9-75）、甲酸的产生。

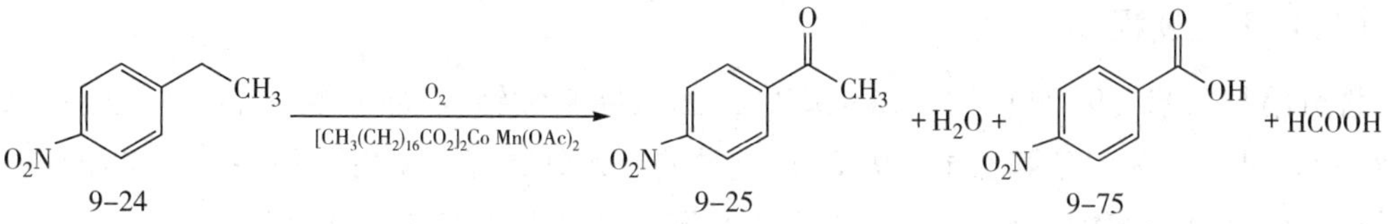

对硝基乙苯（9-24）苄位空气氧化为典型的自由基链式反应，可分为三个阶段：

（1）链引发（亦称诱导期）：对硝基乙苯（9-24）在高温下苄位 C—H 键发生均裂，形成苄位自由基。此过程需要大量能量，催化剂硬脂酸钴/乙酸锰的存在可降低反应活化能，使反应时间缩短、反应温度降低。

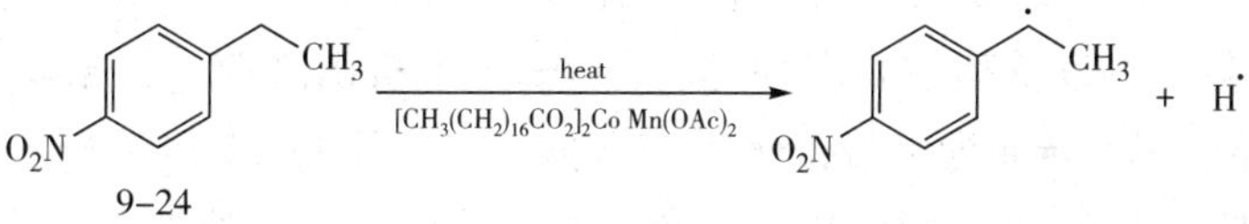

（2）链增长：苄位自由基与氧分子反应，形成过氧游离基；过氧游离基再与另一分子对硝基乙苯（9-24）作用，生成过氧化物（9-76）和苄位自由基。后者重复上述反应过程，使链式反应持续下去。过氧化物（9-76）在催化剂作用下发生分解，生成目的物——对硝基苯乙酮（9-25）。

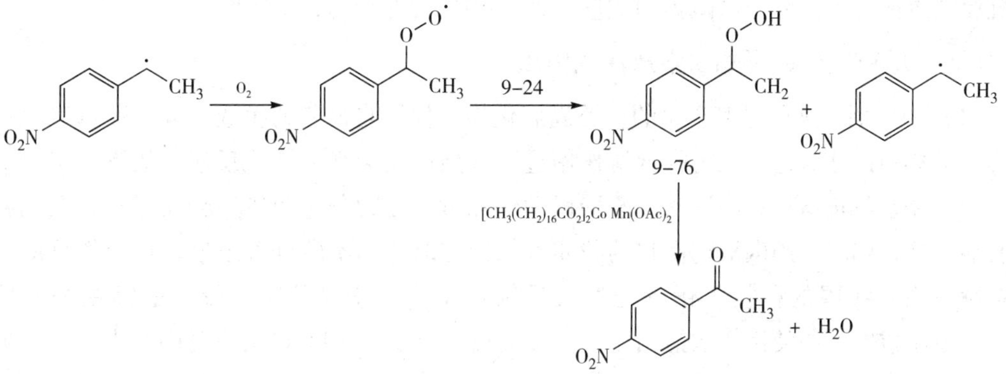

（3）链终止：在反应系统中若游离基之间发生反应，生成稳定化合物，使链式反应终止，并生成对硝基乙苯（9-24）、过氧化物（9-76）及二聚物（9-77）。

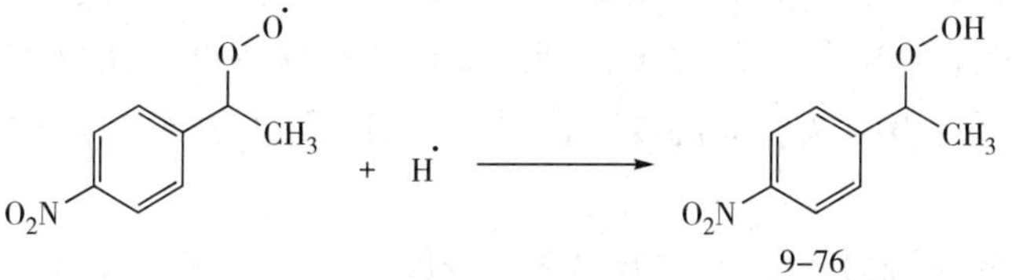

反应式（9-24、9-77等结构图）

（二）工艺过程

将对硝基乙苯（9-24）加入氧化塔中，加入硬脂酸钴/乙酸锰催化剂（内含载体碳酸钙90%），其量各为对硝基乙苯（9-24）重量的十万分之五；从塔底往塔内通进压缩空气，使塔内压力达 0.49MPa（5kg/cm²），并调节尾气压力使达 2.9×10^3 Pa 左右；逐渐升温至150℃引发反应。随即发生连锁反应并放热，此时适当地往反应塔夹层通水使反应温度平稳下降，维持在135℃进行反应；收集反应生成的水，并根据汽水分离器分出的冷凝水量判断反应进行的程度；当反应生成热量逐渐减少，生成水的数量和速度降到一定程度时停止反应，稍冷，将物料放出。

反应物中含对硝基苯乙酮（9-25）、对硝基苯甲酸（9-75）、未反应的对硝基乙苯（9-24）、微量过氧化物以及其他副产物等。在 9-25 未析出之前，根据反应物的含酸量加入碳酸钠溶液，使 9-75 转变为钠盐；然后，充分冷却，使 9-25 尽量析出。过滤，洗去对硝基苯甲酸钠盐后，干燥，便得 9-25。9-75 的钠盐溶液经酸化处理后，可得副产物对硝基苯甲酸（9-75）。分出 9-25 后所得的油状液体仍含有未反应的对硝基乙苯（9-24）。用亚硫酸氢钠溶液分解除去过氧化物后，进行减压蒸馏，回收的 9-24 可再用于氧化反应。

硬脂酸钴的制法是用澄明的硬脂酸钠稀醇溶液（pH 8.0~8.5）加到硝酸钴溶液中，使硬脂酸钴析出，过滤，洗涤至无硝酸根离子干燥便得。乙酸锰催化剂是将 10% 乙酸锰溶液与沉淀碳酸钙（乙酸锰与碳酸钙的重量比为 1：9）混合均匀，干燥便得。

（三）反应条件、影响因素及注意事项

（1）催化剂：某些过渡金属的盐类或氧化物可促进自由基的生成，并加速过氧化物的分解。铜盐和铁盐对过氧化物的分解作用过于猛烈以至会削弱链式反应，故不宜采用，且反应中应注意防止微量铁的混入。乙酸锰的催化过氧化物分解的作用较为缓和，氧化收率有明显提高；同时，用碳酸钙作它的载体可保护过氧化物不致分解过速，从而使反应平稳地持续下去。我国的科技工作者经过大量筛选工作，发现了性能较乙酸锰更好的催化剂——硬脂酸钴；与使用乙酸锰相比，其反应温度降低了10℃，反应时间减少一半，催化剂的用量仅为以前的1/9，收率也有所提高。目前，主要采用硬脂酸钴/乙酸锰与载体碳酸钙的混合物作为催化剂。

（2）反应温度：对硝基乙苯催化氧化的起始阶段，需要供给一定的热能使自由基产生；反应引发后，便会激烈地进行链式反应而放出大量的热量，此时需将产生的热量移去，防止反应过于剧烈而发生爆炸事故；但如果冷却过度又会造成链式反应中断，使反应过早停止。因此，当反应引发后，必须适当降低反应温度，使反应维持在既不过分激烈而又能均匀出水的程度。

（3）反应压力：用空气作氧化剂较用氧气更为安全，所以生产上采用空气氧化法。反应过程中氧气消耗，使气体分子数减少（生成的水经冷凝后分出），故加压对反应有利。当

用空气常压氧化时，氧的浓度很低，反应进行得很慢，生产周期长；增大空气压力，加快了反应速度，有利于反应的进行。但反应压力超过 0.49MPa（5kg/cm²）时，产物中对硝基苯乙酮的含量增加不显著，故生产上采用 0.49MPa 压力的空气氧化方法。

（4）对硝基乙苯质量：对硝基乙苯是乙苯经硝化得到的，由于硝化反应副产物较多，若控制不当会严重影响对硝基乙苯的质量。如果使用质量不好的对硝基乙苯进行氧化，会使对硝基苯乙酮收率降低，成品含量低，晶型碎，外观不好。所以，要严格控制对硝基乙苯的质量，对不符合质量标准的，应返工处理。

（5）自由基反应抑制剂：苯胺、酚类和铁盐等物质对硝基乙苯的催化氧化反应有强烈的抑制作用，故应防止这类物质的混入；进入反应系统中的空气应经空气过滤设备净化，以防机油随空气进入反应液；铅油、带色胶管等物质混入反应液中也都对反应有显著抑制作用，也应多加注意。

思考

对硝基苯乙酮的生产工艺原理与主要影响因素。

第四节　对硝基-α-乙酰氨基-β-羟基苯丙酮的生产工艺原理及其过程

扫码"学一学"

一、对硝基-α-溴代苯乙酮的制备

（一）工艺原理

对硝基苯乙酮（9-25）与溴素作用生成对硝基-α-溴代苯乙酮（9-26）的反应，属于离子型溴代反应。溴素对对硝基苯乙酮烯醇式的双键进行加成，再脱去 1 摩尔的溴化氢而得到所需产物（9-26）。

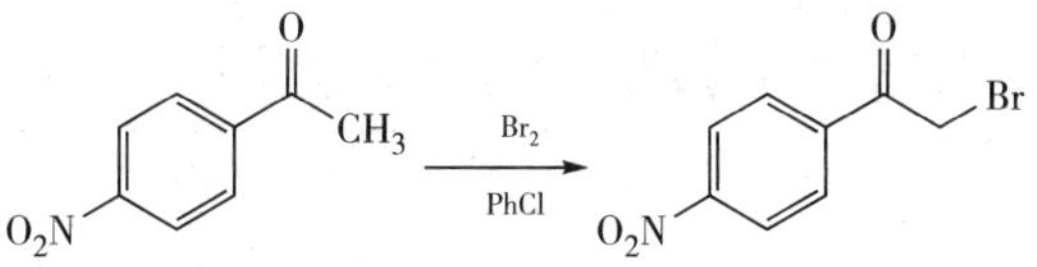

由于此反应是在烯醇化的形式下进行的，所以需要酮式结构不断地向烯醇式结构转变，溴化反应的速度取决于烯醇化的速度。溴代反应产生的溴化氢是烯醇化的催化剂，但由于开始反应时其量尚少，只有经过一段时间产生了足够的 HBr 后，反应才能以稳定的速度进行。这就是本反应有一段所谓的"诱导期"的原因。

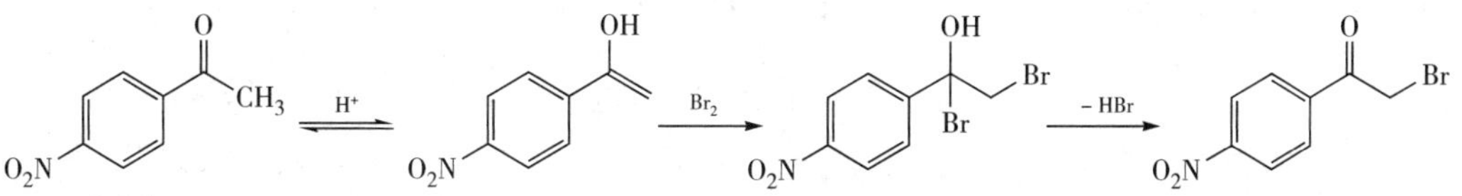

若局部溴素过多，则能产生二溴化物（9-78）。它不能与六次甲基四胺成盐，故在下

一步成盐反应后二溴化物仍留于溶剂氯苯中，而在生产中溶剂氯苯需反复套用。经研究发现，二溴化物（9-78）在HBr的催化下能与对硝基苯乙酮（9-25）反应，生成2摩尔的对硝基-α-溴代苯乙酮（9-26）。

（二）工艺过程

将对硝基苯乙酮（9-25）及氯苯（含水量低于0.2%可反复套用）加到溴代罐中，在搅拌下先加入少量的溴（占全量的2%～3%）；当有大量溴化氢产生且红棕色的溴素消失时，表示反应开始；保持反应温度在26～28℃，逐渐将其余的溴加入（溴的用量略大于理论量）；反应产生的溴化氢用真空抽出，用水吸收制成氢溴酸回收（控制真空度只要使HBr不从它处溢出便可）；溴滴加完毕后，继续反应1小时；升温至35～37℃，通入压缩空气以尽量排走反应液中的HBr，否则影响下一步成盐反应；静置0.5小时后，将澄清的反应液送至下一步成盐反应；罐底的残液可用氯苯洗涤，洗液可套用。

（三）反应条件、影响因素及注意事项

（1）水分的影响：溴代反应过程中，水分的存在对反应大为不利（诱导期延长或甚至不起反应），必须严格控制溶剂的水分。

（2）金属的影响：本反应应避免与铁等金属接触，金属离子的存在能引起芳香环上的溴代反应。

（3）对硝基苯乙酮质量的影响：若使用不符合质量标准的对硝基苯乙酮进行溴化，会造成溴化物残渣多，收率低，甚至影响到下步的成盐反应，使成盐物质量下降。对硝基苯乙酮的质量应控制熔点、水分、含酸量、外观等几项指标，质量达不到标准的不能用。

思考

对硝基-α-溴代苯乙酮的生产工艺原理与主要影响因素。

二、对硝基-α-氨基苯乙酮盐酸盐的制备

（一）工艺原理

对硝基-α-溴代苯乙酮（9-26）与六次甲基四胺进行成盐反应，生成对硝基-α-溴代苯乙酮六次甲基四胺盐（9-79），这一反应几乎是定量进行的；季铵盐（9-79）在酸性下水解，得到了伯胺的盐酸盐（9-27），此为Delépine反应。

（二）工艺过程

将经脱水的氯苯或成盐反应的母液加入干燥的反应罐内，在搅拌下加入干燥的六次甲基四胺（比理论量稍过量）；用冰盐水冷至 5~15℃，将除净残渣的溴化液抽入，33~38℃反应 1 小时，测定反应终点。季铵盐（9-79）无须过滤，冷却后即可直接用于下一步水解反应。

将盐酸加入搪玻璃罐内，降温至 7~9℃，搅拌下加入季铵盐（9-79）；继续搅拌至季铵盐（9-79）转变为颗粒状后，停止搅拌，静置，分出氯苯；加入甲醇和乙醇，搅拌升温，在 32~34℃反应 4 小时；3 小时后开始测酸含量，并使其保持在 2.5% 左右（确保反应在强酸性下进行）；反应完毕，降温，分去酸水，加入常水洗去酸后，加入温水分出二乙醇缩甲醛；再加入适量水搅拌冷却至-3℃，离心分离，得到对硝基-α-氨基苯乙酮盐酸盐（9-27）。分出的氯苯用水洗去酸，经干燥后，循环用于溴化及成盐反应。

（三）反应条件、影响因素及注意事项

（1）水和酸对成盐反应的影响：水和酸的存在能使六次甲基四胺分解生成甲醛。季铵盐（9-79）可与水发生 Sommelet 反应，生成对硝基苯乙酮醛（9-80），后者很易聚合变成胶状物。因此，溴化反应完毕后要尽量排走反应液中的 HBr，放置一定时间，使氯苯中所含水分（已为 HBr 所饱和）沉于罐底，并分去这部分氢溴酸，而后才能进行成盐反应；加入的氯苯应严格控制水分，所用的六次甲基四胺也必须事先干燥。

（2）成盐反应终点的控制：成盐反应终点测定是根据两种原料和产物在氯仿及氯苯中溶解度不同的原理进行的（表 9-1）。按此方法测定，到达终点时氯苯中所含未反应的对硝基-α-溴代苯乙酮（9-26）的量在 0.5% 以下。取少许反应液，过滤，往 1 份滤液中加入 2 份六次甲基四胺的氯仿溶液，加热振摇，冷却后如不显示混浊，表示已达到反应终点。

表 9-1　成盐反应的原料和产物在氯仿、氯苯中的溶解度

物料	氯仿	氯苯
对硝基-α-溴代苯乙酮（9-26）	溶解	溶解
六次甲基四胺	溶解	不溶
对硝基-α-溴代苯乙酮六次甲基四胺盐（9-79）	不溶	不溶

（3）酸浓度对水解反应的影响：对硝基-α-溴代苯乙酮六次甲基四胺盐（9-79）转变为伯胺必须在强酸性下进行，并保证有足够的酸；反应进行是否完全，不仅与盐酸的用量有关，而且与盐酸的浓度有关。反应过程中消耗盐酸，随着反应的进行，酸浓度将下降，反应后盐酸应保持在 2% 左右。如果反应在 pH 3.0~6.5 之间进行，则伯卤烃将发生

Sommelet 反应而转变为醛。对硝基-α-氨基苯乙酮盐酸盐（9-27）是强酸弱碱盐，在强酸性下才稳定，若盐酸浓度低于 1.7% 时，一部分氨基因溶液平衡而被游离出来而发生双分子缩合，再与空气中的氧接触，进一步氧化成紫红色的吡嗪化合物（9-83）。因此，对硝基-α-氨基苯乙酮盐酸盐（9-27）不能由对硝基-α-溴代苯乙酮（9-26）用 NH_3 直接氨解或经 Gabriel 反应制得。

思考

对硝基-α-氨基苯乙酮盐酸盐的生产工艺原理与主要影响因素。

三、对硝基-α-乙酰胺基苯乙酮的制备

（一）工艺原理

这是用乙酸酐作为酰化剂对对硝基-α-氨基苯乙酮盐酸盐（9-27）进行的 N-乙酰化反应。如前所述，游离的对硝基-α-氨基苯乙酮盐酸盐（9-27）很容易发生分子间的脱水缩合而生成吡嗪类化合物（9-83）。然而，为了实现分子中氨基的乙酰化，必须首先将其从盐酸盐状态下游离出来。首先把水、乙酸酐与"氨基物"盐酸盐（9-27）混悬，逐渐加入乙酸钠。当对硝基-α-氨基苯乙酮游离出来，在发生双分子缩合反应之前，立即被乙酸酐所乙酰化，生成对硝基-α-乙酰胺基苯乙酮（9-28）。

（二）工艺过程

向反应罐中加入母液，冷至 0~3℃，加入"水解物"（9-27），开动搅拌，将结晶打碎成浆状；加入乙酸酐，搅拌均匀后，先慢后快地加入 38%~40% 的乙酸钠溶液；此时温度逐渐上升，加完乙酸钠时温度不要超过 22℃；在 18~22℃ 反应 1 小时，测定反应终点（取少量反应液过滤，往滤液加入碳酸钠中和至呈碱性应不显红色）；反应液冷至 10~13℃ 即析出结晶，过滤，先用常水洗涤结晶，再以 1%~1.5% 碳酸氢钠溶液洗结晶至 pH 7，避光保存；滤液回收乙酸钠。

（三）反应条件、影响因素及注意事项

（1）加料顺序：本反应必须严格遵守先加乙酸酐后加乙酸钠的顺序，绝对不能颠倒，在整个反应过程中必须始终保证有过量的乙酸酐存在。乙酰化反应产生的乙酸与加入的乙酸钠形成了缓冲溶液，也使反应液的 pH 保持稳定，有利于反应的进行。

（2）反应液的 pH 值：根据实验经验，反应液的 pH 控制在 3.5~4.5 之间。pH 过低，反应产物对硝基-α-乙酰胺基苯乙酮（9-28）会在酸的作用下进一步环合为噁唑类化合物（9-84）；pH 过高，不仅游离的氨基酮要变为吡嗪化合物（9-83），而且乙酰化物也会发生双分子缩合而生成吡咯类化合物（9-85）。

思考

对硝基-α-乙酰胺基苯乙酮的生产工艺原理与主要影响因素。

四、对硝基-α-乙酰氨基-β-羟基苯丙酮的制备

（一）工艺原理

在碱催化剂的作用下，对硝基-α-乙酰胺基苯乙酮（9-28）羰基 α 位碳上的氢原子以质子的形式脱去，生成碳负离子。后者作为强的亲核试剂，进攻甲醛电正性羰基碳原子，发生羟醛缩合反应生成对硝基-α-乙酰氨基-β-羟基苯丙酮（9-29）。本反应的溶剂是醇水混合溶剂，醇浓度为 60%~65%。在这一步反应中形成了第一个手性中心，产物是外消旋混合物。

（二）工艺过程

将"乙酰化物"（9-28）加水调成糊状备用，测 pH 应为 7。将甲醇加入反应罐内，升温至 28~33℃，加入甲醛溶液；随后加入"乙酰化物"（9-28）及碳酸氢钠，测 pH 应为 7.5；反应放热，温度逐渐上升。此时可不断地取反应液置于玻璃片上，用显微镜观察，可以看到原料（9-28）的针状结晶不断减少，而产物（9-29）的长方柱状结晶不断增多；经数次观察，确认针状结晶全部消失，即为反应终点。反应完毕，降温至 0~5℃，离心过滤，滤液可回收醇，产物经洗涤，干燥至含水量 0.2%以下，可送至下一步还原反应岗位。

（三）反应条件、影响因素及注意事项

（1）酸碱度对反应的影响：酸碱度是羟醛缩合反应的主要影响因素，反应必须保持在弱碱性条件下进行，pH 在 7.5 到 8.0 为佳。pH 过低，不起反应（这往往是因为上步反应后未能把反应生成的乙酸彻底洗去，只要在适当补加一些碱反应便能发生）；pH 过高，则发生双缩合的副反应得到双羟甲基化产物。为避免这一副反应，采用弱碱碳酸氢钠作催化剂，甲醛的用量控制在稍超过理论量。

（2）温度对反应的影响：反应温度要控制适当，过高则甲醛挥发，过低则甲醛聚合；聚合的甲醛须先解聚后才能参加反应，由于解聚的速度慢，使用的甲醛溶液应不含有多聚甲醛。

思考

对硝基-α-乙酰氨基-β-羟基苯丙酮的生产工艺原理与主要影响因素。

扫码"学一学"

第五节 氯霉素的生产工艺原理及其过程

一、DL-苏型-1-对硝基苯基-2-氨基-1,3-丙二醇的制备

（一）工艺原理

对硝基-α-乙酰氨基-β-羟基苯丙酮（9-29）转变为 DL-苏型-1-对硝基苯基-2-氨基-1,3-丙二醇（9-31），要经过 Meerwein-Ponndorf-Verley 还原和水解两步反应，并涉及还原反应催化剂异丙醇铝的制备。

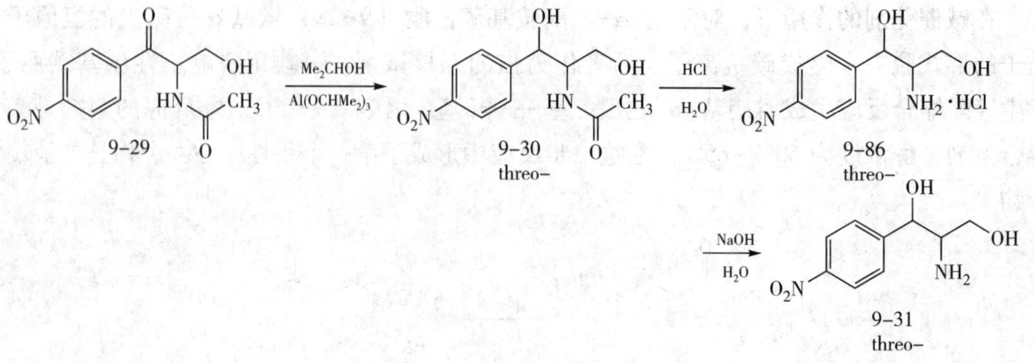

对硝基-α-乙酰氨基-β-羟基苯丙酮（9-29）结构中有一个手性中心（C_2），羰基还原为仲醇产生了一个新的手性中心（C_1），两个手性中心的关系为苏型才符合要求。将羰基还原成仲醇的方法有多种，但大多数方法立体选择性不高，有的方法还可还原分子中的硝基。Meerwein-Ponndorf-Verley 还原法（异丙醇铝/异丙醇还原法）对"缩合物"（9-29）呈现出良好的化学选择性和立体选择性，不仅原料分子中的硝基不受影响，而且反应产物中一对苏型立体异构体占明显优势。在进行 MPV 还原时，异丙醇铝的铝原子与原料（9-29）1位羰基上的氧发生络合，同时又与3位上的羟基发生反应并脱除一分子异丙醇，形成一种稳定的六元环过渡态，使得1、2位间的C—C键无法自由旋转而变成刚性结构。C_2 是手性碳原子，所连的两个基团（H 和-NHCOCH$_3$）空间位阻差别显著，因此，异丙氧基上的负氢向 C_1 的转移主要发生在位阻较小的一侧，导致生成的产物主要是苏型。在下图中，以 C_2 为 R 构型的原料（9-29）为例说明了上述过程，所得产物的构型为 $1R,2R$，即 D-苏型。

在制备异丙醇铝的传统方法中，需要加入少量氯化高汞与铝作用生成铝汞齐以加快反应速度。由于氯化高汞毒性较大，后改用三氯化铝作为催化剂取得了同样的效果。异丙醇铝中含有一定量的三氯化铝可生成氯代异丙醇铝，由于氯原子的电负性较强，使其分子中铝原子的正电性增加，故使还原反应能更有效的进行。实践证明，采用异丙醇铝与氯代异丙醇铝的混合物比单独使用异丙醇铝时的收率有较显著的提高。

最初采用本方法时，反应完毕后加水使反应产物水解，生成 DL-苏型-1-对硝基苯基-2-氨基-1,3-丙二醇（9-31）及氢氧化铝；用乙酸乙酯提取产物，然后再用盐酸将乙酰基水解脱去。然而，从氢氧化铝凝胶中提取产物是很麻烦的操作。后经研究发现，可以在铝盐加水分解后再加入盐酸，直接将还原产物的乙酰基脱去，使之变成"氨基醇"（9-31）；同时，氢氧化铝与盐酸作用，生成可溶性复合物（HAlCl$_4$）。水解后，利用"氨基醇"盐酸盐（9-86）在冷时溶解度小的性质，与可溶性无机盐分离。

（二）工艺过程

将洁净干燥的铝片加入干燥的反应罐内，再加入少许无水 AlCl$_3$（或 HgCl$_2$）及无水异丙醇，升温使反应液回流，此时放出大量热和氢气，温度可达 110℃左右；当回流稍缓和后，在保持不断回流的情况下，缓缓加入其余的异丙醇；加毕，加热回流至铝片全部溶解不再放出氢气为止；冷却后，将制得的异丙醇铝/异丙醇溶液压至还原反应罐中。

将异丙醇铝/异丙醇溶液冷至 35~37℃，加入无水三氯化铝，升温至 45℃ 左右反应 0.5 小时，使部分异丙醇转变为氯代异丙醇铝；然后，向异丙醇铝与氯代异丙醇铝的混合物中加入"缩合物"（9-29），于 60~62℃ 反应 4 小时。

还原反应完毕后，将反应物压至盛有水及少量盐酸的水解罐中，在搅拌下蒸出异丙醇；蒸完后稍冷，加入上批的"亚胺物"及浓盐酸升温至 76~80℃，反应 1 小时左右，在此期间，减压回收异丙醇；将反应物冷至 3℃，使"氨基醇"盐酸盐（9-86）结晶析出，过滤，得盐酸盐（9-86）；滤液含大量铝盐，可回收用于制备氢氧化铝。

将盐酸盐（9-86）加母液溶解，此时有红棕色油状物（即"红油"）浮在上层，分离除去后，加碱中和至 pH 7.0~7.8，使铝盐变成氢氧化铝析出；加入活性炭于 50℃ 脱色，过滤，滤液用碱中和至 pH 9.5~10，"氨基醇"（9-31）析出；冷至接近 0℃ 过滤，"氨基醇"（9-31）湿品直接送下步拆分，母液套用于溶解盐酸盐（9-86）。

每批母液除部分供套用外还用剩余；向剩余的母液中加入苯甲醛，使母液中的"氨基醇"（9-31）与苯甲醛反应生成 Schiff 碱（或称"亚胺物"），过滤，在下批反应物加盐酸水解前并入，可提高收率。

（三）反应条件、影响因素及注意事项

（1）水分对反应的影响：异丙醇铝的制备和 MPV 还原反应必须在无水条件下进行，异丙醇的含水量应在 0.2% 以下。实验证明，当其他条件不变，异丙醇的含水量由 0.1% 上升至 0.5%，还原反应收率将降低 6-8%；若水分再增高，则不发生反应。

（2）异丙醇用量对反应的影响：异丙醇铝/异丙醇还原的实质是异丙醇分子中异丙基的负氢转移至被还原分子的羰基而生成醇，异丙醇本身被氧化变成了丙酮。这个反应是可逆的，其逆反应为 Oppenauer 氧化。因此，在 MPV 还原中，异丙醇应该大大过量，通常被作为溶剂来使用。

（3）"缩合物"（9-29）质量对反应的影响：通过控制其熔点、水分、外观三项指标，对原料（9-29）的质量进行控制。熔点低、色泽差的物料会造成还原反应收率降低，产品质量不佳；原料（9-29）的水分控制在 0.2% 以下，若水分指标不合格会使反应速度变慢，收率降低。对不合格的原料（9-29）要返工处理，不能直接用于还原反应。

思考

DL-苏型-1-对硝基苯基-2-氨基-1,3-丙二醇的生产工艺原理与主要影响因素。

二、*DL*-苏型-1-对硝基苯基-2-氨基-1,3-丙二醇的拆分

（一）工艺原理

DL-苏型-1-对硝基苯基-2-氨基-1,3-丙二醇（9-31）拆分的工业化方法主要有两种：非对映异构体拆分和有择结晶法拆分。

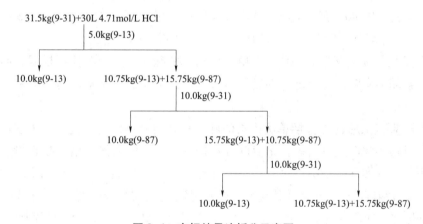

非对映异构体拆分："氨基醇"（9-31）混旋体与等摩尔比的（+）-酒石酸形成非对映的酸性酒石酸盐，并利用它们在甲醇中溶解度的差异加以分离；然后再分别脱去拆分剂，便可分别得到 *D*-苏型体（9-13）和 *L*-苏型体（9-87）。此方法的优点是拆分出来的产物的光学纯度高，而且操作简单，易于控制；缺点是生产成本较高。

有择结晶法拆分：过程如图 9-1 所示，在"氨基醇"（9-31）混旋体的饱和水溶液中加入其中任何一种较纯的单一异构体结晶作为晶种，则结晶生长并析出此种单一异构体的结晶，迅速过滤，得到单一异构体；再往溶液中加入"氨基醇"混旋体（9-31）形成适当的过饱和溶液，则另一种单一异构体结晶析出，过滤后得到与第一次相反的单一异构体；再向溶液中加入"氨基醇"混旋体（9-31），又可析出与第一次拆分相同构型的单一异构体；如此循环，多次拆分。这种方法的优点是原材料消耗少，设备简单，成本低廉；缺点是拆分所得的单旋体的光学纯度较低，工艺条件的控制较麻烦。应用有择结晶法拆分的外消旋体必须是外消旋混合物，而不是外消旋化合物；在一个异构体结晶析出时，外消旋体及一定量的另一个异构体仍留在母液中，即达到拆分目的。

```
        31.5kg(9-31)+30L 4.71mol/L HCl
                    │
                5.0kg(9-13)
            ┌───────┴───────┐
            │               │
      10.0kg(9-13)   10.75kg(9-13)+15.75kg(9-87)
                            │
                       10.0kg(9-31)
                    ┌───────┴───────┐
                    │               │
              10.0kg(9-87)   15.75kg(9-13)+10.75kg(9-87)
                                    │
                               10.0kg(9-31)
                            ┌───────┴───────┐
                            │               │
                      10.0kg(9-13)   10.75kg(9-13)+15.75kg(9-87)
```

图 9-1　有择结晶法拆分示意图

为解决"氨基醇"（9-31）游离体在水中溶解度较小、溶液体积过大的问题，可加入一定量的盐酸，使大部分"氨基醇"（9-31）成为盐酸盐（9-86），以增大其溶解度，缩小体积，并利于操作。值得注意的是，盐酸存在下拆分的原理与上述原理一样，但"氨基醇"的溶解度大大增加。

"氨基醇"（9-31）易被氧化变色，温度越高，氧化变色越严重；可采用减压拆分的方法以避免氧化。这样做不但经济，而且由于合并洗涤液（洗涤前一批产品的洗涤液）而增大的体积，可通过减压蒸去以保持拆分溶液体积的恒定。

（二）工艺过程

根据确定的比例将常水、"氨基醇"盐酸盐（9-86）及 *D*-苏型"氨基醇"左旋体（9-13）加入拆分罐内，升温至 50~55℃，使物料全溶；加入活性炭脱色，过滤；化验滤液中的总胺、游离胺及旋光含量，符合要求后，投入"氨基醇"消旋体（9-31），其量为左旋体（9-13）的 2 倍；在压力 2.1×10^4 Pa（160mmHg）以下搅拌加热，升温至全溶（在 60~65℃），保温蒸发水分；逐渐冷却降温使左旋体（9-13）析出，冷至 35℃，停止抽真空及冷却，过滤，滤液送化验；拆出的左旋体（9-13）用热水洗涤，得量约为投入左旋体（9-13）的 2 倍；洗液与母液合并。由于诱导出 D-苏型"氨基醇"左旋体（9-13），母液的旋光特性变为右旋。

将合并洗液的母液加入拆分罐内，再次投入"氨基醇"消旋体（9-31），操作同上。因母液为右旋，故这次拆分出的"氨基醇"单旋体为右旋。过滤出 L-苏型"氨基醇"右旋体（9-87）后，母液又复变为左旋。每次均投入外消旋"氨基醇"（9-31），得到的单旋体第一次为左旋，第二次是右旋，第三次是左旋，第四次是右旋……只要使母液的组成（母液体积、母液旋光度、总"氨基醇"及游离"氨基醇"含量）均保持恒定，则每次所得的量应与投料量相等。

当拆分重复 50-80 次后，母液颜色变深，须进行脱色。脱色后，需分析母液组成并进行调整，然后继续拆分。当继续套用至一定次数，拆分所得产物质量不易合格，且脱色及调整配比无效时，可从该母液回收"氨基醇"盐酸盐（9-86）。

（三）反应条件、影响因素及注意事项

（1）"氨基醇"盐酸盐（9-86）及其游离体（9-31）的配比：游离的"氨基醇"（9-31）在水中的溶解度较小，生产上采用了使一部分"氨基醇"（9-31）变为盐酸盐（9-86）的方法。"氨基醇"（9-31）与氯化氢的分子比在 1.0∶（0.6~0.85）的范围内均可拆分。盐酸盐（9-86）所占的比例越大，则每次拆分出来的左旋体（9-13）或右旋体（9-87）越少；盐酸盐（9-86）所占的比例越小，则拆分的得量越大。

（2）外消旋"氨基醇"（9-31）与单一异构体的配比：这个配比要根据它们的溶解度及过饱和溶解度的实际情况而定。一般是加入单一异构体的量越多，诱导出来的单一异构体的量反而越少。

（3）"氨基醇"总量（包括单旋体与消旋体）在溶液中的总浓度：该浓度可根据它们的溶解度、过饱和溶解度及结晶析出温度等数据确定。浓度高虽可增大投料量，但易引起拆分质量下降。在实际生产中每次拆分均需测定以下三个数据：①母液总体积；②总胺量及游离胺量；③母液旋光度（单旋体的量）。这些数据是经过实验考察确定的，在每次拆分后均应力求保证恒定。如发生偏差，则本着"缺什么补什么，缺多少补多少"的原则予以调整。

（4）"氨基醇"（9-31）质量对拆分的影响："氨基醇"（9-31）的质量主要控制熔点、水分、外观、铁离子含量等指标。质量达不到要求，会直接影响拆分效果，造成拆分质量下降，单一异构体质量不佳。对达不到质量控制标准的物料，应先精制处理。

思考

DL-苏型-1-对硝基苯基-2-氨基-1,3-丙二醇的拆分工艺原理与主要影响因素。

三、氯霉素的制备

（一）工艺原理

本反应是 D-苏型-1-对硝基苯基-2-氨基-1,3-丙二醇（9-13）的二氯乙酰化反应，

也可视为二氯乙酸甲酯的氨解反应。

酰化反应速率与胺及酰化剂的结构有关，*D*-苏型"氨基醇"左旋体（9-13）结构较大，有一定的空间位阻，活性受到一定影响。在二氯乙酸甲酯的结构中，由于α-碳原子上有 2 个电负性强的氯原子存在，增强了羰基碳的正电性，提高了反应活性，故本反应能很快完成。

（二）工艺过程

将甲醇（含水在 0.5% 以下）置于干燥的反应罐内，加入二氯乙酸甲酯；在搅拌下加入左旋体（9-13）（含水在 0.3% 以下），于 65℃ 左右反应 1 小时；加入活性炭脱色，过滤；在搅拌下往滤液中加入蒸馏水，使氯霉素析出；冷至 15℃ 过滤，洗涤干燥，便得到氯霉素成品。

（三）反应条件、影响因素及注意事项

（1）水分对反应的影响：本反应为无水操作。有水存在时，二氯乙酸甲酯水解生成的二氯乙酸会与"氨基醇"成盐，影响反应的正常进行。

（2）配比对反应的影响：二氯乙酸甲酯的用量应比理论量稍多一些，以保证反应完全。溶剂甲醇的用量应适量，过少影响产品质量，过多则影响反应收率。

（3）左旋体（9-13）质量对反应的影响：生产上控制熔点、水分含量、旋光度、铁离子含量、外观等指标。因为左旋体（9-13）经二氯乙酰化一步便得最终产品氯霉素（9-1），所以要严格控制各项质量标准。否则氯霉素（9-1）成品质量会下降，含量降低，产品等级降格。对不合格的左旋体（9-13）不能直接投料，必须先精制处理。

思考

氯霉素成品的生产工艺原理与主要影响因素。

第六节　综合利用与"三废"处理

以乙苯为起始原料经对硝基苯乙酮（9-25）生产氯霉素（9-1）的合成路线，合成步骤长，原辅材料多，在生产过程中产生较多的副产物和"三废"，需进行综合利用和"三废"治理。

一、邻硝基乙苯的利用

邻硝基乙苯（9-73）是本路线第一步硝化反应的副产物。由于氯霉素（9-1）的工艺路线较长，产量较大，且邻硝基乙苯（9-73）与主产物对硝基乙苯（9-24）的产量几乎相等，因此，邻硝基乙苯（9-73）的利用是一个大问题。邻硝基乙苯（9-73）作为起始原

扫码"学一学"

料，可用于生产除草剂——杀草安（9-90），工艺路线如下：

（反应式：9-73 经 [H] 还原得 9-88，再经 BrCH(CH₃)₂/NaOH 得 9-89，再经 ClCH₂COCl 得 9-90）

此外，国外还报道了将邻硝基乙苯（9-73）转变为对硝基乙苯（9-24）的方法，后者可用于氯霉素（9-1）的制造。从邻硝基乙苯（9-73）算起，对硝基乙苯（9-24）的收率为 62%～65%。

（反应式：9-88 经 HNO₃/H₂SO₄ 得 9-91，再经 NaNO₂ 得 9-92，再经 Cu/EtOH 得 9-24）

二、L-（+）-对硝基苯基-2-氨基-1,3-丙二醇的利用

L-（+）-对硝基苯基-2-氨基-1,3-丙二醇（氨基醇）消旋体（9-31）经拆分后，D-苏型"氨基醇"左旋体（9-31）用于氯霉素（9-1）的制造，而 L-苏型"氨基醇"右旋体（9-87）成为副产物，亟待开发利用。目前，右旋体（9-87）的利用方法主要有两种：其一是作为手性拆分试剂直接出售，其二是进行消旋化处理。消旋化处理包括酰化、氧化、水解、酸催化消旋化等步骤，得到外消旋"缩合物"（9-29），再套用到 MPV 还原反应中。

（反应式：9-87（L-threo-）经 Ac₂O 得 9-93，再经 Ac₂O/Ba(OH)₂ 得 9-94，再经 KMnO₄/H₂SO₄ 得 9-95，再经 H⁺/H₂O 得 9-96，与 9-29 互变）

当旋光异构体的手性碳上连有氢原子且与羰基相邻时，在酸碱催化下发生烯醇化，使手性碳消旋而形成外消旋混合物。利用这一原理，需将右旋体（9-87）的 1 位仲醇氧化成酮羰基，再进行消旋化处理。在氧化之前，需要先将 2 位氨基与 3 位伯醇进行酰化保护。当右旋体（9-87）与乙酸酐作用时，2 位氨基最易酰化，3 位伯醇次之，1 位仲醇由于立体位阻最难被酰化；为得到氨基、伯醇双酰化产物（9-94），避免仲醇被酰化，需加入一定量的氢氧化钡（在反应液中变成醋酸钡）。高锰酸钾在酸性条件下氧化能力很强，故氧化反应要控制在低温下进行，以防止和减少副反应的发生。氧化完毕后，氧化物（9-95）在酸性条件下加热反应，使 1 位羰基发生烯醇化，并脱除 3 位伯醇上的酰基保护基，得到烯醇化物（9-96），即外消旋"缩合物"（9-29）。

三、氯霉素生产废水的处理和氯苯的回收

在氯霉素（9-1）生产过程中，乙苯硝化、氧化、溴化、成盐、水解、乙酰化、缩合、还原、二氯乙酰化等多步反应均生产工业废水。这些废水含有多种中间体及残留的成品，化学成分复杂，直接排放对环境的污染十分严重。实验证明，采用生物氧化处理后，再利用物理化学方法以新型吸附材料进行处理，可提高出水水质，出水符合排放标准。

从氯霉素（9-1）生产废液中可回收的氯苯纯度达到98%以上，同时可回收废酸中的甲醛缩二乙醇，经济效益显著。

思考

氯霉素生产工艺中的综合利用与"三废"处理的基本内容。

重点小结

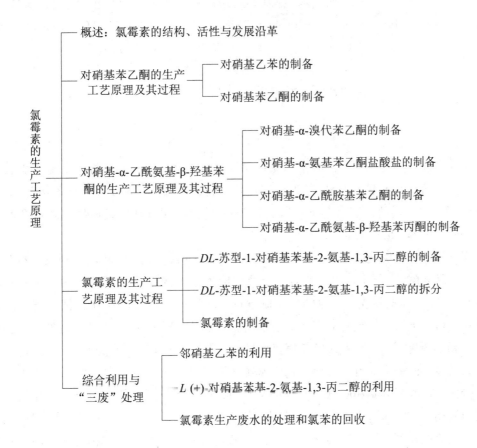

- 概述：氯霉素的结构、活性与发展沿革
- 对硝基苯乙酮的生产工艺原理及其过程
  - 对硝基苯乙酮的制备
  - 对硝基苯乙酮的制备
- 对硝基-α-乙酰氨基-β-羟基苯酮的生产工艺原理及其过程
  - 对硝基-α-溴代苯乙酮的制备
  - 对硝基-α-氨基苯乙酮盐酸盐的制备
  - 对硝基-α-乙酰胺基苯乙酮的制备
  - 对硝基-α-乙酰氨基-β-羟基苯丙酮的制备
- 氯霉素的生产工艺原理及其过程
  - *DL*-苏型-1-对硝基苯基-2-氨基-1,3-丙二醇的制备
  - *DL*-苏型-1-对硝基苯基-2-氨基-1,3-丙二醇的拆分
  - 氯霉素的制备
- 综合利用与"三废"处理
  - 邻硝基乙苯的利用
  - *L*(+)-对硝基苯基-2-氨基-1,3-丙二醇的利用
  - 氯霉素生产废水的处理和氯苯的回收

（张为革）

第十章　埃索美拉唑的生产工艺原理

扫码"学一学"

第一节　概　述

埃索美拉唑（esomeprazole，10-1），又名依索拉唑，化学名称为 5-甲氧基-2-[（S）-[（4-甲氧基-3,5-二甲基-2-吡啶基）甲基]亚磺酰基]-1H-苯并咪唑，英文化学名为 5-methoxy-2-[（S）-(4-methoxy-3,5-dimethyl-2-pyridylmethyl)sulfinyl]-1H-benzimidazole。

10-1

本品为白色或类白色粉末；溶于二氯甲烷，微溶于水、乙醇和甲醇，易溶于氢氧化钠和氢氧化钾水溶液。其钠盐熔点为 238～240℃，旋光度 α 为 +36°（c = 0.3g/100ml，水，589.3nm，24℃）；镁盐（三水合物）熔点为 184～189℃（dec.），旋光度 α 为 -132°（c = 0.5g/100ml，甲醇，589.3nm，25℃）。

埃索美拉唑，为奥美拉唑（omeprazole，10-2）的左旋异构体，由阿斯利康制药有限公司研制，商品名耐信（nexium），是第一个纯左旋光学异构体质子泵抑制剂（proton pump inhibitor，PPI）。2000 年埃索美拉唑口服制剂首次在瑞典上市；2003 年其钠盐作为注射药物在瑞典上市。埃索美拉唑自上市起，销售额逐年上升，至 2009 年销售额达到 82 亿美元，列居全球畅销药物第三位，近几年其销售额呈下降趋势，但仍稳定在 50 亿美元上下。

埃索美拉唑的适应证范围与奥美拉唑基本相同，都有独特的抑制胃酸分泌作用，对基础胃酸分泌、夜间酸分泌和应急胃酸分泌均有明显的抑制作用。其作用机制为抑制胃壁细胞膜的 H^+，K^+-ATP 酶系，阻止胃酸分泌，其作用与剂量呈依赖性。适用于十二指肠溃疡、胃溃疡、反流性食管炎以及胃泌素瘤、急性胃黏膜出血等各种与胃酸相关的疾病。埃索美拉唑与奥美拉唑的耐受性良好，罕见恶心、头痛、腹泻、便秘和胃肠胀气，少数出现皮疹。埃索美拉唑的药代动力学性质优于奥美拉唑，能更有效的降低胃酸分泌。

H^+，K^+-ATP 酶又称质子泵，负责胃酸运转到胃腔的最后一个环节。20 世纪 80 年代末出现的 H^+，K^+-ATP 酶抑制剂（PPI），具有比组胺 H_2 受体拮抗剂更强的抑制胃酸分泌作用，对溃疡的治愈率更高，速度更快。质子泵抑制剂主要有 ATP 拮抗剂和 K^+ 拮抗剂两类，

ATP 拮抗剂为不可逆 PPI，而 K^+ 拮抗剂为可逆 PPI。不可逆 PPI 主要有苯并咪唑衍生物和多羟基酚衍生物两类，当前开发应用的多是苯并咪唑类衍生物，此类又可分为取代吡啶类，取代苯胺类及其他类。目前临床上常用的 PPI 有奥美拉唑、兰索拉唑、泮托拉唑、雷贝拉唑及它们的光学异构体，它们都是取代吡啶类化合物。

思考

质子泵抑制剂的结构特征及其与活性之间的关系。

（1）奥美拉唑（10-2）：由瑞典 Astra 公司首创，1988 年首次在欧洲上市，现已有 60 多个国家和地区批准使用。多年临床研究证实，奥美拉唑对消化性溃疡有良好疗效，具有高效低毒，治愈率高，用药时间短，耐受性好，患者易于接受等优点。2000 年奥美拉唑曾经以 46 亿美元的单品种销售额，在世界最畅销药物中排名第一。已收录为我国国家基本药物。

奥美拉唑于 2000 年 10 月专利期满，阿斯利康制药公司为此推出了其 S-对映异构体，即埃索美拉唑。埃索美拉唑是奥美拉唑的左旋异构体，具有强烈而持久的酸抑制作用，同时对胃黏膜也有一定的保护作用，是目前治疗胃酸相关性疾病的优选药物。

（2）兰索拉唑（lansoprazole，10-3）：由日本武田公司开发的第二个 PPI，1992 年在法国首次上市。对大鼠胃酸分泌的抑制作用是奥美拉唑的 2~3 倍；对幽门螺杆菌有较强的抑制作用，MIC_{50} 为 16mg/L，而奥美拉唑为 64mg/L，体外试验 24 小时杀菌率为 99.9%。临床研究兰索拉唑与奥美拉唑作用无显著差异。

2009 年 1 月 30 日美国 FDA 批准日本武田制药公司研发的食管炎治疗新药兰索拉唑的对映体右兰索拉唑（dexlansoprazole，10-4）上市。又称为右旋兰索拉唑，用于治疗与非糜烂性胃食管反流病相关的胃灼热及不同程度的糜烂性食道炎。此次上市剂型是缓释胶囊，内置两层肠溶包衣单位，可使药物在给药后 1~2 小时和 4~5 小时分别出现两个血药浓度峰值，作用时间超过兰索拉唑，且给药时间不受食物和用餐时间的影响。临床Ⅲ期试验显示，该药对白天或夜间伴胃灼热症状的胃食管反流病患者产生长达 24 小时的抑酸作用和持续的症状缓解效果。

（3）泮托拉唑（pantoprazole，10-5）：适用证范围与奥美拉唑基本相同，耐受性更好。由德国百克顿公司（Gooden Byk）研制开发，1994 年上市。

泮托拉唑的左旋异构体左旋泮托拉唑 [(S)-$(-)$-pantoprazole，10-6] 由印度 Emcure 公司于 2006 年开发上市。其与泮托拉唑和右旋泮托拉唑相比，具有疗效好、不良反应少、使用剂量小等优点。

（4）雷贝拉唑（rabeprazole，10-7）：由日本卫材公司开发，1997 年上市。雷贝拉唑代谢途径较为特殊，主要经非酶途径代谢为雷贝拉唑硫醚，受肝脏 CYP 酶系影响较小，是受 CYP2C19 影响最小的质子泵抑制剂，因此，用药过程更为安全，药物间相互作用更小，且无明显个体差异。

印度 Emcure 医药公司研发的手性转换产物右旋雷贝拉唑（dexrabeprazole，10-8），于 2007 年 9 月首先在印度上市，现已在欧美上市，但我国目前尚未有本品上市，也没有进口注册的申请。右旋雷贝拉唑对胃烧灼痛及胃回流的效果比雷贝拉唑有明显的提高，并且在症状缓解时间上明显快于雷贝拉唑，右旋雷贝拉唑还有疗效确切、安全性好等优点。

第二节　合成路线及其选择

　　埃索美拉唑（10-1）是奥美拉唑（10-2）的左旋异构体，其合成中的关键是手性中心的构建，其手性中心可通过奥美拉唑（10-2）拆分得到，也可通过中间体5-甲氧基-2-[（3,5-二甲基-4-甲氧基-2-吡啶基）甲硫基]-1H-苯并咪唑（10-9）以不对称氧化直接得到。

一、埃索美拉唑的合成

（一）拆分法制备埃索美拉唑

奥美拉唑拆分得到埃索美拉唑，有两种方法：

（1）色谱法：通过手性 HPLC 柱拆分外消旋体奥美拉唑，得到埃索美拉唑。该法收率通常在 50% 以下，且手性色谱柱价格昂贵，进样量小，仅限于小量制备，故该法多为科研工作者采用。

（2）包结拆分法：即用（S）-联二萘酚、联二菲酚、酒石酸等拆分奥美拉唑得埃索美拉唑。以（S）-联二萘酚包结拆分奥美拉唑可得纯度为 93.9%（HPLC 归一化法测得），ee 值 100% 的埃索美拉唑。包结拆分的原理是利用非共价键体系，使外消旋体的一个对映异构体与手性拆分剂发生包结，结晶析出，将两个对映体分开。由于主体和客体分子间不发生化学反应，只存在分子间作用力，故其稳定性较差，且拆分后需要将拆分剂除掉，也增加了生产的工序及物料的成本，目前尚未形成稳定的工业化生产。

（二）不对称氧化制备埃索美拉唑

与拆分法相比，潜手性硫醚（10-9）的不对称氧化更为经济、方便。随着不对称化学的发展，新的手性试剂不断出现，不对称氧化的成本大大降低，建立了价廉易得，操作简单的不对称氧化系统，目前已形成了稳定的生产工艺。

常见的氧化体系有：四异丙氧基钛（10-10）/D-(-)-酒石酸二乙酯（10-11）与过氧化氢异丙基苯（10-12）、四异丙氧基钛/二齿手性氨基醇与过氧化氢异丙基苯、salen 锰（10-13）/D-(-)-酒石酸二乙酯与过氧化氢异丙基苯、钛酸四丁酯/D-(-)-酒石酸二乙酯与 3,3-双（叔戊基过氧）丁酸乙酯等。手性氨基醇价格昂贵，以钛为催化剂的 Sharpless-Kagan 氧化体系效果良好，目前我国对埃索美拉唑制备多采用 D-(-)-酒石酸二乙酯、过氧化氢异丙基苯和四异丙氧基钛作为不对称氧化体系的生产工艺，成本与非立体选择性氧化制备奥美拉唑相当。改良的 Sharpless-Kagan 氧化体系以过氧化氢异丙基苯（10-12）为氧化剂，钛催化剂（10-10）∶D-(-)-酒石酸二乙酯（10-11）= 1∶2，引入 1 当量纯净水，并加入 4Å 分子筛，产物（10-1）的对应选择性高达 99.9%。

10-10　　　　10-11　　　　10 12　　　　10-13

二、5-甲氧基-2-[(3,5-二甲基-4-甲氧基-2-吡啶基)甲硫基]-1H-苯并咪唑的合成

以不对称氧化制备埃索美拉唑工艺过程中，中间体 5-甲氧基-2-[(3,5-二甲基-4-甲氧基-2-吡啶基)甲硫基]-1H-苯并咪唑（10-9）的合成是控制整个工艺成本的关键，下面

重点介绍硫醚（10-9）的合成路线与选择。其结构可分为苯并咪唑和取代吡啶两部分，对其进行逆合成分析，根据连接两部分的连接键构建方式的不同，有以下 4 种合成途径：① 在取代吡啶的 C—S 键断开，逆推至取代苯并咪唑-2-硫醇（10-14）与相应的吡啶卤代物；② 在苯并咪唑 2 位 C 原子与 S 原子之间的 C—S 键断开，可逆推至苯并咪唑的卤代物与吡啶甲硫醇（10-17）；③ 咪唑环的构成，逆推至邻苯二胺（10-18）和相应羧酸化合物（10-19）；④ 硫甲基与吡啶 2 位 C—C 键断开，逆推至（10-20）与（10-21）。

思考

试结合逆合成分析方法，列出三条埃索美拉唑的合成路线。

（一）5-甲氧基-1*H*-苯并咪唑-2-硫醇与 2-氯甲基-3,5-二甲基-4-甲氧基吡啶盐酸盐反应

硫醚可采用硫醇与卤化物在碱性条件下发生 Williamson 反应制得（路线 1），也可通过硫醇与相应甲磺酸酯缩合得到（路线 2）。路线 1：5-甲氧基-1*H*-苯并咪唑-2-硫醇（10-14）与 2-氯甲基-3,5-二甲基-4-甲氧基吡啶盐酸盐（10-15）在碱性 条件下缩合，制得硫醚（10-9）。该方法反应条件相对温和，成本较低，是工业生产上采用的方法。路线 2：硫醇（10-14）与甲磺酸酯（10-23）缩合，得到目标产物（10-9）。两条路线都以 3,5-二甲基-2-羟甲基-4-甲氧基吡啶（10-24）为起始原料，但路线 2 各步收率都低于路线 1，且需要用到价格更为昂贵的甲磺酸酐和甲醇钠，总体经济效益不及路线 1。

故路线 1 合成硫醚的核心问题是 5-甲氧基-1H-苯并咪唑-2-硫醇（10-14）与 2-氯甲基-3,5-二甲基-4-甲氧基吡啶盐酸盐（10-15）两个中间体的构建。

1. 5-甲氧基-1H-苯并咪唑-2-硫醇的合成　构建 5-甲氧基-1H-苯并咪唑-2-硫醇（10-14）结构中咪唑环的方法有三种。

（1）以对氨基苯甲醚（10-25）为原料，经氨基保护和硝化生成 4-甲氧基-2-硝基乙酰苯胺（10-26），脱保护得到 4-甲氧基-2-硝基苯胺（10-27），再用 $SnCl_2/HCl$、Fe/HCl 法或催化氢化等方法还原硝基，生成 4-甲氧基-1,2-苯二胺（10-28），取代的苯二胺（10-28）在 $CS_2/KOH/C_2H_5OH$ 条件下成咪唑环，或者 4-甲氧基-1,2-苯二胺（10-28）不经分离，直接与乙氧基黄原酸钾作用制得 5-甲氧基-1H-苯并咪唑-2-硫醇（10-14）。此方法具有反应条件温和，工艺成熟等优点，也是国内厂家生产奥美拉唑（10-2）中间体采用的方法。

（2）4-甲氧基-2-硝基苯胺（10-27）与 $Zn/HCl/CS_2$ 作用，在 50~55℃ 条件下反应 4 小时，硝基还原和环化"一勺烩"得到 5-甲氧基-1H-苯并咪唑-2-硫醇（10-14），收率 94%。此方法反应条件温和，收率高，有很高的实用价值。

思考

什么是"一勺烩"的反应，并举例说明。

（3）2-氨基-4-甲氧基乙酰苯胺（10-29）与异硫氰酸烯丙酯或异硫氰酸苯酯反应，然后加热回流环合，生成5-甲氧基-1H-苯并咪唑-2-硫醇（10-14），两步反应总收率可达65%。由于异硫氰酸烯丙酯或异硫氰酸苯酯来源困难，大量制备受到限制。

2. 2-氯甲基-3,5-二甲基-4-甲氧基吡啶盐酸盐的合成　现有两条路线合成2-氯甲基-3,5-二甲基-4-甲氧基吡啶盐酸盐（10-15），分别以2,3,5-三甲基吡啶（10-30）和3,5-二甲基吡啶（10-31）为起始原料。

（1）以2,3,5-三甲基吡啶（10-30）为原料，经氧化、硝化和醚化生成4-甲氧基-2,3,5-三甲基吡啶-N-氧化物（10-34）；在乙酸酐的作用下，发生Boekelheide重排反应，得到3,5-二甲基-2-羟甲基-4-甲氧基吡啶（10-24）；再经氯化反应，生成2-氯甲基-3,5-二甲基-4-甲氧基吡啶盐酸盐（10-15）。这是工业生产埃索美拉唑中间体2-氯甲基-3,5-二甲基-4-甲氧基吡啶盐酸盐（10-15）所采用的路线。

（2）与路线（1）相似，以3,5-二甲基吡啶（10-31）为原料，经氧化、硝化和醚化生成3,5-二甲基-4-甲氧基吡啶-N-氧化物（10-35）；在硫酸二甲酯和连二硫酸铵的作用下，发生Boekelheide重排反应，得到3,5-二甲基-2-羟甲基-4-甲氧基吡啶（10-24）；再经氯化反应，生成2-氯甲基-3,5-二甲基-4-甲氧基吡啶盐酸盐（10-15）。

该路线曾是工业采用的制备2-氯甲基-3,5-二甲基-4-甲氧基吡啶盐酸盐（10-15）的方法，但由3,5-二甲基-4-甲氧基吡啶-N-氧化物（10-35）生成3,5-二甲基-2-羟甲基-4-甲氧基吡啶（10-24）这步反应收率低，仅为40%，大大增加了该路线的生产成本，在2,3,5-三甲基吡啶（10-30）的来源得到解决后，这条路线已逐渐被路线（1）代替。

（二）2-氯-5-甲氧基-1H-苯并咪唑与3,5-二甲基-4-甲氧基-2-吡啶甲硫醇反应

2-氯-5-甲氧基-1H-苯并咪唑（10-16）与3,5-二甲基-4-甲氧基-2-吡啶甲硫醇（10-17）反应生成硫醚（10-9）的反应条件和后处理方法与上述路线中（10-14）和（10-15）的反应相似，但这两种原料（10-16）和（10-17）来源困难，合成难度大，文献资料少，实用价值不大。

10-16　+　10-17　→（NaOH/EtOH）→　10-9

（三）4-甲氧基-邻苯二胺和2-[（3,5-二甲基-4-甲氧基-2-吡啶基）甲硫基]甲酸反应

邻苯二胺与羧酸或醛缩合，是构建苯并咪唑类化合物的常用方法。酸性条件下，4-甲氧基-邻苯二胺（10-18）和2-[（3,5-二甲基-4-甲氧基-2-吡啶基）甲硫基]甲酸（10-19）反应，环合生成咪唑环，收率可达95%以上，但化合物2-[（3,5-二甲基-4-甲氧基-2-吡啶基）甲硫基]甲酸（10-19）合成路线长，制备困难，使整个路线较长，后处理麻烦，总收率较低。

10-18　+　10-19　→（HCl）→　10-9

（四）5-甲氧基-2-甲硫基-1H-苯并咪唑碱金属盐与1,4-二甲氧基-3,5-二甲基吡啶鎓盐

5-甲氧基-2-甲硫基-1H-苯并咪唑（10-22）在正丁基锂作用下，-15℃反应生成碱金属盐（10-20），再与1,4-二甲氧基-3,5-二甲基吡啶鎓盐（10-21）作用，生成硫醚（10-9）。吡啶鎓盐（10-21）活化了N原子邻位，使亲核反应容易发生，不需要使用制备困难的2-卤代吡啶，但是（10-20）的制备要求在低温下进行，正丁基锂价格昂贵而且遇水和空气分解，反应条件要求苛刻，不适合工业化生产。

10-22　→（n-C₄H₉Li/THF）→　10-20　→（10-21）→　10-9

本章将以国内制药企业采用的合成路线为例，介绍埃索美拉唑（10-1）的合成工艺原理及其过程，即以对氨基苯甲醚（10-25）和2,3,5-三甲基吡啶（10-30）为起始原料，以5-甲氧基-1*H*-苯并咪唑-2-硫醇（10-14）与2-氯甲基-3,5-二甲基-4-甲氧基吡啶盐酸盐（10-15）为关键中间体，通过不对称氧化制备埃索美拉唑。

第三节　5-甲氧基-1*H*-苯并咪唑-2-硫醇的生产工艺原理及其过程

以对氨基苯甲醚（10-25）为起始原料，经乙酰化保护、硝化、脱保护得到4-甲氧基-2-硝基苯胺（10-27），SnCl$_2$/HCl法还原硝基，生成的4-甲氧基-1,2-苯二胺（10-28），再与乙氧基黄原酸钾作用，生成5-甲氧基-1*H*-苯并咪唑-2-硫醇（10-14）。

一、4-甲氧基-2-硝基苯胺的制备

（一）4-甲氧基-2-硝基乙酰苯胺的制备

以对氨基苯甲醚（10-25）为起始原料，经乙酰化保护和硝化"一勺烩"反应，得到4-甲氧基-2-硝基乙酰苯胺（10-26）。

1. 工艺原理　在硝化反应前，对起始原料（10-25）的氨基进行乙酰化保护有两个作用，一是保护氨基，防止氧化反应发生，这是因为芳香伯胺易发生氧化反应，而所用的硝化剂硝酸又具有氧化作用。二是避免氨基在酸性条件下成铵盐，-NH$_3^+$具有强吸电子作用，使氨基从邻位、对位定位基变成间位定位基，同时减慢硝化反应速度。

乙酰基在氨基保护中应用较多，其稳定性大于甲酰基，在酸性或碱性条件下水解可脱保护。氨基的乙酰化可采用羧酸法、酰氯法或酸酐法，用乙酸酐进行酰化，反应是不可逆的，乙酸酐的用量一般略高于理论量即可，并以高收率得到乙酰胺基结构。

芳环上的硝基取代反应是药物合成中常见的反应。常用的硝化剂有硝酸、硝酸与硫酸的混合液（混酸）、硝酸盐-硫酸以及硝酸-乙酸酐。硝酸作硝化剂，由于反应中产生水而使硝酸稀释，减弱甚至失去硝化能力，所以，硝酸只适用于高活性芳香族化合物的硝化。对于4-甲氧基乙酰苯胺，因芳环的亲核活性较大，可采用硝酸作硝化剂。硝化机制不是硝镓离子（NO$_2^+$）对芳环进行亲电进攻，进行双分子亲电取代反应，而是由于硝酸中存在痕量的亚硝酸，亚硝酰离子（NO$^+$）对芳环作亲电进攻，生成亚硝基化合物，然后被硝酸氧化成硝基化合物，同时又生成亚硝酸，因此，在这样的条件下亚硝酸起着催化剂的作用。

对于4-甲氧基乙酰苯胺这样一个二元取代苯，NO$^+$进入苯环的位置，是 CH$_3$O— 和 CH$_3$CONH— 两个取代基共同作用所决定的。CH$_3$O— 和 CH$_3$CONH— 均为邻位、对位定位基，其中 CH$_3$CONH— 的作用更强，因此，4-甲氧基-2-硝基乙酰苯胺（10-26）是主要产物。

反应过程如下：

CH₃O—⟨⟩—NH₂ —Ac₂O/H⁺→ [CH₃O—⟨⟩—NHCOCH₃] —HNO₂→ CH₃O—⟨⟩(NO)—NHCOCH₃ —HNO₃→ CH₃O—⟨⟩(NO₂)—NHCOCH₃

10-25   10-26

2. 反应条件与影响因素

（1）乙酸酐作酰化剂，进行芳胺的乙酰化反应，反应温度 0～5℃，反应在很短时间内即可完成。若温度过高，可能产生二乙酰化物。

（2）4-甲氧基乙酰苯胺在乙酸和水混合液中的溶解度低于对氨基苯甲醚（10-25），从反应液中析出。可通过加热方式，将析出的乙酰化物溶于反应液，自然冷却下析出细小结晶，有利于硝化反应进行完全。

（3）提高硝化反应温度，有利于加快硝化反应速率。4-甲氧基乙酰苯胺的硝化反应在 60～65℃进行，反应时间为 10 分钟。乙酰化保护和硝化"一勺烩"反应收率 84%。

3. 工艺过程 重量配料比：对氨基苯甲醚：冰乙酸：乙酸酐：浓硝酸：冰水 = 1：2.56：0.90：1.15：4.20。

将对氨基苯甲醚（10-25）、冰乙酸和水混合，搅拌至溶解。加入碎冰，0～5℃加入乙酸酐，搅拌下结晶析出。冰浴冷却下，加入浓硝酸，60～65℃保温 10 分钟。冷却至 25℃，结晶完全析出后，抽滤，冰水洗涤至中性，干燥，得黄色结晶（10-26），熔点 114～116℃，收率 84%。

（二）4-甲氧基-2-硝基苯胺的制备

1. 工艺原理 4-甲氧基-2-硝基乙酰苯胺（10-26）在碱性条件下水解脱去乙酰基，生成 4-甲氧基-2-硝基苯胺（10-27）。

CH₃O—⟨⟩(NO₂)—NHCOCH₃ —KOH/H₂O→ [CH₃O—⟨⟩(NO₂)—NH—C(O⁻)(OH)CH₃] —CH₃COOK→ CH₃O—⟨⟩(NO₂)—NH₂

10-26   10-27

2. 反应条件与影响因素

（1）Claisen 碱液的配置比例为 176g 氢氧化钾溶于 126ml 水中，再加甲醇至 500ml。

（2）反应中加水稀释反应液，目的是使水解反应完全。

3. 工艺过程 重量配料比：4-甲氧基-2-硝基乙酰苯胺：Claisen 碱液：水 = 1：1.86：1.56。

将 4-甲氧基-2-硝基乙酰苯胺（10-26）加到预先已配制好的 Claisen 碱液中，回流 15 分钟后，加水，再回流 15 分钟，冷却至 0～5℃，抽滤，冰水洗涤三次，得砖红色固体（10-27），熔点 122～123℃，收率 88%。

二、5-甲氧基-1H-苯并咪唑-2-硫醇的制备

（一）4-甲氧基邻苯二胺的制备

1. 工艺原理 还原硝基成氨基的还原剂有 Zn、Sn 和 Fe 的酸溶液、催化氢化、水合肼

和硫化钠等。铁酸还原法是工业还原硝基的常用方法，铁被氧化生成四氧化三铁，后处理困难。SnCl₂/HCl法也是还原硝基的经典方法，还原中经过亚硝基化合物和羟胺等中间体。

$$CH_3O-\underset{NH_2}{\overset{NO_2}{\bigodot}} \xrightarrow{SnCl_2/HCl} CH_3O-\underset{NH_2}{\overset{NH_2}{\bigodot}}$$

10-27 → 10-28

$$Ar-\overset{+}{N}\overset{O}{\underset{O^-}{}} \xrightarrow{金属} Ar-\overset{+}{N}\overset{O^-}{\underset{O^-}{}} \xrightarrow{H^+} Ar-\overset{+}{N}\overset{OH}{\underset{O^-}{}} \xrightarrow{金属} Ar-N\overset{OH}{\underset{O^-}{}} \longrightarrow Ar-N=O \xrightarrow{金属} Ar-\dot{N}-\overset{\cdot}{O}^-$$

$$\xrightarrow{H^+} Ar-\dot{N}-OH \xrightarrow{金属} Ar-\overset{-}{N}-OH \xrightarrow{H^+} Ar-\overset{H}{N}-OH \xrightarrow[H^+]{金属} Ar-NH_2$$

2. 反应条件与影响因素

（1）还原反应在浓盐酸中进行，还原产物成盐酸盐溶于水中，用40%氢氧化钠水溶液调节pH值至14，4-甲氧基1,2-邻苯二胺（10-28）游离析出，注意中和速度，温度不超过40℃，否则产物易氧化。但是温度也不要低于20℃，否则盐析出，影响萃取效果。

（2）产物（10-28）性质不稳定遇空气易氧化，不宜存放，现制现用。

3. 工艺过程 重量配料比为4-甲氧基-2-硝基苯胺∶二氯亚锡∶浓盐酸=1∶4.57∶7.45。

将二氯亚锡和浓盐酸混合，搅拌溶解后，20℃加入4-甲氧基-2-硝基苯胺（10-27），搅拌3小时。滴加40%氢氧化钠溶液至pH值为14，温度不超过40℃。用乙酸乙酯萃取两次，合并有机相，水洗，无水硫酸钠干燥。减压蒸除有机溶剂，得黄色油状物，冷冻后结晶为（10-28），收率72%。

（二）5-甲氧基-1H-苯并咪唑-2-硫醇的制备

1. 工艺原理 二硫化碳与氢氧化钾在95%乙醇中反应生成乙氧基黄原酸钾，边生成边与4-甲氧基-1,2-邻苯二胺（10-28）反应，环合生成5-甲氧基-1H-苯并咪唑-2-硫醇（10-14）。

$$CS_2 + KOH + C_2H_5OH \longrightarrow CH_3CH_2O-\overset{S}{\overset{\|}{C}}-S^-K^+$$

$$CH_3O-\underset{NH_2}{\overset{NH_2}{\bigodot}} + CH_3CH_2O-\overset{S}{\overset{\|}{C}}-S^-K^+ \xrightarrow{reflux} CH_3O-\underset{\overset{|}{H}}{\overset{N}{\bigodot}}SH$$

10-28 → 10-14

2. 反应条件与影响因素

（1）原料的摩尔配比为4-甲氧基-1,2-邻苯二胺∶二硫化碳∶氢氧化钾∶乙醇=1∶1.10∶1.50∶11.26。为使反应完全，二硫化碳和氢氧化钾稍过量，乙醇过量较多。这里乙醇既参与反应，又做溶剂。

（2）产物5-甲氧基-1H-苯并咪唑-2-硫醇（10-14）呈酸性，反应中生成钠盐溶于乙醇和水，后处理时，滴加乙酸至产物游离析出。

（3）反应中产生硫化氢，需用碱性水溶液吸收尾气。

3. 工艺过程 重量配料比为 4-甲氧基邻苯二胺：二硫化碳：氢氧化钾：95% 乙醇 = 1：0.68：0.74：4.00。

搅拌下，将二硫化碳和 4-甲氧基-1,2-邻苯二胺（10-28）加到 95% 乙醇和氢氧化钾的混合液中，加热回流 3 小时。加入活性炭，回流 10 分钟，趁热过滤。滤液与 70℃ 热水混合，搅拌下滴加乙酸至 pH 值为 4~5，结晶析出，冷却至 5~10℃ 结晶析出完全。抽滤，水洗至中性，干燥，得土黄色结晶 5-甲氧基-1H-苯并咪唑-2-硫醇（10-14），熔点 254~256℃，收率 78%。

试分析环合反应的机制。

第四节 2-氯甲基-3,5-二甲基-4-甲氧基吡啶盐酸盐的生产工艺原理及其过程

以 2,3,5-三甲基吡啶（10-30）为起始原料，经 2,3,5-三甲基吡啶-N-氧化物（10-32）和 4-硝基-2,3,5-三甲基吡啶-N-氧化物（10-33）等中间体制备 4-甲氧基-2,3,5-三甲基吡啶-N-氧化物（10-34）。在乙酸酐作用下，发生 Boekelheide 重排反应，得到 3,5-二甲基-2-羟甲基-4-甲氧基吡啶（10-24）；最后与氯化亚砜反应，生成 2-氯甲基-3,5-二甲基-4-甲氧基吡啶盐酸盐（10-15）。

扫码"学一学"

一、4-甲氧基-2,3,5-三甲基吡啶-N-氧化物的制备

（一）2,3,5-三甲基吡啶-N-氧化物的制备

1. 工艺原理 冰乙酸与过氧化氢混合，过氧化氢使乙酸转变为过氧乙酸，质子化的过氧乙酸亲电进攻吡啶上的 N 原子，生成吡啶 N-氧化物。

$$CH_3COOH + H_2O_2 \longrightarrow CH_3COOOH + H_2O$$

2. 反应条件与影响因素

（1）过氧乙酸和过氧化氢均为弱氧化剂，需要较强的反应条件，因此氧化反应温度80~90℃，反应时间24小时。在这一反应条件下，2,3,5-三甲基吡啶（10-30）仅发生 N-氧化，吡啶环和吡啶环上甲基的性质稳定。

（2）后处理时，用40%氢氧化钠调节 pH 值至14，可将残余的乙酸成盐溶于水，从而与氧化产物分离。

3. 工艺过程 重量配料比为 2,3,5-三甲基吡啶：30% 双氧水：冰乙酸 = 1：1.41：3.16。

将2,3,5-三甲基吡啶（10-30）、30% 双氧水和冰乙酸混合，搅拌下缓慢升温至80~90℃，反应24小时。减压蒸除溶剂，冷却下用40%氢氧化钠水溶液调节 pH 值为14，然后用氯仿萃取三次，无水硫酸钠干燥。减压浓缩，50~60℃真空干燥，得淡黄色固体2,3,5-三甲基吡啶-N-氧化物（10-32），收率80.3%。

（二）4-硝基-2,3,5-三甲基吡啶-N-氧化物的制备

1. 工艺原理 硝酸与浓硫酸按一定比例组成硝化剂混酸。浓硫酸供质子能力强于硝酸，有利于硝酸解离为 NO_2^+。

$$HNO_3 + 2H_2SO_4 \Longleftrightarrow NO_2^+ + H_3O^+ + 2HSO_4^-$$

吡啶属于缺 π 电子杂环，环上电子云密度与硝基苯相当，但吡啶 N-氧化物的情况有所不同。因氧原子与杂环形成给电子性的 p-π 共轭，其亲核能力大于相应的吡啶核，所以较易进行硝化反应，硝基进入杂原子的对位。对于2,3,5-三甲基吡啶-N-氧化物（10-32）来说，在 N-氧化物和环上三个甲基的共同作用下，吡啶环的亲电活性大大提高。在混酸作用下，硝基进入电子云密度较高的4位，而6位产物很少。

2. 反应条件与影响因素

（1）提高温度，硝化反应速率加快。但随着反应温度提高，氧化、断键、多硝化和硝基置换等副反应发生的可能性增加。硝化反应为放热反应，反应活性高的化合物硝化时，短时间内可放出大量的热，如果不及时冷却，热量累积，促使温度骤然上升，会引发热分解等副反应，故操作时须特别小心。

（2）在使用混酸做硝化剂时，工业生产中用"硫酸脱水值"（dehydrating value of sulfuric acid，DVS）表示硫酸中硝酸及水分含量和硝酸与被硝化物的配比之间的关系。一般 DVS 值

越高，硝化能力越强。

$$DVS=混酸中硫酸的含量/（混酸中含水量+硝化后生成水量）\qquad（10-1）$$

2,3,5-三甲基吡啶-N-氧化物（10-32）的硝化反应中，重量配料比为2,3,5-三甲基吡啶-N-氧化物（10-32）：浓硫酸（98%）：浓硝酸（70%）=1：4.95：3.68，硝酸与2,3,5-三甲基吡啶-N-氧化物（10-32）的摩尔配比为5.61：1。混酸中各组分的百分含量为：

$$H_2SO_4\%=4.95×98\%/（4.95+3.68）=56.21\%$$

$$HNO_3\%=3.68×70\%/（4.95+3.68）=29.85\%$$

$$H_2O\%=100\%-（56.21\%+29.85\%）=13.94\%$$

硝酸与被硝化物2,3,5-三甲基吡啶-N-氧化物（10-32）的摩尔配比为5.61：1，代入DVS计算式：

$$DVS=56.21/[13.94+（29.85/5.61×18/63）]=3.64$$

3. 工艺过程　重量配料比：2,3,5-三甲基吡啶-N-氧化物：浓硫酸：硝酸=1：4.95：3.68。

搅拌下将浓硫酸滴加到2,3,5-三甲基吡啶-N-氧化物（10-32）中，再缓慢滴加混酸（浓硫酸：浓硝酸=1：1.10），温度控制在90℃以下。然后于90℃保温反应20小时。冰浴冷却下，缓慢滴加40%氢氧化钠水溶液至pH值为3~4，用氯仿萃取三次，合并有机相，无水硫酸钠干燥。减压浓缩回收氯仿，残留液为黄色液体，冷却后固化，得黄色固体4-硝基-2,3,5-三甲基吡啶-N-氧化物（10-33），收率82.1%。

（三）4-甲氧基-2,3,5-三甲基吡啶-N-氧化物的制备

1. 工艺原理　吡啶为缺电子芳环，对4位硝基的束缚能力较弱，在强亲核试剂烷氧负离子的进攻下，以双分子历程硝基被烷氧基取代，4位形成芳烷烃混合醚结构。

10-33 ———CH₃ONa———→ 10-34 ———-NO₂⁻———→

2. 反应条件与影响因素

（1）4-硝基-2,3,5-三甲基吡啶-N-氧化物（10-33）与甲醇钠的摩尔配比为1：1.5，通过增加甲醇钠的配比，提高4-硝基-2,3,5-三甲基吡啶-N-氧化物（10-33）的转化率。

（2）产物易吸潮，干燥处存放。

3. 工艺过程　重量配料比：4-硝基-2,3,5-三甲基吡啶-N-氧化物：甲醇钠：无水甲醇=1：0.49：4.23。

将4-硝基-2,3,5-三甲基吡啶-N-氧化物（10-33）和无水甲醇混合，加热回流下，滴加甲醇钠的甲醇溶液（甲醇钠：甲醇=1：3.85），回流12小时。冷却至室温，加水稀释反应液，减压回收甲醇，加水稀释残留液，用氯仿萃取三次，合并有机相，无水硫酸钠干燥。减压浓缩回收氯仿后，得棕黄色固体4-甲氧基-2,3,5-三甲基吡啶-N-氧化物（10-34），收率80.6%。

二、2-氯甲基-3,5-二甲基-4-甲氧基吡啶盐酸盐的制备

(一) 3,5-二甲基-2-羟甲基-4-甲氧基吡啶的制备

1. 工艺原理 首先 4-甲氧基-2,3,5-三甲基吡啶-N-氧化物（10-34）与乙酸酐作用发生 Boekelheide 重排反应，生成 2 位乙酰氧甲基，然后在碱性条件下水解生成 2 位羟甲基。Boekelheide 重排反应无论是自由基历程，还是离子对历程，质子离去决定反应速度。

2. 反应条件与影响因素

（1）重排反应温度为 110℃，低于乙酸酐的沸点，目的在于防止乙酸酐分解。水解反应在氢氧化钠水溶液中进行，回流时间 3 小时，使反应完全。

（2）重排反应为无水操作，微量的水的存在不利于脱质子，可阻断重排反应的进行。

（3）重排反应中乙酸酐具有反应物和反应溶剂双重作用，将过量的乙酸酐回收套用，可降低成本。

3. 工艺过程 重量配料比：4-甲氧基-2,3,5-三甲基吡啶-N-氧化物∶乙酸酐∶氢氧化钠∶甲醇∶水＝1∶3.23∶0.72∶2.36∶1.50。

4-甲氧基-2,3,5-三甲基吡啶-N-氧化物（10-34）与乙酸酐混合，搅拌下于 110℃反应 3 小时。减压浓缩回收乙酸酐。将残留液、甲醇、氢氧化钠和水混合，加热回流 3 小时。减压回收甲醇后，加水稀释，用氯仿萃取三次，合并有机相，无水硫酸钠干燥。减压浓缩回收氯仿，得棕黄色固体 3,5-二甲基-2-羟甲基-4-甲氧基吡啶（10-24），收率 84.4%。

(二) 2-氯甲基-3,5-二甲基-4-甲氧基吡啶盐酸盐的制备

1. 工艺原理 氯化亚砜是常用的氯化剂，在反应中生成的氯化氢和二氧化硫，均为气体，易挥发除去，无残留物，后处理方便。氯化亚砜与醇首先生成氯化亚硫酸酯，然后氯化亚硫酸酯分解放出二氧化硫，分解方式与溶剂极性有关。以氯仿为反应溶剂，应按 S_N1 机制进行，氯离子进攻碳正离子，形成 2 位氯甲基。

2. 反应条件与影响因素

（1）生成氯化亚硫酸酯的反应是一个放热反应，因此温度控制在0℃以下；接下来的氯代反应需在室温进行。

（2）氯化亚砜和氯化亚硫酸酯遇水分解，应注意无水操作。

3. 工艺过程 重量配料比为3,5-二甲基-2-羟甲基-4-甲氧基吡啶：氯化亚砜：氯仿=1：2.47：19.00。

搅拌下，将3,5-二甲基-2-羟甲基-4-甲氧基吡啶（10-24）的氯仿溶液降温至-5℃，滴加氯化亚砜，温度控制在0℃以下，滴毕，室温搅拌2小时。减压浓缩至干，将残留物用异丙醇和无水乙醚的混合溶剂提纯，得2-氯甲基-3,5-二甲基-4-甲氧基吡啶盐酸盐（10-15）白色结晶，熔点126~128℃，收率63.1%。

第五节 埃索美拉唑的生产工艺原理及其过程

目前埃索美拉唑的制备方法有色谱拆分法、包结拆分法、生物氧化法以及不对称合成法。色谱拆分用到的手性拆分剂昂贵，制备量少，只适合于实验室少量制备，不适合工业化生产；包结拆分法操作简单，成本低廉，但稳定性较差，目前仍然没有大规模用于工业化生产；生物氧化法由于产物提纯困难，后续处理繁琐，产率较低，也不宜用于工业化生产。目前不对称氧化法制备埃索美拉唑是主要的工业化生产路线，这里只介绍以钛氧化体系进行 Sharpless-Kagan 不对称氧化制备埃索美拉唑的工艺原理及其过程。

一、5-甲氧基-2-[（3,5-二甲基-4-甲氧基-2-吡啶基）甲硫基]-1H-苯并咪唑的制备

1. 工艺原理 5-甲氧基-1H-苯并咪唑-2-硫醇（10-14）与氢氧化钠反应先制备硫醇钠，硫醇钠与卤化物 2-氯甲基-3,5-二甲基-4-甲氧基吡啶盐酸盐（10-15）进行Williamson 反应，得到硫醚（10-9）。

5-甲氧基-1H-苯并咪唑-2-硫醇（10-14）经 NaOH 处理，与 2-氯甲基-3,5-二甲基-4-甲氧基吡啶盐酸盐（10-15）反应，生成硫醚（10-9）。

2. 反应条件与影响因素

（1）氢氧化钠与取代硫醇和取代吡啶的摩尔配比为氢氧化钠：5-甲氧基-1H-苯并咪唑-2-硫醇（10-14）：2-氯甲基-3,5-二甲基-4-甲氧基吡啶盐酸盐（10-15）= 1.1 : 1 : 1，碱略过量，可使硫醇完全转化为硫醇钠。

（2）甲醇与水混合溶剂，对两种原料（10-14）和（10-15）均有良好的溶解度，有利于反应的进行。

（3）粗产品可不经提纯直接参加下一步反应。

3. 工艺过程

重量配料比为 5-甲氧基-1H-苯并咪唑-2-硫醇：2-氯甲基-3,5-二甲基-4-甲氧基吡啶盐酸盐：氢氧化钠：甲醇：水 = 1 : 1.23 : 0.50 : 1.76 : 1.78。

5-甲氧基-1H-苯并咪唑-2-硫醇（10-14）、甲醇、氢氧化钠和水混合，搅拌溶解后，加入 2-氯甲基-3,5-二甲基-4-甲氧基吡啶盐酸盐（10-15），回流状态下，滴加氢氧化钠水溶液（氢氧化钠：水 = 1 : 4），再回流反应 6 小时。减压蒸除甲醇，用乙酸乙酯萃取残留液三次，用饱和碳酸氢钠水溶液和水依次洗涤有机相，无水硫酸钠干燥，减压浓缩得棕红色产物。以丙酮和水为溶剂进行重结晶，得到白色固体硫醚（10-9），收率 80.5%。

二、埃索美拉唑的制备

1. 工艺原理

潜手性硫醚（10-9）在手性催化体系 D-(-)-酒石酸二乙酯（10-11）、过氧化氢异丙基苯（10-12）和四异丙氧基钛（10-10）的作用下，发生 Sharpless-Kagan 氧化反应，硫醚选择性的生成 S-构型亚砜，ee 值可达 99.9% 以上。产物亚砜的构型由手性试剂酒石酸二乙酯的构型决定。

首先，D-(-)-酒石酸二乙酯上的羟基与四异丙氧基钛上的钛以双配位形式形成钛配位体（a），该复合物中酒石酸上的羰基可能与钛的空轨道相互作用。具有氧化作用的过氧化物（e）与复合体（a）形成具有手性氧化作用的复合体（b）和 2 分子异丙醇。手性氧化物（b）与硫醚（f）作用，经关键过渡体（c）生成复合物（d），（d）与前面生成的异丙醇作用，生成具有单一光学异构体的亚砜和钛配位体（a）。

为什么中间体（c）的结构是决定亚砜手性的关键？

2. 反应条件与影响因素

（1）D-(-)-酒石酸二乙酯（10-11）、四异丙氧基钛（10-10）、过氧化氢异丙基苯（10-12）与硫醚（10-9）的摩尔比为 1：0.5：0.9：1。氧化剂过氧化氢异丙基苯用量不足，氧化不完全，产物可能含有硫醚（10-9）；过氧化氢异丙基苯用量大于1当量，可能会将硫醚氧化成砜（10-36）或吡啶 N-氧化物（10-37）。

$$10-36 \qquad 10-37$$

（2）该反应在二氯甲烷或乙酸乙酯溶剂中进行。

（3）反应结束后需用还原剂淬灭反应。

（4）反应中加入三乙胺或者 N, N-二异丙基乙胺作为碱。

（5）反应温度在 20~40℃。

3. 工艺过程
重量配料比为5-甲氧基-2-[（3,5-二甲基-4-甲氧基-2-吡啶基）甲硫基]-1H-苯并咪唑：过氧化氢异丙苯：二齿手性氨基醇：四异丙氧基钛：二氯甲烷=1：0.42：0.63：0.43：1.68。

硫醚（10-9）溶于二氯甲烷，加入 D-(-)-酒石酸二乙酯和四异丙氧基钛，然后滴加过氧化氢异丙苯，室温搅拌。反应完毕后，滴加亚硫酸钠水溶液淬灭反应。分液，二氯甲烷相用氨水萃取三次，合并氨水相，所合并的氨水相再用乙酸乙酯萃取三次，萃取物减压回收乙酸乙酯，得到黄棕色产物。用乙酸乙酯重结晶，得白色或类白色粉末埃索美拉唑（10-1），收率 40% 以上。

4. 质量标准及杂质

（1）由于目前埃索美拉唑（10-1）还没有记载于《中国药典》中，因此其质量标准根据国家食品药品监督管理局制定的进口药品注册标准（标准号：JX 20080210）而定。即药品性状为白色至类白色、吸光度在 650nm 与 440nm 均不得超过 0.05、HPLC 检测的含量大于 98%、ee> 99.5%、有关单杂质小于 0.1%。

（2）HPLC 检测有关杂质的限量：高效液相色谱法，以面积归一化法计算，杂质 I 不得超过 0.2%，杂质 II 和杂质 III 均不得超过 0.1%，其他单个杂质不得超过 0.1%，杂质总量不得超过 0.5%。

杂质 I：5-甲氧基-2-[[（4-甲氧基-3,5-二甲基-2-吡啶基）甲基]磺酰基]-1H-苯并咪唑。分子式：$C_{17}H_{19}N_3O_4S$；分子量：361.42。

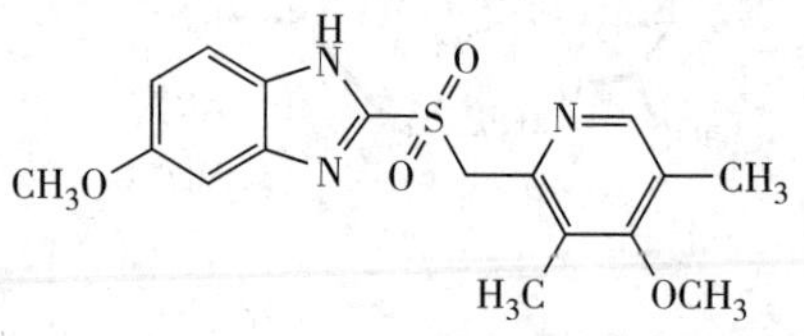

杂质 I

杂质 II：1,4-二氢-1-(5-甲氧基-1H-苯并咪唑-2-基)-3,5-二甲基-4-氧-2-吡啶羧酸。分子式：$C_{16}H_{15}N_3O_4$；分子量：313.31。

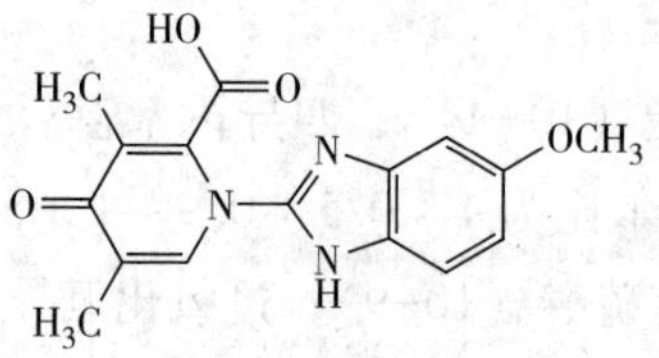

杂质 II

杂质 III：5-甲氧基-2-[[（4-甲氧基-3,5-二甲基-2-吡啶基）-甲基]-亚硫酰基]-1-甲基-1H-苯并咪唑与 6-甲氧基-2-[[（4-甲氧基-3,5-二甲基-2-吡啶基）-甲基]-亚硫酰基]-1-甲基-1H-苯并咪唑。分子式：$C_{18}H_{21}N_3O_3S$；分子量：359.44。

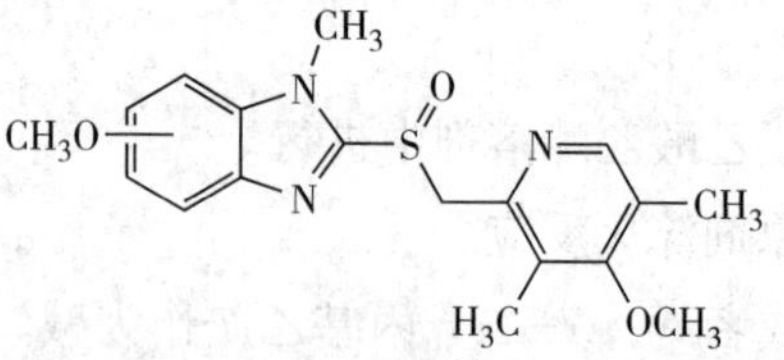

杂质 III

思考

试分析埃索美拉唑三个杂质产生的原因，如何控制。

第六节　原辅材料的制备和污染治理

一、2,3,5-三甲基吡啶的制备方法

2,3,5-三甲基吡啶（10-30）是合成埃索美拉唑（10-1）的重要原料，（10-30）可以从煤焦油或岩页油中分离精制而得，也可以采用化学合成方法制备，下面列出化学合成2,3,5-三甲基吡啶（10-30）的四种方法。

1. Chichibabin 吡啶类化合物合成法　氨和丙醛在催化剂作用下，高温反应生成2,3,5-三甲基吡啶（10-30）。如在催化剂 Zn-Cr-Al 作用下，氨和丙醛在38℃常压反应，收率27.6%。这条路线副产物较多，目标产物收率偏低。

2. Hantzsch 吡啶类化合物合成法　2-甲基丙二酸二乙酯（10-38）和3-氨基-2-甲基-丁烯酸乙酯（10-39）环合，制得4-羟基-3,5,6-三甲基-2（1H）-吡啶酮（10-40）；再与三氯氧磷于高压、150℃反应，生成2,4-二氯-3,5,6-三甲基吡啶（10-41）；最后在 Pd-C 催化下氢解，制得2,3,5-三甲基吡啶（10-30），总收率59.4%。这一路线的主要问题是2-甲基丙二酸二乙酯（10-38）和3-氨基-2-甲基-丁烯酸乙酯（10-39）两种原料来源困难，成本高。

3. 甲基化或氰基化法　3,5-二甲基吡啶（10-31）与甲基锂或甲醇反应，甲基化得2,3,5-三甲基吡啶（10-30）。3,5-二甲基吡啶（10-31）与三甲基氰基硅烷反应，2位氰基化，生成2-氰基-3,5-二甲基吡啶（10-42），进一步转化为2,3,5-三甲基吡啶（10-30）。甲基锂和三甲基氰基硅烷均价格昂贵，且性质活泼，遇水和氧分解，操作困难。3,5-二甲基吡啶（10-31）和甲醇反应，条件苛刻，反应温度需达到240℃，压力4.41～5.88MPa，并需要金属镍或钴的催化。

4. 脱甲基化 2-乙基-3,5-二甲基吡啶（10-43）与硫加热回流16.5小时，以67%的收率得到2,3,5-三甲基吡啶（10-30）。条件温和，收率较高，有一定的实用价值。

10-43　　10-30

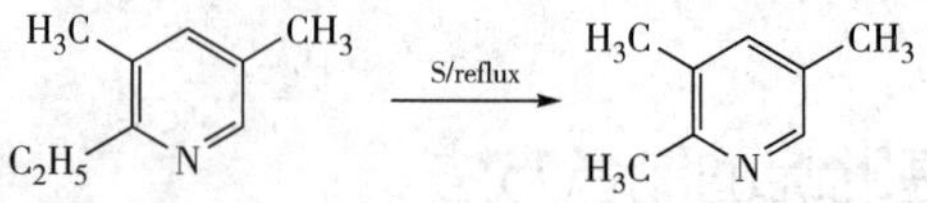

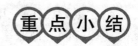

二、溶剂的回收和套用

（1）本合成工艺中，酸性、碱性废水较多，将各步反应的废水合并，中和至规定的pH值，静置、沉淀后，排放入厂总废水管道。

（2）反应中生成硫化氢气体，用浓碱液吸收、处理。反应式为：

$$H_2S+NaOH \longrightarrow Na_2S+H_2O$$

（3）本工艺中使用的有机溶剂，如二氯甲烷、乙酸乙酯、甲醇、乙醇等均可回收，并返回系统套用。

（4）回收溶剂的残渣量较少，集中一定量后焚烧处理。

（5）反应中所用的钛催化剂可回收套用。

重点小结

- 埃索美拉唑的生产工艺原理
  - 埃索美拉唑的合成路线及其选择
    - 埃索美拉唑的性质、作用机制
    - 质子泵抑制剂的特点
    - 埃索美拉唑的合成路线及其选择
  - 埃索美拉唑的合成工艺原理
    - 5-甲氧基-1H-苯并咪唑-2-硫醇的生产工艺原理及其过程
    - 2-氯甲基-3，5-二甲基-4-甲氧基吡啶盐酸盐的生产工艺原理及其过程
    - 埃索美拉唑的生产工艺原理及其过程
    - 原辅材料的制备与综合利用

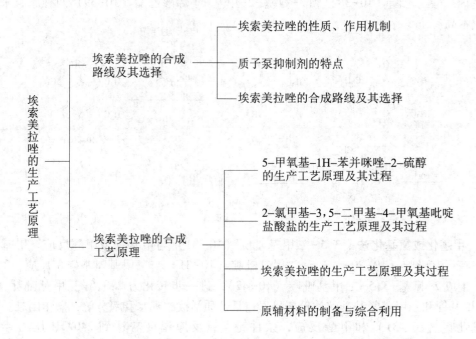

（刘　丹）

第十一章　地塞米松的生产工艺原理

学习目标

1. **掌握**　地塞米松合成路线的选择、工艺条件的选择方法。
2. **熟悉**　地塞米松的生产工艺原理，微生物转化特点和限制条件。
3. **了解**　生产地塞米松的临床用途、工艺过程研究进展和污染治理。

扫码"学一学"

第一节　概　述

地塞米松（dexamethasone，11-1），又名氟美松；化学名称为 9α-氟-11β,17α,21-三羟基-16α-甲基-孕甾-1,4-二烯-3,20-二酮，英文化学名为 9α-fluoro-11β,17α,21-trihydroxy-16α-methyl-pregna-1,4-diene-3,20-dione。

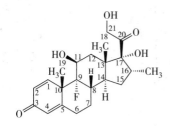

11-1

本品为白色或类白色结晶或结晶性粉末，无臭，味微苦。在甲醇、乙醇、丙酮或二氧六环中略溶，氯仿中微溶，乙醚中极微溶解，水中不溶。熔点 223~233℃（分解）。比旋度 +72°~+80°（c=1,4-二氧六环）。

天然肾上腺皮质激素可的松（cortisone）和氢化可的松（hydrocortisone）分别于 1948 年和 1951 年进入临床，治疗类风湿关节炎，之后研究发现这些肾上腺皮质激素影响其他代谢途径，引起钠潴留和钾排泄、负氮平衡、水肿和精神病等副作用。氢化可的松的 9α 位引入氟以后，活性为醋酸可的松的 11 倍，但盐皮质激素活性也上升 300~800 倍。在可的松和氢化可的松 Δ^1-衍生物进入临床后，抗炎活性增加，副作用降低。通过研究氢化可的松的代谢产物，推知皮质激素的 17-酮醇侧链易发生代谢。为增加可的松的体内代谢稳定性，提高生物利用度，尝试在 16 位引入甲基，成功得到地塞米松。结果表明，甾环 16α 位引入甲基确能增加代谢稳定性，改善生物利用度，提高与激素受体亲和力，继而增强抗炎活性，而且钠潴留副作用显著减少。地塞米松与氢化泼尼松（prednisolone）的临床生物等效剂量比为 0.75：5，半衰期为 36~54 小时，为长效糖皮质激素。地塞米松（11-1）为肾上腺皮质激素类典型代表药物，其抗炎、抗过敏、抗休克作用比泼尼松更显著，而对水钠潴留和促进排钾作用很轻，对垂体-肾上腺抑制作用较强，已列入世界卫生组织推荐的基本药物目录。

思考

氢化可的松如何改造成地塞米松？

地塞米松（11-1）具有抗炎、抗内毒素、抑制免疫、抗休克及增强应激反应等药理作用，广泛用于治疗多种疾病，如自身免疫性疾病、过敏、炎症、哮喘及皮肤科、眼科疾病。地塞米松也能制成醋酸地塞米松（dexamethasone acetate，11-2）或地塞米松磷酸钠（dexamethasone sodium phosphate，11-3），前者可用于口服给药，后者是水溶性药物，具有迅速起效的特点，但作用时间较短。随着地塞米松临床用药量逐年增加，至今我国已成为世界上最大的地塞米松市场。目前上市的地塞米松衍生物已达 12 种以上，世界各国很多公司都能够生产地塞米松产品，地塞米松系列产品在国内已经形成了年产三十多吨的生产规模。国内的生产企业主要是天津药业有限公司、上海华联药业有限公司和浙江仙王居制药有限公司。

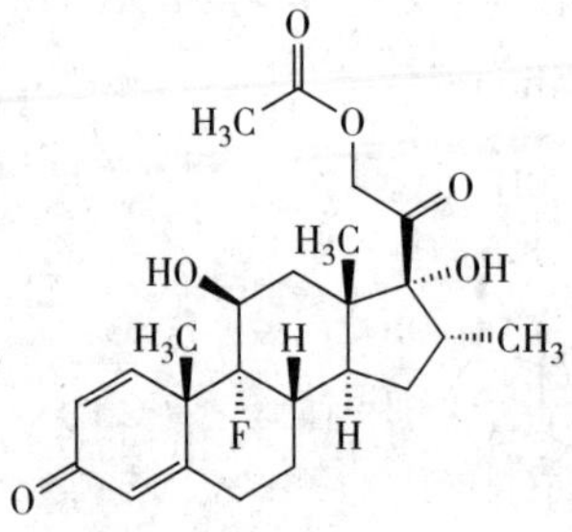

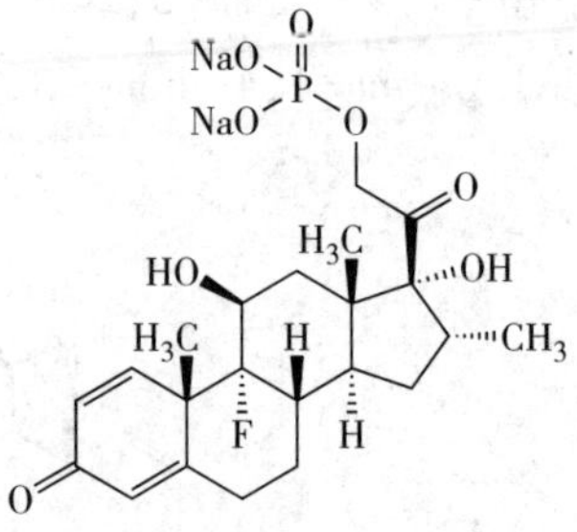

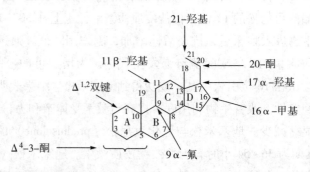

扫码"学一学"

第二节 合成路线及其选择

剖析地塞米松（11-1）的结构，其含由 A、B、C 和 D 环稠合而成的环戊烷并多氢菲的四环基本骨架，A、B 和 C 环为六元环，D 环为五元环。其合成策略包括构筑环戊烷并多氢菲基本骨架和选择性引入各个官能团，这些官能团是 $\Delta^{1,2}$-双键、9α 位氟原子、11β 位羟基、16α 位甲基、17α 位羟基和 21 位端基羟基。

地塞米松（11-1）的合成始于 1958 年，Arth 和 Oliveto 等用化学合成法分别合成了地塞米松（11-1）。后发现单纯采用化学全合成技术，则反应步骤繁多，工艺过程很复杂，合成效率低，产率低，价格昂贵，缺乏实用工业生产价值。而从天然甾体化合物合成，不仅合成效率高，而且对环境污染的程度也低。事实上，绝大部分甾体药物的工业生产都是从改造天然的甾体产物而获得的。目前国内外制备地塞米松（11-1）均采用半合成方法，即从天然产物中获取含有上述甾体基本骨架的化合物为原料，再经化学方法进行结构改造而得。如何选择经济的天然产物作为甾体药物合成的起始原料是国内外制药工业的一个重要研究课题。

为什么地塞米松的全合成方法不利于工业生产？

用于地塞米松（11-1）合成的主要天然甾体化合物包括：甾体皂苷元，如薯蓣皂苷元（11-4）、番麻皂苷元（11-5）和剑麻皂苷元（11-6）；植物甾醇有豆甾醇（11-7）和 β-谷甾醇（11-8）。我国薯蓣皂苷元（11-4）资源丰富，国内制药企业仍以薯蓣皂苷元（11-4）为半合成起始原料。番麻皂苷元（11-5）和剑麻皂苷元（11-6）等资源在我国也很丰富，但尚未充分利用。近年来，由于 C-17 侧链微生物氧化降解工艺成功，国外以豆甾醇（11-7）、β-谷甾醇（11-8）作原料的比例逐步增加。

目前甾体激素药物多数是半合成产品。由于薯蓣皂苷元（diosgenin，11-4）的立体构型与甾体激素的构型一致，因此薯蓣皂苷元成为合成甾体激素的重要原料之一。薯蓣皂苷元的甾核 A 环带有羟基，B 环带有双键，易于转变为多数甾体激素具有的 Δ^4-3-酮活性结构，合成工艺成熟。其他的皂苷元，如番麻皂苷元（海柯皂苷元，hecogenin，11-5）、剑麻皂苷元（替柯皂苷元，tigogenin，11-6），在某些同化激素及皮质激素的合成中也有采用。随着 C-17 位侧链的微生物氧化裂解工艺成熟，豆甾醇（stigmasterol，11-7）、β-谷甾醇（β-sitosterol，11-8）和胆固醇（cholesterol）等也已成为半合成原料。

11-4　　　　11-5　　　　11-6

11-7　　　　11-8

对于薯蓣属植物提取薯蓣皂苷元的工艺方法，我国科学家根据具体生产条件设计了符合我国工业生产的工艺流程。研究了用预发酵和加压水解的工艺，使收率有所提高，但在水解过程中观察到若酸的浓度过高或时间过长，常伴有脱水副反应发生，生成 $\Delta^{3,5}$ 脱水物。薯蓣属植物在长时间发酵过程中，会产生多种副产物，影响产品质量。

薯蓣皂苷元（11-4）的结构与甾体药物地塞米松（11-1）的结构最为接近，但需除去薯蓣皂苷元（11-4）中侧链上不需要的 E 环（四氢呋喃环）、F 环（四氢吡喃环），薯蓣皂苷元与乙酸酐在200℃下加压裂解，经氧化、水解等步骤后，除去 E 环和 F 环，可得乙酸孕甾双烯醇酮（双烯物，11-9）。

乙酸孕甾双烯醇酮（11-9）是合成具有孕甾烷类基本结构的甾体药物的关键中间体。从乙酸孕甾双烯醇酮（11-9）合成地塞米松的结构修饰和官能团转化包括：A 环碳碳不饱和键的形成、C-11β 位羟基、C-17α 位羟基和 C-21 位端基羟基的引入，9α 位的氟代和 C-16 位的甲基化。

一般来说，采用薯蓣皂苷元（11-4）或番麻皂苷元（11-5）生产地塞米松，至少有两部分的结构修饰需要微生物转化，一是甾体 A 环的 $\Delta^{1,4}$-双烯的引入，二是 C 环 9,11 位的修饰。

微生物转化反应中最重要的是羟基化反应。在甾体母核的 A、B、C 和 D 等四个环上存在多个相同的亚甲基，在羟基化反应中，化学方法是无法区分的，所以形成 C-11β 位羟基的最有效方法是微生物氧化。在微生物催化反应中，按不同来源的微生物的羟化酶，能够区域选择性地对某一甾环上亚甲基进行羟基化，并且非对映体选择性地使亚甲基上的某一个氢转化为 α-羟基或 β-羟基。黑根霉（*rhizopus nigricans*）、黑曲霉（*aspergillus nige*）、赭曲霉（*aspergillus orchraceus*）、新月弯孢霉（*curvularia lunata*）、蓝色犁头霉（*absidia coerulea*）和克银汉霉（*cunninghamella*）等均能在孕甾烷骨架的 C-11 位引入羟基。

思考

薯蓣皂苷元、番麻皂苷元和剑麻皂苷元的结构之间有哪些区别？

本节主要介绍以薯蓣皂苷元（11-4）、番麻皂苷元（11-5）和剑麻皂苷元（11-6）为甾体原料制备地塞米松（11-1）的合成路线。

一、以薯蓣皂苷元为原料的合成路线

（一）首先修饰 D 环的合成路线

这条路线的特点是首先修饰甾体激素 D 环，以薯蓣皂苷元（11-4）为原料制得乙酸孕甾双烯醇酮（11-9），该双烯物与甲基亚硝基脲反应，生成 16α,17α-二氢吡唑环（11-10），经脱氮后引入 16-甲基（11-11），用双氧水使产物环氧化，再经开环、催化氢化、水解，引入 C-16α 位甲基和 C-17α 位羟基，得 16α-甲基-17α-羟基化合物（11-16）。然后在酸性条件下用三氧化铬氧化，构筑 A 环的 Δ⁴-3-酮骨架（11-17）。接着上碘修饰甾体 D 环的侧链，引入 C-21 位羟基。C 环的修饰是依靠微生物氧化引入 C-11 位的羟基，需要指出的是黑根霉（*rhizopus nigricans*）微生物转化缺乏选择性，也能同时脱去 C-21 位的乙酰基，须用乙酸酐再次保护。将 C-11 位羟基磺酰化，为的是下面一步消除生成 C-9,11 位双键。然后用二氧化硒脱氢，完成 A 环的修饰，可以看出，在整条路线中，A 环的修饰是分成两部分实现的，而且完成甾体 A 环和 D 环的修饰耗用了十四步化学反应。接下来，通过上溴、环氧化、上氟，完成 B 环和 C 环的修饰，得到前体地塞米松乙酸酯（11-2），最后水解成目标物（11-1）。除了 16α-甲基-17α-羟基修饰和黑根霉微生物转化的收率较低以外，其他单元反应均为经典反应，反应所采用的方法到目前为止还在生产上广泛使用，这条路线一直是国内企业后来改进地塞米松生产技术路线借鉴的范例。合成路线如下：

11-9　$\xrightarrow[\text{NaOH}]{\text{CH}_3\text{N(NO)CONH}_2}$　11-10　$\longrightarrow$

11-11　$\xrightarrow{\text{H}_2\text{O}_2}$　11-12　$\xrightarrow[\text{C}_5\text{H}_5\text{N}]{\text{(CH}_3\text{CO)}_2\text{O}}$

11-13　$\xrightarrow[\substack{\text{HCl,}\\\text{CH}_3\text{COCH}_3}]{\text{(CH}_3\text{CO)}_2\text{O}}$　11-14　$\xrightarrow{\text{H}_2,\ \text{Pd}}$

11-15　$\xrightarrow{\text{OH}^-}$　11-16　$\xrightarrow{\text{CrO}_3}$

11-17　$\xrightarrow[\text{CH}_3\text{OH}]{\text{CaO},\ \text{I}_2}$　11-18　$\xrightarrow[\text{DMF}]{\text{CH}_3\text{CO}_2\text{K}}$

11-19 → *rhizopus nigricans* → 11-20 → Ba(OCOCH₃)₂, (CH₃CO)₂O, TsOCl, C₅H₅N →

11-21 → CH₃CO₂Na → 11-22 → SeO₂ →

11-23 → NBS / HClO₄ → 11-24 → KOH / CH₃COCH₃ →

11-25 → HF / DMF → 11-2 → H₂O →

11-1

这条合成路线存在几个缺点：一是 D 环引入 16α 位甲基所用试剂甲基亚硝基脲也可作用 B 环的双键，而且价格昂贵，易燃易爆，对工业化生产安全不利。二是 D 环的 16α-甲基-17α-羟基修饰步骤放在了合成工艺路线的中间，以孕甾双烯醇酮乙酸酯即双烯物（11-9）计共用六步反应，为实现这一目的，须将 C-16,17 位双键先进行环氧化，形成一个氧桥，用酸打开氧桥，钯催化下氢化还原，整个过程繁琐复杂，收率较低；三是黑根霉发酵收率不高，只有 50%，反应过程中生成 β-体的同时也会产生 α-体副产物，后处理过程繁琐。另外，合成工艺中使用二氧化硒脱去 A 环 C-1,2 位氢常使产品中夹带有少量难以除尽且对人体有害的硒元素，后处理过程中容易造成环境污染。

（二）首先修饰 A 环经四烯物的合成路线

这条路线先用弱氧化剂 H_2O_2 将双烯物（11-9）的 16,17 位双键氧化成环氧桥，同时碱性下脱去 3 位乙酰基，得 3-羟基-16α,17α-环氧-孕甾-5-烯-20-酮（11-26）。然后利用沃氏氧化反应（Oppenauer 氧化）构筑 A 环的 Δ^4-3-酮结构，得到 16α,17α-环氧-孕甾-4-烯-3,20-二酮（11-27）。用犁头霉菌（absidia coerulea）微生物转化先引入 C-11 位羟基，接着用简单节杆菌（arthrobacter simplex）微生物催化脱氢形成 A 环的 C-1,2 位双键，顺利得到 11β-羟基-16α,17α-环氧-孕甾-1,4-二烯-3,20-二酮（11-29），这样就完成了甾体 A 环的化学修饰。随后脱去 11 位羟基，生成 16α,17α-环氧-孕甾-1,4,9(11)-三烯-3,20-二酮（三烯物，11-30），再用亚铬盐打开 D 环氧桥，生成关键中间体孕甾-1,4,9(11)，16-四烯-3,20-二酮（四烯物，11-31）。合成路线如下：

$$11\text{-}9 \xrightarrow[\text{NaOH}]{H_2O_2} 11\text{-}26 \xrightarrow[\bigcirc]{Al(OCHMe_2)_3}$$

11-9　　　　　　　　　　11-26

$$11\text{-}27 \xrightarrow{\text{犁头霉菌}} 11\text{-}28 \xrightarrow{\text{简单节杆菌}}$$

11-27　　　　　　　　　　11-28

$$11\text{-}29 \xrightarrow[\text{DMF}]{PCl_5} 11\text{-}30 \xrightarrow{Cr_2Cl_2}$$

11-29　　　　　　　　　　11-30

11-31

关键中间体四烯物（11-31）经格氏反应（Grignard 反应），得到 17α-羟基-16α-甲基孕甾-1,4,9(11)-三烯-3,20-二酮（格氏物，11-32），从而完成 D 环的 16α-甲基-17α-羟基修饰，这一步的收率可达 90% 以上。中间体（11-32）再在二溴二甲基乙内酰脲（二溴海因）作用下，先引入 C-9 位溴和 C-11 位羟基，然后脱去一分子溴化氢，生成 9β，11β-环氧-17α-羟基-16α-甲基孕甾-1,4-二烯-3,20-二酮（11-33），然后 C-9 位上氟、C-21 位上碘，得到 9α-氟-21-碘-11β,17α-二羟基-16α-甲基孕甾-1,4-二烯-3,20-二酮（11-35），最后置换反应，得到前体地塞米松乙酸酯（11-2），然后碱性下水解，精制，得到目标分子地塞米松（11-1）。合成路线如下：

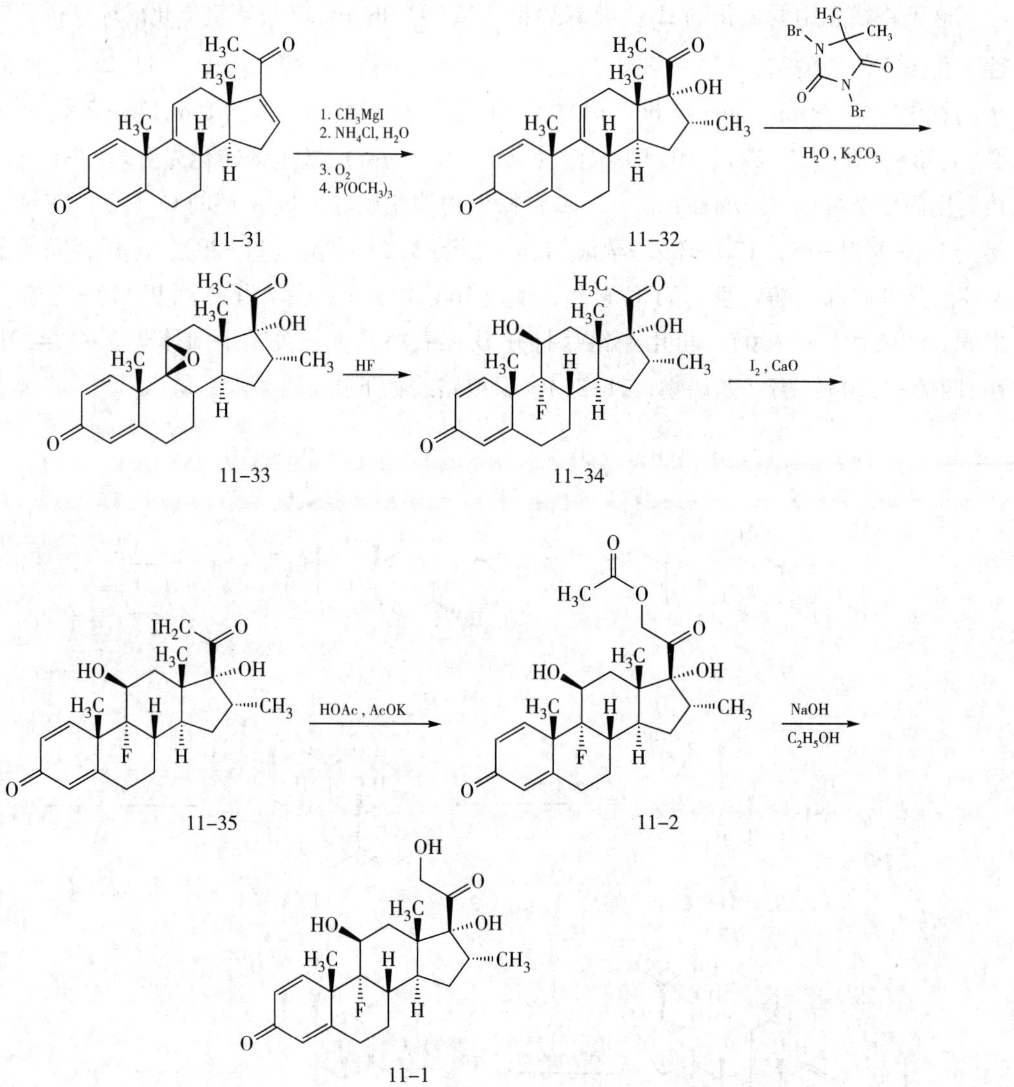

这条合成路线的优点是整条合成路线前期巧妙完成 A 环修饰，11 位羟基和 C-16，C-17 位环氧桥预先已经引入，减少了微生物转化过程中副产物的生成，这样可以避免宝贵的甾体天然原料资源损耗，降低了产品成本。实现甾体 A 环和 D 环修饰只用了六步反应，其中包括两步微生物转化，两步微生物转化工序可以连续进行。制备格氏物（11-32）的合成工艺过程简单，反应连续进行，中间产物无须分离，用空气氧替代传统的过氧酸，避免了对甾环其他碳碳双键的破坏，因为在过氧酸存在下其他碳碳双键同样形成不需要的环氧结构。这是我国科学家完成的最好的一条合成地塞米松的技术路线，总收率可达 30%。

思考

以四烯物为中间体制备地塞米松的路线有哪些优点？

二、以番麻皂苷元为原料的合成路线

番麻皂苷元（11-5）与薯蓣皂苷元（11-4）、剑麻皂苷元（11-6）相比，在 C-12 位带有一个酮羰基，无 C-5,6 双键，A/B 环为反式。这条路线的特点是由于酮羰基的化学活泼性，易在 C-9,11 引入双键，然后脱去 C-12 位酮基，便于以后引入 C-9α-氟及 C-11β-羟基，这里可以免去微生物转化 C-11β-羟基化一步，用于生产含氟皮质激素，较为经济合理。

番麻皂苷元（11-5）与薯蓣皂苷元（11-4）类似，也须除去皂苷元（11-5）中以螺环缩酮形式相连的 E 环、F 环。以番麻皂苷元（11-5）为原料，首先与乙酸酐反应先制备乙酰化物（11-36），乙酰化物（11-36）与二氧化硒进行脱氢反应，得到脱氢物（11-37）。脱氢物与水合肼发生 Wolff-Kishner-黄鸣龙反应，得到去酮物（11-38）。去酮物（11-38）与乙酸酐、甲基吡啶（Picoline）反应，裂解开环为 5α-孕甾-9,16-二烯-3-醇-20-酮 3-乙酸酯（11-39）。

5α-孕甾-9,16-二烯-3-醇-20-酮 3-乙酸酯（11-39）经上氮、去氮、环氧化、开环、氢化等六步反应完成 D 环的修饰。然后经水解、溴化、置换三步反应实现修饰甾体 D 环的侧链，引入 C-21 位羟基。接着用简单节杆菌（*arthrobacter simplex*）和耻垢分枝杆菌（*mycobacterium smegmatis*）微生物转化，一次性实现 A 环修饰，构筑 $\Delta^{1,4}$-3-酮骨架。由此可见，实现甾体 A 环和 D 环修饰只用了十步反应，其中包括一步微生物转化。最后经上溴、脱溴化氢、环合、乙酰化、上氟、水解，得到目标分子地塞米松（11-1）。

11-39 → [CH₃N(NO)CONH₂ / NaOH] → 11-40 → [190℃]

11-41 → [H₂O₂ / NaOH] → 11-42 → [(CH₃CO)₂O / C₅H₅N]

11-43 → [CH₃COCH₃, HCl, (CH₃CO)₂O, pyridine] → 11-44 → [Pd / CaCO₃, H₂]

11-45 → [CH₃COOK / CH₃OH] → 11-46 → [Br₂ / HCl, CHCl₃]

11-47 → [CH₃CO₂K / CH₃OH] → 11-48 → [简单节杆菌 / 耻垢分枝杆菌]

11-49 → [NBS, KOH, (CH₃CO)₂O, pyridine, 0~5℃] → 11-25 → [HF, DMF]

11-2 → [NaOH / C₂H₅OH] → 11-1

三、以剑麻皂苷元为原料的合成路线

这条路线的特点是剑麻皂苷元（11-6）与薯蓣皂苷元（11-4）和番麻皂苷元（11-5）相比，缺少 B 环 C-5,6 位双键和 C 环 C-12 位酮羰基，须采用更多的步骤引入这些基团。先修饰 D 环，然后完成 A 环骨架构筑。

与薯蓣皂苷元（11-4）相仿，也须除去皂苷元（11-6）中的 E 环、F 环。首先用剑麻皂苷元（11-6）按常法用乙酸酐于 200℃ 加压开环、铬酸氧化、乙酸中加热消除得到 5α-孕甾-16-烯-3-醇-20-酮-3-乙酸酯（11-50）。

5α-孕甾-16-烯-3-醇-20-酮-3-乙酸酯（11-50）经 Grignard 反应、过氧酸氧化、水解制备 16α-甲基-17α-羟基物（11-53）。较之重氮甲烷引入甲基再经环氧化引入 17α-羟基方法的收率有明显提高。在环氧化过程中，氧原子是专一地从空间位阻小的甾体（11-51）分子背向进攻得 17α,20α-环氧化物（11-52）。

16α-甲基-17α-羟基物（11-53）通过在 C-21 位上溴、成酯得到 16α-甲基-3β,17α,21-三羟基-5α-孕甾烷-20-酮-21-乙酸酯（11-55）。

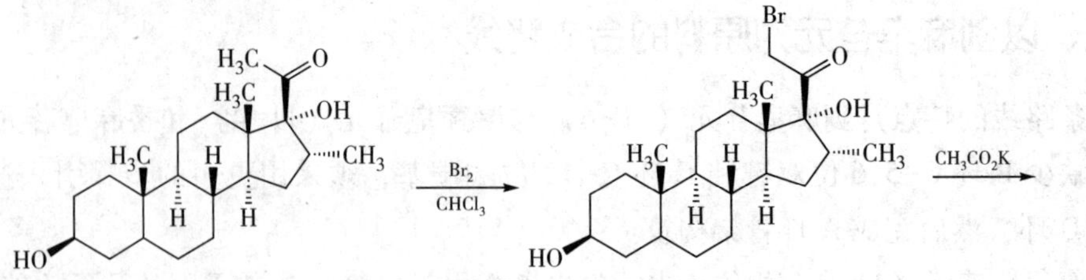

11-53 $\xrightarrow[\text{CHCl}_3]{\text{Br}_2}$ 11-54 $\xrightarrow{\text{CH}_3\text{CO}_2\text{K}}$

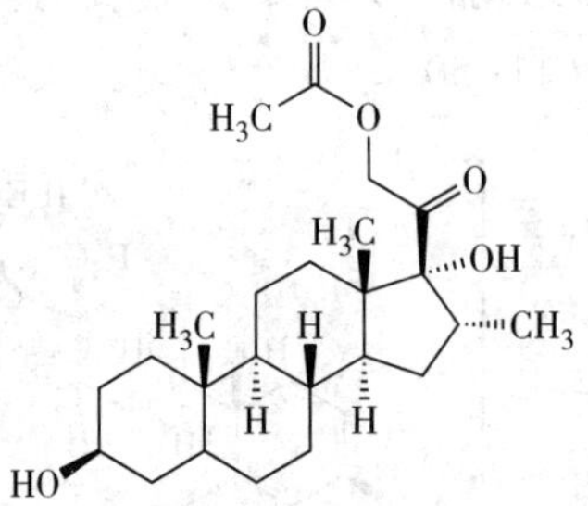

11-55

自 16α-甲基-3β,17α,21-三羟基-5α-孕甾烷-20-酮-21-乙酸酯（11-55）修饰 A 环，最初曾采用化学方法，即在酸性条件下采用三氧化铬将 C-3 位醇羟基氧化成酮，然后用溴素将 A 环 2 位引入溴原子，再用碳酸锂脱去溴化氢，形成 $\Delta^{1,2}$ 双键，最后利用二氧化硒脱氢法形成 4,5 位双键，得到 $\Delta^{1,4}$ 双烯化合物，即 16α-甲基-17α,21-二羟基-孕甾烷-1,4-二烯-3,20-二酮-21-乙酸酯（11-59）。

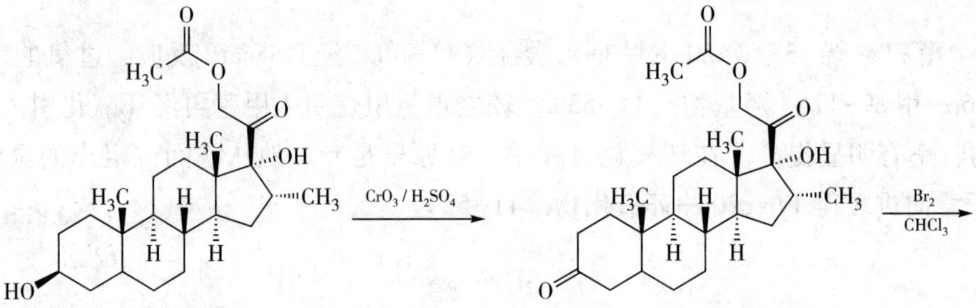

11-55 $\xrightarrow{\text{CrO}_3/\text{H}_2\text{SO}_4}$ 11-56 $\xrightarrow[\text{CHCl}_3]{\text{Br}_2}$

11-57 $\xrightarrow{\text{Li}_2\text{CO}_3/\text{CaCO}_3}$ 11-58 $\xrightarrow{\text{SeO}_2}$

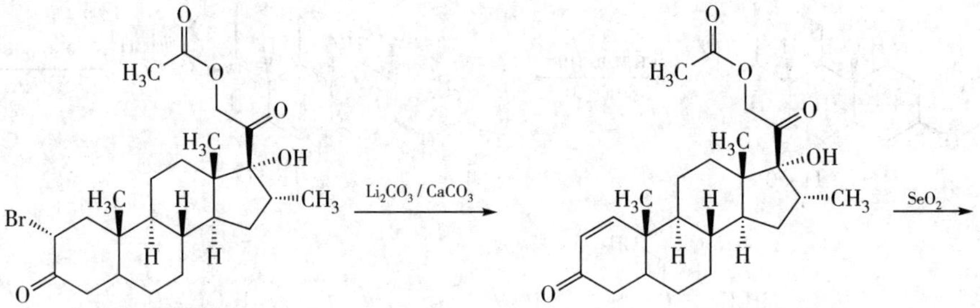

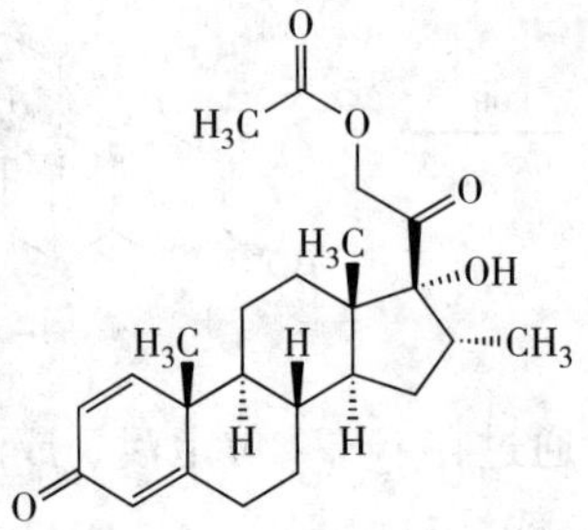

11-59

294

　　但是，应用化学方法在 A 环上引入 $\Delta^{1,4}$ 双键时，收率低，而且采用二氧化硒脱氢，产品中残留的硒不易除去，影响质量，污染环境。

　　后改用微生物转化方法制备 $\Delta^{1,4}$ 双烯化合物（11-59）成功，例如通过耻垢分枝杆菌和简单节杆菌混合菌体系转化。耻垢分枝杆菌在此生物转化系统中可以水解 C-3 位乙酸酯并氧化成酮基并且 C-4,5 位脱氢能力较强，而对 C-1,2 位脱氢较弱；简单节杆菌（*arthrobacter simplex*）则对 C-1,2 位脱氢较强，而对乙酸酯水解能力较弱。故采用上述两种菌混合培养体系可以使 $\Delta^{1,4}$ 脱氢产物的收率提高。简单节杆菌在代谢过程中产生脱氢酶，一般认为先形成 $\Delta^{1,2}$ 双键，是专一性较高的菌种。上述微生物转化具体机制和过程至今未能清楚。$\Delta^{1,4}$ 双烯化合物（11-59）通过蓝色犁头霉引入 11β-羟基，得到 16α-甲基-11β，17α,21-三羟基-孕甾烷-1,4-二烯-3,20-二酮-21-乙酸酯（11-61）。

经微生物脱氢，一步就引入 $\Delta^{1,4}$ 双键，即得 $\Delta^{1,4}$ 双烯化合物，从而完成 A 环的修饰。微生物转化方法比单纯用化学方法效率提高一倍。这一微生物转化不仅引入 $\Delta^{1,4}$ 双键，而且 C-3 位羟基氧化成酮，相当于现在的五步化学反应，所以比用化学方法简便、经济。

　　16α-甲基-11β,17α,21-三羟基-孕甾烷-1,4-二烯-3,20-二酮-21-乙酸酯（11-61）经过脱羟、上溴、环氧化、上氟和水解等 5 步反应实现 B 环和 C 环的修饰，制备得到地塞米松（11-1）。

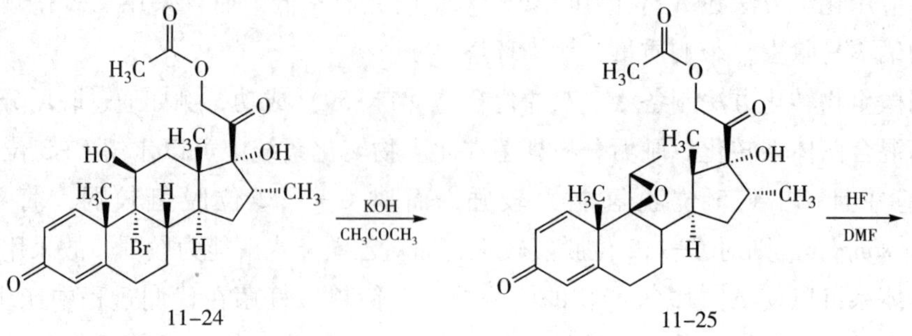

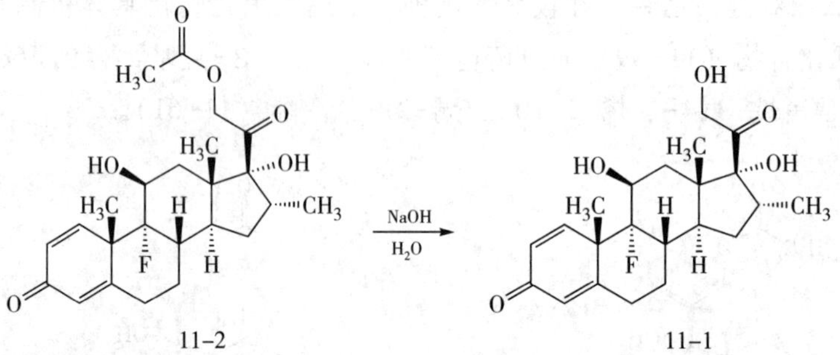

（化学结构式反应图）

11-24 → KOH / CH₃COCH₃ → 11-25 → HF / DMF

11-2 → NaOH / H₂O → 11-1

　　综上，以薯蓣皂苷元生产地塞米松（11-1）的工艺最为成熟，技术改进也很成功，所经历的合成步骤也比番麻皂苷元（11-5）和剑麻皂苷元（11-6）为原料的工艺路线少。因此，下面以国内采用的合成路线为例，介绍地塞米松（11-1）的工艺原理及其过程，即以16α,17α-环氧-孕甾-4-烯-3,20-二酮（11-27）为起始原料，经关键中间体四烯物（11-31），制备地塞米松（11-1）的合成工艺路线。

思考

微生物转化在甾体药物合成中，有哪些作用和意义？

扫码"学一学"

第三节　生产工艺原理及其过程

一、11β-羟基-16α,17α-环氧-孕甾-4-烯-3,20-二酮的制备

（一）工艺原理

　　蓝色犁头霉菌可将底物 16α,17α-环氧-孕甾-4-烯-3,20-二酮（11-27）的 11 位羟基化，生成 11β-羟基-16α,17α-环氧-孕甾-4-烯-3,20-二酮（11-28）。

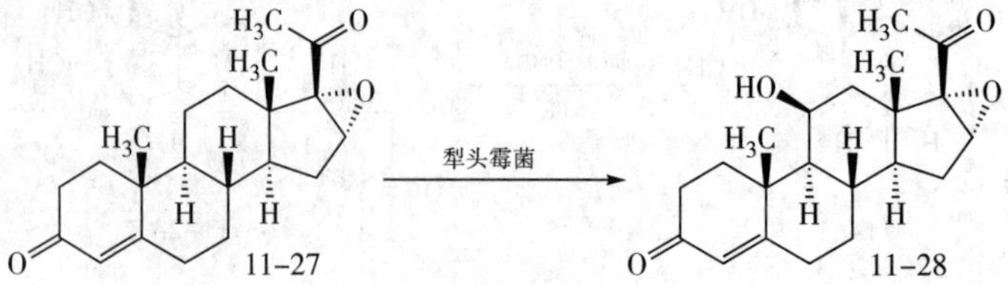

（化学结构式反应图）

11-27 → 犁头霉菌 → 11-28

（二）工艺过程

将蓝色犁头霉菌接种到土豆斜面培养基上，28℃下培养 4~5 天，孢子成熟后，用无菌生理盐水制成孢子悬浮液，供制备种子用。种子培养基成分有葡萄糖、玉米浆和硫酸铵，调 pH 为 5.8~6.4。将孢子悬浮液以一定比例接入种子罐，28℃下培养 28~32 小时。待培养液的 pH 达到 4.2~4.4，菌体浓度达 35% 以上，镜检无杂菌且菌丝粗状时即可转入发酵罐。发酵培养基成分同种子培养基。种子液接入后，28℃下搅拌通气培养约 10 小时，在菌体生长末期，发酵液 pH 下降至 3.5~3.8，菌体浓度达 17%~35%，无杂菌。用 20% 氢氧化钠溶液调 pH 至 5.5~6.0，然后投入发酵液体积的 0.25% 的 $16\alpha,17\alpha$-环氧-孕甾-4-烯-3,20-二酮（11-27）的溶液，进行生物转化。大约转化 24 小时。在转化过程中，定期取样检查，作比色分析。反应接近终点达到放罐要求后，即可放料。转化后的发酵液过滤或离心除去菌丝体，滤液用醋酸丁酯提取数次，合并提取液再经减压、浓缩、冷却、过滤、干燥，得到 11β-羟基-$16\alpha,17\alpha$-环氧-孕甾-4-烯-3,20-二酮（11-28）粗品，熔点 195℃ 以上，收率 70%。

（三）反应条件及影响因素

（1）从 $16\alpha,17\alpha$-环氧-孕甾-4-烯-3,20-二酮（11-27）制备 11β-羟基-$16\alpha,17\alpha$-环氧-孕甾-4-烯-3,20-二酮（11-28）工艺中，工业生产菌株的选择是关键的一步，目前国内一般都采用蓝色犁头霉 AS 3.65 为工业生产菌株，但是由于其 C_{11}-β-羟化酶活力以及氧化专一选择性不强，转化过程中伴有不少的副产物生成，如同时生成 C_{11}-α-羟化物和其他羟化物等：

（2）蓝色犁头霉发酵工序影响因素较多，pH 控制、培养基组成、杂菌污染、通气量等都影响转化率。我国生产工艺转化率尚在 45% 左右，而国际上已达 80% 以上；投料浓度亦低，这是当前国内生产工艺上存在的主要问题。

（3）底物的投料方式对反应有较大影响。$16\alpha,17\alpha$-环氧-孕甾-4-烯-3,20-二酮（11-27）是一种疏水性甾族化合物，在水性介质中溶解度小，使得底物与微生物细胞不能很好接触，从而导致转化率较低，发酵时间过长。若使用传统方法如加入丙二醇、乙醇，则毒害微生物细胞，且用量也存在限制。通常将底物微粒化，以增加比表面积，增加甾体在发酵液中的溶解度，也可加入环糊精。

（4）生物氧化终点的确定采用比色法。由于 $16\alpha,17\alpha$-环氧-孕甾-4-烯-3,20-二酮（11-27）与浓硫酸作用显色，因此可取出一定量的发酵液用氯仿-四氯化碳混合溶剂提取，提取液加入浓硫酸后呈现红色，它与预先配制的标准比色液（氯化钴溶液）进行比色测定，以确定反应终点。

二、11β-羟基-16α,17α-环氧-孕甾-1,4-二烯-3,20-二酮的制备

（一）工艺原理

由简单节杆菌可将底物 11β-羟基-16α,17α-环氧-孕甾-4-烯-3,20-二酮（11-28）的 A 环 $\Delta^{1,2}$脱氢，生成 11β-羟基-16α,17α-环氧-孕甾-1,4-二烯-3,20-二酮（11-29）。

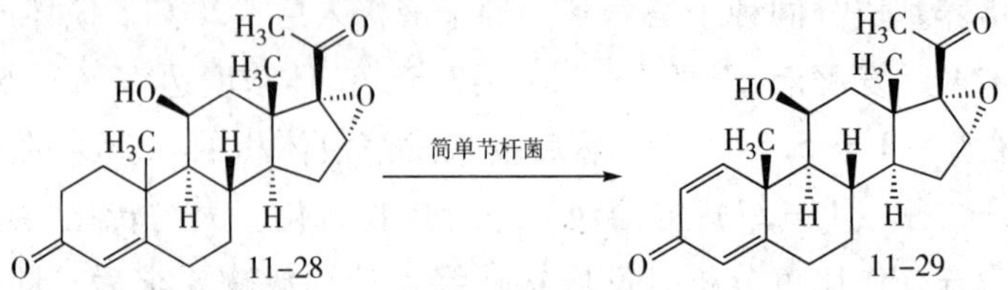

（二）工艺过程

培养基配比：葡萄糖 3%，玉米浆 2%，磷酸氢二钾 0.2%，硝酸钠 0.2%，磷酸二氢钾 0.5%，硫酸镁 0.05%，氯化钾 0.02%，硫酸亚铁 0.02%。

将简单节杆菌接入发酵罐内，进行二级培养。20 小时后，测定菌量、pH、酶活力等项目，如均属正常即称取底物 11β-羟基-16α,17α-环氧-孕甾-4-烯-3,20-二酮（11-28），用乙醇溶解后投入罐内，进行氧化。48 小时以后，开始取样进行分析，若反应完全，即可加热放料，发酵液用乙酸丁酯提取产物（11-29）。

（三）反应条件及影响因素

（1）早期认为，Δ^1脱氢酶的机制是首先生成含羟基的中间体，然后脱水形成双键。通过假单胞菌对 Δ^4-3-酮类甾体及 1-羟基-Δ^4-3-酮类甾体的 C-1,2 位脱氢的比较，发现微生物的脱氢转化反应不是先经过羟基化脱水的过程，而是直接脱去 C-1,2 位上的氢。甾体 A 环 C-1,2 位的脱氢过程中有黄素酶参与，反应机制如图 11-1 所示。

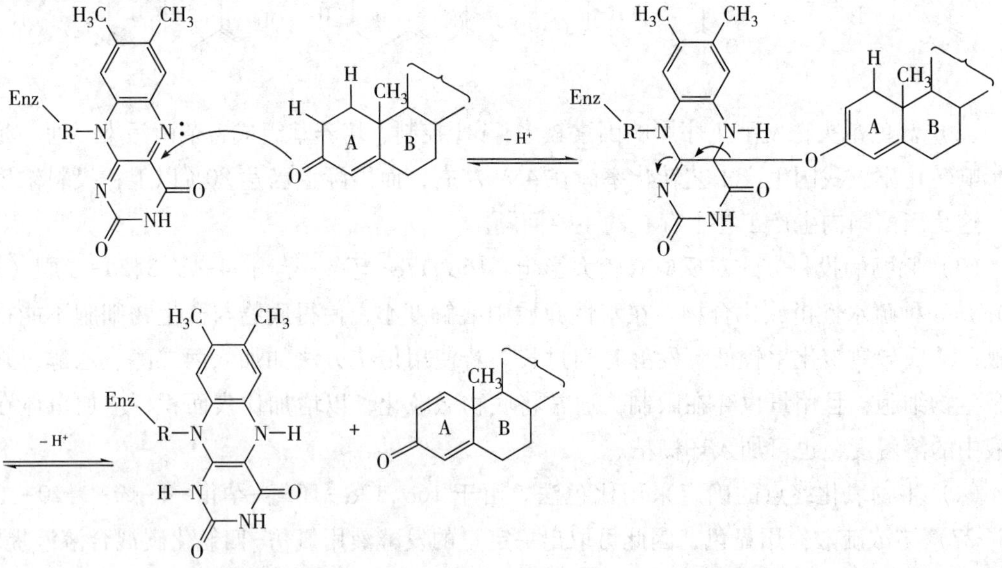

图 11-1　甾体激素 C-1,2 位脱氢反应机制

（2）从底物 11β-羟基-16α,17α-环氧-孕甾-4-烯-3,20-二酮（11-28）制备 $\Delta^{1,4}$脱氢产物（11-29）的工艺中，关键的一步是微生物发酵，该工序影响因素较多：培养基组

298

成、pH 控制、杂菌污染、通气量等都影响转化率。增加搅拌速度，可以增加溶氧及使底物均匀分散而提高转化率，增加氧气的供给也有利反应。培养基的组成对菌的生长和转化也有很大的影响，一般应考虑氮源、碳源、金属离子等。我国转化率尚在 45% 左右，国外生物发酵技术收率普遍为 60%~65%。投料浓度也低，这是当前工艺存在的主要问题。

（3）简单节杆菌的种子培养阶段不可染菌。在发酵罐中培养前期亦应保证无杂菌，当转化开始即脱氢阶段如遇染菌，根据情况可继续运转。投料基质颗粒应细。转化终点用色谱法测定，并以显微镜检查，应为片状结晶，提取浓缩时，真空度要高，温度要低。

（4）经简单节杆菌转化时，Co^{2+} 的加入对产物的积累起决定性作用。如果不加入 Co^{2+}，转化需较长时间，原料及产物也全部破坏。因此 Co^{2+} 是简单节杆菌 $\Delta^{1,4}$ 脱氢反应的有效甾核降解酶（9α-羟化酶）的抑制剂。在转化中，添加抑制剂有利于稳定产物积累。加 Co^{2+} 的时间和量也对生物转化有影响，在诱导时加入抑制剂比投料时加入产物积累多。加入 Co^{2+} 的量少，产物积累也相应少，但 Co^{2+} 的量大，底物转化很慢，周期延长，有时甚至几乎不转化。

（5）甾体的微生物转化与一般的氨基酸和抗生素发酵不同，转化产物不是微生物的代谢产物，而是利用微生物的酶对甾体底物的某一部位进行特定的化学反应来获得一定的产物。甾体化合物的生物转化是在固液两相中进行的，底物的颗粒度小，使接触表面积增大，有利于转化。采用溶媒法，可能对菌种有毒害作用。

三、16α,17α-环氧-孕甾-1,4,9(11)-三烯-3,20-二酮的制备

（一）工艺原理

由 11β-羟基-16α,17α-环氧-孕甾-1,4-二烯-3,20-二酮（11-29）经维尔斯迈尔-哈克-阿诺德反应（Vilsmeier-Haack-Arnold 反应），脱除 C-11 位羟基，形成 $\Delta^{9,11}$ 双键，制备 16α,17α-环氧-孕甾-1,4,9(11)-三烯-3,20-二酮（三烯物，11-30）。

11-29　　　　$\xrightarrow{\text{PCl}_5,\ \text{DMF}}$　　　　11-30

（二）工艺过程

在反应罐内投入 11β-羟基-16α,17α-环氧-孕甾-1,4-二烯-3,20-二酮（11-29）和二甲基甲酰胺，冷却至 -80~-70℃，加入五氯化磷，30 分钟内加完后升温至 -50~-45℃，反应 3~4 小时。加水，控制温度在 -20~-15℃。中和，温度低于 60℃，维持 pH 7~8。浓缩，过滤，干燥，得 16α,17α-环氧-孕甾-1,4,9(11)-三烯-3,20-二酮（11-30）。

（三）反应条件及影响因素

（1）五氯化磷和二甲基甲酰胺反应形成氯代亚胺盐，即维尔斯迈尔-哈克-阿诺德试剂（Vilsmeier-Haack-Arnold 试剂），然后与甾环 11 位醇羟基反应，可区域选择性脱氢，生成三烯物（11-30）。

11-29

11-30

（2）Vilsmeier-Haack-Arnold 试剂的制备常在氯代烷烃或氯代烯烃溶剂，如二氯甲烷、三氯甲烷、二氯乙烷等中进行。由于制备 Vilsmeier-Haack-Arnold 试剂是一个放热反应过程，N,N-二取代甲酰胺衍生物和无机酸性卤化剂混合时需要用冰水冷却。很多情况下，也常用过量二甲基甲酰胺作为溶剂。反应时间长短不一，有时几十分钟至数小时，有时几乎无反应过程，直接将底物缓慢地加到 Vilsmeier-Haack-Arnold 试剂两组份混合物中即可发生。

（3）一般地，Vilsmeier-Haack-Arnold 试剂的用量是底物的数倍（摩尔量）甚至数十倍不等，当使用化学计量的 Vilsmeier-Haack-Arnold 试剂时，则需要长的反应时间。Vilsmeier-Haack-Arnold 反应经常是在形成相应的 Vilsmeier-Haack-Arnold 试剂后，再在低温或常温下加入反应底物。有时也使用分离后的 Vilsmeier-Haack-Arnold 试剂与底物反应。这一步骤的反应温度范围很宽，主要依赖于底物和 Vilsmeier-Haack-Arnold 试剂的反应活性。

（4）反应结束后，首先需要冷却，然后加入碱性水溶液进行水解得到相应的消除产物。

（5）在经典的 DMF-POCl$_3$ 条件下，多直接使用过量的 DMF 作为反应溶剂。以至于新形成的 Vilsmeier-Haack-Arnold 试剂仍可与 DMF 作用，生成亲电试剂。由于具有较低的反应活性和较大的体积，它与底物反应具有较高的区域选择性。

（6）Vilsmeier-Haack-Arnold 甲酰化反应的区域选择性一般进攻底物立体位阻小的位点，但电子效应例如底物的反应活性与加合物中间体的亲电能力，对反应的发生与产物形成速度的影响也很明显。

（7）Vilsmeier-Haack-Arnold 反应已用于规模化工业生产，但其含磷副产物会对环境带来不可避免的污染。因此，要尽量控制 Vilsmeier-Haack-Arnold 试剂中的无机酸性卤化剂组份的投料量，同时也须采取措施吸收酸性废气。

思考

Vilsmeier-Haack-Arnold 试剂在合成三烯物中的特点是什么？

四、孕甾-1,4,9(11),16-四烯-3,20-二酮的制备

（一）工艺原理

由 16α,17α-环氧-孕甾-1,4,9(11)-三烯-3,20-二酮（11-30）经亚铬盐破坏氧桥，制备孕甾-1,4,9(11),16-四烯-3,20-二酮（四烯物，11-31）。

（二）工艺过程

在反应釜内投入 16α,17α-环氧-孕甾-1,4,9(11)-三烯-3,20-二酮（11-30）并溶于乙醇，升温至 50℃ 至固体全部溶解。通入氮气保护，加入氯化亚铬的水溶液，于 50～60℃ 下反应 20 分钟。反应完全后，加水稀释，抽滤，用水冲洗滤饼至中性，干燥，得孕甾-1,4,9(11),16-四烯-3,20-二酮（四烯物，11-31）。

（三）反应条件及影响因素

（1）过量亚铬盐首先进攻甾体 D 环环氧桥上的氧，再与 C-16 位碳结合，最后脱去形成双键，推测反应机制如下。

（2）氯化亚铬易于空气中氧化，故新鲜制备，须在通入氮气保护下立即使用。

（3）反应完全后，须用水破坏未反应完全的亚铬盐。

（4）四烯物（11-31）作为地塞米松生产过程中一种重要的中间体，含一种约 10% 含量的杂质，此杂质经薄层层析显示与主产物点接近，极难分离。改用体积比为 1：1 的氯仿

和甲醇混合溶媒进行全溶，浓缩，后期加入含 70%~100% 四氢呋喃的四氢呋喃和丙酮混合溶媒，在混合溶媒中进行重结晶，过滤、干燥，得四烯物（11-31）精品。

五、17α-羟基-16α-甲基孕甾-1,4,9(11)-三烯-3,20-二酮的制备

（一）工艺原理

通过 Grignard 反应，制备 17α-羟基-16α-甲基孕甾-1,4,9(11)-三烯-3,20-二酮（11-32）。

（二）工艺过程

在反应罐中加入四氢呋喃，依次加入镁片和碘，将温度调至 50℃±5℃，滴加溴甲烷和四氢呋喃配制液，控制温度在 40℃±5℃，加完后保温 1 小时，得 Grignard 试剂。

在反应罐中加入孕甾-1,4,9(11),16-四烯-3,20-二酮（11-31）和含氯化亚铜的四氢呋喃溶液。降温至 -30℃±5℃，滴加 Grignard 试剂，取样经 HPLC 检测合格。加入氯化铵、双氧水并于 0±5℃反应 2 小时，取样经 HPLC 检测合格。通入空气，低温下氧化反应 1 小时左右。加入亚磷酸三甲酯，低温下继续反应 2 小时。分层，于 60℃±5℃浓缩，降温至 0±5℃，过滤，干燥，得 17α-羟基-16α-甲基孕甾-1,4,9(11)-三烯-3,20-二酮（11-32）。

（三）反应条件及影响因素

（1）Grignard 试剂与 Δ^{16}-20-酮衍生物进行 1,4 加成，反应过程中 Grignard 试剂从 Δ^{16}-20-酮的立体位阻小的背面进攻，形成 C-16α 甲基结构，期间加入 CuCl 的目的是提高 1,4 加成的区域选择性和加快反应速度。若不加 CuCl，1,4 加成与 1,2 加成的比例会小于 50%，而加入 CuCl 后 1,4 加成与 1,2 加成的比例则大于 90%。

（2）由于碘代烷最贵，而氯代烷的反应活泼性最差，所以常采用反应活泼性居中的溴代烷来合成 Grignard 试剂。单质碘对反应有催化作用，因此常常加入少量碘来促进 Grignard 反应。在合成此类 Grignard 试剂时，严格控制反应在较低温度下进行。

（3）Grignard 试剂非常活泼，可与空气中的氧、水、二氧化碳发生反应。因此，在制备时除保持试剂干燥外，还须隔绝空气。

（4）Grignard 试剂化学性质活泼，反应完成后需要淬灭。利用饱和的氯化铵水溶液提供质子，能够避免反应大量放热，破坏产品。Grignard 试剂与水反应，生成甲烷气体和氯化镁盐。

（5）Grignard 反应结束后加入双氧水，可以淬灭未反应完全的 Grignard 试剂。

（6）Grignard 反应通常选用绝对乙醚作溶剂。这是由于乙醚分子中的氧原子具有孤对电子，它可以和 Grignard 试剂形成可溶于溶剂的配合物。若使用其他溶剂如烷烃，反应生成物则会因不溶于溶剂而覆在金属镁表面，从而使 Grignard 反应终止。在以乙醚作溶剂的格氏反应中，由于乙醚的蒸气压较大，反应液被乙醚气氛所包围，因而空气中的氧和二氧化碳气体对反应的影响不甚明显。工业生产中为防止乙醚易燃易爆，一般选取沸点较高的四氢呋喃作为 Grignard 反应的良好溶剂，并可回收四氢呋喃。

（7）甾体的过氧羟基化仅发生在临近位置存在酮羰基的叔碳原子上，通常采用通入空气氧化，原因是空气氧的氧化能力较弱，不会影响 A 环 C-1,4 位和 B 环 C-9,11 位的碳碳双键。确切的反应机制迄今尚不完全清晰明确，推测其反应机制可能是一个链式过程，其过程如下：

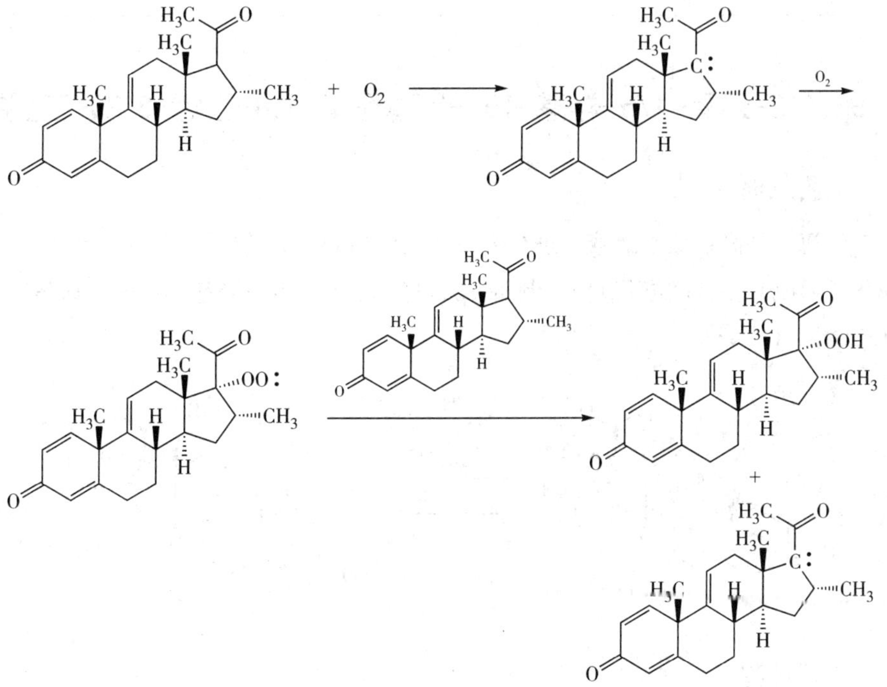

（8）亚磷酸三甲酯作为还原剂可将甾体 D 环的 C-17 位过氧化羟基还原成羟基。推测其可能的反应机制过程如下：

303

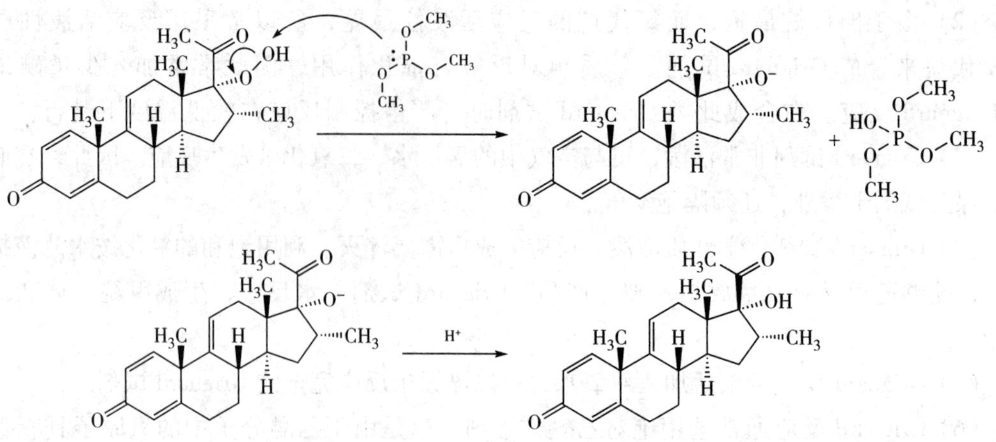

11-32

（9）由于还原剂亚磷酸三甲酯在室温条件下不会迅速地自然氧化，因此可以将过氧羟基化和还原反应一次性完成。通常，二甲基甲酰胺/叔丁醇是这一反应体系的最适溶剂，反应也迅速彻底，但后发现四氢呋喃/甲醇更有利于溶剂中产物分离纯化，但反应时间将比二甲基甲酰胺/叔丁醇溶剂系统延长一倍。二甲基亚砜/叔丁醇系统也可采用，缺点是反应温度须维持在 0~15℃，常常导致物料析出，若温度升高将造成收率降低。

思考

四烯物 D 环引入 16-甲基和 17-羟基的反应历程是什么？

六、9β,11β-环氧-17α-羟基-16α-甲基孕甾-1,4-二烯-3,20-二酮的制备

（一）工艺原理

通过二溴海因和高氯酸水溶液，进行 C-9 位上溴和 C-11 位引入羟基，然后再碳酸钾作用下脱溴化氢形成 C-9,11 位环氧桥，制备 9β,11β-环氧-17α-羟基-16α-甲基孕甾-1,4-二烯-3,20-二酮（11-33）。

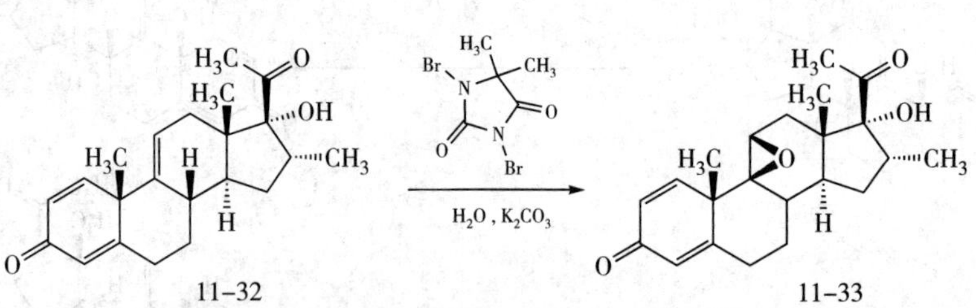

11-32 → 11-33

（二）工艺过程

将 17α-羟基-16α-甲基孕甾-1,4,9(11)-三烯-3,20-二酮（11-32）溶于四氢呋喃中，降温至 0℃以下，加入高氯酸水溶液。在 0℃以下分批加入二溴海因，通入空气，保温 1.5 小时。将温度升至 25~30℃，加入碳酸钾水溶液，保温 4~5 小时。用乙酸中和至 pH 7.0。过滤，浓缩，干燥，得 9β,11β-环氧-17α-羟基-16α-甲基孕甾-1,4-二烯-3,20-二酮（11-33）。

（三）反应条件及影响因素

（1）二溴海因（1,3-二溴-5,5-二甲基乙内酰脲）是一种特殊的溴化剂，须在强酸性条件下使用，与其他溴化剂例如 N-溴乙酰胺、N-溴丁二酰亚胺等溴化剂相比较，具有活性溴含量高、贮存稳定性好、使用经济等优点，广泛用于制药工业中的烯丙基及苄基化合物以及活泼芳环上的溴化。结构如下：

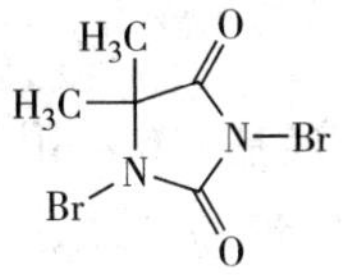

反应机制如下：

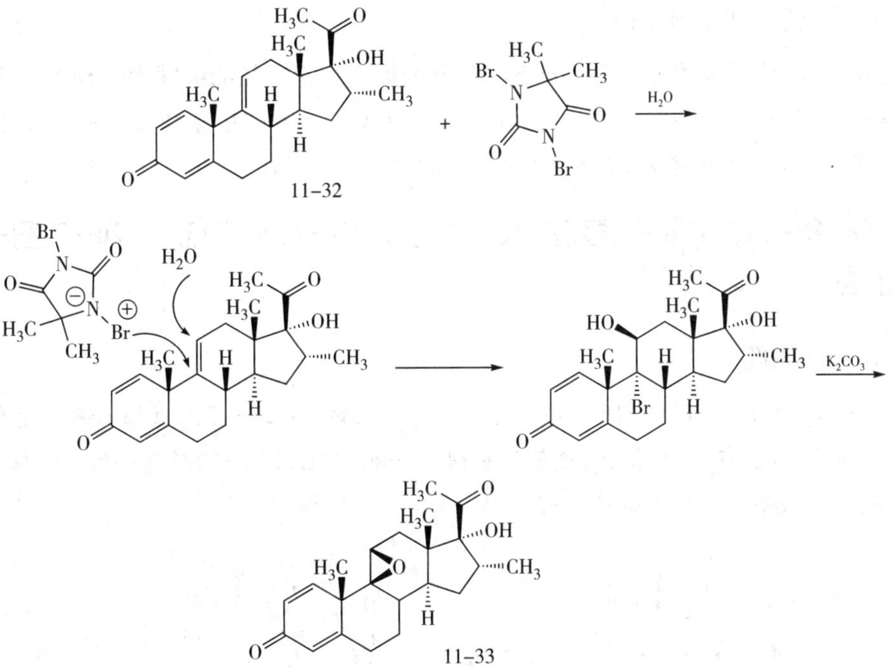

（2）碳酸钾水溶液对二溴海因溶解度较好，反应完成后，可用其进行中和。

（3）由于溴化反应是一个放热反应，故应在低温下进行。

思考

二溴海因是如何修饰甾体 C 环的双键，其反应历程怎样进行？

七、9α-氟-11β,17α-二羟基-16α-甲基孕甾-1,4-二烯-3,20-二酮的制备

（一）工艺原理

9β,11β-环氧-17α-羟基-16α-甲基孕甾-1,4-二烯-3,20-二酮（11-33）易与亲电试剂氟化氢发生加成反应，甾体 C 环的环氧桥打开，C-9 位引入 α-氟原子，C-11 位引入 β-羟基，得到 9α-氟-11β,17α-二羟基-16α-甲基孕甾-1,4-二烯-3,20-二酮（11-34）。

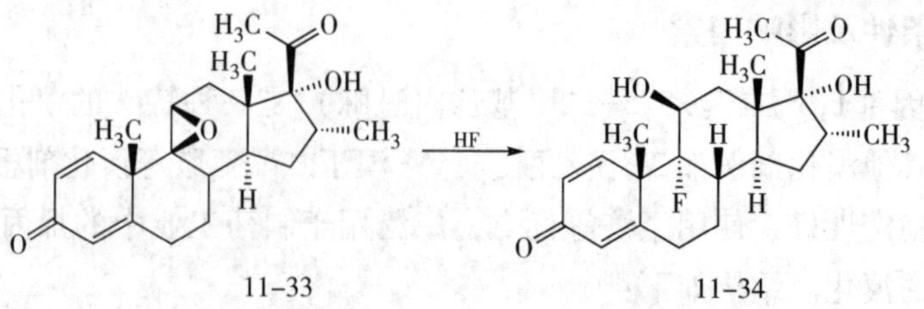

（二）工艺过程

反应罐中加入 9β,11β-环氧-17α-羟基-16α-甲基孕甾-1,4-二烯-3,20-二酮（9,11-环氧物，11-33）和四氢呋喃，搅拌，降温至-5℃。加入 47%氟化氢水溶液，并在-5～0℃维持反应 1 小时，薄层分析至无原料点。稀释于冰水中，使用氨水调 pH 至 7，过滤，干燥，得到 9α-氟-11β,17α-二羟基-16α-甲基孕甾-1,4-二烯-3,20-二酮（11-34）。

（三）反应条件及影响因素

氟化氢-水溶液质量浓度的变化对下一步醋酸地塞米松粗品的纯度影响较大。质量浓度偏低则反应不完全，质量浓度偏高则生成的副产物较多，造成粗品纯度降低。而粗品的纯度高，有利于提高下面醋酸地塞米松精制一步的收率及产品质量。

八、9α-氟-11β,17α-二羟基-16α-甲基孕甾-1,4-二烯-3,20-二酮-21-醋酸酯的制备

（一）工艺原理

9α-氟-11β,17α-二羟基-16α-甲基孕甾-1,4-二烯-3,20-二酮（11-34）经 C-21 位上碘代和置换两步反应，引入乙酰氧基，制得 9α-氟-11β,17α-二羟基-16α-甲基孕甾-1,4-二烯-3,20-二酮-21-醋酸酯（11-2）。

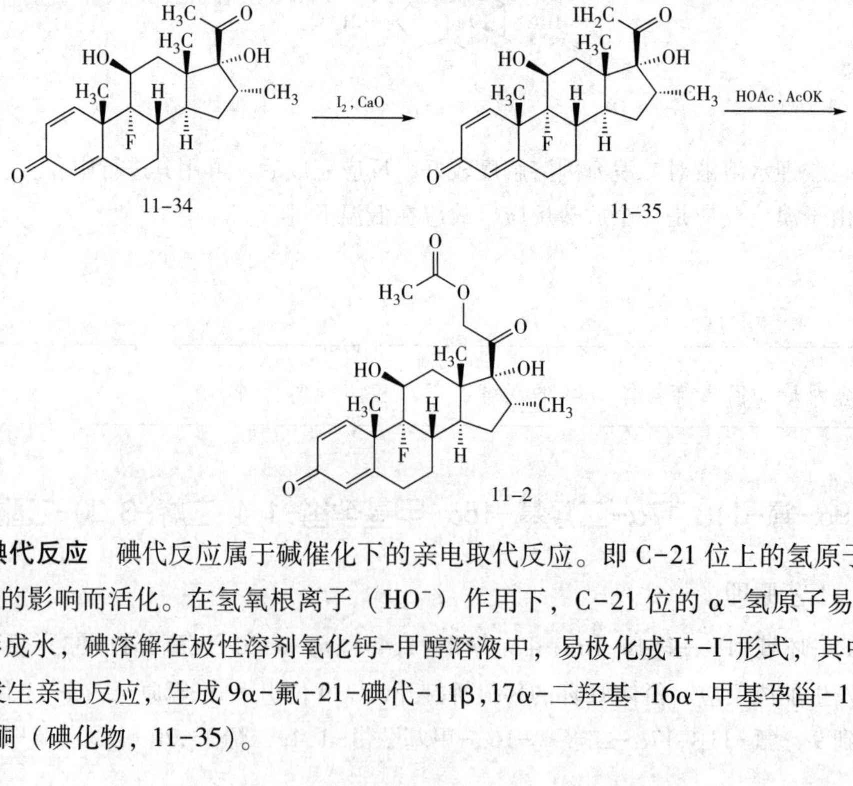

1. 碘代反应　碘代反应属于碱催化下的亲电取代反应。即 C-21 位上的氢原子受 C-20 位酮羰基的影响而活化。在氢氧根离子（HO^-）作用下，C-21 位的 α-氢原子易于离去并与 HO^- 形成水，碘溶解在极性溶剂氧化钙-甲醇溶液中，易极化成 I^+-I^- 形式，其中 I^+ 与 C-21 位碳发生亲电反应，生成 9α-氟-21-碘代-11β,17α-二羟基-16α-甲基孕甾-1,4-二烯-3,20-二酮（碘化物，11-35）。

2. 置换反应 酯化反应是亲核取代反应，乙酸钾需要在极性溶剂中解离为钾离子和乙酰氧负离子，以便于乙酰氧负离子向 C-21 作亲核进攻，并置换出碘负离子，因而反应体系中不能存在质子（H⁺），必须用非质子极性溶剂。

（二）工艺过程

在反应罐内投入氯仿及 1/4 量的氧化钙-甲醇溶液，再投入 9α-氟-11β,17α-二羟基-16α-甲基孕甾-1,4-二烯-3,20-二酮（11-34），并通入氮气保护。搅拌至固体全溶后加入氧化钙。搅拌下冷却至 10℃。将碘溶于其余 3/4 量的氧化钙-甲醇液中，缓慢滴入反应罐，约 3 小时内滴加完毕，期间保持温度在 10℃±2℃。滴毕，继续保温搅拌反应 1.5 小时。取样进行薄层分析，原料点消失，将反应液于 2% 氯化铵水溶液中稀释，搅拌 1 小时，静置，过滤，水洗至中性，得到碘化物湿品。碘化物性质不稳定，放置时间不宜过长，无须干燥，直接进入下一步。

反应罐中加入二甲基甲酰胺、乙酸、乙酸钾，再加入上述碘化物，室温搅拌 1 小时后升温至 35℃ 再搅拌 1 小时，之后再升至 60℃±2℃ 搅拌 2 小时。取样进行薄层分析确认反应终点，反应完全后降至室温，倒入饱和氯化钠水溶液中稀释，以氯仿提取产物三次，合并有机相，水洗至中性后，浓缩，小体积时加入乙酸，析出固体，0±2℃ 静置 2 小时，过滤，少量乙酸洗涤物料，干燥，得醋酸地塞米松（11-2），熔点 224~231℃。

（三）反应条件及影响因素

（1）碘代反应的催化剂是氢氧化钙，由于氢氧化钙会呈黏稠状，不易过滤造成后处理麻烦，生产上使用氧化钙，氧化钙与原料中所含的微量水及反应中不断生成的水作用，形成氢氧化钙，足以供碘代反应催化之用。为使氢氧化钙生成适当，应控制水分含量。

（2）必须除去过量的氢氧化钙，否则过滤困难会造成产品流失。有效的措施是加入氯化铵溶液使之与氢氧化钙生成可溶性钙盐而除去。反应中生成的碘化钙也能与氯化铵作用而除去。

（3）碘化物遇热易分解，在置换反应中反应温度宜逐步升高；一般在 1 小时内升至 25℃，然后 1 小时升至 35℃，再于 2 小时内逐步升温到 60℃±2℃。

（4）碘化物在二甲基甲酰胺中反应制备醋酸地塞米松（11-2）的工艺已应用多年，其优点是收率稳定，产物易精制。但二甲基甲酰胺价格较贵，单耗高，且应严格控制水分。

九、地塞米松的制备

（一）工艺原理

9α-氟-11β,17α-二羟基-16α-甲基孕甾-1,4-二烯-3,20-二酮-21-醋酸酯（11-2）经碱性条件下水解，制得地塞米松（11-1）。

（二）工艺过程

反应釜中加入甲醇和二氯甲烷，加入9α-氟-11β,17α-二羟基-16α-甲基孕甾-1,4-二烯-3,20-二酮-21-乙酸酯（11-2），通入氮气，并降温到10℃。于1小时内滴入2%氢氧化钠/甲醇溶液，期间保持温度10℃±5℃，反应2小时。薄层分析至无原料后，加入适量乙酸中和至pH 7，减压浓缩，乙酸乙酯中重结晶，得到地塞米松（11-1），熔点255～262℃。

（三）反应条件及影响因素

传统制备9α-氟-11β,17α-二羟基-16α-甲基孕甾-1,4-二烯-3,20-二酮（11-1）的生产工艺方法，为水解反应及精制两步间歇操作：以中间体21-醋酸酯为底物，将底物溶解于甲醇中，待固体全部溶解后加入碱催化剂进行水解反应，反应完全后用乙酸中和，将反应液减压浓缩至适当体积，加入大量的水使结晶析出，继续浓缩将甲醇蒸干后，降温，过滤，干燥；再进一步精制，即用适当体积的乙酸乙酯进行半溶热洗，过滤，干燥，得21-羟基物。其缺点是在进行水解反应时，底物21-醋酸酯和生成的地塞米松在碱性溶液条件下长时间存在，易造成甾体结构破坏。另外，所用甲醇量很大，浓缩时间过长，也生成很多副产物，导致21-羟基物的质量和收率都不高。后经摸索工艺，改为以含0%～10%氯仿的适量甲醇作为溶剂对底物21-醋酸酯进行半溶解，用碱作为催化剂进行水解反应，反应完全后用醋酸中和，将反应液减压浓缩至适当体积，降温，过滤，用水冲洗滤饼，干燥得21-羟基物（11-1）。

第四节　原辅材料的制备和污染治理

扫码"学一学"

一、原辅材料的制备

（一）薯蓣皂苷元的制备

地塞米松（11-1）的有机合成原料薯蓣皂苷（diosgenin，11-62）系由薯蓣皂苷元和糖两部分组成。糖部分是以两分子的鼠李糖和一分子的葡萄糖缩合而成。在酸性条件下水解，薯蓣皂苷的氧苷键断裂，分别得到薯蓣皂苷元（11-4）和糖部分。

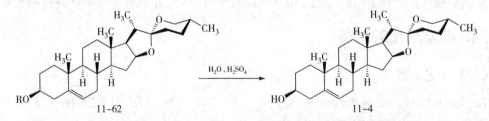

将穿地龙或黄山药等薯蓣科植物切碎，先用水浸泡数小时，放掉浸液，加入2.5倍体积的3%稀硫酸，在2.74×10^4 Pa压力下，加入热水，水解4～6小时，稍微冷却后，放掉酸液，出料，砸碎后，用水洗至pH 6～7，晒干。将干燥物投入提取罐，用7倍量的汽油反复萃取，萃取温度控制在60℃±2℃。将萃取液浓缩至一定体积，冷却析出结晶。过滤，得到薯蓣皂苷元（11-4），熔点195～205℃。

（二）乙酸孕甾双烯醇酮的制备

薯蓣皂苷元（11-4）裂解为乙酸孕甾双烯醇酮（11-9），这一反应过程实际上经历了消除开环、氧化开环、水解-1,4-消除等过程。

　　将薯蓣皂苷元（11-4）、乙酸酐、冰醋酸投入反应罐内，然后抽真空以排除空气。当加热至125℃时，开启压缩空气，使罐内压力为 $3.9×10^5～4.9×10^5$ 帕（4~5kg/cm²），温度为195~200℃。关掉压力阀，反应50分钟。反应毕，冷却，加入冰醋酸，用冰盐水冷却至5℃以下，投入预先配制的氧化剂（由铬酸、乙酸钠和水组成），反应罐内急剧升温，在60~70℃下保温反应20分钟。加热至90~95℃，常压蒸馏回收乙酸，再改减压继续回收乙酸到一定体积，冷却后，加水稀释。用环己烷提取，分出水层，有机萃取液减压浓缩至近干，加适量乙醇，再减压蒸馏带尽环己烷，再加乙醇重结晶，甩滤，用乙醇洗涤，干燥，得乙酸孕甾双烯醇酮（11-9）精制品，熔点165℃以上。

（三）16α,17α-环氧-孕甾-4-烯-3,20-二酮的制备

　　1. 工艺原理　乙酸孕甾双烯醇酮（11-9）经环氧化反应和Oppenauer氧化反应后，得16α,17α-环氧-孕甾-4-烯-3,20-二酮（11-27）。

　　在乙酸孕甾双烯醇酮（11-9）的分子中，Δ^{16} 和 C-20 羰基构成一个 α,β-不饱和酮的共轭体系，因此，这里的环氧化反应必须用亲核性环氧化试剂，即用碱性过氧化氢（双氧水）选择性环氧化 Δ^{16}。而分子中 Δ^5 双键为孤立双键，它不受碱性双氧水影响（孤立双键的环氧化反应必须用亲电性氧化试剂，如过酸等）。在 α,β-不饱和酮的环氧化反应中，实质上是过氧羟基负离子对 α,β-不饱和酮的亲核性加成反应。由于 C-17 位上的乙酰基位于甾环平面之上，过氧羟基负离子从空间位阻小的 α-面发起进攻，所得产物为 α-环氧环；与此同时，C-3 位上处于平伏键的酯基也水解为醇，得环氧化物（11-26）。

　　Oppenauer 氧化反应是将 C-3 位羟基氧化为酮基。在环氧化物（11-26）分子结构中，Oppenauer 氧化能选择性地把 C-3 位羟基的仲醇氧化为酮（11-27），而不影响分子结构中其他易被氧化的部分。

　　沃氏氧化反应催化系统的氧化剂为环己酮，催化剂为异丙醇铝，它的氧化历程可分为4

个阶段。

（1）烷氧基交换

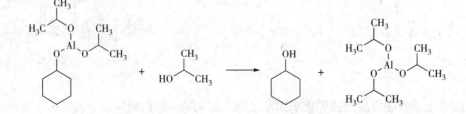

（2）氧化-阴离子的转移：环己酮的羰基上氧原子的未共用电子对进入铝原子的空轨道，而羰基碳原子则作为负氢的受体，接受甾体 C-3 位上的负氢离子进攻；整个反应在空间形成一个六元环的过渡态，随着电子的转移，C-3 位上的氧原子与铝原子断键，氢原子带着一对成键电子以负氢的形式转移到环己酮，C-3 位即形成酮基。

（3）双键位移重排：C-3 位上的酮基与 C-4 位上的活泼氢烯醇化，两个双键形成共轭体系，当恢复为酮基时，氢加在共轭体系的末端 C-6 位上，使双键转位到 C-4 位、C-5 位之间。

（4）异丙醇铝的再生（烷氧基的交换）：将乙酸孕甾双烯醇酮（11-9）和甲醇抽入反应罐内，通入氮气，在搅拌下滴加 20% 氢氧化钠溶液，温度不超过 30℃。加毕，降温至 22℃±2℃，逐渐加入过氧化氢，控制温度在 30℃ 以下。加毕，保温反应 8 小时，抽样测定双氧水含量在 0.5% 以下。环氧物（11-26）熔点在 182~184℃ 以上，即为反应终点。静置，析出，得熔点 184~190℃。用焦亚硫酸中和反应液到 pH 7~8，加热至沸，减压回收甲醇，用甲苯萃取，热水洗涤甲苯萃取液至中性，甲苯层用常压蒸馏带出水，直到馏出液澄清为止。加入环己酮，再蒸馏带出水直到馏出液澄清。加入预先配制好的异丙醇铝，再加热回流 1.5 小时，冷却到 100℃ 以下，加入氢氧化钠溶液，通入蒸汽，进行水蒸气蒸馏带出甲苯，趁热滤出粗品，用热水洗涤滤饼至洗涤液呈中性。干燥滤饼，用乙醇精制，甩滤，滤饼经颗粒机过筛、粉碎、干燥，得到 16α,17α-环氧-孕甾-4-烯-3,20-二酮（11-27），熔点 207~210℃，收率 75%。

二、污染物治理

在地塞米松（11-1）生产工艺中，主要的污染物是含铬废水。含铬废水对环境和人体均产生危害。对于制药企业排放的无机物废水，铬含量是重要的监测项目。因此，必须对含铬废水进行严格治理。我国颁布的《环境保护法》和《水污染防治法》中明确规定，排放的含铬废水中，Cr^{6+}的最大允许浓度为 0.5mg/L。

Cr^{6+}氧化价高，离子半径小，在水中以 H_2CrO_4、$HCrO_4^-$、CrO_4^{2-} 和 $Cr_2O_7^{2-}$ 等多种形式存在，因此，含铬废水的处理方法是对铬的多种离子形式而言的，这些方法包括化学还原法、活性炭吸附法、反渗透法和离子交换法等。

简单节杆菌脱氢发酵液、地塞米松（11-1）发酵提取液、地塞米松（11-1）氧桥乙酰化废水等均可用厌氧处理，最高处理负荷可达到 COD 7.11kg/(m·d)，COD 去除率为 89.76%，总产气量为 3.94m³/(m·d)，处理过程中，厌氧污泥应维持在 140g/L 以上。用番麻为原料生产番麻皂苷元（11-5）可用上流式好氧接触氧化柱进行处理，在进水 COD 浓度在 2500~3600mg/L 时，出水可达 COD 114mg/L，容积负荷可达 COD 5.24kg/m³，COD 去除率为 93.30%。但出水色度呈淡茶色，可用次氯酸钙或次氯酸钠进行氧化脱色，经处理后的出水对鱼类已无毒性，其皂苷元的含量已降低到 9~17mg/L 以下。

重点小结

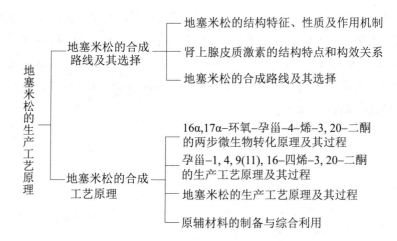

地塞米松的生产工艺原理
- 地塞米松的合成路线及其选择
  - 地塞米松的结构特征、性质及作用机制
  - 肾上腺皮质激素的结构特点和构效关系
  - 地塞米松的合成路线及其选择
- 地塞米松的合成工艺原理
  - 16α,17α-环氧-孕甾-4-烯-3,20-二酮的两步微生物转化原理及其过程
  - 孕甾-1,4,9(11),16-四烯-3,20-二酮的生产工艺原理及其过程
  - 地塞米松的生产工艺原理及其过程
  - 原辅材料的制备与综合利用

扫码"练一练"

（马玉卓）

第十二章　盐酸地尔硫䓬的生产工艺原理

📖 学习目标

1. **掌握**　盐酸地尔硫䓬的整个生产工艺原理及其过程，以及主导生产过程的控制因素及相应条件因素；尤其是工艺拆分以及 *L-cis-*副产物的外消旋化的方法和手段。

2. **熟悉**　借助于盐酸地尔硫䓬的生产过程，手性药物的获取途径和方法，以及合成工艺路线的选择和评价的原则；选择性氧化试剂 IBX 的应用。

3. **了解**　盐酸地尔硫䓬的药理作用、临床用途以及原料药的质量标准。同时，对于综合利用以及"三废"治理方法也能有进一步的体会和认识。

扫码"学一学"

第一节　概　述

一、简介

盐酸地尔硫䓬（diltiazem hydrochloride）又名硫氮䓬酮、恬尔心，化学名为顺 -(+)-5-[(2-二甲氨基)乙基]-2-(4-甲氧基苯基) -3-乙酰氧基-2,3-二氢-1,5-苯并硫氮杂䓬-4(5*H*) -酮盐酸盐［cis-(+)-5-[2-(dimethylamino)ethyl]-2-(4-methoxyphenyl)-3-(acetyloxy)-2,3-dihydro-1,5-benzothiazepin-4(5*H*)-one hydrochloride,12-1］，其经过碱化后，即为游离的地尔硫䓬（12-2）。

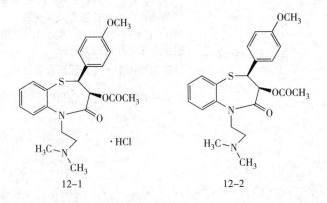

二、质量标准

【通用名称】盐酸地尔硫䓬

【英文名】DILTIAZEM HYDROCHLORIDE

【汉语拼音】Yansuan Di'erliuzhuo

【活性成分】本品为顺-(+)-5-[(2-二甲氨基)乙基]-2-(4-甲氧基苯基)-3-乙酰氧基-2,3-二氢-1,5-苯并硫氮杂䓬-4 (5*H*)-酮盐酸盐。按干燥品计算，含 $C_{22}H_{26}N_2O_4S \cdot$

HCl 不得少于 98.5%。

【性状】　本品为白色或类白色的结晶或结晶性粉末；无臭，味苦。在水、甲醇或氯仿中易溶，在乙醚或苯中不溶。

比旋度　取本品，精密称定，加水溶解并定量稀释制成每 1ml 中含 10mg 的溶液，依法测定，比旋度应为 +115°～+120°。

【鉴别】　（1）取本品约 50mg，加盐酸溶液（9→100）1ml 溶解后，加硫氰酸铵试液 1ml、8% 硝酸钴溶液 1ml 与氯仿 5ml，充分振摇，静置，氯仿层显蓝色。

（2）取本品，加盐酸液（0.01mol/L）制成每 1ml 中约含 10μg 的溶液，照分光光度法（通则 0401）测定，在 236nm 的波长处有最大吸收。

（3）本品的红外光吸收图谱与对照的图谱（光谱集 337 图）一致。

（4）本品的水溶液显氯化物鉴别（1）的反应。

【检查】　酸度　取本品 0.20g，加水 20ml 溶解后，依法测定，pH 值应为 4.3～5.3。

溶液的澄清度　取本品 1.0g，加水 20ml 溶解后，溶液应澄清。

硫酸盐　取本品 1.0g，依法检查，与标准硫酸钾溶液 2.4ml 制成的对照液比较，不得更浓（0.024%）。

有关物质　取本品，加流动相溶解并稀释成每 1ml 中约含 1mg 的溶液，作为供试品溶液，加流动相制成每 1ml 中含 1.0mg 的溶液，作为供试品溶液；精密量取适量。用流动相稀释制成每 1ml 中含 5.0μg 的溶液，作为对照溶液。照高效液相色谱法试验，用十八烷基硅烷合硅胶为填充剂；以醋酸盐缓冲液（取 d-樟脑磺酸 1.16g，用 0.1mol/L 醋酸钠溶液溶解并释至 1000ml，用氢氧化钠试液调节 pH 至 6.2）-乙腈-甲醇（50∶25∶25）为流动相；检测波长为 240nm。取盐酸地尔硫䓬对照品适量，加乙醇溶液制成每 1ml 中约含 0.1mg 的溶液，取 5ml，滴加 0.1mol/L 氢氧化钠溶液 2 滴，充分振摇 1 分钟，滴加 0.1mol/L 盐酸溶液 2 滴，摇匀，取 20μl，注入液相色谱仪，盐酸地尔硫䓬的保留时间约为 9 分钟；理论板数按盐酸地尔硫䓬计算不低于 1200；盐酸地尔硫䓬峰与降解杂质脱乙酰地尔硫䓬峰（相对保留时间约为 0.65）的分离度应大于 2.5。取对照溶液 20μl，注入液相色谱仪，调节检测灵敏度，使主成分色谱峰的峰高约为满量程的 20%；再取精密量取供试品溶液与对照品溶液各 20μl，分别注入液相色谱仪，记录色谱图至主成分峰保留时间的 2 倍。供试品溶液色谱图中如有杂质峰，各杂质峰面积的和不得大于对照溶液的主峰面积（0.5%）。

干燥失重　取本品，在 105℃ 干燥至恒重，减失重量不得过 0.5%。

炽灼残渣　不得过 0.1%。

重金属　取本品 2.0g，依法检查，含重金属不得过百万分之十。

砷盐　取本品 1.0g，置 100ml 凯氏烧瓶中，加硝酸 5ml 与硫酸 2ml，烧瓶口装一小漏斗，小心加热直至发生白烟，冷却后加硝酸 2ml，加热，再加硝酸 2ml，加热，然后加浓过氧化氢溶液数次，每次 2ml，加热直至溶液呈无色或微黄色，放冷后加饱和草酸铵溶液 2ml，再次加热至发生白烟，放冷后加水至 23ml，加盐酸 5ml 作为供试溶液，依法，应符合规定（0.0002%）。

【含量测定】　取本品约 0.3g，精密称定，加无水甲酸 2ml 溶解后，加醋酐 30ml、醋酸汞试液 5ml 与萘酚苯甲醇指示液 2 滴，用高氯酸液（0.1mol/L）滴定，至溶液显绿色，并将滴定的结果用空白试验校正。每 1ml 的高氯酸液（0.1mol/L）相当于 45.10mg 的 $C_{22}H_{26}N_2O_4S \cdot HCl$。

【类别】钙通道阻滞药。

【贮藏】遮光，密封保存。

【制剂】盐酸地尔硫䓬片；盐酸地尔硫䓬缓释片。

三、临床药理

盐酸地尔硫䓬是一种苯并硫氮杂䓬类钙离子拮抗剂，阻滞 Ca^{2+} 进入细胞内，能够扩张冠状动脉，防止和缓解冠状动脉痉挛，同时增加冠状动脉血流，改善心内膜下心肌灌注，通过直接抑制 Ca^{2+} 内流，减弱房室结传导和延长房室结有效不应期，能够降低血压和心率，控制室上性心律失常，减少心肌耗氧量，减少氧自由基的生成以及降低血小板聚集功能。与其他同类药物如维拉帕米、硝苯地平相比，盐酸地尔硫䓬在降压同时无反射性心率加快，不增加心肌耗氧量，对心脏具有保护作用，是安全有效的治疗冠心病、高血压及心律不齐的药物。

第二节　合成路线及其选择

扫码"学一学"

由于盐酸地尔硫䓬分子结构中有两个手性碳原子 C_2 和 C_3，可以产生 4 个立体异构体，其中只有 $(2S,3S)$-异构体具有药理活性，因此其立体选择性合成具有很大的挑战性。

地尔硫䓬的制备方法主要有二大类，即不对称合成法和拆分法（生物酶拆分法和化学拆分法）。

一、不对称合成法

手性是大自然的基本属性，不对称合成是人为创造的使化学反应在不对称环境中进行，随着不对称合成研究的逐步深入，出现了许多新的不对称合成方法和试剂，为地尔硫䓬的不对称合成提供了可能性和现实性，主要方法如下：

1. 不对称催化环氧化　1985 年，Hyogo 等采用 Sharpless 不对称催化环氧化，成功地合成了关键手性中间体 $(2R,3S)$-3-(4-甲氧基苯基)-2,3-环氧丙酸甲酯（12-5），然后手性环氧丙酸甲酯开环、与邻硝基苯硫酚硫代、硝基还原，得到关键中间体 cis-3-(4甲氧基苯基)-3-(2-氨基苯硫基)-2-羟基丙酸甲酯（12-8），最终得到产物地尔硫䓬（12-2）。

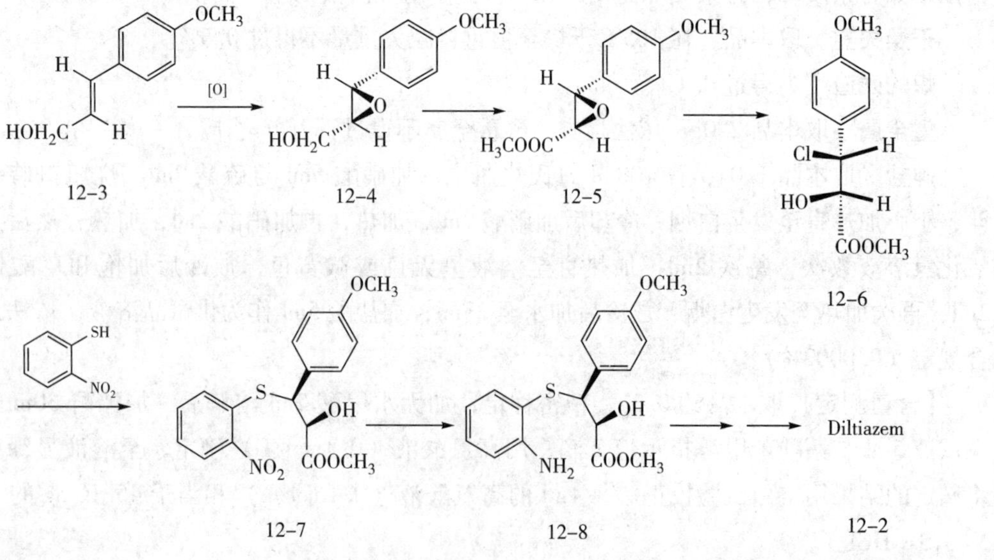

1998 年，Ozaki 等使用新的手性环氧化催化剂大环酮（12-10），用 Oxone 试剂成功的对 *trans*-3-（4-甲氧基苯基）丙烯酸甲酯（12-9）进行不对称环氧化，制得地尔硫䓬手性中间体（2*R*,3*S*)-3-（4-甲氧基苯基)-2,3-环氧丙酸甲酯（12-5）。

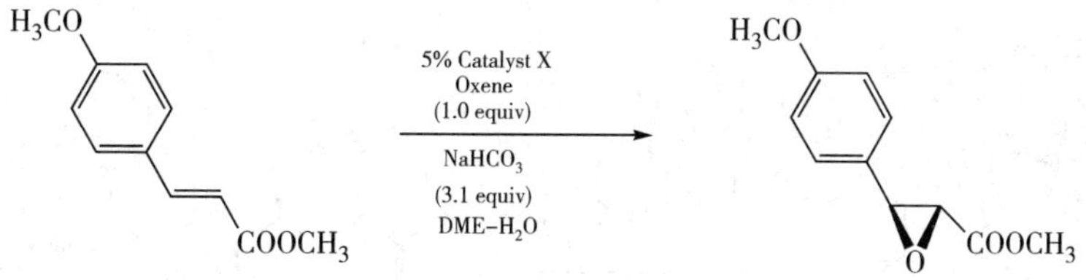

H₃CO ... 5% Catalyst X / Oxene (1.0 equiv) / NaHCO₃ (3.1 equiv) / DME-H₂O → ... COOCH₃

12-9　　12-5

X =

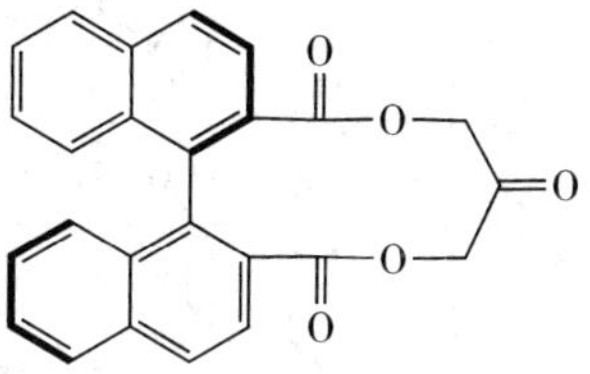

12-10

2. 手性辅基或试剂诱导的不对称亲核加成　1992 年，Schwartz 等成功地利用手性助剂（1*R*,2*S*)-2-苯基环己醇的氯乙酸甲酯（12-11）诱导的 Darzens 缩合反应，合成了对映体含量过半的中间体 4-甲氧基苯基-2,3-环氧丙酸-（2-苯基）环己酯（12-12 和 12-13）的混合物（62∶38），再利用二者在四氢呋喃中溶解性的差异，分离得到单一构型的（2*R*,3*S*)，(1*R*,2*S*)-（4-甲氧基苯基)-2,3-环氧丙酸-（2-苯基）环己酯（12-12），从而为地尔硫䓬的全合成提供了可能。

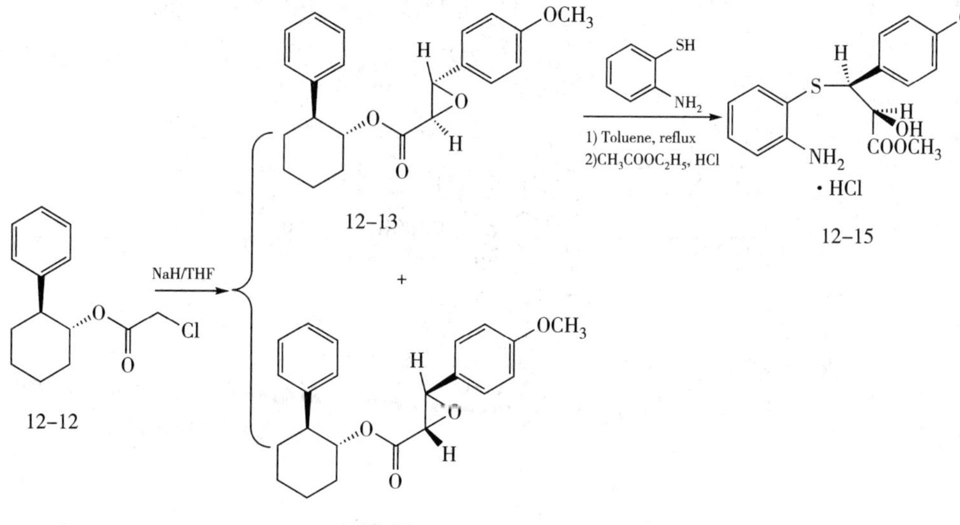

12-13

12-12　NaH/THF →

+

12-14

→ 1) Toluene, reflux / 2)CH₃COOC₂H₅, HCl →

12-15

1997 年，Miyata 等采用手性辅基诱导的非对映面识别亲核加成反应（diastereoface differenting nucleophilic addition reaction），实现了地尔硫䓬的不对称合成。

315

2001 年，Imashiro 等采用手性试剂诱导的向山羟醛反应（Mukaiyama aldol reaction），以三氯乙酸甲酯（12-22）为起始原料，制备关键中间体（12-24），再经过 Zn 还原、分子内环合，得到地尔硫䓬的手性中间体（2R,3S）-3-（4-甲氧基苯基）-2,3-环氧丙酸甲酯（12-5），为地尔硫䓬的合成提供了新的思路。

3. 手性试剂诱导的不对称还原　羰基等双键的不对称还原也是手性制备的常用方法。1996 年，Yamada 等发现在手性 α-氨基酸存在下，可以用 NaBH₄ 不对称还原环酮（12-28）得到地尔硫䓬前体化合物手性醇（12-21）。具有分支侧链的氨基酸，比如（S）-缬氨酸、（S）-异亮氨酸和（S）-叔亮氨酸都可作为手性源。王家荣等用（R）-扁桃酸及其衍生物作为手性源，用 NaBH₄ 还原化合物（12-28），同样获得手性酮（12-21），ee 值为 90%。

由于不对称合成法所用的手性试剂价格相对昂贵，来源受到限制，要求的实验条件相对苛刻，并且反应的收率也相对比较低，因此，地尔硫䓬的不对称合成方法目前还不能应用于工业化生产。

二、拆分法

1. 生物酶拆分法　1993年，Raymond采用脂肪酶催化的酯水解拆分的方法，将化合物（12-31）经过脂肪酶的催化水解拆分，分离得到化合物（12-32）和（12-33）。将化合物（12-33）经过多步反应即可获得地尔硫䓬的前体（12-21）。

1993年，Matsumae等发现黏质沙雷氏菌脂肪酶对（12-35）具有最高的对映选择性，利用此酶拆分方法可以得到地尔硫䓬的手性中间体（12-8），为地尔硫䓬的合成开发了一种新的方法。1999年，Yamada改进了此方法，第一步反应后增加一步氨化反应，将环氧丙酸甲酯转化为酰胺（12-36），避免了手性中间体（12-5）的强烈刺激性和对皮肤的伤害。

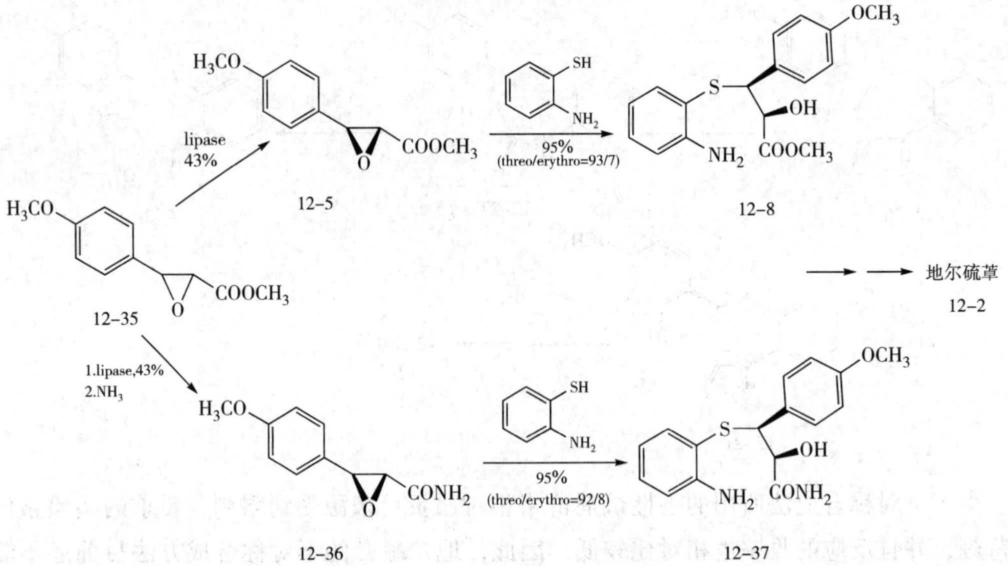

（图：12-35、12-5、12-8 反应路线；lipase 43%、95%（threo/erythro=93/7）、SH/NH₂、地尔硫䓬 12-2）

（图：12-35、12-36、12-37 反应路线；1.lipase,43% 2.NH₃、95%（threo/erythro=92/8））

2. 化学拆分法 文献报道的盐酸地尔硫䓬的化学拆分合成路线主要有 2 条，具体如下所示。

（1）合成路线一：路线一是以对甲氧基苯甲醛和氯乙酸甲酯为起始原料，经过 Darzens 缩合得到中间体 *DL-trans*-3-（4-甲氧基苯基）-2,3-环氧丙酸甲酯（12-35），再与邻氨基苯硫酚发生硫代反应得到中间体（12-36），然后经过 5% NaOH 水解、环合、*N*-烷基化、*O*-乙酰化反应得到目标产物地尔硫䓬（12-2）。

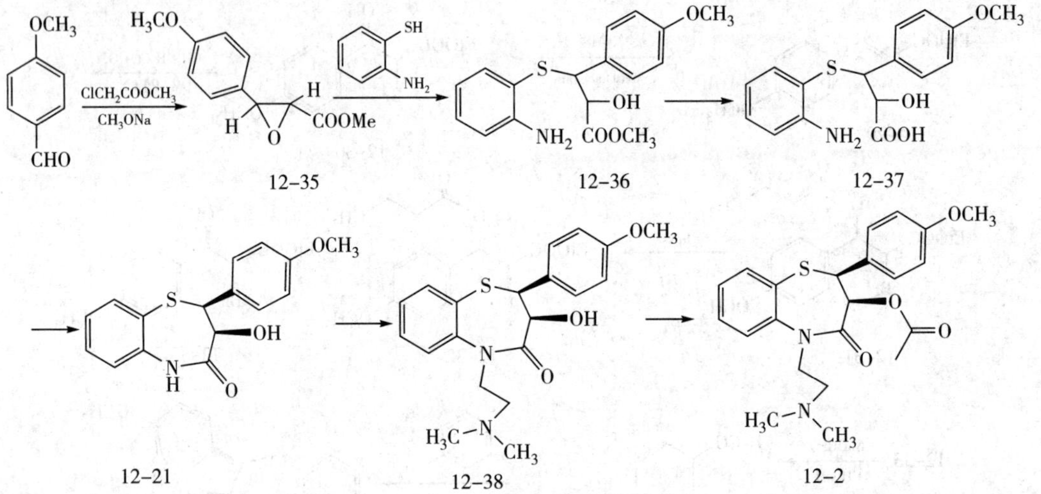

（图：对甲氧基苯甲醛 + ClCH₂COOCH₃/CH₃ONa → 12-35 → 12-36 → 12-37 → 12-21 → 12-38 → 12-2 反应路线）

由于地尔硫䓬合临床上只用其 *D-cis* 异构体，合成路线中的第一步反应 Darzens 缩合反应的产物 *DL-trans*-3-（4-甲氧基苯基）-2,3-环氧丙酸甲酯（12-35）为外消旋体，基于拆分过程前移，原料浪费越小，成本也越低，越经济的原则，对中间体的拆分选择至关重要。

在合成路线一中，报道的中间体拆分路线分述如下：

①*DL-trans*-3-（4-甲氧基苯基）-2,3-环氧丙酸甲酯（12-35）的拆分：中间体（12-35）是地尔硫䓬合成中的第一个手性中间体，如果能够成功地将它拆分将会有很大的工业化意义。文献报道采用 *L-α*-苯乙胺作为拆分剂进行中间体（12-35）的拆分。

此路线首先是 *DL-trans*-3-(4-甲氧基苯基)-2,3-环氧丙酸甲酯（12-35）于甲醇中在强碱氢氧化钾作用下水解生成相应的羧酸钾盐（12-39），然后再与 *L-α*-甲基苄胺在盐酸作用下生成 *L-trans*-3-(4-甲氧基苯基)-2,3-环氧丙酸-*L-α*-甲基苄胺非对映体盐（12-40）。再在甲醇溶液中，在氢氧化钾的作用下生成 *L-trans*-3-(4-甲氧基苯基)-2,3-环氧丙酸钾（12-41），然后与硫酸二甲酯或 2-氯甲基吡啶硫酸甲酯盐反应生成 *L-trans*-3-(4-甲氧基苯基)-2,3-环氧丙酸甲酯（12-5）。此拆分路线步骤较长，操作繁琐，且拆分试剂 *L-α*-甲基苄胺价格相对较贵。

②*DL-cis*-3-(4-甲氧基苯基)-3-(2-氨基苯硫基)-2-羟基丙酸甲酯（12-36）的拆分

对于中间体（12-36）而言，文献报道的拆分方法有 a 和 b 两种方法。

方法 a：采用的是诱导结晶法。将中间体（12-36）加入冰乙酸和异丙醇（*V/V*=7:20）的混合溶剂中，在一定温度下加入晶种，然后冷却，过滤，得到其中一种构型产物。母液浓缩，重新重复上述方法，得到另一构型产物。此种方法不需要任何拆分剂，所需成本较低，但对溶剂选择要求十分严格，并且对操作时的物料配比和拆分温度等都要严格控制，否则拆分效果较差，对映体含量达不到要求。另外，反应前需要加入晶种，一次操作很难达到理想效果，同时，一次拆分只得到了 35% 左右，光学纯度不高，拆分效率较低。所以，此方法限制了其工业化的应用。

方法 b：采用 L-(+)-酒石酸为拆分剂，将一定比例的乙酸、水和酒石酸的混合液加热，加入中间体（12-36），逐渐降温，酒石酸和中间体（12-36）的对映体盐缓慢形成，继续降温，过滤，得到单一构型的对映体盐（12-43），然后将其在二氯甲烷/水（V/V = 1：1）中解离，得到单一构型的 3-(4-甲氧基苯基)-3-(2-氨基苯硫基)-2-羟基丙酸甲酯（12-8），从母液中可回收另一构型的产物（12-42），经异丙醇重结晶即可。采用酒石酸拆分，对温度及溶剂选择较高，虽然如此，但是拆分效率较好，可达 77.2%，而且酒石酸价格便宜，具有工业化应用价值。

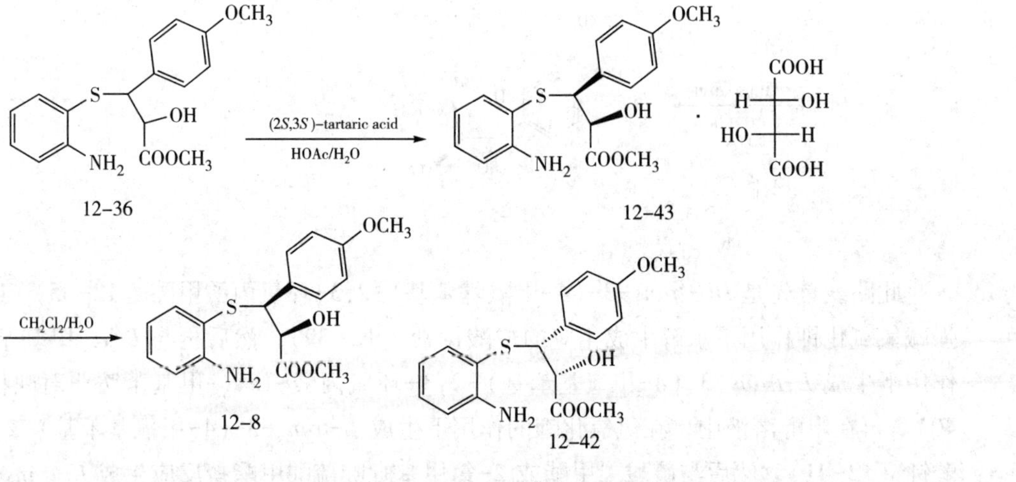

12-36　　(2S,3S)-tartaric acid / HOAc/H₂O　　12-43

CH₂Cl₂/H₂O

12-8　　12-42

③DL-cis-3-(4-甲氧基苯基-3-(2-氨基苯硫基)-2-羟基丙酸（12-37）的拆分　有关中间体（12-37）的拆分方法，主要是以 L-(+)-赖氨酸、D-α-苯乙胺和（1S,2S)-threo-1-苯基-2-氨基-1,3-丙二醇为拆分剂，拆分方法分别见方法 c、d、e。

方法 c：

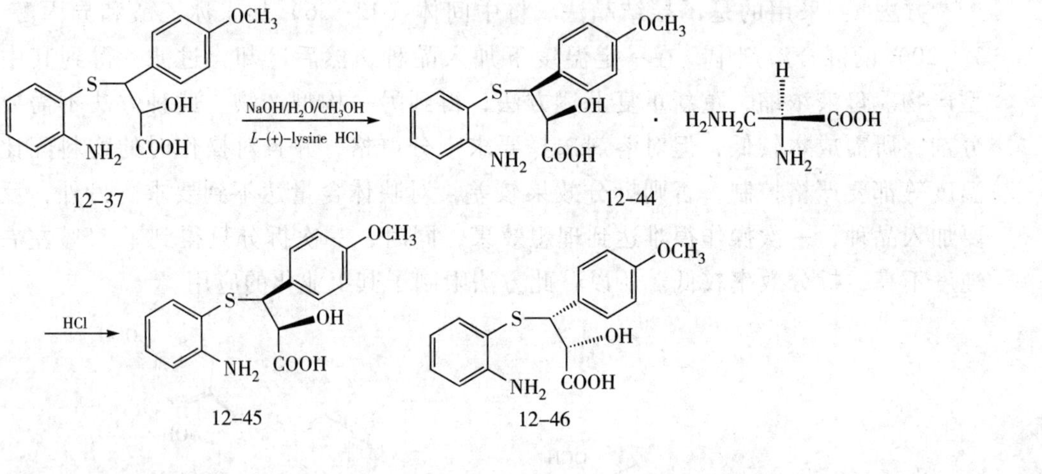

12-37　　NaOH/H₂O/CH₃OH / L-(+)-lysine·HCl　　12-44

HCl

12-45　　12-46

方法 d：

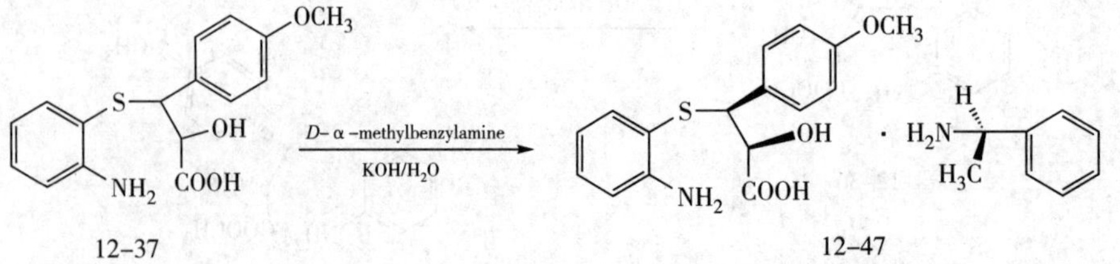

12-37　　D-α-methylbenzylamine / KOH/H₂O　　12-47

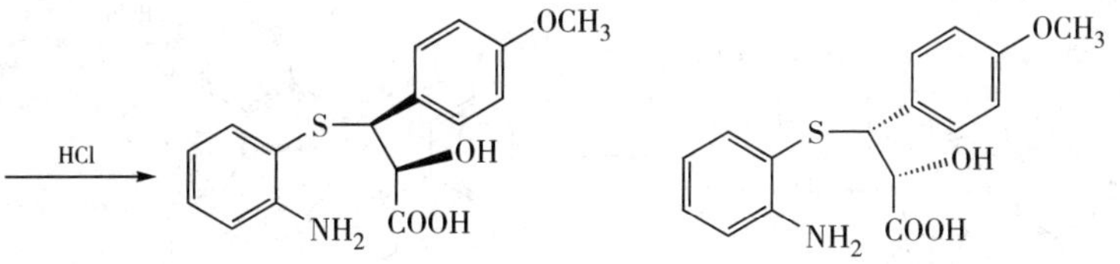

HCl →

12-45   12-46

方法 e：

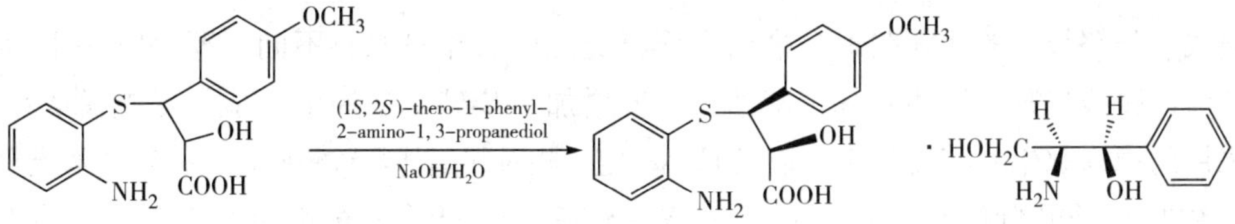

12-37 $(1S, 2S)$-thero-1-phenyl-
2-amino-1,3-propanediol
NaOH/H_2O
→   12-48

HCl →

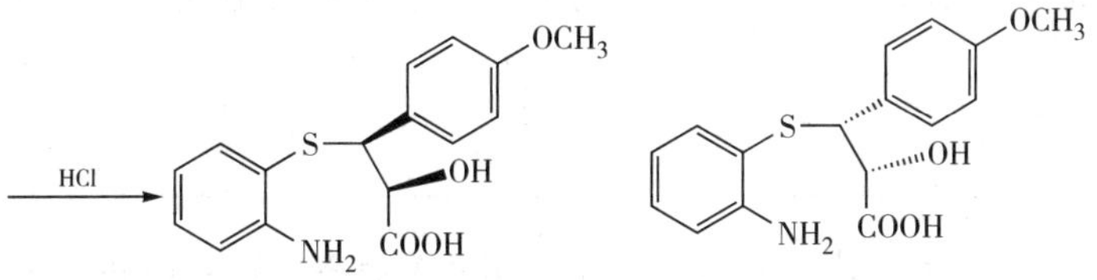

12-45   12-46

从上面的三种拆分方法可以看出，都是中间体（12-37）在氢氧化钾或氢氧化钠等碱性条件下，分别与不同拆分试剂生成非对映异构体盐，然后在酸性条件下解离，得到 D-cis-3-（4-甲氧基苯基）-3-（2-氨基苯硫基）-羟基丙酸（12-45）。三种拆分方法都可以得到高光学纯度的中间体（12-45），方法 c 和方法 d 的收率相当，而且操作条件简单，但是 D-α-苯乙胺的价格比较贵；方法 e 分离条件比较严格，而且拆分剂成本较高。

综上所述，对于中间体 DL-cis-3-（4-甲氧基苯基）-3-（2-氨基苯硫基）-2-羟基丙酸（12-37）的拆分，用 L-(+)-赖氨酸拆分更为合适。

（2）合成路线二：以对甲氧基苯甲醛和氯乙酸甲酯为起始原料，经过 Darzens 缩合得到中间体 DL-$trans$-3-（4-甲氧基苯基）-2,3-环氧丙酸甲酯（12-35），然后与邻硝基苯硫酚经硫代反应生成中间体 DL-cis-3-（4-甲氧基苯基）-3-（2-硝基苯硫基）-2-羟基丙酸甲酯（12-49），经硫酸亚铁还原得到中间体 DL-cis-3-（4-甲氧基苯基）-3-（2-硝基苯硫基）-2-羟基丙酸甲酯（12-36），再经过水解、拆分、环合、烷基化、乙酰化等多步反应得到目标化合物地尔硫草（12-2）。

$\xrightarrow[CH_3ONa]{ClCH_2COOCH_3}$ 12-35 $\xrightarrow{}$ 12-49

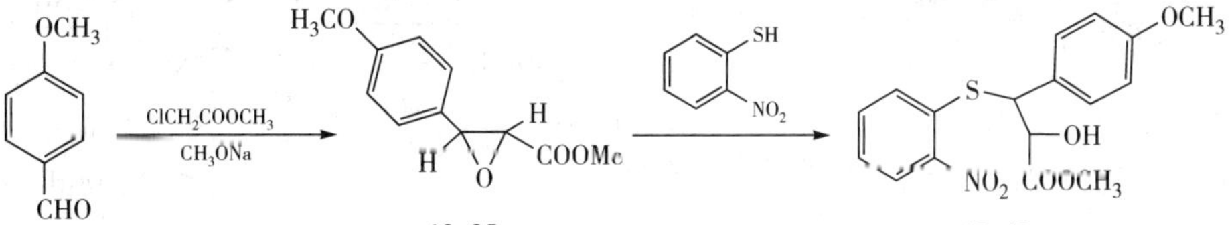

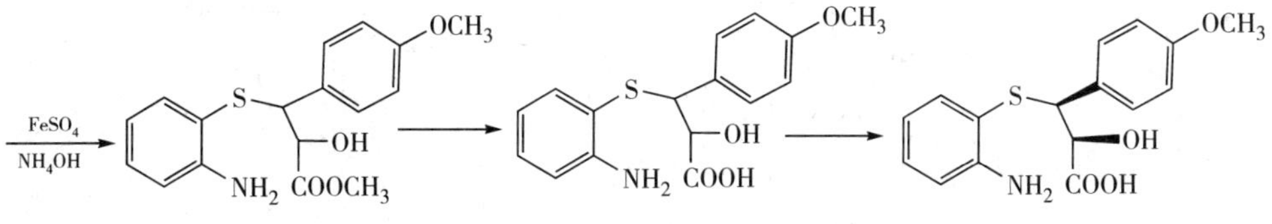

$\xrightarrow[NH_4OH]{FeSO_4}$ 12-36   →   12-37   →   12-45

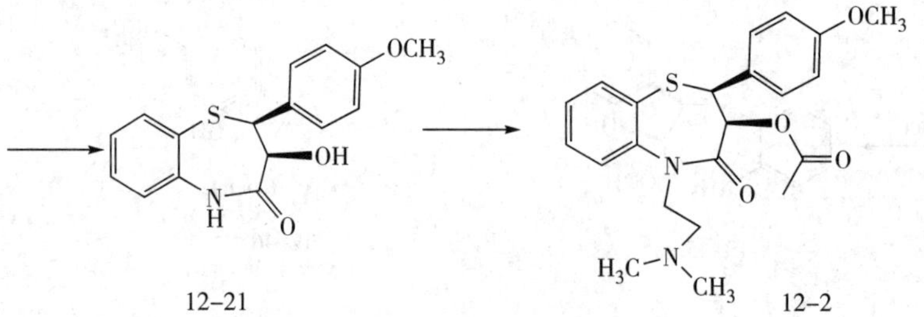

12–21 → 12–2

路线二与路线一的区别在于：第二步反应所使用的硫酚原料不同。即路线一采用邻氨基苯硫酚，路线二则采用邻硝基苯硫酚，需要增加一步硝基还原的反应，影响总收率。同时所采用的原料邻硝基苯硫酚不易制备且不稳定，相对邻硝基苯硫酚而言，邻氨基苯硫酚价廉且有来源供应，与中间体 *DL-trans*-3-（4-甲氧基苯基）-2,3-环氧丙酸甲酯（12-35）一步直接缩合，路线简短，操作简便。所以，路线一在工业化过程中具有一定的优势。

思考

结合以上的拆分路线方法，能否绘制出盐酸地尔硫䓬的合成路线图解？

扫码"学一学"

第三节　盐酸地尔硫䓬生产工艺原理及其过程

结合前人研究以及后续的工艺改进，最终形成了盐酸地尔硫䓬的工业化路线。以对甲氧基苯甲醛和氯乙酸甲酯为起始原料，经过 Darzens 缩合反应得到中间体 *DL-trans*-3-（4-甲氧基苯基）-2,3-环氧丙酸甲酯（12-35），与邻氨基苯硫酚发生硫代反应得到中间体 *DL-cis*-3-（4-甲氧基苯基）-3-（2-氨基苯硫基）-羟基丙酸甲酯（12-36），然后用 *L*-（+）-酒石酸拆分，得到中间体 *D-cis*-3-（4-甲氧基苯基）-3-（2-氨基苯硫基）-羟基丙酸甲酯（12-8），再直接环合制得中间体 *D-cis*-2-（4-甲氧基苯基）-3-羟基-2,3-二氢-1,5-苯并硫氮杂䓬-4（5H）-酮（12-21），最后再经过 N-烷基化、O-乙酰化、成盐反应得到目标产物盐酸地尔硫䓬（12-1），其生产工艺如下：

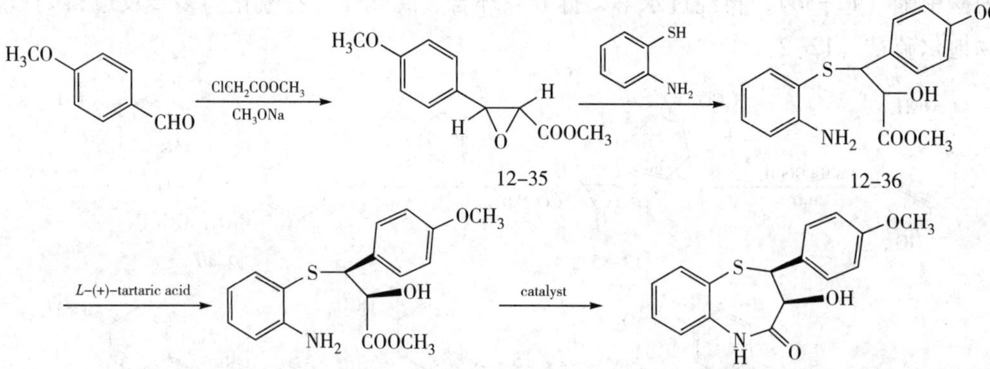

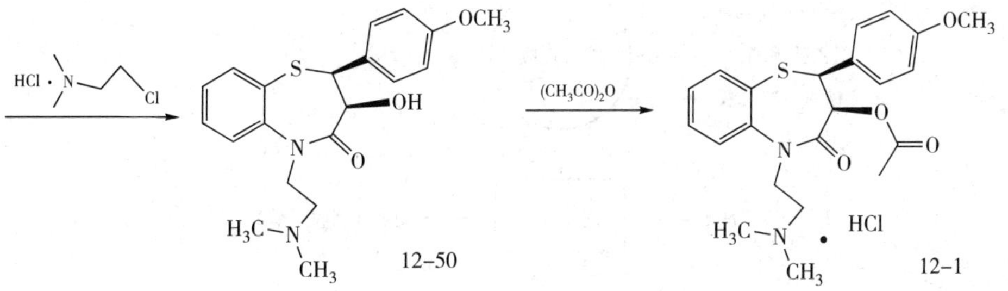

（图：化合物 12-50 经 (CH₃CO)₂O 反应生成化合物 12-1 的结构式）

一、DL-trans-3-（4-甲氧基苯基）-2,3-环氧丙酸甲酯的制备

1. 工艺原理 以对甲氧基苯甲醛和氯乙酸甲酯为基本原料，经过 Darzens 缩合制得化合物（12-35）。

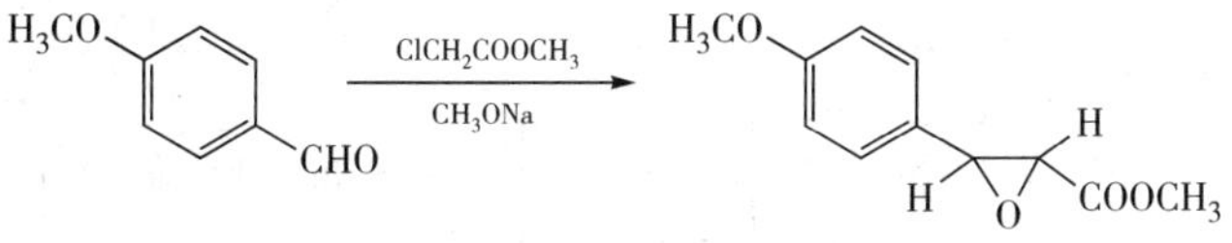

（图：对甲氧基苯甲醛经 ClCH₂COOCH₃ / CH₃ONa 反应生成化合物 12-35 的结构式）

在醇钠作用下，反应物 α-氯代乙酸甲酯失去质子，生成稳定的碳负离子，接着与对甲氧基苯甲醛的羰基进行亲核加成，得到一个烷氧负离子，氧上的负电荷以分子内 S_N2 机制进攻 α-碳，氯离子离去，形成 α,β-环氧酸酯。

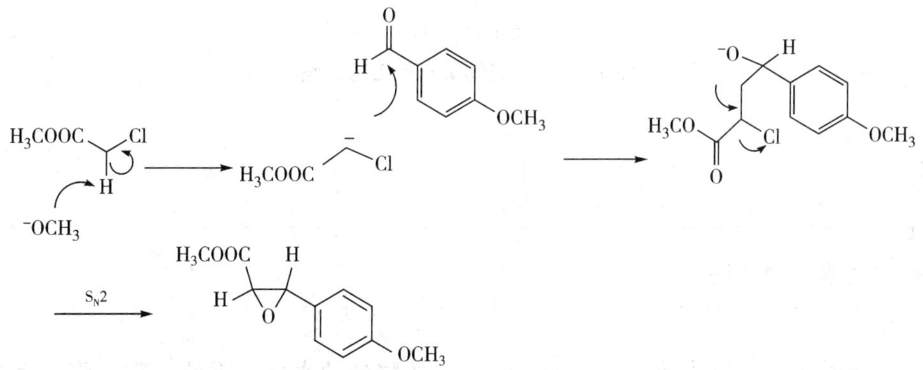

（图：Darzens 缩合反应机理示意图）

2. 工艺过程 将 15% 的甲醇钠的甲醇溶液放入不锈钢反应罐中，控制温度 -5～0℃，滴加对甲氧基苯甲醛和氯乙酸甲酯（1:1，摩尔比）的混合液，滴加完毕，然后在 -5～0℃ 保温反应 3 小时，然后升至室温反应 6 小时，反应结束。向反应罐中倒入冰水，搅拌 0.5 小时后离心过滤，滤饼用冰水洗涤，真空干燥。随后，用环己烷打浆后、甩料、干燥，得白色固体，收率 90%～93%，熔点 68～69℃。甲醇、环己烷回收套用。

中间体（12-35）的工艺流程，如图 12-1 所示。

3. 反应条件及影响因素

（1）水分的影响：从工艺原理可知，此反应体系对水分要求很严格，因为水分存在会使得甲醇钠转化为甲醇和氢氧化钠，而使得 Darzens 缩合反应难以实现。因此，可从以下两个方面进行水分的控制。

①原料的含水量：对甲氧基苯甲醛和氯乙酸甲酯的含水量要控制在 0.5% 以下。

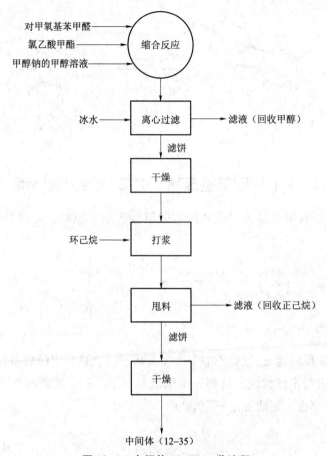

图 12-1　中间体 12-35 工艺流程

思考

原料中的水分如何测定？

同时，甲醇钠中氢氧化钠的存在会导致反应产物酯的水解，因此，需要将氢氧化钠在甲醇钠中的含量控制在 1% 以下。

思考

醇钠中，氢氧化钠的含量如何测定？

---

②设备清洗的水分：由于反应后处理是需要加入冰水来稀释反应体系的，反应罐使用后，不可避免要进行清洗备用。因此，在使用之前需要用夹套蒸汽干燥反应罐内部，以达到去除设备残余水分的目的。

（2）后处理条件：对于产物的后处理，文献报道的方法是加入冰水，过滤，干燥，用异丙醇重结晶。但是未反应原料以及副产物很难除去，对收率和质量都有所影响，而且重结晶虽然提高了产物的纯度，但是操作过程相对繁琐，且增加成本。实际上干燥后的粗品直接加入环己烷打浆分散，可以得到较纯产物，操作简单，设备需求少，且收率和质量都有所提高。

二、DL-cis-3-（4-甲氧基苯基）-3-（2-氨基苯硫基）-2-羟基丙酸甲酯的制备

1. 工艺原理

从反应机制上看，属于芳香环取代的环氧乙烷亲核开环反应。邻氨基苯硫酚结构中—SH 和—NH$_2$均是亲核试剂，可进攻苄位发生环氧乙烷的开环反应。因此，两者基团存在着竞争性开环反应，产生的杂质可能是 NH$_2$ 竞争性引起的，可能的副产物为化合物（12-51）。

同时，环氧乙烷的开环反应具有区域选择性，常需要酸碱催化。对于芳香环取代的环氧烷，亲核开环反应主要受电子效应控制，亲核试剂一般倾向去进攻环氧烷的苄位，质子酸或 Lewis 能有效催化该类型的反应。因此，对于此反应的另一个可能副反应也是开环反应的选择性问题引起的，—SH 可能进攻靠近酯基的 α-C 原子，得到副产物（12-52）。

2. 工艺过程

（1）邻氨基苯硫酚的制备：将邻硝基氯苯和水加入反应罐中，升温至 80℃。将 30%

NH₄SH 的水溶液缓慢加入，反应 3 小时后，再加入 40% NH₄HS 的水溶液，继续在 80~85℃下保温反应 3 小时。随后水蒸气蒸馏除去副产物邻氯苯胺。冷却至室温，加入亚硫酸钠和二甲苯，用 6mol/L 盐酸调 pH 至 5~6，分液，水层再用二甲苯萃取，合并二甲苯层。减压蒸馏回收二甲苯，得到淡黄色油状物，收率 80%~86%，含量 97%（GC 法）。

思考

在该反应中，盐酸调节的作用是什么？

其工艺流程如图 12-2 所示。

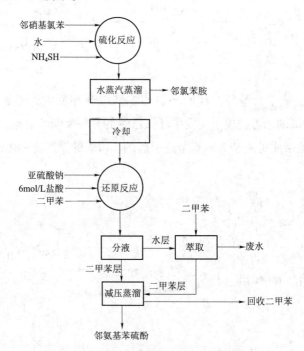

图 12-2　邻氨基苯硫酚的工艺流程简图

（2）*DL-cis*-3-（4-甲氧基苯基）-3-（2-氨基苯硫基）-2-羟基丙酸甲酯（12-36）：向不锈钢反应罐中，加入中间体（12-35）的二甘醇二甲醚溶液，升温至 150℃，滴加邻氨基苯硫酚，150℃保温反应 3 小时。随后，反应液冷却至室温，有淡黄色固体析出，冷却，离心过滤，用少量冷的二甘醇二甲醚洗涤，滤饼真空干燥，得白色固体，收率 80%~85%，熔点为 90~91℃，母液减压蒸馏回收溶剂。

中间体（12-36）的工艺流程如图 12-3 所示。

3. 反应条件及影响因素

（1）非均相体系的影响：在邻氨基苯硫酚的制备中，亚硫酸钠和二甲苯的加入，使得体系出现液-液非均相物系，因此，为了保证亚硫酸钠还原效果，需要快速的搅拌（搅拌转速大于 80 转/分）或采用压缩空气搅拌，或罐的内壁设置挡板，进而促进反应的发生。同时，为了保证产品的质量，避免空气中的氧化，反应过程最好采用氮气保护。

（2）加料形式的影响：邻氨基苯硫酚的加入最好采用滴加的形式，因为一次性加入再升温，会导致在升温过程中副产物的产生，而使得后续的分离产物难以达到满意的质量。缓慢的滴加引起体系温度的波动几乎可以忽略，因此，能有效减少副反应的发生。此外，

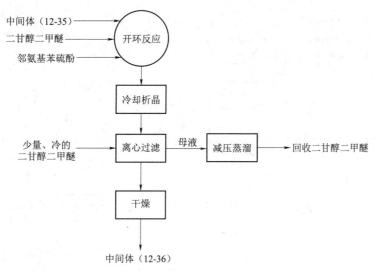

图 12-3　中间体 12-36 的工艺流程

滴加位置应该处于反应罐的最大半径处，使邻氨基苯硫酚更好地分散于体系中，而避免因浓度的聚集产生的副反应。

三、*D-cis*-3-（4-甲氧基苯基）-3-（2-氨基苯硫基）-2-羟基丙酸甲酯（12-8）的制备

1. 工艺原理

本工艺采用经典的非对映异构体结晶拆分法，利用外消旋体的化学性质使 *DL-cis*-3-（4-甲氧基苯基）-3-（2-氨基苯硫基）-2-羟基丙酸甲酯（12-36）与 *L*-（+）-酒石酸（即光学拆分剂）作用以生成非对映体盐，然后利用非对映体盐的溶解度的差异，将它们分离、脱去拆分剂，分别得到两个对映体（12-8）和（12-42）。

2. 工艺过程　向反应罐中加入甲醇/水混合液，倒入中间体（12-36），待其完全溶解后，加入 *L*-（+）-酒石酸，升温至 60℃，保温反应 1 小时，然后降至室温，搅拌析晶 3 小时，对映体盐逐渐析出。离心过滤，滤饼用少量冷的甲醇/水混合液洗涤，干燥后，得到（12-8）与 *L*-（+）-酒石酸的复合盐。滤液加入氢氧化钠固体，pH 调至 8，随后浓缩，回收溶剂，残余物过滤，即为化合物（12-8）的粗品。再用甲醇重结晶后，得到白色结晶性粉末，收率 75%～82%，熔点为 110～111℃，比旋度 $[\alpha]_D^{25} = +99.3$（c1，CH_3OH）。

滤饼（即另一对映体盐）倒入水中，加入氢氧化钠固体，搅拌 1 小时，pH 调至 8，过滤，用水洗，干燥得到拆分副产物 *L-cis*-3-（4-甲氧基苯基）-3-（2-氨基苯硫基）-2-羟基丙酸甲酯（12-42），收率 78%～86%，熔点为 111～113℃。

中间体（12-8）和拆分副产物（12-42）的工艺流程如图 12-4 所示。

3. 反应条件及影响因素

（1）拆分剂光学纯度的影响：在拆分过程中，光学纯度是一个十分重要的控制指标。

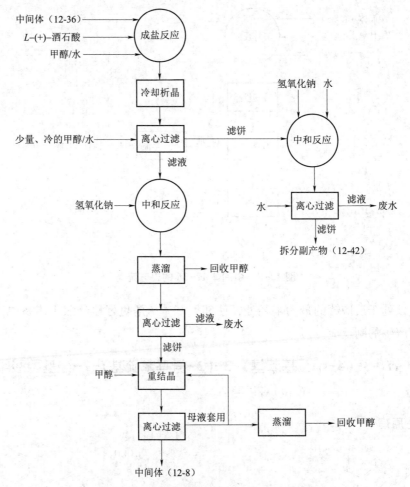

图 12-4 中间体 12-8 和 12-42 的工艺流程

拆分剂光学纯度的高低直接影响待拆分物质的光学纯度，因此，*L*-（+）-酒石酸的光学纯度应该要大于 99％ee。

（2）冷却介质的影响：拆分是利用两种对映体盐的溶解度的差别来完成分离的，因此，在对映体盐的析晶过程中，体系的温度从 60℃ 降至室温的过程中，需要采用冷却循环水缓慢降温，而不能采用冰盐水降温的方式。因为冰盐水降温的方式，导致析晶过快，两种对映体盐同时析出，或部分析出，给分离纯化增加难度，从而影响最终产物的光学纯度。

四、*D-cis*-2-（4-甲氧基苯基）-3-羟基-2,3-二氢-1,5-苯并硫氮杂䓬-4（5*H*）-酮的制备

1. **工艺原理** 在酸的催化下，中间体（12-8）结构中的芳胺与甲酯发生分子内亲核取代，直接脱去一分子甲醇，得到 *D-cis*-2-（4-甲氧基苯基）-3-羟基-2,3-二氢-1,5-苯并硫氮杂䓬-4（5*H*）-酮（12-21）。

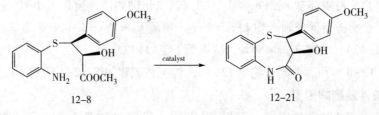

该反应属于酯的胺解反应，首先是羰基与催化剂氢质子形成盐，增加羰基碳原子的亲电性，然后和氨基发生加成，质子转移，消除醇，得到环酰胺。

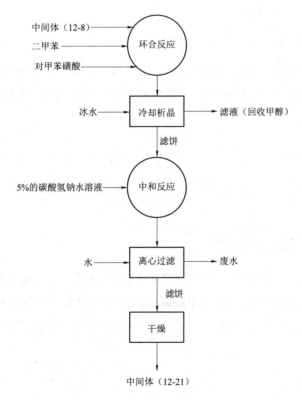

2. **工艺过程**　向反应罐中，加入二甲苯和中间体（12-8），搅拌溶解，升温至 145℃ 回流以后，加入对甲苯磺酸，保温反应 40 分钟，反应完以后，冰水浴降温，析出固体，离心过滤，得到类白色固体，冲入 5% 的碳酸氢钠水溶液中，搅拌 0.5 小时，离心过滤，水洗涤，干燥，得到白色固体，收率 90%～95%，熔点为 202～203℃。

中间体（12-21）的工艺流程如图 12-5 所示。

图 12-5　中间体 12-21 的工艺流程

3. **反应条件及影响因素**　参考文献的方法，以二甲苯为溶剂，回流条件下考察不同催化剂对环合反应的影响。结果见表 12-1 所示。

表 12-1 不同催化剂对环合反应的影响

试验号	催化剂	反应完成时间（h）	收率
1	甲磺酸	7	84%
2	三氟乙酸	12	76%
3	对甲苯磺酸	8	83%
4	磷酸	18	67%
5	浓硫酸	24	46%

注：反应时间为 TLC 跟踪，原料点消失反应完成的时间；实验 5 中反应时间为过夜反应，但是仍有很多原料和杂质，按 24 小时计算反应时间和收率。

从表 12-1 实验结果可以看出，5 种催化剂的催化效果从高到低依次为甲磺酸≈对甲苯磺酸>三氟乙酸>磷酸>浓硫酸，其中甲磺酸和对甲苯磺酸的催化效果相当，另外三种催化剂依次降低，浓硫酸的催化效果最差。考虑到甲磺酸的易挥发、强腐蚀性，而对甲苯磺酸比较稳定，易于保存，价格便宜。因此，选用对甲苯磺酸作催化剂。

同时，在同样的条件下，也考察分次加入催化剂对环合反应的影响，加料次数与收率的关系，见表 12-2 所示。

表 12-2 分次加入催化剂对环合反应的影响

实验号	催化剂（当量×次数）	收率	反应完成时间（h）
1	0.1×1	83%	8
2	0.05×2	88%	4
3	0.025×4	89%	3.5

注：反应完成时间是 TLC 跟踪反应原料点消失的时间。

从实验结果可以看出，催化剂的分次加入缩短了反应时间，同时收率提高，分两次加入和分四次收率和反应完成时间相当，所以分两次加入催化剂对于反应是有益的。

思考

为何催化剂分次加入对于反应是有益的，可能的原因是什么？

五、盐酸地尔硫䓬的制备

1. **工艺原理** 关于中间体（12-21）的 N-烷基化反应，主要是在碱的条件下，七元环上的酰胺键的 N 孤对电子与 N, N-二甲胺基氯乙烷发生单分子亲核取代反应。随后，羟基与乙酸酐的酯化反应，以及与 HCl/1,4-二氧六环溶液的成盐反应，得到最终的盐酸地尔硫䓬（12-1）。

思考

工业上，盐酸气体的 1,4-二氧六环溶液如何制备？

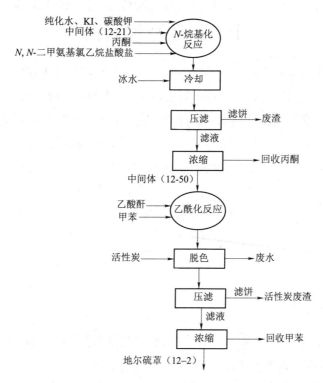

2. 工艺过程 向反应罐中，依次加入丙酮、中间体（12-21）、N,N-二甲氨基氯乙烷盐酸盐、研磨过的碳酸钾、纯化水、少量碘化钾，升温60℃回流，反应4小时，反应完毕，冷却至室温，压滤，滤液浓缩，得到中间体（12-50），不经纯化，直接投入下步反应。加入甲苯和乙酸酐混合液，110℃回流反应2小时。反应完毕，加入活性炭脱色0.5小时，压滤。滤液减压浓缩，回收溶剂，得到无色油状物（12-2），加入HCl/1,4-二氧六环溶液，0~5℃搅拌2小时，逐渐析出白色固体，离心过滤，经甲醇重结晶，收率85%~92%，熔点为210~212℃，比旋度为+118°（水，10mg/ml）。

思考

压滤与离心过滤的区别是什么？两者采用时的状态条件是什么？

产物盐酸地尔硫䓬（12-1）的工艺流程，如图12-6所示。

纯化水、KI、碳酸钾 ——→
中间体（12-21）——→ (N-烷基化反应)
丙酮 ——→
N,N-二甲氨基氯乙烷盐酸盐 ——→

冰水 ——→ [冷却]

[压滤] ——滤饼——→ 废渣

滤液

[浓缩] ——→ 回收丙酮

中间体（12-50）

乙酸酐 ——→ (乙酰化反应)
甲苯 ——→

活性炭 ——→ [脱色] ——→ 废水

[压滤] ——滤饼——→ 活性炭废渣

滤液

[浓缩] ——→ 回收甲苯

地尔硫䓬（12-2）

图12-6 产物（12-1）的工艺流程

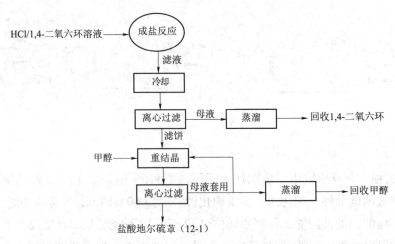

图 12-6　产物（12-1）的工艺流程（续）

3. 反应条件及影响因素

（1）水的影响：*N*-烷基化反应中，不加水的条件下，反应不均相，TLC 跟踪反应，反应产物很少。但加入少量水，增加了碳酸钾的溶解度，使得非均相体系得到有效的改善，进而使得反应速率大大提高。且杂质很少，所得粗品可直接投下步 *O*-乙酰化和成盐反应，总收率大于 85%。

（2）催化剂的影响：加入催化量的 KI，增加亲核取代底物氯代烃的活性，反应时间由文献的 12 小时缩短到 4 小时，提高了生产效率。

第四节　盐酸地尔硫䓬副产物回收工艺原理及其过程

在地尔硫䓬分子结构式中有 2 个手性碳原子，可产生 4 个立体异构体，即反式 *D*-异构体（*D-trans*）和 *L*-异构体（*L-trans*），以及顺式 *D*-异构体（*D-cis*）和 *L*-异构体（*L-cis*），其中以顺式 *D*-异构体活性最高，临床上也仅用其 *D-cis* 异构体。因此合成中拆分剩余的 *L-cis* 异构体也就成了副产物（12-42）。如果不对其回收利用，将是资源的浪费，不仅产生固废，造成环境的污染，而且会使产品成本大大提高。

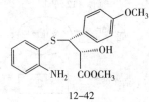

12-42

一、回收路线分析

根据文献报道，地尔硫䓬拆分副产物的回收主要有四种方法，如下所示：

1. 方法一　将拆分副产物（12-42）环合得到化合物（12-53），然后在二苯酮和叔丁醇钾的条件下，氧化生成中间体 2-(4-甲氧苯基)-1,5-苯并硫氮杂䓬-3,4-(2*H*，5*H*)-二酮（12-54），最后用硼氢化钠还原，得到化合物（12-55）。最后，水解开环得到无旋光性的中间体（12-36）。

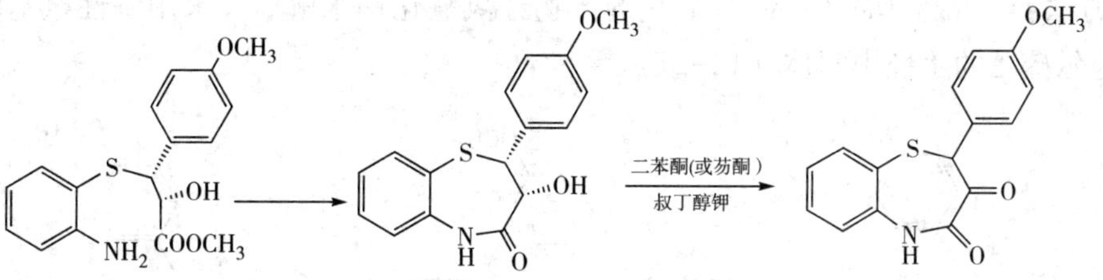

（图中结构式 12-42 → 12-53 → 二苯酮(或芴酮) 叔丁醇钾 → 12-54）

NaBH₄ → 12-55 → 12-36

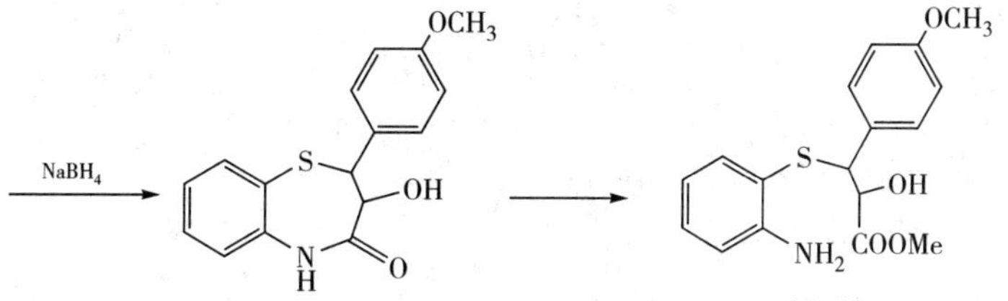

2. 方法二　拆分副产物（12-42）经环合后，然后再吡啶、乙酸酐、二甲基亚砜的条件下氧化（Albright-Goldman 法）得到中间体 3-乙酰氧基-2-（4-甲氧苯基）-1,5-苯并硫氮杂草-4（5H）-酮（12-56），然后经氢氧化钠水解重排得到中间体 2-（4-甲氧苯基）-1,5-苯并硫氮杂草-3,4-（2H,5H）-二酮（12-57），再由硼氢化钠还原得到 cis-2-（4-甲氧基苯基）-3-羟基-2,3-二氢-1,5-苯并硫氮杂草-4（5H）-酮（12-55），最后在甲磺酸作用下开环，得到外消旋体化合物（12-36）。

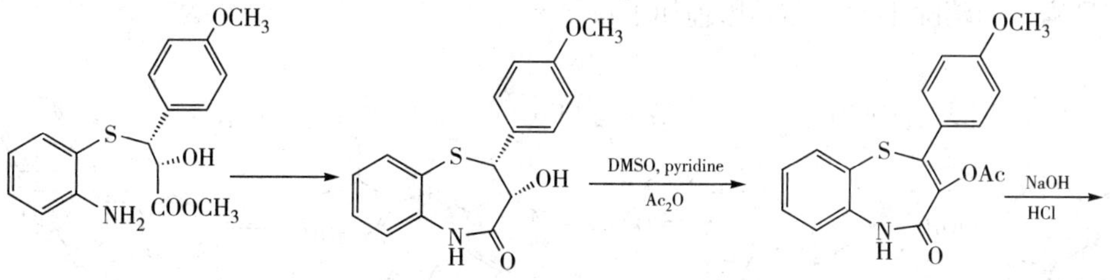

12-42 →（DMSO, pyridine Ac₂O）12-53 →（NaOH HCl）12-56

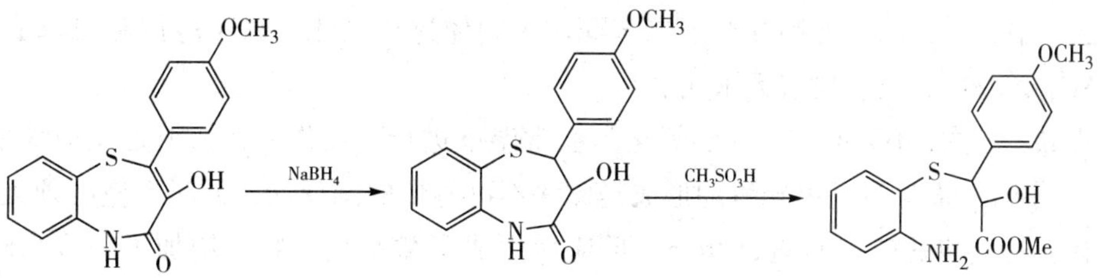

12-57 →（NaBH₄）12-55 →（CH₃SO₃H）12-36

3. 方法三　在方法二的基础上，氧化产物经水解、还原和开环"一锅法"直接得到拆分前体化合物（12-36）。

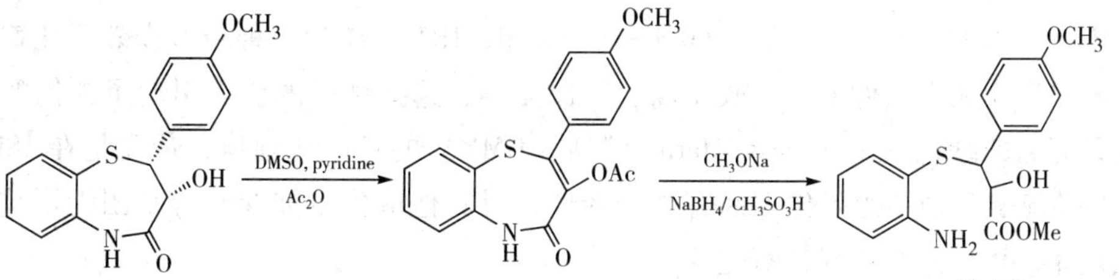

12-53 →（DMSO, pyridine Ac₂O）12-56 →（CH₃ONa NaBH₄/ CH₃SO₃H）12-36

4. 方法四 将经 DMSO-Ac$_2$O 氧化的产物经氢氧化钠水解后，采用手性氨基酸还原直接得到地尔硫䓬的手性中间体（12-21）。

12-42 → 12-53 $\xrightarrow{\text{DMSO, pyridine} \atop \text{Ac}_2\text{O}}$ 12-56 $\xrightarrow{\text{NaOH} \atop \text{HCl}}$

12-54 $\xrightarrow{\text{不对称还原}}$ 12-21

二、回收路线选择

地尔硫䓬副产物的回收关键在于手性 C 原子的消旋，将羟基氧化为酮，利用酮和烯醇的互变异构，而消除手性中心。原理如下：

12-53 → 12-58 ⟸ 12-57 ⟸ 12-54

方法一中，采用叔丁醇钾存在下二苯酮对中间体进行氧化，叔丁醇钾和二苯酮价格较贵，不易制备，而且反应要求无水无氧；

方法二、三中，DMSO-Ac$_2$O 的氧化是在常温下进行，操作简便，但是反应周期较长，达到了 24 小时，而且羟基甲硫醚的形成是此法不可避免的副反应，同时反应必须无水，且产生具有恶臭气味的二甲硫醚；此外，反应后生成了酰基化产物，增加了一步水解反应，导致路线相对较长。

方法四中，采用不对称还原，由于其条件苛刻，成本较高，工业化应用相对困难。

而地尔硫䓬拆分副产物中既含有硫醚键，又含有羟基键，硫醚不稳定，容易被氧化成亚砜或砜，如何选择性地氧化羟基而硫醚不被氧化是至关重要的。传统氧化剂氧化性过强，选择性不好。邻碘酰苯甲酸（2-iodoxybenzoic acid，IBX）作为一种新型高效氧化剂，因其容易制备、反应所需条件温和、收率高、环保无毒、选择性好的优点引起了人们的广泛关注。它是著名的绿色氧化剂 Dess-Martin 试剂（DMP）的乙酰化前体，最先是在 1893 年制得。IBX 在硫醚和羟基的氧化方面有高选择性，对其他取代基如亚胺等基团无影响，通过改变反应条件可以进行选择性氧化反应。

因此，采用 IBX 对地尔硫䓬副产物进行外消旋，路线如下：

同时，邻碘苯甲酸（2-iodobenzoic acid，IBA）可回收套用，

三、回收工艺原理及其过程

以拆分副产物 L-cis-3-（4-甲氧基苯基）-3-（2-氨基苯硫基）-2-羟基丙酸甲酯（12-42）为起始原料，经过环合、氧化、还原和开环四步，得到 DL-cis-3-（4-甲氧基苯基）-3-（2-氨基苯硫基)-2-羟基丙酸甲酯（12-36），到达外消旋化的目的。

1. **L-cis-2-（4-甲氧基苯基）-3-羟基-2,3-二氢-1,5-苯并硫氮杂䓬-4（5H)-酮（12-53）的制备**　关于 L-cis-2-（4-甲氧基苯基）-3-羟基-2,3-二氢-1,5-苯并硫氮杂-4(5H)-酮（12-53）的工艺原理、工艺过程和反应条件及影响因素，参照第三节中的 D-cis-2-（4-甲氧基苯基）-3-羟基-2,3-二氢-1,5-苯并硫氮杂䓬-4(5H)-酮（12-21）的制备。收率89%～95%，熔点为204～206℃。

2. 2-(4-甲氧苯基)-1,5 苯并硫氮杂䓬-3,4-(2*H*,5*H*)-二酮（12-54）的制备

（1）工艺原理：由文献综述得知，IBX 在硫醚和羟基的氧化方面有高选择性，对其他取代基如亚胺等基团无影响，通过改变反应条件可以控制产物。选择实现（12-53）醇羟基的选择性氧化制备 2-(4-甲氧苯基)-1,5-苯并硫氮杂䓬-3,4-(2*H*,5*H*)-二酮（12-54）。

12-53　　　12-54　　　IBA

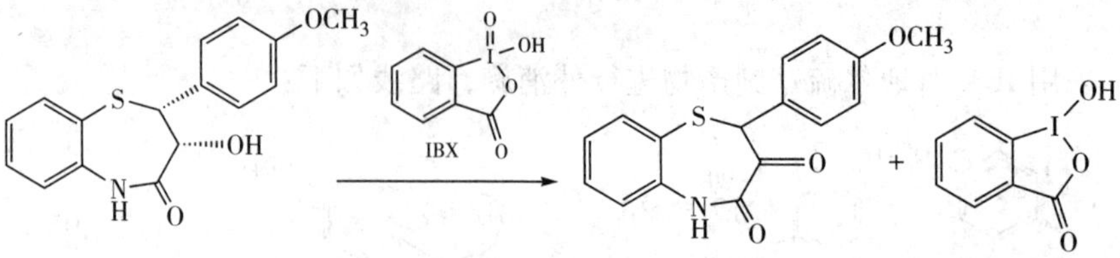

关于新型氧化剂 IBX，文献报道在二甲亚砜（DMSO）和丙酮的混合溶剂（*V*/*V* 8∶2）中 IBX 选择性氧化醇羟基，经过过渡态（12-68），得到最终的二酮（12-54）。可能的机制如下：

12-53　　IBX　　12-68

12-54　　IBA

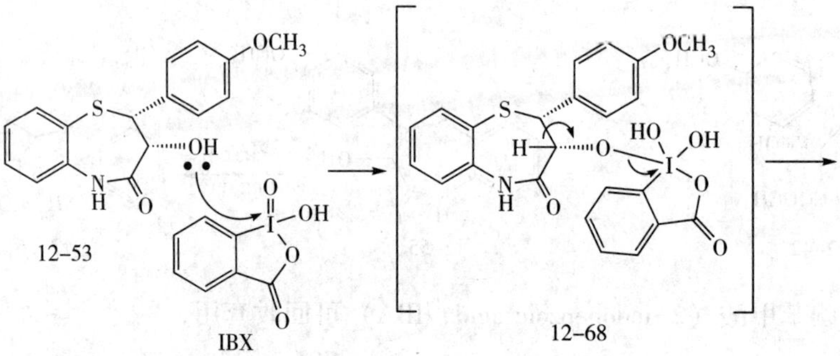

IBX 将醇氧化为酮的反应是经所谓超价扭转机制进行的，包括配体交换（取代醇羟基）、扭转及消除三步。

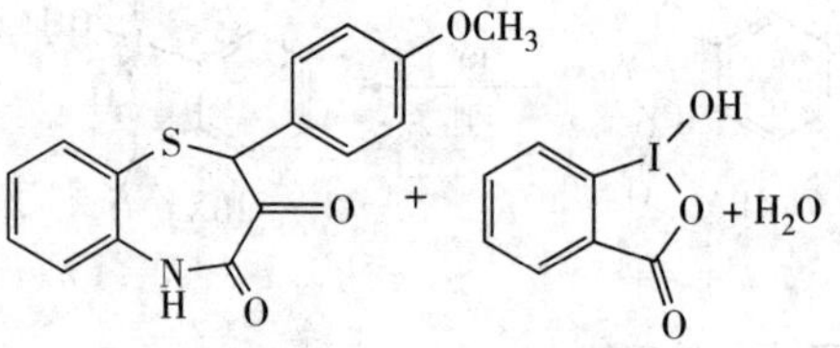

（2）工艺过程：向反应罐中，依次加入溴酸钾和硫酸溶液，搅拌使溴酸钾溶解，升温到 60℃。在此温度下将邻碘苯甲酸（IBA）分次加入，有溴蒸气产生，1 小时内加料完毕。升温至 68~70℃，保持此温度继续反应 3 小时。反应完毕后，冰水浴冷却，离心过滤，依次用冷水、丙酮洗涤，滤饼真空干燥箱干燥，得到白色细沙状固体，即为邻碘酰基苯甲酸（IBX），收率 90%~95%，熔点为 232~233℃。

将中间体（12-53）溶于 DMSO 和丙酮的混合溶液中，再加入自制的 IBX，室温下搅拌反应 6 小时。反应完毕，冲入水中，搅拌 1 小时后离心过滤，滤饼用乙酸乙酯洗涤，母液用水洗后，分液，有机层减压浓缩，-5~0℃析晶，得到白色固体，即为 2-(4-甲氧苯基)-1,5-苯并硫氮杂䓬-3,4-(2*H*,5*H*)-二酮（12-54），收率 85%~95%，熔点为 161~163℃，ee% 为 0。滤饼干燥回收得到 IBA，回收率 85%~90%。

思考

使用丙酮的区域属于甲级防爆的，它的转运采用何种形式的动力系统和装置？

（3）反应条件及影响因素：IBX 的选择性实际与溶剂体系以及催化剂是密不可分的。选择不同的溶剂和催化剂（四乙基溴化铵，TEAB），其对中间体（12-53）的氧化选择性是不同的，结果见表 12-4。

表 12-4　不同溶剂对氧化反应的选择性影响

试验号	溶剂	催化剂 TEAB（%）	时间（h）	产物	收率
1	DMSO	无	7	a	93%
2	DMSO	5	3	mix	c
3	DMSO/丙酮（8∶2）	无	8	a	92%
4	DMSO/丙酮（8∶2）	5	5	mix	c
5	氯仿/H$_2$O	无		不反应	0
6	氯仿/H$_2$O	5	24	b	89%

注：a 为羟基氧化产物，b 为硫醚氧化产物，mix 为混合产物，c 产物未进行分离。

从实验结果看出，不加催化剂 TEAB 的情况下，选择 IBX 作氧化剂的常用溶剂 DMSO 时，TLC 跟踪，结果只有羟基氧化产物；采用 DMSO 和丙酮的混合溶剂时，结果不变，反应完成时间变长，收率相当。当加入催化剂 TEAB 时，TLC 跟踪，有羟基和硫醚氧化的混合产物。采用氯仿和水的混合溶剂时，只有加入催化剂 TEAB 时才发生反应，TLC 跟踪，只有硫醚氧化产物，而且反应时间相对较长。因此，可以通过溶剂的选择来得到目标产物 2-（4-甲氧苯基）-1,5-苯并硫氮杂䓬-3,4-（2H,5H）-二酮（12-54），选用 DMSO 或 DMSO 和丙酮的混合溶剂。

3. DL-cis-3-（4-甲氧基苯基）-3-（2-氨基苯硫基）-2-羟基丙酸甲酯（12-36）的制备

（1）工艺原理

$$12\text{-}54 \xrightarrow[\text{CH}_3\text{OH}]{\text{NaBH}_4} [12\text{-}55] \xrightarrow[\text{CH}_3\text{OH}]{\text{CH}_3\text{O}_3\text{H}} 12\text{-}36$$

（2）工艺过程：将中间体（12-54）、甲醇加入反应罐中，冰水浴降温至 0~5℃，搅拌条件下分三次加入硼氢化钠，反应过程中逐渐有白色固体产生，加料完毕，升至室温，继续搅拌 3 小时。然后加入甲磺酸，回流反应 5 小时，反应完毕，冷却至室温，用碳酸氢钠的水溶液调 pH 至 8，有大量白色固体析出，离心过滤，干燥，得到白色固体（12-36），收率 90%~95%，熔点为 91~92℃。

（3）反应条件及影响因素：采取"一锅法"，即中间体（12-54）经硼氢化钠还原后，不经过处理，直接加入甲磺酸回流。成功地实现了由中间体 2-(4-甲氧苯基)-1,5-苯并硫氮杂䓬-3,4-(2*H*,5*H*)-二酮（12-54）到目标产物 *dl-cis*-3-(4-甲氧基苯基)-3-(2-氨基苯硫基)-2-羟基丙酸甲酯（12-36）的转化，收率大于 90%，简化了操作过程，减少了过程损失，获得较好的收率。

思考

不是所有的反应过程都可以采用"一锅法"，应用的前提条件是什么？

此外，操作时必须注意，硼氢化钠要分批次加入，每次的量不能太多。避免一次加入产生大量的热量使得体系温度骤升，而出现反应液溢料的安全隐患。

第五节　综合利用与"三废"治理

扫码"学一学"

一、公用系统的综合利用

1. **冷却水的循环**　为了节约水源以及减少水处理的费用，大量使用冷却水的医药化工厂应该循环使用冷却水，即把经过换热设备的热水送入冷却塔或喷水池降温（风冷却塔使用较多见），在冷却塔中，热水自上向下喷淋，空气自下而上与热水逆流接触，一部分水蒸发，使其余的水冷却。水在冷却塔中降温 5~10℃经水质稳定处理后再用作冷却水，如此不断循环。

2. **蒸汽/冷冻盐水的使用**　蒸汽和冷冻盐水是需要能耗的常用的公用加热冷却系统。在生产过程中，一定要注意"跑、冒、滴、漏"现象。同时，长距离输送过程中，应该注意这些管线采用保温材料进行包裹，避免能量的散失，遵循"节约"的原则。

此外，在使用冷冻盐水时，为避免盐水对反应罐夹套的腐蚀性，需要增加空压设备和管线将夹套中残存的盐水输送回冷冻盐水池，而不是直接排放。

思考

工业生产中，冷冻盐水是采用何种盐，以及盐浓度多少？如果反应温度超过 150℃，采用何种加热介质和设备来实现？

二、反应过程的综合利用

1. **溶剂的回收**　在反应过程中，用到了大量的溶剂，有效地回收套用十分重要，不仅控制成本，而且减少废水污染。如二甲苯、甲醇、丙酮、二甘醇二甲醚、乙酸乙酯都需要采用减压蒸馏或分馏的方式进行相应的回收再利用。

2. L-(+)-酒石酸的回收 在拆分的后处理中，经过氢氧化钠调节 pH8 后，L-(+)-酒石酸转变为其钠盐，存在于滤液之中。因此，采用酸化的方法，用 6mol/L 盐酸将 pH 调节至 2，冷却结晶，离心过滤，滤饼用少量冰水洗涤，即可回收套用。

3. IBA 的套用 将得到的 IBA 直接进行氧化得到 IBX，具体方法见第四节中的 IBX 的制备过程。

4. 邻氯苯胺的利用 在邻氨基苯硫酚的制备中，水蒸气蒸馏出来的液体经过分液后，得到邻氯苯胺副产物。可以作为染料、农药的原料或中间体来进行再利用，如邻氯苯胺可以作为除草剂绿磺隆的起始原料。

三、"三废"治理

1. 溴素的处理 在 IBX 制备过程，有溴蒸气产生，生产过程中采用微真空水冲泵系统吸收尾气，缓冲罐中加入亚硫酸氢钠水溶液进行吸收。尾气吸收装置简图，如图 12-7 所示。

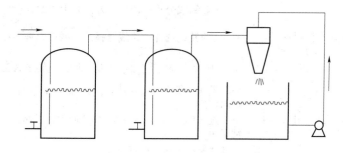

图 12-7 水冲泵式尾气吸收简图

2. 活性炭的处理 在最终产品地尔硫䓬的 N-烷基化的反应中，用到了活性炭脱色除杂质。经过压滤以后，得到的活性炭固废，作为能源，直接送到锅炉房焚烧。

3. 废水的处理 整个工艺过程中，废水的主要来源是回收溶剂后的残余废水、IBX 制备中的酸性废水、邻氨基苯硫酚萃取的碱性废水等。对于酸碱性废水，需要进行 pH 调节到 7~8，随后经过沉淀池，再进入生化池，采用活性污泥法来处理含有有机物的废水。

重 点 小 结

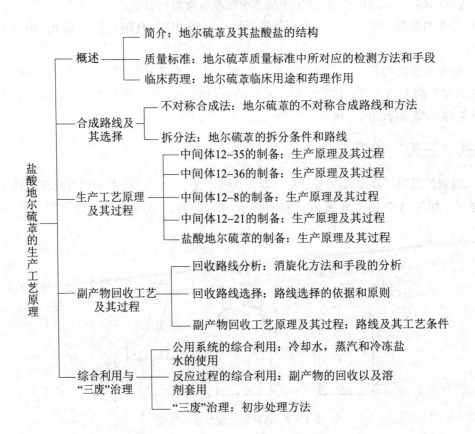

盐酸地尔硫䓬的生产工艺原理

概述
- 简介：地尔硫䓬及其盐酸盐的结构
- 质量标准：地尔硫䓬质量标准中所对应的检测方法和手段
- 临床药理：地尔硫䓬临床用途和药理作用

合成路线及其选择
- 不对称合成法：地尔硫䓬的不对称合成路线和方法
- 拆分法：地尔硫䓬的拆分条件和路线

生产工艺原理及其过程
- 中间体12-35的制备：生产原理及其过程
- 中间体12-36的制备：生产原理及其过程
- 中间体12-8的制备：生产原理及其过程
- 中间体12-21的制备：生产原理及其过程
- 盐酸地尔硫䓬的制备：生产原理及其过程

副产物回收工艺及其过程
- 回收路线分析：消旋化方法和手段的分析
- 回收路线选择：路线选择的依据和原则
- 副产物回收工艺原理及其过程：路线及其工艺条件

综合利用与"三废"治理
- 公用系统的综合利用：冷却水，蒸汽和冷冻盐水的使用
- 反应过程的综合利用：副产物的回收以及溶剂套用
- "三废"治理：初步处理方法

（王 凯 姜 军）

第十三章 左氧氟沙星的生产工艺原理

第一节 概　述

扫码"学一学"

左氧氟沙星（levofloxacin, 13-1），又名左氟沙星或左旋氧氟沙星；化学名 (*S*)-(-)-3-甲基-9-氟-2,3-二氢-10-(4-甲基-1-哌嗪基)-7-氧代-7*H*-吡啶并[1,2,3-de]-1,4 苯并噁嗪-6-羧酸，英文化学名为 (*S*)-(-)-3-methyl-9-fluoro-2,3-dihydro-10-4-methyl-1-piperazinyl)-7-oxo-7*H*-pyrido[1,2,3-de]-1,4-benzoxazine-6-carboxylic acid, CAS No: 100986-85-4。本品的 2020 年版《中国药典》标准为 (*S*)-(-)-3-甲基-9-氟-2,3-二氢-10-(4-甲基-1-哌嗪基)-7-氧代-7*H*-吡啶并[1,2,3-de]-1,4 苯并噁嗪-6-羧酸半水合物（13-2），按无水物计算，含左氧氟沙星（$C_{18}H_{20}FN_3O_4$）不得少于 98.5%，$[\alpha]_D^{20} = -92° \sim -99°$（甲醇），本品对光和热不稳定，要求低温、干燥、避光保存，保质期 1 年。

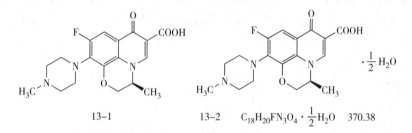

13-1　　　　13-2　　$C_{18}H_{20}FN_3O_4 \cdot \frac{1}{2}H_2O$　　370.38

本品为类白色至淡黄色结晶性粉末；无臭，味苦。不溶于乙醚和乙酸乙酯，微溶于水、丙酮、乙醇、甲醇，易溶于乙酸，在 0.1mol/L 盐酸溶液中略溶。在 226nm 与 294nm 的波长处有最大吸收（0.1mol/L 盐酸溶液，5μg/ml）。按外标法，本品中杂质 A 的峰面积百分比不得超过 0.3%，杂质 E 的峰面积百分比不得超过 0.2%，其他杂质峰面积和的峰面积百分比不得超过 0.5% 及单杂的峰面积百分比不得超过 0.2%。杂质 A 为 (±) 9,10-二氟-3-甲基-7-氧代-2,3-二氢-7*H*-吡啶并[1,2,3-de]-1,4 苯并噁嗪-6-羧酸（13-3）；杂质 E 为 (±) 13-氟-3-甲基-7-氧代-10-(1-哌嗪基)-2,3-二氢-7*H*-吡啶并[1,2,3-de]-1,4 苯并噁嗪-6-羧酸（13-4）。

左氧氟沙星最早由日本第一制药株式会社于1994年研制成功并在日本上市，1995年获准进入中国市场，商品名"可乐必妥"。我国于1997年开始生产国产左氧氟沙星，品种有盐酸左氟沙星、乳酸左氟沙星和甲磺酸左氟沙星三种。

左氧氟沙星为氧氟沙星的左旋体，为第三代光学活性喹诺酮类抗菌药物，主要作用机制为通过抑制细菌DNA旋转酶的活性，阻止细菌DNA的合成和复制而导致细菌死亡。左氧氟沙星抑菌强度为氧氟沙星的2倍，是右旋体的8~128倍，相比氧氟沙星具有不良反应低、安全性大以及良好的药代动力学性质。可广泛应用于呼吸道感染、妇科疾病感染、皮肤和软组织感染、外科感染、胆道感染、性传播疾病以及耳鼻口腔科感染等多种细菌感染的一种口服或肠胃外用的广谱氟喹诺酮抗菌药物。对于包括厌氧菌在内的革兰阳性菌和阴性菌具有广谱抗菌作用。对葡萄球菌属、肺炎球菌、化脓性链球菌、溶血性链球菌、肠球菌属、大肠杆菌、克雷白杆菌属、沙雷杆菌、变形杆菌、绿脓杆菌、流感嗜血杆菌及淋球菌等具有很强的抗菌活性。临床用于呼吸道、泌尿道感染、外科及妇科感染，如咽喉炎、支气管炎、扁桃体炎、肾盂肾炎、膀胱炎、淋菌性尿道炎、胆囊炎、胆管炎、中耳炎、烧伤及细菌性菌痢等。另外，本品对衣原体也显示有抗菌力。在试验小鼠预防感染试验及感染治疗试验中，本品显示有良好的预防和治疗效果。本品耐受性好，口服后吸收完全，相对生物利用度接近100%。不良反应有胃肠道反应如腹部不适或疼痛、腹泻、恶心或呕吐；轻度的中枢神经系统反应如头昏、头痛、嗜睡或失眠；过敏反应如皮疹、皮肤瘙痒等。

目前，全国获得左氟沙星原料药或制剂生产批准文号的企业上百家，剂型主要为片剂、胶囊、水针、粉针等。全国左氟沙星片剂产量现已达到3亿多片，输液剂6000多万瓶。目前我国不少企业还在开发多种左氟沙星新剂型，如滴眼液、软膏、眼膏、分散片等。

思考

左氧氟沙星的作用机制是什么、临床用途及现有剂型有哪些？

左氧氟沙星在我国上市以后，成为我国医药市场上表现最为抢眼的抗菌药之一。1998年仅上市1年多的左氧氟沙星就进入了当年销售额领先的前100名药品中，列第98位；1999年升到第16位；2000年进入前5位，并超过环丙沙星和氧氟沙星，成为喹诺酮类药物的排头兵；2001年，左氧氟沙星跻身前三甲；2002年，取代头孢曲松，登上我国城市医院用药金额排序第一的宝座，成为我国抗感染药的新霸主。它也是前20位药物中唯一一个喹诺酮类抗菌药物。从2002年以后，左氧氟沙星排名一直稳居前3。

由于看好左氧氟沙星巨大的市场空间和发展潜力，近几年我国众多医药企业纷纷加入到左氧氟沙星生产行列中来。据统计，自1999年以来，全国已有左氟沙星新药批准文号100多个，约有208家生产厂家和批发商，其中排在前五位为湖北（70）、浙江（50）、上海（29）、江苏（10）和江西（10）。

喹诺酮类抗菌药物是一类经典的合成抗菌药物，它的问世在药物发展史上具有划时代的意义。自 1962 年美国 Sterling—Winthop 研究所的 Lesher 等人合成萘啶酸（nalidixic acid，13-5）以来，经过六十多年的发展，特别是 20 世纪 80 年代氟喹诺酮的快速发展，使其成为临床应用最广泛的合成抗菌药物。从抗菌活性的演变，喹诺酮类抗菌药物可以分成四代。

第一代喹诺酮类抗菌药物的药效学特征为抗革兰阴性菌，代表药物有萘啶酸和吡咯酸（piromidic acid，13-6）。这类药物的特点为与其他抗生素之间无交叉耐药作用，口服吸收良好，但抗菌谱窄，口服毒性大，半衰期短，副作用大，尤其是中枢毒性较大。

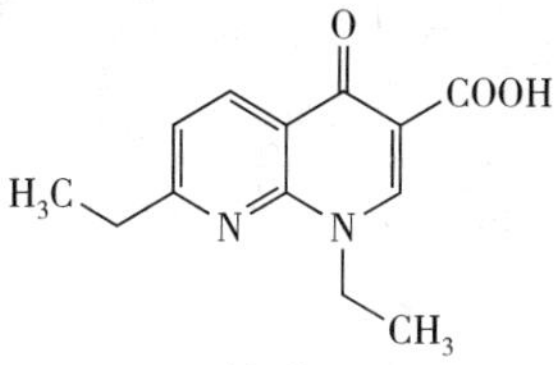

13-5

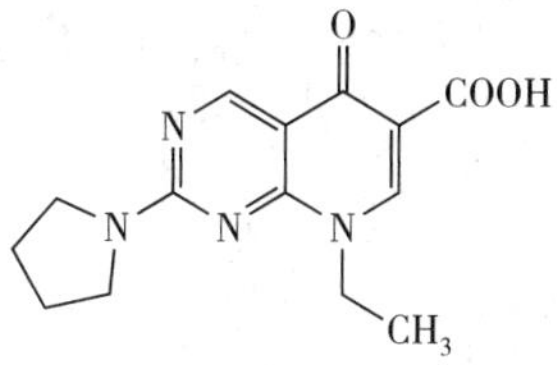

13-6

第二代喹诺酮类抗菌药物是在第一代药物的结构基础上进行改造，于分子中的 7 位引入哌嗪基团，代表药物有西诺沙星（cinoxacin，13-7）和吡哌酸（pipemidic acid，13-8）。第二代喹诺酮类抗菌药物较第一代有明显优点，其抗菌谱从抗革兰阴性菌扩大到抗革兰阳性菌，抗菌活性增大，耐药性和毒副作用均降低，临床上用于治疗泌尿系统感染和肠道感染等。

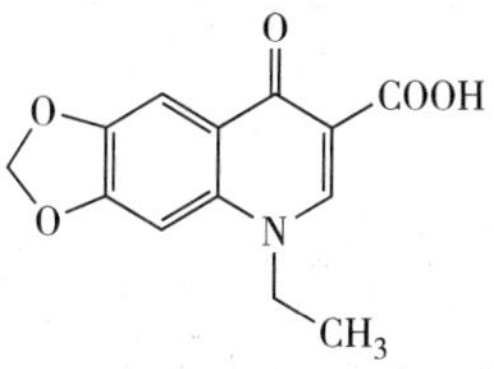

13-7

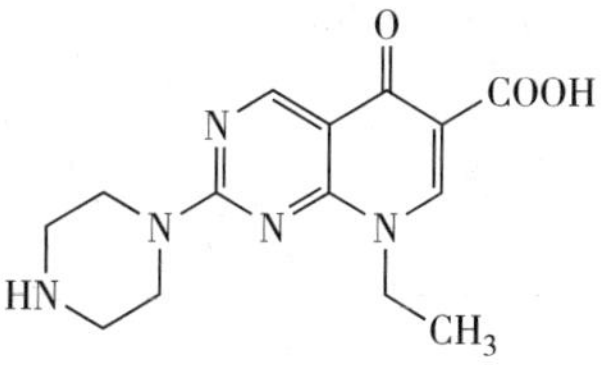

13-8

第三代喹诺酮类抗菌药物的抗菌谱广，对革兰阴性菌和革兰阳性菌都具有较强的抑制作用。其化学结构特征为在分子的 6 位上引入氟原子；同时在 7 位引入哌嗪基、有取代的哌嗪基或相应的生物电子等排体。代表药物有诺氟沙星（norfloxacin，13-9）、环丙沙星（ciprofloxacin，13-10）、氧氟沙星（ofloxacin，13-11）和左氧氟沙星（13-1）。自 20 世纪 80 年代初诺氟沙星用于临床后，迅速掀起喹诺酮类抗菌药的研究热潮，相继合成了一系列抗菌药物，这类抗菌药和一些新抗生素的问世，认为是合成抗菌药发展史上的重要里程碑。

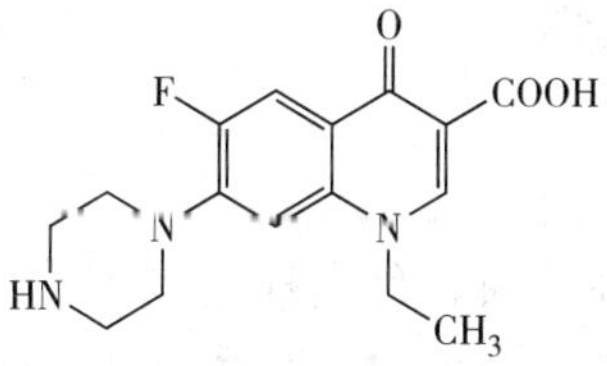

13-9

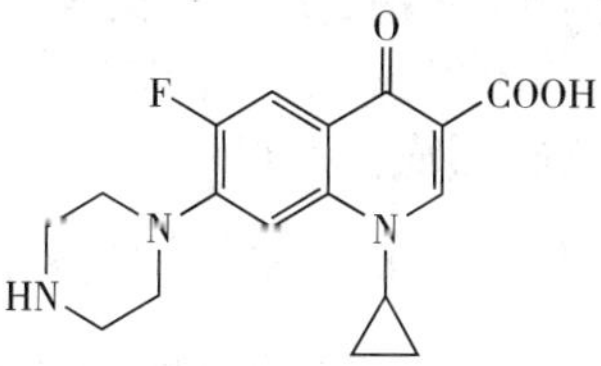

13-10

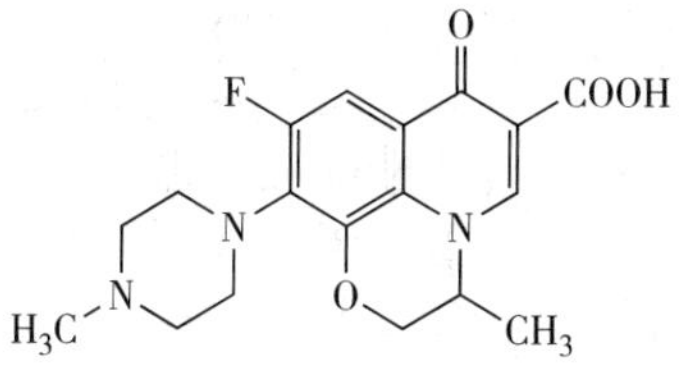

13-11

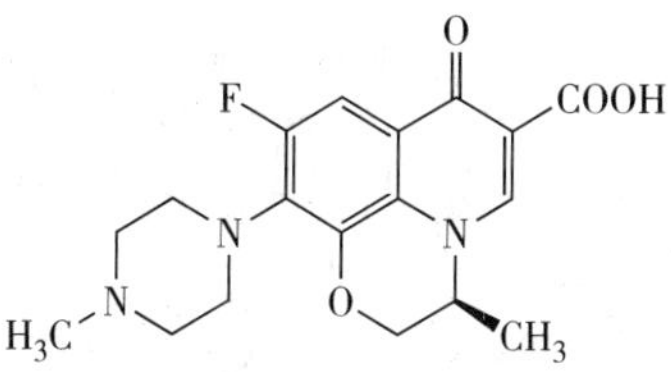

13-1

第四代喹诺酮类抗菌药物保持了第三代的抗菌谱广、抗菌活性强、组织渗透性好等优点外，抗菌谱进一步扩大到肺炎支原体、肺炎衣原体、军团菌以及结核分枝杆菌，且对革兰阳性菌和厌氧菌的活性作用显著强于第三代，且不良反应更小，但价格较贵。其化学结构特征为在分子结构中的 8 位上引入甲氧基，有助于加强抗厌氧菌活性。代表药物有莫西沙星（moxifloxacin，13-12）、加替沙星（gatifloxacin，13-13）、巴洛沙星（balofloxacin，13-14）和奈诺沙星（nemonoxacin，13-15）。

13-12　　　　　　　　　　　13-13

13-14　　　　　　　　　　　13-15

思考

喹诺酮抗菌药物可分几类，每类有哪些结构特点及临床上的应用特点。

第二节　合成路线及其选择

扫码"学一学"

剖析左氧氟沙星（13-1）的分子结构中环 10-位上的 4-甲基-1-哌嗪基是 C-N 键连接，可于成环后引入。根据追溯求源法并按照手性中心的引入顺序，有两个合成途径。

一、外消旋氧氟沙星或其前体酯拆分法

（一）外消旋氧氟沙星的拆分

将氧氟沙星（13-11）经填充特殊固定相的高效液相色谱柱（制备性 HPLC，手性柱：SUMIPAX-OA4200）直接拆分制得左氧氟沙星。该法仅适用于制备少量样品。

13-11　　　HPLC拆分　　　13-1

（二）以氧氟沙星前体酯为原料的途径合成

将氧氟沙星前体酯（13-16）以硫酸羟胺（$HONH_2 \cdot H_2SO_4$）处理后，用盐酸酸化得盐酸盐经碱性离子交换柱处理，得到两性化合物，加入（S）-（+）-扁桃酸成盐，再通过离子交换树脂得到需要的(-)-异构体，再经钯碳还原脱氨基得左氧氟沙星。该法也仅适用于制备少量样品。

上述两种合成方法最多只有 50% 转化率，而剩下的活性较弱的右旋体目前尚未见转化成左氧氟沙星的方法报道。

二、经环合酯途径合成左氧氟沙星

（-）-（S）-3-甲基-9,10-二氟-2,3-二氢-7-氧代-7H-吡啶并[1,2,3-de]-1,4 苯并噁嗪-6-羧酸乙酯（简称环合酯，13-17）经盐酸水解成（S）-（-）-3-甲基-9,10-二氟-2,3-二氢-7-氧代-7H-吡啶并[1,2,3-de]-1,4 苯并噁嗪-6-羧酸（简称左氟羧酸，13-18），再在10 位引入 4-甲基-1-哌嗪基而得左氧氟沙星。该途径反应条件温和，工艺成熟，是国内厂家生产左氧氟沙星（13-1）采用的方法。这条路线的核心问题是合成环合酯（13-17），环合酯的合成工艺及成本决定左氧氟沙星的总成本。

环合酯（13-17）的分子结构中具有吡酮酸结构（方框部分）又具有苯并噁嗪结构（椭圆部分），同时又具有手性中心（S 构型），手性中心主要由手性源引入，根据吡酮酸结构和苯并噁嗪结构的形成顺序不同，环合酯的合成有两个主要合成途径：①先合成苯并噁嗪结构，再合成吡酮酸结构；②同时合成苯并噁嗪结构和吡酮酸结构。

13-17

思考

根据环合酯的结构特点，试运用追溯求源法，列出四条环合酯的合成路线。

（一）先合成苯并噁嗪结构，再合成吡酮酸结构

该途径均以2,3,4-三氟硝基苯为起始原料，主要有四条不同的路径得到环合酯（13-17）。

1. 拆分法 以2,3,4-三氟硝基苯（13-19）为起始原料，先水解得到2,3-二氟-6-硝基苯酚（13-20），再与α-氯代丙酮缩合成2-（丙酮基-1-）-3,4-二氟硝基苯（13-21），经加氢还原并环合形成具有苯并噁嗪环结构的消旋化合物（R,S）-7,8-二氟-3-甲基-3,4-二氢-2H-1,4-苯并噁嗪（13-22）。（R，S）-7,8-二氟-3-甲基-3,4-二氢-2H-1,4-苯并噁嗪经（R）-（-）-10-樟脑磺酸拆分得到S构型的化合物（S）-7,8-二氟-3-甲基-3,4-二氢-2H-1,4-苯并噁嗪（13-23），然后与乙氧亚甲基丙二酸二乙酯（EMME）缩合得到（S）-二乙基（7,8-二氟-3-甲基-3,4-二氢-[1,4]苯并噁嗪）亚甲基丙二酸酯（13-24），最后在聚磷酸乙酯（PPE）的作用下闭环构建出吡酮酸结构从而得到环合酯（13-17）。

对于拆分下来的右旋体（R）-7,8-二氟-3-甲基-3,4-二氢-2H-1,4-苯并噁嗪（13-25）可以在冰醋酸存在下与次氯酸叔丁酯反应得到含双键的苯并噁嗪（13-26），再经硼氢化钠还原转化成外消旋体（13-22）。

该路线构思巧妙，每步反应温和，易于控制，尤其是考虑到右旋体的回收利用，但路线较长，其中二步反应收率较低，特别是右旋体的回收总收率不高。

2. 以 *R* 构型的对甲苯磺酸缩水甘油酯（13-27）为手性合成子法 以 2,3,4-三氟硝基苯为起始原料（13-19），先水解得到 2,3-二氟-6-硝基苯酚（13-20），再与 *R* 构型的对甲苯磺酸缩水甘油酯（13-29）在相转移催化剂存在下反应生成光学活性化合物（*R*）-2-（2,3-环氧丙基）3,4-二氟硝基苯（13-28），经加氢还原并与乙氧亚甲基丙二酸二乙酯（EMME）缩合得到（13-29），然后发生 Mitsunobu 反应，在形成苯并噁嗪环结构的过程中并发生构型翻转生成 *S* 构型的化合物（*S*）-二乙基（7,8-二氟-3-甲基-3,4-二氢-[1,4]苯并噁嗪）亚甲基丙二酸酯（13-24），最后在聚磷酸乙酯（PPE）的作用下闭环构建出吡酮酸结构从而得到环合酯（13-17）。

该工艺以引入 *R* 构型的对甲苯磺酸缩水甘油酯作为手性源在分子引入手性，避免了拆分、消旋，简化了工艺，特别是利用 Mitsunobu 反应在形成苯并噁嗪环结构的过程中并发生构型翻转得到所需的 *S* 构型。但工艺中用到许多昂贵试剂如 18-冠醚-6、钯碳、三苯基膦（PPh₃）和偶氮二甲酸二乙酯（DEAD）等，大大提高了产品的成本。

3. 以（*S*）-2-（四氢吡喃基）丙醇为手性合成子法 以 2,3,4-三氟硝基苯为起始原料（13-19），与（*S*）-2-（四氢吡喃基）丙醇（13-30）在相转移催化条件下缩合得到 *S* 构型的化合物（*S*）-3,4-二氟-2-[2-（2-四氢吡喃基）丙氧基]硝基苯（13-31），再在吡啶对甲苯磺酸盐（PPTS）作用下脱保护得到（*S*）-3,4-二氟-2-（2-羟基丙氧基）硝基苯（13-32），然后在三苯基膦（PPh₃）/偶氮二甲酸二乙酯（DEAD）条件下与苯甲酸发生 Mitsunobu 反应并发生构型翻转生成 *R* 构型的化合物（*R*）-3,4-二氟-2-[（苯基羰基氧基）丙氧基]硝基苯（13-33）。13-33 经加氢还原、碱性水解得到（*R*）-3,4-二氟-2-（2-羟基丙氧基）硝基苯（13-34），再与乙氧亚甲基丙二酸二乙酯（EMME）缩合得到（*R*）-2,3-二氟-6-（2,2-二乙氧羰基乙烯基）氨基-2-羟基丙氧基苯（13-35），然后发生 Mitsunobu 反应，在形成苯并噁嗪环结构的过程中并发生构型翻转生成 *S* 构型的化合物（*S*）-二乙基（7,8-二氟-3-甲基-3,4-二氢-[1,4]苯并噁嗪）亚甲基丙二酸酯（13-24），最后在聚磷酸乙酯（PPE）的作用下闭环构建出吡酮酸结构从而得到环合酯（13-17）。

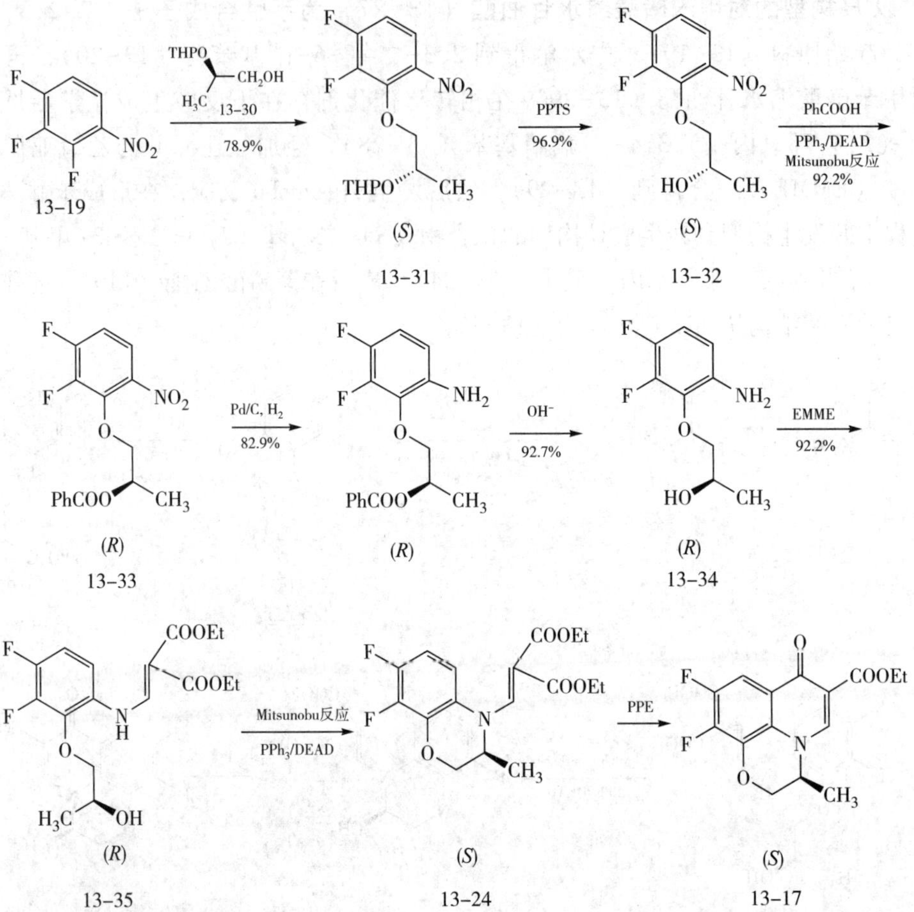

（反应式图）

手性源（S）-2-（四氢吡喃基）丙醇（13-30）由天然存在的（S）-乳酸乙酯（13-36）为手性起始物进行制备。将（S）-乳酸乙酯用二氢吡喃（DHP）保护仲羟基得到（S）-2-（四氢吡喃基）乳酸乙酯（13-37），再经四氢铝锂（AlLiH₄）还原得到（S）-2-（四氢吡喃基）丙醇（13-30）。

（反应式图）

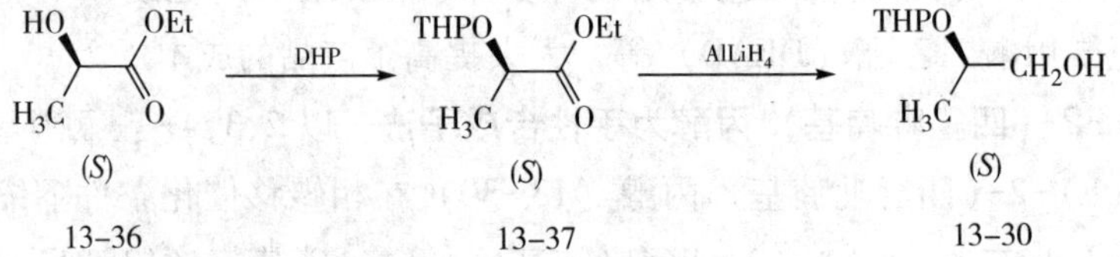

该工艺的优点是用于制备手性源（S）-2-（四氢吡喃基（PHT））丙醇（13-30）的起始手性原料（S）-乳酸乙酯天然存在且价廉易得。缺点是路线很长，用到许多昂贵试剂如吡啶对甲苯磺酸盐、四氢铝锂、钯碳、三苯基膦（PPh₃）和偶氮二甲酸二乙酯（DEAD）等，特别为了得到所需S构型的产品而不得不经过两次Mitsunobu反应，增加了工艺难度。

4. 以（R）-1,2-丙二醇为手性合成子法 以2,3,4-三氟硝基苯为起始原料（13-19），与（R）-1,2-丙二醇（13-38）在氢化钠（NaH）存在下于-40℃缩合得到R构型的化合物（R）-3,4-二氟-2-（2-羟基丙氧基）硝基苯（13-39），再在无水乙醚（Et₂O）溶剂中与甲烷磺酰氯（MsCl）反应生成（R）-3,4-二氟-2-（2-甲磺酰氧基丙氧基）硝基苯（13-40），然后经加氢还原得到（R）-3,4-二氟-2-（2-甲磺酰氧基丙氧基）苯胺（13-41）。（13-41）在强碱叔丁醇钾作用下环合并发生构型翻转生成S构型的化合物（S）-7,8-二氟-3-甲基-3,4-二氢-2H-[1,4]-苯并噁嗪（13-23），最后利用"一锅法"工艺先与乙氧亚甲基丙二酸二乙酯（EMME）缩合，再在聚磷酸乙酯（PPE）的作用下闭环构建出吡酮酸结构从而得到环合酯（13-17）。

该工艺的优点是合成步骤较少，最后两步采用了"一锅法"工艺，极大简化了工艺。缺点是手性源（R）-1,2-丙二醇（13-38）比较昂贵，从13-41环合成13-23的反应收率很低，仅33%，而且得到的产品（13-23）中含有2%左右的（R）-异构体。

（二）同时合成苯并噁嗪结构和吡酮酸结构

该途径均以2,3,4,5-四氟苯甲酸为起始原料，主要有四条不同的路径得到环合酯（13-17）。

1. 丙二酸单乙酯途径　以2,3,4,5-四氟苯甲酸（13-43）为起始原料，经氯化亚砜（SOCl$_2$）酰化制成2,3,4,5-四氟苯甲酰氯（13-44），再在正丁基锂和2,2′-联喹啉存在下与丙二酸单乙酯（13-42）于-55℃缩合得到具有β-酮酯结构的化合物2,3,4,5-四氟苯甲酰乙酸乙酯（13-45）。13-45在醋酐〔(CH$_3$CO)$_2$O〕存在下与原甲酸三乙酯（HC(OEt)$_3$）制成2-(2,3,4,5-四氟苯甲酰基)-3-乙氧基丙烯酸乙酯（13-46），然后与（S）-(+)-2-氨基丙醇（13-47）发生置换反应生成具有（S）构型的化合物（S）-2-(2,3,4,5-四氟苯甲酰基)-3-(1-羟甲基乙氨基）丙烯酸乙酯（13-48），最后在2倍摩尔当量的强碱氢化钠（NaH）和二甲亚砜（DMSO）存在下同时环合形成苯并噁嗪结构和吡酮酸结构从而得到环合酯（13-17）。

该工艺的优点是创新性地采用（S）-（+）-2-氨基丙醇（13-47）为手性源，使得苯并噁嗪结构和吡酮酸结构可以在一步同时形成，立体控制性好；合成步骤缩短到5步，极大简化了工艺。缺点是工艺中用到价格昂贵、易燃试剂正丁基锂和氢化钠（NaH），且使用正丁基锂的反应需在-55℃反应，需要特种深冷设备，导致成本较高且存在生产安全隐患。

2. 乙氧基镁丙二酸二乙酯途径　以2,3,4,5-四氟苯甲酸（13-43）为起始原料，经氯化亚砜（SOCl₂）酰化制成2,3,4,5-四氟苯甲酰氯（13-44），再与乙氧基镁丙二酸二乙酯 [EtOMgCH(COOEt)₂]（13-49）于-5℃缩合得到化合物（13-50），然后经0.1%对甲苯磺酸（TsOH）部分水解制得具有β-酮酯结构的化合物2,3,4,5-四氟苯甲酰乙酸乙酯（13-45）。（13-45）在醋酐存在下与原甲酸三乙酯制成2-(2,3,4,5-四氟苯甲酰基)-3-乙氧基丙烯酸乙酯（13-46），然后与（S）-（+）-2-氨基丙醇（13-47）发生置换反应生成具有（S）构型的化合物（S）-2-(2,3,4,5-四氟苯甲酰基)-3-(1-羟甲基乙氨基)丙烯酸乙酯（13-48），最后在2倍摩尔当量的碳酸钾（K₂CO₃）及N,N-二甲基甲酰胺（DMF）存在下同时环合形成苯并噁嗪结构和吡酮酸结构从而得到环合酯（13-17）。以2,3,4,5-四氟苯甲酸（13-43）计，总收率55.0%。

该工艺是丙二酸单乙酯（Ⅱ-1）途径工艺的改进工艺，也是国内最初采用的生产工艺。工艺中的乙氧基镁丙二酸二乙酯 [EtOMgCH(COOEt)₂]（13-49）由乙醇镁 [(EtO)₂Mg] 与丙二酸二乙酯原位生成。乙醇镁价廉易得，用其取代价格昂贵、易燃试剂正丁基锂后，缩合反应在-5℃即可顺利完成，不再需要特种深冷设备，使得操作安全可控；最后在环合过程中使用价廉安全的弱碱碳酸钾（K₂CO₃）代替价格昂贵、易燃试剂氢化钠（NaH），基本消除了生产安全隐患。

3. 1,1-二甲氧基-N,N-二甲基甲胺途径　该途径是对（Ⅱ-2）途径的改进，以2,3,4,5-四氟苯甲酸（13-43）为起始原料，经氯化亚砜（SOCl₂）酰化、乙氧基镁丙二酸二乙酯［EtOMgCH（COOEt）$_2$］（13-49）缩合、然后经 0.1% 对甲苯磺酸（TsOH）部分水解制得 2,3,4,5-四氟苯甲酰乙酸乙酯（13-45）。13-45 在甲苯溶剂中与 1,1-二甲氧基-N,N-二甲基甲胺（13-51）缩合并脱掉 2 分子甲醇制得 2-（2,3,4,5-四氟苯甲酰基）-3-（N,N-二甲基胺基）丙烯酸乙酯（13-52），再经置换、环合形成苯并噁嗪结构和吡酮酸结构从而得到环合酯（13-17）。以 2,3,4,5-四氟苯甲酸（13-43）计，总收率 65.0%。

该途径是在（Ⅱ-2）途径基础上的改进，20 世纪 90 年代后国内企业慢慢转向该工艺。该工艺的优点是以 1,1-二甲氧基-N,N-二甲基甲胺（13-51）取代原甲酸三乙酯后，总收率从 55.0% 提高到 65.0%。1,1-二甲氧基-N,N-二甲基甲胺（13-51）由工艺价廉宜得的 N,N-二甲基甲酰胺（DMF）和硫酸二甲酯制得。该工艺的缺点是硫酸二甲酯剧毒，对人及环境危害大。

4. 3-二甲胺基丙烯酸乙酯途径　以 2,3,4,5-四氟苯甲酸（13-43）为起始原料，经氯化亚砜（SOCl$_2$）酰化制成 2,3,4,5-四氟苯甲酰氯（13-44），再在甲苯溶剂中与 3-二甲胺基丙烯酸乙酯（13-53）缩合并脱掉 1 分子氯化氢（HCl）制得 2-（2,3,4,5-四氟苯甲酰基）-3-（二甲基胺基）丙烯酸乙酯（13-52），再经置换、环合形成苯并噁嗪结构和吡酮酸结构从而得到环合酯（13-17）。以 2,3,4,5-四氟苯甲酸（13-43）计，总收率 73%。

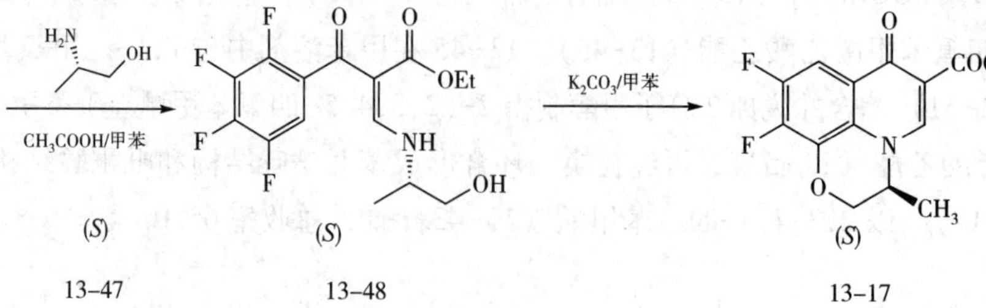

(S) 13-47   (S) 13-48   (S) 13-17

该工艺的优点是路线很短，每步反应条件温和，反应中原料的利用率高和原子经济性高，而且 13-44 经缩合、置换及环合制备 13-17 的三步反应采用"一步法"工艺完成，大大简化了工艺，使得反应容易控制，总收率高达 73%。进入 21 世纪以后国内企业开始使用该工艺。

思考

试分析各种反应路线的优缺点。

第三节　生产工艺原理及其过程

扫码"学一学"

尽管文献报道制备左氧氟沙星的途径颇多，但要实现工业化生产，存在的问题仍然很多。采用外消旋的氧氟沙星（13-11）或其前体酯（13-16）拆分方法制备时主要存在两方面的问题，首先是采用高效液相法进行拆分分离的工艺在工业上操作难度大，且经过拆分后的右旋体如何转化为左旋氧氟沙星，目前还没有成熟的方法报道。采用 2,3,4-三氟硝基苯（13-19）为起始原料经环合酯（13-17）途径制备左氧氟沙星的工艺为参照氧氟沙星的生产工艺基础上研究出来的，但均存在各自的问题导致反应控制难度大、成本高，不适宜工业化。采用 2,3,4,5-四氟苯甲酸（13-43）为起始原料经环合酯（13-17）途径制备左氧氟沙星的工艺具有合成路线较短、反应条件温和、易于控制的优点。20 世纪 80 年代后 2,3,4,5-四氟苯甲酸和（S）-（+）-2-氨基丙醇（13-47）的成功开发为路线 II-2 的工业化生产提供了条件，随后在多年的生产过程中经过不断的卓有成效的改进，尤其是 3-二甲胺基丙烯酸乙酯（13-53）的成功开发使得现行的左氧氟沙星的合成工艺（II-4）更符合我国国情，原子经济性更高，反应更容易控制，收率更高和"三废"更少。现行左氧氟沙星的生产路线如下：

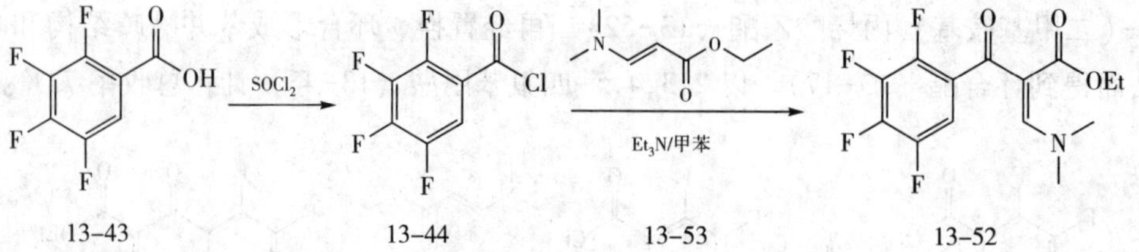

13-43   13-44   13-53   13-52

这里将讨论其工艺原理及其过程。

（一）2,3,4,5-四氟苯甲酰氯的制备

1. 工艺原理　2,3,4,5-四氟苯甲酸（13-43）与氯化亚砜的反应过程，先脱掉 1 分子氯化氢（HCl）形成活性中间体（13-54），然后断裂 C—O 键，释放出二氧化硫生成酰氯（13-44）。

2. 工艺过程　将 2,3,4,5-四氟苯甲酸（13-43）和氯化亚砜先后投入酰化釜，升温回流 3 小时，常压回收氯化亚砜后，然后加入甲苯，常压蒸到 115℃不出液，再减压蒸馏，收集 bp：98~99℃/0.1MPa 的馏分，得到无色液体，收率 95%，纯度 99.0%（GC 检测）。

3. 反应条件及影响因素

（1）氯化亚砜及反应生成的酰氯（13-44）均极易吸湿分解，故严格控制无水条件是反应成功的关键。

（2）氯化亚砜与原料（13-43）的投料摩尔比为 1.5：1。

（3）反应结束后，务必将氯化亚砜除尽。

（4）反应中放出酸性气体，要进行尾气吸收。

（5）甲苯含水量小于 0.1%。

（二）一步法制备环合酯

1. 工艺原理　2,3,4,5-四氟苯酰氯（13-44）先在甲苯溶剂中与 3-二甲胺基丙烯酸乙酯（13-53）缩合并脱掉 1 分子氯化氢（HCl）制得 2-(2,3,4,5-四氟苯甲酰基)-3-（二甲基胺基）丙烯酸乙酯（13-52），不经后处理在催化量醋酸存在下直接与（S）-(+)-2-氨基丙醇（13-47）发生置换得到（13-48），然后不经后处理直接环合制得环合酯（13-17）。三步总收率 77%。

2. 反应机制

（1）缩合机制

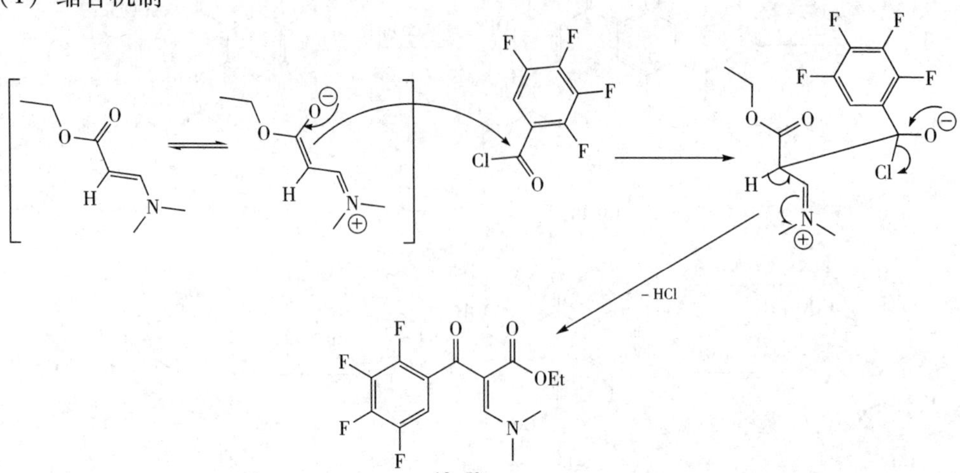

（2）置换机制

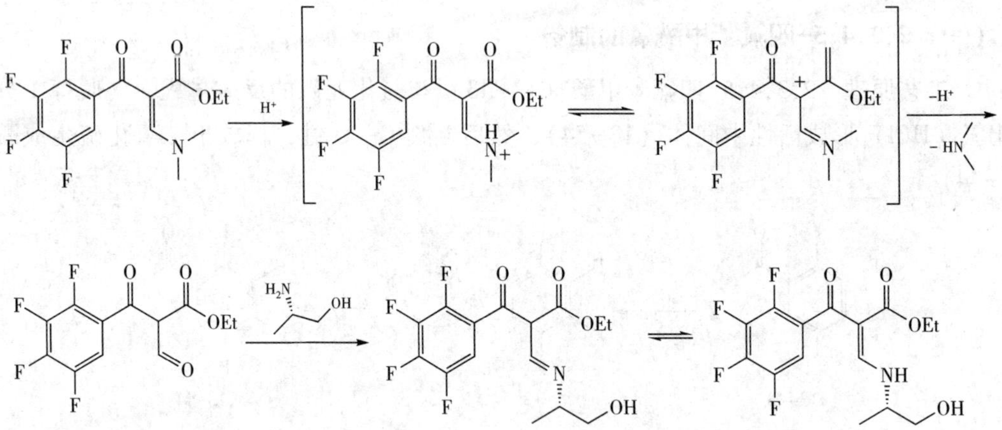

13-47

13-48

（3）环合机制

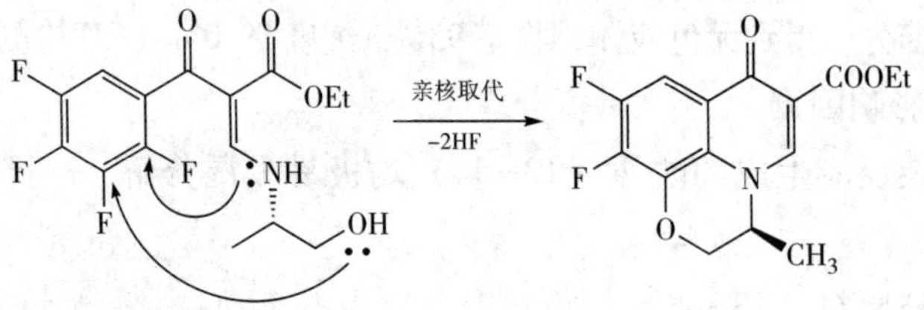

亲核取代
-2HF

13-48

13-17

思考

苯并噁嗪结构和吡酮酸结构是如何产生的?

3. 工艺过程 重量投料比 13-44：13-53：三乙胺：甲苯：13-47：冰醋酸：K_2CO_3：DMF：甲醇＝310：230：177：1800：105：4.5：250：2100：360。

（1）缩合：将 1400kg 甲苯，3-二甲基丙烯酸乙酯（13-53），三乙胺依次真空抽至 5000L 反应釜中，搅拌升温；然后将 400kg 甲苯和四氟苯甲酰氯（13-44）依次真空抽至 1000L 高位槽中待用。待反应釜中温度稳定在 50~60℃时滴加高位槽中酰氯（13-44）与甲苯的混合液，滴加时间为 1 小时，然后保温反应 1.5 小时得到缩合液（13-52）。

（2）置换：同一个 5000L 反应釜中，将缩合液（13-52）和冰醋酸混合后加热升温至 85～95℃滴加（13-47），滴加时间为 30 分钟，然后保温反应 2 小时。然后将置换反应液用水洗两次，每次 600kg（下层为水层），有机层减压 60～88℃回收甲苯后得到置换产物 13-48。然后向釜中抽入 300kg DMF 稀释 13-48，待用。

（3）环合：将 K$_2$CO$_3$ 和 1800kg DMF 投于 5000L 反应釜中，搅拌升温至回流（约 150℃），滴加 13-48 的 DMF 溶液，滴加时间为 1 小时，然后保温反应 3 小时。

保温毕，80～95℃减压回收 DMF，当回收的 DMF 达到使用总量的 4/5 时停止回收，趁热加水 1500kg，搅拌冷至 30℃左右放料，甩干，滤饼用甲醇分两次淋洗后甩干，再于 80℃真空干燥 6 小时得到淡黄色环合酯干品 350kg，总收率 77%。

4. 反应条件及影响因素

（1）酰氯（13-44）易吸湿分解，故在缩合阶段严格控制无水条件是反应成功的关键。具体控制指标为：13-53 含水量小于 0.05%；三乙胺含水量小于 0.1%；甲苯含水量小于 0.05%。

（2）置换反应中所用（S）-（+）-2-氨基丙醇（13-47）中右旋体含量小于 0.5%，右旋体超标会导致最终产品左氧氟沙星中右旋氧氟沙星含量超标。

（3）环合过程中水分会导致环合时间延长，同时会产生杂质（13-55），因此控制 DMF 含水量小于 0.1%。杂质（13-55）产生的机制是（13-17）10 位上的氟原子具有较强的活性，其在高温下遇到氢氧根（OH$^-$）发生取代变成酚羟基。

$$K_2CO_3 \underset{H_2O}{\rightleftharpoons} OH^- + K^+ + KHCO_3$$

5. 工艺流程及控制图

以生产工艺过程中的单元反应和单元操作为中心，用图解形式把物料、反应、后处理、物料控制、杂质去除等过程加以描述，形成工艺流程及控制图（图 13-1）。

6. 一步法单耗表

所谓单耗是指使用原料加工生产制成最终产品后实际附着体现在产品本身上的部分，即每生产 1kg 产品所需消耗的各个原料量，其计算方法为各原料的使用总量除以产品总量，见表 13-1。

单耗越小，每生产 1kg 的产品所消耗的该原料越少，附着在产品上的原材料成本越低，产品越有市场竞争力。

从表 13-1 中可以看出甲苯和 DMF 的单耗太高，一是抬高了原材料成本，二是增加了"三废"，因此必须考虑回收套用。目前生产上成功开发了回收套用工艺，使得甲苯和 DMF 的回收率达到 90%，极大地降低了单耗和"三废"，提高了经济效益。

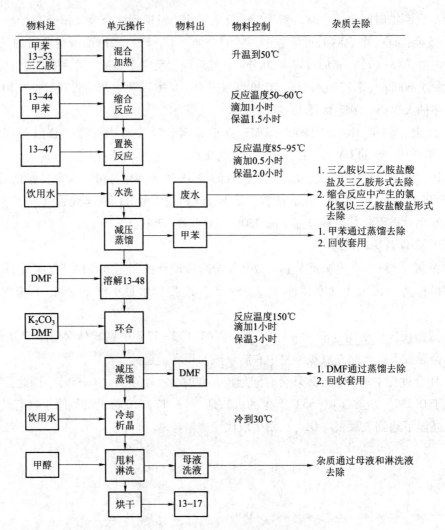

图 13-1 一步法工艺流程及控制图

表 13-1 一步法单耗表

原料名称	用量（kg）	产量（kg）	单耗	备注
13-53	230		0.657	
三乙胺	177		0.506	
13-44	310		0.886	
甲苯	1800		5.143	需回收
13-47	105		0.300	
冰醋酸	4.5		0.013	
K$_2$CO$_3$	250		0.714	
DMF	2100		6.000	需回收
甲醇	360		1.029	
产品环合酯 13-17		350		

思考

举例说明单耗表有何用途。

（三）左氟羧酸的制备

1. 工艺原理　环合酯（13-17）5 位的酯基在酸性条件下水解成羧基，硫酸起催化剂作用，具体机制如下：

2. 工艺过程　［重量投料比：环合酯（13-17）：冰醋酸：浓硫酸：饮用水＝360：1000：100：200］将环合酯（13-17）投入 2000L 反应釜，然后将冰醋酸，水，浓硫酸依次用真空抽入釜中，搅拌加热至 90～95℃左右回流反应 3.5 小时。然后降温至 40～45℃减压回收冰醋酸和水至干，再趁热加饮用水 1000kg 搅拌冷却至 20℃，甩滤，水洗至洗出液 pH 中性，得白色湿品，80℃真空干燥 6 小时得到白色固体（13-18）310kg，纯度 99%（HPLC 检测），收率 94%。

3. 反应条件及影响因素

（1）环合酯（13-17）适宜在酸性条件下水解制备左氟羧酸（13-18），而酸性水解为可逆过程，因此需要加入大大过量的水以促进平衡正向移动，提高收率。

（2）冰醋酸作为反应溶剂，可以促使水解在均相条件下进行，提高了反应速度，但反应完毕必须进行回收套用。

（四）左氧氟沙星的制备

1. 工艺原理　左氟羧酸（13-18）10 位上的氟原子具有较强的活性，在一定温度下易与 *N*-甲基哌嗪发生亲核取代反应，脱去 1 分子氟化氢（HF）制得目标产物左氧氟沙星（13-1）。

2. 工艺过程 将左氟羧酸（13-18）、三乙胺、N-甲基哌嗪和二甲基亚砜（DMSO）先后投入反应釜中，搅拌升温到 90~93℃，保温 6 小时，然后减压回收三乙胺、N-甲基哌嗪和 DMSO，最高温度不超过 100℃，回收物料套用。然后冷却到室温，加入氯仿，用氨水调 pH=7.2~7.4，充分搅拌 4 小时，使物料充分溶解，加入活性炭脱色 30 分钟，压滤到分层釜，静止分层，下层氯仿层放入到蒸馏釜中，先常压后减压回收氯仿到蒸干物料，加入 95% 乙醇，升温使物料溶解，加入活性炭脱色 30 分钟，压滤到析晶釜中，冷却到 0~3℃ 保温 1 小时，甩料，用少量冰乙醇洗涤，甩干，80℃ 真空干燥 6 小时得白色固体（13-1），收率 88%。

3. 反应条件及影响因素

（1）9 位上氟原子的活性远低于 10 位氟原子的活性，因此在温和条件下，几乎不存在 9 位取代的异构体（13-56），但如果反应温度高于 100℃ 时也会产生 13-56。

（2）左氟羧酸（13-18）务必反应完全，中控要求 13-18 的纯度小于 1.0%，否则收率偏低，而且影响了产品（13-1）的质量，导致杂质 A（13-3）含量超标（0.3%）。

（3）原料 N-甲基哌嗪中哌嗪的含量不能超过 0.5%，否则产品（13-1）中杂质 E（13-4）含量超标（0.2%）。

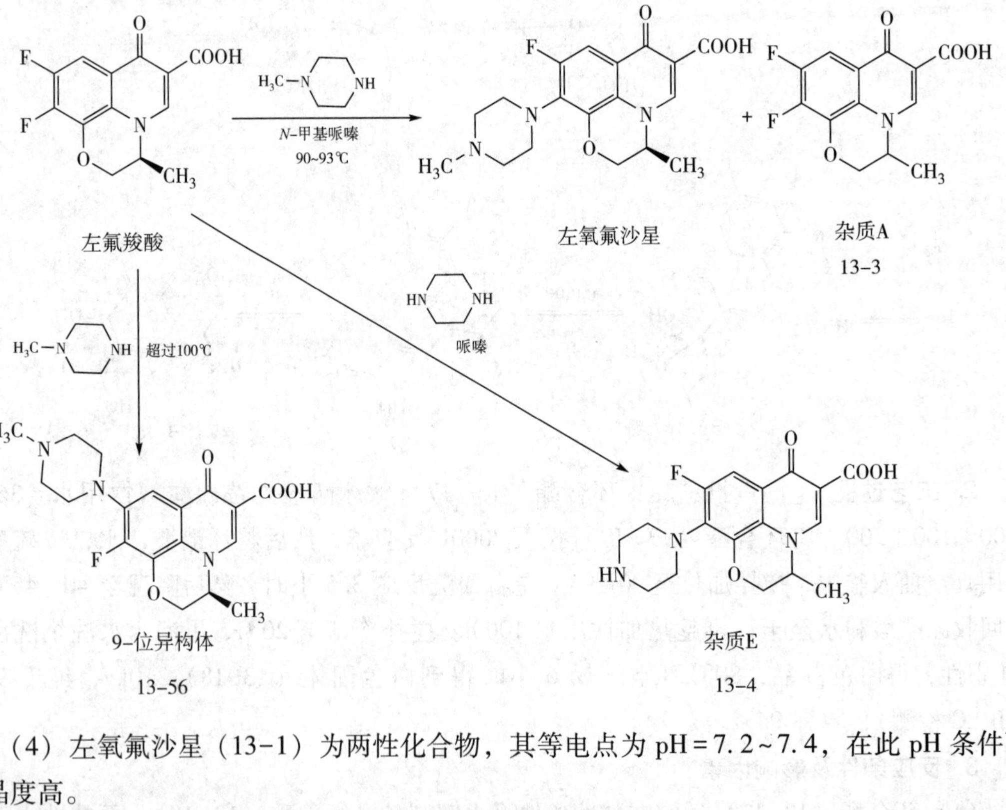

（4）左氧氟沙星（13-1）为两性化合物，其等电点为 pH=7.2~7.4，在此 pH 条件下析晶度高。

思考

试分析生产工艺中各步反应机制及注意事项。

第四节　原辅材料的制备、绿色改进和"三废"治理

一、原辅材料的制备

（一）2,3,4,5-四氟苯甲酸的制备

以国内价廉易得的苯酐（13-57）为原料，经氯化得到四氯苯酐（13-58），再与苯胺在乙酸乙酯中回流环合得到 N-苯基四氯邻苯二甲酰亚胺（13-59），然后通过经过活化的氟化钾（KF）进行全氟代制得 N-苯基四氟邻苯二甲酰亚胺（13-60），最后经水解、脱羧得到目标物（13-43），总收率45%。该路线反应条件温和，操作简便，溶剂易于回收套用。

（化学反应式：13-57 → 13-58 → 13-59 → 13-60 → 13-43）

（二）（S）-（+）-2-氨基丙醇的制备

以工业易得的 L-2-氨基丙酸（13-61）为原料，在硼氢化钾（KBH_4）和三氟化硼乙醚络合物（$BF_3 \cdot Et_2O$）作用下将羧基还原成羟甲基从而制得（S）-（+）-2-氨基丙醇（13-47）。本路线收率较高，反应条件温和、成本低、操作简单。

（化学反应式：13-61 → 13-47，$\dfrac{KBH_4/BF_3,Et_2O}{THF}$）

1. 工艺原理　硼氢化钾（KBH_4）不能直接还原羧基，但其与三氟化硼乙醚络合物（$BF_3 \cdot Et_2O$）相互作用后可以生成具有很强还原活性的硼烷（B_2H_6），硼烷是选择性还原羧基为醇的优良试剂，还原条件温和，反应速度快，且不影响分子中存在的其他官能团。其还原羧酸时，先生成三羧基硼烷，这是一快速反应，然后进一步发生三聚反应生成环硼氧烷，最后在酸性条件下水解生成醇和硼酸，具体的机制如下：

$$3KBH_4 + 4BF_3 \cdot O(C_2H_5)_2 \longrightarrow 3KBF_4 + 2B_2H_6 + 4(C_2H_5)_2O$$

$$RCOOH + B_2H_6 \xrightarrow[\text{三聚化}]{\text{快反应}} 2(RCOO)_3B \xrightarrow{B_2H_6} \text{（环硼氧烷结构）}$$

$$\xrightarrow{\text{水解}} RCH_2OH + H_3BO_3$$

$$R = -CH(NH_2)CH_3$$

思考

试分析还原机制。

2. 工艺过程　将 L-2-氨基丙酸和无水 THF 投入还原釜中，然后加入 KBH₄，室温搅拌。保持反应温度在 5℃ 以下，滴加三氟化硼乙醚络合物，1 小时滴毕，室温下搅拌 3 小时，TLC 检测原料点消失（茚三酮的乙醇溶液显色）。冷至 0~5℃，小心滴加 3mol/L 盐酸溶液淬灭，控制淬灭时温度不超过 20℃，淬灭完毕再滴加水至物料澄清。先常压回收 THF 至 90℃，再减压蒸除大部分水，然后用固体 NaOH 调至 pH=7.5~8.0。减压蒸馏，收集 72~74℃/7.5mmHg 的馏分，得无色液体（13-47），收率 83%，含量大于 99%、右旋体含量小于 0.5%（GC 检测，外标法），用于合成左氧氟沙星（13-1）可满足药典标准。

3. 反应条件

（1）三氟化硼乙醚络合物易吸湿分解，故在还原阶段严格控制无水条件是反应成功的关键，控制四氢呋喃含水量小于 0.1%；

（2）反应温度和水解温度要严格控制，温度过高会导致产品部分消旋，影响产品（13-47）的质量。

（三）3-二甲胺基丙烯酸乙酯的制备

以甲酸乙酯与乙酸乙酯为原料，在氢化钠存在下经羟醛缩合生成甲酰基乙酸乙酯钠盐（13-62），再与二甲胺盐酸盐反应，合成目标产物 3-二甲胺基丙烯酸乙酯（13-53），总收率为 60%。该方法反应条件温和、操作简单、原子经济性高、污染少。

二、绿色改进

（一）改进工艺一

左氟羧酸（13-18）与 N-甲基哌嗪在 DMSO 溶剂中制备左氧氟沙星（13-1），DMSO 为极性非质子溶剂，沸点高达 189℃，与水以任意比例混溶，回收难度大，而且在高温下会慢慢分解产生刺激性的二甲硫醚，对水资源及周围环境具有一定危害。而在后处理工艺中使用的氯仿又是一种毒性很强的有机溶剂，按照药典要求，氯仿属于一类溶剂，在成品中残留量应控制在 30ppm 内，但实际操作中非常难以控制。因此寻找合适的低毒或无毒溶剂来替代生产工艺中的氯仿和二甲基亚砜（DMSO）等高毒害溶剂是绿色生产的时代要求。赵建宏等在对该步缩合反应进行了大量研究的基础上开发了一条相对环保的制备工艺，将缩合反应在无溶剂或少量水作溶剂的条件下进行，通过使用固体加料器将左氟羧酸（13-18）缓缓送入缩合体系中保持在均相条件下反应，同时在后处理过程中利用产品（13-1）具有两性化合物的特点，利用酸碱处理得到合格产品，避免了使用氯仿，收率达到 80% 以上。该工艺反应条件温和，操作简便，同时减少了环境污染、改善了车间的生产环境，保障了操作人员的安全健康。

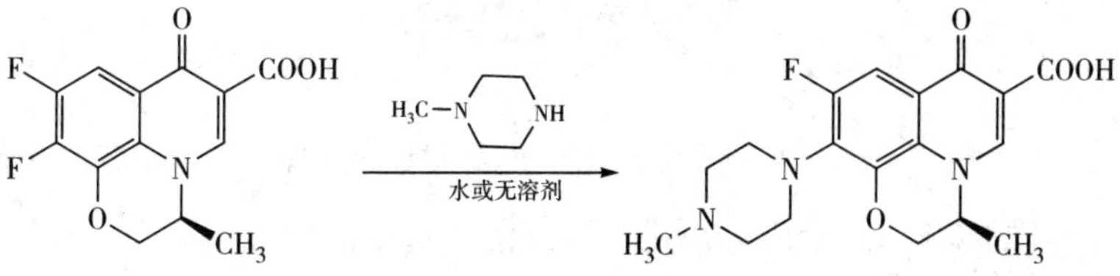

13-18　　　　　　　　　　　　　　　　　　　13-1

（二）改进工艺二

左氧氟沙星（13-1）工艺中最后两步（酸性水解和 N-甲基哌嗪取代）的现有技术存在一定缺陷。酸性水解中用到硫酸、醋酸和大量的水，虽然反应杂质少，但不可避免地会产生一定量的工业酸性废水，产生污染；而 N-甲基哌嗪取代使用的高沸溶剂 DMSO 存在回收困难及环境污染问题。为了处理以上问题，吴政杰等研究开发了一种"一步法"合成工艺。先将环合酯（13-17）在 80℃碱水溶液中进行碱性水解生成左氟羧酸的钠盐，边水解边除去反应生成的乙醇，水解完毕后不经后处理分离直接加入 N-甲基哌嗪，升温回流至缩合反应结束，制得左氧氟沙星（13-1），收率 90%，该工艺简化了原有步骤，缩短了反应周期。

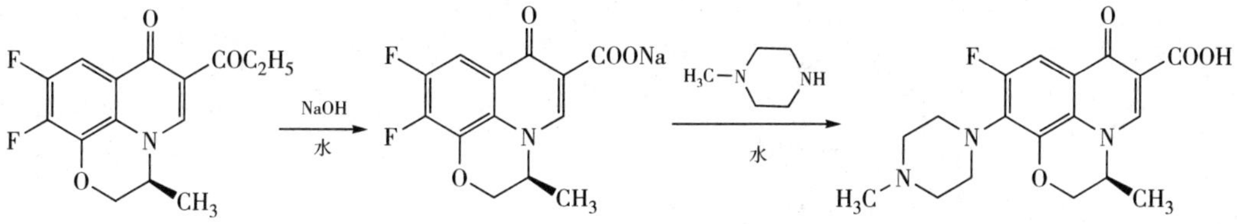

13-17　　　　　　　　　　　　　　　　　　　13-1

思考

"一步法"反应的特点和优点，并举例说明。

三、"三废"治理

左氧氟沙星（13-1）生产过程中生成的氯化氢气体可用三乙胺吸收，酸、碱等废水经常规的碱、酸中和处理。

工艺中用到的溶剂如甲苯、冰醋酸、DMF、DMSO 和氯仿回收套用。

重点小结

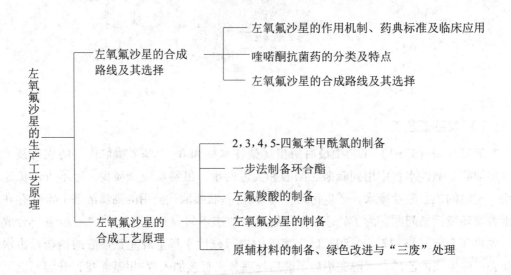

左氧氟沙星的生产工艺原理
- 左氧氟沙星的合成路线及其选择
  - 左氧氟沙星的作用机制、药典标准及临床应用
  - 喹诺酮抗菌药的分类及特点
  - 左氧氟沙星的合成路线及其选择
- 左氧氟沙星的合成工艺原理
  - 2, 3, 4, 5-四氟苯甲酰氯的制备
  - 一步法制备环合酯
  - 左氟羧酸的制备
  - 左氧氟沙星的制备
  - 原辅材料的制备、绿色改进与"三废"处理

（赵建宏）

第十四章　多西他赛的生产工艺原理

扫码"学一学"

第一节　概　述

多西他赛（docetaxel，14-1）又称多西紫杉醇或紫杉特尔，商品名为泰索帝。化学名为[2aR-(2aα,4β,4aβ,6β,9α,(αR',βS'),11α,12α,12aα,12bα)-β-[[(1,1-二甲基乙氧基)羰基]氨基]-α-羟基苯丙酸[12b-乙酰氧-12-苯甲酰氧-2a,3,4,4a,5,6,9,10,11,12,12a,12b-十二氢-4,6,11-三羟基-4a,8,13,13-四甲基-5-氧代-7,11-亚甲基-1H-环癸五烯并[3,4]苯并[1,2-b]氧杂丁环-9-基]酯。

14-1

本品为白色或类白色的结晶性粉末，无臭。在甲醇、乙醇或丙酮中溶解，在三氯甲烷中略溶，在水中几乎不溶。是法国 Sanofi-Aventis 公司开发的半合成紫杉醇衍生物，对晚期乳腺癌、非小细胞肺癌、卵巢癌、前列腺癌、胰腺癌、肝癌、头颈部癌、胃癌等均有疗效。多西他赛的分子式为 $C_{43}H_{53}NO_{14}$，相对分子量为 807.35，CAS No：14977-28-5。

多西他赛属于紫杉醇（paclitaxel，商品名 Taxol）的衍生物。紫杉醇是 1968 年从美国西海岸的短叶红豆杉（*Taxus brevifolia*）树皮中分离提取出来的具有紫杉烷骨架的二萜类化合物。紫杉烷骨架由 A、B、C、D 四环骈合而成，骨架 13 位羟基连有侧链，侧链上两个手性碳原子构型分别为 2'R 和 3'S。紫杉醇与多西他赛在化学结构上的区别主要表现在紫杉烷骨架 10 位羟基取代（R_2）以及侧链 3'位氨基酰化基团（R_1）不同。紫杉醇（14-2）的 10 位羟基被乙酰化（R_2 为乙酰基），侧链 3'位氨基与苯甲酰基（Benzoyl，以下简称 Bz）相连；而多西他赛的紫杉烷骨架 10 位羟基未被取代（R_2 为氢原子），3'位氨基所连基团为叔丁氧羰基（*t*-Butyloxy carbonyl，以下简称 Boc）。

$R_1=C_6H_5CO$ $R_2=CH_3CO$ 紫杉醇（14-2）

$R_1=$ $R_2=H$ 多西他赛（14-1）

紫杉醇类药物可诱导并促使微管蛋白聚合成微管，抑制所形成微管的解聚，进而导致微管束的排列异常形成星状体，使细胞在有丝分裂时不能形成正常的有丝分裂纺锤体，从而抑制了细胞分裂与增殖，导致细胞死亡。紫杉醇类药物还可以在缺少鸟苷三磷酸（GTP）与微管相关蛋白（MAP）的条件下诱导形成无功能的微管，而且使微管不能解聚。

紫杉醇于1992年在美国上市，是临床最常用的一类抗肿瘤药物。但该药依靠植物提取，严重破坏自然资源。另一方面，紫杉醇的水溶性很差（0.03mg/ml），已成为临床面临的突出问题。为了增加紫杉醇的水溶性，常在其注射液中加入表面活性剂环氧化蓖麻油（cremophor）助溶。但加入的表面活性剂可引起血管紧张、血压下降以及过敏反应。因此，通过结构改造或化学修饰，改善紫杉醇的水溶性已成为紫杉醇类药物研究的重点内容。其中多西他赛是紫杉醇结构修饰改造中非常成功的例子。

多西他赛是在紫杉醇结构基础上，去除10位羟基上的乙酰基，同时将侧链3′位进行改造得到的。多西他赛具有更加广谱的抗肿瘤活性，是迄今为止疗效最显著的抗癌药物之一。与紫杉醇相比，多西他赛具有如下几个特点：①水溶性（6~7mg/ml）明显好于紫杉醇。②活性高于紫杉醇，在体外活性研究中，它的活性是紫杉醇的1.3~12倍；在相同的剂量条件下，多西他赛的抗微管解聚能力大约是紫杉醇的2倍；体内活性实验对比中对所有移植瘤株活性也优于紫杉醇。

除此之外，多西他赛的抗瘤谱较紫杉醇更广。多西他赛对前列腺癌、胰腺癌、胃癌、结肠癌和黑素瘤有效，仅对肾和结肠直肠癌无效。多西他赛抗瘤谱广、抗肿瘤作用强，是临床肿瘤治疗的关键产品，且治疗费用低于紫杉醇。

思考

多西他赛和紫杉醇间的结构关系。

第二节 合成路线及其选择

扫码"学一学"

紫杉醇类化合物结构复杂，全合成（total synthesis）方法已经获得成功，但由于路线长而复杂，所用试剂昂贵且收率低，故没有实用价值。因此现代医药工业一般采用半合成法（semi-synthesis）进行紫杉醇类药物的制备。目前应用成功的合成方法是以浆果紫杉（*taxus baccata*）新鲜叶子提取得到的紫杉醇前体化合物10-去乙酰基巴卡亭Ⅲ（10-deacetylbaccatin Ⅲ，以下简称10-DABⅢ，14-3）为起始原料进行半合成。

（14-3 structure） → （14-1 structure）

14-3   14-1

一、多西他赛半合成方法的基本设计思路

比较 10-去乙酰基巴卡亭Ⅲ（10-DABⅢ，14-3）和多西他赛（14-1）的结构可发现，10-DABⅢ的母环结构与多西他赛相同，主要区别是 13 位羟基上的（2′R,3′S）-3-叔丁氧羰基氨基-2-羟基-3-苯基丙酸（(2′R,3′S)-3-[(tert-butoxycarbonyl)amino]-2-hydroxy-3-phenylpropanoate）侧链。从区域选择性角度需要考虑紫杉烷骨架上存在的其余三个羟基，它们分别位于在 1 位、7 位和 10 位。其中 1 位羟基为叔醇结构，位阻大，一般不易与羧酸发生酯化反应；而 7 位和 10 位两个羟基均为仲醇结构，位阻小，与羧酸发生酯化反应的难易程度与 13 位羟基基本相同，因此需要应用保护基对 7 位和 10 位的两个羟基进行保护。目前多西他赛合成中常用的羟基保护基包括三氯乙氧羰基（2,2,2-trichloroethoxycarbonyl，Troc）、苄氧羰基和三乙基硅基（triethylsilyl，TES）。

保护后的 10-DABⅢ与侧链羧酸反应时，侧链羧酸结构中的 2′羟基也需要保护，否则可能产生自身缩合产物。根据侧链羧酸引入的方法不同，通常可分为五元噁唑烷环法和四元内酰胺法两大类。前者是将羟基保护的 10-DABⅢ与五元噁唑烷酸侧链缩合，然后水解脱保护得到产物；后者是在低温强碱条件下，将羟基保护的 10-DABⅢ与四元内酰胺反应，然后再水解脱保护获得多西他赛。

二、文献报道的合成路线简介

根据前面结构和合成策略分析，多西他赛的合成一般以 10-DABⅢ为原料，经过三个主要合成步骤获得产品，即 10-DABⅢ母核的保护、侧链与母核的缩合，以及母核的脱保护。文献中报道的各种方法由于所选的羟基保护基不同，侧链羧酸引入方法不同，大致可分为以下四条合成路线。

1. 五元噁唑烷环法 以 10-DABⅢ为起始原料，首先与三氯乙氧甲酰氯（Troc-Cl）反应，选择性地保护母核中 C-7 位和 C-10 位羟基。再与五元噁唑烷酸（14-4）发生酯化反应得到中间体（14-5）后噁唑烷开环，最后用 Zn 脱除 Troc 保护基，得到多西他赛。

14-3   →（Troc-Cl / Pyridine）→（structure）→（14-4, DCC/DMAP/Toluene）

14-4

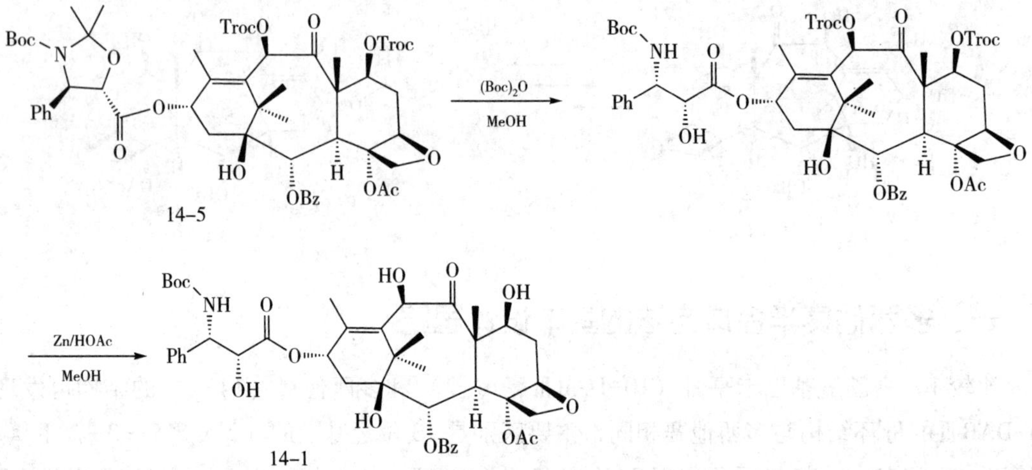

（结构式 14-5）

$\xrightarrow[\text{MeOH}]{\text{(Boc)}_2\text{O}}$

（结构式）

14-5

$\xrightarrow[\text{MeOH}]{\text{Zn/HOAc}}$

（结构式）

14-1

2. 三氯乙氧羰基四元内酰胺法　该法以 10-DAB Ⅲ 为起始原料，用三氯乙氧甲酰氯保护 C-7 位和 C-10 位的羟基后，再与四元内酰胺中间体 1-叔丁氧羰基-3-三乙基硅基-4-苯基-2-吖啶酮（14-7）在 13 位进行缩合反应，制得中间体（14-8）。最后用 Zn 将 7,10 位的保护基脱去，得到多西他赛。

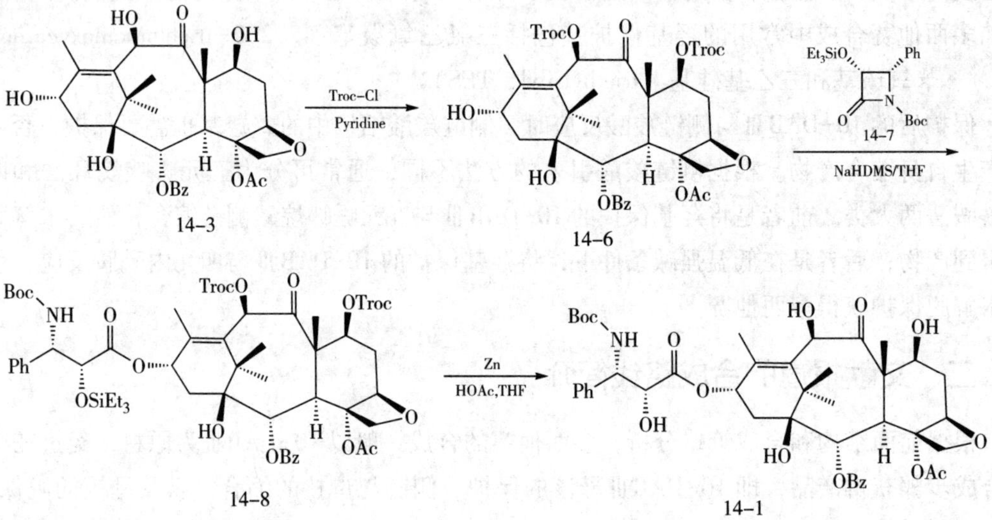

14-3　$\xrightarrow[\text{Pyridine}]{\text{Troc-Cl}}$　**14-6**　$\xrightarrow[\text{NaHDMS/THF}]{14-7}$

14-8　$\xrightarrow[\text{HOAc,THF}]{\text{Zn}}$　**14-1**

3. 苄氧羰基四元内酰胺法　以 10-DAB Ⅲ 为起始原料，与氯甲酸苄酯反应，选择性地将母核中的 C-7 位和 C-10 位羟基用苄氧羰基保护。然后再与四元内酰胺中间体（14-7）在 13 位进行缩合反应。用钯炭氢化法将 7 位和 10 位的保护基脱去得中间体（14-9），最后得到多西他赛。

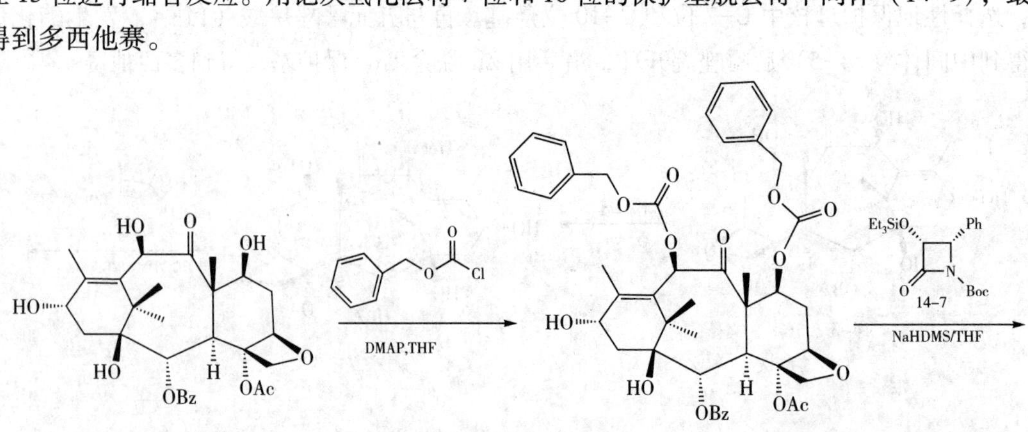

14-3　$\xrightarrow[\text{DMAP,THF}]{}$　（结构式）　$\xrightarrow[\text{NaHDMS/THF}]{14-7}$

以10-DABⅢ为起始原料，与三乙基氯硅烷（TESCl）进行硅烷化反应，选择性保护母核中的C-7位和C-10位羟基。然后与四元内酰胺中间体（14-7）进行缩合，在13位引入侧链后得到中间体（14-10）。最后用Zn将7,10位的保护基脱去，得到多西他赛。

4. 三乙基硅烷四元内酰胺法　以10-DABⅢ为起始原料，与三乙基氯硅烷（TESCl）进行硅烷化反应，选择性保护母核中的C-7位和C-10位羟基。然后与四元内酰胺中间体（14-7）进行缩合，在13位引入侧链后得到中间体（14-10）。最后用Zn将7,10位的保护基脱去，得到多西他赛。

在上述的合成工艺中，五元噁唑烷环法制得多西他赛后需柱层析分离纯化，不适于工业生产；在四元内酰胺法的前两种方法中，在母核与侧链连接时均需要使用氢化钠等强碱性试剂，对于操作的安全性要求较高；苄氧羰基四元内酰胺法需要两步脱保护基，合成路线较长；三乙基硅烷四元内酰胺法的缺点是当进行母核保护时，容易形成7位、10位和13位羟基均被保护的副产物。

5. 多西他赛的精制　国内现有的多西他赛原料药大多为多西他赛无水化合物，从文献报道中可知在对多西他赛的稳定性试验中发现，在相同的贮藏条件下，多西他赛无水化合物的晶型会发生变化，而多西他赛三水化合物的晶型则没有明显变化，相对稳定。多西他赛三水化合物可以通过选择合适的溶剂对多西他赛无水化合物进行精制而得。目前常用的溶剂有脂肪醇类（甲醇、乙醇）、脂肪酮类（丙酮）和脂肪腈类（乙腈）。

综合上述的合成路线，考虑各生产原料的成本、反应试剂的安全性以及最终产品的稳定性与质量等问题，本章重点介绍三氯乙氧羰基四元内酰胺法制备多西他赛三水合物的工艺路线。

第三节　多西他赛的生产工艺

根据国内外科研人员的不断努力，多西他赛三水合物的生产工艺已比较成熟。一般以10-DAB Ⅲ（14-3）为起始原料，通过三氯乙氧甲酰氯进行酯化反应，制得母核7位和10位羟基选择性保护中间体（14-6），然后与1-叔丁氧羰基-3-三乙基硅基-4-苯基-2-吖啶酮（14-7）发生缩合反应，在母核13位引入侧链制得中间体（14-8），通过乙酸-水-锌-盐酸体系脱除保护基，得多西他赛（14-1）。合成路线如下：

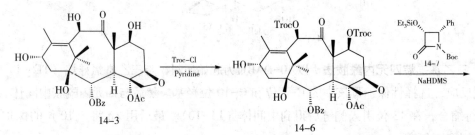

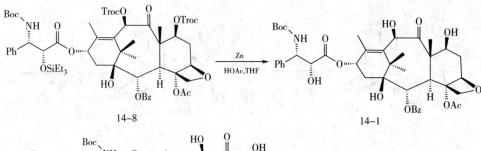

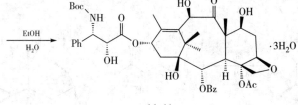

一、7,10-二(2,2,2-三氯乙氧羰基)-10-去乙酰基巴卡亭Ⅲ的制备

以10-DABⅢ为起始原料，与三氯乙氧甲酰氯进行酯化反应，保护10-DABⅢ中的C-7位和C-10位的羟基，形成7,10-二（2,2,2三氯乙氧羰基)-10-去乙酰基巴卡亭Ⅲ（14-6）。

1. 工艺原理　由于 10-DAB Ⅲ 中有三个羟基，分别在母核的 7 位、10 位和 13 位，其反应活性的顺序为 C-7>C-10>C-13。该步反应中使用三氯乙氧甲酰氯，可选择性地保护 10-DAB Ⅲ 中 C-7 位和 C-10 位的羟基，只保留 C-13 位的羟基便于下一步的合成。该反应的反应机制是：

三氯乙氧甲酰氯为酰化试剂，可接受醇羟基氧原子孤对电子的亲核进攻，成酯的同时也会产生 HCl。因此反应中应用碱性溶剂（吡啶、三乙胺等）或专门加入某些碱性物质（如碳酸钾、碳酸氢钠），这样不仅可以吸收反应产生的氯化氢，还可以催化反应进行。这类物质被称为缚酸剂。

另外，由于该反应过程放热，因此加入三氯乙氧甲酰氯时应使用冰水浴，吸收反应产生的热量，有利于反应的进行。

思考

缚酸剂有哪些？无机缚酸剂与有机缚酸剂各有什么优势？

2. 工艺过程　在反应器中加入 10-DAB Ⅲ 和吡啶，开启搅拌，将反应液冷却至 0℃ 以下，并逐渐加入三氯乙氧甲酰氯。加完后升温，温度控制在 25~30℃，搅拌反应 2 小时。反应结束后在 50~55℃ 减压蒸除吡啶，再加入二氯甲烷溶解残余物，用盐酸洗涤至 pH 5.5~6.5，有机层经水洗、饱和氯化钠溶液洗涤后干燥。再经减压浓缩得到固体，用二氯甲烷溶解后在搅拌下逐渐加入石油醚析晶，过滤得到晶体在室温下减压干燥得 7,10-二(2,2,2-三氯乙氧羰基)-10-去乙酰基巴卡亭 Ⅲ 中间体（14-6）。

3. 反应条件及影响因素

（1）溶剂的选择：该羟基保护反应中，选用有机碱作溶剂，对反应有催化作用，同时中和反应过程中释放的 HCl，通过相同反应条件下实验对比，吡啶作为溶剂的反应收率远远大于三乙胺，故选择吡啶作为反应溶剂。

思考

试分析溶剂吡啶和三乙胺的性质。

（2）溶剂的含水量：由于酰氯非常容易水解，所以在整个反应过程中必须严格无水操作。当吡啶的含水量大于 0.1% 时，该反应的收率会大大降低。所以溶剂一定要严格除水，避免酰氯与水反应。

（3）三氯乙氧甲酰氯的配料比：该步反应中三氯乙氧甲酰氯的加入量至关重要。加入量过多，可能会导致形成 13 位羟基保护的副产物；加入量过少，使反应转化率降低，从而影响多西他赛成品的收率。通过改变 10-DAB Ⅲ 与三氯乙氧甲酰氯配料比，研究确定在相同的反应条件下，10-DABⅢ与三氯乙氧甲酰氯配比为 1∶2.2 时，反应收率最高。

（4）反应中 pH 的控制：10-DABⅢ与三氯乙氧甲酰氯进行酯化反应，生成的中间体（14-6）在弱酸性条件下比较稳定。引入的三氯乙氧羰基（Troc）保护基在碱性或强酸性条件下不稳定，将导致反应液浑浊。因此该步反应过程需要注意 pH 的控制，应调节反应液 pH 值使其保持在 5.5~6.5 的范围内，才能得到较好的效果。

二、2-(三乙基硅基)-7,10-二(2,2,2-三氯乙氧羰基)多西他赛的制备

以 7,10-二（2,2,2-三氯乙氧羰基）-10-去乙酰基巴卡亭Ⅲ中间体（14-6）为原料，加入双（三甲硅基）氨基钠（NaHDMS）后，再与四元内酰胺中间体（14-7）在母核 13 位发生缩合反应，得到中间体 2-（三乙基硅基）-7,10-（2,2,2-三氯乙氧羰基）多西他赛（14-8）。

1. 工艺原理

中间体（14-6）的 C-13 位羟基在强碱 NaHDMS 的作用下变为氧负离子，该亲核试剂可进攻四元内酰胺型的羰基，导致开环形成中间体（14-8）。

2. 工艺过程

将中间体（14-6）与四元内酰胺中间体（14-7）溶于四氢呋喃后，在-15℃加入 NaHDMS，保温反应 30 分钟。加入饱和氯化铵溶液淬灭反应，升温至 30~35℃用乙酸乙酯萃取，合并有机层后，分别用水、饱和氯化钠水溶液洗涤，再经干燥、浓缩得中间体（14-8）。

3. 反应条件及影响因素

（1）碱的选择：该反应中常用的碱有 NaHMDS、氢化钠以及正丁基锂（n-BuLi）。通过试验，NaHMDS 的收率远远高于氢化钠，特别是 NaHMDS 的结构中含有亲脂性的三甲基硅基（TMS）基团，能广泛溶于非质子性溶剂（如四氢呋喃、乙醚、苯或甲苯）；n-BuLi 的反应过程剧烈，使用 n-BuLi 与 NaHMDS 的收率差距不大，故选用 NaHMDS。

（2）溶剂的选择：选择合适的溶剂，既要较好地溶解反应物，又要溶解作为催化剂的 NaHMDS，故最终选择四氢呋喃作为反应溶剂。

（3）萃取溶剂的确定：萃取是一种常用的液-液提纯方法，萃取液的选择及萃取的次数对最终结果有很大的影响。例如根据中间体（14-8）的性质，选择两种常规的萃取剂（乙酸乙酯和二氯甲烷）进行试验对比，发现乙酸乙酯的萃取效果明显高于二氯甲烷。

三、多西他赛无水化合物的制备

以 2-（三乙基硅基）-7,10-（2,2,2-三氯乙氧羰基）多西他赛（14-8）为原料，在锌存在的酸性体系中，可同时脱掉母核 C-7 位和 C-10 位以及 C-13 位侧链上的保护基，得到目标化合物多西他赛粗品（多西他赛无水化合物）。

1. 工艺原理　母核中的 Troc 保护基在强酸性或碱性条件下均可脱去。考虑到紫杉醇母核在碱性条件下不稳定，故脱除 Troc 保护基可用的条件包括：室温锌-乙酸体系和锌-甲醇回流体系。另一方面，侧链 2′羟基保护基三乙基硅烷在酸性条件不稳定，应用锌-乙酸体系可同时脱除侧链 2′羟基的保护基，因此最终工艺方案选择前者。

在该步脱保护反应所使用的试剂中，不能用盐酸，因为其酸性过强，能导致多西他赛侧链 3′氨基的 Boc 保护基降解。选用酸性较弱的乙酸，既能保证脱去母核 Troc 保护基和 2′羟基的保护基，又能避免产物分解，提高多西他赛的纯度。

思考

Boc 作为氨基的保护基，在水溶液中不稳定时的 pH 值是多少？

2. 工艺过程　玻璃反应釜中加入中间体（14-8）、冰醋酸和注射用水，搅拌至完全溶解。然后在 30~35℃下加入大部分锌粉，搅拌 1 小时后再加入剩余的锌粉。继续反应至原料消失，滤除锌粉，溶液加入乙酸乙酯和水分层。水相用乙酸乙酯萃取两次，合并有机相，再分别用水和饱和氯化钠溶液洗涤。萃取液经无水硫酸镁干燥，减压浓缩至干。再加入乙酸乙酯溶解后，滴加三倍量石油醚析晶。产物过滤、洗涤后得多西他赛粗品。

3. 反应条件及影响因素

（1）反应体系：研究发现反应体系中水的含量对反应有很大影响。含水量太小，导致反应不完全；而含水量过大则导致产品的过度水解。考虑生产成本和溶剂用量与配比的关系，实际生产以 5 倍左右的溶剂量为宜。

（2）反应温度：升高温度虽然加速反应进程，缩短反应时间；但温度过高（如 55~60℃）则会造成产品的副产物增多，使得产品的纯度下降。其原因可能与升高温度导致原料过度水解有关。

第四节　多西他赛三水化合物的制备

多西他赛的三水化合物的稳定性优于多西他赛无水化合物。在前期制得多西他赛粗品（多西他赛无水化合物）的基础上，进一步制备多西他赛三水合物结晶，这个转化过程对制

扫码"学一学"

剂工艺有利，同时也是产品的精制过程。

一、合成工艺原理

多西他赛易溶于乙醇，而几乎不溶于水。因此选择乙醇作为溶剂，水作为析出剂，利用不同浓度体系的多西他赛溶解度不同而制得多西他赛三水化合物。

14-1 $\xrightarrow[\text{H}_2\text{O}]{\text{EtOH}}$ 14-11

现代制药行业对原料药晶型的关注度不断提高，其重要原因是许多药物的药物释放和疗效与药物晶型有密切关系。同种药物可能产生不同晶型，有的晶型稳定，有的晶型不稳定。因此在原料药生产的最后环节，应当特别注意考察药物晶型的制备过程。药品生产中，经常通过控制结晶的温度、搅拌的速度、析出剂添加的速度等工艺参数，来调整药物晶体粒度大小和粒度分布，保证晶型稳定。

二、工艺过程

将多西他赛（14-1）粗品溶解在无水乙醇中，45~50℃搅拌溶解，加入活性炭搅拌30分钟。滤除炭粉后，溶液在搅拌下慢慢加注射用水，温度控制在45~50℃。具体过程是：先快速加注射用水至溶液变浑浊后，停止加注射用水，同时停止搅拌，保温15分钟左右；再开启搅拌，继续慢速加入剩余的注射用水，保温搅拌1小时后，自然冷却到30℃以下，再用冰水冷却至5~10℃，析晶2小时。过滤，用乙醇溶液（无水乙醇：注射用水=1:3）洗涤后，再用注射用水充分洗涤，抽干，30~35℃真空干燥6小时以上得多西他赛三水化合物。

三、结晶条件及影响因素

通常，结晶过程经历两个阶段：晶核的生成（成核）和晶体的成长。两个阶段的推动力都是溶液的过饱和度（溶液中溶质的浓度超过其饱和溶解度之值）。结晶过程一般包括以下三个阶段。

（1）过饱和溶液的形成。

（2）成核过程：当达到一定的过饱和度时，会有结晶物的析出。这期间成核速率的控制至关重要，它会随着过饱和度的增加而急剧增大。成核速率过快，将造成大量的结晶物瞬间析出，即爆析，不利于晶体的成长。

（3）养晶过程：该过程非常重要，一方面可提高过饱和度，使结晶过程在更容易控制的条件下进行；另一方面就是所谓的熟化（老化）。由于结晶是动态平衡过程，是一个不断溶解和结晶的动态平衡。晶体粒子的溶解度与粒度有关，相对于大粒子来说，粒度小的晶体溶解度更高、溶解度速度更快。因此随着时间的延长，熟化发生，小粒子溶解消失，粒度更趋均匀。

根据结晶理论，通常在结晶过程中涉及的影响因素包括结晶溶剂、过饱和度、温度和搅拌速度等。现根据多西他赛三水合物结晶过程简要讨论如下：

思考

多西他赛三水合物制备过程中，为什么先快速加注射用水至溶液变浑浊后，停止加注射用水，同时停止搅拌，保温 15 分钟左右？

1. 结晶方法的确定 常用的结晶方法有三种，分别是冷却热饱和结晶法、蒸发溶剂结晶法和溶析结晶法。冷却热饱和结晶法是指通过降低饱和溶液的温度，使溶质析出的方法。蒸发溶剂结晶法是通过溶剂的散失（即蒸发），使得溶液达到饱和状态，继而达到过饱和状态。该法适用于温度对溶解度影响不大的物质。溶析结晶法是溶质在一定的条件能够完全溶于某溶剂（良溶剂）中，又微溶或难溶于析出剂（不良溶剂）中，而且溶剂与析出剂应当互溶。当析出剂加入溶质饱和溶液中时，由于溶剂与析出剂的互溶稀释作用，大大降低了溶质在新溶液体系中的溶解度，使新溶液达到过饱和状态，导致溶质结晶析出。

多西他赛易溶于乙醇、甲醇、丙酮等有机溶剂，几乎不溶于水。利用该特性，可选择乙醇（或者甲醇、丙酮）作为溶剂、水作为析出剂，通过滴加注射用水使整个溶液体系慢慢改变，达到一定的过饱和状态，制得多西他赛三水化合物结晶。使用该方法的优点包括：①与冷却结晶相结合，提高溶质从母液中的回收率；②结晶过程可把温度保持在较低的水平，对于不耐热的样品有利。

2. 溶剂选择 乙醇、丙酮、三氯甲烷对多西他赛的粗品的溶解性没有很大的区别，但三氯甲烷属于二类溶剂，其毒性要远远大于乙醇等三类溶剂；同时三氯甲烷和丙酮都是易制毒试剂，也限制了其在生产时批量应用。因此廉价易得的乙醇成为首选溶剂。

3. 搅拌速度 搅拌速度是结晶过程中至关重要的影响因素之一。它对结晶的晶型、结晶的快慢、结晶颗粒的粒度分布都有影响。增大搅拌速度，可以使悬浮液更均匀，有利于减小体系中的温度差异；但是增大搅拌速度的同时也加快了二次成核的速率，使晶体粒度变细。温和而均匀的搅拌，是获得粗颗粒结晶的重要条件。因此要选择合适的搅拌速度，尽可能地降低晶体的机械碰撞，使得晶核不被破坏，又要确保体系内悬浮溶液的均匀性。

曾有科研工作者对不同的搅拌速度与得到的多西他赛三水合物颗粒性状进行了比较，结果发现：

（1）当搅拌速度为 350r/min 时，所得的颗粒偏细，但颗粒的粒度分布较均匀。可能原因是搅拌速度过大，将晶核打碎，出现细小颗粒。

（2）当搅拌速度为 250r/min 时，所得的颗粒偏细粗，但颗粒的粒度分布不均匀。可能是由于搅拌速度过小，混合不均匀，使得晶粒大小分布不均匀。

（3）结合上述结果，实际结晶操作中可根据工艺阶段的特点采用合适的转速。例如，在快速滴加注射用水时采用 350r/min 的高速搅拌，至结晶溶液浑浊后，停止搅拌和滴加注射用水。养晶 15 分钟后，再次开启搅拌滴加注射用水时再采用 300r/min 的搅拌速度。

扫码"练一练"

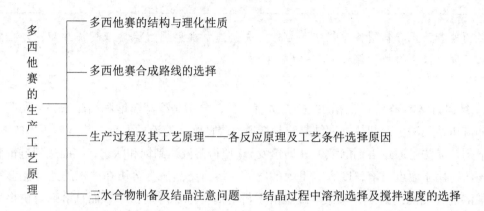

多西他赛的生产工艺原理

— 多西他赛的结构与理化性质

— 多西他赛合成路线的选择

— 生产过程及其工艺原理——各反应原理及工艺条件选择原因

— 三水合物制备及结晶注意问题——结晶过程中溶剂选择及搅拌速度的选择

（方　浩）

第十五章　甲氧苄啶的生产工艺原理

> **学习目标**
>
> 　　**1. 掌握**　四溴化工艺路线制备"二溴醛"，甲氧基化与甲基化反应制备 3,4,5-三甲氧基苯甲醛，二甲胺为辅助试剂制备"丙烯腈苯胺缩合物"，以及"丙烯腈苯胺缩合物"工艺路线制备甲氧苄啶的化学原理与工艺过程。
>
> 　　**2. 熟悉**　没食子酸为原料半合成制备 3,4,5-三甲氧基苯甲醛的化学原理与工艺过程；"单甲醚-双甲醚"工艺路线制备甲氧苄啶的化学原理与工艺过程。
>
> 　　**3. 了解**　甲氧苄啶在人类医疗保健、畜牧业养殖中的重要作用，以及药理作用机制；甲氧苄啶工业生产中的综合利用与洁净生产相关问题，以及绿色化学原理的运用。

第一节　概　述

扫码"学一学"

　　甲氧苄啶（trimethoprim，15-1）简称 TMP，化学名称 5-（3,4,5-三甲氧基苄基）-2,4-二胺基嘧啶，英文化学名 ［5-（3,4,5-trimethoxybenzyl）pyrimidine-2,4-diamine］，CAS 登记号：738-70-5，分子式：$C_{14}H_{18}N_4O_3$，分子量：290.32。

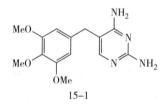

15-1

　　本品为白色或类白色结晶性粉末，无臭，味苦，熔点为 199~203℃。氯仿中略溶，乙醇或者丙酮中微溶，水中极微溶，冰醋酸中溶解。主要溶解度数据为（g/100ml，25℃）：二甲基乙酰胺 13.86，苯甲醇 7.29，丙二醇 2.57，氯仿 1.82，甲醇 1.21，水 0.04，乙醚 0.003，苯 0.002。由于是含有氨基的碱性结构（pK_a 值 6.6），TMP 通常溶解于酸性介质，这种性质在产品精制环节有重要用途。其在 287nm 的波长处有最大吸收，240~250nm 之间也有特别的吸收峰。《中国药典》规定的分光光度法，是在 271nm 的波长处测定吸收度，吸收系数为 198~210。按照干燥品计算，含 $C_{14}H_{18}N_4O_3$ 不得少于 99.0%。

　　本品既为抗菌剂，也作为抗菌增效剂，是临床上广泛应用的二氢叶酸还原酶（dihydrofolate reductase，DHFR）抑制剂，对多种革兰阳性和阴性细菌有效，在 20 世纪主要用作磺胺类药物的增效剂，有多达几十种的复方制剂。由于磺胺类药物及 TMP 单独应用时极易产生耐药性，故不宜单方作为抗菌药使用，通常以两者联合应用，可使抗菌作用增强数倍至数十倍，适用于呼吸道感染、老年性慢性支气管炎、菌痢、泌尿系统感染、肠炎、伤寒、疟疾等症，一般按 1∶5（TMP∶磺胺类药物）的比例使用。TMP 与磺胺甲噁唑（sulfamethoxazole，SMZ，15-2）和磺胺嘧啶（sulfadiazine，SD，15-3）组成的复方片剂，是目前临床上应用很广的一类抗菌制剂。

思考

简述甲氧苄啶和磺胺甲噁唑的作用机制。

　　SMZ、SD 与 TMP 的复方制剂，其抗菌谱广，抗菌作用强，对大多数革兰阳性菌和阴性菌，包括非产酶金黄色葡萄球菌、化脓性链球菌、肺炎球菌、大肠埃希菌、克雷伯菌属、沙门菌属、变形杆菌属、摩根菌属、志贺菌属等肠杆菌科细菌、淋球菌、脑膜炎球菌、流感嗜血杆菌等均具有良好抗菌活性。此外在体外对霍乱弧菌、沙眼衣原体等，亦具有良好的抗菌活性。其复方增效作用机制为：磺胺类药物（SMZ，SD）可与对氨基苯甲酸竞争二氢叶酸合成酶，使细菌不能合成二氢叶酸；另一方面，TMP 作为二氢叶酸还原酶抑制剂则通过抑制细菌的二氢叶酸还原酶，阻碍二氢叶酸还原成四氢叶酸。四氢叶酸是各种生物合成中必不可少的物质，是生物转化的一碳载体，在核酸、氨基酸生物合成中起到转移一个碳原子的作用。这种对叶酸生物合成途径的抑制作用，将停止 DNA 复制，导致细菌、病原体增殖过程中细胞的死亡。磺胺药与 TMP 合用时，对细菌合成四氢叶酸过程起双重阻断作用，其抗菌作用较单一药物增强，复方制剂中呈现的耐药菌株也相应减少。

　　TMP 目前收录于《中国药典》《美国药典》《英国药典》《欧洲药典》《国际药典》与《印度药典》，是世界卫生组织规定的世界基本药物。其中《英国药典》《欧洲药典》的质量体系最为规范，目前大多数企业的生产工艺路线符合相关要求。自从 20 世纪 60 年代上市以来，以其良好的性能与安全性，用量逐年增大，每年全球约有 4000 吨的生产规模，并逐年增大，中国占有其中 60% 的份额，是我国化学原料药的支柱品种。

　　近年来，科学家发现 TMP 与其他抗菌药配合应用也能大大提高抗菌效果，这将进一步拓展其市场发展空间。TMP 和其他抗生素配伍能更好地发挥抗生素的效果，尤其对四环素和庆大霉素的增效作用最明显，可增强十几倍之多。因而近年来不断有新的抗生素和 TMP 的复方制剂被开发出来。另外，TMP 还有抗疟疾作用，TMP 和双氢青蒿素、磷酸哌喹等药物也有很好的协同效应（synergistic effect），各种复方制剂正不断涌现。

　　TMP 也收入《中国兽药典》，广泛用于畜牧业，治疗禽类大肠杆菌引起的败血症、鸡白痢、禽伤寒、霍乱、呼吸系统继发性细菌感染等，还可用于球虫病的治疗。TMP 作为廉价的普通药物在全球医疗和家禽畜牧业用量极大。

　　TMP 有三个重要的同类药物溴莫普林（brodimoprim，15-4）、依匹普林（epiroprim，15-5）和艾拉普林（iclaprim，15-6）。溴莫普林属于长效二氢叶酸还原酶抑制剂，在治疗各种革兰阳性或阴性细菌引发的呼吸道感染和细菌性咽炎或扁桃体炎、窦炎、中耳炎、支气管炎等方面疗效显著，于 1993 年 9 月获准在意大利首次上市。依匹普林对治疗葡萄状球菌、肠球菌、肺炎双球菌和链球菌的感染效果较好。艾拉普林对治疗几种革兰阳性细菌引发的感染较为有效。在国际上，这三个同类药物的市场份额与甲氧苄啶相比很小。

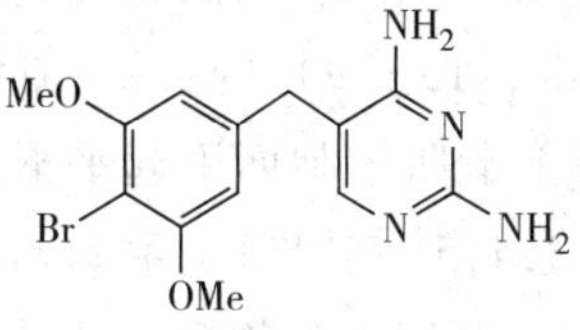

15-4

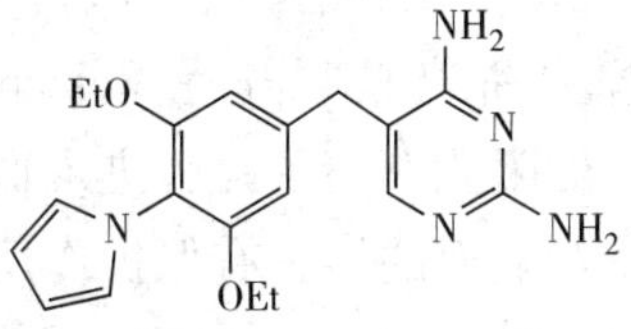

15-5

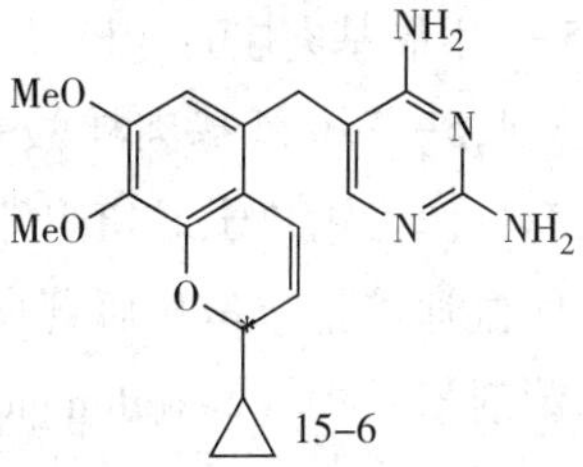

15-6

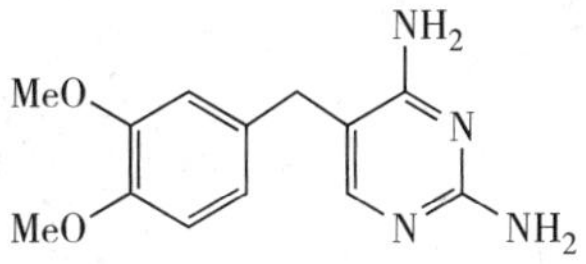

15-7

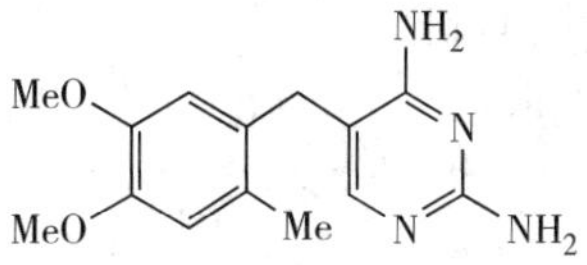

15-8

另外，甲氧苄啶还有两个重要同类结构的兽药品种敌菌净（diaveridine，15-7）和奥美普林（ormetoprim，15-8）。它们主要用于农业肉类来源的养殖业上。敌菌净广泛使用在家禽养殖，作为抗原虫药，预防和治疗球虫病鸡住白细胞原虫病；也用于畜牧业，用于治疗动物呼吸道与消化道的感染。奥美普林主要用于水产养殖，具有抗感染、抗鱼类寄生虫的良好作用。敌菌净在国内已经大量生产并出口，但奥美普林则生产较少。

近十年来，科学家也设计、发展新型的抗叶酸剂来解决对甲氧苄啶有抗性的酶系统问题。例如，含有炔丙基的新型二氢叶酸还原酶抑制剂 15-9、15-10 对隐孢子虫（*Cryptosporidium hominis*）就更有效。

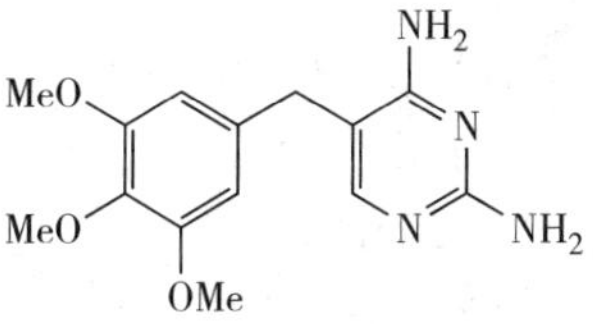

15-1
隐孢子虫DHER IC$_{50}$: 14 mmol/L

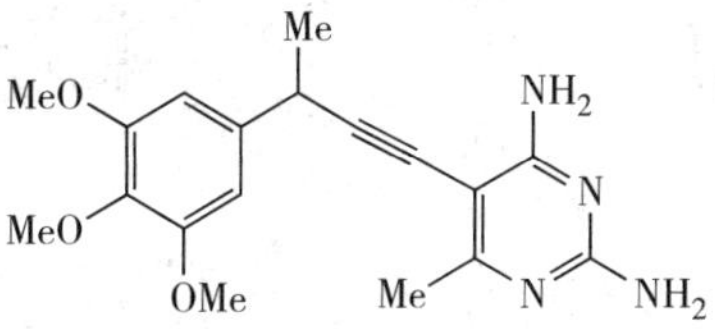

15-9
隐孢子虫DHER IC$_{50}$: 38 nmol/L

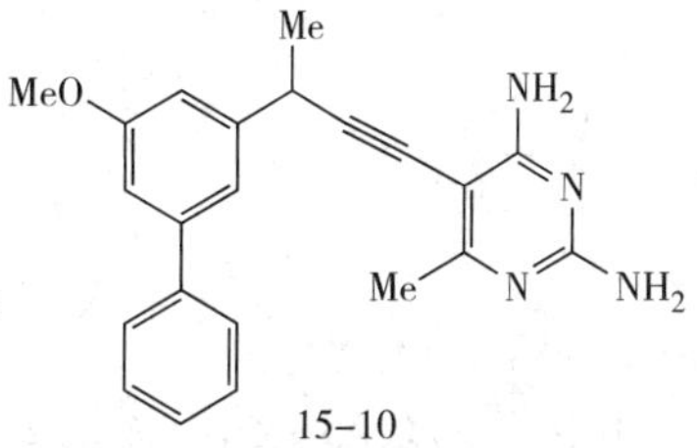

15-10
隐孢子虫DHER IC$_{50}$: 1.8 nmol/L

第二节　合成路线及其选择

从 TMP 的化学结构来看，TMP 可以视为芳环 A 和杂环 B 两个部分。

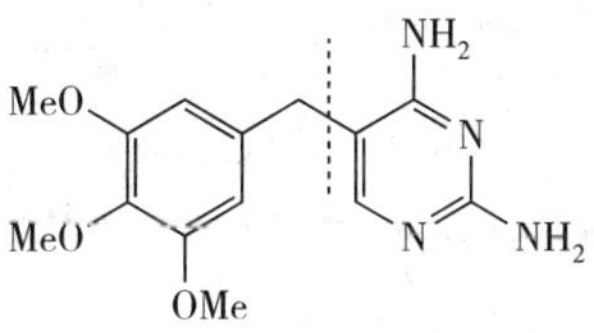

A 部分作为 TMP 结构的重要组成，它的化学来源应该含有能够形成 C—C 键的活性官能团，如 3,4,5-三甲氧基苯甲醛（TMB，15-11）或 3,4,5-三甲氧基苄氯（15-12）。由于以 3,4,5-三甲氧基苄氯为原料合成甲氧苄啶的合成方法较少，反应步骤不具有优势，且其通常须先以 TMB 为原料还原为苄醇，再氯化制得，因此 TMB 就成为 TMP 合成的关键中间体。

TMB 还是一个通用的有机合成中间体，用于合成 3,4,5-三甲氧基苯甲醇（15-13）、3,4，

扫码"学一学"

5-三甲氧基甲苯（15-14）、3,4,5-三甲氧基苯胺（15-15）、3,4,5-三甲氧基苯乙酸（15-16）、3,4,5-三甲氧基肉桂酸（15-17）、3,4,5-三甲氧基苄胺（15-18）等一系列有用的化合物。例如，3,4,5-三甲氧基肉桂酸是血管扩张药桂哌齐特（cinepazide，15-19）的关键中间体。桂哌齐特作为钙离子通道阻滞剂，能阻止钙离子跨膜进入血管平滑肌细胞而引起平滑肌松弛，使血管扩张，缓解血管痉挛，对缺血的器官有保护作用。3,4,5-三甲氧基甲苯是农用抗真菌剂苯菌酮（metrafenone，15-20）的关键中间体。苯菌酮主要用于谷物和葡萄等的储存。此外，3,4,5-三甲氧基甲苯也是半合成法制备药物与食品添加剂辅酶 Q_{10}（coenzyme Q_{10}，15-21）的起始原料。

15-11 15-12 15-13 15-14

15-15 15-16 15-17 15-18

15-19 15-20 15-21

B 部分的杂环结构应该是 2,4-氨基嘧啶衍生物（15-22）。若先合成 2,4-二氨基嘧啶，再与 A 部分进行缩合，则嘧啶环上的氨基须先加以保护，特别是在 C_5 位上引入基团在化学上较为困难，使工艺路线冗长。所以在合成上采取逐步形成嘧啶环的策略。这里可以看到，A 与 B 部分的连接是 C—C 键的形成过程，在没有活化因素存在下，直接形成 C—C 键是困难的，因此必须设计给予形成 C—C 键的活化因素，例如，设计可以发生 Knoevenagel 缩合反应的活化结构。

15-22

将这个嘧啶衍生物逆合成分析，优先从环内碳-杂键（C—N 键）处断开，则剖析为 C 和 D 两部分。将 A 部分先与 C 部分缩合，再与 D 部分环合，是构成合成 TMP 较为理想的路线。进一步逆分析，D 为游离胍，来自国内大量生产的化工原料硝酸胍。C 的等价物 E 部分应为取代的丙腈醛结构或衍生等价结构，这样可以与游离胍发生环合反应。腈基（CN）是最好的吸电子活化基团之一，不仅使其 a-H 原子便于与 TMB 缩合，还将提供未来环合所需的胺基和碳原子。丙腈醛结构异构化为 3-羟基丙烯腈结构，等价结构

为 3-烷氧基丙烯腈的烯胺结构、3,3-二烷氧基丙腈的缩醛结构、3-取代胺基丙烯腈的烯
胺结构的官能团来代替。化学家们基于这些思想，设计研究了各种合成路线，并将其中
的高产路线发展为生产工艺路线。我们先讨论以 3,4,5-三甲氧基苄氯合成 TMP 的早期研
究，再重点讨论关键中间体 TMB 和目标产物 TMP 的合成工艺发展历程。

一、3,4,5-三甲氧基苄氯为原料的合成路线

（一）3,4,5-三甲氧基苄氯的合成

20 世纪，制备 3,4,5-三甲氧基苯甲基的原料主要来自于林产化学品没食子酸
（15-23），因此早期是采用没食子酸为原料合成 3,4,5-三甲氧基苄氯（15-12）。其关键步
骤以硼烷还原苯甲酸为苄醇结构，这对于廉价原料药来说，没有工业化的意义。

近二十年来，我国 TMB 工业化水平达到世界先进水平，产量也达到数千吨，因此当前
各种 3,4,5-三甲氧基苯甲基的骨架基本以 TMB 为原料。将 TMB 还原为醇的方法有两种：
一是以硼氢化钠还原醛基为醇，反应高效但不够经济；二是通过 TMB 加氢还原，这是制备
3,4,5-三甲氧基苄醇（15-13）的合理选择。

在催化氢化中，基于苄基的特殊性，还原过程将伴有 3,4,5-三甲氧基甲苯（15-14）
产生，且氢气压力越高，越有利于 15-14 的生成。

国内的专家也提出了以对甲酚为原料合成 15-14 的廉价路线，15-14 再经氯化可以合成 3,4,5-三甲氧基苄氯（15-12）。但要注意，高度富电子的 15-14 进行侧链自由基氯化，常常发生芳环上的亲电取代反应。通常，吸电子基取代的甲苯结构进行甲基自由基卤化较为容易控制。

（二）3,4,5-三甲氧基苄氯与氰乙酸乙酯缩合制备甲氧苄啶

3,4,5-三甲氧基苄氯（15-12）为原料的路线报道较少。这条 3,4,5-三甲氧基苄氯与氰乙酸乙酯缩合的合成路线各步收率都较高，原料易得，但（15-12）与 TMB 相比更为昂贵，且步骤多了氯化，脱氯二步，最终无法与 TMB 为原料的合成路线相竞争。

二、3,4,5-三甲氧基苯甲醛的合成路线

（一）以没食子酸为原料制备 3,4,5-三甲氧基苯甲醛

20 世纪 90 年代前，我国采用的是以没食子酸（15-23）为原料合成 TMB 的生产路线。没食子酸系由五倍子中的鞣酸又称单宁酸（tannic acid）水解制取。五倍子为倍蚜科昆虫角倍蚜或倍蛋蚜在其寄生盐肤木（*Rhus chinensis* Mill.）青麸杨（*R. potaninii* Maxim）或红麸杨（*Rhus punjabensis* Stewart var. *sinica*（Diels）Rehd. et Wils.）等树上形成的虫瘿，主要成分是没食子酸和双没食子酸的葡萄糖苷，在我国原料来源方便。20 世纪 80 年代，我国曾大量引种南美洲的豆科植物——刺云实（*Caesalpinia spiosa*），其豆荚经破碎去籽加工而成的粉末称之为塔拉粉，富含单宁酸。它的单宁酸结构为没食子酸与 *D*-奎宁酸的羟基所生成的酯，水解后可以产生一分子奎宁酸和数分子没食子酸，塔拉粉可作为五倍子代用品。

没食子酸转化为 TMB 要经历羟基甲基化和羧基还原成醛基的主要过程。20 世纪 70 年代初至 90 年代初，我国采用没食子酸为原料生产合成 TMB。

在实际的工程实践中，国内的技术人员进行了许多工艺改革，不需要使用单体的没食子酸，而从单宁酸直接水解、甲基化制备3,4,5-三甲氧基苯甲酸甲酯（15-25），采用一锅煮工艺，使收率提高到95%以上，并大大简化了工艺操作。其余两步酰肼化和氧化收率也可达86%左右，对单宁酸计算三步总收率可达70%。在当时，单宁酸作为天然林产资源，供应受到一定限制，氧化剂铁氰化钾（赤血盐）也占其原料成本的1/3，这些因素都影响TMP的集中规模化生产。20世纪80、90年代，国内有几十家企业生产TMP，每家年产仅几十吨。

1. 以单宁酸直接制备3,4,5-三甲氧基苯甲酸甲酯　单宁酸（鞣酸），国际上称为中国五倍子单宁（Chinese gallotannin），就是指自五倍子中的鞣质而言。它是一种成分复杂的混合物，如前所言主要成分是没食子酸或者双没食子酸的葡萄糖苷。鞣酸水解得到的没食子酸，经甲基化得3,4,5-三甲氧基苯甲酸，再经酯化制得3,4,5-三甲氧基苯甲酸酯。经改进的一锅煮工艺，包括甲基化、水解、酯化三步反应，从鞣酸直接制备3,4,5-三甲氧基苯甲酸甲酯（15-25），工艺简洁、收率优异。

单宁酸分子中的没食子酸结构在碱性环境下滴加硫酸二甲酯发生甲基化反应，再完全水解成3,4,5-三甲氧基苯甲酸钠盐和3-羟基-4,5-二甲氧基苯甲酸钠盐。后续将pH值调整到8~9，再次滴加硫酸二甲酯对其羧基和3-羟基的钠盐进行甲基化，最终生成目标产物3,4,5-三甲氧基苯甲酸甲酯（15-25）。显然，在强碱性下即便生成酯也会水解，不可能稳定存在。一锅煮工艺的每一步既要调整到该步的最佳条件，同时兼顾产物的存在环境。

酚钠盐的甲基化试剂在工业上使用最普遍的是硫酸二甲酯，虽然该试剂剧毒，但工业上廉价。其他工业甲基化试剂还有氯甲烷、溴甲烷。硫酸二甲酯与酚钠盐的甲基化是一个亲核取代反应（S_N2），在碱性条件下，酚钠盐的氧负离子向硫酸二甲酯的碳正中心进攻，发生甲基化反应。

$$Ar-O^- \quad Me-O-\overset{\overset{O}{\|}}{\underset{\underset{O}{\|}}{S}}-OMe \longrightarrow Ar-O-Me + {}^-OSO_2OMe$$

硫酸二甲酯是一个良好的和常用的甲基化试剂，反应活性大，适于在低温下进行反应，若温度过高容易分解。同时没食子酸为多元酚类，在碱性条件下高温时很不稳定，易发生空气氧化。因此甲基化反应的温度不宜太高，控制在70℃左右。实际上，水解与甲基化反应是同时发生的，在甲基化完毕后，再升温进行水解，并不断把水蒸出，以提高反应温度，促进水解反应进行。

水解后可得3,4,5-三甲氧基苯甲酸钠盐和3-羟基-4,5-二甲氧基苯甲酸钠盐。两者在碱性条件下继续进行酯化，后者在羧基被酯化的同时，3-羟基也进行甲基化反应。在弱碱性溶液中用硫酸二甲酯进行羧基的甲基化反应，是一个常用制备酯的反应，收率通常很高。其反应机制也可以认为是羧基负离子进攻硫酸二甲酯的碳正中心而发生甲基化反应。

$$Ar-COO^- \quad Me-O-\overset{\overset{O}{\|}}{\underset{\underset{O}{\|}}{S}}-OMe \longrightarrow Ar-COOMe + {}^-OSO_2OHMe$$

甲基化反应后，硫酸二甲酯失去一个甲基转化为硫酸单甲酯钠盐，这个盐的甲基不再具有强正电性，失去甲基化功能。因此硫酸二甲酯作为甲基化试剂会有原子经济性问题，是一个产生废水的试剂，有待于从绿色化学的角度加以解决。

工艺过程：将水和单宁酸投入反应罐中，在搅拌下加入第一份硫酸二甲酯，于室温下滴加第一份碱液，于70~75℃保温反应30分钟，甲基化反应完毕。加第二份碱液，升温至回流，然后改成蒸水装置，蒸水约2小时进行水解反应。反应毕；降温到43℃时加第二份硫酸二甲酯。加完后立即滴加碱液，控制pH值在8~9；于此温度下保温1小时，加水稀释，冷却，过滤水洗，得3,4,5-三甲氧基苯甲酸甲酯。熔点80~82℃，一次收率为85%以上。母液用盐酸中和至pH值在2~3，析出3,4,5-三甲氧基苯甲酸。扣除回收的3,4,5-三甲氧基苯甲酸后，3,4,5-三甲氧基苯甲酸甲酯的收率在96%~98%。

绿色化学要求体现原子经济性、步骤经济性和反应试剂经济性体现了绿色化学的理念，而一锅煮工艺就体现了这种思想。一锅煮工艺（one-pot process）在一个反应釜中连续实现多步反应的操作过程，避免中间体分离纯化，简化操作过程，提高反应收率。在工业生产中能够降低能耗，节约设备、时间、空间与人力，减少废弃物的排放。一锅煮工艺通常要求各步反应高效、收率高，各步反应的溶剂、反应试剂、产物能够相互兼容。

2. 制备3,4,5-三甲氧基苯甲酰肼 3,4,5-三甲氧基苯甲酸甲酯（15-25）与水合肼发生氨解生成3,4,5-三甲氧基苯甲酰肼（15-26），反应为双分子亲核取代（S_N2），反应中心是酯的羰基碳正原子，反应按下列过程进行：

$$15\text{-}25 \xrightarrow{\text{NH}_2\text{NH}_2 \cdot \text{H}_2\text{O}} 15\text{-}26 + \text{MeOH}$$

15-25 与水合肼的配比一般为 1∶20，反应是在回流下进行的，回流不宜太剧烈，以免肼挥发。肼的碱性很强，有少量水分存在时，部分 15-25 被水解成 3,4,5-三甲氧基苯甲酸，后者与肼成盐留于母液中。

工艺过程：将水合肼、15-25 混合，加热至 95~97℃，回流反应 3 小时，反应完毕加入热水，于 95℃搅拌 10 分钟，使结晶全部溶解后，降温，甩滤，水洗即得 3,4,5-三甲氧基苯甲酰肼（15-26），熔点 158~162℃，收率为 84%~88%。产物分离后，母液进行深度处理，回收大大过量的肼与 3,4,5-三甲氧基苯甲酸副产品。

3. 氧化制备 3,4,5-三甲氧基苯甲醛 由羧基（或者酯基）还原成相应的醛基，有机合成化学方法还可用氢化铝锂或硼烷等将芳羧酸先还原为醇，然后再氧化为醛。或将羧酸氯化成酰氯，再经氢化还原。直接将苯甲酸酯化合物还原为苯甲醛化合物的有效试剂是二异丁基氢化铝（DIBAl-H），但反应需要-70℃低温，且难以控制。这些方法都需用贵重的还原剂或催化剂，应用于工业生产还有一定困难。发展规模化生产实用的芳醛制备方法一直是化学家努力的方向。

这里实现了一种可大规模工业化的方法，采用铁氰化钾（赤血盐）为氧化剂，将芳酰肼化合物氧化为芳醛化合物：

$$15\text{-}26 + 2\text{K}_3\text{Fe(CN)}_6 + 2\text{NH}_3 \cdot \text{H}_2\text{O} \xrightarrow{\text{甲苯}} 15\text{-}11 + 2\text{K}_3\text{NH}_4\text{Fe(CN)}_6 + 2\text{H}_2\text{O} + \text{N}_2 \uparrow$$

芳酰肼的肼基具有还原性，易被氧化放出氮气并得相应的芳醛化合物。可能伴随的副反应是芳醛与芳酰肼发生缩合反应生成腙：

$$\text{RCHO} + \text{RCONHNH}_2 \longrightarrow \text{RCH} = \text{N}-\text{NHCOR}$$

形成腙的副反应与反应温度密切相关，当温度由 17℃升到 60℃，腙的生成量由 10% 上升到 36%，所以生产上采用在室温（25℃）下进行氧化反应。这里采用的铁氰化钾（赤血盐）是一个温和的氧化剂，它不会将产物的醛基过度氧化为羧基。具有良好的化学选择性（chemoselectivity）反应中高价铁获取一个电子，变为低价铁的形式（黄血盐）。此反应须在过量的氨水中进行。

$$[\text{Fe(CN)}_6]^{3-} + e \longrightarrow [\text{Fe(CN)}_6]^{4-}$$

如果采用二氧化锰作氧化剂，则反应不易控制，易过度氧化生成羧酸。

工艺过程 上述酰肼（15-26）与氨水和甲苯混合，在 25℃以下滴加预先配制的赤血盐溶液，25℃保温反应 3 小时。反应毕，压滤，滤渣用甲苯洗涤，洗液与滤液合并，分层。

水层中含有黄血盐可回收。甲苯层分别用2%盐酸、2%氢氧化钠和水各洗涤一次，弃去洗液，甲苯层减压蒸馏，回收甲苯，至蒸尽为止，趁热出料，自然冷却结晶，即得 TMB。熔点 69~73℃，收率 84%~86%。

思考

简述以没食子酸为原料半合成制备 TMB 的化学原理。

（二）以香兰素为原料制备 3,4,5-三甲氧基苯甲醛

近十几年来，随着甲氧基化技术的不断完善，香兰素（15-27）经溴化、甲氧基化、甲基化制备 TMB 也成为可行的方案。这条路线先制备 5-溴香兰素（15-28），然后进行高效甲氧基化得到丁香醛酚钠盐（15-29）、硫酸二甲酯甲基化后即可高收率制得 TMB。

香兰素、5-溴香兰素、丁香醛等化合物，都属于对羟基苯甲醛类化合物，它们的醛基、羟基都较为稳定，不易过度氧化为羧酸和醌。这一特殊的结构性质可以用共振理论进行解释，对羟基苯甲醛化合物可以产生烯醇-半醌式共振结构（15-30），起原位保护醛基、羟基的作用。

（三）以对羟基苯甲醛为原料制备 3,4,5-三甲氧基苯甲醛

对羟基苯甲醛（15-31）是重要的精细化工产品，广泛用于香料、药物、液晶单体的合成，在我国已经获得大规模生产，过去主要以硝基甲苯为原料进行生产。对硝基甲苯在多硫化钠醇碱溶液作用下，经氧化、还原反应制得对氨基苯甲醛，收率可达 50%，同时得副产物对甲基苯胺（可作为药物中间体）。对氨基苯甲醛再经重氮化、水解制得 15-31，收率为 64%。

经过十几年的不断进步，对甲酚直接氧化制备 15-31 的工艺也获得大规模生产，这条路线使用氧气为氧化剂，具有显著的绿色化学特征，本身又不产生伴生的废水。目前这条路线工业氧化收率可达 75% 以上。

对甲酚类化合物氧化为对羟基苯甲醛类化合物，是一个由 4 位羟基引发的、经历甲基化对苯醌（15-32）活性中间体的 Baik-Ji 样式反应机理的二段式自由基反应。对羟基苯甲醛经历溴化、甲氧基化、甲基化步骤，即可高收率制备 TMB。这条路线也是今后工业化生产潜在的替代选择之一。

（四）以对甲酚为原料制备 3,4,5-三甲氧基苯甲醛

1. 对甲酚四溴化路线制备 3,4,5-三甲氧基苯甲醛 目前，我国采用的生产工艺路线是，对甲酚在邻二氯苯溶剂中"低温"进行亲电二溴化反应，生成 2,6-二溴-4-甲基苯酚（"二溴酚"，15-33）。然后将物料提升到"高温"对侧链甲基进行自由基二溴化反应，生产 2,6-二溴-4-二溴甲基苯酚（"四溴化物"，15-34），15-34 进行水解反应得到关键中间体 3,5-二溴-4-羟基苯甲醛（"二溴醛"，15-35），这些反应应用一锅煮和连续操作工艺。对甲酚的亲电二溴化反应由于羟基是强供电子基而容易发生，产生的氢溴酸又对溴化反应起到促进作用。自由基反应通常由热、光、氧化等方式引发，这里的高温溴化避免了自由基引发剂的使用，洁净而有效。

15-35 为棕黄色结晶性颗粒，熔点 184℃，企业标准为含量大于 95%，水分小于 0.3%。通常在不影响终产品质量的前提下，中间体纯度可以适当放宽，以减少成本。

第一个车间完成"二溴醛"生产后，第二个生产车间进行甲氧基化、甲基化反应制备 TMB。非活化的卤代芳烃（芳环上不含有硝基等强吸电子基团的卤代芳烃）进行甲氧基化反应时，只有溴代芳烃在成本与反应活性上适合工业化生产要求。非活化的氯代芳烃反应活性低，碘代芳烃价格太高，都不适应工业化的要求。"二溴醛"即属于所谓的非活化溴代芳烃化合物，这一类化合物的甲氧基化单元反应具有一定的普遍性，不仅可用于 TMB 的合成，在其他有机中间体如香兰素（15-27）、1,3,5-三甲氧基苯（15-36）、3,4,5- 三甲氧

基甲苯（15-14）等的合成上也有广泛应用。

从工业化应用角度考虑，非活化溴代芳烃化合物的甲氧基化反应适宜使用铜催化进行，应避免贵金属的使用，进而希望避免使用有机配体。虽然配体化学极大改善了过渡金属的催化性能，但在液相反应中会带来成本、分离与污染上的困扰。因此，工业上非活化溴代芳烃甲氧基化反应就需要使用甲醇钠作为强亲核试剂，极性非质子溶剂（polar aprotic solvent）如 DMF 为溶剂的反应体系，以避免配体的使用。

在传统工艺中，"二溴醛"（15-35）在 DMF 中通过甲氧基化反应制得丁香醛酚钠盐（15-29），无需酸化，结晶分离钠盐，再将该钠盐溶解于水溶液中实施甲基化反应，析出目标产物 TMB 粗品。离心甩滤、熔融减压蒸除水分，再转入蒸馏釜，高温，高真空蒸馏、切片，得到 TMB 精品。企业标准为白色或类白色固体，熔点大于 73℃，含量大于 99%。TMB 质量对 TMP 的质量控制有决定性影响。

15-35 在甲氧基化过程中，醛基并不需要保护。它与对羟基苯甲醛、香兰素、5-溴香兰素、丁香醛等化合物类似，在碱性条件下产生烯醇钠盐-半醌式结构可以保护醛基与羟基，即便是超过 125℃ 的高温下，也可避免过度氧化。在药物合成过程中，引入溴原子的功能多是为了介导后续的官能团转换，起到预官能化作用（pre-functionalization）。在形成新的 C—C、C—O、C—N、C—S 化学键之后，溴原子会从母体分子上离去。工业上对相关副产物氢溴酸、溴化钠等，都要进行有效的回收与综合利用。

2. 对甲酚为原料制备 3,4,5-三甲氧基苯甲醛的其他路线　目前所使用的四溴化合成 TMB 路线适合于溴素产地的企业，随着溴素资源的枯竭与价格抬升，开发无溴或低溴耗合成路线已彰显其重要性。国内专家提出的磺化-氧化路线值得重视，对甲酚经磺化、碱熔、甲基化和氧化制得 TMB。这条路线的难点在于磺化的选择性和最后一步纯氧带压氧化反应的安全性。

近年来，也提出了经"二溴酚"（15-33）或 3,5-二甲氧基-4-甲基苯酚（15-37）氧化制备丁香醛，进而合成 TMB 的方法。这里的氧化是一个自由基反应机制，需要解决的问题是，15-33 在甲醇溶剂中反应活性不够，而富电子的 15-37 过于活泼易发生自由基偶联副反应。

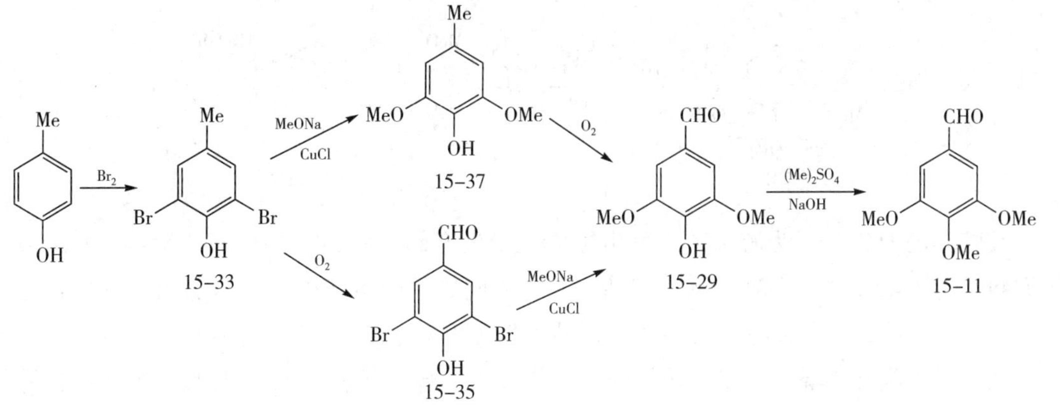

（此处为化学反应流程图）

对甲酚 → 15-33 → 15-37 / 15-35 → 15-29 → 15-11

思考

简述对甲酚四溴化路线制备 TMB 的化学原理。

三、甲氧苄啶的合成路线

前面的逆合成分析显示，A 部分可由 TMB 提供，C 部分由丙腈醛 E 的等价物提供。两者缩合，最终与游离胍 D 环合，构成 TMP 的基本合成策略。丙腈醛 E 的等价物常见的有丙烯腈烯醚与丙烯腈烯胺化合物。氰乙酸乙酯可看成是丙腈醛的高氯化价态等价结构。

（一）与氰乙酸乙酯缩合的合成路线

氰乙酸乙酯也是含有三个碳原子具有活泼氢的化合物，可以和 TMB 缩合，然后再与游离胍环合得到嘧啶衍生物。环化后，酯基会在嘧啶环 C_6 位上衍生一个多余的羟基，因此需要氯化、再加氢还原除去。此路线经历四步反应，步骤过多，氰乙酸乙酯在价格上也不具优势。

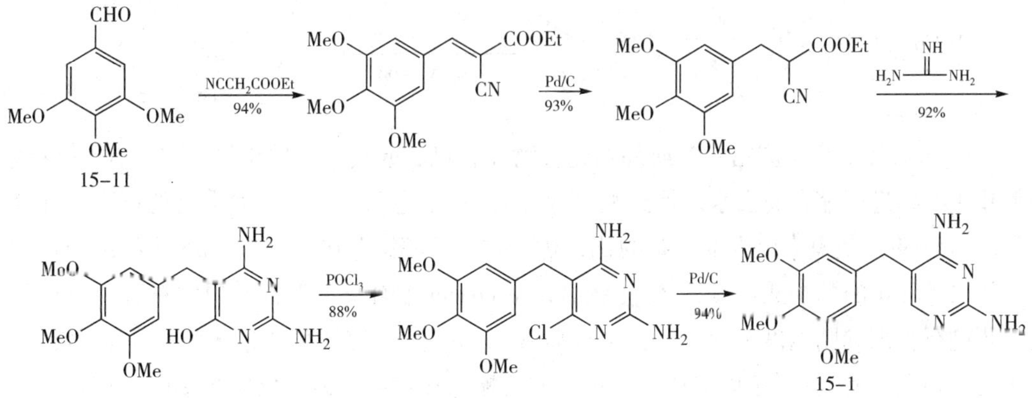

（此处为化学反应流程图）

15-11 → ... → 15-1

（二）"单甲醚-双甲醚"合成路线

3-甲氧基丙腈（15-38）是含有三个相连碳原子和一个氮原子的化合物，又有 α-活泼氢，是丙烯腈烯醚结构的前体。TMB 与 15-38 缩合，即得 2-甲氧甲基-3-(3,4,5-三甲氧基苯基)丙烯腈（"单甲醚"，15-39）。

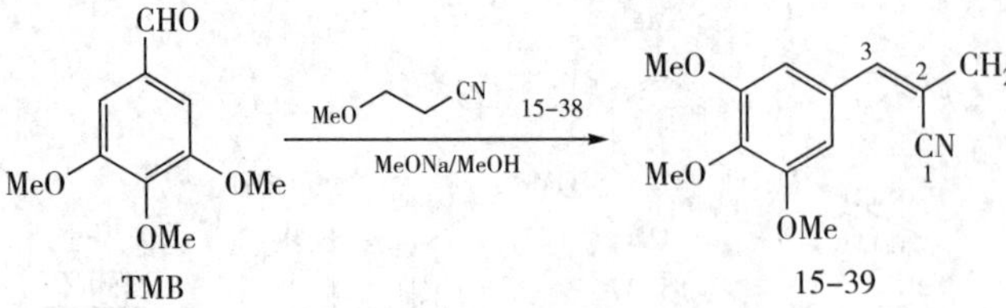

（化学反应式图 TMB → 15-39）

嘧啶环的 D 部分，为游离胍，可由国内大量生产的硝酸胍 $[NH=C(NH_2)_2 \cdot HNO_3]$ 为原料。为了增加"单甲醚"的反应活性，在甲醇钠甲醇溶液中与甲醇加成，逐步转化成 2-(3,4,5-三甲氧基苯基)-3-二甲氧基丙腈（"双甲醚"，15-40）。所谓"双甲醚"实为缩醛，反应活性类似于醛，比双键转位的"单甲醚"（烯醚结构）有更大的反应活性，易与游离胍环合脱去二分子甲醇，形成嘧啶环，即得 TMP。

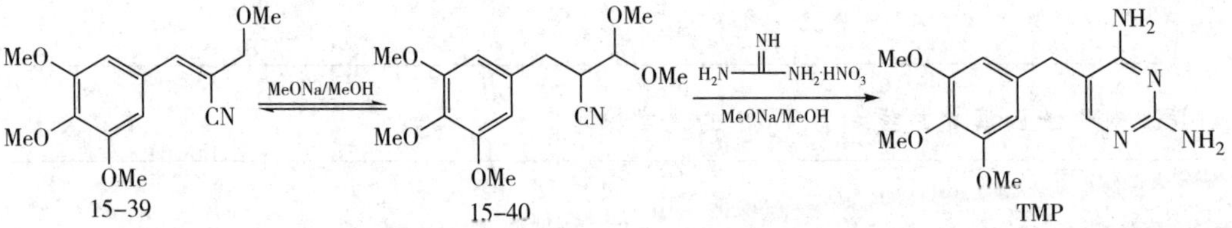

（化学反应式图 15-39 → 15-40 → TMP）

这条合成路线由于反应步骤短，工艺简便，各步收率较高，从 20 世纪 70 年代国产化以来，为国内各药企普遍采用，一直沿用到 21 世纪初，才为新的合成路线所替代。该合成路线在我国 TMP 生产历史上起到了重要作用。

1. **"单甲醚"的制备** "单甲醚"（15-39）的制备是采用两步反应一锅煮工艺，即将丙烯腈在甲醇钠催化下与甲醇发生氧杂原子的 Michael 加成（Michael addition）反应，形成 3-甲氧基丙腈（15-38）。在甲醇钠催化下，生成的 15-38 继续与 TMB 进行 Knoevenagel 缩合反应制得"单甲醚"。甲醇钠可以消耗缩合反应所产生的水，促使反应彻底。反应体系相互兼容，自然采用一锅煮工艺。

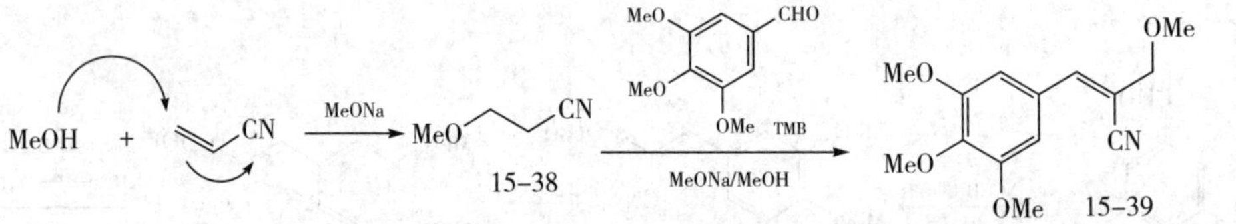

（化学反应式图 MeOH + CH₂=CHCN → 15-38 → 15-39）

Knoevenagel 缩合反应指醛类或酮类化合物在有机碱或其盐类催化下，与具有 α-活泼氢亚甲基化合物进行缩合脱去水，得到相应含有 α,β-不饱和 C=C 键缩合物的反应。在此反应中，（15-38）是具有活性亚甲基的化合物，它在甲醇钠存在下可与 TMB 进行缩合反应。

丙烯腈和甲醇的加成反应，及随后的 Knoevenagel 缩合反应，都在甲醇钠存在下以一锅煮工艺进行。丙烯腈遇碱不稳定，易成胶状物。为去除甲醇钠可能带入的少量游离碱（氢氧化钠），可在投入丙烯腈以前加入少量乙酸乙酯，在常温下搅拌反应半小时，使乙酸乙酯与碱发生水解反应，除去可能存在的少量游离碱。

$$MeCOOEt + NaOH \longrightarrow MeCOONa + EtOH$$

此外，反应温度和醇钠的浓度对反应也有很大影响。以室温（约 25℃）较适宜，若反应温度偏高，丙烯腈和 TMB 均易聚合成树脂状物。若醇钠浓度过大，也能发生聚合作用；醇钠浓度太小，则反应速率太慢，致使反应不完全。

工艺过程：将甲醇钠投入干燥的反应罐内，加入少量乙酸乙酯，常温反应半小时。冷却到10℃时滴加甲醇和丙烯腈的混合液，控制温度不超过25℃，加毕，投入TMB，并在25℃下保温反应10小时，反应结束冷却到5℃，甩滤，水洗到中性，干燥得"单甲醚"，熔点为80～84℃，收率为80%～82%。

2. 经"双甲醚"制备甲氧苄啶 在生产上，这个工序采用四步一锅煮工艺制备"双甲醚"（15-40）：①在甲醇钠和无水乙醇中加入少量乙酸乙酯进行水解反应，以除去游离碱；②"单甲醚"（15-39）双键转位、加成制得15-40；③硝酸胍（15-41）为甲醇钠中和生成游离胍（15-42）；④15-40与游离胍环合，同时将生成的甲醇不断蒸出，升高温度促使反应完全，即得TMP。

$$MeCOOEt + NaOH \longrightarrow MeCOONa + EtOH$$

甲醇的沸点较低，为了加速加成反应进行，常加入无水乙醇以提高反应甲液的回流温度。在环合反应时应尽量把甲醇蒸尽，有利于收率的提高。也可以在除尽甲醇后，加入少量DMF，改善搅拌状况，再回流若干时间，有利于环合反应的进行。反应结束后，有少量胶状物质混杂于产品中，可在加水的同时加入部分乙醇，将胶状物溶去。所得粗品再经过精制得合格的产品。

工艺过程：将甲醇钠、无水乙醇和乙酸乙酯投入烘干的反应罐内，在常温反应半小时后加入"单甲醚"，升温到82℃，回流反应4小时。反应完降至室温，投入硝酸胍，在74～76℃回流反应2小时。然后开始蒸除产生的甲醇，一直蒸到内温升至92℃为止。再于92 100℃回流反应4小时。反应结束，趁热加入水和乙醇，加热回流0.5小时，然后降温至10℃以下，甩滤，醇洗，水洗，干燥，得TMP粗品，熔点195℃以上。

将粗品TMP溶于稀醋酸中，于95～98℃加活性炭脱色1小时，趁热过滤，滤液于70℃用氨水中和到pH值在8.5～9.0之间，冷却，甩滤，用去离子水洗涤，干燥，得精制品。环合、精制两步收率为73%～74%，以TMB计算总收率达56%以上。

思考

简述"单甲醚-二甲醚"路线制备TMP的化学原理。

（三）"丙烯腈苯胺缩合物"合成路线

这是目前多数企业采用的改进路线，主要特点是经历高级中间体"丙烯腈苯胺缩合物"（15-43）与游离胍环合，高收率制备 TMP，TMP 精品对关键中间体 TMB 的收率提高到 80% 以上。TMB 是制造 TMP 最昂贵的原料，大幅度降低其单耗，意味着这条路线的经济效益大大优越于"单甲醚-双甲醚"路线。

在这条路线中，含有 α-活泼氢的 3-二甲胺基丙腈（15-44）代替"单甲醚-双甲醚"路线中的 3-甲氧基丙腈（15-38），与 TMB 先发生 Knoevenagel 缩合反应生成 3-二甲胺基-2-(3,4,5-三甲氧基苄叉)-丙腈（"苄叉丙腈"，15-45），苄叉丙腈在反应过程中能够迅速转化为较稳定的 p-π-π 共轭烯胺结构 3-二甲胺基-2-(3,4,5-三甲氧基苄基)丙烯腈（丙烯腈甲胺缩合物，15-46）。这个缩合反应几乎可以定量地完成，且只需催化剂量的氢氧化钾。"丙烯腈甲胺缩合物"不具有与游离胍环合的性能生成 TMP，必须将其转化成高级中间体"丙烯腈苯胺缩合物"（15-43）。苯胺基供电子性较弱，"丙烯腈苯胺缩合物"可与游离胍环合，高收率获得 TMP。被替代下来的苯胺则可以回收套用。

文献公开了各种"丙烯腈苯胺缩合物"的类似物均能够与硝基胍高收率地环合制备 TMP，而丙烯腈脂肪胺缩合物并不具备这种性能。

Ar = 对氯苯基，对甲苯基，对甲氧苯基等

另一方面，直接制备"丙烯腈苯胺缩合物"存在着一些缺陷。丙烯腈与苯胺进行 Michael 加成反应制备 3-苯胺基丙腈（15-47）不可避免地有二次 Michael 加成反应副产物（15-48）产生，这不仅影响收率，且给分离带来了困难。15-47 与 TMB 的缩合只有在叔丁醇钾介导下可获得 90% 左右的收率，而在常规缩合剂甲醇钠介导下的缩合收率在 70% 左右。因此，在工业上直接以 15-47 合成"丙烯腈苯胺缩合物"并不可取。

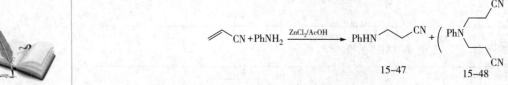

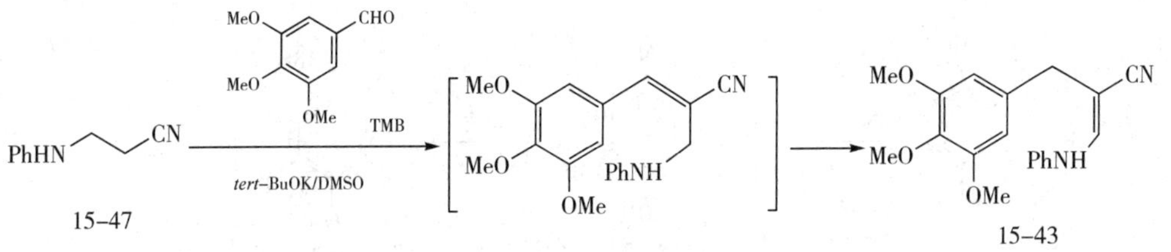

在文献中 3-吗啉基丙腈与 TMB 高收率发生 Knoevenagel 缩合反应生成稳定的 *p-p-p* 共轭的烯胺结构 3-吗啉基-2-(3,4,5-三甲氧基苄基)丙烯腈（"丙烯腈吗啉缩合物"）。这个"丙烯腈吗啉"缩合物在浓盐酸介质中与苯胺定量缩合反应得到"丙烯腈苯胺缩合物"（15-43）。改进后的工艺用最廉价的脂肪族仲胺二甲胺代替较为昂贵的吗啉，解决繁琐的多步反应与分离过程，通过简便的操作制备"丙烯腈苯胺缩合物"（15-43）。从而能以丙烯腈、二甲胺为原料，经历关键中间体 TMB、高级中间体"丙烯腈苯胺缩合物"较为经济地生产 TMP。

改进的路线：

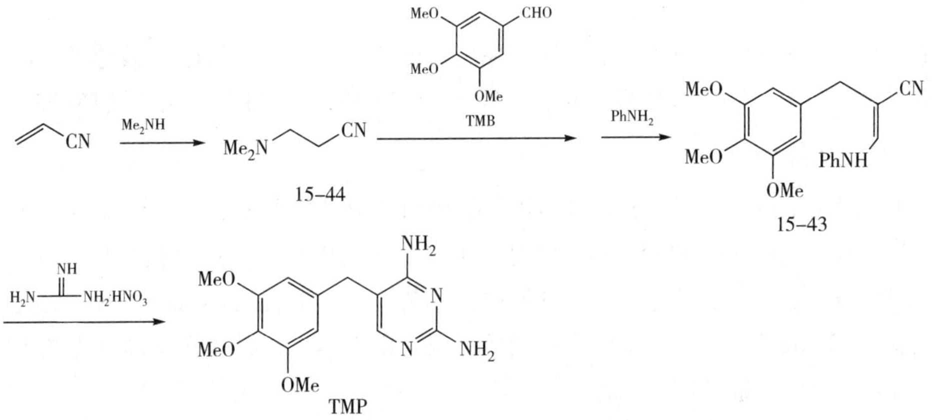

与第一代"单甲醚-二甲醚"路线相比，改进后的第二代"丙烯腈苯胺缩合物"路线实现了各步反应高效化，生产成本进一步降低。

思考

简述"丙烯腈苯胺缩合物"路线制备 TMP 的化学原理。

第三节　3,4,5-三甲氧基苯甲醛的生产工艺原理及其过程

对甲酚先在邻二氯苯溶剂中"低温"进行二溴化，生成 2,6-二溴-4-甲基苯酚（二溴酚，15-33）。然后将物料提升到"高温"对侧链甲基进行自由基二溴化，得到 2,6-二溴-4-二溴甲基苯酚（四溴化物，15-34），该"四溴化物"进行水解反应得到关键中间体 3,5-二溴-4-羟基苯甲醛（二溴醛，15-35）。

扫码"学一学"

所获得的"二溴醛"进行二甲氧基化得到丁香醛酚钠盐（15-29），分离后直接在水相中以硫酸二甲酯作为甲基化试剂，液碱调控 pH 值，完成甲基化反应得到 TMB。

一、二溴醛的制备

苯环上二溴化反应与侧链二溴化反应采用一锅煮工艺，再采用连续工艺将物料转入水解釜完成水解反应，整个过程不分离"二溴酚"（15-33）与"四溴化物"（15-34）。

（一）工艺原理

对甲酚属于富电子芳烃，羟基是强供电子的邻、对位定位基，在室温即可与 2 当量的溴素发生亲电溴化反应生成 15-33，同时产生二分子的溴化氢。这个溴化反应在 Lewis 酸（如氢溴酸、乙酸）存在下会进行的较为彻底，是一个自催化（autocatalysis）过程，实际生产控制在 35~38℃进行。为了兼顾后续的高温自由基溴化，必须选择高沸点的惰性廉价溶剂，如氯苯、邻二氯苯等。

溴化后的 15-33 苯环已经被钝化，这为侧链甲基的自由基溴化提供了便利条件，且 15-33 溴化后挥发性极低，也有利于高温溴化与溴化氢回收。通过提升反应温度，滴加的 2.0 当量的溴素发生均裂产生溴自由基，从而引发反应。早期使用氯苯为溶剂，高温溴化反应温度在 130℃左右，侧链溴化的效果较差。国内企业改用邻二氯苯后，反应在 150~160℃左右进行，溴化效果得到大大改善。

"四溴化物"的水解机制，有报道也认为经历了甲基化对苯醌化合物（15-32）中间体过程，这种特定的甲基化对苯醌结构的形成，有利于水解反应的彻底进行。这个水解反应在回流状态下（约 130℃）较快进行，生成的"二溴醛"（15-35）在高温下醛基、酚羟基均很稳定，可以用烯醇-半醌式共振结构（15-30）来解释。

（二）反应条件与影响因素

高沸点惰性溶剂邻二氯苯要求干燥，使二次溴化产生的溴化氢排放彻底，避免过多溶解溴化氢而引起其他副反应。为了配置高浓度的反应环境和排尽溴化氢，所使用的邻二氯苯的溶剂量较少。

二次溴化过程的第二个重要工艺配置是缓慢滴加溴素，低温阶段滴加 2.0 当量溴素时间为 3.5 小时，高温阶段滴加 2.0 当量溴素时间为 6 小时。这样反应效果较好，可以让对甲酚完全"吃掉"溴素。缓慢滴加物料可以创造某一反应物大大过量的反应动力学环境，明显改善反应效果。

二次溴化反应的机制不同，因此反应工艺配置各有自己的特点。第一次亲电溴化反应，要缓慢、严格计量滴加 2.0 当量溴素，确保完全生成"二溴酚"，溴素不足与过量，会产生单溴化物或三溴化物。第二次自由基溴化反应，更要缓慢、严格计量滴加 2.0 当量溴素，确保加入的溴素在高温环境下即可均裂成溴自由基，确保完全进行自由基历程的反应生成"四溴化物"。溴素不足与过量，后续水解会产生苯甲醇化合物或苯甲酸化合物。由于溴素的密度大，精确计量是控制反应选择性的关键点之一，目前使用电子天平精确计量，较好解决了这个问题。

水解步骤使用的水实际上是吸收溴化氢回收的稀氢溴酸，浓度 18%，水解后母液浓度可以提升到 48% 左右，便于后续加工生产精品氢溴酸，使用稀酸也加速了水解过程。溴化反应是制药与精细化工生产中腐蚀性极大的操作反应，在设备选型上要重视相关的材质。例如，管道、回流冷凝器用玻璃材质，槽罐用陶瓷或搪玻璃罐，接口、阀门用聚四氟乙烯部件、离心用特种钢离心机等。

（三）工艺过程

质量配料比为对甲酚：邻二氯苯：溴素：18%稀氢溴酸＝1.0：1.875：6.0：5.0。

低温溴化，控制溴化反应釜内对甲酚的邻二氯苯（1/3 量）溶液在 35～38℃，在微负压下（回收溴化氢），慢慢滴加半量的溴素，滴加时间 3.5 小时左右，保温 1.5 小时完成"二溴酚"的制备。高温溴化，缓慢 1 小时内升温至 148℃后开始滴加另一半溴素，滴加溴素过程约为 6 小时，滴加过程中缓慢升温至 158～160℃，加溴完毕，在此温度下保温 1 小时完全生成"四溴化物"，降温到 130～135℃转料进入水解釜，同时关闭吸收塔（罐）。

水解工序，在水解釜内备入 18% 的回收稀氢溴酸作为水解液和另外的邻二氯苯（2/3量），将溴化釜内物料转入水解釜内，升温至料液沸腾，保温水解反应 4.5 小时。自然降温，当温度降至80℃左右时，回收上层的酸液，然后放料抽滤，加水洗涤，抽滤，离心甩滤，干燥，得棕黄色结晶性颗粒的"二溴醛"，熔点大于184℃，含量大于95%，收率84%。

"二溴醛"的工业生产对溴素需求量极大，只适合于溴素产地的企业。由于副产物氢溴酸大量生成，其生产企业还必须配套溴代烷烃生产车间，形成产业链条。开发低溴耗、无需回收溴化氢的"二溴醛"洁净生产工艺，是科技界与工业界的当务之急。

思考

简述"二溴醛"制备中二段式溴化反应工艺原理。

二、丁香醛酚钠盐的制备

"二溴醛"（15-35）的溴原子具有较好的反应性，在甲醇钠亲核试剂的进攻下发生Ullmann式样的醚化反应（etherification）即甲氧基化反应得到丁香醛酚钠盐（15-29），无须酸化制成丁香醛单体。

$$
\underset{15\text{-}35}{\text{（结构式：对羟基-3,5-二溴苯甲醛）}} \xrightarrow[\text{CuCl/助催化剂}]{\text{MeONa}} \underset{15\text{-}29}{\text{（结构式：ONa,MeO,OMe 苯甲醛）}} \xrightarrow[\text{NaOH}]{\text{Me}_2\text{SO}_4} \underset{15\text{-}11}{\text{（结构式：MeO,OMe,OMe 苯甲醛）}}
$$

（一）工艺原理

15-35属于非活化溴代芳烃化合物，它的甲氧基化反应属于双分子亲核反应历程（S_N2），不同于活化的对硝基氯苯的单分子亲核反应历程。这里采用具有工业化优势的无配体、廉价亚铜盐催化的甲氧基化反应。

15-35的二甲氧基化反应工艺主要经历了三个历史发展阶段。20世纪90年代以前，传统的甲氧基化常压反应工艺以CuCl为催化剂，DMF为溶剂兼具助催化剂作用，以甲醇钠为甲氧基化试剂。主要操作特点是，将28%~30%的甲醇钠甲醇溶液蒸除甲醇后加入DMF溶剂和催化剂CuCl，然后滴加15-35的DMF溶液，经历约8小时完成反应。这种工艺的缺陷是：①反应剧烈放热，需采用长时间滴加工艺来减缓热效应。②甲氧基负离子对亚铜离子有一定的还原作用，亚铜离子还原为单质铜后将失去催化性能，反应时间越长，催化剂消耗量就越大。③15-35反应消耗甲醇钠后，溶质溶剂笼效应会释放出甲醇，使回流温度低于110℃，达不到最佳反应温度120~125℃，反应效率低下。④有不完全甲氧基化产物5-溴香兰素（15-28）杂质产生，其在甲基化反应后以5-溴藜芦醛（15-49）的形式带入TMB，5-溴藜芦醛参与TMB合成TMP的一系列反应，最终5-溴藜芦醛转化为《英国药典》中所谓的杂质F，成为影响TMP质量的主要因素。溴、碘等重原子的引入，会使化合物的熔点大大提高，结晶性增强，难以除去。⑤DMF是酰胺类溶剂，在甲醇钠的环境下发生分解，导致DMF单耗大。总之，这种传统工艺，成本高，TMB中5-溴藜芦醛杂质含量远大于0.2%的限值，产品质量不佳。反应效率低也不可避免导致收率低，环境污染大，副产物回收困难。

《英国药典》中的杂质F

到 20 世纪 90 年代后期，国内开发成功了带压甲氧基化反应工艺，并实现了工业化。这个工艺直接使用 28%~30% 的甲醇钠甲醇溶液作为溶剂和甲氧基化试剂，将 DMF 作为助催化剂使用，用量为催化剂量。带压反应工艺体现了诸多优点：①反应可控制在 120~125℃进行，3~4 小时即可完成反应，催化剂 CuCl 用量减少。这是一个宽泛的平顶型反应，即使反应放热发生"飞温"使反应温度冲到更高温度，也不会出现坏料现象。②DMF 用量大大减少，回收粗甲醇容易，生产环境改善，污染减少。③投料的容积率成倍提高，生产效率大幅度提高。最显著的进步是，重量收率提高了 10 多个百分点。这些因素的叠加，使得生产成本大幅度下降。但该工艺存在的主要问题是，尚不能完全去除 5-溴藜芦醛（15-49）杂质，回收的粗甲醇难以精制，反应效率还有提高的余地。

2007 年，国内又开发成功以甲酸甲酯为助催化剂的甲氧基化反应新工艺。从反应的催化机制来看，甲酸甲酯与 DMF、乙酸甲酯这些可用的助催化剂相比，甲酸甲酯的羰基碳正电性更强，易受甲氧基负离子进攻，在相应的催化机理中更易形成活性中间态，使其助催化效果最好。

目前，生产企业使用这个新工艺生产丁香醛酚钠盐（15-29），其优点为：①甲酸甲酯是目前最强的助催化剂，甲氧基化反应几乎定量完成，反应收率进一步提高。与此同时，催化剂 CuCl 的用量有所减少。②这种强有力的甲氧基化工艺，使 5-溴藜芦醛（15-49）杂质在 TMB 中的含量大大低于 0.2% 的限值，无需再进行减压蒸馏的精制环节。这一点对改善 TMP 的质量极为重要。③这个工艺利用了甲酸甲酯的一碳化学性质，其在敞开体系甲醇钠的环境中，会迅速分解为甲醇和一氧化碳。反应结束后可以直接回收精甲醇，所回收的精甲醇又用于生产甲醇钠，实现了循环经济的洁净生产。④容积投料率极高，对"二溴醛"可达 0.25kg/L，反应时间短，反应效率高。此外，甲酸甲酯可除去甲醇钠中的游离碱，有利于反应。

$$15\text{-}35 \xrightarrow[\text{CuCl/HCOOMe}]{\text{MeONa/MeOH}} 15\text{-}29$$

1) 反应收率更高
2) 直接回收精甲醇
3) 产品质量最佳
4) 实现清洁生产

$$\text{H}-\overset{\displaystyle O}{\text{C}}-\text{OMe} \underset{\text{MeONa}}{\rightleftharpoons} \text{MeOH} + \text{CO}$$

（二）反应条件与影响因素

国内生产甲醇钠的方法有金属钠法与氢氧化钠碱法两种，前者质量好，后者游离碱含量稍高。使用碱法的甲醇钠甲醇溶液时，甲酸甲酯可适量多加。

反应物浓度高通常将加快反应速度，且可提高产物的选择性。这个甲氧基化反应工艺直接使用工业 28% ~ 30% 的甲醇钠甲醇溶液作为溶剂，不添加甲醇稀释。由于使用高浓度的甲醇钠溶液，相应地"二溴醛"反应浓度大，因此先期反应速度极快，在反应的第一个小时，80% 以上的"二溴醛"就消耗殆尽。对这个放热反应，随之而来的是"飞温"问题。

由于反应物浓度高，容积投料率大，反应放热显著，因此在人规模生产上"飞温"效应极快，可达 2℃/s。这要求有严格的操作规程，一旦引发反应后，要立即撤热。压力反应釜要加装可靠的安全装置，如安全泄压阀、放空阀等，以备万一。安全生产也是工艺学考虑的重点之一。

催化剂 CuCl 对湿、空气较为敏感，不宜长时间暴露于空气中，最好拆装即用。甲酸甲酯沸点低，夏季时使用注意安全。

在碱性环境下，丁香醛酚钠盐（15-29）应以烯醇-半醌式钠盐（15-30）的形式存在，这相应地保护了醛基。即使发生"飞温"，在 150℃ 的高温下结构也很稳定。

甲氧基化生产工艺的进步也体现了一个哲理，工艺进步是无止境的过程，洁净生产、文明生产是化学制药工业的必经之路。

（三）工艺过程

质量配料比为"二溴醛"：甲醇钠甲醇溶液（28% ~ 30%）：氯化亚铜：甲酸甲酯：自来水 = 1.0 : 2.2 : 0.02 : 0.05 : 4.0。

在压力釜中加入甲醇钠甲醇溶液，再投入粉状的催化剂 CuCl 与"二溴醛"搅拌均匀，滴加助催化剂甲酸甲酯，关闭加料口、排空阀。升温至 70℃ 时引发反应，关蒸汽，开启冷却水逐步撤除热量。待温度升至 120 ~ 125℃ 保温反应 4 小时。降温至 60℃ 时转料进入蒸醇釜。

减压蒸醇，直至蒸干。加入自来水，蒸除低沸点的含水甲醇，将丁香醛酚钠盐溶液乘热转入冷冻结晶釜，降温结晶。离心甩滤，得酚钠盐湿品，直接进入甲基化 TMB 生产工序。母液流入蓄水池内集中，用于回收溴化钠使用。

甲氧基化反应的一个重要的副产品是溴化钠，国内溴化钠的供应主要来自于此。结晶分离丁香醛酚钠盐过程的另一个好处是彻底分离了"二溴醛"所引入的杂质，保证甲基化反应后获得高纯度的 TMB，以最终保证 TMP 质量。

三、3,4,5-三甲氧基苯甲醛的制备

上一工序所得丁香醛酚钠盐（15-29），分出废催化剂 CuCl（废催化剂 Cu 泥由供货商

回购），将该钠盐的水溶液在甲基化釜中以硫酸二甲酯、液碱实施甲基化反应即可获得目标产物 TMB。过去，由于工艺的原因，TMB 含有 5-溴藜芦醛（15-49）杂质。为了保证 TMP 的质量，TMB 尚需高真空高温蒸馏、切片，得到 TMB 精品。目前甲酸甲酯助催化剂反应工艺生产的 TMB 含量已经高达 99.6%，这一精制环节已经革除。

（一）工艺原理

丁香醛酚钠盐（15-29）的氧负离子对硫酸二甲酯的甲基碳进攻，发生亲核双分子取代反应（S_N2），离去硫酸单甲酯负离子，发生相应的甲基化。如前所言，离去的硫酸单甲酯负离子中剩余甲基的正电性减弱，不再具备甲基化功能，因此硫酸二甲酯是一个产生废水的试剂。但由于廉价，甲基化效果好，硫酸二甲酯在工业上一直沿用下来，酚类的甲醚化大多使用这个试剂。我们学习了制备芳甲醚的两种基本手段，即溴代芳烃的甲氧基化与酚的甲基化。芳甲醚脱去甲基又可以制备酚类化合物。

丁香醛（15-29）甲基化反应的工艺配置与同类化合物邻香兰素（15-50）甲基化不同，分别利用了产物的不同物性。邻香兰素进行甲基化反应制备 2,3-二甲氧基苯甲醛（15-51，熔点 54℃，黄连素中间体）工业上是在反应釜中加入邻香兰素、水、硫酸二甲酯，再加入苯溶剂使反应物分成两相并加入相转移催化剂（PTC），于 60~65℃，逐步滴加 30% 液碱，在水相中碱先生成酚钠盐，再与硫酸二甲酯反应生成液态的（15-51）后立即转移至有机苯层。而副产物硫酸单甲酯单钠盐则留在水相，反应完毕后分出苯层，收率稳定在 95% 以上。对于 TMB 的生产，由于 TMB 的熔点较高（73~76℃），其工艺配置就完全不同。生产工艺中将丁香醛酚钠盐溶于 45℃ 的弱碱水溶液里，交替滴加硫酸二甲酯和 30% 的液碱，一旦甲基化生成 TMB 即可迅速结晶析出，驱动反应进行到底。利用这种迅速从反应体系中析出的动力学性质，此反应工艺既不需有机溶剂，也不需要相转移催化，收率达到 95% 以上，是一个绿色的工艺过程。

（二）反应条件与影响因素

这里存在一个悖论问题，丁香醛只有形成酚钠盐时，酚氧负离子才能进攻硫酸二甲酯发生甲基化反应，碱性强，酚钠盐浓度高，则甲基化效果好。但是，碱性越强，硫酸二甲酯越容易发生相伴的水解副反应，其消耗量就越大。因此，为了取得平衡，控制 pH＝9 左右为好，以减少硫酸二甲酯的消耗量。在这个反应中硫酸二甲酯的用量一定是过量的。

在水溶液中，酚钠盐有良好的离解性，有充分的酚氧负离子浓度，甲基化反应速度较快。温度过高，会加速硫酸二甲酯的水解，徒增硫酸二甲酯与液碱的消耗。反应温度控制在45℃较好，一生成TMB，产物即结晶析出，漂浮在釜液的水面，驱使反应彻底。

硫酸二甲酯属于剧毒性试剂，它在工业上大量使用时必须重视安全操作。反应釜内须造成负压环境，在加料、测定pH值时不致有毒蒸气外溢。甲基化完毕须加入过量的液碱，促使残余硫酸二甲酯彻底水解，即最后滴入液碱，pH值保持在碱性范围，不再降低，此后才可降温、离心甩料。化学制药工业会使用到大量的剧毒、危险试剂，须小心、仔细，十分注意劳动安全。像加氢反应前后的充氮过程，氰化钠残液的次氯酸钠氧化过程，氢化钠残液的加醇除爆过程，都必须向富有经验的工程师学习。

（三）工艺过程

质量配料比为丁香醛酚钠盐∶自来水∶硫酸二甲酯∶30%液碱=1.0∶7.0∶(1.2~1.4)∶0.7。

向自来水（6/7量）中投入丁香醛钠，升温至90~100℃，使酚钠盐溶解。将料液通过压滤器压入甲基化釜，分离出废催化剂铜泥。再向釜内加入自来水（1/7量），升温至80℃，冲压滤器，入甲基化釜。将体系温度降至45℃左右，分四次加入硫酸二甲酯与碱液，调pH值至9左右，每次间隔30分钟。最后用液碱调pH值至9，待pH值不变后保温2小时。降温至20℃以下，离心甩干、水洗、出料。在熔融釜内加热熔融，减压蒸除水分，切片机冷凝切片、包装。

TMB为类白色，含量大于99%，熔点73~76℃，5-藜芦醛含量小于0.2%（实际0.1%）。改进后的工艺产品纯度达到99.6%，无须再经过高温减压蒸馏精制，革除了精制工序，大量减少了能耗和产品损耗。

思考

简述氯化亚铜-甲酸甲酯催化的甲氧基化反应新工艺有哪些优点。

扫码"学一学"

第四节　甲氧苄啶的生产工艺原理及其过程

在当前国内生产工艺路线中，3-二甲胺基丙腈（15-44）代替"单甲醚-双甲醚"路线中的3-甲氧基丙腈（15-38）作为含有α-活泼氢的丙腈等价物，与TMB更有效发生Knoevenagel缩合反应生成3-二甲胺基-2-(3,4,5-三甲氧基苄叉)丙腈（"苄叉丙腈"，15-45），加热下双键迅速转位生成更稳定的3-二甲胺基-2-(3,4,5-三甲氧基苄基)-丙烯腈（"丙烯腈甲胺缩合物"，15-46）。调控反应体系到含水酸性环境，"丙烯腈甲胺缩合物"中的二甲胺基被苯胺取代，转化为高级中间体"丙烯腈苯胺缩合物"（15-43）。最后，"丙烯腈苯胺缩合物"与游离胍加成、环合、离去苯胺，高收率产生TMP。由于对关键中间体TMB的单耗大大降低，经济效益明显提高。

一、3-二甲胺基丙腈的制备

这是一个二甲胺对丙烯腈的氮杂原子 Michael 加成反应，反应以几乎定量的收率获得 3-二甲胺基丙腈（15-44）。

（一）工艺原理

受强吸电子基腈基的影响，丙烯腈的 π 电荷密度发生转移，双键末端碳原子具有较多的正电性，丙烯腈成为极佳的 Michael 加成反应受体。而二甲胺氮原子有较高的负电性，又是极佳的 Michael 加成反应供体。因此，这个反应必然迅速、彻底地完成。与此同时，碱性的二甲胺又对这个反应起到了自催化作用，使用催化手段实无必要。

设计的加料操作是将丙烯腈滴加到 40% 二甲胺水溶液，一加入丙烯腈，即被过量的二甲胺反应掉，不给予发生副反应的机会。当反应进入尾声阶段时，由于只残留极少量的反应物，浓度较稀，此时反应变得缓慢。为了促进尾声反应，同时也为促使反应液分层，因此在反应结束前加入 50% 的液碱进行陈化、分层。分离水层液碱后，碱液浓缩进行套用，此项工序没有废水排放。

分离出有机相，在沸点 110~113℃/29~31mmHg 的真空下蒸馏有机相。15-44 可与水形成共沸物，在蒸出前馏分油水浑浊物后，后续是澄清的有机相，直至蒸干。检验水分在 0.1% 以内，则所蒸 15-44 合格。由于 15-44 与 TMB 缩合反应要求无水条件，其与水形成共沸的性质，恰好达到了蒸馏分离、干燥除水的目的。

（二）反应条件与影响因素

这个 Michael 加成反应是个放热反应，如果向二甲胺水溶液中滴加丙烯腈过快，局部过热会造成丙烯腈自聚，发生危险或影响质量与收率。因此应当低于 10℃ 滴加丙烯腈，且缓慢滴加。

丙烯腈自聚是可能的自由基副反应，为了避免自聚因素的产生，抽送丙烯腈必须用专用管道。同时注意丙烯腈高位槽有无颜色变化或温度升高现象，如有证明丙烯腈自聚，应通过高位槽的旁通阀将其放入地沟，用大量水稀释，防止发生危险。

二甲胺水溶液挥发性强，不宜真空抽送，宜用专用泵送料，且在夏季管路应该冰水换热冷却，防止二甲胺过度挥发。

这个反应工艺设计成熟，是一个洁净的生产过程，可应用于万升的反应釜，生产效率极高。

（三）工艺过程

质量配料比为丙烯腈：二甲胺水溶液（40%）= 1.0：2.07。

釜内二甲胺水溶液温度降至8℃以下，滴加丙烯腈，在滴加过程温度控制在6~8℃，在5小时内缓慢滴加，滴加结束保温15分钟，抽入前次生产产生的油水混合物，再保温反应30分钟。向反应釜内抽入浓缩后的碱液，控制温度在20℃以下，搅拌30分钟，进行沉降。

取上层有机相，化验水分低于2.5%后，放出碱液（碱液蒸馏浓缩套用），有机相转入蒸馏釜。开启水冲循环真空泵至极限真空，对蒸馏釜内有机相进行减压蒸馏。先蒸出少量浑浊水油混合物前馏分，接着出馏澄清的有机相，直至蒸干为止。化验水分在0.1%以内为合格，收率大于95%。

> **思考**
>
> ────────────────────────
>
> 简述 3-二甲胺基丙腈制备的工艺原理。
>
> ────────────────────────

二、丙烯腈苯胺缩合物的制备

3-二甲胺基丙腈（15-44）与 TMB 先发生 Knoevenagel 缩合反应生成"苄叉丙腈"（15-45），接着加热发生双键转位生成"丙烯腈甲胺缩合物"（15-46）。控制在含水的酸性条件下，"丙烯腈甲胺缩合物"与苯胺发生置换反应再生成高级中间体"丙烯腈苯胺缩合物"（15-43）。整个过程采用一锅煮工艺。

（一）工艺原理

15-44 与 TMB 在 DMSO 溶剂中，以 KOH 为缩合剂（催化剂）发生 Knoevenagel 缩合反应生成 15-45，这个中间体是一个 $\Pi-\pi-\pi$ 共轭结构，可发生双键转位生成 15-46，成为一个 $P-\pi-\pi$ 共轭的较稳定的烯胺结构。所以在反应期间，15-45 逐步转化为 15-46，给予适宜的工艺条件促进彻底转化。此缩合反应-双键转位环节是一个无水操作过程，且一旦双键转位为 15-46，此过程成为不可逆过程。

协同诸工艺配置，彻底生成 15-46 后，原位一锅煮加入稀酸溶液，造成含水的酸性环境，再加入苯胺，反应体系立即生成"丙烯腈苯胺缩合物" 15-43 沉淀，反应迅速而有效。这个苯胺置换二甲胺的反应过程经历了水解-缩合的反应步骤，15-46 在酸性条件下先水解为丙烯醛结构，丙烯醛结构迅速与苯胺缩合成为 15-43。由于 15-43 为最稳定的 $\Pi\text{-}P\text{-}\pi\text{-}\pi$ 共轭结构，因此，这个内在的反应驱动力促使反应完全彻底。反应内在的本质因素可以视为热力学因素，其以指数形式强烈影响反应的动力学过程。

在监控和 ^{1}H-NMR 谱测试（CDCl$_3$ 溶剂）中发现，15-43 有异构体现象。通过氢谱分析，存在烯烃质子与 NH 质子的耦合关系，烯烃质子化学位移不同但耦合常数相同，因此推测存在顺反互变异构（Z/E-tautomerism）现象。这种互变异构化不影响后续的环合效果。

（二）反应条件与影响因素

15-44 与 TMB 的 Knoevenagel 缩合反应表现出极强的溶剂效应。在研究中对极性非质子溶剂 DMSO、DMF，极性质子溶剂甲醇、乙二醇等进行了筛选，发现 DMSO 的效果最好，无法为其他较为廉价的溶剂所替代。由于 DMSO 为相对昂贵，且是高沸点溶剂，制药工艺学中采取的策略是，无法革除，但求最少。在生产中将 DMSO 用量减到最低，以降低成本与回收的压力，同时有助于加水促进 15-43 沉淀的工艺。DMSO 是强氢键溶剂，这里"吸水"效果好促进 Knoevenagel 缩合。

缩合反应的缩合剂（催化剂）的筛选发现，在常用的含钾、钠的碱如 KOH、MeOK、t-BuOK、NaOH、MeONa、t-BuONa 中，钾基的碱效果好，使用廉价的 KOH 即可达到理想效果。由于缩合后双键转位生成较稳定的（15-46），反应已具有不可逆性，因此 KOH 使用催化剂量即可。

研究中进一步发现，极性质子溶剂（如甲醇、乙二醇）可以促进这个双键转位的 1,3-质子迁移异构化（1,3-prototropic isomerization）生成 15-46，因此在缩合-双键转位步骤中，需要加入适量的无水甲醇。使用过量的 15-44，再通过加热强化缩合与双键转位，协同促使"苄叉丙腈"（15-45）完全转化成烯胺化合物（15-46）。只有转位彻底，才能为后续水解、苯胺缩合替代二甲胺的过程奠定良好的基础。

15-46 只有在酸性、含水的环境中才能够水解，这样苯胺才能与水解产物缩合为 15-43。为了避免 15-43 在强酸性条件下不稳定，反应终点控制 pH = 3.0 ~ 3.5 的范围最为合适。由于反应使用的 DMSO 量少，反应物过度黏稠，加入苯胺后再加甲醇稀释，然后加入 43% 中等浓度的廉价硫酸酸化，不宜使用低浓度稀酸，以免体积过于庞大。

在这个一锅煮操作工艺中，前段的缩合-双键转位过程是无水操作，对原辅料的水分有特别的限定。而后段的水解-苯胺缩合为含水操作，因此补加甲醇稀释时，就可使用回收的含水甲醇，利于成本效益。

在配料配比上，针对第一步关键的缩合反应，使用过量的 15-44 强化缩合过程，使 TMB 完全反应。另一个原料苯胺只需要过量 5% 即可保证 15-46 彻底转化为 15-43。由于反应过程释放出 1 当量强碱性的二甲胺，同时使用了过量的强碱性的 15-44，因此硫酸用量较大。如果使用一元酸盐酸，则物料体积更为庞大，故以使用二元强酸为好。

15-43 结构含有二个芳环结构，熔点较高（138~142℃），结晶性好，反应结束后，加水稀释，促进其沉淀，较好解决中间体分离问题。高收率、易分离，是工业上渴求的 2 个基本前提。

（三）工艺过程

质量配料比为 3-二甲胺基丙腈：DMSO：KOH 甲醇溶液（20%）：TMB：苯胺：含水甲醇：硫酸（43%）= 1.0：1.3：0.48：1.43：0.71：2.0：2.6。

加入 3-二甲胺基丙腈和 DMSO，室温 30 分钟内滴加预配制好的 KOH 甲醇溶液。升温至 60℃，在 2 小时内均匀、缓慢投入 TMB，再于 80℃ 保温反应 5 小时。降温至 45℃，抽入苯胺和含水甲醇，随后滴加硫酸，物料逐渐变得黏稠，保持在 75℃ 左右，30 分钟内加完，pH 值控制在 3.0~3.5。升温回流反应 1 小时，反应结束，降温到 50℃ 左右，将料液转入冷冻釜。加入适量的水，降温至 10℃，保温 1 小时，离心，加水洗涤至中性，离心甩干，烘干，检验。熔点大于 135℃，水分含量小于 0.2%，收率大于 90%。

思考

简述"丙烯腈苯胺缩合物"制备的工艺原理。

三、甲氧苄啶的制备

高级中间体"丙烯腈苯胺缩合物"（15-43）在缩合剂甲醇钠的介导下，与游离胍发生环合反应生成终产物 TMP。

（一）工艺原理

15-43 与游离胍的环合过程，实际经历三步机制步骤。在甲醇钠催化下，游离胍对 15-43 中的"丙烯腈"进行 Michael 加成，然后胍基的氨基对腈基进行加成环合，最后苯胺离去芳构化形成嘧啶环。由于 15-43 中 C_3 的正电性弱，所以，关键的第一步 Michael 加成较为缓慢，整个反应过程需经历 10 小时之久。

（反应机理图，见上方化学结构式，编号 15-43 与 15-1）

这也就解释了为什么"丙烯腈甲胺缩合物"（15-46）不具有与游离胍环合的性能。因其结构中二甲胺基的供电子能力大大强于苯胺基，其 C_3 的正电性极弱，几乎不具备与游离胍发生 Michael 加成反应的能力。

（反应机理图，见上方化学结构式，编号 15-46）

（二）反应条件与影响因素

环合反应前，需以甲醇钠中和硝酸胍释放出游离胍，因此需要过量的甲醇钠。机制步骤中第一步 Michael 加成反应，以及第二步氨基（NH_2）对腈基（CN）的加成环合过程，也需要甲醇钠的催化，浓度高对其有利，因此，甲醇钠过量约 1 当量。硝酸胍相对廉价，也应当过量使用，促使（15-43）彻底转化。游离胍在高温时，有剧烈分解引起爆炸的可能，环合反应温度不宜超过 100℃。

这个反应属于无水操作，要求游离碱含量低。如果甲醇钠甲醇溶液的游离碱偏高，则应加入少量乙酸乙酯去除游离碱。游离碱会引起各种副反应，降低 TMP 的品质。

在有机碱醇钠缩合剂中，虽然使用异丁醇钠、叔丁醇钾的效果更好，但甲醇钠最为廉价，通过使用过量的甲醇钠与延长反应时间，可以达到近似的反应效果。

TMP 熔点高，碱性环境中结晶性好，蒸出部分甲醇，即可结晶分离产品。

（三）工艺过程

质量配料比为甲醇钠（28%～30%）：甲醇：硝酸胍：丙烯腈苯胺缩合物＝1.0：0.8：0.48：0.8。

向反应釜中加入甲醇钠甲醇溶液和甲醇，投入硝酸胍，升温回流 20 分钟。降温到 40℃，投入"丙烯腈苯胺缩合物"，再次升温回流反应 10 小时，蒸出半量甲醇降温。将料液转入冷冻釜中，冷冻至 0℃时，保温 1 小时，离心，水洗至中性，甩干，得 TMP 湿粗品。从离心母液中还可回收少量粗品，合并后折干，粗品收率大于 99%。

（四）精制

由第二节的分析可知，"单甲醚-双甲醚"老工艺一直采用醋酸作为溶解剂，将粗品溶于稀醋酸中，于 95～98℃加活性炭脱色 1 小时，热滤，滤液于 70℃用氨水中和到 pH 值在

8.5~9.0，冷却，甩滤，用去离子水洗涤，干燥，得精品。在这个老工艺中，由于生产的 TMP 品质较差，一直需要使用有机酸醋酸来进行溶解。为了降低成本，一度使用性价比较好的甲酸作为溶解剂，但腐蚀性较大。

目前，由于新工艺生产的甲氧苄啶质量好，最终以廉价的无机酸硫酸代替醋酸作为溶解剂，达到极佳的精制效果，质量符合最为严格的英国药典标准。这一技术进步，降低了成本，减少环境污染。

虽然 TMP 新工艺的应用带来了较好的经济效益和社会效益，但要看到其中的不足。苯胺是致癌性、可挥发性物质，它的使用不符合绿色化学制药的要求，也危害工人健康，革除苯胺的使用是今后技术进步的方向之一。

思考

简述 TMP 制备的工艺原理。

第五节　辅料、乳酸甲氧苄啶的制备与清洁生产

扫码"学一学"

一、对甲酚的制备

我国是对甲酚生产大国，年产量目前在数万吨以上，价廉且充足的来源，对保障我国成为 TMB 与 TMP 生产大国，起到了积极促进作用。对甲酚还是制备抗氧剂、香料、农药等众多精细化学品的原料。

最成熟的对甲酚生产路线为甲苯磺化碱熔法，即甲苯磺化反应制得磺酸甲苯，分离出对甲苯磺酸。对甲苯磺酸与氢氧化钠熔融状态下反应生成对甲酚钠盐，最后酸化、重结晶得到高纯度的对甲酚。改进后的工艺将分离出来的邻甲苯磺酸套用于甲苯磺化反应，这样达到磺化反应平衡时副产物邻甲苯磺酸维持在基本稳定的水平。巧妙利用反应动力学平衡，最终可将价值不高的邻甲苯磺酸去除。

采用其他磺化试剂的方法还有氯磺酸法和三氧化硫法。氯磺酸法收率较高，有较好的成本优势。三氧化硫法步骤简洁，发展潜力大，但工艺条件苛刻。目前，这两种方法都有工业化试生产线，有待于完善。

此外，国内也有企业以甲苯为原料，空气氧化制备对甲酚的研究。开展以苯酚为原料，甲醇为甲基化试剂制备对甲酚的研究，这些路线若能成功，将是一种清洁、绿色的方法。

二、硝酸胍的制备

硝酸胍是构筑各种药物结构中胺基嘧啶砌块的原料，大规模应用于 TMP 与磺胺药物的生产。此外，也用于硝基胍炸药的制造。硝酸胍主要生产工艺路线为双氰胺与硝酸铵缩合的反应路线，分两步一锅煮进行。双氰胺先与硝酸铵发生氨加成反应生产双胍硝酸盐，再次与硝酸铵发生氨解反应得到硝酸胍。

质量配料比为硝酸铵：双氰胺 = 2.0：1.0。其工艺过程为，将敲碎的硝酸铵与双氰胺混合均匀，先加入少许到反应釜，后将混合料逐步加入到釜内使之熔融，继续升温至 140℃时，将夹套的蒸汽撤掉，反应放热会继续升温，升到 170℃时开启冷却水撤除部分热量，将反应温度控制在 180~205℃反应 20 分钟，放料液，切片机切片，得粗品硝酸胍，收率大于90%。再经过精制，即得精品硝酸胍。由双氰胺制得的硝酸胍质量较佳，非常适合制药工业使用。

另外一种工业生产硝酸胍方法是以尿素与硝酸铵为原料的途径，将熔融态尿素和硝酸铵在催化剂沸石催化作用下，缩合反应生成硝酸胍和胺基甲酸铵副产物，胺基甲酸铵在常压下分解为二氧化碳和氨气。

反应过程中，在高温下存在着尿素自身的缩合与环化副反应，副产物对硝酸胍质量产生不利影响，因此该法生产的硝酸胍品质低于双氰胺法，其显著的优点是成本低。

三、乳酸甲氧苄啶的制备

虽然甲氧苄啶也被收入《中国兽药典》，但由于其在水中几乎不溶，实际在畜牧养殖业使用过程中并不方便，因此我国又制订了水溶性乳酸甲氧苄啶的部颁标准。乳酸甲氧苄啶溶于水后，与磺胺药物（1:5）、抗生素（1:4）联合配伍使用，养殖业上用于动物感染性疾病的防治。

工艺过程：将甲氧苄啶加入到乙醇溶剂中，加热至 70℃，缓慢加入乳酸直至彻底溶解。冷却至室温，过滤，烘干，母液套用。母液套用后收率大于 96%，产品熔点 185~187℃。部颁标准规定，乳酸甲氧苄啶含量不得小于 98.0%。

近年来，为了解决在弱碱性环境下使用甲氧苄啶时所带来的难溶性问题，企业开发了"甲氧苄啶钠"（碱性水溶 TMP）新产品。

四、溶剂与苯胺的回收

"二溴醛"的生产车间涉及邻二氯苯的回收套用。邻二氯苯的沸点为 180.4℃，分出有机层后，通过简单分馏，可以较容易蒸馏出无水的邻二氯苯，再回用于二段式溴化工序。

TMB 生产车间在完成甲氧基化反应后首先蒸馏出无水甲醇，此高纯度的精甲醇可以直接用于甲醇钠的生产。接着加入水溶解反应物料，同时再蒸出含水甲醇，进一步精馏即可获得无水甲醇。

在 TMP 车间，对"丙烯腈苯胺缩合物"工序中的离心（或压滤）母液进行回收，先将 pH 值中和到 7，在常压下蒸出含水甲醇。蒸完甲醇，开启真空，减压蒸馏 DMSO，直至升温到 130℃左右蒸干。含水甲醇与 DMSO 粗品再经精馏，即获得无水甲醇和可供回用的 DMSO，DMSO 回收率约 80%。

TMP 环合工序中浓缩时蒸出的甲醇，以浓 H_2SO_4 中和至 pH 值为 6，蒸馏回收无水甲醇。对离心后的母液，先常压蒸出含少量苯胺的甲醇，进行精馏，再以浓 H_2SO_4 中和至 pH 为 5 时，常压蒸馏回收甲醇。对母液中的高沸馏分进行减压蒸馏，然后蒸馏出来的液体进行精馏，分离出苯胺，苯胺回收率约 75%。

五、溴化氢的回收利用

"二溴醛"生产中二段式溴化过程中，在第一段低温溴化产生的溴化氢气体由水吸收再经"四溴化物"水解，可得到约 48% 浓度的粗品氢溴酸，称之为粗酸，可以直接出售。在"粗酸"中，加入少量红磷，搅拌 30 分钟，反应除去其中少量的溴素。然后进行常压蒸馏，玻璃蒸馏柱顶馏出的恒沸液为 47%～48% 无色氢溴酸，称之为"精酸"。在第二段高温溴化时，释放出的溴化氢也可类似地以水吸收后制备"粗酸"与"精酸"。更有厂家将此缓慢释放出的溴化氢直接通入丙烯氯中进行反马氏加成，以经济的方式生产重要的药物中间体 1,3-溴氯丙烷，取得较好的经济效益。

$$\text{Cl} + \text{HBr} \xrightarrow{\text{自由基引发剂}} \text{Br}\diagdown\diagup\diagdown\text{Cl}$$

"二溴醛"生产过程中副产溴化氢量极大，一旦销售受阻，发生压库现象，将立即影响"二溴醛"的正常生产，因此企业多设立溴代烷烃的附属车间，生产 1,3-溴氯丙烷、1-溴丙烷、2-溴丙烷、1-溴丁烷等产品。这种拓展产品链条的生产商业模式，具有较佳抗拒风险、提升经济效益的能力。另一方面，发展低溴耗、无副产溴化氢制备 TMB 的新技术是非常必要的。

六、溴化钠的回收

TMB 生产中，结晶分离丁香醛酚钠盐的母液中富含溴化钠，此项溴化钠的回收，构成了企业经济效益的重要组成部分，且减少了环境污染。目前，甲氧基化反应母液回收生产溴化钠，是国内溴化钠的主要来源，回收成本数千元，而售价与溴素价格持平。

回收工艺过程为，将丁香醛酚钠盐的母液蒸发浓缩至黏稠状，装袋在焚烧炉进行高温焚烧，彻底除去其中的有机物。固体残渣溶解于水，过滤除去不溶物，再次浓缩至干。加入 47%～48% 的精品氢溴酸，利用同离子效应重结晶，即可获得高品质的溴化钠。重结晶时，结晶温度须控制高于 50.2℃，此时析出的是无水溴化钠。如果温度低于控制温度，则析出含结晶水的溴化钠。

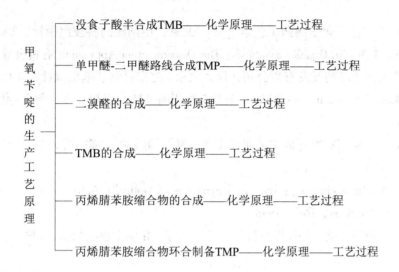

（冀亚飞）

参考文献

［1］赵临襄，王志祥．化学制药工艺学［M］．北京：中国医药科技出版社，2003

［2］S Warren，P Wyatt. Organic Synthesis：The Disconnection Approach. 有机合成——切断法 ［M］．药明康德新药开发有限公司，译．北京：北京科学技术出版社，2010

［3］RK Mackie，DM Smith，RA Aitken. 有机合成指南［M］．孟歌，译．北京：化学工业出版社，2009

［4］NG Anderson. 实用有机合成工艺研发手册［M］．胡文浩，郜志农，等，译．北京：科学出版社，2011

［5］Sheldon RA. Chirotechnology：Industrial Synthesis of Optically Active Compounds［M］．New York：Marcel Dekker，INC，1993

［6］汪大翚，徐新华．化工环境保护概论［M］．北京：化学工业出版社，1999